U0383559

谨以此书纪念李星学教授（1917–2017）百年诞辰

In Commemoration of the Centenary of the Birth of Professor Li Xingxue（H. H. Lee）（1917–2017）

科学技术部科技基础性工作专项（2013FY113000）系列成果

《中国古植物志》编辑委员会主编

中国古植物志

银杏植物

周志炎　杨小菊　吴向午 编著

科学出版社

北京

内 容 简 介

作为《中国古植物志》的一个分册，本书收集了一百五十多年来（1865年至今）分散在中外三百多篇（本）文献中发表的、我国二叠纪至古近纪的近两千个银杏植物化石记录。经过详细的检视和审核，对其中 32 个属、228 个种以及大量未能确切鉴定和归类的名称进行了系统性的整理和汇编。依据化石性状特征、保存状况和研究程度的不同将它们分别纳入新的自然和形态分类系统中，同时对有关记录在鉴定、命名和论述等方面所存在的主要问题作出评述或提出修改和厘定意见。对于银杏植物的研究历史、起源和亲缘关系、系统发育、分类和演化趋向以及在地质历史时期的时空分布和兴衰变迁过程等最新的研究成果和进展也都做了较为详细的介绍。

本书是一本有关中国银杏植物的综合性和系统性的专著，是研究此类植物的重要文献，可作为进行地学和生物学科研教学的院、校、馆、所，以及产业部门相关单位的专业人员的基础参考书。

图书在版编目（CIP）数据

中国古植物志. 银杏植物/周志炎，杨小菊，吴向午编著. —北京：科学出版社，2020.4

ISBN 978-7-03-064221-9

Ⅰ. ①中… Ⅱ. ①周… ②杨… ③吴… Ⅲ. ①古植物-植物志-中国②银杏类植物-植物志-中国 Ⅳ. ①Q948.52

中国版本图书馆 CIP 数据核字（2020）第 017739 号

责任编辑：孟美芩 胡晓春/责任校对：张小霞
责任印制：肖 兴/封面设计：黄华斌

科学出版社 出版
北京东黄城根北街 16 号
邮政编码：100717
http://www.sciencep.com
北京中科印刷有限公司 印刷
科学出版社发行 各地新华书店经销
*
2020 年 4 月第 一 版 开本：787×1092 1/16
2020 年 4 月第一次印刷 印张：30 1/4
字数：718 000

定价：398.00 元
（如有印装质量问题，我社负责调换）

Serial publication of the Special Research Program of Basic Science and
Technology of the Ministry of Science and Technology（2013FY113000）

Editorial Committee of Palaeobotanica Sinica

Palaeobotanica Sinica

Ginkgophytes

By **Zhou Zhiyan**, **Yang Xiaoju** and **Wu Xiangwu**

Science Press

Beijing

总　序

　　我国是一个古生物资源大国，植物化石丰富多彩、保存完好，不仅是著名的大羽羊齿的模式产地和华夏植物群的主要分布区，还是世界上独特的石炭-二叠纪欧美、华夏、冈瓦纳和安加拉四大古植物区系交汇的地域。自晚古生代以来，陆相沉积在我国分布广泛，其中赋存着各个地质时期的、代表着不同气候环境的植物化石群，记录了许多重要植物类别和成员的兴衰、演化、迁徙、灭绝或遗存的过程。应该说，对全面了解地球上植物界的发展和演变而言，我国是一个十分关键的地域，我国古植物学家理应对学科的繁荣和发展作出重大的贡献。可是自晚清以来，至中华人民共和国成立之前，国运衰微，战祸频仍，民不聊生，科技落后。古植物学研究同许多其他基础学科一样得不到发展，长期和国际先进水平之间有着不小的差距，和一个古生物资源大国的地位也很不相称。

　　尽管早在北宋时期沈括已经对植物化石和其生长的古环境作出过精准的论述，但我国早期的植物化石记录都是外国学者发表的。从 1865 年美国的纽贝利（Newberry）发表"中国含煤岩层植物化石之描述"一文开始，陆续有法国的勃朗尼阿（Brongniart, 1874）和蔡耶（Zeiller, 1900, 1901）、德国的欣克（Schenk, 1883a, b）、俄国的巴列宾（Palibin, 1906）、奥地利的克拉梭（Krasser, 1900, 1905）、日本的横山又次郎（Yokoyama, 1906, 1908）和矢部长克（Yabe, 1908）、英国的秀厄德（Seward, 1911）及瑞典的傅兰林（Florin, 1920, 1922）和赫勒（Halle, 1927）等陆续发表相关论文。最初，他们所研究的化石大多是在矿产资源调查和地质、地理考察或科学探险过程中采集的，一般比较零星和分散。论著中有关化石的描述通常相当粗略，所附图影的质量不高，甚至有对采集地点和地质情况等记录不详的。直到进入 20 世纪，才出现对个别植物群和一些属、种的较为详尽研究的工作，其中以赫勒二三十年代完成的关于华夏植物群和大羽羊齿等的多种论著及秀厄德所发表的新疆准噶尔盆地侏罗纪植物化石专著等最为重要。

　　我国学者开始研究古植物学是在 20 世纪 20 年代以后，比外国学者晚了大半个世纪。最早发表的是周赞衡（1923）关于山东莱阳白垩纪植物化石的研究论文。接下来张席禔（1930）、斯行健（Sze, 1931）、潘钟祥和计永森（P'an, 1933；Chi & P'an, 1933）、胡先骕（Hu & Chaney, 1940；Hu, 1946）、陈国达（1944）、李星学（斯行健、李星学, 1945）、徐仁（1946）等先后研究和报道了我国泥盆纪到新近纪的植物化石。这些古植物学的先驱和前辈们后来大多因为工作变动等原因未能继续相关的工作，只有斯行健、徐仁和李星学终生从事古植物学研究。他们为奠定我国古植物学的研究基础，推动学科的发展和繁荣作出了重大贡献，不仅自己发表了大量论著，还培养了一代又一代的学术带头人和业务骨干，壮大了专业队伍，同时也拓宽、深化和发展了古植物学科。在这里特别要提及的是：这三位学者在 20 世纪六七十年代共同主编了《中国植物化石》系列丛书，包括《中国古生代植物》《中国中生代植物》和《中国新生代植物》。这三本著作系统整理和汇编了此前国内外学者用多种文字发表在有关专著和学术刊物论文中的中国植物化石，在我国古植物学发展史上具有"里程碑"意义。此类重要综合性典籍的出版便于我国广大生物和地学工作者全面了解中国古植物学发展过程以及当时所取得的成就和已达到的研究水平，也可以使读者从中了解到学科目前存在的问题和不足以及今后需要加强和发展的重要领域和方向等，可用于学习古植物学和鉴定植物化石时查阅、参考，对相关的科研、教学和生产部门人员，特别是缺少参考资料的、奋斗在第一线的地质和地层古生物学工作者有着很高的实用价值。

古植物学在我国通常更多地和地球科学联系在一起，不过它本身还是生命科学的一个重要分支学科。植物化石是地质时期生存过的植物的遗迹。这些已灭绝的古老植物和现在存活着的植物都是地球上同一棵生命系统树的有机组成部分，只是前者早已成为化石，在性质上发生了改变。它们不再是可以随时反复观察和研究的、世代相续的、活生生的完整植物体，而主要是相互分离的器官和残破的枝、叶等片段和遗迹，需要用不同的方法来对它们进行研究。不过，记载、命名和发表古植物分类单元等仍必须按照国际植物命名法规来实施，对它们的生物学意义和性质的探究也同样不应忽视。过去因为地质勘探工作的需要，我国古植物学研究偏重于地层的划分、对比和地质年代的确定等。由于着重点的不同，对标本采集质量和数量以及化石材料的分析处理等方面的要求也有差别。这些差别都直接影响到化石的研究深度以及所获得的信息和研究成果的质量。从国际学术发展的趋势和现状来看，现代古植物学研究早已超越了把植物化石主要作为地层划分、对比和地质年代确定的一种"标志物"的阶段。从 20 世纪中后期开始，国际古植物学界提倡把通常分散保存的植物各器官化石加以整体重建，并把它们当作一个生物体，从植物整体观念（whole plant concept）出发来进行研究（Andrews, 1961；Taylor, 1981；Knoll & Rothwell, 1981；Taylor & Stubblefield, 1986；Banks, 1987；周志炎, 1992）。除了注重古植物本身的生物学研究以外，古植物学在和地球科学交叉方面，也发展到了研究地球气候和地质环境变化同植物界发展、演化、迁徙和盛衰之间的相互关系等综合性领域。在条件具备时，还要尽可能地开展埋藏学和群落生态演替研究等工作。

无论学科如何发展，植物化石的鉴定、命名和分类永远是基础性工作。针对植物本身的多样性和形态、构造的变化以及化石保存独特的不完整性，现代古植物学提倡在研究中运用整体重建和研究的学术思想，对化石材料的数量和质量要求也比以往高得多。为了详细、深入研究，正确鉴定和命名，要求研究者大量采集化石材料，观察更多的标本以便尽可能地了解它们的形态、解剖等信息和变异范围，开展宏观到微观甚至超微观水平的研究工作。在当前学科发展阶段，我们编撰《中国古植物志》时不仅要把我国古植物研究所取得的优秀成果总结起来，更重要的是在新的理念和规范的指引和要求下，客观地对待和处理以往古植物化石记录中大量存在的鉴定、命名和分类问题。我们不能只是把所有资料简单和原封不动地加以汇编，对其中存在的种种问题不予说明，也不加任何评述和讨论。我们希望这次新的总结能够促进我国古植物学整体研究水平的提升，为今后学科的健康发展打下更坚实的基础。

为完成这一任务，我们有必要检查、核对已发表名称是否符合命名法，具体说，就是查看这些名称是否为合格发表，是否具有合法性。此外，我们还需要审视和判别标本的鉴定、命名和分类是否正确。对于已发表的名称是否为合格和合法发表，我们可以通过检查原作者发表时提供的信息和资料来判断它们是否符合法规的一系列要求。诸如，检查一个新的属、种名在建立时是否明确地指定了模式（模式种或模式标本），是否附有符合法规要求的特征集要和图影并注明了模式标本的产地层位和存放单位等，以及新组合和新名称发表时对原始资料的引据是否符合规定等。还要进一步查阅是否同样的化石已有合格发表的其他名称，或者相同的名称已被先期用于命名其他植物，属于不合法的同模异名（homotypic synonym）或后（晚）出同名（late homonym）等。

对属、种的正确鉴定和命名是相当困难的，不仅在于所依据的形态特征的分类学价值和可靠性，在标本和保存的性状特征有限的情况下，作者的学识、经验甚至主观判断往往会起着决定性的作用。为了检验和核对属、种名称的正确性，除了需要参考大量资料外，必要时还需要查看模式标本和原始材料。这样做不仅十分烦琐、工作量巨大，也存在诸多实际困难。对分散在各地、保存在不同性质的单位（甚至个人手头）的模式标本和原始材料进行核对、详细观察和重新深入研究等工作，都不是少数人短期内能够完成的，也不是编撰志书的目的和任务。至于由于种种原因已经造成一些原始资料和标本未能保存下来或有所破损和丢失等所留下的缺憾，也很难予以弥补。

采取尽可能客观的态度是编撰志书时一般需要遵循的原则，同时也考虑到以上提到的种种实际状况和困难，遵照命名法的规定并结合植物化石保存的特点，我们采用了以下几条编写原则：

一、不建立基于已发表材料的新属、种等分类名称。

二、对于明显不合法的名称，明确提出我们的修订意见。

三、对于不合格发表的名称，一般仍暂且予以保留和收录，不进行修订和更改，不给以新名（nomen novum，替代名称）或建立新组合（combinatio nova）等，但是指出问题所在，留待今后对模式标本检视和重新研究或对新发现材料深入认真研究之后来解决。

四、对于各分类单元，特别是属和种的记述尽可能地采用命名作者所记述的原始特征，或者参考后人在重新研究后所给出的修订特征。

五、为了方便起见，我们仍保留了古植物分类中特有的"器官属"（organ-genus）和"形态属"或"式样属"（form-genus）这样比较宽松、不是很严格的习惯用法。这两个名词自 20 世纪 30 年代被引入国际植物命名法以后对植物化石的研究起到了有益的作用，只是其含义在历届国际植物学大会后出版的命名法中被不断地修订。主要是为了使它们能够符合命名法的严谨性，一些专家不必要地把这两个名词和分类等级联系起来，甚至还创立了若干辅助和替代的新名词（如 parataxa 等）。这样做使问题变得复杂和混乱，以致在 1999 年第十六届国际植物学大会（美国圣路易斯会议）上决定废用"器官属"和"形态属"这两个名称（详见 Cleal & Thomas, 2010），而引入"形态分类单元"（morphotaxa）一名用于植物化石分类，不再把器官属区分出来。但是在 2005 年维也纳会议上，"形态分类单元"这个名词的原意又被进一步改动，其含义也被严格限制，只能用于包含代表着"一个部分"、"一个生命史阶段"或"一种保存状态"的植物化石单元，否则就不能使用"形态分类单元"，以致再次造成不必要的复杂化和混乱（Zijlstra, 2014）。新近的国际藻类学、真菌学和植物命名法规（墨尔本法规）（McNeill et al., 2012）决定采用"化石分类单元"（fossil taxa）作为植物化石的统一称谓来替代 2000 年圣路易斯法规提出的"形态分类单元"（morphotaxa）。对古植物工作者而言，"化石分类单元"这一用法又太一般和过于笼统，并不能很准确地反映出植物化石保存不完整的程度和性质。

六、植物命名法规中的专用词汇的译名问题，如：法规中对 diagnosis（特征集要）和 holotype（主模式）等词汇的译名和古生物学中流行和惯用的有所区别。为了和其他分支学科统一和协调，在志书中还是把它们译为"特征"和"正模"等。

七、对原始记录中详略不一的化石产地、时代和层位的记载，以及一些陈旧的，甚或有差错的相关记载，编写中将在保留原记录的基础上尽可能地做一些必要的补充、修改或注释。

八、对文字叙述和讨论中涉及的国外作者的姓名一般不予翻译，但是有些常见的和已经通用的作者姓氏的汉译名，如赫勒（Halle）、傅兰林（Florin）、哈里斯（Harris），还有用汉字书写的日本作者的姓氏，如矢部（Yabe）和大石（Ôishi）等，都仍继续使用。

九、原则上保留和沿用以往已经使用的汉译学名。对新译学名和应予以修正的、错误和不妥的旧译名，要求分别按照拉丁或希腊文等的字义翻译，构成属、种名称的国外人名或地名，一般都采用官方正式的汉译名。无法查出其译名的则尽可能正确地音译。不过，人名也可以简化，如 *Ginkgodium nathorstii* 可以译为那氏拟银杏。

不少原始资料中对化石的产出地层层位和时代的记述比较简略，有些甚至还存在差错，而随着研究工作的深入和年代地层学的进展，地层时代归属、划分精度和方案又有种种出入或变动，如石炭系、二叠系的划分以及一些岩石地层单元的"穿时现象"的认识和年代更改等。遇到此类问题时，我们只能尽可能地依据新的认识对原始记录做一些必要的补充、修改或注释，力求比较正确而清晰地表达出地层层位和地质年代。为了便于查对，对地层名称英译，除了一律采用"汉语拼音方案"拼缀外，凡是原先已应用过的"威妥玛式"英译名仍予以保留，并在括弧中予以注明。

《中国古植物志》基本上遵照志书总的要求和格式编写。20 世纪编写的《中国各门类化石》中的《中国植物化石》只包括各个陆生植物大类的大化石（及相关的矿化器官，如茎干和木材以及原位的孢子花粉等）。由于学科的发展和着重点的变更，《中国古植物志》不再依照以往的《中国植物化石》按时代分册，而是主要按门类分别编写。在现今得到普遍认可的生物分类方案中，以往归入植物界的真菌已经成为一个独立的生物界；细菌和蓝藻等原始的生物也不再包括在植物的范畴之内。此外，由于研究对象和方法的差异，分散的孢子花粉和古藻类等都很早就有各自的专业队伍，在研究方向和应用重点上也很不同。《中国古植物志》按照上述原则和要求，计划编撰以下各册：早期陆生植物、石松植物、节蕨植物、真蕨植物、种子蕨植物、苏铁植物、银杏植物、松柏植物、盖子（买麻藤）植物及其他裸子植物、被子植物。

需要说明的是：由于各类植物研究历史、分类准则、形态构造和术语等颇不相同，有时甚至差别较大，《中国古植物志》中不拟在这方面做总的统一介绍，而是将相关内容在有关各册中分别予以专门介绍。同时，因为各门类化石研究程度和内容的多寡不同，汇编时不可能都严格地按照分类分册，而只能视具体情况进行适当的调整，如苔藓植物和前裸子植物等由于已发表的材料不多，不适宜单独成册，将作为独立章节归并入早期陆生植物分册；瓢叶类化石的植物分类学研究深度不够，或将依然按照传统方式并入节蕨植物分册等。至于盖子植物及其他裸子植物和被子植物这两个分册，因为内容多而繁杂，可能都需要分成多个分册出版。编写志书耗时费力，非一日之功，加上多数参编人员其他科研任务繁重，以上拟定的计划也可能会有适当的调整，《中国古植物志》各册全部完成和出版时间也还不能最后确定。

斯行健、徐仁和李星学等前辈古植物学家在 20 世纪六七十年代主编的《中国植物化石》丛书，即《中国古生代植物》、《中国中生代植物》和《中国新生代植物》，为我国普及古植物学系统知识和学科的发展作出了重要的贡献。我们深切期望在我国古植物学经过了半个世纪的进一步发展后编撰和出版的《中国古植物志》能够有助于构筑起一个更坚实的、内容更丰富的中国古植物学基础，以推动学科的进一步发展。这不仅将促进我国古生物学科的繁荣和发展，对世界学术界也能有更多的贡献。

《中国古植物志》编辑委员会

2017 年 5 月

本 册 前 言

本册中所用的"银杏植物"（ginkgophytes）这一名称是狭义的，其中只包括银杏目，即当今学术界一般公认的和现生银杏有着或近或疏亲缘关系的植物，不同于以往许多论著中常用的"银杏类"、"银杏植物门"（Ginkgophyta）或"银杏纲"（Ginkgophytopsida，Ginkgoopsida）等含义笼统而广泛的分类名称，其中混杂有茨康目（Czekanowskiales）和其他一些隶属关系不明的分子。本书的银杏目内也不包括晚古生代的一些营养叶属种，其形态和银杏或多或少有着相似之处，但是目前所有证据尚不足以确定它们和现生银杏有着系统发育上的关系，尤其是一些产出于晚古生代安加拉和冈瓦纳植物群中的营养叶化石。不过为了便于有关资料信息的查阅和今后继续研究，本册将在单独的章节（系统记述"三、归属可疑的营养叶"）中加以收录并在相关的段落中讨论我国产出的部分可疑的化石单元。

银杏目植物在现今只有银杏科的一个单种属——银杏（*Ginkgo* L.）生存，其自然分布地域十分局限，只是地球植被中一个极不显要的组成成分。在地质历史时期，银杏目植物却曾经是一个十分重要的大类。它从晚古生代开始出现，至中生代早、中期达到繁荣发展的巅峰，直到白垩纪中、晚期才急剧地趋向衰落。通常，包括茨康目在内的"广义的银杏类"、松柏类和广义的苏铁类（包括本内苏铁目）一道，被称为是"裸子植物时代"（笼统指中生代或指晚古生代晚期至早白垩世早期）的三大主要植物类群。银杏目在属、种和形态的分异度上和其他植物类群相比都不算高，不过它分布十分广泛，在侏罗纪和早白垩世最繁盛的时期，它的踪迹几乎遍及全球。这是许多地域性较强或对生存环境条件要求较为严苛的植物类别所不能企及的。自 19 世纪中期发现和识别出银杏目化石以来，有关这方面的记录和研究论著非常多，比较重要的综合性文献有 Seward（1919）、Florin（1936）、Harris（1935）、Harris 等（1974）、Krassilov（1972）、Tralau（1967, 1968）、Lundblad（1959）、Samylina（1967b）和 Uemura（1997）等（详见概论"一、研究历史"）。

自晚古生代以来，我国陆相沉积一直十分发育，其中保存了极为丰富的银杏目化石。自 1874 年 Brongniart 首先记述了陕北丁家沟侏罗系所产的银杏目植物化石 *Baiera dichotoma* 以后，Halle 和斯行健等先驱相继在中国晚古生代和中生代地层中记录了一些属种。李星学在 1963 年出版的《中国中生代植物》一书中对此前记述的银杏类的综述和汇编，在很长的时间里是研究和鉴定此类化石的重要参考文献。此后徐仁、陈芬、段淑英、陈晔、王自强、李佩娟、周志炎、曹正尧、吴舜卿、吴向午、周统顺、周惠琴、米家榕、张武、郑少林、孙革、邓胜徽、杨恕、张泓、冯少南、陈公信、孟繁松、杨贤河、厉宝贤和曾勇等在各有关地区和时代的植物化石组合和植物群的研究论著内，或是在一些区域古生物图册中（未一一列举，详见参考文献）都记载和描述了多种银杏目化石。

20 世纪 80 年代以前有关报道几乎无例外地都是营养叶化石，虽然有些论著中已对银杏目植物角质层构造予以重视，对银杏化石进行专门研究的论文仍然很少（厉宝贤，1981；杨贤河，1989；曹正尧，1992；Zhao et al., 1993）。值得庆幸的是，我国近二三十年银杏目的研究取得了不少重要的进展。一些罕见的、保存十分完好和精美的生殖器官化石的陆续发现为深入研究银杏目的自然分类、系统发育关系和演化过程提供了宝贵的依据（Lemoigne, 1988；Friis, 1989；Taylor et al., 2009；Zhou, 2009；Crane, 2012）。经过一个多世纪的发掘和研究，目前有关我国银杏目化石的重要文献有数百种之多。除了已知最古老的毛状叶科（Trichopityaceae）以外，其他四个科级分类单元均有报道。在我国记录的属级分类单元占全球总数的一半以上，只有极少数局限分布在欧洲的成员和南半球产出的归属可疑的分子尚未见记录（周志炎、吴向午，2006；Zhou & Wu, 2006）（见本书概论"四、银杏目的时空分布和盛衰变迁"和系统记述）。

　　作为《中国古植物志》的一个分册，《银杏植物》编写的目的是：在国际、国内有关研究成果和进展的基础上对中国迄今已发表的银杏目化石进行一次新的阶段性整理和总结。首先将利用适当的篇幅阐述和介绍世界各国和我国银杏目的研究历史、目前已取得的成果和进展以及一些主要问题和不同认识。大量的篇幅和主要的内容则是对中国已知银杏目属、种资料和文献的综合汇集和整理。本书的编写按照《中国古植物志》总的要求和格式进行。由于植物化石保存的不完整性特点以及研究程度的差异等原因，银杏目植物也同其他多数类别一样，在命名、鉴定和分类方面存在各种问题。而且，银杏目植物营养叶形态的巨大变异，导致这方面的情况更加严重。我们遵循《中国古植物志》总序中提出的编写原则来处理，尽可能对问题进行查证和核对，并客观地作出评述或提出修订意见，避免采取主观武断甚或违反命名规则的做法，在已经存在的问题上增添新的混乱。针对银杏目少数营养器官属（如 *Ginkgo*，*Ginkgoites*，*Baiera* 等）因研究者的鉴定标准不一而造成的命名差异，本书采用或改为符合最新的、公认的统一标准的名称，但不作为"新组合"处理。希望本册的编辑和出版能够为今后银杏目的研究提供一个内容丰富、比较全面而可靠的资料汇编，便于后来的研究者进一步开展工作时查阅和参考，以有利于银杏目研究学术水平的提高。

　　《银杏植物》从 2009 年开始正式立项编写，有关资料的收集和策划等准备工作开展得更早，但由于种种原因，进度一直很缓慢。本书共收录和参考了国内外有关银杏植物的文献三百多篇（本）中近两千个相关记录，审核和评述了在我国产出和报道的 32 属 228 种，将它们整理后归入一个基于最新研究成果建立起来的分类系统中。其中属于银杏目自然分类单元的仅有 4 科 5 属 14 种；自然科、属的归属无法确定的（形态属或器官属）共有 16 属 157 种，还有 11 属 57 种则为可疑的银杏植物。以往银杏植物化石记录中还包括了大量比较种、未定种和鉴定存疑的标本（吴向午、王永栋，待刊），除了个别具有较重要的植物学或地层学意义的以外，本书中一般不予记述，仅列出其名单和产地层位等信息，以便于查看和利用。有关银杏植物的基本形态结构的解释和示意图都包含在本书对现生代表——银杏的叙述部分（概论"二"）内，个别比较专门的术语则在有关属种的记述中加以注解。由于资料来源繁杂，不同作者对部分名词的翻译和习惯用法有所差异，如：叶片分裂后形成的最后裂片（ultimate segments），也有称为末级裂片的；围绕细胞（encircling cells），也有名为周围细胞或环围细胞，等等。在形态结构名词翻译尚未完全统一和规范化的情况下，如若原来的译名用词不致造成读者错误理解，本册中对于它们也都不再做改动。

本书从开始编写时就参考了吴向午和王永栋汇编的《中国银杏植物大化石记录（1865－2005）》的书稿，节省了许多文献资料收集和查找的时间和精力。作为主要编著者之一，吴向午还负责了系统叙述部分中的楔拜拉、准银杏等9个属的编写。杨小菊编写了种数很多的似银杏和拜拉以及木化石等共6属，同时还负责全书文献的汇编以及大部分图片制作、说明的编写和审核等。周志炎则负责其余的属、种和其他章节的编写以及全书的统稿和定稿等。本书的编写是在科学技术部科技基础性工作专项（2013FY113000 和 2006FY120400）资助下开展和进行的，其间得到国家重点基础研究发展计划项目（2012CB822000 和 2012CB821900）资助。中国科学院南京地质古生物研究所、现代古生物学和地层学国家重点实验室沙金庚、杨群和沈树忠等负责人先后在经费和工作条件等方面给予大力支持；古植物学与孢粉学研究室也提供了各种方便和帮助；《中国古植物志》编辑委员会成员和研究室/所许多同事在志书编写要求和格式以及文稿内容等方面提出批评、建议或参与讨论，使编撰工作得以顺利进行；曹正尧、刘陆军、沈树忠、吴舜卿、王永栋、叶美娜、赵修祜等还提供了部分图片；图书馆负责人张小萍和冯曼等协助查找复制文献；姚兆奇、李浩敏以及国外同行 G. Guignard、E. Bugdaeva、N. Nosova 等翻译部分俄、法文属、种的特征，或惠寄文献和图片等；傅睿思（Else Marie Friis）协助查对保存在瑞典斯德哥尔摩自然历史博物馆的中国标本登记号并代为联系斯文赫定基金会申请版权等；D. K. Ferguson 润饰英文摘要；J. H. A. Van Konijnenburg-van Cittert 惠寄参考文献；日本新潟大学高桥政通协助联系日本古生物学会 Rei Nakashima 和日本东北大学地质古生物研究所井龙康文和木幡彰子等授予部分图片使用权；唐思佳完成大量书刊借阅、图片复制和绘制以及其他辅助工作；史恭乐协助部分图片摄制和应用计算机软件做系统发育分析等；徐青同学协助处理图片；中国科学院植物研究所王祺提供有关植物命名法规的咨询；李承森、王士俊、朱家楠、刘秀群和中国地质科学院张建伟、蒋子堃以及兰州大学杨恕等惠寄化石图片或协助申请版权；中国石油勘探开发研究院邓胜徽，吉林大学孙春林、全成，沈阳师范大学孙革，中国地质调查局沈阳地质调查中心公繁浩，国土资源部天津地质矿产研究所王自强和沈阳地质矿产研究所郑少林、张武等分别提供了多种华北、东北和内蒙古地区二叠纪、侏罗纪、白垩纪和古近纪银杏化石的资讯和图片等；云南大学深时陆地生态研究所冯卓惠寄部分木化石图片资料；煤炭科学研究院西安分院、西北大学华洪、河南煤田勘探局杨景尧，以及中国地质大学（北京、武汉）杨关秀、黄其胜和张瑞生等协助进行版权申请或惠允图片使用；中国科学院古脊椎动物与古人类研究所《中国古脊椎动物志》编辑委员会和南京地质古生物研究所科技处蔡华伟等协助或组织志书编写工作；中国石油勘探开发研究院邓胜徽对书稿进行审阅，提出不少宝贵修改意见；科学出版社胡晓春、孟美岑和南京地质古生物研究所张允白在志书格式和章节的设计以及编辑书稿过程中十分严谨、认真负责，保证了本书高质量的刊印出版，等等。对以上单位和个人，我们均在此一并诚挚地表示感谢。

本书中所引图片和资料除了已在各相关章节中注明出处外，还分别向有关作者和刊物出版机构提出申请，以获得授权准许。在此我们一并向各原作者和有关出版社致以深切的谢忱。资料引证和说明中如有差错、不当和遗漏之处，唯编写者是咎。

目　　录

CONTENTS

概　　论

狭义的银杏目（Ginkgoales *sensu stricto*）只包括那些已经被证明在谱系上和银杏有比较确切可靠的关系的化石。茨康目和银杏目的营养叶外形很近似，在保存不完整时很容易混淆，有时候彼此甚至在角质层特征上也很难区别（如 *Sphenarion* Harris 和 *Sphenobaiera* Florin 等属）（Harris et al., 1974）。在许多著作中都把茨康目当作银杏类或银杏植物门内的一个和银杏目并列的大类。由于数十年来对它的胚珠器官化石研究已经证明它是一个和银杏目有明显区别的、已灭绝的植物类群（Harris, 1951；Krassilov, 1970, 1972），在本书中我们不再将茨康目包括在银杏植物内。

一、研究历史

（一）银杏的研究简史和现状

银杏（*Ginkgo biloba* L.）是国人十分熟悉和喜爱的一种树木（图 1、图 2）。我国先民在生活和生产活动过程中利用它的种子、叶和木材已经有十分悠久的历史（曹福亮，2007a, b；林协，2007a, b；吉士，2007）。在街道、园林、苗圃、风景胜地或名山古刹，都不难看到它伟岸挺拔、枝叶婆娑的身影。千年古树不仅分布在长江中下游和中南、西南地区，在黄河以北也有生存。寿命据说达到三四千年（甚至五千年）的植株在陕西（汉中）、山东、湖北、贵州和浙江等地都有记载，有关它们的传说和轶闻也很多。其中栽在山东莒县浮来山定林寺的一株高约 26 m、胸径约 4 m 的古树，据清顺治的一位知州所立的碑文记载，当时已有三千多岁。相传春秋时期莒国和鲁国诸侯曾在此树下会盟。如果这些传说属实，在古代银杏树的自然分布地域或许比现今广泛，其栽培史也可能更久远。只是目前还没有关于这些古树的详细调查和考证工作，也缺乏对银杏在我国历史时期的自然分布和变迁过程以及人类活动所带来的相关影响等方面的系统和综合研究。

目前所保存下来的有关银杏的文物考古资料只能追溯到汉代。在徐州出土的汉画像石上出现了最古老的银杏叶状图案。到了东晋（公元 317–420 年）和南北朝（公元 420–589 年），银杏树已较多地出现在绘画和墓砖浮雕上。在文献典籍中，银杏这一名称出现得更晚。据北宋欧阳修等的诗文记载，它原产"南方"，当时它的种子被作为贡品或珍贵礼品送进汴京，为朝野所喜爱并被冠以"银杏"这样一个雅致的名称，其后才逐渐在黄河流域广泛栽种（见阮阅《诗话总龟》等）。到了元朝（见《农桑辑要》和《王祯农书》

图 1　中国科学院南京地质古生物研究所庭院内的银杏树

Ginkgo trees in the courtyard of Nanjing Institute of Geology and Palaeontology, CAS

等），银杏作为一个树名在文献中已被相当广泛地应用（详见曹福亮，2007a, b；林协，2007a, b）。在此以前，民间俗称它为"鸭脚树"或"公孙树"等。也有人认为西汉司马相如所作的《上林赋》中提到的"华枫枰栌"中的枰树（平仲木）就是指银杏树。但在两千多年前关中大地上是否已有银杏栽培，很值得怀疑。

　　银杏在公元 6 世纪前后开始由陆路传播到朝鲜半岛，以后再进入日本。在盛唐以后又多次从海路进入日本（曹福亮，2007a, b；林协，2007b）。据日本学者记载，在富山县冰见市上日寺中的一株雌性植株可能已有 1500 年以上的历史（Hori & Hori, 1997）。欧洲最古老的一株银杏树，现今生长在荷兰乌得勒支（Utrecht）植物园，是 1730 年种植的（曹福亮，2007a, b；林协，2007b）。

图2　江苏南京汤泉惠济寺的一棵古银杏树

An ancient ginkgo tree in the Huiji Temple of Tangquan, Nanjing, Jiangsu

　　银杏为雌雄异株，具有原始的扇状脉叶片和带有珠托的种子。这些奇特的性状在植物界中十分罕见。银杏在 18 世纪被引入欧洲时，植物系统科学已经开始建立，林奈在 1771 年给银杏以正式的科学命名，然而在 18 世纪至 19 世纪很长的一段时间里，植物学家对它的分类和归属仍然莫衷一是，通常人们把它和松、杉等归并在一起。直到 19 世纪后期，日本学者平濑作五郎（Sakugoro Hirase）（Hirase, 1896）发现银杏花粉在授精过程中释出游动精子，全然区别于松柏类植物，学术界才开始认识到它代表着一个独特的植物类群，具有重要的科学价值。相比其他植物大类，人们对银杏分类位置的识别晚了一百多年。19 世纪末到 20 世纪初是西方植物学家对银杏形态、构造和生物学性质等进行全面和深入工作的阶段。这方面最详尽和系统的要数 Seward 和 Gowan（1900）、Seward（1919）和较晚的 Chamberlain（1934）等的研究工作。

　　20 世纪末，日本植物学会为纪念平濑对银杏研究的杰出贡献一百周年，组织世界各国有关专家、学者共同撰写和编著了《*Ginkgo biloba*: A Global Treasure from Biology to Medicine》一书（Hori et al., 1997），其内容涵盖银杏的生物学、古植物学、"人文植物学"（Ethnobotany）、环境工程、化学和医药等领域。主编者认为该书是对平濑以后百年来关于银杏研究成就的一个总结和回顾。英国皇家学会会员，曾担任英国皇家植物园（邱园）主任的古植物学家 Peter Crane 2012 年出版了他多年广泛收集文献资料和实地考察写成的专著《*Ginkgo*: The Tree that Time Forgot》（Crane, 2012, 2016）。作者以他广博的知识和见闻以及多年从事教学、科研和学术主管等工作的丰富阅历，从全时空的视野和广尺度范围对银杏做了系统的论述，完美地把它的人文科学意义和自然科学价值结合到了一起。近数十年来，人们逐渐更多地重视和关注银杏在医疗保健和景观绿化等方面的实用价值。在互联网上，Kwant 的 "The Ginkgo Pages" 和 Begović（2011）的《Nature's Miracle: *Ginkgo biloba* L. 1711》都是汇集银杏各种资料大成的信息源和电子书。

（二）银杏目化石发现和研究

由于银杏（*Ginkgo biloba* L.）是银杏目中现今仅存的银杏属内茕茕孑立的一个种，它所蕴含的和所能提供的有关这一类植物形态学和系统关系方面的信息虽然十分宝贵，但无疑是十分有限的。因此，对于地质时期生存过的银杏的祖先和其他银杏目植物究竟应该如何来识别，人们一直感到十分困惑。由于具有较高分类价值的生殖器官化石十分稀罕，长期以来人们只是依靠常见的营养叶化石来分类。可是营养叶所具有的性状很局限，本身变异程度却可以相当巨大，特征并不很稳定。更为不利的是：这种具有多次二歧分叉脉序的扇形叶也不是银杏或银杏目植物所特有，在其他植物中也常可见到，尤其是在较为原始的种类中，如前裸子植物古羊齿（*Archaeopteris*）和真蕨类中铁线蕨（*Adiantum*）等的羽片（小羽片）就具有十分相近的外观。内容混杂的晚古生代"掌叶类"（psygmophylloids）或"古叶类"（palaeophylls）（Arber, 1912；Seward, 1919；Høeg, 1967；Stone, 1973）、中生代裸子植物茨康目（Czekanowskiales）以及一些"中生代种子蕨类"（如盾籽目 Peltaspermales）等的叶、裂片或羽片等，也往往都和银杏目的叶部化石难以区分，尤其在标本稀少而且保存不佳时更是如此。正因为存在这种特殊的情况，在早期研究中人们曾误将不少和银杏在系统发育关系上并不相关的属、种一同归入"银杏类"中。同时，由于植物营养叶的形态在同一个种内可能具有可观的变异，而在不同属、种间又存在相互叠覆的状况，也使得一些依据叶形建立起来的"银杏类"化石属、种的含义和彼此间的界限不是很清晰和明确，造成了银杏目化石鉴定上的困难并增添了分类、命名上的混乱。

1. 晚古生代"银杏类"

早在 19 世纪后期，Schmalhausen（1879）就报道了晚古生代安加拉植物群中发现的和现生银杏十分相似的叶化石，如 *Rhipidopsis*。后来 Zalessky（1912, 1932）又陆续记载了许多类似的叶化石，如 *Ginkgopsis*、*Glotophyllum*、*Nepheropsis*、*Psygmophyllum*、*Phylladoderma*、*Ginkgophyllum* 以及 *Meristophyllum*（也见 Takhtajan et al., 1963），在俄罗斯伯绍拉（Pachora）盆地的二叠系中甚至还有似银杏属（*Ginkgoites* Seward）的记录，但是它们都缺乏可信的银杏目特征（Meyen, 1988）。目前所知，该地区只有产于二叠系、和卡肯果（*Karkenia* Archangelsky）相似的胚珠器官化石及共同伴生的叶化石（定名为 *Kerpia*）（Naugolnykh, 1995, 2001, 2007）可能和银杏目有关联。

在晚古生代冈瓦纳植物群中也很早就有"银杏类植物"的报道和记载，如 *Rhipidopsis*、*Psygmophyllum*（有时称为 *Ginkgophyllum* 和 *Ginkgophytopsis*）（Feistmantel, 1881；Seward, 1903, 1907, 1919；Ganju, 1943；Sitholey, 1943），也有人直接把它们归入银杏目内（Anderson & Anderson, 1985）。不仅如此，在印度 Rajmahal 盆地的二叠系（Bajpai, 1991；Maheshwari & Bajpai, 1992）、阿根廷（Cúneo, 1987）、南非（Plumstead, 1961）和刚果（Høeg & Bose, 1960）的石炭、二叠系中甚至还有似银杏或银杏属的记载，但这些记录都缺乏角质层或生殖器官的证据。据 Taylor 和 Taylor（1993）报道，在南极下二叠统有楔拜拉（*Sphenobaiera* Florin）产出，只是详细情况不明。其后，Bauer 等（2014）指出，其产出层位实为上三叠统卡尼阶（Carnian）。这个银杏目的叶化石形态属在南非上三叠统 Molteno 组也有发现，

并呈现出很可观的多样性。不过同它们相伴生的生殖器官和银杏却差别很大，被归属于 Hamshawviales（Anderson & Anderson, 2003）的雌性生殖器官，其大孢子叶为肉质，并且在腹面包裹着多枚种子，和银杏及其他银杏目已知的雌性生殖器官迥异。

晚古生代欧美植物群和华夏植物群中和银杏相似的化石也很早就有记载（Seward, 1919）。目前已知最古老的银杏目成员毛状叶（*Trichopitys* Saporta, 1875）就发现于法国下二叠统，只是当时被当作古老的松柏类来看待。不过早年记载的其他许多银杏类分子，如 *Saportaea*（Fontaine & White, 1880）、*Ginkgophyllum*（Saporta, 1875）、*Dicranophyllum*（Grand'Eury, 1877；Schenk, 1883a）以及在其他两个植物群也有记载的 *Rhipidopsis*、*Ginkgophyton* 和 *Psygmophyllum* 等（Halle, 1927；Kawasaki & Kon'no, 1932；P'an, 1936–1937；Høeg, 1942, 1967），除了个别例外，和银杏目的隶属关系几乎都不可信。后来的研究表明，*Dicranophyllum* 很可能属于古老的松柏类（Rothwell et al., 2005；Taylor et al., 2009）。

比较可信的银杏目叶化石楔拜拉（*Sphenobaiera*）在德国上二叠统含铜页岩中最初曾被定名为 *Baiera*（Heer, 1876a），在法国则见于下二叠统（Renault, 1888）。这种叶化石在华夏植物群中后来也有发现，在中生代植物群中更是常见。在欧亚大陆二叠系中还有 *Ginkgo* 型或 *Baiera* 型叶化石的报道（Kawasaki & Kon'no, 1932；Doubinger, 1956；Dijkstra, 1973；冯少南等，1977b；肖素珍、张恩鹏，1985；Zhou & Wu, 2006；Bauer et al., 2013, 2014），尽管在三叠、侏罗纪以前这两个形态属的典型标本很少见到，但晚二叠世时，具有叶柄的和叶片较宽或多次分裂的银杏目植物可能已经在局部地域和生态环境中生存，只是目前所发现的材料都比较零星，且标本保存欠佳。此外，以往被笼统归于掌叶类（psygmophylloids）的部分叶化石也有可能隶属于银杏目，如：*Ginkgophyton? spiratum* Si（斯行健，1989）（=*Sphenobaiera? spirata* Sze ex Gu et Zhi）（中国科学院南京地质古生物研究所、植物研究所《中国古生代植物》编写小组，1974；见本书页 296）和 *Ginkgophytopsis spinimarginalis* Yao（姚兆奇，1989）（见本书页 333）等。

2. 银杏属和银杏目

由于对现生银杏的研究开始较晚，在 19 世纪中叶以前，多数古植物学家对它的熟悉和了解程度都很有限。他们在记载银杏叶化石时最初用的名称是 *Salisburia*（Unger, 1850），而另一种和银杏近似，但裂片细狭的叶化石则被称为拜拉 *Bayera=Baiera*（Braun, 1843）（此词源自希腊词 *baios*，为瘦弱的意思）。最早在化石中采用银杏属名的是瑞士地质学和古植物学家海尔[Oswald Heer（1809–1883）]。19 世纪中叶开始，他在对西伯利亚侏罗纪和库页岛等地新生代植物群的研究中首先给予银杏化石以正确命名（Heer, 1876b, 1878），开启了对地质时期银杏和其祖先家族的历史的追溯和探究。英国的杰出古植物学家秀厄德（A. C. Seward）是最早对银杏和相关的化石进行系统和综合研究的学者。他率先在研究工作中采用了角质层分析等新技术，还对如何在化石中识别银杏并和形态近似的其他化石种类相互区分提出了卓越的见解，并创建了似银杏（*Ginkgoites* Seward）这个极有实用价值的"形态属"。在 1919 年出版的《Fossil Plants》第 IV 卷中，他在广泛收集有关文献资料的基础上，以丰富的学识和对现生种的深入了解，对当时已发现的银杏以及一些可能有关联的化石进行了详细的总结和评论，为后来的研究者对早期相关文献的了解和研究工作的继续开展提供了极大的便利。

瑞典古植物学家傅兰林（Rudolf Florin）对科达类和早期松柏类的形态、构造、演化和系统发育研究是古植物学研究史上辉煌的篇章。他对银杏类的研究同样具有历史性的意义。1936年，他在研究北极地区法兰士·约瑟夫地的"银杏类化石"的同时，对中生代的有关化石进行了系统整理。因为缺乏生殖器官的证据，他也只能和秀厄德一样，依据营养叶的形态特征对已知"银杏类"叶化石进行人为分类（Florin, 1936, pp. 44, 45），其中还混杂着一些和银杏目关系不明，甚至完全不同的种类，如茨康目的 *Czekanowskia* 和 *Phoenicopsis* 等。不过，傅兰林的分类建立在对叶的形态特征精确分析和对比的基础上，具有很高的实用价值。他所创建和厘定的一些"形态属"，如楔拜拉（*Sphenobaiera* Florin）等一直被广泛沿用至今。其中有的名称如假托勒利叶（*Pseudotorellia* Florin）等甚至具有自然分类的含义。傅兰林最大的贡献是其后对已知最古老的银杏目植物毛状叶（*Trichopitys* Saporta）的研究（Florin, 1949）。这个属原先被归于松柏类。他对模式种（*T. heteromorpha* Saporta）再研究后证明它的胚珠器官和银杏发育早期的或畸形的胚珠器官形态十分相似。这一发现不仅指示银杏目有可能和松柏类同源，而且提供了银杏的个体发育"重演"祖先系统发育过程的关键化石证据。他的一位在自然博物馆工作的同事 Britta Lundblad（1959, 1968）后来陆续对瑞典晚三叠世的多种似银杏以及当时所有已知的假托勒利叶属的各种进行了深入研究，着重依据角质层构造特征的差异对外形上不易区别的各种的含义分别做了精确厘定。另一位瑞典古植物学家 Hans Tralau（1967, 1968）的主要贡献则是对银杏属的地质和地理分布以及它的演化趋向进行了综述和探讨。

哈里斯[Thomas M. Harris（1903–1983）]是英国继秀厄德之后的古植物学巨擘。他在研究东格陵兰晚三叠世和早侏罗世植物群以及英国约克郡中侏罗世植物群时对大量的银杏目化石进行了详细研究（Harris, 1935, 1937；Harris et al., 1974 等）。他很注意银杏植物化石的"营养叶群体"（leaf population）的形态变异性，主张在研究中着重于解剖学（主要是角质层构造）方面的特征，以便对属、种含义作出精确的厘定并正确地鉴定和区分它们。他的论著是研究银杏目化石必读的经典参考书。哈里斯（Harris, 1951）对茨康叶（*Czekanowskia* Heer）的胚珠器官薄果穗（*Leptostrobus* Heer）的深入研究，首次从生殖器官形态上把这类营养叶外形相似的植物和银杏目区分开来，无疑是一项划时代的成果。

Krassilov（1970, 1972）对西伯利亚东部布列亚河流域侏罗纪、白垩纪银杏目和茨康目植物的系统研究也是一个十分重要的贡献。他的工作提供了更多和更确切的证据，支持把茨康目植物从"银杏类"中区分出来。他还对假托勒利叶和其他银杏目植物叶化石做了详细研究并发现了与前者有关的胚珠器官乌马鳞片（*Umaltolepis* Krassilov），揭示了当时银杏目植物丰富的多样性，也为银杏目化石的确切鉴定和进一步分类提供了可靠的依据。Samylina（1956, 1963, 1967b 等）对西伯利亚东部和极区侏罗纪到古近纪的银杏目化石做了许多研究。她很重视角质层特征在鉴定银杏目叶化石中的价值，并建立了一些新的属、种。她同时也对这一时间段内银杏在该地区的演变过程进行了探讨。Doludenko 和 Rasskazova（1972）对东西伯利亚伊尔库茨克盆地中侏罗统的银杏化石进行了新的研究，纠正了 Heer 早年研究中的许多差错，厘定了长期以来鉴定混乱的 *Ginkgoites sibirica* 等种的含义。Uemura（1997）则对东亚新生代以来银杏属的种类和地理分布的演变做了归纳和总结。由于化石材料的限制，以上这些研究大多还是以叶部化石为基础的。

银杏目植物的生殖器官在母体植株上生存短暂、数量较少，它们和营养器官在凋落时间上也有差异，以致这两种器官彼此相连保存为化石的概率极小，这是不难理解的。即使它们同层产出，要查证彼此间的相互关系也相当困难。因此，尽管叶化石丰富多样，可信的银杏属和银杏目植物生殖器官化石记录却十分稀缺。这种状况在很长时间里造成了学者们对于地质历史时间里出现的大量银杏状的叶化石是否都应该归于银杏属的意见分歧和反复（Seward, 1919；Harris, 1935, 1937；Florin, 1936；Harris et al., 1974；Czier, 1998；Watson et al., 1999 等）。在研究阿根廷早白垩世植物群的过程中，Archangelsky（1965）发现和银杏状的叶化石相伴生的胚珠器官不同于现生银杏，而是一种形态颇为不同的卡肯果（*Karkenia*）。这使问题变得更为复杂，也带来了更多的困惑——究竟地质历史时期里发现的银杏状叶化石哪些才是真正的银杏？银杏属究竟何时出现在地球上？其实，早在一个多世纪以前，古植物学家已经找到了侏罗纪银杏属和银杏目植物的可靠证据。Heer（1876b, 1878；Prynada, 1962）在记载东西伯利亚侏罗系植物化石时除了描述银杏等的叶化石以外，也记载了若干分散保存的胚珠器官（应为珠托复合体）和种子化石，只是那时缺乏对化石解剖学的深入研究，所附的图片又是手绘的，其可靠性一直被人怀疑（详见以下关于 *Nagrenia* Nosova, 2013 的讨论）。英国的 Black（1929）在报道约克郡中侏罗统植物化石时，也发现了与拜拉属型的叶相伴生，后来称为义马果（*Yimaia* Zhou et Zhang 1988, 1992）的胚珠器官。只是当时只发现了一块标本，也没有深入研究，而且后来该标本又下落不明，给人们留下了遗憾和种种猜测。

大量保存完好的银杏目的生殖器官是 20 世纪 80 年代在我国发现的。当时在河南义马参加煤田地质勘探工作的章仁保、桑少华和章伯乐（志刚）工程师一家利用节假日和业余时间在义马煤矿北露天矿的侏罗纪地层中采集到了十分丰富的银杏胚珠器官和义马果化石标本等，并逐步开始了研究（周志炎、章伯乐，1988；Zhou & Zhang, 1988, 1989, 1992；Zhou, 1993；章伯乐、周志炎，1996 等）。以后二十多年里，在我国东北和西北各地侏罗纪和早白垩世地层中又不断有保存完好的银杏和其他银杏目植物的生殖器官化石被发现。其中，除了目前所知最古老的中侏罗世的义马银杏以外，早白垩世的银杏花粉器官和胚珠器官的发现也具有很重要的学术意义（Zhou & Zheng, 2003；Deng et al., 2004；Zheng & Zhou, 2004；Liu et al., 2006）。对这些珍贵标本的详细深入研究为揭开银杏和它的家族在地质历史时期的盛衰（多样性变化）、系统发育关系和演化历史提供了难得的实物资料，也为建立和逐步完善银杏目的自然分类系统打下了基础，使得银杏目植物的研究摆脱"人为分类"的框架成为可能。有关成果的发表得到了国内外学术界的广泛重视、引用和积极评价（Lemoigne, 1988；Friis, 1989；杨关秀，1994；Taylor et al., 2009；Crane, 2012）。

在国外，近些年来这方面重要的工作有 Kvaček 等（2005）对捷克晚白垩世的 *Nehvizdyella* 属的研究和 Nosova（2012, 2013）、Nosova 和 Gordenko（2012）对乌兹别克斯坦中侏罗世原先被归入种子蕨类的 *Grenana* Samylina（1990）标本的修订和再认识。此外，对产于北美古新世，也是世界上目前所知仅有的新生代银杏胚珠化石也做了新的研究（Zhou et al., 2012）。这些成果对全面了解地质时期银杏科植物的多样性变化和系统演化过程都是十分重要的。

在南非，Anderson 和 Anderson（1985, 2003）对上三叠统 Molteno 组所产出的丰富植物化石进行详细研究时，也记录了不少和银杏或银杏目植物十分相似的营养叶化石，但是，正如前面所指出的，与之相伴生或连生的胚珠器官却在形态上很不相同。它们和银杏属及主要分布在北半球的银杏目植物究竟有着何种联系是有待今后研究的。

二、现 生 银 杏

银杏（*Ginkgo biloba* L.）是著名的活化石，也是银杏属的"单型种"。它是地质时期繁荣一时的裸子植物类银杏目和银杏科现今仅存的代表。它不仅是生物演化的实证，更是研究地质时期银杏目植物形态、构造、生理、生殖和生活环境唯一可以参照的活教材，因而具有十分重要的科学价值。

（一）形 态 构 造

1. 营养器官

银杏是大型的落叶乔木，高度达 30 m 以上，胸径可及 2–3 m。它具有直立的主干和伸展的侧枝；根系发达，具有明显的主、侧根。树龄较大的植株树冠发育，呈塔形、圆锥形或卵圆形等。

枝条有长、短之分。一般在树苗和幼树上均为长枝，短枝通常要到 10 年左右才会出现，随着树龄的增长而增多，而长枝的发枝量所占的比例则随着树龄的增长趋向减少。成年树的树冠上短枝多于长枝。短枝在长枝上呈稀疏螺旋状排列，由已脱落的叶的宿存腋芽发育而成，其顶芽为覆瓦状排列的芽鳞所包被。短枝年生长量只有数毫米，顶芽萌发后，鳞片脱落，顶端簇状生长出叶或夹杂有雌、雄花。短枝四周具有历年来叶或花和果柄脱落后所留下的、紧密螺旋状的菱形或梭形痕，其中可以见到成对的维管束痕（图 3—图 6）。

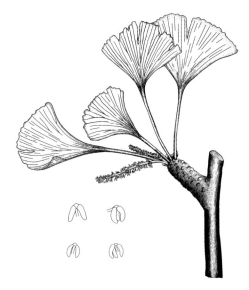

图 3　银杏长短枝的形态及叶和雄花（花粉器官）的着生方式示意图

Long and short shoots of *Ginkgo biloba*, and the attachment of leaves and male flowers (pollen organs)

左下为放大的雄蕊 Enlarged stamens on the lower left

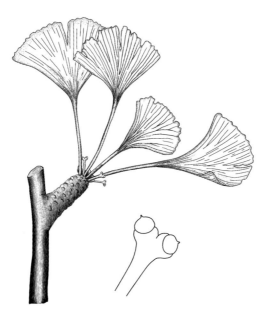

图 4　银杏雌花（胚珠器官）在短枝上的着生方式 Female flowers (ovulate organs) attached to the short shoot

右下为胚珠器官局部放大 An enlarged ovulate organ on the lower right

图 5　从宿存的鳞芽中萌发出来的雄花和叶簇（Begović Bego 提供）

Male flowers and the leaf tuft sprouted from the bud (Courtesy of Begović Bego)

　　茎干和长枝的解剖构造为密木型（pycnoxylic type），短枝髓部发达，呈疏木型（manoxylic type）。木材中常含薄壁异细胞，不具树脂道。在次生木质部中管胞的形状大小较不规则；管胞的具缘纹孔单列、相互分离或成对并列，为眉条（crassulae）所分隔。木射线单列，高度一般较低（多数由 2–4 个细胞构成），射线细胞的水平壁和弦向壁薄而光滑。交叉场纹孔为柏木型（cupressoid type）。叶柄中具有成对的维管束（图 7）。

图6 生长叶和种子（白果）的雌树枝条（史恭乐摄影）
Shoot of female tree with leaves and seeds (Courtesy of Shi Gongle)

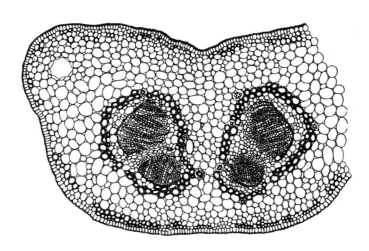

图7 银杏叶柄顶端解剖构造示意图 Anatomical structure of *Ginkgo* leaf petiole (near the apex)
放大示双维管束结构（引自 Zimmermann, 1959, Abb. 229c）Enlarged showing the double vascular bundles (From Zimmermann, 1959, Abb. 229c)

叶为扇形，具长柄。叶片一般近半圆形至宽楔形，和叶柄相连处呈楔形，两侧边近于平直或内凹，顶端呈凸弧形，全缘、波状、缺刻状、两裂或不同程度地多次分裂。叶为单面下气孔型（hypostomatic type）；上表皮气孔偶见，通常败育；表皮细胞不具乳突。下表皮气孔众多。气孔器单唇型（haplocheilic type），方位不定，不规则地散布在脉间；表皮细胞具有乳突。叶脉为开放式脉序，由叶柄伸入叶片两侧基边的两条维管束分别多次二歧分叉构成；叶脉以小角度分叉后在叶的中、上部相互近乎平行地直趋叶顶端，以钝角和叶缘相交。脉间常见圆形、椭圆形至梭形的树脂体（图8、图9）。

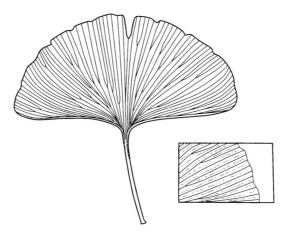

图 8　银杏叶的扇形叶片、长的叶柄和二歧分叉叶脉示意图

Ginkgo leaf showing the flabellate lamina, long petiole and bifurcating veins

右下放大图示脉间的树脂体 Enlarged figure on the lower right showing the resin bodies between veins

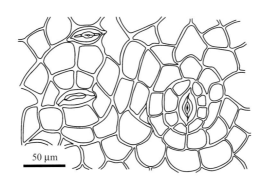

50 μm

图 9　银杏叶下角质层内面放大素描 Inside view of *Ginkgo* leaf lower cuticle

示气孔器和下凹的表皮细胞和副卫细胞平周壁（在外表面具有乳突）Showing stomata apparatuses and concave (papillate outside) periclinal walls of epidermal and subsidiary cells

叶的角质层由真角质层（cuticle proper）和角质化层（cutinized layer）组成。真角质层的基质颗粒状，在下部构成颗粒带（granular zone），在上表面具有一个由致密和半透明薄片交替规则地重叠而成的多片带（polylamellate zone）。角质化层含有排列不规则的纤维，组成稀疏、形状不规则的网络（图 10）。

2. 生殖器官

银杏雌、雄异株，雄花和雌花分别生在不同植株的短枝上（图 3、图 4），从叶或鳞片的腋部伸出，稀疏地生在叶丛中（图 5、图 6）。

雄花（小孢子叶球）呈柔荑花序状，由一个长柄和多个螺旋状排列的雄蕊（小孢子叶）构成。雄蕊具短柄（花丝），顶端生有成对下垂的花粉囊（小孢子囊，花药）。花粉单沟，舟形。雄花一般在 4 月初开始成熟。

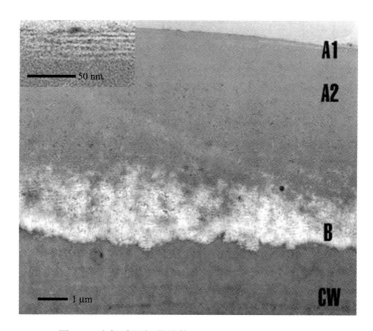

图 10　叶角质层超微结构 Leaf cuticle ultrastructure

真角质层（A=A1+A2），角质化层（B）和细胞壁（CW），小框局部放大示上部的多片带（A1）和下部的颗粒带（A2）（引自 Guignard & Zhou, 2005）Cuticle proper (A=A1+A2), cuticular layer (B) and cell wall (CW), enlarged figure showing polylaminate zone (A1) in the upper and the granular zone (A2) in the lower (From Guignard & Zhou, 2005)

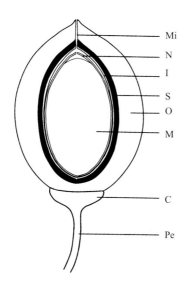

图 11　胚珠结构示意图
Schematic drawing of the ovulate organ

示珠柄（Pe）、珠托（C）、大孢子（M）、珠被外层（O）、石细胞层（S）、珠被内层（I）、珠心（N）、珠孔（Mi）Showing petiole (Pe), collar (C), megaspore (M), outer part of integument (O), stone layer (S), inner part of integument (I), nucellus (N), micropyle (Mi)

雌花（大孢子叶球）一般由一个长柄（总花梗或总花柄）和两枚胚珠（有珠被包裹的大孢子囊）构成。胚珠直立，具珠托（collar，也称"珠领"），在发生早期具有珠柄，成熟时直接生在长柄的顶端。通常仅一枚胚珠发育成种子。胚珠由大孢子（胚囊）、珠心（大孢子囊壁）和珠被组成。珠被（种皮）外层（外种皮）肉质，具角质化较强的表皮；中间有一石细胞层（中种皮）；珠被内层（内种皮）膜状，角质化薄弱，仅在其上部和珠心分离，形成贮粉室和珠孔。珠心的角质化也较弱，但在上部增厚（图 11）。大孢子壁可分为内面的致密基层（foot layer）和外面的由棒状体组成的纹饰层（patterned layer）。在发育初期，纹饰层有分层现象，棒状体大致紧密排列成垂直于大孢子壁表面的规则纵列，以后分层现象消失，棒状体逐渐增粗，并相互联结并合。发育成熟的大孢子壁具网状的超微结构（图 12）（Zhou, 1993）。

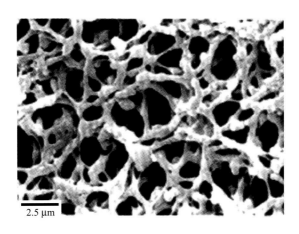

图 12　大孢子壁超微结构（引自 Zhou, 1993）
Ultrastructure of megaspore wall (From Zhou, 1993)

雌花成熟稍晚于雄花。胚珠顶端先分泌出传粉滴，接受花粉。花粉进入胚珠的珠孔管和贮粉室后须经过 4–5 个月，雄配子体才发育完成。雄配子体由单细胞的、多次分支的吸器（haustorium）、花粉管和膨大的顶端囊状体构成。囊状体最后开裂，释放出两个带鞭毛的游动精子，进入雌配子体顶端的颈卵器完成受精（图13）。胚珠成熟为种子也有明显滞后现象。

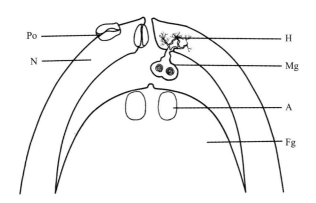

图 13　胚珠受精放大示意图 Schematic drawing of ovule fertilization

示花粉（Po）、珠心（N）、吸器（H）、雄配子体（Mg）、颈卵器（A）、雌配子体（Fg）（参考 Friedman & Gifford, 1997, fig. 5c 绘制）Showing pollen (Po), nucellus (N), haustorium (H), male gametophyte (Mg), archegonium (A), female gametophyte (Fg) (Redrawn after Friedman & Gifford, 1997, fig. 5c)

3. 营养叶和生殖器官的发育与变异

早年有些学者曾从现生银杏中区分出若干个变种（胡先骕，1954）。除了叶籽银杏（*Ginkgo biloba* L. var. *epiphylla* Makino）（图14）（李保进、邢世岩，2007；李士美等，2007）以外，现今研究者都不主张进一步划分出其他亚种、变种或变型。在实际应用时，人们通常只是根据种核（籽实）的形状和大小以及产地等分成若干栽培品种（cultivars or cultivation varieties）和不同的优系（clones）或优株（elite trees），也根据核用、叶用、观赏和材用等不同用途来区分品种（He et al., 1997；邢世岩，2007）。现生银杏在生长和发育的不同阶段、在不同的内在和外部环境因素影响下，存在种种形态上的差异，如植株和树冠形状，枝条伸展情况，有无树乳（chichi）和树瘤的生长，以及叶片、花粉器官和胚珠器官形态的变化等。对于银杏目化石研究，银杏的营养叶和生殖器官的发育过程和变异性具有重要参照价值。

银杏营养叶具有可观的变异性或多型性这一现象（图15）很早就为各国学者们所重视，并已有多种论著进行了研究和讨论（Seward & Gowen, 1900；Kräusel, 1917；Seward, 1919；Poterfield, 1924；Sahni, 1933；Critchfield, 1970；Hara, 1997）。银杏的叶随着发育的阶段、所着生枝条的种类和植株的性别以及生长环境不同而有形态上的变化。一般，在幼苗、幼株和新枝（长枝）上，叶片从叶柄顶端呈锐角状伸出，其基部常呈楔形，通常较深地两次或多次分裂，裂片的顶端呈截形或不同程度的缺刻状；在成年树和短枝上，叶片大多呈半圆形或更扩展的形态，不分裂，其顶端全缘、波状或仅具很浅的中凹。由于这种叶形变化的顺序和地质历史时期银杏目化石叶形出现先后的趋向大体上相符，

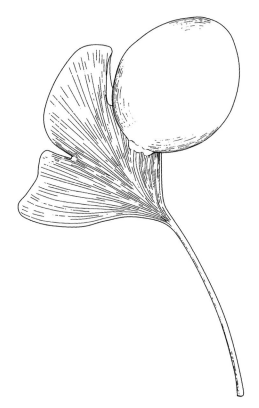

图 14　叶籽银杏示意图
Schematic drawing of *G. biloba* var. *epiphylla*

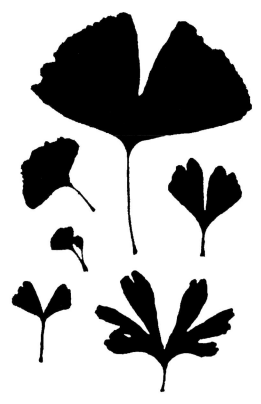

图 15　营养叶的变异性或多型性（引自周志炎，2003，据 Seward, 1919 重绘）Leaf polymorphism (From Zhou, 2003, redrawn after Seward, 1919)

在探讨这类植物的演化过程时，通常被引用作为个体发育"重演"系统发育的证据（如：林思祖，2007；Zhou, 2009）。此外，还有一些特殊的，如杯形或漏斗形的叶形，但并不常见（图 16；Sahni, 1933；Zimmermann, 1959；Arnott, 1959b；Hara, 1984，1997）。叶脉也稍有变化，Arnott（1959a, b）曾对数以千计的银杏叶片做了观察统计，发现有 9.9%–13.4%的叶片具有叶脉联结的现象，而且在长枝上比短枝上多见。这种信息是否也将对研究地质时期银杏目化石有启发和参考价值，是值得注意的。

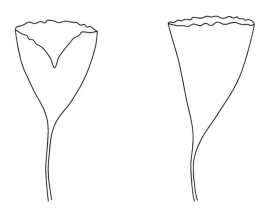

图 16　叶片漏斗状的异常叶示意图
Schematic drawing of funnel-shaped abnormal leaf

　　银杏的雄蕊在正常情况下生有成对的花药。据史继孔（见曹福亮，2007b）的记载，在幼树上可见到具有三个和四个花药的雄蕊。刘秀群等（Liu et al., 2006）做了深入观察并统计了 4168 个银杏成年树的雄蕊，得出的结果是：具有两个花药的占到 91.7%，三个和四个的也分别有 7.72%和 0.55%。这种现象对于了解和探究银杏目雄性生殖器官的演化趋向具有重要的参照意义。

　　银杏的雌花（胚珠器官）上胚珠的数目和着生的方式以及最终成熟情况也有相当的变化。尽管正常情况下着生在总柄上的两枚胚珠中只有一枚成熟为种子，另一枚败育，在未成熟的、败育或畸形的雌花上，也可见到多枚胚珠（最多可达 17 枚）。也有的胚珠不是直接生长在总花梗（peduncle，或称总柄，总花柄）上，而是生在各个分枝（pedicel，或称珠柄，花柄或花梗）的顶端（图 17）。有学者（Zimmermann, 1959）曾统计了德国一株栽培的银杏树上 1000 朵雌花的胚珠数目，结果发现有 582 朵具有两枚胚珠，有 161 朵有三枚胚珠，而具有四到五枚的分别达到 50 朵和近 20 朵，还有少数具有八到九枚的。雌花不具明显珠柄（胚珠直接长在总花梗上）的占 75%以上，胚珠具有明显珠柄（长 2–14 mm）的有两百多朵。据 Karstens 观察，异常的雌花多数见于老树上（达 40%），较少存在于幼株上（约 25%）（见 Soma, 1997）。这种变异现象曾引起许多学者的注意和讨论（Fujii, 1896；Seward, 1919；Sakisaka, 1929；Chamberlain, 1934；Florin, 1949；Emberger,

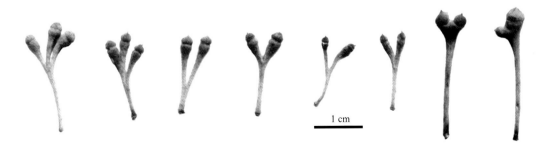

1 cm

图 17　银杏未成熟胚珠器官　Immature ovulate organs

示形态和胚珠数的变异　Showing variation in bifurcation and ovule number

1954；Zimmermann, 1959；Zhou, 1991, 1997；周志炎，1994）。由于这些不同的银杏胚珠器官多数可以在同一植株上见到，它们应该是属于同一个基因型（genotype）的不同表现形式或表型（phenotype）。在正常情况之下，植物器官的生长和发育到成熟的过程是沿着一定的轨迹进行的。银杏雌花早期发育阶段具有珠柄和多胚珠的现象，对于我们了解和探究地质时期银杏和银杏目系统发育过程和演化趋势显然是十分重要的，在概论"五"将对这个问题做较详细的讨论。

对于银杏这个物种在同一植株，甚至同一枝条上出现的雌、雄花形态变异的情况，除了发育阶段不同的因素外，可能和植物本身的生理活动（如调节控制机能松弛或失效）有关（Rothwell, 1987）。畸形器官多见于老年树为这种解说提供了佐证（Fujii, 1896）。值得注意的是比较罕见的不具花梗（或珠柄）的畸形雌、雄花，它们的花粉囊或种子直接生长在叶片边缘（Sakisaka, 1927, 1929；曹福亮，2007a, b；李保进、邢世岩，2007；李士美等，2007；邢世岩等，2007）。长在叶片上的胚珠，所谓叶籽银杏（日语叫 Oha-tsuki；图14），一般发育不良，但有时也能成熟。有些学者认为这种畸形的雌花是银杏生殖器官的叶性器官起源说的重要根据（详见概论"三"的讨论）。

（二）生态环境和分布

银杏喜欢温凉、湿润的气候。据贺善安等（He et al., 1997）的研究，银杏最适宜生长在年均气温 10–18℃和年均降水量 600–1000 mm 的环境里。不过，人类栽培和移植的实践表明银杏具有很广的适应性。除了特别干旱和高温或常年寒冻的环境外，它能生存在地球上的寒温带到地中海型的多种气候条件下。在国内，银杏的栽培最北达到黑龙江黑河，西北至新疆克拉玛依、阿克苏及和田一带，东北到吉林长春和临江，西南至云南腾冲、勐腊和西藏林芝，东南可及于台湾南投和高雄。它生存地的海拔可从 9 m 到 2300 m，年均气温在 3.6℃到 22℃之间，极端的高、低气温分别在 40℃和–40℃左右，年均降水量从 110 mm 到 2000 mm 及以上。在国外除了极区和赤道以外，从芬兰、加拿大到智利、阿根廷、澳大利亚和新西兰都有栽培，且不乏树龄达数十年、上百年或更长时间的植株（林协，2007b）。银杏是喜阳性的树种，生存和繁育对于光照的要求都较强。它粗强的茎干、高耸的树冠、发达的根系和具有厚角质层及下面气孔型的叶都表明它属于植物群落中的上层林木。虽然它的幼苗具有相当的耐阴性，但群落的郁闭度过大时，对于银杏的繁殖和成长却是不利的。详细地了解现生银杏适应性和生长的局限性，无疑有助于探究地质时期银杏和同类植物的生态和分布规律。

我国是世界公认的银杏原产地。不过对于现今是否还存在真正野生的植株，如著名的浙江西天目山的古银杏等，还存在不同意见（Li, 1956；Del Tredici et al., 1992；向应海等，2000；梁立兴、李少能，2001；林协、张都海，2004）。最新的资料表明，从北亚热带广东北部直至北温带的甘肃南部，大致在 25°–33°N，104°–120°E 之间的广大地区里都可能有自然生长的银杏植株存在（林协，2007b）。虽然对于这些分布地区的生态环境、银杏的生存和繁殖情况还缺少详细的研究报道，但是像安徽大别山区，湖北大洪山、神农架和西南山区，湘西、黔东、黔西和川黔交界等历来人迹罕至的山岭地区分布的银杏植株很难想象都是由于人类的活动而保存下来的（见李建文等，1999；向准等，

2001；向碧霞等，2006，2007 等）。近十余年的分子生物学研究也表明银杏具有的遗传多样性比人们想象的要高得多。自更新世冰期以后在中国西南和中、东部至少存在两个分离的银杏避难所（葛永奇等，2003；Fan et al., 2004；Shen et al., 2005；Gong et al., 2007, 2008）。

赵云鹏等（Zhao et al., 2010）运用分子生物学的 cpDNA 和 AFLP 扩增方法研究日本、朝鲜半岛及欧洲和北美等地银杏植株引种和栽培历史，证实日本的银杏植株是近两千年内通过人类媒介从中国经多条路线传播过去的。具体说应该是在 12 世纪到 16 世纪期间（Tsumara & Ohba, 1997）。在 18 世纪初再从日本引入欧洲。当时荷兰东印度公司的一位医生在日本见到了银杏，把它作为一种珍异植物加以记载（Kaempfer, 1712），并将幼树运送回国栽培，以后再辗转传播到达北美。所有这些国外的银杏树在遗传基因上和朝鲜半岛的植株彼此相似，都极为单调，不具备我国东部和中部、西南地区避难所保存下来的植株所具有的、内容丰富的基因。

三、银杏目的起源和亲缘关系

对银杏目的起源以及它和其他种子植物间的亲缘关系历来有种种不同的假设和学说，但是迄今为止还没有一种获得学术界的普遍认同，也没有发现任何可信的直接化石证据足以确证某种学说（Emberger, 1954；Zimmermann, 1959；王伏雄、陈祖铿，1983；Meyen, 1984, 1987；Crane, 1985；Doyle & Donoghue, 1986；Thomas & Spicer, 1987；Archangelsky & Cúneo, 1990；Krassilov, 1990；Zhou, 1991；Raubeson & Jansen, 1992；Chase et al., 1993；傅德志、杨亲二，1993；Stewart & Rothwell, 1993；Rothwell & Serbet, 1994；Chaw et al., 1997；Haseba, 1997；Hori & Miyamura, 1997；De Franceschi & Vozenin-Serra, 2000；Burleigh & Mathews, 2004；Doyle, 2006；Hilton & Bateman, 2006）。自 20 世纪 60 年代初发现前裸子植物（Progymnosperms）以后（Beck, 1960a, b, 1988），目前普遍认为包括银杏目在内的所有种子植物共同起源于这类已灭绝的植物。它具有裸子植物解剖构造却以蕨类植物产生孢子的方式繁殖。不过，由于化石记录的缺乏，对于这一演化事件的具体过程和各类种子植物之间相互联系的情况还了解得很少。Rothwell 和 Serbet（1994）根据 65 个性状做了分支系统分析之后，认为科达、松柏、银杏和苏铁这几个类别之间的关系仍然是不确定的。然而，Nixon 等（1994）根据 46 个分类单元的 103 个性状进行分析，却发现银杏属和科达类、松柏类及"具（有）花植物"（anthophytes）接近。Hilton 和 Bateman（2006）及 Doyle（2006）在进行种子植物的系统发育分析时也得到近似的结论。

从形态解剖学观点看，银杏和科达类及松柏类（尤其是一些古生代的成员）的相似程度极高。它们都具有密木型的茎干，两歧分叉的叶和叶脉，尤其重要的是都具有腋生的生殖枝。这些相似性有力地提示银杏目和科达/松柏（cordaites/conifers）演化支系的密切相关的程度远远大于和种子蕨/苏铁支系。后者以具有疏木型木材、叶生的生殖构造及羽状的叶片和脉序为特征（Crane, 1985；Doyle & Donoghue, 1986, 1987a, b；Zhou, 1991；傅德志、杨亲二，1993）。传统上，人们把银杏目和科达目及松柏目一同归入松柏纲

（Coniferophyta）或穗籽类（Stachyospermie、Stachyospermidae、Stachyospermophytina）（Chamberlain，1934；Arnold，1947；Lam，1950；Takhtajan，1956；Zimmermann，1959）。在我国二叠系中发现的一种可能属于银杏类的木材化石 *Palaeoginkgoxylon* Feng et al.（2010）显示银杏类可能和具有致密材质（密木型）的晚石炭世的 *Eristophyton-Pitus* 型（Galtier & Meyer-Berthaud，2006）裸子植物有着某种联系。部分学者重视银杏和苏铁在花粉形态、生殖和胚胎发育等方面的相似性（王伏雄、陈祖铿，1983；Krassilov，1990；Hori & Miyamura，1997），但也有些学者认为这些相似性只表示它们具有共同的祖征（或近祖性状，plesiomorphic characters），在系统发育分析中不具有重要意义。

一些学者从分子生物学方面进行系统发育分析，仍认为银杏和苏铁关系密切。Haseba（1997）对叶绿体染色体组中的基因排列及叶绿体、线粒体和细胞核的编码基因的核苷酸或氨基酸序列做了比较，发现银杏的核酮糖-二磷酸羧化酶基因（large subunit of ribulose-bisphosphate carboxylase [*rbc*L]）和核糖体 RNA（*r*RNA）的数据接近苏铁的程度大于接近松柏类或尼藤类，因而认为银杏和苏铁具有更为密切的亲缘关系。不过，其他一些学者，如 Chase 等（1993）和 Doyle 等（1994）所做的分子系统发育分析得出的结果却并不相同，甚或是相互矛盾的。

Meyen（1982）相信银杏实际上是一种现生的种子蕨。他主张把古生代的叉叶类（dicranophylleans）、中生代种子蕨（盾籽目 Peltaspermales、盔籽科 Umkomasiaceae=Corystospermaceae）和银杏都归于同一个大类——银杏纲（Meyen，1984，1987）。Thomas 和 Spicer（1987）也发表过类似的意见，认为银杏目大概源自某类古生代种子蕨。Archangelsky 等（见 Archangelsky & Cúneo，1990；Del Fueyo & Archangelsky，2001）也认为隶属于叉叶目的一些古生代的种子蕨类，其中毛状叶科（含毛状叶属）和叉叶科（包括 *Polyspermophyllum* 和叉叶 *Dicranophyllum* 等属，近年认为后者属于松柏类，见概论"一"）都属于这个有可能演化出中生代银杏目的支系。对于银杏纲应该如何定义，包括哪些内容，也有意见分歧。Anderson 和 Anderson（2003）研究南非晚三叠世植物群时把新建立的、形态相当特殊的两个"目"（Matatiellales 和 Hamshawviales）归入到银杏纲中。Naugolnykh（2007）把新建立的 Cheirocladaceae 科和修订过的掌叶科（Psygmophyllaceae）也都归入银杏纲。除了毛状叶以外，这些古生代和早中生代的种子蕨或银杏纲分子的生殖构造大多是叶生的。它们究竟和现生银杏有着何种亲缘关系是值得推敲和质疑的。他归于轴生种子类的有些属和银杏目的真实关系也还需要认真检验，如：*Arberia* White 可能就和舌羊齿有关（Taylor et al.，2009）。

一些学者把银杏和具有叶生生殖器官的苏铁及有关化石联系起来的另外一个主要依据是因为现今银杏的种子（或花粉囊）在个别植株上也有直接生长在叶片上的（所谓叶籽银杏 *Ginkgo biloba* L. var. *epiphylla* Mak.）（见概论"二"）。他们认为这种异常的现象就是银杏生殖构造"叶生起源"（phyllome origin）的证据。Naugolnykh（2007）据此提出银杏目的总状（racemose，即主轴不分枝、其上生长具珠柄胚珠）的胚珠器官是从石炭纪具有叶生种子器官的祖先演化而来的结论。他确信所建立的二叠纪的几个裸子植物新属、种，不是在不同程度上和银杏目有关联的，就是属于具有叶生种子器官的种子蕨类的。近年也发现晚二叠世地层中产出类似现代叶籽银杏的楔拜拉（*Sphenobaiera*）型的化石，但保存较差，还难以认定种子和营养叶的确切连生关系（Fischer et al.，2010；

Bauer et al., 2014），而且这些化石的时代也比目前已知具有轴生种子的早二叠世的毛状叶要晚。

长久以来，植物学家们对有的银杏植株的叶片上生长种子或花粉囊的现象一直十分关注。先后有不少学者对此做了种种探究并试图给以理论上的阐释，但是至今人们对这种异常现象的真实本质和植物学含义还没有确实的了解。有些学者认为是一种"返祖"现象，另有学者以为是植株衰老或环境诱导所致，甚至是一种"嵌合体"（chimera），其发生可能与同源异型盒基因（homeobox gene）的表达有关（Sakisaka, 1927, 1929；邢世岩等，2007；李保进、邢世岩，2007；李士美等，2007）。

四、银杏目的时空分布和盛衰变迁

（一）概　　述

学术界对广义的银杏类植物（ginkgophytes）在地质时期中的大致的盛衰状况很早就有了相当广泛的共识（斯行健、李星学等，1963；Lemoigne, 1988；Stewart & Rothwell, 1993；Taylor & Taylor, 1993；杨关秀，1994）。一般都认为银杏类植物起源于晚古生代，在中生代达到了发展的巅峰，至晚白垩世后急剧衰落。不过，基于详细化石记录来分析和研究该类植物的地质、地理分布规律的论著并不多见。

在研究总结银杏类植物的地质、地理分布规律方面值得提及的是 Dorf（1958）和 Tralau（1967, 1968）等的工作。对于前者的贡献，斯行健、李星学等（1963）已做了介绍，在此不再赘述。Tralau 在广泛收集资料的基础上对银杏类植物的分类，尤其是银杏属的地质、地理分布做了论述。他的论文内容丰富、资料详细，至今仍常为人们讨论银杏类植物的分布和演化时所据引。后来 Samylina（1967b）和 Uemura（1997）又对银杏属在欧亚大陆和东亚白垩纪以后的分布情况做了分析。中国学者李星学（见斯行健、李星学等，1963）和杨贤河（1989）也曾分别对银杏类的地质、地理分布和分类、演化等做了专门的讨论。不过以上的工作所依据的全都是营养叶的记录，在广义的银杏类中还包含着许多归属可疑的属种。近几十年相关生殖器官化石的发现和研究方面所取得的重大进展对正确地了解地质时期银杏目（狭义的银杏类）的分布规律和多样性具有关键性意义。Harris（1951）、Pant（1959）和 Krassilov（1970, 1972）等对茨康目雌性生殖器官的识别和区分使我们认识到，原先归于广义的银杏类的植物中包含着一类和银杏很不相同的植物。它们与银杏目成员只是在营养器官形态上有些类似，应该与以银杏为代表的狭义的银杏目植物严格地区分，甚至从银杏类中独立出来。同时，生殖器官的研究加深了对银杏目植物营养器官多型性和异源性的认识和了解，动摇了长期以来主要依靠营养器官形态来进行分类的基础，使人们对银杏目分类和演化过程有了进一步的认识（Zhou, 1991, 1997；周志炎，2003）。在这样的背景下，需要从新的视角对有关银杏目植物，尤其是银杏这样的自然属和一些形态属的地质、地理分布规律的论述分别进行审核，并做必要的修订。本节主要参照周志炎、吴向午等（周志炎、吴向午，2006；Zhou & Wu, 2006）

的研究，以详细的银杏目化石记录为基础，结合生殖器官所提供的新证据进行具体分析，讨论银杏目植物各级分类单元在各地质时期的盛衰情况，并探究银杏目植物具体演变过程，特别是在早中生代时的辐射和分异形式与特点等。

（二）多样性和盛衰演变

1. 分类单元的多样性

全球古生代到第四纪银杏目的营养器官在古生代至少有5个属，中生代共有22个属，新生代只有2个属；生殖器官在古生代有2个属，中生代包括银杏在内共有12个属；木材除了银杏以外有6个属；详见表1—表3。

如表1—表3所示，地质时期银杏目已知的营养枝、叶、木材和生殖器官至少有43个属（中国有24个）。无论在我国还是在全球，银杏目在地质历史时期的分布和盛衰的总的格局都是一致的。此类植物在晚古生代早二叠世（甚至有可能在晚石炭世）已有可靠的化石记录。由于具有种子等抵御恶劣环境的器官和功能，侥幸渡过了二叠纪末生物大灭绝事件的劫难，经过早三叠世和中三叠世长达两千多万年的逐渐恢复，到晚三叠世终于迎来了大发展的时期。其多样性急剧增加。在这一时期，无论是营养器官还是生殖器官，银杏目的属级分类单元的数量都达到了峰值。具体表现为分类单元数量增加和分布地域的扩张，包括新生态域的占领以及形态构造的重要革新。侏罗纪和早白垩世是银杏目继续发展的时期，直到早白垩世晚期才开始急剧衰落。和世界各地有所区别的是，在中国侏罗纪晚期银杏目植物发现较少。不过，这是由于地区性炎热和干旱所致（李星学，1995；Li, 1995），不是银杏类本身发展过程中的变化。

1）科、属的辐射

从全球范围来看，目前已知的银杏目25个营养叶化石属，接近一半（12个）出现在晚三叠世，而12个生殖器官化石属中的5个当时也已存在（表4，图18）。这一时段中银杏目的分异度之高是任何其他地质时期所不能比拟的。另外，银杏目中所有的科当时可能已经出现或存在。毛状叶科只见于古生代；卡肯果科也已有古生代的记录，包括生殖器官和它的代表性的、楔拜拉型的营养叶，而且在系统发育上它和毛状叶科相同，都是早期分化出来的独立的支系，和中生代其他科是姐妹群关系（Zhou, 1997；周志炎，2003；周志炎、吴向午，2006；Zhou & Wu, 2006；见概论"五"）。中生代除了卡肯果科以外的其他四个科（包括分类位置可疑的 Avatiaceae）（Zhou, 1997；Anderson & Anderson, 2003；周志炎，2003；Anderson et al., 2007）几乎都是在中三叠世到晚三叠世这一很短的时段里同时辐射出来的。Avatia 和 Toretzia 的发现分别代表着 Avatiaceae 和乌马鳞片科（Umaltolepidiaceae）的存在。可推测银杏科和义马果科当时也应该已经存在，因为系统发育分析表明（见概论"五"；也见 Zhou, 1997；周志炎，2003；周志炎、吴向午，2006；Zhou & Wu, 2006），它们和乌马鳞片科等构成姐妹群关系。义马果科甚至可能更早已经和卡肯果科分开了。当时这两个科的典型的营养叶化石似银杏和拜拉也都出现了。尽管银杏目在中生代一直繁荣到白垩纪早期，从科和属的级别来分析，它的基本的多样性格局早在晚三叠世已经构成，以后的兴旺发展都未超越这个框架。

表 1 中国及世界各地已知银杏目 25 个营养叶器官形态属及其地质分布（据 Zhou & Wu，2006，附件 1-1 修改）Twenty-five Ginkgoalean form-genera of vegetative leaves in China and other parts of the world and their geological range (Revised after Zhou & Wu, 2006, Appendix 1-1)

属	中国	世界其他地区	全球
Baiera Braun, 1843	晚三叠世—中侏罗世，早白垩世	晚二叠世，晚三叠世—晚白垩世	晚二叠世，晚三叠世—晚白垩世
Baierella Potonié, 1933	—	晚侏罗世—早白垩世	晚侏罗世—早白垩世
Baierophyllites Jain et Delevoryas, 1967		中三叠世	中三叠世
Datongophyllum Wang, 1984	早侏罗世		早侏罗世
Dukuophyllum Yang, 1978	晚三叠世	—	晚三叠世
Eretmoglossa Barale, 1981		早白垩世	早白垩世
Eretmophyllum Thomas, 1913	早侏罗世—中侏罗世，早白垩世	晚三叠世—晚侏罗世	晚三叠世—早白垩世
Euryspatha Prynada ex Takhtajan et al., 1963	—	晚侏罗世—早白垩世	晚侏罗世—早白垩世
Furcifolium Kräusel, 1943b	—	晚侏罗世	晚侏罗世
Ginkgodium Yokoyama, 1889	晚三叠世—中侏罗世	晚三叠世—晚侏罗世	晚三叠世—晚侏罗世
Ginkgoites Seward, 1919	中二叠世，中三叠世—古近纪	中—晚二叠世，早三叠世—新近纪	中—晚二叠世，早三叠世—新近纪
Ginkgoitocladus Krassilov, 1972	中侏罗世，早白垩世	早白垩世	中侏罗世，早白垩世
Ginkgophytopsis Høeg, 1967	中二叠世—晚二叠世	中石炭世—中二叠世	中石炭世—晚二叠世
Glossophyllum Kräusel, 1943a	中三叠世—晚三叠世	晚三叠世	中三叠世—晚三叠世
Kalantarium Dobruskina, 1980	—	中三叠世—晚三叠世	中三叠世—晚三叠世
Kerpia Naugolynkh, 1995		早二叠世	早二叠世
Kirjamkenia Prynada, 1970		早三叠世	早三叠世
Leptotoma Kiritchkova et Samylina, 1979	—	中侏罗世—早白垩世	中侏罗世—早白垩世
Nehvizdya Hluštik, 1977	—	早白垩世—晚白垩世	早白垩世—晚白垩世
Paraginkgo Anderson et Anderson, 2003	—	早三叠世—晚三叠世	早三叠世—晚三叠世
Pseudotorellia Florin, 1936	早—中侏罗世，早白垩世	晚三叠世—晚白垩世	晚三叠世—晚白垩世
Sinophyllum Sze et Lee, 1952	晚三叠世	—	晚三叠世
Sphenobaiera Florin, 1936	中—晚二叠世，中三叠世—中侏罗世，早白垩世	早二叠世—早白垩世	早二叠世—早白垩世
Sphenobaierocladus Yang, 1986	晚三叠世		晚三叠世
Torellia Heer, 1870	—	新近纪	新近纪
属的总地质历程	中二叠世—古近纪	中石炭世—新近纪	中石炭世—新近纪

注：此表的基础资料还包括 Halle，1927；Florin，1936；斯行健、李星学等，1963；Lundblad，1968；Jongmans & Dijkstra，1971–1974；黄本宏，1976；杨贤河，1978，1982；黄枝高、周惠琴，1980；张武等，1980；刘子进，1982；张采繁，1986；陈晔等，1987；李佩娟等，1988；Samylina，1988；斯行健，1989；姚兆奇，1989；Duan & Chen，1991；何锡麟等，1996；米家榕等，1996；Zhou，1997；Gomez et al.，2000；Yang，2003。表中 *Ginkgoites* 行中包括晚白垩世和古新世的银杏叶化石记录。所列形态属部分种有属于广义的银杏类其他目的可能，如 *Sphenobaiera*（Anderson & Anderson，2003）。2005 年建立的 *Sibiriella* Kiritchkova et Kostina（Kiritchkova et al.，2005）和 *Baierella* Potonié 区别不明显，也未列入；一些被归于广义银杏类的分子，如 *Esterella* Boersma et Visscher，1969、*Psygmophyllum* (s. l.)、*Rhipidopsis*、*Saportaea*、*Phylladoderma* 等（见 Halle，1927；Takhtajan et al.，1963；杨关秀、陈芬，1979 等）和山西下石盒子组的 *Primoginkgo*（马洁、杜贤铭，1989）、*Radiatifolium*（孟繁松，1992）以及冈瓦纳和安加拉大陆古生代二叠纪和三叠纪的一些可疑的银杏类植物以及 *Ginkgoites* 属记录（Srivastava，1984；Maheshwari & Bajpai，1992；刘陆军、姚兆奇，1996）都未采用

表2 中国及世界各地已知银杏目的 12 个生殖器官属及其地质分布（据 Zhou & Wu, 2006，附件 1-2 修改）Twelve Ginkgoalean genera of reproductive organs in China and other parts of the world and their geological range (Revised after Zhou & Wu, 2006, Appendix 1-2)

属	中国	世界其他地区	全球
Avatia Anderson et Anderson, 2003	—	晚三叠世	晚三叠世
Eosteria Anderson et Anderson, 2003	—	晚三叠世	晚三叠世
Ginkgo L., 1771	中侏罗世，早白垩世	中侏罗世，晚白垩世—古近纪	中侏罗世，早白垩世—古近纪
Karkenia Archangelsky, 1965	中侏罗世	早二叠世，早侏罗世，晚侏罗世—早白垩世	早二叠世，早侏罗世—早白垩世
Nagrenia Nosova, 2013	—	中侏罗世	中侏罗世
Nehvizdyella Kvaček, Falcon-Lang et Dašková, 2005	—	晚白垩世	晚白垩世
Sphenobaieroanthus Yang, 1986	晚三叠世	—	晚三叠世
Stachyopitys Schenk, 1867 (pro parte)	晚三叠世	晚三叠世—早侏罗世	晚三叠世—早侏罗世
Toretzia Stanislavsky, 1973	早白垩世?	晚三叠世	晚三叠世
Trichopitys Saporta, 1875	—	早二叠世	早二叠世
Umaltolepis Krassilov, 1972	中侏罗世[*]，早白垩世	晚侏罗世—早白垩世	中侏罗世—早白垩世
Yimaia Zhou et Zhang, 1992	中侏罗世	中侏罗世	中侏罗世
属的总地质历程	晚三叠世—早白垩世	早二叠世，晚三叠世—古近纪	早二叠世，晚三叠世—古近纪

*中国中侏罗世 *Umaltolepis* 的记录据周志炎等义马植物群未刊资料

表3 中国及世界各地已知银杏和银杏目 6 个木化石器官属和形态属及其地质分布 *Ginkgo* and six organ- and form-genera of ginkgoalean wood fossils in China and other parts of the world and their geological range

属	中国	世界其他地区	全球
Baieroxylon Greguss, 1961	—	二叠纪—侏罗纪	二叠纪—侏罗纪
Ginkgo L., 1771	—	古近纪—新近纪	古近纪—新近纪
Ginkgoxylon Saporta emend. Süss, 2003 ex Philippe et Bamford, 2008	晚侏罗世—早白垩世	侏罗纪—白垩纪	侏罗纪—白垩纪
Palaeoginkgoxylon Feng, Wang et Rössler, 2010	早二叠世	—	早二叠世
Pecinovicladus Falcon-Lang, 2004	—	晚白垩世	晚白垩世
Primoginkgoxylon Süss, Rössler, Boppré et Fischer, 2009	—	晚三叠世	晚三叠世
Proginkgoxylon Zheng et Zhang, 2008	早二叠世	早二叠世	早二叠世
属的总地质历程	早二叠世—早白垩世	早二叠世—新近纪	早二叠世—新近纪

注：此表的编制还参考了王永栋和蒋子堃提供的信息以及以下文献：Scott et al., 1962；Prasad & Lele, 1984；Philippe & Barbacka, 1997；Zhang et al., 2000；Zheng & Zhang, 2000；Wheeler & Manchester, 2002；Philippe et al., 2006；Zheng et al., 2008

表4　地质时期中国及世界已知银杏目化石属的数目变化（据 Zhou & Wu, 2006 修改）**Diversity of Ginkgoalean genera in China and the world in geological time** (Revised after Zhou & Wu, 2006)

时代	中国营养器官	世界营养器官	中国生殖器官	世界生殖器官
中石炭世	0	1	0	0
晚石炭世	0	0	0	0
早二叠世	0	3	0	2
中二叠世	3	4	0	0
晚二叠世	2	4	0	0
早三叠世	0	4	0	0
中三叠世	3	6	0	0
晚三叠世	8	12	1	5
早侏罗世	7	7	0	2
中侏罗世	7	8	4	5
晚侏罗世	1	10	0	2
早白垩世	6	11	3	3
晚白垩世	1	4	0	2
古近纪	1	1	0	1
新近纪	0	2	0	0

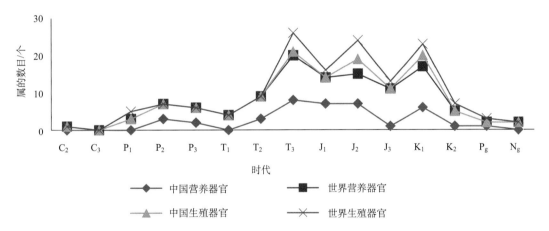

图 18　地质时期中国及世界银杏目的属的多样性演变示意图（据周志炎、吴向午，2006 综合修改）
Diversity of Ginkgoalean genera through the geological time (Revised after Zhou & Wu, 2006)

2）地质历史时期属级分类单元的发生率

从发生率（指新属数和属的总数之比）来看，银杏目在早中生代的崛起也是显而易见的，尤其是生殖器官的新属发生率更为明显。在早二叠世虽然也有很高的发生率，但那是在银杏目植物发轫的初期。晚三叠世和中侏罗世的发生率达到 80% 和 100%，是在已有较高多样性的基础上的增幅，明确地反映出银杏目植物经过二叠纪末的大灭绝后的一次爆发性的辐射事件（表5）。

· 23 ·

表5　地质时期银杏目营养器官和生殖器官的属（新属）数及新属的发生率（据周志炎、吴向午，2006
有关图件综合修改）　**Numbers and ratios of new taxa (in the quotation marks) to the total for genera of
ginkgoalean vegetative and reproductive organs through geological epochs in China and the whole
world**（Revised after Zhou & Wu, 2006）

时代	营养器官属	发生率/%	生殖器官属	发生率/%
中石炭世	1（1）	100	0	0
早二叠世	3（2）	66.7	2（2）	100
中二叠世	3（1）	33.4	0	0
晚二叠世	3（0）	0	0	0
早三叠世	4（2）	50	0	0
中三叠世	6（3）	50	0	0
晚三叠世	12（6）	50	5（5）	100
早侏罗世	7（1）	14.3	2（0）	0
中侏罗世	8（2）	25	5（4）	80
晚侏罗世	10（3）	30	2（0）	0
早白垩世	11（2）	18.2	3（0）	0
晚白垩世	4（0）	0	2（1）	50
古近纪	1（0）	0	1（0）	0
新近纪	2（1）	50	0	0

2. 形态构造的重要创新

银杏目在中生代的辐射和崛起除了表现为分类单元多样性剧增以外，还反映在形态
上以退缩为主的创新和演化趋向（Zhou & Zhang, 1989；Zhou, 1991, 1997, 2009；周志炎，
2003；Zhou & Wu, 2006；周志炎、吴向午，2006）。

1）营养器官的演变

银杏目营养器官创新以短枝和叶柄的出现作为标志。古生代已知的 *Trichopitys*
Saporta 和最常见的 *Sphenobaiera* Florin 都只具有长枝（Florin, 1949；黄本宏，1976；斯
行健，1989），直到晚三叠世在南、北半球才开始出现具有丛生叶的短枝的 *Sphenobaiera*
（杨贤河，1986；Anderson & Anderson, 2003）和 *Toretzia* Stanislavsky（1973）。不仅如此，
在此后发现的不少营养叶的形态属，像 *Ginkgoites* Seward、*Baiera* Braun 和 *Pseudotorellia*
Florin 等也都已证实至少有部分种是具有短枝的（Krassilov, 1972；Zhou & Zhang, 1989,
1992），只是在三叠纪目前尚未找到和短枝相连生的标本。可能具有短枝的还有
Glossophyllum Kräusel（Kräusel, 1943a；斯行健，1956a），它也是中、晚三叠世常见的
分子。

叶柄的出现是和植物扩大光合作用面积的机制相关的。古生代最早出现的银杏目成
员 *Trichopitys* 所具的细弱的营养器官（顶枝系统）属于叶片和叶柄尚未分化的"不完全
叶"状态，以后逐渐向具有叶片和叶柄的营养叶演化，包括了部分顶枝系统的扁化，蹼
化和叶片的融合和扩大，以及具有足够支撑功能的叶柄的形成。这个过程在银杏目的不

同支系中并不是同步完成的。二叠纪最常出现的 *Sphenobaiera* 已完成了叶片的扁化和融合，但还不具叶柄。当时有些银杏状的营养叶，但大多归属可疑，如 *Ginkgophytopsis* 已具有柄状的叶基，也不是真正的叶柄（姚兆奇，1989）。具有叶柄的叶化石大量普遍出现是在早中生代。近年研究虽然表明在二叠纪具有明显叶柄的 *Ginkgoites* 和 *Baiera* 可能已开始出现（肖素珍、张恩鹏，1985；Anderson & Anderson, 2003；Bauer et al., 2013, 2014），但只是个别零星的发现。

这种演变趋势在一些科、属中也能见到，如在 Karkeniaceae 内，侏罗纪时已知的营养叶基本上都是 *Sphenobaiera* 型的（Krassilov, 1972；Kirchner & Van Konijnenburg-van Cittert, 1994；Zhou et al., 2002），到了早白垩世才出现具有叶柄的 *Ginkgoites* 型营养叶（Archangelsky, 1965）。在俄罗斯乌拉尔山西侧下二叠统（乌拉尔统）空谷阶（Naugolnykh, 1995）曾发现形态接近似银杏型的叶（*Kerpia macroloba* Naugolnykh）和 *Karkenia* 型的生殖器官伴生，不过，这种化石本身的性质以及伴生化石彼此之间的确切联系也尚待进一步证实。

无论将来的发现表明银杏目中具有叶柄和叶片分化的营养叶最早在何时出现，现有资料足以证明，晚三叠世是这类叶大量出现的时期，当时至少已有五个具有叶柄的形态属同时存在，如 *Ginkgoites*、*Baiera*、*Eretmophyllum*、*Ginkgodium* 和 *Sinophyllum* 等（表 1）。显然，银杏目植物在晚三叠世开始向不同方向辐射时，其营养器官已完成了重要创新和变革，为它们适应中生代的气候环境、大量生长繁衍和广泛传播奠定了基础。

2）生殖器官的退缩和特化现象

迄今已发现的银杏目生殖器官比营养器官要少得多，尤其是花粉器官。不过，相对而言我们对胚珠器官的演变情况了解得还不算太少。从现有的记录看，银杏目胚珠器官和营养器官同样是以退缩为主要演化趋势的（周志炎，1990，2003；Zhou, 1991, 1997, 2009；Zhou & Zheng, 2003；Zheng & Zhou, 2004）。除了在个别支系（如 Karkeniaceae）中，胚珠器官直到晚侏罗世和早白垩世仍保留着众多种子和珠柄外，总体上这一过程也是急剧的。从晚三叠世开始银杏目已知各个支系的胚珠器官几乎同时趋向于简化，种子体积增大且数目减少，珠柄逐步退缩和消失。古生代的 *Trichopitys* 具有上百枚细小的胚珠，而在晚三叠世出现的 *Toretzia*，其生殖枝上仅有 1–3 枚种子；在南大陆的 *Avatia* 最多，也不超过 10 枚（Florin, 1949；Stanislavsky, 1973；Anderson & Anderson, 2003）。侏罗纪的银杏目绝大多数成员，如 *Yimaia* 和 *Umaltolepis* 等也都只有少数胚珠，但体积大得多（Krassilov, 1972；Zhou & Zhang, 1992）。目前发现的中生代银杏，其胚珠数目都只有数枚（最多 5–6 枚）（Zhou & Zhang, 1989；Zhou & Zheng, 2003；Deng et al., 2004；Zheng & Zhou, 2004；Yang et al., 2008），而且随着时代的推移，成熟的种子体积总体上明显渐趋增大且数目减少。值得注意的是中生代银杏目的成员多数已不再具有珠柄。最早出现的 *Toretzia* 和 *Avatia* 就都是如此。只有最为原始的 *Karkenia* 仍保留珠柄。银杏属也是个例外。不过虽然银杏属侏罗纪的种具有珠柄，到早白垩世以后成熟的胚珠的珠柄也已趋消失（Zhou & Zheng, 2003；Zheng & Zhou, 2004）。

银杏目形态上的创新还表现在早中生代时出现以下胚珠器官特化现象：①随着胚珠

器官的强烈退缩，胚珠和苞片贴生或连生——见于晚三叠世的 *Avatia* 和侏罗纪的 *Umaltolepis*（Krassilov, 1972；Stanislavsky, 1973；Anderson & Anderson, 2003）；②伴随着胚珠的增大及珠柄的退缩和消失，出现珠托——见于早侏罗世以后的银杏（Zhou & Zhang, 1989）和 *Nagrenia*（Nosova, 2013）及 *Nehvizdyella*（Kvaček et al., 2005）；③胚珠具翼——如果早侏罗世的 *Schmeissneria* 确实为银杏目成员，并且此构造得以证实的话，确实是非常特化的（Kirchner & Van Konijnenburg-van Cittert, 1994），但王鑫等（Wang et al., 2007；Wang, 2010a, b）近年的工作否定了此属和银杏目的联系。

令人注目的是：所有上述的这些形态上的创新都是在中生代早期，特别是晚三叠世开始出现的。银杏目植物在不长的时间里完成了几乎全部重要的形态学上的创新，达到了地质历史上形态多样性最大的时期。这种形态学上多样性和分类单元的多样性的高峰近乎同时出现。

银杏目花粉器官化石极度贫乏，对于它们的演化过程了解得很少。由于没有晚三叠世以前的银杏目花粉器官的可靠记录，无法了解到它们在中生代早期发生了怎样的变化。不过，现有化石记录表明：和现代银杏形态相似的花粉器官是在晚三叠世突然大量出现的。它们多数和似银杏型的叶化石一同产出（Heer, 1876b；Van Konijnenburg-van Cittert, 1971, 1972；Harris et al., 1974；Drinnan & Chambers, 1986；Serbet, 1996；Rothwell & Holt, 1997；Liu et al., 2006），有时也和楔拜拉型叶伴生（Heer, 1876b）。最新发现中侏罗世的一种银杏的花粉器官有 2–3 个花粉囊（Wang et al., 2017）。早白垩世所产的 *Ginkgo liaoningensis* Liu et al.（2006）和现生银杏的花粉器官已十分相近，只是花药中花粉囊数目仍稍多。晚白垩世所产出的花药中只有两个花粉囊，几乎完全和现生种相同（Serbet, 1996；Rothwell & Holt, 1997）。显然，银杏目花粉器官同样也是以退缩为主要演化趋势的。

（三）地理分布和生态域的变迁

随着分类单元和形态构造的多样化，银杏目植物在早中生代无疑也急剧地在地域上辐射和扩展。以往虽有学者，如 Dorf（1958）、李星学（见斯行健、李星学等，1963）等曾对广义的银杏类（包含茨康目）在全球各地质时期地理分布变化做过讨论，但是还没有关于银杏目植物的专门研究报道。Tralau（1967, 1968）则对银杏属的地质、地理分布做了总结，不过所引据的只是侏罗纪以来的银杏型叶化石。他的工作全都是以叶化石为依据的。由于当时对于银杏目植物叶的多形性和异源性认识不足，被他归于银杏属的化石记录，其可靠性是有待验证的。它们中间应该包括银杏属，但是不排除有的银杏型的叶化石可能是和 *Karkenia*（Archangelsky, 1965；Del Fueyo & Archangelsky, 2001）、*Yimaia*（Zhou et al., 2007）或其他生殖器官相联系的。不过，把 Tralau 的分布图看作似银杏（*Ginkgoites*）型叶化石大致的地质地理分布和变迁还是可以的。以下我们介绍这方面的有关成果。

1. 中国晚三叠世以来几个常见属急剧的地域扩展

周志炎和吴向午（2006；Zhou & Wu, 2006）曾根据我国银杏属（含叶化石记录）以

及 *Ginkgoites*、*Baiera* 和 *Sphenobaiera* 这三个最常见的形态属的记录，对它们的产地和分布情况的变迁做了一次调查。表 6 反映出，中三叠世以后，这几个属的产地（县区级）同时剧增。在晚三叠世这个银杏目植物发展的关键时期，银杏属的产地从 0 增至 3 个，*Ginkgoites* 从 1 到 12，*Baiera* 从 0 到 27，*Sphenobaiera* 则自 3 个发展到 20 个。这一趋势一直持续到早白垩世，只是在晚侏罗世都出现明显的低谷。

可靠的银杏属产地不多，因为仅仅根据叶化石无法确定它们的归属。除了在四川盐边等地有个别营养叶记录外，所有的产地都在华北、东北和西北。*Ginkgoites* 在中三叠世时只有内蒙古准格尔旗一个产地，晚三叠世开始急速辐射扩展到了南北 6 个省，早、中侏罗世时分布达到 13–15 个省和自治区，包括西北、东北和华北及部分华中和华东的广大范围，最多时在 32 个县和地区都有记载。受到晚侏罗世的不利自然因素的影响，早白垩世 *Ginkgoites* 分布面积有所收缩，不再见于黄河以南。不过，产地的数目仍维持在高峰，有 31 个之多。至晚白垩世此属产地直线跌落到零点，西藏古近纪的记录（原归入银杏属）仅是根据一块不完整的标本得出的（陶君容，1988）。*Baiera* 在晚三叠世崛起的标志是突然出现数量可观的种（或类型）和产地。当时主要分布在华东和中南地区。到早侏罗世在华北和西北也大量出现，遍及 16 个省和自治区的 33 个县和地区。中侏罗世开始 *Baiera* 在我国南方大幅度减少，但在北方仍是常见的。晚侏罗世没有可靠的记录。至早白垩世则主要局限于东北，在华北和西北也有少数记录。到晚白垩世随即迅速衰落，并从此在记录中消失。*Sphenobaiera* 是从古生代延续下来的，到晚三叠世和早侏罗世分布最广，在南北 12–14 个省和自治区 20 多个产地都有出现。中侏罗世仍保持着同样的格局，只是南方的记录有所减少。晚侏罗世以后的分布形式与 *Baiera* 相同。

表 6　中国银杏属和三个重要营养叶形态属在各地质时期（早二叠世到新近纪）的产地（县、区）数的消长变化（据 Zhou & Wu，2006）**Number of localities (counties) for fossil *Ginkgo* and three representative leaf organ genera through geological ages (Early Permian to Neogene) in China** (From Zhou & Wu, 2006)

时代	*Ginkgo* 产地数	*Ginkgoites* 产地数	*Baiera* 产地数	*Sphenobaiera* 产地数
新近纪	0	0	0	0
古近纪	2	1	0	0
晚白垩世	3	0	0	0
早白垩世	8	31	18	11
晚侏罗世	1	2	0	0
中侏罗世	9	25	26	16
早侏罗世	6	32	33	21
晚三叠世	3	12	27	20
中三叠世	0	1	0	3
早三叠世	0	0	0	0
晚二叠世	0	1	0	4
中二叠世	0	1	0	1
早二叠世	0	0	0	0

2. 生态域的变迁

　　银杏目植物和其他晚古生代末新兴的种子植物一道艰难地渡过了二叠纪末大灭绝后，经过相当缓慢的复苏，可能自中三叠世后期开始急剧发展，到晚三叠世它们不仅在种类数量和形态多样化以及地理分布上，而且在向不同生态域扩展方面达到了高峰。在欧美和东亚晚古生代繁荣一时的造煤植物——乔木状的鳞木类、观音座莲目的真蕨类、科达类、高大的有节类（芦木类）、髓木目等种子蕨类所构成的丛林的毁灭为具备更强适应性的新兴种子植物提供了广阔的生存空间。不过，只有到中三叠世末再次局部出现适宜植物生长的气候环境（如西欧的拉丁期 Lettenkohle 时段）以后，银杏目植物才得以发展并进入了繁荣和辐射期。三叠纪末大规模海退使地理景观有了很大的改变，陆生植物生存地域得以急剧扩张。在我国，三叠纪后期华南地块和华北地块的拼合，形成山丘、河流、湖泊沼泽和山间沉积盆地等起伏、复杂的地貌。生长环境的多相性（habitat heterogeneity）无疑是银杏植物得以向不同的生态域散布并造成多样性增加的客观条件。晚古生代劳亚大陆适宜于欧美和华夏植物群繁育的温暖湿润、季节不显的气候结束后，取而代之的是季节分明、多变而较为复杂的气候。陆生植物为适应新的环境产生了种种形态、结构的革新，如：木材已具有明显生长轮（辽宁朝阳下三叠统红砬组的田氏木，见张武等，2006）。对银杏目植物而言，由于生长季节缩短并存在休眠期，植物体的营养和生殖器官都出现强烈的退缩。叶柄的形成和叶片的融合、扩大，使植株能在较短的时间里更有效地增强光合作用，而短枝的出现、胚珠增大和数目的减少以及苞片的退缩（甚至和胚珠相贴生），都有利于植株度过休眠期和不良的环境，继续生存和繁育等。它们的落叶习性可能也在此时期形成。

　　随着地球环境的改变和多样化，中生代早期以后银杏目植物也逐渐向不同的生态域扩张和迁徙。从表 7 所列举的若干具代表性的植物群中相伴生的植物分子和沉积学分析，中生代银杏目植物已经从晚古生代比较单一的生存环境，扩展至干热到温湿甚至温凉的内陆盆地、河湖沼泽直到滨海低地和三角洲等多样化的环境。这个过程在三叠纪中、晚期已经非常明显了。毋庸置疑，银杏目植物具有相当广泛的适应性，但是，在不同的气候环境中银杏目的类型和数量都有变化和差别。银杏作为唯一的现生代表，也显示出相当可观的适应能力。尽管真正自然生长的地域相当局限，栽培的植株可以在加拿大至新西兰的温带和亚热带广大范围内生态环境差异巨大的地区生长。银杏最适合在冬春较干燥、夏秋多雨的气候环境下生长（He et al., 1997）。冬季严寒，夏秋干旱多风都不利于银杏的生存和繁殖。由于生存环境全然不同，古生代银杏目成员像现生种那样具有落叶习性的可能性很小；中生代的分子在很多方面已经和现生种相近了。它们主要产出在含煤沉积中，在红色岩层，尤其是含膏盐沉积中难见其踪迹。通常与它们一起发现的主要是真蕨类、有节类、茨康类、蕉羽叶和落叶的松柏类（如苏铁杉）等。它们较少和石松类、本内苏铁类以及具鳞片叶的松柏植物（如常绿的掌鳞杉科）共同产出。这些都表明地质时期银杏目植物也主要是温湿、具明显季节性气候环境的居住者。银杏目植物在辐射的早期，可能曾占据比较广阔的地域和多样的生态环境，有些成员（如 *Baiera*）甚至与双扇蕨科和马通蕨科以及大量本内苏铁等热带和亚热带分子伴生（Harris, 1937；李佩娟等，1976）。这种情况在白垩纪也有存在（Watson, 1969；Watson & Sincock, 1992；Watson

表7 劳亚大陆若干中三叠世至早白垩世植物群中的银杏目植物——显示不同气候环境下的丰度和伴生植物分子的差异（据 Zhou, 2009，表 1 补充修改）
Ginkgoalean plants in selected Middle Triassic to Early Cretaceous floras of Laurasia—showing the disparities in abundance and associated elements under different climatic condition (Revised after Zhou, 2009, tab. 1)

植物群	时代	银杏目植物	主要伴生类群	推测气候环境	文献
陕北、内蒙古准格尔旗二马营植物群	中三叠世早期	存在。*Sphenobaiera, Baiera, Ginkgoites, Glossophyllum*	肋木类、木贼类、紫萁科、种子蕨类，少量蕉羽叶类和松柏类	内陆盆地、温暖、干湿季节交替	黄枝高，周惠琴，1980
陕北延长植物群	晚三叠世	存在。*Sphenobaiera, Baiera, Ginkgodium, Ginkgoites, Glossophyllum*	木贼类、厚囊蕨类、紫萁科、种子蕨类，少量本内苏铁及松柏类	内陆盆地、温暖、干湿季节交替	斯行健，1956a；黄枝高，惠琴，1980
云南一平浪植物群	晚三叠世（诺利期）	稀少。*Baiera, Glossophyllum*	厚囊蕨类、里白科和大量种子蕨类和大量本内苏铁	近岸、炎热，具季节性干旱	李佩娟等，1976
格陵兰 Scoresby Sound 植物群	晚三叠世—早侏罗世	中等。*Sphenobaiera, Baiera, Ginkgoites, Pseudotorellia*	厚囊蕨类、里白科、双扇蕨科，种子蕨类和大量本内苏铁	近岸、湿热，具季节性干旱，后期温湿	Harris, 1937
河南义马植物群	中侏罗世	很丰富。*Ginkgo, Ginkgoites, Yimaia, Baiera, Umaltolepis, Karkenia, Sphenobaiera, Pseudotorellia*	蚌壳蕨科、紫萁科、茨康目和蕉羽叶类	内陆、河流/沼泽相、温暖、湿润	曾勇等，1995；Zhou & Zhang, 2000b
俄罗斯布列亚植物群	晚侏罗世—早白垩世	很丰富。*Ginkgo, Ginkgoites, Umaltolepis, Baiera, Karkenia, Sphenobaiera, Pseudotorellia*	蚌壳蕨科、紫萁科、茨康目和少量本内苏铁	内陆、河流/沼泽相、湿热、温暖	Vachrameev & Doludenko, 1961；Krassilov, 1972
英国韦尔登植物群	早白垩世	稀少。*Ginkgoites, Pseudotorellia*	本内苏铁和掌鳞杉科丰富、有真蕨类海金沙和可能匍匐子马通蕨科的 *Weichselia*	近岸、炎热，具长季节性干旱（近似"地中海"气候）	Watson, 1969；Watson & Sincock, 1992；Watson et al., 2001
俄罗斯阿尔丹植物群	晚侏罗世—早白垩世	丰富。*Ginkgoites, Baiera, Sphenobaiera*	蚌壳蕨科、紫萁科、茨康目及少量苏铁和本内苏铁	内陆、河流/沼泽相、温暖、湿润	Samylina, 1963

et al., 2001）。桨叶属在晚白垩世早期甚至和滨海盐沼的"红树林"型的分子伴生（Kvaček et al., 2005）。不过它们在植物群中都不占据重要地位。最适合银杏目植物生存和繁盛的还是北大陆侏罗、白垩纪温暖、湿润的西伯利亚（-加拿大）区（省）（Vachrameev, 1964）。中国侏罗纪中期银杏目植物在南方衰落，主要分布区逐渐向北方转移，早白垩世繁盛在东北。从全球范围来看，银杏目植物在晚白垩世和古近纪广布于北半球中高纬度地区，为当时极区生态系统的重要组成分子，推测都与温湿气候带位置的转移和变动有关（Tralau, 1967；Vachrameev, 1987, 1991；Zhou & Wu, 2006）。它们的孑遗分子银杏和它的中生代祖先相比，所占据的生态领域显然已经十分局限，没有那么多样化，不过还保留着远祖的主要的生态习性（Del Tredici et al., 1992；He et al., 1997；李建文等，1999；向准等，2001；Royer et al., 2003；向碧霞等，2006，2007；林协，2007a）。

五、银杏目的系统发育、分类和演化趋向

长期以来，由于人们所发现的和所能辨识的银杏目化石绝大多数是营养叶，银杏目化石分类方案也都是以叶的形态为主要依据创建的（Florin, 1936；斯行健、李星学等，1963；Tralau, 1968；Krassilov, 1970, 1972；Harris et al., 1974；杨贤河，1989；详见概论"一"）。近几十年来，随着一些保存完好的胚珠器官的发现和一些营养器官化石的详细研究，人们对于银杏目植物生殖器官和营养器官的多样性和它们在分类学上不同的价值有了较深入的了解。尽可能地建立起以生殖器官为依据的自然分类成为许多研究者的共识。目前，根据形态学的研究和系统发育分析已有可能把保存完好和含义清晰的银杏目胚珠器官化石归入几个大致相当于科一级的支系。

（一）系统发育分析

根据当时所发现的银杏目胚珠器官，周志炎曾先后应用分支学原理进行了系统发育分析（Zhou, 1991, 1997）。最早的工作是根据九个性状分析了早二叠世的 *Trichopitys* Saporta，晚三叠世的 *Toretzia* Stanislavsky（1973），侏罗纪的 *Yimaia* Zhou et Zhang（1988, 1992），常见于侏罗、白垩纪的 *Karkenia* Archangelsky（1965）和 *Umaltolepis* Krassilov（1972），以及侏罗纪开始出现一直生存至今的银杏属等六个银杏目成员。除了银杏属以外，它们都是依据生殖器官建立的，但是分析中也把已知或推测属于它们的营养器官结合在一起考虑。分析中所选择的"外类群"是科达和早期松柏类，因为它们和银杏目具有共同的近裔性状（或共同衍征，synapomorphous character）：大孢子叶着生在腋生的生殖短枝上。许多古植物学者认为它们和银杏目在系统发育关系上最为相近。按照分支系统学的术语，科达和早期松柏类可以视为银杏目的"近祖的姐妹群"（pleisiomorphous sister group）。分析所得到的最为简约的分支系统图显示这六种银杏目植物应属于同一个单系类群。其中 *Trichopitys* 位于类群的最底部，它和所有中生代以后银杏目的成员构成一对姐妹群。除了具有相同的腋生的、简单的具胚珠的生殖短枝以外，在其他性状方面它都显示出原始性。因此，可以把它看作晚古生代银杏目植物的"祖型"或"原始型"

（archetype）的代表，而其他的银杏目分子都是从它（或和它类同的分子）发展演变而来的。周志炎 1997 年着重于中生代银杏目成员的系统发育关系的分析就是以 *Trichopitys* 作为"外类群"来进行比较的。所用的资料中又增加了此前新发现的两个成员：*Grenana* Samylina（1990）［现已修改，胚珠器官名为 *Nagrenia*（Nosova & Gordenko, 2012；Nosova, 2013；见后）］和 *Schmeissneria* Kirchner et Van Konijnenburg-van Cittert（1994）。这两次分析都显示 *Karkenia* 代表着银杏目中一个独立的支系。*Umaltolepis* 和 *Toretzia* 以往曾被分别归入两个不同的科：Umaltolepidaceae 和 Toretziaceae（Krassilov, 1970, 1972；Stanislavsky, 1973）。分析结果表示它们应隶属于同一个演化支系。*Grenana* 和银杏属十分接近，它们应同属一个演化支系。*Yimaia* 和 *Schmeissneria* 虽然在一些性状上分别和 *Umaltolepis* 及银杏属相近，还具有某些自征（autapomorphy），可能也代表着不同的支系。

2005 年，在捷克的晚白垩世地层中又发现了银杏目的新分子 *Nehvizdyella*（Kvaček et al., 2005）；王鑫对 *Schmeissneria* 的形态构造进行了新的研究，对其归属也提出了不同的认识（Wang et al., 2007；Wang, 2010a, b）。Nosova 等（Nosova & Gordenko, 2012；Nosova, 2013）对 *Grenana* 的重新研究，把中亚和东西伯利亚部分银杏型的胚珠器官（珠托复合体）另命名为纳格连珠托 *Nagrenia*。随着银杏目成员的变动和对它们的深入了解，我们又重新做了分支分析（表8、表9，图19—图21）。此次分析和以往一样，都不包括冈瓦纳大陆的可疑银杏目分子 *Avatia*（Anderson & Anderson, 2003）。所采用的性状除了胚珠器官以外，也包括相连生或伴生营养器官的性状。

表8　银杏目各属的性状分析　**Character analysis of character states of ginkgoalean plants**

性状	性状状态	
	0	1
1 胚珠器官	复合	简单
2 短枝	缺失	具有
3 胚珠内树脂体	缺失	具有
4 胚珠排列	单独或相互分离	组合成果穗
5 胚珠位置	倒转	直立
6 胚珠数目和大小	多而小	少而大
7 珠柄	具有或在幼小时具有	缺失
8 珠托	缺失	具有
9 珠心和珠被	分离	部分连合
10 苞片	不退缩	退缩
11 叶片	分裂或偶尔全缘	全缘
12 叶	不扁化	具腹背性
13 叶柄	缺失	有

表 9 银杏目各属的性状材料矩阵 Data matrix of character states of ginkgoalean plants

分类单元	性状												
	1	2	3	4	5	6	7	8	9	10	11	12	13
Trichopitys	1	0	?	0	0	0	0	0	?	0	0	0	0
Karkenia	1	1	1	1	0	0	0	0	0	0	0	1	0
Toretzia	1	1	?	0	1	1	1	0	?	0	1	1	0
Umaltolepis	1	1	?	0	?	1	1	0	?	1	1	1	0
Yimaia	1	1	1	1	0	1	0	0	1	0	0	1	1
Nehvizdyella	1	1	1	0	1	1	0	1	?	0	1	1	1
Nagrenia	1	1	1	0	1	1	0	1	1	0	0	1	0
Ginkgo	1	1	1	0	1	1	0	1	1	0	1	1	1

所有这些银杏目分子的胚珠器官都是简单型而不是复合型的。*Nehvizdyella* 虽然被描述为具有 "复合的着生胚珠的生殖器官（compound ovuliferous reproductive organ）" （Kvaček et al., 2005），但是实际上其形态结构完全和其他银杏目分子一样，符合 "简单型" 的定义（Florin, 1949；Crane, 1985；Zhou, 1991）。它的生殖枝不同于科达和古松柏类的复合型的生殖枝，在于不具有营养鳞片并共同构成 "种鳞复合体"，也不聚集成复合的果穗或球果。

分析所用 13 个性状的绝大多数性状状态极向（polarity）都符合现生银杏个体发育的进程，如：短枝和树脂体的出现，胚珠（种子）的数目和大小变化，珠托的出现，珠柄的消失，胚珠内珠心和珠被从分离到合并以及叶片从分裂到全缘的趋向等都清晰可辨。从不完全叶向完全叶演变的趋向（叶片的扁化和蹼化以及叶柄的出现），虽然没有在银杏个体发育过程中完整地 "重演"，按照 Zimmermann（1959）的 "顶枝学说" 是符合植物发展演化的总规律的。至于 *Umaltolepis* 所具强烈退缩的苞片以及 *Karkenia* 和 *Yimaia* 种子聚合成穗状可能为特化的性状状态。只有第五个性状还难以确定其极向。已知最古老的 *Trichopitys* 属所具的胚珠倒转现象是否为原始的性状状态，尚未在现生银杏的个体发育过程中和其他方面得到证实。不过为了获得客观的结果，在分析中对各个性状都不加权重和排序。由史恭乐采用 PAUP* version 4.0b10 软件进行试探式（推断式）随机搜索（heuristic search）进行分析，通过运用 TBR 分支交换（tree bisection-reconnection branch swapping），任意添增顺序（random addition sequence）和 1000 次重复等步骤获得两株最简约的分支谱系树（图 19、图 20）。

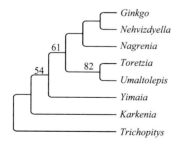

图 19 银杏目最简约的分支谱系树 1

Most parsimonious cladogram of Ginkgoaleans 1

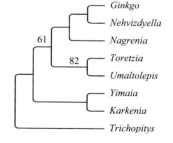

图 20 银杏目最简约的分支谱系树 2

Most parsimonious cladogram of Ginkgoaleans 2

以上两株最简约分支谱系树并无根本性的区别，只是 *Karkenia* 和 *Yimaia* 的相互关系有所不同。严格合意树（图21）的步长=14，一致性指数（CI，consistency index）= 0.78547（排除了无价值性状后为 0.7000），平行演化（同塑–非同源相似）指数（HI，homoplasy index）=0.2143（排除了无价值性状后为 0.3000），维持（保留）指数（RI，retention index）= 0.7273。校正一致性指数（RC，Rescaled consistency index）= 0.5714。图19—图21 上的数字 54、61 和 82 为自展值（bootstrap）。

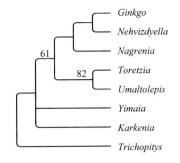

图21　银杏目最简约的两株分支谱系树的严格合意树 The strict consensus tree of two most parsimonious cladograms of Ginkgoaleans

这一分析和以往得到的结果相符。已知最古老的毛状叶 *Trichopitys* 都位于分支图的基部，它和其他银杏目的成员构成姐妹群。在古生代可能已经出现的 *Karkenia*（Naugolnykh, 1995）也明显地很早就成为一个独立支系，它和中生代以后出现的其他成员构成姐妹群，或者它和 *Yimaia* 构成一个支系，并同其他中生代成员构成姐妹群。*Toretzia* 和 *Umaltolepis* 以其强力退缩的生殖枝为主要特征，代表着中生代银杏目的一个灭绝的独立支系。*Nehvizdyella*、*Nagrenia* 和 *Ginkgo* 三属的胚珠器官基本特征一致，明显属于同一系统发育支系。它们彼此已知的主要差异在于营养叶的不同。*Yimaia* 的系统发育关系在分析中略有变动。它本身可能代表着一个单独的分支，究竟是和比较原始的 *Karkenia* 相近（图20），还是和其他中生代 *Toretzia/Umaltolepis* 支系及 *Nehvizdyella/Nagrenia/Ginkgo* 支系关系更为密切（图19）还不是十分清楚。

（二）分　　类

1. 银杏目的科和属

系统发育分析的结果表明银杏目从晚古生代以来，至少有五个相当于科一级的支系。在本书中，我们把银杏目成员按照它们的系统发育关系亲疏来进一步划分为以下 5 科 8 属（据 Zhou, 1991, 1997, 2000, 2009；Doweld, 2001；Anderson et al., 2007 等的方案修订）。

毛状叶科　Family Trichopityaceae Meyen, 1987

　毛状叶属　Genus *Trichopitys* Saporta, 1875 emend. Florin, 1949（图22A）

卡肯果科　Family Karkeniaceae Krassilov, 1972

　卡肯果属　Genus *Karkenia* Archangelsky, 1965

义马果科　Family Yimaiaceae Zhou, 1997

　义马果属　Genus *Yimaia* Zhou et Zhang, 1988 emend. 1992（图22E）

乌马鳞片科　Family Umaltolepidiaceae Stanislavsky, 1973 emend. Zhou, 1997

　托勒兹果属　Genus *Toretzia* Stanislavsky, 1973（图22C）

　乌马鳞片属　Genus *Umaltolepis* Krassilov, 1972（图22D）

银杏科 Family Ginkgoaceae Engler ex Engler et Prantl, 1897（in Engler & Prantl, 1897）

    银杏属 Genus *Ginkgo* L., 1771（图 22H）

    纳格连珠托属 Genus *Nagrenia* Nosova, 2013（图 22F）

    纳维兹达果属 Genus *Nehvizdyella* Kvaček, Falcon-Lang et Dašková, 2005（图 22G）

银杏目绝大多数的科、属在我国都有发现和记载，其中卡肯果科以卡肯果属为科代表分子（图 22B），地质地理分布较广，最早见于早二叠世，到侏罗纪和白垩纪臻于繁盛，并分布至南半球；义马果科仅有一属，见于欧亚早、中侏罗世地层中，至今只在我国有保存完好的标本发现，是此属已知多样性最高的地区；乌马鳞片科已知两属（托勒兹果属、乌马鳞片属）前者在我国仅发现可疑的化石；银杏科迄今已知三个属，我国只发现银杏属，尚未有纳格连珠托和纳维兹达果两个属的记录，银杏属（图 22H）仅包括现生银杏（*Ginkgo biloba* L.）以及形态近似的胚珠器官和花粉器官的化石单元，不包括单独

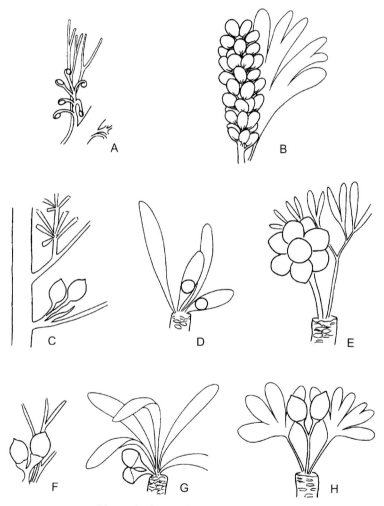

图 22　银杏目胚珠器官多样性示意图

Schematic drawings showing diversity of ginkgoalean ovulate organs

A. *Trichopitys* Saporta；B. *Karkenia* Archangelsky；C. *Toretzia* Stanislavsky；D. *Umaltolepis* Krassilov；E. *Yimaia* Zhou et Zhang；F. *Nagrenia* Nosova；G. *Nehvizdyella* Kvaček, Falcon-Lang et Dašková；H. *Ginkgo* L.（侏罗纪化石种 Jurassic species）

（自 Zhou, 2009）

保存、形态和现生银杏相似的营养器官的形态属化石。有关这些分类单元的详细内容将在本书系统记述中论及各属时详细介绍。在此只对其中少数重要的、目前暂时还没有在我国发现或记载的科、属的定义，模式种，以及地质、地理分布等做一简述，而分类位置存疑的属 Schmeissneria 以及冈瓦纳大陆的 Avatiaceae（Anderson & Anderson, 2003）等都不再纳入这一分类系统内。

毛状叶科 Family Trichopityaceae Meyen, 1987

定义 叶，未扁化，叶片和叶柄未明显分化，螺旋状排列在长枝上；生殖枝腋生、分枝；胚珠小，直生并倒转。

毛状叶属 Genus *Trichopitys* Saporta, 1875 emend. Florin, 1949（图 22A）

属征 长枝上着生螺旋状排列的、未扁化的叶（营养顶枝系统）。叶多次以锐角二歧分叉成为 4–8 个窄的裂片。长枝的中部常具有腋生的、二歧分叉的"孢子囊穗"（生殖短枝）。短枝上各着生有 3–20 个顶位的、直生而倒转的胚珠（种子），而无营养裂片。（据 Florin, 1949）

模式种 *Trichopitys heteromorpha* Saporta。

产地和层位 法国南部 Lodève（Dept. Hérault），下二叠统。

银杏科 Family Ginkgoaceae Engler ex Engler et Prantl, 1897
纳格连珠托属 Genus *Nagrenia* Nosova, 2013（图 22F）

属征 雌性生殖器官（珠托复合体）有一个分叉为几个珠柄的总柄。每个珠柄顶端具有一个杯形的珠托。含树脂体。气孔器为银杏型。（据原始属征）

模式种 *Nagrenia samylinae* Nosova。

产地和层位 此属发现于乌兹别克斯坦东部安格连和俄罗斯东西伯利亚南部伊尔库茨克，中侏罗统。

注 保存不佳的此类型器官化石早年发现时曾被直接归入银杏属（Heer, 1876b；Prynada, 1962）。后来发现的丰富而保存完好的标本则被误认为是一种种子蕨，被归入格雷纳果属 Grenana Samylina（1990）。该属的模式种 G. angrenica 内虽然包括了相互伴生的珠托、种子和营养叶，但所指定的模式标本（主模 813/1N13）是营养叶。Kvaček 等（2005）曾指出，需要给这种胚珠器官另取一属名。俄罗斯学者 Nosova（2013）以及 Nosova 和 Gordenko（2012）新的研究认为这些伴生的器官的确为同一植物体的分离的部分，只是这个属的模式种 Grenana angrenica 所依据的营养叶碎片形态和角质层构造与 Sphenobaiera 属无异，因而属名格雷纳果属 Grenana Samylina 只是楔拜拉的一个后出异名。她们主张把叶化石改名为 Sphenobaiera angrenica (Samylina) Nosova。至于胚珠器官（种子已脱落的珠托复合体）化石，则另归于一个新属，纳格连珠托属 Nagrenia Nosova，定名为一个新种 N. samylinae Nosova，分开保存的种子则归入器官属松（鬆）套籽中，另定名 Allicospermum angrenicum。这种珠托化石和银杏科中已知的银杏属和纳维兹达果属的珠托确实十分接近，尤其是和侏罗纪的银杏珠托化石几乎难以区分。这三个属的连生或伴生的胚珠都属于松套籽属，在结构上也没有重大区别。纳维兹达果属的伴生器官虽然还包括短枝、木材和花粉等，它们和银杏的有关器官也没有明显的差异。无论是纳格连珠托属还是纳维兹达果属植物，它们和银杏属的主要区别只在于连生或伴生的营养叶形态。不过从总体来看，彼此的差别还是明显大于银杏属内各种（包括现生种和地史时期已发现的各种典型的化石，如 *Ginkgo yimaensis*、*G. ginkgoidea*、*G. apodes*、*G. cranei* 等）相互之间的差别。

纳维兹达果属 Genus *Nehvizdyella* Kvaček, Falcon-Lang et Dašková, 2005（图 22G）

属征 胚珠器官由一个主轴和两个短的次级轴组成。次级轴上各顶生一个大的壳斗状器官，内含一枚直生的种子。种子由厚壁种皮和浆种皮等构成。（据原始属征）

模式种 *Nehvizdyella bipartita* Kvaček, Falcon-Lang et Dašková。

产地和层位 此属发现于捷克波希米亚，上白垩统塞诺曼阶，密切伴生的形态属有桨叶（*Eretmophyllum*）、苏铁粉（*Cycadopites*）、培茨诺夫枝（*Pecinovicladus*）和银杏型木（*Ginkgoxylon*）。

2. 辅佐性分类单元——形态属和器官属

对于大量的无法确切归类的分散保存的银杏目营养器官（木材、叶和枝条）、花粉器官、分散保存的珠托复合体和种子等则保留它们的形态属名或器官属名，作为分类系统中的附属的辅佐性分类单元（accessory taxa）。尽管它们具体的生物学地位通常不能完全确定，作为化石单元在地层划分、时代确定和环境分析以及今后整体植物重建等研究中仍有重要的价值。一些依据营养叶属名而建立的科名，如 Torelliaceae Tralau（1968），Glossophyllaceae Tralau（1968），Pseudotorelliaceae（Krassilov, 1970, 1972），Sphenobaierales 及 Sphenobaieraceae Yang（杨贤河，1986）等都不再采用。

以下各属都是银杏目植物的分散单独保存的形态属和器官属。除了纳格连珠托属属于银杏科以外，它们的具体归属不明，大多不专属于任何一个科级自然分类单元。有的属虽然原作者认为应属于某个自然分类单元，但是仍有待更充分的证据。

生殖器官
  花粉器官
    穗花属（部分种）Genus *Stachyopitys* Schenk, 1867 (pro parte)
    楔拜拉花属 Genus *Sphenobaieroanthus* Yang, 1986
    石花属（部分种）Genus *Antholithus* L., 1786 (pro parte)
  胚珠器官（珠托复合体）
    纳格连珠托属 Genus *Nagrenia* Nosova, 2013
  种子
    松套籽属（部分种）Genus *Allicospermum* Harris, 1935 (pro parte)

营养器官
  叶（图 23）
    拜拉属 Genus *Baiera* Braun, 1843 emend. Florin, 1936（图 23C）
    桨叶属 Genus *Eretmophyllum* Thomas, 1913（图 23B）
    准银杏属 Genus *Ginkgodium* Yokoyama, 1889（图 23A）

似银杏属 Genus *Ginkgoites* Seward, 1919（图 23D[①]，E）

舌叶属 Genus *Glossophyllum* Kräusel, 1943（图 23H）

楔拜拉属 Genus *Sphenobaiera* Florin, 1936（图 23G）

假托勒利叶属 Genus *Pseudotorellia* Florin, 1936（图 23F）

枝

似银杏枝属 Genus *Ginkgoitocladus* Krassilov, 1972

楔拜拉枝属 Genus *Sphenobaierocladus* Yang, 1986

保存解剖结构的短枝

培茨诺夫枝属 Genus *Pecinovicladus* Falcon-Lang, 2004

木材

拜拉木属 Genus *Baieroxylon* Greguss, 1961

银杏型木属 Genus *Ginkgoxylon* Saporta, 1884 emend. Süss, 2003 ex Philippe et Bamford, 2008

原始银杏型木属 Genus *Proginkgoxylon* Zheng et Zhang, 2008

初始银杏型木属 Genus *Primoginkgoxylon* Süss, Rössler, Boppré et Fischer, 2009

古银杏型木属 Genus *Paleoginkgoxylon* Feng, Wang et Rössler, 2010（*产自古生代早二叠世，保存有髓和初生木质部*）

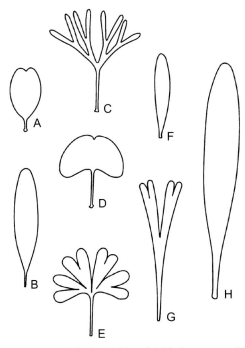

图 23 银杏目营养叶形态属（自周志炎，2003，图 2）

Vegetative leaf form-genera of ginkgoaleans (From Zhou, 2003, fig. 2)

A. *Ginkgodium* Yokoyama；B. *Eretmophyllum* Thomas；C. *Baiera* Braun；D. *Ginkgo* (modern type)；E. *Ginkgoites* Seward；
F. *Pseudotorellia* Florin；G. *Sphenobaiera* Florin；H. *Glossophyllum* Kräusel

---

① 在化石中，图 23D 所示的现生银杏叶型也归入似银杏属

凡是我国已有记录的，其属征和分布等都见于本书的系统记述部分。在此只对个别在我国还没有发现报道的重要的属做简要介绍。

培茨诺夫枝属 Genus *Pecinovicladus* Falcon-Lang, 2004

属征 枝条由内位的薄壁细胞髓，中位的含有膨大轴向薄壁细胞、结晶铸模（crystalline moulds）和黏液道的密木型的木质圆柱筒及外生的周皮层组成。枝的外表具有明显的螺旋状排列的叶痕，（或）有排列不规则的次生枝。（据原始属征）

模式种 *Pecinovicladus kvacekii* Falcon-Lang。

产地和层位 同上述银杏科 *Nehvizdyella* 属。

拜拉木属 Genus *Baieroxylon* Greguss, 1961

属征 裸子植物木材与银杏木材相似。管胞径向壁具螺纹加厚。具缘纹孔 1–2 列，常呈（压）扁状。管胞末端常呈肘状弯曲伸入射线内。射线高 1–15 层细胞，多为一列细胞宽。射线细胞壁薄。交叉场内具 1–5 个小的南洋杉式椭圆形纹孔。（自张武等，2013；据 Greguss, 1961）

模式种 *Baieroxylon implexum* (Zimmermann) Greguss。

产地和层位 匈牙利 Pécs，Bakonya，二叠系。

初始银杏型木属 Genus *Primoginkgoxylon* Süss, Rössler, Boppré et Fischer, 2009

属征 木材由管胞、含晶异细胞（crystalidioblasts）和射线组成，具生长层，横切面上管胞辐射状排列，大小不等的管胞相邻并列，管胞具有螺纹加厚，含晶体，径壁上的具缘纹孔呈"冷杉型"（abietoid）排列，圆形含晶异细胞散见于横切面上，在径切面上可见一种六角形的、双角锥体状的大晶体，射线 1–3 列，高可达 25 个细胞，水平壁薄而光滑，交叉场纹孔柏木型。（据原始属征）

模式种 *Primoginkgoxylon crystallophorum* Süss, Rössler, Boppré et Fischer。

产地和层位 非洲肯尼亚 Mobasa 盆地 Mwaluganje 大象禁猎区，上三叠统 Mazeras 组。

（三）演 化 趋 向

很久以前就有学者推测现生银杏是由其远祖经过器官退缩演化而来的（Coulter & Chamberlain, 1917；Seward, 1919；Florin, 1949），然而，银杏和银杏目植物具体的演化过程只是到近数十年来随着保存完好的生殖器官化石的发现和研究才得到比较清晰的了解和确证。从总体来看，银杏目植物从古生代以来，除了三叠纪中、晚期的一个急剧的辐射阶段以外，演化的速度一般都比较缓慢，甚至表现出长期"迟滞"的势态。不过，退缩的趋向则是不变的，在胚珠器官和花粉器官上表现得尤为明显（周志炎，1994，2003；Rothwell & Holt, 1997；Zhou, 1997, 2009；Liu et al., 2006）。

目前已知最古老的银杏目成员毛状叶只具有长枝，其胚珠器官多次分叉，可着生多达 20 个细小的种子。螺旋状着生的叶还是呈三维立体状态而尚未扁化和蹼化，也还没有叶柄和叶片的分化（不完全叶）。进入中生代以后，银杏目植物中普遍出现短枝和树脂体，生殖枝简化，珠柄缩短以致消失，胚珠和花药的数目减少和成熟种子形体增大，胚珠内珠心和珠被从分离到合并以及叶片从分裂到全缘等演化趋向，都和现生银杏的个体发育过程大体上相符，显示银杏目植物是遵循异时发育（heterochrony）学说中的超越形成（peramorphosis）规律演化的（周志炎，1994；Zhou，1997，2009），以下将专门讨论。

1. 各科的演化趋向

以上列举的退缩过程，虽然在各个演化支系中并不完全同步而常有性状镶嵌和异级性现象出现，但总的趋向是一致的，并且大体上呈现平行演化的格局。在卡肯果科（Karkeniaceae）中，尚未见到种子数减少和个体大小的明显变化，不过它的营养叶随着时代变新，从早侏罗世的无叶柄的 *Sphenobaiera* 型（Krassilov，1972；Kirchner & Van Konijnenburg-van Cittert，1994；Zhou et al.，2002）到早白垩世演变为具柄的似银杏型（Archangelsky，1965）的趋势清晰可见。最近，在俄罗斯乌拉尔山西侧乌拉尔统（下二叠统）空谷阶（Naugolnykh，1995）有 *Karkenia* 型胚珠器官和形态接近似银杏型的叶（*Kerpia macroloba* Naugolnykh）伴生的报道。这一事实还有待进一步确证。

义马果科（Yimaiaceae）目前仅有分布在局限地质时段的一个属，无从了解科内的演化趋向。*Yimaia* 属的珠柄退缩，种子数目虽较多，但都直接簇生在总柄顶端，也代表银杏目内一个独立的演化支系。

乌马鳞片科（Umaltolepidiaceae）中已知托勒兹果属（*Toretzia*）和乌马鳞片属（*Umaltolepis*）都具明显退缩的生殖枝（仅有一枚种子、无珠柄）。在侏罗纪和早白垩世繁盛的 *Umaltolepis* 比晚三叠世的 *Toretzia* 更为强烈退缩。其胚珠器官已不再是独立和分离的，而是和苞片联合，贴生在其腹面。营养叶也趋向缩短柄，且强烈蹼化。

银杏科已知有三个属，它们具有十分相似的胚珠器官。银杏属代表着此科的主流，不仅最古老、种类丰富，而且演化趋向清晰。*Nagrenia* 和 *Nehvizdyella* 只有不多或个别的记录，地质和地理分布十分局限。它们在银杏科中都是属于比较特化的种类。除了叶形不同以外，在胚珠器官形态构造上接近侏罗纪银杏，只是它们珠柄较短，种子较少，整体呈现退缩状态。

2. 银杏属内的演化过程

目前已知银杏型的叶化石的记录可追溯到二叠纪，类似的雄花也曾发现于南、北大陆。不过，公认可靠的、最古老银杏属的记录还是劳亚大陆中侏罗世的银杏胚珠器官化石（Zhou & Zhang，1989；Yang et al.，2008）。尽管活化石银杏常被引据为生物演化中"形态迟滞"（morphological stasis）现象的实例，事实上银杏属并不是完全"静止不变"的。即使不考虑因受环境变动而产生的细胞组织等较为细微和复杂的种种变化，历经一亿七千万年沧桑变迁的银杏属在外部宏观形态上还是显现出颇为明显的改变。就胚珠器官而言，侏罗纪的已知种（如 *G. yimaensis* 和 *G. ginkgoidea*）都属于原始型、祖先型或称为"义马银杏型"（ancestral type or *Yimaensis*-type）（Zhou & Zhang，1989；周志炎，1994；Yang et al.，2008）。这种类型的胚珠器官具有多枚（2–5 枚）胚珠，各自顶生在相当长的分枝（珠柄）上。目前已知，这种原始型的胚珠器官一直到早白垩世还存在（邓胜徽等，2004；Deng et al.，2004）。现生种所具的现代型（modern type）胚珠器官已极大地退缩了，成熟时仅有一枚种子直接生在生殖枝主枝的顶端，不具珠柄。这种现代型的胚珠器官在地质历史时期出现很晚，直到距今6500万年以后的古新世才有可靠的记录（*Ginkgo adiantoides* Crane et al., 1990=*G. cranei* Zhou et al., 2012）。在我国辽西早白垩世热河生物群中发现的无柄银杏（*G. apodes*）（Zhou & Zheng, 2003；Zheng & Zhou, 2004）的胚珠器官基本上属于现代型，但还保留原始型的个别特征，为演化过渡的"中间环节"。这种胚珠器官和祖先型的胚珠器官相比较，已经明显退缩了，不再具有珠柄，但是和典型的现代型不同的是生在生殖枝主枝顶端的胚珠可多达6枚，成熟的种子也不少于2枚。从系统发育来看，具有原始型胚珠的化石种应是银杏属内的茎干类群（stem group），而早白垩世以后的具有现代型胚珠器官的化石种才是银杏属中的冠类群（crown group）。

在欧亚大陆侏罗系中，虽曾有银杏属的花粉器官化石产出的报道，但保存甚差，发表的图主要是手绘的（Heer, 1876b；Van Konijnenburg-van Cittert, 1971, 1972；Harris et al., 1974）。保存完好的银杏的穗状雄花化石是刘秀群等在我国辽西早白垩世热河生物群中发现的 *Ginkgo liaoningensis* Liu et al.（2006）。它的小孢子叶（花梗）上通常具有3–4个小孢子囊（花药），略多于现生种的两个花药。它很可能和同一地层中产出的胚珠器官 *G. apodes* 及其伴生的叶都属于同一种植物。典型的现代型雄花化石产出在加拿大艾伯塔省上白垩统马斯特里赫特阶或坎潘阶（Serbet, 1996；Rothwell & Holt, 1997；P. R. Crane，个人通讯）。它的小孢子叶和现生种一样在顶端具有成对的花药。尽管发现化石不多，已有的证据表明银杏属的花粉器官同样具有退缩的演化过程。看来，白垩纪是该属演化上的一个关键时期，现代型的生殖器官只是在此以后才开始出现。需要补充说明的是：最近，在新疆哈密地区中侏罗统内发现银杏的雄花，其小孢子叶上只有2–3个小孢子囊，或许意味着银杏雄花的演化可能有很强的"迟滞性"（Wang et al., 2017）。

营养叶化石由于本身形态的变异性和异源性不能提供可靠的演化线索。不过，地质历史时期先后出现的、单独保存的银杏型的叶化石总的变化过程大体上与上述胚珠器官和花粉器官演变趋势是一致的，而目前已发现的和生殖器官相伴生的银杏型叶化石更是完全符合银杏属总的退缩演化趋势。侏罗纪的义马银杏和 *G. ginkgoidea* 的伴生叶都是形体较大、多次深度分裂的。在早白垩世，和原始型胚珠器官一同产出的伴生叶 *Ginkgo manchurica* (Yabe et Ôishi) 也是如此（邓胜徽等，2004；Deng et al., 2004），而和无柄银杏伴生的叶已有所退缩，形体较小，分裂较少、较浅（Zhou & Zheng, 2003；Zheng & Zhou, 2004）。晚白垩世发现的和银杏状雄花伴生的叶片进一步退缩和蹼化，只在叶缘浅裂或呈缺刻状（Rothwell & Holt, 1997）。古新世和胚珠器官 *G. cranei*（Zhou et al., 2012）相伴生的叶片已和现生的银杏外形完全相同，只在顶缘有一个中间凹缺，或近于全缘。

3. 现生银杏的个体发育过程"重演"演化趋向

具有重要意义的是：目前我们所了解到的地质时期银杏目植物，尤其是银杏属雌、雄花和叶的演化趋向和现生银杏的相关器官在个体发育过程中的形态变异有着惊人的对应性，以致彼此可以相互参照和验证（参见概论"二"）。为简明起见，我们将有关信息列表进行比较（表10）。

表10显示银杏属各个种的营养和生殖器官在地质时期中的演变、退缩趋向和现生银杏各相关器官的个体发育过程的对应。概括起来，它们的营养叶都趋向融合蹼化；胚珠

器官上的胚珠（或种子）形体变大、数目趋向减少，珠柄退缩，直至消失；花粉器官上的花药数目都趋向减少。现生银杏成年树上的成熟器官代表着这一演化趋向的目前最终的阶段，在形态发育上超越了地质时期的祖先们。银杏化石和现生种胚珠的大孢子壁超微结构的研究也显示出同样的趋向（Zhou, 1993）。虽然目前我们无法认定上列不同地质时代银杏化石种和现生种彼此间直接的祖/裔关系，但它们是同一条演化路线上的成员，在系统发育关系上最为密切应该是没有疑问的。

表 10　地质时期银杏属演化趋向和现生银杏个体发育趋向对比　Comparison between evolutionary trends of fossil *Ginkgo* species and the developmental process of the living species

地质时期	银杏属各种	营养叶片	胚珠器官			花药数	和现生种发育阶段比较
			成熟种子数	种子大小	珠柄		
现代	G. biloba	近全缘	1（–2）	30 mm×20 mm	无	2	成熟状态
古近纪	G. cranei	近全缘	1（–2）	19 mm×17 mm	无	—	符合成熟状态
晚白垩世	G. sp. b	顶缘锯齿状	?	约 13 mm 长	—	2	符合成熟状态
早白垩世	G. apodes	深裂	1–3（–6）	9 mm×8.5 mm	无	—	过渡状态
	G. liaoningensis	?	—	—	—	3–4	符合未成熟状态
	G. sp. a	深裂	2（–4）	14 mm×13.5 mm	有	—	符合未成熟状态
中侏罗世	G. ginkgoidea	深裂	2（–3）	12 mm×12 mm	有	—	符合未成熟状态
	G. yimaensis	深裂	2–3（–4?）	15 mm×12.5 mm	有	—	符合未成熟状态
	G. gomolitzkyana	深裂	2–4	9.2 mm×7.5 mm	有	—	符合未成熟状态
演化趋向		融合蹼化	减少	增大	退缩至消失	减少	演化趋向符合个体发育趋向

注：表中 G. sp. a 为发现于辽宁早白垩世地层的未命名的胚珠器官及伴生的叶化石 G. manchurica (Yabe et Ôishi)（邓胜徽等，2004；Deng et al., 2004），G. sp. b 代表发现于加拿大艾伯塔省上白垩统马斯特里赫特阶或坎潘阶的花粉器官和伴生分散器官（Rothwell & Holt, 1997），其他种的出处见前文对现生银杏的介绍和"系统记述"中相关文字内容。最近在新疆中侏罗统也发现了花粉囊化石（Wang et al., 2017）

根据异时发育（heterochrony）的学说，具有同一基因型（genotype）的生物在世系延续过程中，由于调节基因（regulatory genes）的作用，生物体各个部分在生长和发育阶段出现速率、起始和终止的时间以及性成熟的提前或滞后等方面的差异，可以形成种种变异体（变体，variants）或表现型（表型，phenotypes）。这种个体（或器官）异时发育的结果如果持续定向发展就可能对生物的系统发育或演化趋向和过程产生影响并导致宏演化的结果（Stidd, 1980；Fink, 1982；McNamara, 1982；Rothwell, 1987）。

依照 Alberch 等（1979）的分类，生物的异时发育可能会对系统发育造成两种主要的不同结果。一种是幼型形成（或作幼体发育、滞留发生，paedomorphosis），表现为：①幼态持续或幼态成熟（neoteny），即形态发育生长相对迟缓或减速；②提前生殖或前期发育（progenesis），即性早熟，缩短了形态生长阶段；③后移（post-displacement），指某个（些）特定器官生长起始时间的推迟。另一种是过型形成（peramorphosis），表现为：①加速（acceration），即形态发育生长速率加快；②超越形成（hypermorphosis），即性成熟推迟，相对延长了形态生长阶段；③前移（pre-displacement），指某个（些）特定器官生长起始时间的提前。

　　银杏属现生种的个体发育应属于过型形成的类型（周志炎，1994，2003；Zhou，1997，2009）。它多年生，高树龄，生长缓慢而形体巨大，以持续产生较大型的种子和有限成活的幼株来繁殖。这种生存策略在理论生态学中被称为 K 策略（K-strategy），是生物在生态稳定并接近饱和的条件下的一种选择（Gould，1977）。现生银杏自然生长和繁育的原始生态环境现在还难以完全确切了解。从浙江西天目山银杏生存的环境来看，它是暖温带混合林中的成员，共生的有多种高大乔木，如柳杉、杉木、榧树、金钱松和被子植物等，林冠比较郁密（Del Tredici et al.，1992）。这种 K 型的生态压力看来符合银杏个体发育的规律。

　　美国学者（Royer et al.，2003）从分析沉积环境和比较伴生植物的现生近缘种的生存环境着手，探究白垩纪和新生代银杏的生态环境，认为它们大多居住在河流和溪流岸边，或废河道、冲积堤的决口扇等动荡的环境中（或许只有这种环境才有利于银杏化石的保存）。这种情况至少已持续 6500 万年以上。他们也指出这种生态环境和上述银杏所具有的生存策略相互矛盾。银杏缺乏有利于在此类动荡生态环境中生存的现代木本植物所具有的所谓"竞争-杂草策略"（competitive-ruderal strategy）（Grime，2001）的一些特征，如高生长速率、性早熟、种子小、次生生长、生命周期短和演化快速等。Royer 等（2003）的解释是：银杏所具备的特性可能都是在地质历史时期形成并保持下来的。在被子植物崛起以前，银杏的伴生分子主要为草本的蕨类植物，还有木本植物像本内苏铁、种子蕨和松柏类等，它们大多比较矮小，在林冠空间的竞争中不及被子植物"强势"，银杏生存环境并不严峻。随着被子植物的发展壮大，占据新的生态领域，所有这些伴生的植物大多纷纷退出历史舞台。银杏虽然在日趋不利的环境中奇迹般地生存了下来，但其繁荣的程度大大衰退，现今已濒临灭绝。

系 统 记 述

一、自 然 分 类

银杏目 Order Ginkgoales

银杏目包括至少五个科（见概论"五"；Anderson et al., 2007；Zhou, 2009）以及归属存疑的 Avatiaceae 和 Schmeissneriaceae。在我国目前还没有发现属于毛状叶科（Trichopityaceae）的可靠标本（Krasser 1900 年报道了可疑记录，见斯行健、李星学等，1963）。除了在南非发现的、归属可疑的银杏目成员 Avatiaceae（Anderson & Anderson, 2003）以外，以往归入银杏目植物的其余五个科都有发现和报道，其中形态特殊的 Schmeissneriaceae，因新材料的研究，发现其归属存在问题（Wang, 2010a, b），将不在本书中叙述。以下记述的有卡肯果科、义马果科、乌马鳞片科和银杏科。Herrera 等（2017）最近研究了保存完美的标本后又认为乌马鳞片科的代表属乌马鳞片属（见页 57）可能应归入广义银杏类的 Vladimariales。

卡肯果科 Family Karkeniaceae Krassilov, 1972

定义　胚珠器官（卡肯果属）由众多（可达 100 枚左右）螺旋状着生在珠柄顶端的、直生而倒转的小型胚珠和一个总柄构成；珠心大部分和珠被分离。叶具柄或否，呈似银杏型、楔拜拉型（？包含小拜拉属 *Baierella* Potonié）和桨叶型。胚珠的珠孔内发现有单沟银杏/苏铁粉（*Ginkgocycadophytus* 或 *Entylissa*）型花粉。（自 Zhou, 2009）

分布和时代　遍布于南、北半球早侏罗世至早白垩世。在北半球出现的时代较早。

卡肯果属 Genus *Karkenia* Archangelsky, 1965

模式种　*Karkenia incurva* Archangelsky（1965；Del Fueyo & Archangelsky, 2001）。阿根廷圣克鲁斯（Santa Cruz）省 Ticò 地区，下白垩统。

属征　卵形或狭长形的胚珠（种子）器官，由一个中心轴和多个不规则排列的、具珠柄的胚珠组成。胚珠圆或卵形，内弯（直生）以珠孔指向轴，或疏或密地呈簇状集聚，成熟时具有四层角质层，分别属于大孢子壁、珠心和珠被内、外。种子具有一个明显的内核。[主要依据 Archangelsky（1965）的原始属征，译自 Zhou et al., 2002]

注　此属目前已描述六个种（见表 11）。从形态上看，除了较为特殊的 *K. huaptmannii* 以外（它具有紧密而近圆形的胚珠器官，不同于其他已知种），它们可以大致分为两个类型。模式种 *K. incurva* 和 *K. asiatica* 及 *K. henanensis* 都具有形体较小而结构紧密的"果穗状的"胚珠器官，其上着生的胚珠数目多达上百个，而 *K. cylindrica* 和 *K. mongolica* 的胚珠器官形体较大、较疏松，其上的胚珠数目也少得多。从解剖特征来看，这两个类型也有差别。*K. incurve*［Archangelsky（1965）最初描述的标本］和 *K. asiatica* 及 *K. henanensis* 的珠被角质层都很薄，不具有气孔，珠被内也没有可靠的树脂体。*K. mongolica* 则不同，它的珠被外角质层相当厚，具有气孔，而且珠被内还含有树脂体。这也引发了这种具有较大胚珠器官的标本是否属于同属的疑问。Del Fueyo 和 Archangelsky（2001）重新研究 *K. incurva* 的模式标本虽然发现其胚珠下部珠被外角质层也可以较厚，并具有气孔器，树脂体则未见到，只发现可能具有含树脂的异细胞（resiniferous idioblasts）。不过，这种差别很可能不是形态学上或分类学上的，而是植物生长发育阶段不同，或者是物候学上的差异（phenological disparties）所致（Zhou et al., 2002）。在胚珠器官较小的标本上，胚珠中都不存在树脂体，但却有尚未萌发的花粉粒或吸器（horstorium）保存。这些现象似乎可以为这种胚珠属于较早期发育阶段提供佐证。因为研究现生银杏——银杏目中唯一生存的成员发现，只有在胚珠发育的早期，即 4 月下旬到 5 月初，受粉后的三个星期内花粉粒和吸器才可能在胚珠中先后存在（Freidman, 1987; Freidman & Gifford, 1997）。

　　此属在早白垩世发现的模式种 *Karkenia incurva*，其已知伴生的营养叶属于似银杏（*Ginkgoites*）型，但多数已知时代较早的种，其伴生的叶属于楔拜拉（*Sphenobaiera*）型，叶柄不明显（见表 11）。在我国广袤地域内极为发育的中生代陆相地层中，像似银杏和楔拜拉等此属常见的伴生叶化石相当常见，但 *Karkenia* 的胚珠器官在 2002 年以前从未被正式报道过。除了保存和采集等原因外，有些以往被归入茨康目狭轴穗属 *Stenorachis* (Nathorst) Saporta 的化石，可能属于本属（Zhou et al., 2002），如下列名单所示。

Stenorachis bella Mi et al.：米家榕等，1996，页 136，137；图版 32，图 1，2，7，9，15；插图 18（被误标示为 *Leptostrobus*；并非插图 19）。河北抚宁，下侏罗统石门寨组。

Stenorachis guyangensis Chang：张志诚等，1976，页 196，197；图版 101，图 1，7；图版 103，图 5。内蒙古固阳，下白垩统固阳组。

Stenorachis guyangensis：谭琳、朱家楠，1982，页 148，149；图版 35，图 12，13。内蒙古固阳，下白垩统固阳组。

Stenorachis guyangensis：邓胜徽，1995，页 56，57；图版 28，图 3。内蒙古霍林河盆地，下白垩统霍林河组。

Stenorachis longistitata Tan et Zhu：谭琳、朱家楠，1982，页 148；图版 35，图 10，11。内蒙古固阳，下白垩统固阳组。

Stenorachis scanicus Nathorst：张泓等，1998，图版 52，图 8；图版 54，图 1，2B。甘肃兰州窑街，中侏罗统窑街组；新疆准噶尔盆地西北和什托洛盖，下侏罗统八道湾组和三工河组。

Stenorachis sp.：张志诚等，1976，页 197；图版 100，图 4。内蒙古固阳，下白垩统固阳组。

表11　已知各种卡肯果形态特征对比表（据 Zhou et al., 2002）　Comparisons among different species of *Karkenia* Archangelsky (From Zhou et al., 2002)

		K. asiatica	*K. cylindrica*	*K. hauptmannii*	*K. incurva*	*K. mongolica*	*K. henanensis*
胚珠器官（"果穗"）	形状	椭圆形至卵形，致密	圆柱形，疏松	球形，致密	圆柱形，致密	圆柱形，疏松	椭圆形至拔针形，致密
	大小	35 mm×13 mm	120 mm×20 mm	26.3–35.3 mm×17.2–26.7 mm×20–25.5 mm	80 mm×13 mm	>70 mm×20 mm	可达 40 mm×13 mm
	胚珠数	>100	70	30±	>100	30–40	>100
	胚珠大小	5–8 mm×3–5 mm	5 mm×3 mm	4.5–9 mm×2.5–5 mm	3–4.5 mm×1.3–2.5 mm	2–5.5 mm×1–2.5 mm	5 mm×4 mm
	珠柄长×宽	—	露出部分 5–10 mm×0.5–1 mm	—	3.5–4 mm×0.3 mm	露出部分 3–3.5 mm×0.3–2.4 mm	露出部分 2 mm×0.3–0.4 mm
	轴宽	—	1.5–2 mm	—	0.5–2 mm	2.5 mm	0.7 mm±
	"果穗"柄宽	—	—	2.5–4 mm	小而圆?	5 mm	无
树脂体		?	—	—	—	长 0.7–1.4 mm	无
伴生叶		*Sphenobaiera umaltensis* Krassilov	*Sphenobaiera paucipartita* Nathorst	Cf. *Sphenobaiera spectabilis* Nathorst	*Ginkgoites tigrensis* Archangelsky	*Baierella hastata* Krassilov	未命名的 *Sphenobaiera*
伴生花粉	类型和位置	*Entylissa karkeniana* Krassilov，在花粉室内	—	—	*Ginkgocycadophytus*，黏附在珠被上	—	舟形粉，黏附在珠心上
	长×宽	45 μm×2.5 μm	—	—	—	—	40×22.5 μm×25 μm
地质年代		晚侏罗世	早侏罗世	早侏罗世最早期（Lias α）	早白垩世	早白垩世	中侏罗世
产地		俄罗斯布列亚	伊朗北部厄尔布尔士山脉	德国 Franconia	阿根廷圣克鲁斯	蒙古国	中国河南
文献		Krassilov, 1970, 1972	Schweitzer & Kirchner, 1995	Kirchner & Van Konijnenburg-van Cittert, 1994	Archangelsky, 1965; Del Fueyo & Archangelsky, 2001	Krassilov & Sukatsheva, 1979；Krassilov, 1982	Zhou et al., 2002

分布和时代 在我国河南、德国 Franconia 地区、伊朗北部厄尔布尔士（Elburs）山脉、蒙古国、俄罗斯布列亚河流域从早侏罗世至早白垩世都有记载（Krassilov & Sukatscheva, 1979；Krassilov, 1982；Schweitzer & Kirchner, 1995）。在高加索早二叠世空谷期也有发现，并和一种似银杏状的叶化石——克尔普叶 *Kerpia*（Naugolnykh, 1995）相伴生。卡肯果属最初发现在南半球阿根廷圣克鲁斯（Santa Cruz）省，产出地层时代为早白垩世。此属可能还产于我国河北、甘肃、内蒙古和新疆等地早侏罗世至早白垩世。

河南卡肯果 *Karkenia henanensis* Zhou, Zhang, Wang et Guignard
图 24

2002. *Karkenia henanensis* Zhou, Zhang, Wang et Guignard, pp. 91–105；pl. 1, figs. 1–4, 6；pls. 2–4.

特征 胚珠器官（"果穗"）长椭圆形至披针形，颇为紧密，长达 40 mm，尚未保存完全，宽在 13 mm 左右，具有上百个密生胚珠。轴细，在中部约 0.7 mm 宽。胚珠直生而内弯，以其珠孔向轴，着生在宽度为 0.3–0.4 mm（不包括下延在轴上的部分）、长度为 2 mm 的珠柄上。珠柄通常以近于垂直的角度和轴相交。胚珠椭圆形至卵形，多数 2–3.5 mm 长、1–1.5 mm 宽。珠被角质层不明。珠心可能和珠被是完全分离的，其角质层薄，具有多层状超微结构，由颇为规则纵向排列的、10–42.5 μm 长、5–12.5 μm 宽的长方形细胞组成。细胞表面平滑，垂周壁薄而清晰。大孢子壁 1.2–2.2 μm 厚，具有一层薄的基层（foot layer）和厚的纹饰层（patterned layer）。基层 80–90 nm 厚，均质，但高倍镜下呈微粒状。纹饰层 1.3–1.4 μm 厚，由交织的、宽 450–600 nm 的棒状体（bacula）组成；棒间空隙腔最宽处可达 1.5 μm。棒状体内可见电镜下呈透明状的纤细短条纹。（据原始特征减缩）

注 此种和国外已知各种的差别详见表 11。由于发现标本的数量有限，不能肯定表 11 所列的差别是否都具有分类价值。前面已经指出有些差异可能是发育程度等因素造成的。和本种胚珠器官同层伴生的银杏目叶化石仅有一种尚未详细研究的 *Sphenobaiera*。这种伴生营养叶和此属多数种已知的营养叶为同一种叶型。

河南卡肯果是银杏目中极少数已经研究过胚珠角质层超微结构的化石种之一。和 *K. incurva*（Del Fueyo & Archangelsky, 2001）相比，它的大孢子壁中的棒状体不像后一种的那样呈均质不透明状、分叉少、形状比较规则；和银杏相比（Zhou, 1993），它的大孢子壁中的棒状体较为狭细，分叉较少，有时呈水平方向排列。在最后一个特征上，它和 *Yimaia recurva*（Zhou, 1993）较为相似，但后者的棒状体一般较粗大而均质，极少含透明的短条纹。

产地和层位 河南义马煤田北露天矿，中侏罗统义马组（模式标本）。

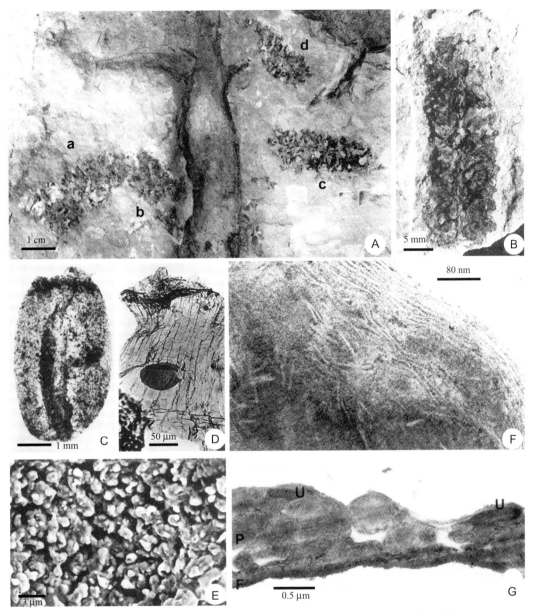

图 24　河南卡肯果 *Karkenia henanensis* Zhou, Zhang, Wang et Guignard

河南义马煤田北露天矿，中侏罗统义马组 Middle Jurassic Yima Formation, North Opencast Mine, Yima Coal Field, Henan。
A. 保存在同一块标本上的四个"果穗"（a，b，c，d），都不完整，也没有和分叉的枝条直接相连生 Four incomplete "strobili" (a, b, c, d) preserved on the same slab, none connected with the branched axis；B. "果穗"，正模 "Strobilus", Holotype；C. 从图 A 果穗 a 上获得的、经过浸解的胚珠，保存有珠心和大孢子壁，显示胚珠顶端短的喙状突起 Macerated ovules from strobilus a of fig. A, with nucellus and megaspore wall, showing the short beak-like apex of the ovule；D. 正模的一个胚珠顶端，示其珠心构成的喙、移了位的大孢子壁（左下角）及一个膨大而开裂的花粉粒 Apical part of an ovule from the Holotype, showing the nucellus beak, displaced megaspore wall at lower left and an inflated and burst pollen grain；E. 正模一个胚珠大孢子壁表面观，示其纹饰层由分枝和相互连接、交织的棒状体组成 Surface view of a megaspore membrane showing the patterned layer consisting of branched and coalescent bacula；F. 由平行的不透明和半透明薄层构成的珠心角质层上部；下部薄层渐不规则，取自正模标本 Nucellus cuticle from the Holotype composed of parallel alternate opaque and translucent lamellae that are rather regularly arranged near the surface, but irregularly and deteriorated downwards；G. 正模一个胚珠的大孢子壁纵切面，示其底部一层薄的、深色均质的基层（F）和上部厚的纹饰层（P），以及乌氏体（U）Vertical section of megaspore membrane, showing a thin, dark and amorphous foot layer (F) at the bottom and a thick patterned layer (P) above, and Ubisch body (U)（E. SEM；F, G. TEM；NIGPAS；A. PB19236—PB19239；B, D—G. PB19235；C. PB19236；Zhou et al., 2002）

义马果科 Family Yimaiaceae Zhou, 1997

定义 胚珠器官由多达 8–9 个顶生、无珠柄并相互紧挤的直生胚珠和一个总柄构成。伴生营养叶以拜拉(*Baiera*)型为主,也有似银杏型的;长、短枝为银杏枝(*Ginkgoitocladus*)型。胚珠器官内发现有单沟的银杏/苏铁粉型花粉。

分布和时代 仅义马果 *Yimaia* Zhou et Zhang 一属,见于英国(约克郡)和中国(河南、青海、内蒙古)中侏罗世。德国南部早侏罗世早期的地层中可能产出此属的未成熟胚珠器官(Kirchner, 1992)。

义马果属 Genus *Yimaia* Zhou et Zhang, 1988 emend. 1992

模式种 *Yimaia recurva* Zhou et Zhang。河南义马煤田,中侏罗统义马组。

属征 胚珠器官具有簇生在总柄顶端的胚珠。胚珠具腹背性,为扁籽型(platyspermic),无柄,8–9 个直生、紧挤,直立或向外(远轴方向)弯曲。珠被单层,由厚的肉质层(sarcotesta,浆质层)、中间的石细胞组成的厚壁层(sclerotesta)和薄的内层组成。珠心仅在顶部和珠被分离。大孢子壁厚。总柄和珠被表面角质层具单唇型(主要为不规则形)的气孔器。(据 Zhou & Zhang, 1992)

注 此属的伴生叶主要为拜拉型。已知各种的胚珠器官等特征比较,见表 12。

分布和时代 同科的分布。由于义马果主要的营养叶型拜拉属在中生代沉积中极为常见,此属可能具有更广泛的潜在地质地理分布。

头形义马果 *Yimaia capituliformis* Zhou, Zheng et Zhang

图 25,图 26

2007. *Yimaia capituliformis* Zhou, Zheng et Zhang, pp. 348–362;figs. 1–8.

特征 胚珠通常 5–7 个簇生在总柄顶端,近圆形,7–9 mm 长、6.5–8 mm 宽,具有一个卵形的种核和厚的肉质外层,后者有时形成宽的缘边。珠被表面的气孔器方位不定,分布不规则,可多达 75 个/cm²。副卫细胞具有发育的乳突。气孔窝口狭仄。部分表皮细胞的平周壁上生有乳突,垂周壁具孔。大孢子壁具有由微粒组成的基层和相互分离的棒状体构成的纹饰层。棒状体垂直于基层,自下向上稍微增大,很少分支并互相连接。肉质层中含树脂体。(据 Zhou 等,2007 缩减)

注 从胚珠器官的外形上看,此种和义马果已知各种区别不大,但依据其珠被表皮细胞角质层平周壁具乳突、垂周壁具孔和气孔器下陷、副卫细胞上乳突发育以及大孢子壁纹饰层中的棒状体粗大而相互分离等综合特征易于和其他种分开。此种是唯一已知可能具有似银杏型营养叶的义马果[见页 217–219 *Ginkgoites* sp.(morphotypes 1, 2, 3)]。

产地和层位 内蒙古宁城道虎沟,中侏罗统道虎沟组(模式标本)。

表 12 义马果已知种和相似的胚珠器官及一同保存的种子相互比较

Comparisons among known species of *Yimaia* and similar ovulate organs with associated seeds

	Y. capituliformis	*Y. qinghaiensis*	*Y. recurva*	*Baiera muensteriana*（胚珠器官）	*Baiera gracilis*（胚珠器官）
胚珠器官	胚珠 3–7 个，顶生	胚珠 3 (–5?) 个，顶生	胚珠<9 个，顶生	胚珠 3–6 个，具短柄	胚珠 4–6 个，顶生
胚珠形状	圆形至卵形	宽卵形至长圆形	卵形至圆形	卵形	卵形
胚珠大小	5–10 mm×4–10 mm	7 mm×5.67 mm	7–10 mm×6.5–10 mm	8.25–10.5 mm×6.3–7.9 mm	7.8 mm×5–7 mm
树脂体	360 μm×148.5 μm	不明	27.5 μm×15–30 μm	900 μm×700 μm	不明
珠被厚度	1.8–10 μm	<10 μm	2.5–10 μm	<10 μm	不明
细胞大小	20–60 μm×15–40 μm	20–42 μm×10–30 μm	20–100 μm×17.5–50 μm	53.6–70 μm×40–57 μm	15–40 μm×15–35 μm
平周壁	部分具乳突	平	平	部分具乳突	中心加厚
垂周壁	不规则增厚，具孔	厚薄不匀	厚薄均匀	直，厚薄均匀	不明
气孔器形状	不规则形	常辐射形	不规则形	不规则形	不规则形
气孔器大小	60–160 μm×50–70 μm	直径 45–90 μm	120–150 μm×80–100 μm	不明	直径 50–80 μm
气孔密度	10–75 个/mm²	28–43 个/mm²	稀少	35 个/mm²	罕见
保卫细胞	深陷	下陷	下陷	微下陷	下陷
副卫细胞	4–6 个，具强乳突	6–8 (9) 个，不加厚	3–6 个，凹陷	强角质化	5–7 个
周围细胞	有时存在	常缺失	常缺失	常存在?	未见
大孢子囊	和珠被关系不明	大部和珠被分离	大部和珠被分离	上部 2/3 和珠被分离	上部分离
大孢子壁厚度	4–5 μm	≥1 μm	1.2–3 μm	中等	1.2 μm
棒状体	彼此分离，1–2.4 μm 宽	极少分支，0.25–0.5 μm 宽	极少分支，0.8–1.38 μm 宽	不明	不明
伴生叶	*Ginkgoites* sp.	*Baiera* cf. *furcata*	*Baiera hallei*	*Baiera muensteriana*	*Baiera gracilis*
地质时代	中侏罗世	中侏罗世	中侏罗世	早侏罗世	中侏罗世
产地	内蒙古赤峰	青海大柴旦绿草山	河南义马	德国南部	英国约克郡
文献	Zhou et al., 2007	Wu et al., 2006	Zhou & Zhang, 1992; Zhou, 1993	Kirchner, 1992	Black, 1929; Harris et al., 1974

注：据 Wu et al., 2006, tab. 1 及 Zhou et al., 2007, tab. 1 综合，个别特征和数据取自发表的图影

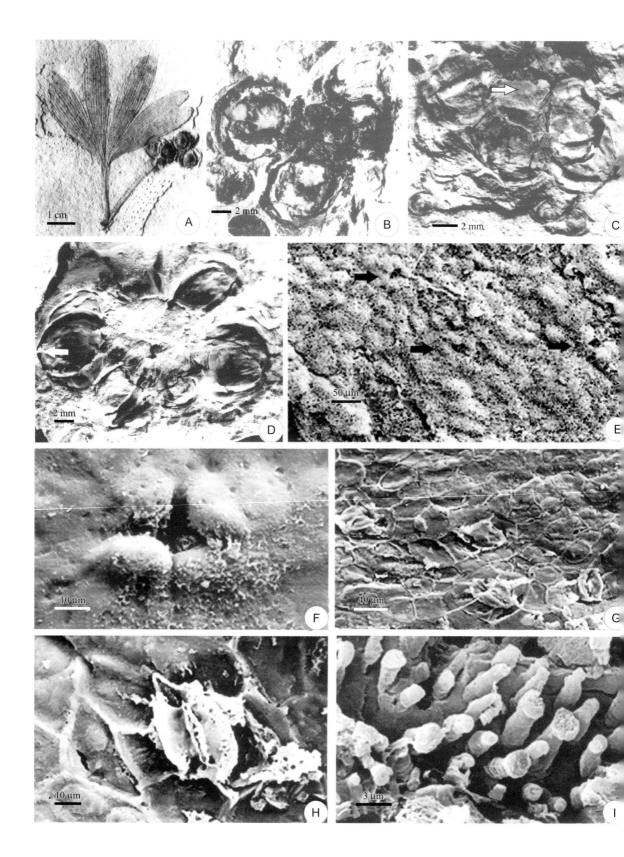

图 25　头形义马果 *Yimaia capituliformis* Zhou, Zheng et Zhang

内蒙古宁城道虎沟，中侏罗统道虎沟组 Middle Jurassic Daohugou Formation, Daohugou, Ningcheng, Inner Mongolia。
A. 一个和叶片分裂很深的似银杏型营养叶（见页 217 *Ginkgoites* sp. morphotype 1）相伴生的、顶端具有六个紧密排列胚珠的胚珠器官似相连接，副模 An ovule organ bearing six contiguously arranged ovules at the top of a peduncle, appearing to be connected with a leaf (*Ginkgoites* sp. morphotype 1, see p. 217) with deeply divided segments, Paratype；B. 五枚紧挤排列、保存有碳质壁的胚珠，表面具有不规则褶皱，正模 Five contiguously arranged ovules partly covered with coaly matter, showing irregular folds on the surface, Holotype；C. 侧向压扁的胚珠器官，箭头所指为脱落胚珠所留下的着生痕迹 Laterally compressed ovulate organs, arrow showing the scar left by detached ovule；D. 七枚紧密排列的胚珠，一枚位于中间，其余的在下面四周，箭头所指为一枚胚珠略呈短尖头状的顶端 Seven closely arranged ovules, one in the middle and the others surrounding it, arrow indicating the somewhat mucronate apex of an ovule；E. 珠被角质层外面观，细胞平周壁增厚，并具乳突，箭头所指为气孔器 Cells with thickened and papillate periclinal walls on the outer surface of integument, arrows indicating stomata；F. 一个气孔器外面观，示具有乳突的副卫细胞和表面蜡状物质 A stoma in outer surface view, showing papillate subsidiary cells and wax-like substance on the surface；G. 珠被内面观，示方位不定的气孔器和多角形表皮细胞，细胞具有不甚发育的垂周壁角质缘和光滑的平周壁 Inner surface showing randomly orientated stomata and polygonal epidermal cells with weakly developed anticlinal flanges and smooth periclinal walls；H. 一个气孔器内面观，示角质化的部分保卫细胞呈新月形 A stoma in inner surface view, cutinized part of guard cells crescentic；I. 大孢子壁内的棒状体大小不等，很少分支，其顶端有时增大 Bacula of megaspore wall differing in size, rarely branched, some with an enlarged head（E–I. SEM；RCPSJU: A. CZ101；NIGPAS: B, E, H, I. PB20241；C. PB20244；D. PB20242；IVPP: F, G. B0174b；Zhou et al., 2007）

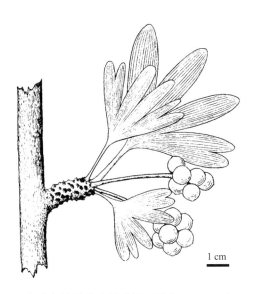

图 26　头形义马果重建示意图（引自 Zhou et al., 2007）
Suggested reconstruction of *Yimaia capituliformis* Zhou, Zheng et Zhang (From Zhou et al., 2007)

青海义马果 *Yimaia qinghaiensis* Wu, Yang et Zhou
图 27

2006. *Yimaia qinghaiensis* Wu, Yang et Zhou, pp. 209–225；pl. 1, figs. 25–33；pl. 2, figs. 4–7；pl. 4.

特征　胚珠通常 3（–5?）枚簇生在总柄顶端，多数宽卵形，顶端钝尖、尖或短尖形。

珠被表面较平。气孔器的方向和分布不规则。气孔器多数为单环式和辐射形（actinocytic），窝口窄小，为副卫细胞近缘隆起围绕。副卫细胞 6–8 个，形状大小相似，无明显的极位和侧位之别，其平周壁较薄。周围细胞不发育。表皮细胞厚壁，平周壁平整，垂周壁略有穿孔。大孢子囊（珠心）和珠被相互分离至近基部。大孢子壁由细狭而排列不规则的、很少分支的棒状体组成。黏附于大孢子囊顶端的花粉粒具单沟，其顶端尖至亚尖，35–48 μm×21–30 μm；外壁平滑。（据 Wu et al., 2006 减缩）

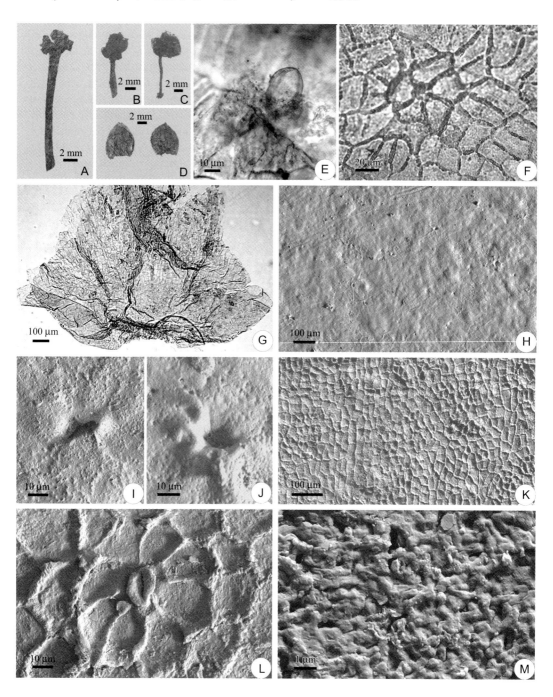

注 此种胚珠较少，整个胚珠器官形体较小，与其他种不同。在显微和超微构造方面，以具有辐射型气孔和大孢子壁具有较细狭棒状体为特色。伴生营养叶为 *Baiera* cf. *furcata* (L. et H.) Braun（见页 105）。

产地和层位 青海大柴旦绿草山，中侏罗统巴通阶石门沟组（模式标本）。

外弯义马果 *Yimaia recurva* Zhou et Zhang

图 28，图 29

1988. *Yimaia recurva* Zhou et Zhang：周志炎、章伯乐，页 217；图 1–3；Zhou & Zhang, pp. 1202–1203; fig. 3.

1992. *Yimaia recurva*：Zhou & Zhang, pp. 159–162；pl. 3, figs. 1–14；pl. 5, figs. 1, 3–8；pl. 6, figs. 3–9; pl. 8, figs. 1–4, 6; text-fig. 4A.

1993. *Yimaia recurva*：Zhou, pp. 173, 175；pl. 4, figs. 4, 6；pl. 5, fig. 5.

特征 胚珠多达 8–9 个，簇生在总柄顶端，多数外弯，卵形至近圆形，通常 8–9 mm 长、7–8 mm 宽，具有一个卵形至椭圆形的石质种核，种脐小。肉质层中含细小树脂体。珠被表面的气孔器稀少，方向和分布不规则。副卫细胞几乎不特化，其平周壁薄。周围细胞罕见。气孔窝口椭圆形。表皮细胞的平周壁平，垂周壁直，通常厚度均匀。大孢子

图 27 青海义马果 *Yimaia qinghaiensis* Wu, Yang et Zhou

青海大柴旦绿草山，中侏罗统石门沟组 Middle Jurassic Shimengou Formation, Lücaoshan of Da Qaidam, Qinghai。A. 一个总柄上具有三个胚珠组成的顶端簇，胚珠仅保存其底部 A peduncle with three ovules at the terminal cluster, only the basal part of the ovules preserved；B. 正模，一个保存较完整的胚珠器官，顶端具有 3–5（?）个胚珠 Holotype, a more complete ovulate organ with 3–5 (?) ovules in the cluster；C. 和一个叶柄保存在一起的胚珠簇，由 3（?）个胚珠构成 A cluster of ovules with three (?) ovules preserved with a fragment of leaf petiole；D. 脱落的两个种子 Two detached seeds；E. 黏附在胚珠顶部大孢子囊壁上的舟型花粉，自图 C 标本 Boat-shaped pollen grains adherent to the megasporangial wall cuticle at the upper part of ovule, slide from the specimen in fig. C；F. 珠被外角质层，示气孔器副卫细胞具薄的平周壁和厚的垂周壁，表皮细胞具孔 A stoma from the upper cuticle of integument, subsidiary cells with thin periclinal walls and thick radial and distal anticlinal walls, epidermal cell walls more or less punctulate；G. 大孢子囊下部，可能和珠被分离，其细胞长方形，组成纵行 Lower part of megasporangium probably free from the integument to the base of ovule, cells rectangular and arranged in longitudinal files；H. 珠被外角质层外面观，示气孔器散布在平坦的面上 Outer cuticle of integument in outer side view, showing several stomata scattered over the smooth surface；I. 气孔器表面观，其轮廓不分明，副卫细胞构成一个狭小的气孔窝，自图 H 放大 A stoma in outer surface view, with almost unspecialized subsidiary cells forming a narrow pit, from fig. H；J. 气孔器表面观，其副卫细胞在近窝口处稍微增厚构成一个不完全的环围绕气孔窝口，自图 H 放大 A stoma in outer surface view, showing some subsidiary cells slightly thickened proximally and forming an incomplete rim surrounding the pit, from fig. H；K. 珠被外角质层内面观，示气孔器散布在等径形细胞之间 Outer cuticle of integument in inner side view, showing dominantly isodiametric cells and scattered stomata；L. 珠被外角质层一个气孔器内面观，呈单环式和辐射型，其外围细胞略小于一般表皮细胞 A monocyclic and actinocytic stoma from the outer cuticle of integument in inner side view, surrounding epidermal cells smaller than ordinary ones；M. 大孢子壁，主要由很少分叉的纵长形棒状体构成 Megaspore wall consisting mainly of rarely branched, elongate bacula [H–M. SEM；NIGPAS：A. PB20710；B. PB20705；C, E, M. PB20706；D. PB20688（左），PB20689（右）；F. PB20709；G. PB20699；H–L. PB20708；Wu et al., 2006]

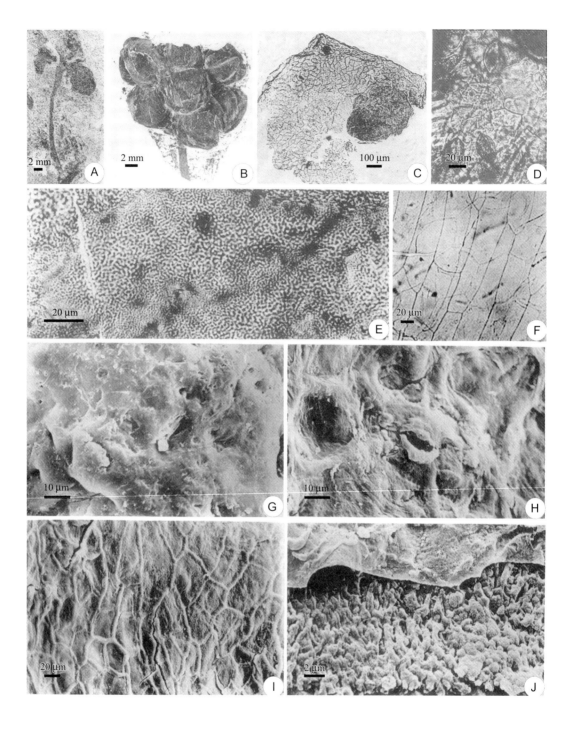

壁具有一个由微粒构成的基层和细的棒状体构成的纹饰层。棒状体向上渐变宽，均质，其中偶见在电镜下呈透明状的分割细线。它们很少分支和相互连接，常沿水平方向延伸，转折而上。（据 Zhou & Zhang, 1992；Zhou, 1993 缩减）

  注 此种的胚珠器官具有较多、形体较大的胚珠（种子）。在胚珠角质层特征上也容易和其他种相区别。其气孔器构造和大孢子壁中棒状体的形态尤为独特（见表12）。

图 28　外弯义马果 *Yimaia recurva* Zhou et Zhang

河南义马煤田北露天矿，中侏罗统义马组 Middle Jurassic Yima Formation, North Opencast Mine, Yima Coal Field, Henan。A. 一个不完全的、可能未成熟的胚珠器官，具有一个长柄和两个外弯的无柄胚珠 An incomplete, young specimen with a long peduncle and two recurved sessile ovules；B. 移离后的正模，示柄和由 9 个胚珠组成的胚珠簇，其中 8 个可见 Holotype in balsam transfer showing the peduncle and a cluster of 9 ovules of which 8 are visible；C. 芽鳞的角质层，示等轴形的表皮细胞和树脂体 Cuticles of a bud scale, showing isodiametric epidermal cells and resin bodies；D. 在胚珠顶端部位的舟形花粉粒 Boat-shaped pollen grains in the apical region of an ovule；E. 大块浸泡得到的大孢子壁，示颗粒状结构 Megaspore wall showing granular texture obtained by bulk maceration；F. 珠被内角质层，可见等轴的细胞轮廓，与长方形细胞构成的珠心角质层重叠 Inner cuticle of integument with faint isodiametric cell outlines overlapped by nucellus cuticle consisting of distinct elongate cell outlines；G. 珠被外角质层气孔器外面观 Stoma from outer cuticle of integument in outer surface view, the depressions around the stomatal pit mouth correspond to thin patches of the subsidiary cells in optical view；H. 珠被外角质层气孔器内面观 Stoma from outer cuticle of integument in inner surface view；I. 珠被外角质层内表面 Outer cuticle of integument, showing inner surface of outer periclinal cell walls；J. 被珠心部分覆盖的大孢子壁 Megaspore wall partly covered by nucellus cuticle（G–J. SEM；NIGPAS: A. PB15179；B. PB14193；C. PB15188；D, F–J. PB15174；E. PB15191；Zhou & Zhang, 1992）

此种胚珠的顶端发现有进入珠孔的舟形花粉（图 28D），伴生的器官除了大量营养叶 *Baiera hallei* Sze（详见页 109）以外，还有长、短枝和鳞叶（图 28C）。已发现的长枝长度超过 70 mm、宽 9 mm，其上侧生一枚长 9 mm、宽 8 mm 的短枝。短枝上叶痕等细节不明显，但其顶端有两枚鳞叶并有一根长 20 mm、宽 2.5 mm 的叶柄状物伸出，其顶端保存不全，未见叶片。同一层中分散保存的鳞叶很多。它们呈半圆形或三角形，顶端钝尖，边缘完整，宽 1.5–2 mm、高 1–1.5 mm。远轴面角质层较厚，偶见气孔器，表皮细胞排列常不规则。鳞叶中所含树脂体可多达 15 枚。

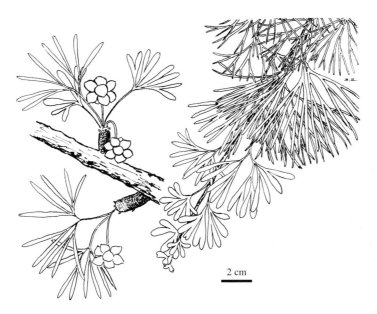

2 cm

图 29　外弯义马果重建示意图（引自 Zhou & Zhang, 1992）

Suggested reconstruction of *Yimaia recurva* Zhou et Zhang (From Zhou & Zhang, 1992)

现有的证据表明,胚珠器官 *Yimaia recurva* 很可能和伴生的营养叶及上述枝条和鳞叶等属于同一种植物的不同器官。由于营养叶 *Baiera hallei* Sze（1933）命名最早,按照植物命名法规,作为一个生物学的名称,这种植物应该名为 *Yimaia hallei* (Sze) Zhou et Zhang（Zhou & Zhang, 1992）。

产地和层位　河南义马,中侏罗统义马组（模式标本）。

乌马鳞片科 Family Umaltolepidiaceae Stanislavsky, 1973 emend. Zhou, 1997

定义　生殖枝退缩,仅具有一个倒转的胚珠,顶生或贴生（?）在苞片近轴面上。苞片无柄,狭长,全缘或分裂为两瓣。叶线形至披针形,无叶柄,部分为假托勒利叶型。

注　新近对乌马鳞片属（见页 57）的研究表明,本科的隶属关系和定义等都有待进行修改（Herrera et al., 2017）。

分布和时代　欧亚北部,晚三叠世至早白垩世。

托勒兹果属 Genus *Toretzia* Stanislavsky, 1973

模式种　*Toretzia angustifolia* Stanislavsky。乌克兰顿涅茨盆地,上三叠统。

属征　具长、短枝。长枝具有稀疏螺旋状排列的叶痕。末级长枝细,其上着生有螺旋状排列的叶。短枝长达 1 cm、宽达 3 mm,覆盖有叶痕和鳞片痕,末端分出叶簇。叶狭线形,在基部和顶端稍微狭细,成双（在宽叶上具 4 条）靠近的、不清晰的叶脉构成中肋或槽。大孢子叶穗着生在短枝上端,有数个（最多达 6 个）具短轴（总柄）的大孢子叶。大孢子叶上有单个顶生和倒转的胚珠。胚珠卵形,内部构造不明。（据 Stanislavsky, 1973 翻译）

━━ 2 mm

图 30　托勒兹果? 顺发种 *Toretzia? shunfaensis* Cao
黑龙江双鸭山顺发,下白垩统城子河组,正模 Lower Cretaceous Chengzihe Formation, Shunfa of Shuangyashan, Heilongjiang, Holotype（NIGPAS: PB16135; 曹正尧, 1992）

分布和时代　乌克兰,晚三叠世瑞替期；可能也见于中国黑龙江,早白垩世（? 阿普特期）。

托勒兹果? 顺发种
Toretzia? shunfaensis Cao
图 30

1992. *Toretzia shunfaensis* Cao: 曹正尧,页 240–241, 247; 图版 6, 图 12。

特征　胚珠器官的总柄长至少 8 mm,分叉为两个各顶生一个胚珠的珠柄。两个胚珠形状和大小相等,卵形,10 mm×5.5 mm,向外倒转,不具珠托。

（据曹正尧，1992）

注　此种的胚珠分别顶生珠柄上的特征和托勒兹属的模式种 *Toretzia angustifolia* Stanislavsky（1973, pl. 12, figs. 1–3, text-fig. 1）不同。后者的总柄并不分叉，胚珠是单个直接生在总柄之上的，并且其胚珠器官和具有线状叶的长短枝相连生，十分特别（参见本书图 22C）。在我国的材料中也尚缺乏可以作为比较和鉴定佐证的伴生营养器官。曹正尧（1992）在同一地层中发现的松型叶（*Pityophyllum* sp.）是否和此种繁殖器官有关尚无法证实。此外，当前标本也较少，产出的时代也新得多。至少在目前，还不能将它毫无保留地归入托勒兹果属。

产地和层位　黑龙江双鸭山顺发（101 孔），下白垩统城子河组四段（模式标本）。

乌马鳞片属 Genus *Umaltolepis* Krassilov, 1972

模式种　*Umaltolepis vachrameevii* Krassilov。俄罗斯布列亚盆地，上侏罗统。

属征　大孢子叶穗由柄、基位的鳞叶和宽平腹背型的、全缘或分裂的苞片组成。苞片上（近轴面）具倒转的（?）胚珠，苞片两侧对称，具多脉，两面气孔型。气孔大，稍下陷。叶肉中含树脂体。连生或伴生叶为假托勒利叶 *Pseudototrellia* 型（详见页 235）。（据 E. Bugdaeva 英译原始属征，稍做补充）

注　对蒙古早白垩世保存完美标本的研究证实：此属胚珠器官应呈四棱状伞形，下部的小柄着生在生殖短枝的顶端；小柄在上端向周围伸出一个突缘，再向上连生着一个细狭的中轴；种子具翼，下垂，共四枚，各自着生在中轴上部的四个棱面上，并被分别包裹在一个具有四个裂瓣的壳斗内（Herrera et al., 2017）。

分布和时代　伊朗早侏罗世及俄罗斯布列亚盆地晚侏罗世和早白垩世。我国华北、东北早白垩世（Krassilov, 1972；王自强，1984；陈芬等，1988；Schweitzer & Kirchner, 1995），在河南义马中侏罗世地层中最近也有发现（Dong et al., 2019）。相关联的营养叶——假托勒利叶 *Pseudotorellia* Florin 1936，自晚三叠世至早白垩世在欧亚大陆广泛分布。

河北乌马鳞片 *Umaltolepis hebeiensis* Wang
图 31，图 32

1984. *Umaltolepis hebeiensis* Wang：王自强，页 281；图版 152，图 12；图版 168，图 1–5。
1988. *Umaltolepis hebeiensis*：陈芬等，页 72；图版 41，图 5–11；图版 42，图 1–3。

特征　"果鳞"（苞片）长卵形或长椭圆形，顶宽而圆，长 1.6 cm，最宽处在

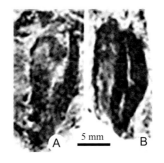

图 31　河北乌马鳞片 *Umaltolepis hebeiensis* Wang

辽宁阜新新丘，下白垩统阜新组 Lower Cretaceous Fuxin Formation, Xinqiu of Fuxin, Liaoning（CUGB：Fx183, Fx185；陈芬等，1988）

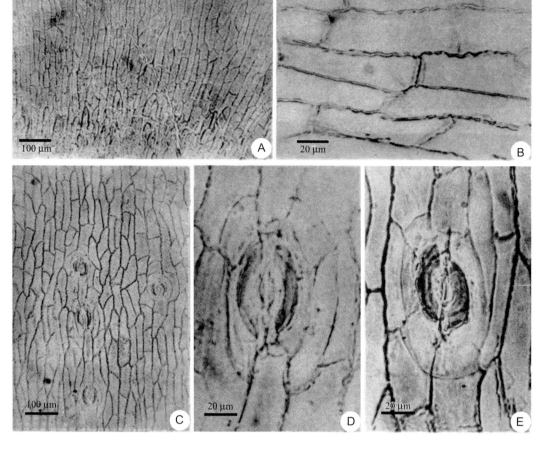

图 32　河北乌马鳞片角质层 Cuticles of *Umaltolepis hebeiensis* Wang

河北张家口，下白垩统青石砬组，正模 Lower Cretaceous Qingshila Formation, Zhangjiakou, Hebei，Holotype。A, C. 气孔器 Stomatal apparatuses；B. "果鳞"表皮细胞 Epidermal cells of "cone scale"；D. "果鳞"基部表皮细胞 Epidermal cells at the basal part of "cone scale"；E. 细胞垂周壁 Anticlinal walls of epidermal cells（TJIGM: P393；王自强，1984）

上部，约 5 mm，由两瓣组成，表面具数条纵纹。表皮厚，由长方形的细胞组成；细胞壁直，因垂周壁突缘不整齐在光镜下呈波形弯曲。果鳞基部以及气孔附近的表皮细胞常为不规则多边形。气孔较稀，3–5 个排列成短列，或单独分布。气孔器大，椭圆形，纵向。副卫细胞 5–7 枚；侧副卫细胞伸长，其外面的周围细胞也伸长。保卫细胞大部裸露，仅边缘稍为副卫细胞覆盖。沿保卫细胞背缘角质层明显增厚，形成两道相对的括弧。孔缝为纵向，两侧缘增厚呈唇状。无乳突，有少数毛基。（据原始特征，稍作修改）

　　注　此种的正模标本很细小，但角质层保存完好，特征清楚。在辽宁阜新组有同种较好的标本报道（陈芬等，1988），虽然个体较大，外形稍有差异，但其角质层特征是一致的。此种的苞片常分裂成两瓣。陈芬等认为苞片是两瓣合生的，成熟时分开，有时一瓣脱落。这一论述不同于属征，也和此种的原始描述不一，尚需要检查核实。无论在河北和辽宁，均未发现此种可靠的伴生营养叶化石。

此种区别于 *Umaltolepis rarinervis* Krassilov（1972, p. 64, pl. 23, figs. 3, 4, 12, text-fig. 10p）在于叶形较窄小，不呈宽卵形，且叶脉较多。在角质层特征上，此种不同于模式种 *Umaltolepis vachrameevii* Krassilov（1972, p. 62, pl. 21, fig. 5a, pl. 22, figs. 5–8, pl. 23, figs. 1–2, 5–7, 13, text-fig. 10н–п, ф）在于副卫细胞不具乳突（表 13）。

有比较种如下，标本形体和模式标本相同，唯原作者未曾详细描述，角质层构造也不明。

Umaltolepis cf. *hebeiensis* Wang：商平，1985，页 215；图版 13，图 7, 8。辽宁阜新，
　　下白垩统海州组上部。

产地和层位　河北张家口，下白垩统青石砬组（模式标本）；辽宁阜新，下白垩统阜新组中、下部（相当于海州组）。

表 13　乌马鳞片属已知各种的形态对比表 **Comparisons among known species of *Umaltolepis***

		U. coleoptera	*U. hebeiensis*	*U. rarinervis*	*U. vachrameevii*
"果鳞"*	形状	卵形—倒卵形	卵形—长卵形	倒长卵形	长圆、卵圆、披针形
	大小	17 mm×11 mm	14 mm×6.5 mm	15–20 mm×5–10 mm	12 mm×6 mm
	着生和分裂	着生柄上，两瓣状，表面具 10–12 条大致平行向上分叉的纵肋	两瓣状	全缘或浅裂，肋不明显	可浅裂为两瓣，具肋
气孔器		—	3–5 个成短行，颇不规则	不下陷，保卫细胞薄	稀少，副卫细胞具乳突或呈月牙形增厚
表皮细胞		—	无乳突，具毛基细胞	有时具乳突，垂周壁厚而断续不匀	垂周壁厚而断续不匀
时代		早侏罗世	早白垩世	早白垩世	晚侏罗世
产地		伊朗北部	中国河北、辽宁	俄罗斯布列亚盆地	俄罗斯布列亚盆地
文献		Schweitzer & Kirchner, 1995	王自强，1984；陈芬等，1988	Krassilov, 1972	Krassilov, 1972

*即苞片

银杏科 Family Ginkgoaceae Engler ex Engler et Prantl, 1897

定义　落叶乔木，具长、短枝。胚珠和花粉器官生于短枝的叶腋。胚珠生在总柄的前端，单独直立，具珠托；珠柄分叉或缺失。花粉器官穗状。花药成对或多个着生在花丝上。叶扇形，具长柄。

注　在我国迄今发现的只有银杏一个属。隶属于银杏科的、产于乌兹别克斯坦中侏罗统的格雷纳果属 *Grenana* Samylina（1990），Nosova 等经研究（Nosova & Gordenko, 2012；Nosova, 2013）认为该名称是楔拜拉的后出异名，不能成立。她们主张将原来归在此属名之下的珠托复合体和种子分别定为纳格连珠托属 *Nagrenia* Nosova 和松套籽属 *Allicospermum* 等。捷克晚白垩世的纳维兹达果属 *Nehvizdyella* Kvaček et al.，目前在我国也尚无记录（有关这两个属的介绍均见概论"五"）。

分布和时代　主要在北半球欧亚地区，侏罗纪至今。

银杏属 Genus *Ginkgo* L., 1771

模式种 银杏 *Ginkgo biloba* L.。中国长江流域，现生，已引种至世界各地。

属征 详见概论"二"。

分布和时代 同银杏科。

注 此属已知最早的胚珠化石发现在中侏罗世。19世纪 Heer（1876b）已经报道了西伯利亚侏罗纪的银杏型的胚珠器官和花粉器官化石，可惜由于当时的条件所限，研究深度不够，所附的手绘图影也不够详细和真实，以致长期以来人们对他的鉴定存疑，甚至忽视了他的重要发现。近数十年来，在中国河南义马（? 阿林期）、乌兹别克斯坦中侏罗统及瑞典斯堪尼亚和英国约克郡巴通期含煤地层中都发现了可靠的银杏型的胚珠器官，和叶或其他器官一同保存（见表14；Harris et al., 1974；Zhou & Zhang, 1989；Yang et al., 2008；Nosova, 2012）。俄罗斯西伯利亚东部和乌兹别克斯坦中侏罗统产出的部分银杏型的胚珠器官因为尚未发现和胚珠直接连生的标本，只是分散保存的胚珠器官（具有银杏型珠托、珠柄和总柄），被称为珠托复合体（collar-complex），被另归入器官属 *Nagrenia* Nosova。在乌兹别克斯坦产出的部分珠托复合体虽和松套籽（*Allicospermum*）状种子共同保存，但却和楔拜拉（*Sphenobaiera*）型的叶化石伴生（见系统记述"二"），因而并不属于银杏属（Prynada, 1962；Nosova & Gordenko, 2012；Nosova, 2013）。

表 14 现生和世界各国已知银杏各种胚珠器官和伴生叶化石比较表 Ovulate organs and associated leaves of living and fossil species of *Ginkgo*

	G. biloba	*G. cranei*	*G. apodes*	*G.* sp.	*G. ginkgoidea*	*G. gomolitzkyana*	*G. huttonii*	*G. yimaensis*
胚珠器官类型	现代型	现代型	现代型	原始型	原始型	原始型	原始型	原始型
胚珠（种子）数	2（1）	2（1）	2–7（1–3）	4–5（2）	2–3（2）	?1–4（1–4）	>2（>2）	2–4（2–4）
种子大小	30 mm× 20 mm，厚 15 mm	10–19 mm ×12–17 mm	7.3–8 mm ×6–8 mm	7–14 mm ×6–13.5 mm	9–12 mm ×8–12 mm	5.3–9.2 mm ×4–7.5 mm	10.5–12 mm ×8–10 mm	10–15 mm ×8–12 mm
种核大小	>（21 mm ×15 mm）	8–15 mm ×7–12 mm	6.5–7.5 mm ×5–7 mm	10 mm×7 mm	—	—	6–7 mm ×5.5 mm	7.5–12.5 mm ×5.5–9.5 mm
珠柄	缺失	缺失	成熟后消失	有	有	有，较短	有?	有
叶（连生或伴生）	近全缘	"铁线蕨型银杏"型，近全缘	叶片深裂	*Ginkgoites manchurica*；叶片深裂，裂片多而狭窄	*Ginkgoites*；叶片深裂，裂片多而狭窄	*Ginkgoites*；叶片深裂，裂片多而狭窄	叶片深裂	叶片深裂
地质时代	现代	古新世	早白垩世	早白垩世	中侏罗世	中侏罗世	中侏罗世	中侏罗世
产地	中国	美国北达科他州	中国辽宁西部	中国辽宁北部	瑞典斯堪尼亚	乌兹别克斯坦安格连	英国约克郡	中国河南
文献	Zhou et al., 2012	Crane et al., 1990；Zhou et al., 2012	Zheng & Zhou, 2004	邓胜徽等, 2004；Deng et al., 2004	Tralau, 1966；Yang et al., 2008	Nosova, 1998, 2012	Harris et al., 1974	Zhou & Zhang, 1989

目前已知最早的银杏型花粉器官化石也出现在欧亚中侏罗世（Heer，1876b；Van Konijnenburg-van Cittert, 1971, 1972；Harris et al., 1974；Wang et al., 2017）。保存完美的银杏雄花（小孢子囊穗）则见于中国辽宁和澳大利亚维多利亚州早白垩世地层中（Drinnan & Chambers, 1986；Liu et al., 2006）。不过，至今尚未在南半球发现过可靠的银杏胚珠器官化石。

与对待晚白垩世以前的分散保存的营养器官不同，本书把晚白垩世以后的保存较为完好的银杏型的营养器官都暂且归入本属内，因为至少到目前为止，除了银杏属（Zhou et al., 2012）以外，晚白垩世以后还没有其他银杏目的生殖器官化石的记录，而已知的营养叶化石形态上和银杏现生种也几乎没有什么重要的区别。在我国这一时期保存完好的银杏叶化石只产出于东北。云南禄劝和西藏拉孜始新世地层中报道的银杏化石（*Ginkgo adiantoides*、*Ginkgoites* cf. *laramiensis*）（陶君容，1988；云南省地质矿产局，1996）均为可疑记录。迄今在我国尚未发现新近纪的银杏化石。

分布和时代　主要分布在北半球，侏罗纪至今。

1）胚珠器官（附部分未曾单独命名的伴生营养器官）

无柄银杏 *Ginkgo apodes* Zheng et Zhou
图 33

2003. *Ginkgo* sp. nov.：Zhou & Zheng, p. 821；fig. 1.
2003. *Ginkgo apodes*：Chang et al., p. 171；fig. 232 (nomen nodum).
2004. *Ginkgo apodes* Zheng et Zhou, pp. 93–95；pl. 1, figs. 1–7, 9–10；伴生营养器官：pp. 95, 96；pl. 1, figs. 8, 11；pl. 2, figs. 1–6.

特征　胚珠器官由一个总柄和顶端簇生的胚珠组成。胚珠多达 6 个，基部具珠托；在小型（未充分发育）的胚珠器官上，胚珠顶生在短的珠柄上，但在较大的胚珠（种子）器官上珠柄消失，胚珠直接着生在总柄上。发育成熟的种子 1–3 个，具种核和肉质种皮。种皮表面平滑。（据 Zheng & Zhou, 2004）

注　此种的胚珠器官形体、大小有所不同。可能为已成熟的标本（图 33G–I）的总柄长度可超过 37 mm，宽度为 4 mm 左右，表面具有细的纵纹。不具珠柄。其顶部有多达 6 个珠托。在较小的珠托中胚珠脱落，最多可有 3 个种子着生在较大的珠托中。种子大致呈圆形，长 7.5–9 mm、宽 8–8.5 mm。石质种核长 6.5 mm、宽 6.5–7 mm，肉质种皮在印痕上宽度约 1 mm。未成熟的胚珠器官（图 33E, F）上可见到至少有 6 个胚珠着生在短的珠柄顶端的珠托中。

伴生的短枝化石（图 33D）描述见页 309。

伴生的分离的叶（图 33A–C）具有一个短而粗的、长 11 mm、宽 2 mm 的叶柄。叶片扇形至半圆形，长 14.5–19.5 mm、宽 14–17 mm，基角 110°–180°。叶片中间深裂至叶片长的 3/4 处或近柄端，分为两半。每一半各分裂 1–2 次成为 2–4 个顶端钝圆的、楔形至近条带形的末级裂片。末级裂片中叶脉 2–5 条。吴舜卿（1999a，页 16，图版 X，图 6）描述的辽西北票义县组尖山沟层所产的 *Ginkgoites* sp.，虽然不是同一产地，但层位相当，形态上十分相似，只是分裂略少。它们可能都和无柄银杏同属一种。

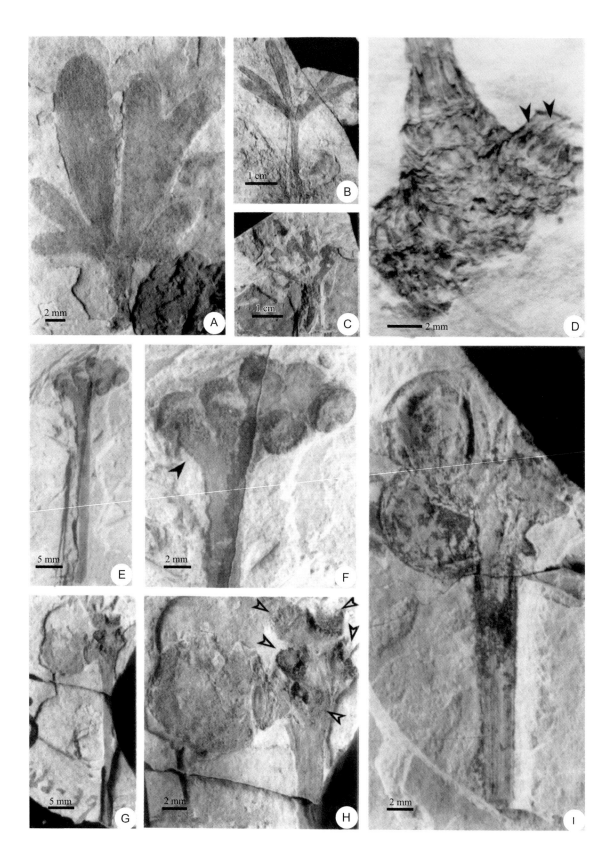

新近在内蒙古霍林河煤田下白垩统霍林河组中发现的另一种同时代的胚珠器官 *Ginkgo neimengensis* Xu et Sun 也具有多个直接着生在总柄上的胚珠，其伴生叶为 *Ginkgo coreacea*（Xu et al., 2017）。

目前，还没有发现同一产地、层位产出的花粉器官。刘秀群等（Liu et al., 2006）在辽宁西部北票黄半吉沟下白垩统义县组中发现的和现生银杏相似的花粉器官 *Ginkgo liaoningensis* Liu, Li et Wang 也有可能属于同种植物（见页 68），但有待更多的证据来验证它们之间是否确有联系。辽西北票同一地层中所产的、定名为 *Antholithus ovatus* Wu（吴舜卿，1999a）和 *Ixostrobus delicatus* Sun et Zheng（孙革等，2001）的标本中也包含着几乎相同的化石（详见本书页 70，页 83 论述）。

产地和层位 辽宁西部义县头道河子鹰窝山，下白垩统义县组砖城子层（模式标本）。

义马银杏 *Ginkgo yimaensis* Zhou et Zhang
图34—图36

?1977a. *Ginkgo obrutschewi* Seward：冯少南等，页 237；图版 96，图 3。

1984. *Ginkgo digitata* (Brongniart)：王自强，页 273；图版 140，图 9；图版 172，图 1–10。

1988. *Ginkgo* sp. nov.：周志炎、章伯乐，页 216；图 1₁–₂；Zhou & Zhang, p. 1201；figs. 1–2。

1989. *Ginkgo yimaensis* Zhou et Zhang, pp. 114–127；pls. 1–8；text-figs. 2–7。

1993. *Ginkgo yimaensis*：Zhou, p. 173；pl. IV, figs. 1–3, 5；pl. V, fig. 4。

1995. *Ginkgo yimaensis*：曾勇等，页 60；图版 13，图 4，5；图版 14，图 1，2；图版 15，图 1，2；图版 16，图 4，5；图版 19，图 2，5；图版 28，图 3–8。

2001. *Ginkgo yimaensis*：Chen et al., p. 1313；tab. 3；fig. 8。

2005. *Ginkgo yimaensis*：Guignard & Zhou, p. 152；figs. 1a–o。

特征 具有长、短枝。叶柄长，较发育的叶片通常分裂较深，成 4–8 个倒卵形至倒披针形的裂片，其顶端钝或亚尖。叶脉稀疏，在裂片最宽处 7–18 条/cm。脉间具有树脂体。叶为下气孔型，不具毛，除了副卫细胞以外，也不具乳突。上角质层通常表面粗糙，

← 图33　无柄银杏 *Ginkgo apodes* Zheng et Zhou

辽宁义县头道河子鹰窝山，下白垩统义县组砖城子层 Lower Cretaceous Zhuanchengzi Bed of the Yixian Formation, Yingwoshan, Toudaohezi, Yixian, Liaoning. A. 未充分发育的伴生叶，其柄短而粗，裂片具有钝圆至截形的顶端 Associated under-developed leaf showing short and thick petiole, and rounded to somewhat truncated apices of segments；B. 一枚较大、分裂较深的叶 A larger and more deeply divided leaf；C. 未充分发育的伴生叶，其裂片呈楔形 An under-developed leaf with wedge-shaped segments；D. 两枚交错叠覆的银杏枝型的短枝，箭头示芽鳞 Two overlapped dwarf shoots *Ginkgoitocladus*? sp., black arrows indicating the bud scales；E, F. 一个未成熟的胚珠器官顶端具有六个簇生的珠托和很短的珠柄（箭头）A juvenile ovulate organ with a cluster of six collars at the top and the very short pedicel indicated by black arrow；G, H. 正模，成熟的胚珠器官，示总柄上保存有一枚种子和五个空的珠托（白箭头）Holotype, a mature ovulate organ showing one well-developed ovule and five empty collars indicated by white arrows, attached to the peduncle；I. 一个成熟的胚珠器官，示具有纵向条纹的总柄和三枚大致呈圆形的种子 A mature ovulate organ with three developed ovules showing the longitudinally striated peduncle and the nearly rounded seeds（NIGPAS：A. PB19881；B. PB19885-1；C. PB19888；D. PB19889-2；E, F. PB19880；G, H. PB19884；I. PB19890；Zheng & Zhou, 2004）

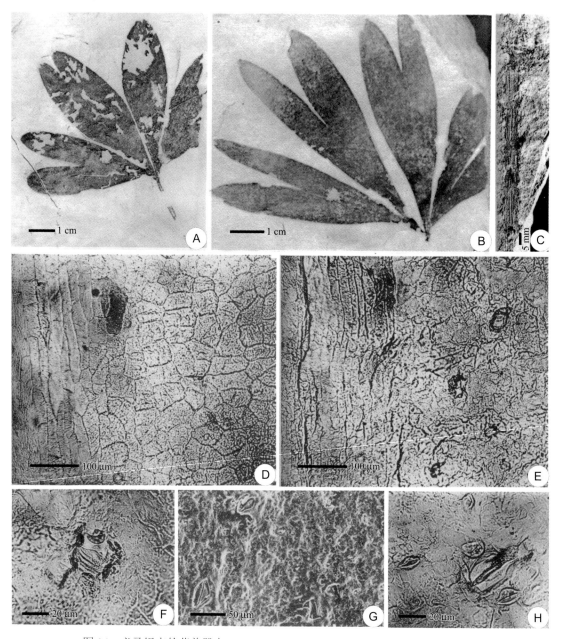

图 34 义马银杏的营养器官 Vegetative organ of *Ginkgo yimaensis* Zhou et Zhang

河南义马，中侏罗统义马组 Middle Jurassic Yima Formation, Yima, Henan。A, B. 发育良好的叶 Well-developed leaves；C. 具有六个短枝的长枝 A long shoot with six dwarf shoots；D, E. 叶上、下角质层，左侧为脉路 Upper and lower cuticles, vein courses on the left side；F. 叶下角质层一个气孔器，其副卫细胞具乳突或钝圆突起 A stoma from lower cuticle, its subsidiary cells with either a papilla or an obtuse bulge；G. 叶下角质层，示斑驳的表面和左侧的两个具有宽的窝口和暴露保卫细胞的气孔器 Outer view of lower cuticle, showing mottled surface and two exposed stomata on the left side；H. 叶下角质层一气孔器，具有宽的、由增厚的副卫细胞近极端的突缘所构成的气孔窝口，和两个侧副卫细胞乳突 A stoma from lower cuticle, with a wide stomatal pit mouth surrounded by the rim formed by proximal cuticular thickenings of subsidiary cells, and two papillae of lateral subsidiary cells （G. SEM；NIGPAS；A. PB14246；B. PB14245；C. PB14230；D, G, H. PB14235；E, F. PB14192；Zhou & Zhang, 1989）

脉路不明显。下角质层具有十分稀疏的气孔器（8–12 个/mm^2），以不定的方位不规则地分布在气孔带中。气孔器单唇型（以不规则型为主），一般具有 6–7 个副卫细胞，有时具有 1–2 个周围细胞。副卫细胞近气孔窝口边缘处通常增厚，伸出乳突或角质突起。保卫细胞下陷浅。

叶角质层由真角质层和角质化层组成。真角质层上部的"多片层"仅厚 0.01–0.03 μm，由少数致密和半透明的薄片规则排列而成。真角质层下部主要为颗粒状，含有稀疏的半透明薄片，厚度可达 1 μm。角质化层厚 0.3–0.5 μm，含有排列紧密的、近于平行的纤维。

胚珠器官的柄在前端二歧分叉成 2–3 个（可能有 4 个）珠柄，其上分别有一个顶生的直立胚珠。珠托浅杯形。胚珠扁平，卵形至椭圆形，10–15mm×8–12mm，有时顶端具一短尖头。珠被的外角质层厚，具气孔器。珠被内角质层和珠心角质层薄，只在胚珠上部 1/3 处相互分离。大孢子壁具有由微粒组成的基层和棒状体构成的纹饰层。棒状体 0.7–1 μm 宽，多次不规则分支并互相连接构成复杂的网络和大小不等的空腔，其顶端相互分离，膨大呈钝圆形。黏附的花粉单沟形，两端尖。（据 Zhou & Zhang, 1989 和 Zhou, 1993 简缩）

注 此种虽然以胚珠器官标本（图 35C）作为正模，但是基于角质层特征的相似和密切的伴生关系，原作者把共同产出的叶、长短枝和花粉粒等不同器官都归于同一名称之下（Zhou & Zhang, 1989, pp. 124–127）。伴生的长、短枝和花粉本身保存的性状有限。它们和其他已知类似的器官化石并没有明显的形态构造不同。保存完好的胚珠器官则和其他已知化石种易于区别，具体的讨论和比较可以参阅原文的附表及所列有关文献。因为营养器官本身巨大的形态变异，而且已记载的、单独保存的银杏型叶化石不仅种类繁多，有不少种只是基于少数标本和有限的研究程度来命名的，其角质层特征和宏观形态变异范围并不清楚，把分散保存的义马银杏叶化石和它们区别开来往往十分困难。据原作者意见，在 *Ginkgo obrutschewii* Seward（Seward, 1911；Lebedev, 1965；冯少南等，1977b；黄枝高、周惠琴，1980 等）、*Ginkgo ferganensis* Brick（Takhtajan et al., 1963；Genkina, 1966）、*Ginkgo huttonii* (Sternberg) Heer（Vassilevskaya & Pavlov, 1963；Genkina, 1966；张武等，1980）和 *Ginkgo digitata* (Brongniart) Heer（王自强，1984）等多种不同产地和时代的银杏化石名称之下都包括了外形多少可以和义马银杏比较的叶化石标本。尤其是 *Ginkgo obrutschewii* Seward 和 *Ginkgo huttonii* (Sternberg) Heer 两种和义马银杏叶化石最容易混淆。在标本数量较多而且保存完好的情况下还是不难从外形上辨识和区别它们的。如果有角质层特征作为佐证，对保存不够完整的标本也有可能正确地加以鉴定。

产于新疆准噶尔盆地中侏罗统的 *Ginkgoites obrutschewii* (Seward) 和当前种发育程度中等的叶在外形上十分相似，但是在新疆种的材料中并没有发现义马银杏发育比较充分的大型叶（如图 34B）。两者在角质层构造上也颇相近，都是下气孔型为主的，不过新疆种的气孔器小而较多，密度也较大（47–60 个/mm^2）（见本书页 184；Chen et al., 2001；Nosova et al., 2011）。新疆吐哈盆地中侏罗统西山窑组产出的义马银杏叶化石可能和 *Ginkgoites obrutschewii* 有关（商平等，1999，图版 2，图 2；邓胜徽等，2003，图版 75，图 6）。

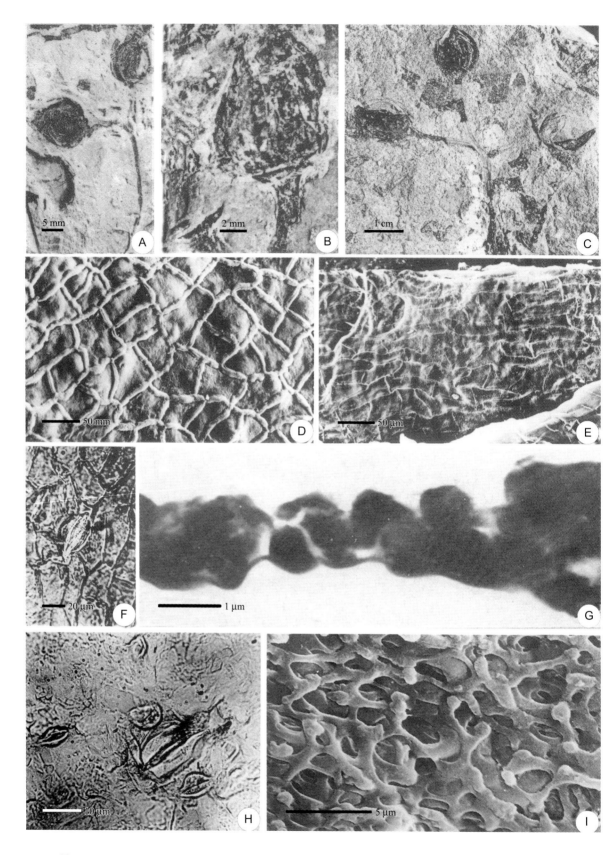

河南义马，中侏罗统义马组 Middle Jurassic Yima Formation, Yima, Henan。A. 分叉的胚珠器官，其珠柄顶端各具一个种子 Bifurcated ovulate organs, with pedicels bearing each a terminal seed；B. 种子顶端具一短尖头，着生在珠柄顶端珠托内 Seed with a mucronate apex, seated in the collar of the pedicel；C. 正模，具三个种子和长的珠柄 Holotype, ovulate organ with three seeds and long pedicels；D. 珠被角质层内面观 Integument cuticle in inside view；E. 珠心角质层 Nucellus cuticle；F. 珠被外角质层上的气孔器 A stoma from the outer cuticle of integument；G. 大孢子壁的近垂直切面，示底部薄而致密的基层和纹饰层中密布的棒状体 Nearly vertical section of megaspore wall showing densely packed bacula in the patterned layer；H. 珠被一个气孔器内面观 A stoma from integument in inside view；I. 大孢子壁表面观，可见不规则分叉的棒状体构成的网络 Upper surface view of megaspore wall showing the network formed by irregularly branched bacula（D, E, I. SEM；G. TEM；NIGPAS：A. PB14200；B. PB14214；C. PB14191；D, E, G, I. PB14225；F. PB14215；H. PB14217；Zhou & Zhang, 1989；Zhou, 1993）

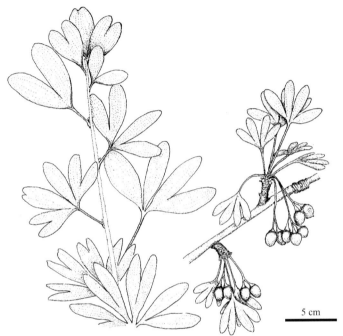

图36 义马银杏重建示意图 （引自 Zhou & Zhang, 1989）
Restoration of *Ginkgo yimaensis* Zhou et Zhang（From Zhou & Zhang, 1989）

产于英国约克郡（Yorkshire）中侏罗统典型的 *Ginkgo huttonii* (Sternberg) Heer（Harris et al., 1974）虽然叶形相近，但叶脉较密，细胞乳突发育，易于和当前种区分。国内以往发表的 *Ginkgo (Gikgoites) huttonii* 是否确属此英国种，尚需要更多的材料和进一步研究来加以证实。它们中间是否有部分属于义马银杏也未可知。对于国内鉴定为英国种 *Ginkgoites digitata* (Brongniart) Heer 的标本同样也需要重新核对和进一步研究。有关这些分散保存的叶化石的详细讨论见本书系统记述"二"。发现在伊朗北部 Alburs 山区的 *Ginkgo? parasingularia*（Kilpper, 1971, p. 90, pl. 25, figs. 1, 2, pl. 27, figs. 2–4, text-figs. 1, 2）和义马银杏叶形也十分相似，但其上角质层乳突发育，下角质层气孔器呈纵向分布且气孔密度很大可以区别。

产地和层位 河南义马，中侏罗统义马组（模式标本）；山西怀仁，下侏罗统永定庄组产出叶部化石。

银杏未定种（伴生东北似银杏）
Ginkgo sp. [associated with *Ginkgoites manchurica* (Yabe et Ôishi)]
图 37

图 37　银杏未定种（伴生东北似银杏）*Ginkgo* sp.
[associated with *Ginkgoites manchurica* (Yabe et Ôishi)]
辽宁铁法煤田，下白垩统小明安碑组 Lower Cretaceous
Xiaoming'anbei Formation, Tiefa Coal Field, Liaoning。放
大的胚珠器官 Enlarged ovulate organ（CRIPED；Deng
et al., 2004）

2004. *Ginkgo* sp.：邓胜徽等，页 1334–1336；
图 1a，b。

2004. *Ginkgo* sp.: Deng et al., pp. 1774–1776; figs.
1a, b.

描述　胚珠器官具有长约 40 mm、宽 1 mm 的总柄，其基部弯曲，略增粗，顶端几乎同时以近 60°角分出四个长度约 6.5 mm、宽度在 2–2.5 mm 左右的珠柄。中间两个珠柄顶端各生有一个大的（种子）胚珠。左侧的一个珠柄顶端着生一个小的（败育或未成熟的）胚珠。右侧的一个珠柄再次二歧分叉一次，但顶端都无胚珠保存。两个大的胚珠（种子）形状和大小大致相同，都呈宽卵形，约长 14 mm、宽 13.5 mm，顶端具有一个长约 1.5 mm、宽 1.2 mm 的珠孔。种核椭圆形，长约 10 mm、宽 9 mm；肉质部分宽 2–3 mm。珠托宽约 7 mm、高 2 mm。败育的胚珠椭圆形，基部宽圆，顶端尖，长约 7 mm、宽 6 mm。伴生在同一块标本上的银杏型叶为东北似银杏 *Ginkgoites manchurica* (Yabe et Ôishi)（Yabe & Ôishi, 1933；陈芬等，1988；邓胜徽等，2004；Deng et al., 2004；有关讨论见本书页 174）。

产地和层位　辽宁铁法煤田，下白垩统小明安碑组。

2）花粉器官

辽宁银杏 *Ginkgo liaoningensis* Liu, Li et Wang
图 38，图 39

2006. *Ginkgo liaoningensis* Liu, Li et Wang, pp. 133–144；figs. 29, 30, 39–41.

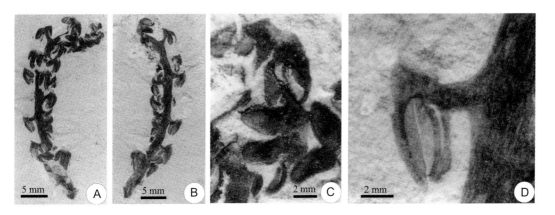

图 38　辽宁银杏 *Ginkgo liaoningensis* Liu, Li et Wang

辽宁北票黄半吉沟，下白垩统义县组 Lower Cretaceous Yixian Formation, Huangbanjigou, Beipiao (Peipiao), Liaoning。
A, B. 正模的正负面 Holotype and its counterpart；C. 放大的小孢子叶，着生有 2–4 个花粉囊 Magnification of microsporophylls with 2–4 pollen sacs；D. 放大的小孢子叶，着生有 3 个花粉囊 Magnification of a microsporophyll bearing 3 pollen sacs（IBCAS：A, C, D. LN8459；B. LN8458；Liu et al., 2006）

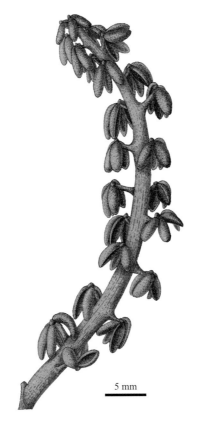

5 mm

图 39　辽宁银杏 *Ginkgo liaoningensis* Liu, Li et Wang 花粉器官（雄花）再造图（李承森、刘秀群提供）
Restoration of *Ginkgo liaoningensis* Liu, Li et Wang, male flower (By courtesy of Li Chengsen and Liu Xiuqun)

特征 小孢子叶穗（花粉囊穗）荑荑花序状，长 20–45 mm、宽 5–8 mm。穗轴直径 1.0–2.0 mm。小孢子叶长 0.8–1.5 mm、宽约 0.5 mm，螺旋状排列。孢子叶顶端具一个三角形的延伸体，其上着生 2–4 枚下垂的孢子囊。孢子囊和孢子叶成锐角或直角，伸长形、椭圆形、卵形和舟形，具近乎尖或圆的顶端，长 1.0–3.0 mm、宽 0.5–1.5 mm。孢子囊纵裂。花粉单沟型，成熟时长度在 30 μm 左右。（据原始特征，略有改动）

　　注 此种和现生种的花粉器官主要的区别在于小孢子叶上的花粉囊数目不同。现生种具有两个花粉囊的占 90% 以上，具有三到四个，尤其是四个的极为罕见，而化石种具有四个花粉囊的孢子叶占一半以上，具有三个花粉囊的也占到总数的 1/4 强，多于具有两个花粉囊的孢子叶。此外，小孢子叶数目也较少，排列较稀疏（Liu et al., 2006）。

　　吴舜卿（1999a）在北票同一地层中记载的 *Antholithus ovatus* Wu，孙革等（2001）认为其中部分（吴的图版 20，图 7）应属于他们建立的 *Ixostrobus delicatus* Sun et Zheng。刘秀群等（Liu et al., 2006, p. 141, tab. 2）详细研究比较后则认为吴的图版 20 图 5 和孙革等的图版 49 图 6、图版 68 图 13 的标本都可能属于辽宁银杏。虽然这些标本的归属最后定论需要仔细检视原始标本，从发表的图影来看，他们的意见是有根据的。不仅所指出的标本，其余像吴舜卿的图版 20 图 2 以及孙革等的图版 13 图 6、图版 51 图 9、图版 68 图 5–6 等产地层位相同的标本都有可能是同一种银杏的花粉器官（参见本书概论"二"）。

　　按照刘秀群等的意见，Heer（1876b, pl. 11, figs. 1, 9–12）原归于 *Ginkgo sibirica* 的部分西伯利亚中侏罗世地层中产出的花粉器官也应改归到辽宁银杏中来，这一意见本书未予采纳。因为两者的产地和时代相差甚远，而且 Heer 手绘图影的精确性和可靠性历来也备受诟病，目前要得出令人信服的结论显然为时尚早。

　　最近，王姿晰等（Wang et al., 2017）在新疆哈密中侏罗统新发现的银杏花粉器官 *Ginkgo hamiensis* Wang et Sun 和本种容易区别，因为其花粉囊较小、数目也略少。

　　产地和层位 辽宁西部北票黄半吉沟等地，下白垩统义县组（模式标本）。

3）营养器官（主要是晚白垩世以后的叶化石）

铁线蕨型银杏 *Ginkgo adiantoides* (Unger) Heer
图 40

1850. *Salisburia adiantoides* Unger, p. 392.
1878. *Ginkgo adiantoides* (Unger) Heer, p. 21；pl. 2, figs. 7–10.
2002. *Ginkgo adiantoides*：Denk & Velitzelos, p. 3；pls. 2, 3.

　　特征 叶片全缘或微开裂，下气孔型。上表皮角质层细胞平周壁微突至平坦，不具乳突；垂周壁微弯至波状；毛状体未见；下表皮普通细胞具乳突。气孔器为完全至不完全复环式；副卫细胞乳突常发育。（摘译自 Denk & Velitzelos, 2002, p. 4, tab. 2，并有所改动）

　　模式标本产地和层位 意大利 Sinigaglia，上中新统。

　　注 铁线蕨型银杏是最早命名的，也是最著名的一种银杏化石。一百几十年来被广泛地报道于新近纪至晚白垩世甚至早白垩世地层中。这个著名化石种虽历经许多学者发现和报道，但由于原产于意大利东北部上中新统的模式标本是保存欠佳的印痕化石，无法研究其叶角质层，以致后来难以对它进行确切鉴定并同其他类似化石对比。Florin（1936）虽曾研究此种的角质层，但是他研究的标本产于德国法兰克福的上上新统，和模

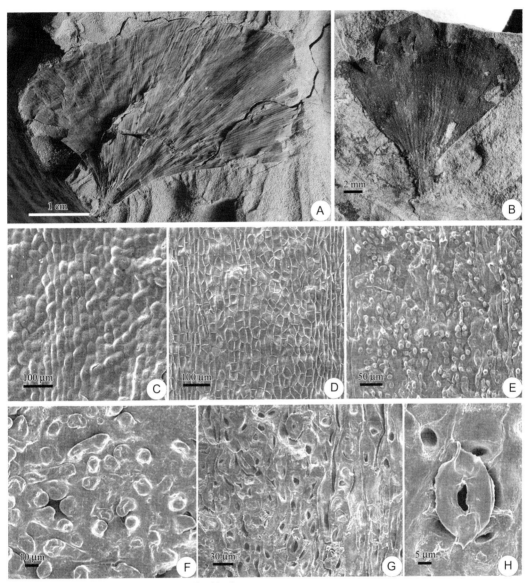

图 40　铁线蕨型银杏 *Ginkgo adiantoides* (Unger) Heer

吉林梅河口，渐新统（A）Oligocene, Meihekou, Jilin (A)；吉林桦甸，中始新统（B）Middle Eocene, Huadian, Jilin (B)；黑龙江嘉荫乌云，下古新统乌云组（C–H）Lower Palaeocene Wuyun Formation, Wuyun of Jiayin, Heilongjiang (C–H)。A. 叶较宽大，叶柄保存不全 Leaf broad with incomplete petiole；B. 叶楔形 Wedge-shaped leaf；C. 上角质层外面观，表皮细胞稍微隆凸 Outer view of upper cuticle, showing slightly convex epidermal cells；D. 上角质层内面观，表皮细胞垂周壁厚薄均匀 Inner view of upper cuticle, showing even anticlinal walls；E. 下角质层外面观，示气孔带 Outer view of lower cuticles, showing stomatal zone；F. 下角质层外面观，示气孔分布和乳突发育的普通细胞 Outer view, showing stomatal distribution and strongly cutinized ordinary cells；G. 下角质层内面观，示清晰的气孔带和非气孔带 Inner view, showing well-defined stomatal and nonstomatal zone；H. 下角质层单环式气孔内面观 Inner view of a monocyclic stoma（C–H. SEM；NIGPAS：A. PB22212；IBCAS：B. PEPB054033；RCPSJU：C, D. UW0671；E–H. UW293；A, B 为史恭乐摄影，C–H 引自 Quan et al., 2010）

式标本的产地、层位并不相同。Samylina（1967b）因而认为不能确定它是否属于铁线蕨型银杏，应该另外命名为 *G. florini* Samylina。新生代以来，除了个别种 *G. dissecta* Mustoe（2002）具有明显分裂的叶片外，很多被不同作者命名的种都是叶片近全缘或稍微分裂，在外形上和铁线蕨型银杏难以区分，只是在角质层构造上多多少少有些差别（Quan et al.，2010, tab. 1）。Denk 和 Velitzelos（2002）详细研究了和此种模式标本产地和层位最为接近的意大利西北晚中新世煤层中的银杏化石标本，认为以往以角质层特征，如副卫细胞乳突发育情况等为依据所建立的许多种银杏（如 *G. spitsbergensis* Manum、*G. wyomingensis* Manum、*G. occidentalis* Samylina、*G. orientalis* Samylina 等）（Manum, 1966；Samylina, 1967b）都可能属于铁线蕨型银杏的生态型或种内的变异。他们根据现生种的阳生叶和室内盆栽幼株叶片角质层的比较解剖，认为银杏属叶的气孔器副卫细胞乳突，甚至正常细胞的乳突是否发育不应视为种间区别特征。因而，Florin（1936）所研究的德国上新统的副卫细胞乳突不发育的银杏叶化石和意大利及欧洲其他新近纪地层中产出的乳突发育的银杏叶化石都应属于铁线蕨型银杏。按照 Denk 和 Velitzelos 定义的铁线蕨型银杏和现生的银杏区别也只在后者叶上表皮偶见气孔和毛（实际上具有两面气孔的叶只偶见于现生种的雄株和幼株上，并不具代表性），尽管 Denk 和 Velitzelos（2002）仍认为英国苏格兰 Mull 岛始新世地层产出的 *G. gardneri* Florin（1936）等更接近中生代的成员可能属于另一个演化系列。他们的观点和多年来比较流行的意见大体上相符，即：在古近纪和新近纪（整个"第三纪"），银杏属可能只有一个和现生种十分接近的、含有若干亚级以下单元的多态种（polymorphic species）（Tralau, 1967, 1968；Royer et al., 2003）。在意见分歧、确切鉴定缺乏可信依据情况下，不少作者为方便命名也愿意暂将古新世和晚白垩世，甚至早白垩世的许多缺乏明显特征的印痕标本以及在外形和角质层上多多少少有些差异的标本，都归诸于铁线蕨型银杏名下[部分中国的记录见本书 *Ginkgoites* sp. cf. *Ginkgo adiantoides* (Unger) Heer]。这种含义的铁线蕨型银杏显然只是一个约定俗成的、内容庞杂和笼统的、含义扩大了的名称：*Ginkgo adiantoides* (Unger) Heer *auctorum multorum*（Quan et al., 2010）。实际上对这一段漫长的地质时期里银杏属在分类上的多样性不应过于低估，目前在古新世除了上述 *G. gardneri* Florin 和 *G. dissecta* Mustoe 以外，至少在我国还有像 *G. jiayinensis* Quan et al.（见页 73）这样的，具有明显不同于铁线蕨型银杏的新分子存在。在晚白垩世和更老的（早白垩世）年代里所发现的一些外形近似此种的标本的确切归属无疑更需要重新加以审视和判别。

毫无疑问，未来研究新生代银杏目化石的重要工作之一，就是要对铁线蕨型银杏这个种进行厘定，包括对其模式产地标本的重新采集和研究以及对一些角质层特征的统一、正确的描述，以便把已知形态特征清楚的不同化石种和"典型的"铁线蕨型银杏区分开来。以往不同作者在叶角质层描述时由于使用仪器和认识的不同，也在一定程度上影响了叶化石的鉴定和区分。就如细胞壁（还是垂周壁的角质突缘？）是否呈波状弯曲，在光镜和电镜下进行观察若焦距不同，就可能形成不同的图像，增添特征辨识的困难。

国内记录如下。

Ginkgo adiantoides (Unger) Heer：Endo, 1942, p. 38；pl. 16, figs. 1, 3, 6.

Ginkgo adiantoides：中国科学院北京植物研究所、南京地质古生物研究所《中国新
　　生代植物》编写组，1978，页 7；图版 5，图 4；图版 6，图 4, 8；图版 7，图 4.

Ginkgo adiantoides：张武等，1980，页282；图版195，图1（不包括图版181，图1–3）。

Ginkgo adiantoides：张志诚，1984，页118；图版1，图11，13，14，16；图版5，图4；图版7，图8d。

Ginkgo adiantoides：陶君容、熊宪政，1986，页122；图版2，图4；图版3，图3–6。

Ginkgo adiantoides：贺超兴、陶君容，1997，页251；图版1，图10。

Ginkgo adiantoides：陶君容等，2000，页129；图版5，图4；图版6，图3–6。

Ginkgo adiantoides：Manchester et al., 2005, p. 5；pl. 1, fig. 1.

Ginkgo adiantoides：Quan et al., 2010, p. 454；figs. 32–35, 38–44.

Ginkgo adiantoides：全成、周志炎，2010，页439–442；插图1。

国内标本叶扇形，具柄。叶片顶缘波状至完全，或多少有缺刻和浅裂。叶脉1–1.5 条/mm。叶片为下气孔型。上表皮细胞垂周壁平直，或有加厚或间断；平周壁较平或增厚；脉区由纵长形的细胞组成，而脉间区细胞主要为多边形；两者界限常不很清楚。下表皮气孔带与非气孔带区分明显。非气孔带由多列纵长形的细胞组成，垂周壁较平直，平周壁常具乳突，并相连为纵长角质脊。气孔带中，普通表皮细胞呈多边形至等径形，平周壁多具乳突。气孔排列无序、方向不定。气孔器单环式，保卫细胞下陷较深；极副卫细胞1–2个；侧副卫细胞4–7个，呈多边形。副卫细胞常具较粗大乳突，覆盖于气孔窝口之上。

在本书中，我们暂且归入此种名下的中国标本，都产出于东北古近系。将它们，特别是一些角质层未保存或未做过研究的标本，和发现于欧洲低纬度新近系的铁线蕨型银杏归为同一个种内无疑需要持保留态度。较正确的分类和命名需要今后采集、深入研究更多标本，并对照模式标本才能得出。

异名表中所列出的我国较高纬度古近纪沉积中产出的标本的基本特征大体符合Denk和Velitzelos（2002）等研究的欧洲低纬度新近系产出的铁线蕨型银杏，只是已知的我国标本叶下角质层具有更为发育的乳突。张志诚（1984）记载黑龙江嘉荫上白垩统太平林场组的标本，其上表皮具有个别毛基，但从图上看不太清楚。这些标本是否和同层产出的 *Ginkgo pilifera* Samylina（见页75）有关，也不清楚。

产地和层位　黑龙江嘉荫，上白垩统太平林场组和古新统乌云组；依兰，下始新统达连河组下段；汤原，渐新统宝泉岭组。吉林梅河口，古新统和渐新统。吉林桦甸和辽宁抚顺，中始新统。云南禄劝，始新统有可疑记录（云南省地质矿产局，1996）。

嘉荫银杏 *Ginkgo jiayinensis* Quan, Sun et Zhou
图41

2010. *Ginkgo jiayinensis* Quan, Sun et Zhou, pp. 446–457；figs. 2–31.

特征　叶片扇形至半圆形；叶缘完整至啮食状或缺刻状。叶脉二歧分叉。叶两面气孔型。下角质层的气孔带和非气孔带较上角质层的更为清晰。气孔带中气孔众多，排列和方向不规则。普通表皮细胞等径形、三角形或多角形。非气孔带中的细胞伸长形。上

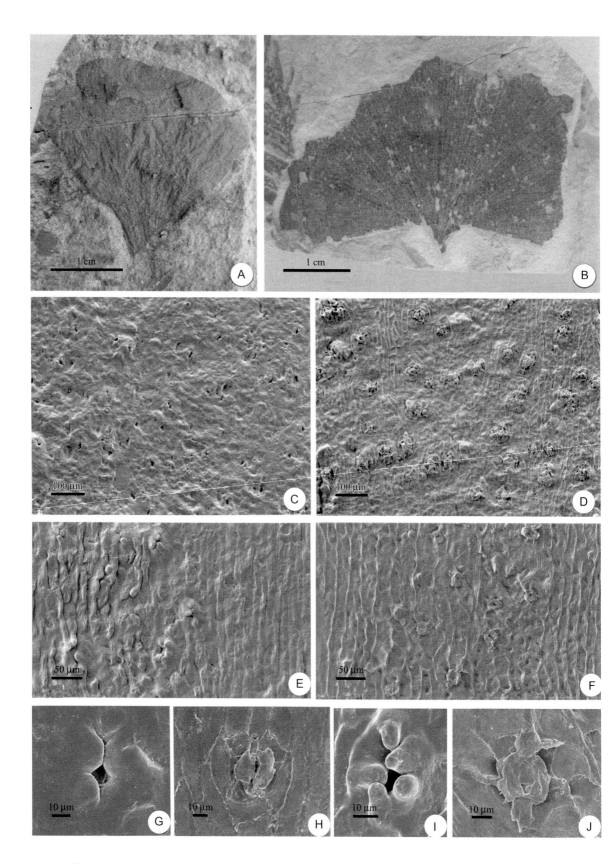

角质层的细胞平周壁平坦；垂周壁直，但其发育的角质突缘常呈波状弯曲。在下角质层平周壁常具乳突或角质增厚，垂周壁直或微弯。气孔器在上角质层多（2–3）环式，具有3–5 个侧副卫细胞和 1–2 个极副卫细胞，密度达到 108 个/mm^2；在下角质层密度略低，约为 104 个/mm^2，以单环式为主，且侧副卫细胞较多。副卫细胞在近气孔窝口处都具一乳突，在下角质层的气孔器副卫细胞上更为发育，常明显凸起并覆盖遮掩气孔窝口。保卫细胞下陷。毛状体缺失。（据 Quan et al., 2010，略作修改）

注 此种的外观形态和下角质层构造与通常归于铁线蕨型银杏的标本差别不大。它的主要的特征在于上角质层具有大量气孔器，是目前所知新生代唯一具有两面气孔型叶的银杏属的成员。

晚白垩世发现的 *Ginkgo pilifera* Samylina（1967b），*G. diminuta* Ohana et Kimura（1986），*G. transsenonicus* Krassilov（1979）等，以及侏罗纪记载的少数银杏化石种（如 *Ginkgo huttonii* 等，见 Chen et al., 2001）也具有两面气孔型叶。不过，它们的上角质层气孔器往往非常稀少，密度很少超过 20 个/mm^2（Quan et al., 2010, tab. 2），而且在其他方面也有种种差别。

产地和层位 黑龙江嘉荫乌云，下古新统丹麦阶乌云组上部含煤段（模式标本）。

具毛银杏 *Ginkgo pilifera* Samylina
图 42

1967b. *Ginkgo pilifera* Samylina, p. 313；pl. 3, figs. 1–7；pl. 4, figs. 1–5.

特征 叶外形和现生种相同，以叶片的脉间具有毛状体和毛基为特征。叶片上、下表面都具有角质增厚细胞、乳突和毛状体。气孔器在下表皮上众多，在上表皮上稀少，方向不定。副卫细胞 5–7 个，靠近内缘处都具有乳突，覆盖在下陷的保卫细胞之上。模

图 41　嘉荫银杏 *Ginkgo jiayinensis* Quan, Sun et Zhou

黑龙江嘉荫乌云，下古新统乌云组上部含煤段 The coal-bearing member of Lower Palaeocene Wuyun Formation, Wuyun of Jiayin, Heilongjiang. A. 正模，扇状叶具短粗的叶柄 Holotype, fan-shaped leaf with short and thick petiole；B. 半圆形叶具啮蚀状叶缘和细的叶柄 A semicircular leaf with erose margin and slender petiole；C. 上角质层外面观，示气孔带中气孔分布状况 Outer view of upper cuticle, showing distribution of stomata in stomatal zone；D. 上角质层内面观，示狭的气孔带和不甚清晰的非气孔带 Inner view of upper cuticle, showing narrow stomatal zone and indistinct nonstomatal zone；E. 下角质层外面观，示清晰的气孔带和右侧的非气孔带 Outer view of lower cuticle, showing well-defined stomatal zone and the nonstomatal zone on the right；F. 下角质层内面观，示气孔带中气孔分布和脉路内规则排列的表皮细胞 Inner view of lower cuticle, showing stomatal distribution and regularly arranged epidermal cells along the vein；G. 上角质层一气孔外面观，示具乳突的副卫细胞覆盖气孔窝口的大部 Outer view of an upper cuticle stoma, showing papillate subsidiary cells covering most part of the stomatal pit；H. 上角质层气孔内面观，示副卫细胞不完全双环式 Inner view of an incomplete bicyclic stomata of upper cuticle；I. 气孔外面观，示五个副卫细胞发育的乳突覆盖了大部气孔窝口 Outer view of a stoma, showing five strongly cutinized subsidiary cells covering most part of the stoma；J. 气孔内面观，单环式，其保卫细胞具极部增厚 Inner view of stoma, monocyclic, guard cells with polar thickenings（C–J. SEM；RCPSJU：A, C, D. UW412；B. UW104；E, I. UW42；F, H. UW008；G. UW05053；J. UW05096；Quan et al., 2010）

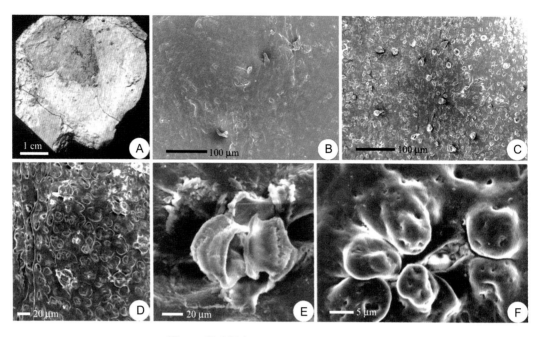

图 42　具毛银杏 *Ginkgo pilifera* Samylina

黑龙江嘉荫，上白垩统太平林场组 Upper Cretaceous Taipinglinchang Formation, Jiayin, Heilongjiang。A. 保存部分角质层的叶 Leaf with a cuticle patch；B. 上角质层外面观 Outer view of upper cuticle；C. 下角质层外面观 Outer view of lower cuticle；D. 下角质层内面观 Inner view of lower cuticle；E. 下角质层气孔内面观 Inner view of a lower cuticle stoma；F. 下角质层气孔外面观 Outer view of a lower cuticle stoma（B–F. SEM；RCPSJU：CB TP060917；A, D–F 自公繁浩，2007；B, C 全成供图）

式标本的叶片长 7.5 cm、宽达 11.3 cm，每 5 mm 宽度内有叶脉 7 条。上表皮的脉区由纵长细胞组成，脉间区细胞为等轴形。每个细胞都具有一个圆形的乳突。毛和毛基散见，但不如下表皮多见。下表皮细胞形状和上表皮相似，但角质层很薄以致细胞轮廓有时难以辨识。毛状体可长达 80 μm，基部直径达 17 μm。（据 Nosova 博士英译此种的特征及模式标本的描述修改）

　　模式标本产地和层位　俄罗斯西伯利亚林德河（Lind River），上白垩统契里穆伊斯克组；在新西伯利亚等地上白垩统也有发现，层位为塞诺曼阶到赛诺阶。

　　注　原作者在特征中把上、下表皮细胞的垂周壁描述为波状弯曲，根据发表的图片（Samylina, 1967b, pl. V, fig. 5）和中国标本的观察（扫描电镜照片），此种表皮角质层垂周壁是直或微弯曲的，在光学显微镜下观察到的波状弯曲只是垂周壁厚薄的不均匀和断续的角质化突缘所造成的假象。

　　国内记录如下。

Ginkgo pilifera Samylina：全成，2005，页 51；图版 1，图 14，15；图版 3，图 1–7；图版 4，图 1–7。

Ginkgo pilifera：公繁浩，2007，页 147；图版 1，图 1，4–12。

　　国内标本叶片扇形，全缘，长 23 mm，可见宽 19 mm；中央微缺；基部楔形，基角近 90°，未见叶柄；脉细，常不明显，自基部伸出，二歧分叉。

　　叶基本上为下气孔型。上表皮角质层较薄；脉路区与脉间区界限不清楚。脉路区通常由 4–6 列伸长的细胞（83–121 μm×13–21 μm）组成，其垂周壁直或微弯，平周壁不平坦。脉间区表皮细胞矩形或不规则多边形，31–56 μm×18–31 μm。毛状体散布于脉路区与脉间区，呈尖圆锥状，长可达 40 μm，基部直径约 16 μm。

下表皮角质层脉路区与脉间区分界明显。脉路区由 5–7 列长矩形或梭形的细胞组成，其垂周壁略厚，直或微弯；平周壁具乳突。脉间区由不规则四边形或多边形表皮细胞（19–26 μm×18–23 μm）组成，其垂周壁略厚，直或微弯；平周壁上乳突发育。毛状体散布，圆锥状，长可达 45 μm，基部直径约 18 μm。

气孔器单环式，19–26 μm×18–23 μm，在脉间区内分布不规则，无定向；保卫细胞近半圆形，下陷，内缘加厚；副卫细胞 5–6 个，均具强烈发育的乳突，几乎掩盖气孔窝口。

据公繁浩（2007）意见，嘉荫太平林场组所产的标本和产于俄罗斯西伯利亚晚白垩世地层中的本种模式标本特征基本一致。不同的是，西伯利亚的材料上表皮每个普通表皮细胞中央具加厚构造或乳突。

产地和层位　黑龙江嘉荫，上白垩统太平林场组。

太平银杏 *Ginkgo taipingensis* Gong ex Yang, Wu et Zhou

图 43

2007. *Ginkgo taipingensis* Gong：公繁浩，页 147–148；图版 1，图 2，3；图版 2，图 1–13（不合格发表名称）。

2014. *Ginkgo taipingensis*：Yang et al., p. 269.

特征　叶扇形至半圆形，具全缘和微波状缘，或中间浅裂一次至叶片 1/8–1/4 处。叶片长 19–31 mm、宽 32–44 mm，基角 70°–180°；叶柄长至少 12 mm，宽超过 1.5 mm。叶脉二歧分叉，密度 13–15 条/cm。

叶两面气孔型。上表皮较下表皮略薄，气孔较稀疏，主要分布于叶片中下部，零星散见于叶片两侧边缘；脉路区和脉间区界线不很明显。脉路区通常由 4–7 列长矩形或梭形的细胞（65–72 μm×11–16 μm）组成。细胞垂周壁直。脉间区普通表皮细胞（50–60 μm×27–42 μm）多呈四边形或不规则多边形，其垂周壁或不规则加厚，其平周壁上可见乳突。气孔带宽 136–194 μm。气孔器双环式，15–20 μm×18–22 μm，无定向，少数平行叶脉走向；保卫细胞强烈下陷；副卫细胞 4–7 个，加厚或形成乳突，常不完全掩盖孔口；周围细胞发育。毛状体分布稀疏，圆锥状，长可达 20 μm，基部直径可达 13 μm。

下表皮脉路区与脉间区界限明显。脉路区表皮细胞伸长，48–69 μm×13–28 μm。垂周壁直，宽 2–3 μm；平周壁常加厚或发育直径 8–15 μm 的乳突，呈串珠状。毛状体偶见。脉间区普通表皮细胞呈不规则四边或多边形，48–69 μm×13–28 μm，垂周壁厚，直或波状弯曲；平周壁具发育的中央乳突，直径 8–10 μm。气孔带宽 156–187 μm，气孔器单环式，21–29 μm×19–24 μm，不规则排列。保卫细胞强烈下陷，孔缝无定向。副卫细胞 4–6 个，具强烈角质化乳突，常遮掩部分气孔窝口。（据公繁浩，2007 特征

修改）

注 此种以表皮构造为两面气孔型、表皮具毛状体以及细胞平周壁具乳突区别于本属其他已知种。当前材料在叶形上与 *Ginkgo adiantoides* 和 *G. biloba* 十分相似，但这两个种上表皮细胞都不具乳突。铁线蕨型银杏叶片上不具毛状体，其上表皮也不具气孔器；在现生种的叶上也只是偶见毛状体和上表皮的气孔器。叶形相同的 *G. jiayinensis* Quan et al.（2010）的角质层虽也为两面气孔型，但其上表皮气孔众多，上、下叶面上均未见有乳突或毛状体。

当前种与同层位产出的 *G. pilifera* Samylina（全成，2005；公繁浩，2007）颇为相似，区别仅在于此种的毛状体相对较短并较稀少，在下表皮仅偶见分布。此种是否能够和后一种区分，并成为一个独立的化石种，须待研究较多的标本后才能得出比较明确的结论。

产地和层位 黑龙江嘉荫，上白垩统太平林场组（模式标本）。

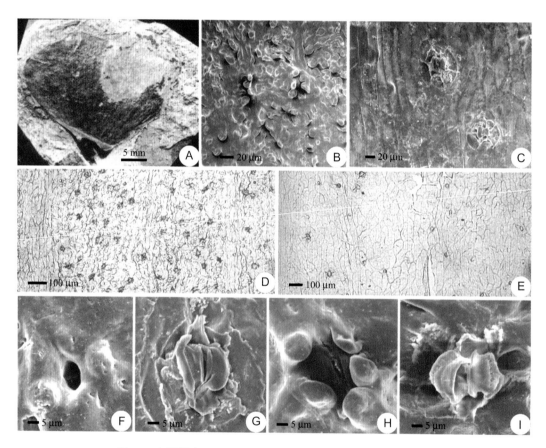

图 43 太平银杏 *Ginkgo taipingensis* Gong ex Yang, Wu et Zhou

黑龙江嘉荫，上白垩统太平林场组 Upper Cretaceous Taipinglinchang Formation, Jiayin, Heilongjiang。A. 正模 Holotype；B. 下角质层气孔带外面观 Outer view of lower cuticle stomatal zone；C. 内面观，示气孔带和左侧一脉路 Inner view, showing stomatal zone and a vein course on the left；D. 下角质层 Lower cuticle；E. 上角质层 Upper cuticle；F. 气孔外面观 Outer view of a stoma；G. 气孔内面观 Inner view of a stoma；H. 气孔外面观 Outer view of a stoma；I. 气孔内面观 Inner view of a stoma（B, C, F–I. SEM；RCPSJU：A–I. CB TP060928；公繁浩，2007）

二、辅佐分类单元——形态属和器官属

（一）生 殖 器 官

1. 花粉器官

楔拜拉花属 Genus *Sphenobaieroanthus* Yang, 1986

模式种 *Sphenobaieroanthus sinensis* Yang。重庆大足万古兴隆冉家湾，上三叠统须家河组。

属征 雄球花具梗，着生（？）于楔拜拉枝的短枝顶端的叶腋内；雄蕊多数，螺旋状着生于中轴上。花丝细弱，不分叉；花药着生于花丝顶端。（据原作者模式种特征缩减）

分布和时代 迄今只报道重庆晚三叠世产出的一个种。

中国楔拜拉花 *Sphenobaieroanthus sinensis* Yang

图 44

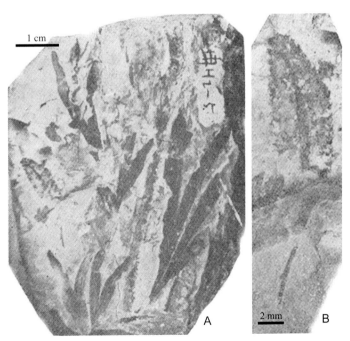

图 44 中国楔拜拉花 *Sphenobaieroanthus sinensis* Yang

重庆大足兴隆，上三叠统须家河组 Upper Triassic Xujiahe (Hsuchiaho) Formation, Xinglong of Dazu, Chongqing。A. 和枝叶共同保存的柔荑花序状雄花（左） Catkin-like male flower (left side) associated with leafy shoot；B. 柔荑花序状雄花 Catkin-like male flower（CDIGM：A, B. Sp301；杨贤河，1986）

1986. *Sphenobaieroanthus sinensis* Yang：杨贤河，页 53–55；图版 1，图 1，1a，2，2a；插图 2（部分）。

特征　雄球花长卵形，长 1.5 cm，中部最宽达 0.5 cm；具柄（梗）。中轴明显，粗约 0.5 mm。雄蕊多数，约成 90°角螺旋状着生于中轴上。花药 6–7 枚，似呈轮状排列。花粉形态不明。（据原始特征略有改动）

注　原作者杨贤河观察认为此种花化石和生长有楔拜拉的长、短枝相连生，并把它作为楔拜拉枝属的一个组成部分。虽然从发表的图片上看这种雄花的着生状况并不能十分确定（本书图 44A），花药的形态和着生情况也不是很清楚，但它和楔拜拉密切伴生是没有问题的。从总体形态上看，这种花化石和穗花 *Stachyopitys* 以及归于石花属的有些标本并无重要区别。如果不是和楔拜拉相伴生而是单独保存，鉴定命名将比较困难。

产地和层位　模式标本产地层位同此属模式种。

穗花属（部分种）Genus *Stachyopitys* Schenk, 1867 (pro parte)

模式种　*Stachyopitys preslii* Schenk。德国巴伐利亚，下侏罗统底部（Lias α，实相当于上三叠统瑞替阶）。原著中未确切指明产地，据 Kirchner 和 Van Konijnenburg-van Cittert（1994），可能产于 Kulmbach 附近的 Veitlahm。其他产地包括 Bamberg 附近的 Strullendorf 等，也见 Anderson 和 Anderson（2003）。

属征　疏松穗状雄花（或小孢子囊穗），轴上四周着生花蕊（小孢子叶）。花丝（小孢子叶柄）细长，简单或分叉，顶端着生多个椭圆形至长卵形的、呈辐射状排列的花药（小孢子囊）。

注　以上属征是根据 Kirchner 和 Van Konijnenburg-van Cittert（1994）对至今保存在德国的、Schenk（1867）等早年研究过的部分标本以及一些私人收藏的标本进行研究后对模式种 *Stachyopitys preslii* Schenk 的描述，并结合 Seward（1919）及 Anderson 和 Anderson（2003）赋予此属的含义综合而成。此属常和楔拜拉型的营养叶伴生，其形态和现生银杏的雄花也可比较。并且产于德国巴伐利亚（Küfner near Pechgraben）的模式种标本中已经发现原位的单沟花粉（Van Konijnenburg-van Cittert, 2010），因而往往被认为可能是银杏类的雄花。不过，在南非 Karroo 盆地上三叠统 Molteno 组中曾发现多种形态基本相同的化石，其中 *Stachyopitys lacrisporangia* 和 *Sphenobaiera sectina* 有机连接。另一种角质层特征几乎一致的营养叶楔拜拉（*Sphenobaiera schenkii*）却又和形态奇特的种子器官 *Hamshawvia longipedunculata* 相连生。因为相连生的营养叶楔拜拉的相似性，Anderson 和 Anderson（2003）推测穗花也是这个分类位置不明的科（Hamshawviaceae）的雄花器官属。尽管现有证据表明楔拜拉型的营养叶和银杏目的 *Karkenia* 型的种子器官也确有相互伴生甚至连生的关系（Kirchner & Van Konijnenburg-van Cittert, 1994；Zhou et al., 2002），也不能确定穗花属型的雄花全部都属于银杏目。此属名或汉译为小果穗（吴向午、王永栋，待刊）。

分布和时代　欧亚大陆、南非，晚三叠世至早侏罗世。

穗花未定种 *Stachyopitys* sp.

图 45

1986. *Stachyopitys* sp.：叶美娜等，页 76；图版 49，图 9，9a。

描述 轴细，宽 0.5 mm。附属物似乎作螺旋状着生于轴上，顶端具有裂瓣 5 个，呈星状排列。裂瓣长卵形，长 4 mm、宽 2 mm，表面光滑，中部有一明显的脊状隆起。

注 此未定种外形和德国纽伦堡地区相当地层（Basal Lias）中产出的 *Stachyopitys* sp.（Gothan, 1914, p. 185, pl. 44, figs. 9–12a）颇为相似。原作者认为它属于分类位置未定的银杏类的花。

产地和层位 四川开江七里峡，上三叠统须家河组第三段。

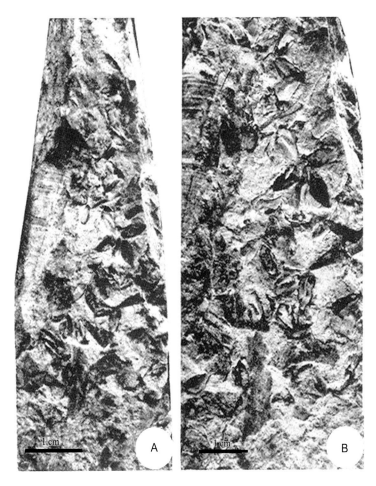

图 45 穗花未定种 *Stachyopitys* sp.

四川开江七里峡，上三叠统须家河组 Upper Triassic Xujiahe (Hsuchiaho) Formation, Qilixia of Kaijiang, Sichuan
（T137SCCGEC；叶美娜等，1986）

2. 隶属关系不定的花粉器官

石花属（部分种）Genus *Antholithus* L., 1786 (pro parte)

拼缀异名 *Antholithes* Brongniart, 1822；*Antholithes* Heer, 1868；*Antholites* Yokoyama, 1906。

模式种 不明。

属征 通常泛指分类位置不明的雄性生殖器官化石，定义不明。

注 此属名最初应用时并没有严格和明确的形态学定义，只是一般表示是"植物化石"的"花"（phytolithus floris）。Brongniart（1822, p. 320, pl. 14, fig. 7）正式创建时所描述的一个种 *Antholithes liliacea* 所依据的是亲缘关系不明、保存不佳的印痕化石（Andrews, 1955）。其后不同作者对该属名的拼写有时不尽一致，归于此属名下的化石，内容也十分杂乱（斯行健、李星学等，1963）。张武和郑少林（1987）主张修订此属，重新起用 Linné 的名称 *Antholithus*，并以 Kräusel（1943a）所记载产于奥地利隆茨上三叠统和一种似银杏（*Ginkgoites lunzensis*）相伴生的 *A. wettsteinii* 作为模式种，把此属定义为"确属银杏类或可能属于银杏类的雄性果穗。孢子叶呈螺旋状着生于或粗或细的穗轴。孢子叶简单或分枝或成束；孢子叶柄末端的营养部分不延长超过花粉囊或囊群，而是直接膨大并包被花粉囊或聚合囊。"他们同时描述了下侏罗统北票组的杨树沟石花 *Antholithus yangshugouensis* 和中侏罗统海房沟组的富隆山石花 *Antholithus fulongshanensis* Zhang et Zheng（张武、郑少林，1987，页311，图版24，图7，图版30，图3，3a，3b，页310，图版17，图6，图版30，图1，1a，1b，插图36）。这两种化石的形态和 *A. wettsteinii* 并不相近。后者形态接近穗花，属于银杏目的可能性确实很大，但是北票地区产出的两个种的花药（小孢子囊）似乎是包裹在花丝顶端的膨大部分内的，和银杏的雄花区别明显，甚至是否属于银杏目都很可疑。我国此属记录中只有个别种可能属于银杏目。

分布和时代 此属名常被用于各地区的中、新生代"花状"化石。

卵形石花 *Antholithus ovatus* Wu ex Yang, Wu et Zhou
图46

1999a. *Antholithus ovatus* Wu：吴舜卿，页24；图版20，图2，2a，5，5a（不包括7，7a）（不合格发表名称）。

2001. *Ixostrobus delicatus* Sun et Zheng：孙革等，页86，192；图版13，图6；图版49，图7；图版51，图9；图版68，图5-6，13（不包括图版53，图15；图版63，图12）。

2001. *Antholithus ovatus*：张弥曼等，图172。

2003. *Antholithus ovatus*：Chang et al., fig. 248.

2014. *Antholithus ovatus* Wu ex Yang, Wu et Zhou, p. 268.

特征 雄花。轴可能肉质，具纵向细纹，长约2 cm、宽1.2–1.6 mm，向前端渐变窄。花丝以小于90°角从轴上生出，长1 mm或略短，基部稍膨大，向上渐变细。花药多达5

枚，着生在花丝顶端，纵向开裂。（据原始特征）

注　前已提及（页 63），刘秀群等（Liu et al., 2006, p. 141, tab. 2）曾指出此种和北票同一地层中记载的 *Ixostrobus delicatus* Sun et Zheng（孙革等，2001，图版 49，图 6，图版 68，图 13）都可能属于辽宁银杏。虽然这些标本的归属最后定论需要仔细检视原始标本后确定。

产地和层位　辽宁北票上园黄半吉沟，下白垩统义县组下部（模式标本）。

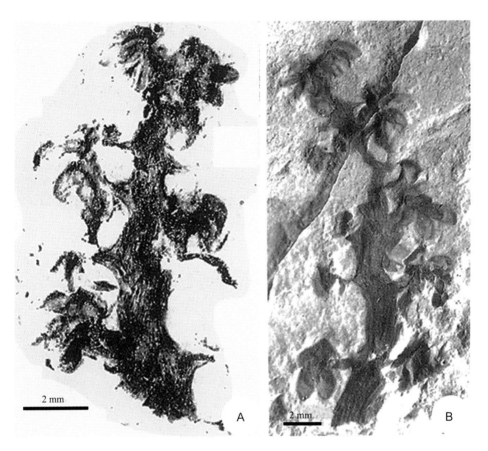

图 46　卵形石花 *Antholithus ovatus* Wu ex Yang, Wu et Zhou

辽宁北票上园，下白垩统义县组下部 Lower Cretaceous Yixian Formation, Shangyuan of Beipiao, Liaoning（NIGPAS: A, B. PB18341, PB18342；吴舜卿，1999a）

3. 隶属关系不定的种子

松套籽属（部分种）Genus *Allicospermum* Harris, 1935 (pro parte)

模式种　*Allicospermum xystum* Harris。东格陵兰 Scoresby Sound，上三叠统。

属征　圆形或卵形直生的种子。珠被厚，角质化。珠心上部分离，其表面和珠被的内面角质化薄弱。大孢子壁角质化，颗粒状结构。（据 Harris, 1935）

注　Harris 在创建此形态属时指出属名的前缀源自希腊词 αλλιξ，意为宽松外套，指种子的宽松珠被。此属汉名或译作裸籽（李佩娟等，1988；吴向午、王永栋，待刊）。具有这种特征的种子包括现生银杏、苏铁和有些松柏植物的种子，而在化石中这样的种子可在 *Nilssonia*、*Lepidopteris* 和 *Stachyotaxus* 等属内见到。目前已知 *Karkenia incurva* Archangelsky（1965）、*Ginkgo huttonii*（Harris et al., 1974）、*G. yimaensis* Zhou et Zhang（1989）、*G. ginkgoidea* (Tralau) Yang et al.（2008）、*Yimaia hallei* Zhou et Zhang（1988, 1992）、*Ginkgo cranei* Zhou et al.（2012）等保存完好的银杏目的雌性生殖器官上的原位种子都属于这个类型。在我国有少数单独保存的这类种子的记录，部分可能属于银杏目。

分布和时代　欧亚大陆，晚三叠世至侏罗纪。

卵圆松套籽 *Allicospermum ovoides* Li
图 47

图 47　卵圆松套籽 *Allicospermum ovoides* Li

青海绿草山宽沟，中侏罗统石门沟组 *Nilssonia* 层 Middle Jurassic Shimengou Formation, Kuangou of Lücaoshan, Qinghai（NIGPAS：PB13763；李佩娟等，1988）

1988. *Allicospermum ovoidus* Li：李佩娟等，页142；图版 100，图 21。

特征　种子卵圆形，19 mm×16 mm，基部圆弧形，顶端逐渐收缩并具一尖凸喙。外被（珠被?）似有两层，厚约 2 mm，向两端变薄。

注　此种子与 *Allicospermum xystum* Harris 和 *A. fraglis* Harris（1935）近似，但前者为圆形，较小，而后者为长卵形，有所不同。在同一产地此种子和 *Sphenobaiera spectabilis* (Nathorst) 相伴生（李佩娟等，1988，页 19），可能和银杏目有关。

本书对此种名后缀做了更改。

产地和层位　青海绿草山宽沟，中侏罗统石门沟组 *Nilssonia* 层（模式标本）。

?光滑松套籽 ?*Allicospermum xystum* Harris
图 48

1986. ?*Allicospermum xystum* Harris：叶美娜等，页 88；图版 53，图 7，7a。

描述　圆形种子，直径 12 mm，表面光滑，边缘具弧形褶皱。

注　此种模式标本产于东格陵兰，下侏罗统。Harris（1935, p. 121）所给此种的特征节译如下：圆形种子，直径 11 cm。表面颇平滑。珠孔和合点不凸显。珠被角质层很厚，在近珠孔处最厚，向合点变薄，显示等轴形、具有直而显著侧壁的细胞。细胞常排列在大型细胞分裂所构成的"袋状结构"中。细胞表面偶有增厚，但罕见乳突。珠孔呈一个 0.5 mm 宽的圆洞。在种子顶部，珠被细胞排列成指向珠孔的纵列。靠近合点处细胞较大。气孔稀疏，散见于各部位。保卫细胞下陷，只在气孔口部增厚。无乳突。

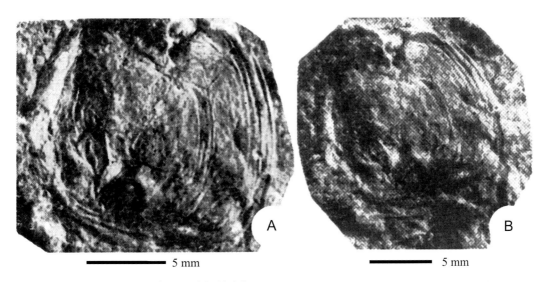

图 48　?光滑松套籽 ?*Allicospermum xystum* Harris

四川达州斌郎，下侏罗统珍珠冲组 Lower Jurassic Zhenzhuchong Formation, Binlang of Dazhou, Sichuan（T137SCCGEC；叶美娜等，1986）

　　Harris 归入此种的标本很多，它们来自格陵兰三个不同地点的下侏罗统，都和 *Ginkgoites taeniatus* (Braun) Harris 伴生，并且在角质层特征上两者也相似。中国种子标本虽然形态和大小相近，但数量少而角质层构造不明，而在同一产地尚未发现 *G. taeniatus* 叶化石。

　　产地和层位　四川达州斌郎，下侏罗统珍珠冲组。

松套籽未定种 *Allicospermum* sp.

图 49

2002. *Allicospermum* sp.：吴向午等，页 171；图版 13，图 13，14。

　　描述　种子卵圆形，5–8 mm 长、3–4 mm 宽，底部圆或略平截，顶端急剧收缩成一粗短的喙。喙顶端钝尖。外种皮薄，约 0.5 mm 宽，表面光滑。内核卵圆形，4–5 mm 长、2.5–3.5 mm 宽。

　　注　伴生银杏目叶化石为 *Ginkgoites longifolius* (Phillips) Harris（见页 170）。

　　产地和层位　内蒙古阿拉善右旗长山，中侏罗统宁远堡组下段。

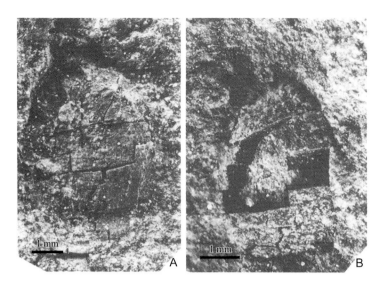

图 49　松套籽未定种　*Allicospermum* sp.

内蒙古阿拉善右旗长山，中侏罗统宁远堡组下段　The lower part of the Middle Jurassic Ningyuanpu Formation, Changshan of Alxa Youqi, Inner Mongolia（NIGPAS：A, B. Chz043；吴向午等，2002）

（二）营 养 器 官

1. 营养叶

拜拉属　Genus *Baiera* Braun, 1843 emend. Florin, 1936

模式种　*Baiera muensteriana* Braun, 1843。德国南部 Franconia，下侏罗统底部（Lias α）。

属征　叶分为明显的叶片和叶柄两部分。叶片为扇形至半圆形；叶柄明显，长度可及叶片。叶片常在中间深裂至基部，两侧叶片各自再深裂（超过叶片长度的 2/3）一至数次，裂片最后排列成左右对称的两组。末级裂片常为狭窄的线形或近于线形，每一裂片中所含的平行叶脉一般为 2–4 条。

表皮角质层厚度中等，上、下表皮皆有气孔器。上表皮较下表皮略厚，气孔器数目较少，脉路细胞呈伸长的矩形或长方形（长度可达宽度的 10 倍）；叶脉之间的细胞四边形或多边形，邻近气孔器的表皮细胞大多等径，表皮细胞垂周壁比较直，突出明显；平周壁较光滑，偶有乳突，表皮毛常缺乏；气孔器散生或几个成纵向排列，气孔无定向。下表皮脉路带明显，表皮细胞长方形，其垂周壁直或弯曲，平周壁平滑或略向外凸起；叶脉间的细胞呈或长或短的四边形，其垂周壁直或弯曲，平周壁向外凸起或呈乳突状；气孔器不规则地纵向排列，孔缝无定向；保卫细胞被 5–7 个副卫细胞环绕，副卫细胞多有乳突并悬覆于保卫细胞上（Florin, 1936；Harris et al., 1974）。

注　此属又名裂银杏属，为银杏目常见的叶化石属，与银杏目另一叶化石属似银杏 *Ginkgoites* 的某些具有比较狭窄裂片的标本在形态上不易区分。该属名最早是 Braun

（1843）提出的，用于三叠纪和侏罗纪的一些裂片众多而且裂片狭窄呈线形，和 *Ginkgoites* 相似的叶化石，所根据的是产于德国早侏罗世早期地层（Lias α）中的标本。该标本最早由 Presl 命名为 *Sphaerococcites muensterianus*（见 Sternberg, 1820–1838），随后 Braun 把它描述为 *Baiera dichotoma*，并认为其叶脉二歧分支，在叶脉之间具有不规则的构成六边形网眼状的次级脉。Schenk（1867）检查了 Braun 的标本，并没有发现所谓的次级脉，主张将它归入已经废弃的另外一个属 *Jeanpaulia* Unger 内，名为 *J. muensteriana*。Heer 在 1877 年认为不应采用 *Jeanpaulia* 一名，并对拜拉属的含义重新进行了界定。Seward（1919）也认为应该把德国下侏罗统的标本归入 *Baiera* 属，并称之为 *Baiera muensteriana*。此属名还曾被 Brongniart 拼写为 *Bayera*（Brongniart, 1874, p. 408）。

在 Florin（1936）对此属进行修订之前，拜拉属 *Baiera* 和似银杏属 *Ginkgoites* 这两个叶化石属的分类是十分混乱的，归入似银杏属的有些种与归入拜拉属的另一些种外形非常相似而难以区别，而类似的标本也常被不同的研究者归入不同的属，甚至同一个研究者也会在不同的时期先后把类似的标本归入不同的属，而且有些标本与 *Czekanowskia* Heer 也很难区别（参看 Seward, 1919）。Florin（1936）后来将 *Baiera* 属含义做了修订，并提出了从形态上区分 *Baiera* 和 *Ginkgoites* 这两个叶化石属的标准：前者裂片中叶脉一般 2–4 条，而后者具有 4 条以上叶脉。Florin 还根据有些原先归属于 *Baiera* 属的叶片不具有明显的叶柄而区分出 *Sphenobaiera* 属。他的增订意见一度在古植物学界有广泛的影响，特别是在中国（如斯行健、李星学等，1963）。在大多数的情况下根据以上这些基本的形态特征可以把 *Baiera*、*Ginkgoites* 和 *Sphenobaiera* 这三个叶化石属区别开来，他提出的标准在实际应用中也是比较容易把握的。Harris 等（1974）也接受了这一修订，只是在具体的化石分类中并没有完全机械地应用这一标准，如英国约克郡侏罗纪的 *Baiera furcata*（包括 *B. gracilis* 和 *B. scalbiensis*）的外部形态和表皮角质层特点都存在着很大的、连续的变化，在有的产地和层位，*Baiera furcata* 的裂片中叶脉的数目可以超过 4 条，甚至有达到 6 条的情况。在标本量比较大的情况下类似的情况时可遇到，不但在形态上存在着连续的变化，角质层的构造也是如此。

该属最古老的记录来自二叠纪，但这些二叠纪的化石经 Florin（1936）研究后都改归于 *Sphenobaiera* 属。最近意大利和德国学者（Bauer et al., 2013）运用宏观形态测量法（macromorphometry）研究德国上二叠统含铜页岩中的 *Sphenobaiera* 化石，认为它们仍应该归属于 *Baiera* 属。由于银杏目植物叶片形态变化很大，测量和计算所得的叶片长、宽和基角大小等数据是否可以应用于属一级分类上，甚为可疑。不过，最近在意大利北部上二叠统发现的标本证明当时银杏目植物的营养叶形态已有较高的多样性，具有叶柄的似银杏和拜拉可能都已出现（据 Johanna H. A. van Konijnenburg-van Cittert 与周志炎个人通信；Bauer et al., 2014）。此属在侏罗纪时期常发现与银杏目的生殖器官和种子等伴生，目前已知有些是属于义马果属 *Yimaia* 的。*Yimaia recurva* 和 *Baiera hallei*、*Yimaia qinghaiensis* 和 *Baiera* cf. *furcata* 等经常伴生在一起的事实可以说明它们来自同一一母体植物（Zhou & Zhang, 1988, 1992；Wu et al., 2006；Zhou, 2009；本书系统记述"一"）。

本书基本遵循 Florin（1936）的修订并参照 Harris 等（1974）和周志炎等（Zhou & Zhang, 1992；Zhou, 1997）的处理方法，对一些伴生的、已证明是或可能是生殖器官义马果属的营养叶化石仍分开叙述，归入本属或似银杏属（见本书系统记述"一"）；在化石数量有限的情况下叶片的单个裂片中叶脉数量在 5 条以上的不归入本属。

分布和时代 北半球，二叠纪晚期（？）至晚白垩世；侏罗纪为主要分布时期。

阿涅特拜拉 *Baiera ahnertii* Kryshtofovich
图 50

1932. *Baiera ahnertii* Kryshtofovich：Kryshtofovich & Prynada, p. 371；pl. 1, fig. 4.
1984. *Baiera ahnertii*：陈芬等，页 59；图版 27，图 6，7。

特征 叶扇形，分裂 6–7 次，裂片窄，宽约 1.75 mm，顶端尖。（据陈芬等，1984）
模式标本产地和层位 俄罗斯远东南滨海，下白垩统。
注 归入此种的北京西山、门头沟等地下侏罗统下窑坡组标本与模式标本的形态特征基本是一致的（陈芬等，1984）。北京标本的叶片较完整，宽扇形，基部夹角 60°，而后喇叭状扩大，宽 10 cm、高约 7 cm；首次全裂至叶柄，成对称的两半，每一半再分裂 4–5 次，有 22–32 枚或更多细裂片；裂片线形，中部宽 1.5–2.5 mm，上部宽约 1 mm，顶部变尖，基部成柄状；裂片可见 2–4 条平行叶脉。这些特征也符合 *Baiera furcata* L. et H. （见页 99），但本种的角质层情况不明。

产地和层位 北京门头沟，下侏罗统下窑坡组。

图 50 阿涅特拜拉 *Baiera ahnertii* Kryshtofovich

北京门头沟，下侏罗统下窑坡组 Lower Jurassic Xiayaopo Formation, Mentougou, Beijing（CUGB：A, B. BM164, BM165；陈芬等，1984）

浅田拜拉 *Baiera asadai* Yabe et Ôishi
图 51

1928. *Baiera asadai* Yabe et Ôishi, p. 9；pl. 3, fig. 2.
1933. *Baiera asadai*：Ôishi, p. 242.
1963. *Baiera asadai*：斯行健、李星学等，页 230；图版 77，图 1。
1980. *Baiera asadai*：陈芬等，页 429；图版 3，图 5。

1982. *Baiera asadai*：王国平等，页 276；图版 129，图 3。

1984. *Baiera asadai*：陈芬等，页 59；图版 27，图 8。

1991. *Baiera asadai*：北京地质矿产局，图版 13，图 9。

1998. *Baiera asadai*：张泓等，图版 45，图 3。

特征　叶扇形；柄细长，宽约 0.1 cm、长 2 cm 以上。叶片先深裂至基部，分为左右近对称的两半，每一半再分裂 4 次，成为约 29 个线形裂片；内侧的最后裂片大多相互叠覆，最外的裂片左右开展近 180°角，几成一直线。末级裂片细狭，最宽处在中、下部，宽约 0.2 cm，自此向上慢慢狭缩，直至形成尖锐的顶端。叶脉不清楚。

上、下表皮角质层厚度相当，表皮结构相似。上、下表皮都有气孔器，上表皮的数目较少。气孔器分布于叶脉之间。保卫细胞角质层较厚，形状不清楚，中间呈一长的孔隙。副卫细胞 6–7 个（据 Yabe & Ôishi, 1928；斯行健、李星学等，1963）。

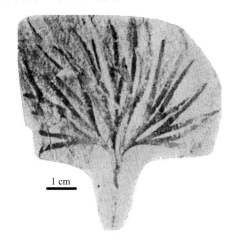

图 51　浅田拜拉 *Baiera asadai* Yabe et Ôishi

山东潍坊刘家沟，中侏罗统坊子组　Middle Jurassic Fangzi (Fangtze) Formation, Liujiagou of Weifang, Shandong

（IGPTU：35467；Yabe & Ôishi, 1928）

注　本种主要发现于侏罗纪，尤其是中侏罗世地层中，和常见的 *Baiera furcata*（Harris et al., 1974）在形态上具有一定的相似性。它们叶片末级裂片数目都较多、较狭长。从裂片的形态上看，本种自下而上至裂片顶端逐渐收缩，顶端钝尖，后者的裂片一般中部较上、下部略宽且顶端较钝圆；从表皮角质层结构上来看，两者都为两面气孔型，上、下表皮角质层厚度相当，但后者的表皮细胞角质层常见乳突状凸起。本种和 *Baiera muensteriana* (Presl) Saporta（Kirchner, 1992）也很相似，只不过后者的裂片不如本种的规则，较本种的裂片更宽、更长。本种和 *Baiera elegans* Ôishi（1932）的区别主要在于本种的叶片较大、裂片较大、顶端较尖锐。河南义马发现的定为 *Baiera asadai* 的标本数量较多，而且有角质层（曾勇等，1995），但可能它们都属于 *Baiera hallei*（Zhou & Zhang, 1992；见本书页 109）。

以下产地发现的标本大多保存欠佳，加之本种叶脉不明显，仅根据破碎的裂片进行鉴定比较困难。

Baiera cf. *asadai*：Yabe & Ôishi, 1929, p. 106；pl. 21, fig. 4. 山东潍坊，中侏罗统坊子组。

Baiera asadai：张武等，1980，页 285；图版 145，图 6，7。辽宁凌源沟门子，下侏罗统郭家店组；辽宁本溪，中侏罗统大堡组。

Baiera asadai：段淑英等，1983，图版 10，图 6。云南宁蒗，上三叠统背箩山煤系。

Baiera asadai：米家榕等，1996，页 121；图版 24，图 19。辽宁北票兴隆沟，中侏罗统海房沟组。

产地和层位　山东潍坊刘家沟，中侏罗统坊子组（模式标本）；北京西山，下-中侏罗统下窑坡组；陕西延安西杏子河，中侏罗统延安组。

不对称拜拉 *Baiera asymmetrica* Mi, Sun, Sun, Cui et Ai
图 52

1996. *Baiera asymmetrica* Mi, Sun, Sun, Cui et Ai：米家榕等，页 120；图版 25，图 1–3，10–13；插图 14。
2003. *Baiera asymmetrica*：许坤等，图版 6，图 4。

　　特征　叶扇形，具柄，长 23–30 mm、宽 1.5–2 mm。叶先深裂至叶柄，成为明显不对称的两部分，然后再分裂 1–3 次形成 6–10 枚长披针形裂片。裂片较宽，中部两侧边近平行，顶端尖，长 35–60 mm、宽 4–6 mm。叶脉细，每一裂片内含叶脉 3–5 条。

图 52　不对称拜拉 *Baiera asymmetrica* Mi, Sun, Sun, Cui et Ai

辽宁北票东升矿，下侏罗统北票组 Lower Jurassic Beipiao (Peipiao) Formation, Dongsheng Mine of Beipiao, Liaoning。A. 叶，正模 Leaf, Holotype；B, C. 叶 Leaves；D. 上表皮 Upper cuticle；E. 下表皮 Lower cuticle；F. 上表皮气孔器 Stomata of upper cuticle（CESJU：A. BU5199；B. BU5198；C. BU5197；米家榕等，1996）

　　角质层厚约 3 μm，上表皮比下表皮略厚。上表皮细胞多边形，脉路不清楚，有时可见略微伸长的长方形细胞或腰鼓形细胞呈纵向排列；气孔器比下表皮略少，孔缝无定向。下表皮脉路清晰，宽约 100 μm，由侧壁明显加厚的狭长细胞组成；气孔带细胞方形或多边形，表面光滑，宽为脉路带的 2–4 倍；气孔器较大，复环式，两个保卫细胞的外缘强烈加厚，内缘有时微微加厚；副卫细胞 5–7 枚，周围常有数枚细胞环绕；孔缝一般短而宽，主要呈纵向排列。（据米家榕等，1996）

注 本种的裂片形态、数目等与我国华北地区早、中侏罗世 *B. hallei* 和 *B. furcata* 的某些裂片较宽的标本有些相似。这两个种已发现的标本较多，研究得也比较全面（见页 99，页 109）。大量的标本表明它们在叶片形态上存在巨大的变异（Hariis et al., 1974；Zhou & Zhang, 1992）；前者的叶片分裂较规则，而且基本是对称的，气孔器单环式、无定向等与本种可以区别；后者的叶片分裂程度和裂片形态变化较大，深裂的裂片通常为直的线形，保卫细胞角质化，外缘强烈加厚，周围细胞罕见，与本种也可区别。

产地和层位 辽宁北票东升矿，下侏罗统北票组（模式标本）。

白田坝拜拉 *Baiera baitianbaensis* Yang

图 53

1978. *Baiera baitianbaensis* Yang：杨贤河，页 528；图版 187，图 5。

1989. *Baiera baitianbaensis*：杨贤河，图版 1，图 3。

特征 叶扇形至楔形，叶柄强直，叶片基角较小。叶片先深裂至叶柄处分为对称或不甚对称的两部分，每一部分再分裂三次形成最终的 16 枚裂片。裂片细长，长可达 4 cm 以上、宽 1.5–2 mm，顶端钝圆或钝尖；每一裂片内含 1–2 条叶脉。（据杨贤河，1978）

注 本种以叶质厚、裂片开展角度小、最后的裂片非常狭长为特征。从形态上看本种与 *Baiera guilhaumatii* Zeiller（Sze, 1931；见本书页 108）有些相似，但本种的最后裂片细长，分叉次数较多，可以与之区别。本种从裂片较为狭长的特点来看，与 *Sphenobaiera longifolia* (Pomel)（见页 271）亦有些相似，但后者的叶没有明显的叶柄。

产地和层位 四川广元白田坝，下侏罗统白田坝组（模式标本）。

1 cm

图 53 白田坝拜拉 *Baiera baitianbaensis* Yang

四川广元白田坝，下侏罗统白田坝组，正模 Lower Jurassic Baitianba (Paitienpa) Formation, Baitianba of Guangyuan, Sichuan, Holotype （CDIGM：SP0143；杨贤河，1978）

巴列伊拜拉 *Baiera balejensis* (Prynada) Zheng

图 54

1962. *Ginkgo balejensis* Prynada, p. 170；pl. 10, figs. 4, 5；text-fig. 35.
1980. *Baiera balejensis* (Prynada) Zheng：张武等，页 285；图版 145，图 9。

  特征 叶片呈半圆形，形态近似银杏，因第一次全裂深达叶柄、裂片较短、排列不紧密，而与拜拉属其他种不同。（据张武等，1980）

  模式标本产地和层位 俄罗斯伊尔库茨克盆地，侏罗系。

  注 我国辽宁的标本，叶较小，具柄。叶片近半圆形，先自中间深裂一次，分裂直达叶柄，每半再分裂 2–3 次，形成约 16 枚线形裂片；裂片宽约 1.5 mm、长 2–3 cm，向顶端微微收缩，顶端或钝或尖，最后裂片内含有 2–3 条平行脉，形态和俄国标本大体上可以比较，但标本很少。

  产地和层位 辽宁本溪，中侏罗统转山子组。

图 54 巴列伊拜拉 *Baiera balejensis* (Prynada) Zheng

辽宁本溪，中侏罗统转山子组 Middle Jurassic Zhuanshanzi Formation, Benxi, Liaoning（SYIGM: D464；张武等，1980）

北方拜拉 *Baiera borealis* Wu

图 55

1999a. *Baiera borealis* Wu：吴舜卿，页 16；图版 8，图 3，4。
2003. *Baiera borealis*：Chang et al., fig. 233.
2014. *Baiera borealis*：Yang et al., p. 265.

特征 叶楔形,外侧两枚裂片的夹角为 20°–40°,具叶柄;柄长 2.2 cm、宽 1.8 mm。叶片先深裂至叶柄处成对等的两部分,然后以 20°–30° 角度再分裂两次形成 6–8 个裂片。裂片细长,宽约 1.2 mm,整个裂片宽度均一,顶端钝圆,叶脉不明显。(据吴舜卿,1999a)

注 本种与某些叶片分裂次数少、裂片呈线形的 *Baiera furcata* 标本略接近。据 Harris 等的研究,*B. furcata* 及 *B. gracilis* 的叶片常二歧分叉 2–6 次成 4–24 个裂片,分叉角度通常为 20°–30°(很少在 10°–50°);裂片宽 0.5–6 mm,裂片中叶脉的数目有超过 4 条甚至达到 6 条的情况,但外部形态和表皮角质层特点都存在

图 55 北方拜拉 *Baiera borealis* Wu

辽宁北票上园,下白垩统义县组 Lower Cretaceous Yixian Formation, Shangyuan of Beipiao, Liaoning (NIGPAS: A, B. PB18267, PB18268;吴舜卿,1999a)

着连续的变化(Harris et al., 1974)。本种标本叶片似乎较厚,叶脉不明显,裂片分裂次数少,仅 2 次,裂片较小,宽度均匀,裂片分叉角度小而与常见的 *Baiera furcata* 标本有区别。

本种的叶片和叶柄粗细和形态似无明显区分,不同于常见的拜拉属各种,和它十分相似的是同一层位产出的 *B. valida*(见页 124)。此种名未曾合格发表,原来指定的模式标本是"合模"。

产地和层位 辽宁北票上园,下白垩统义县组。

优雅拜拉 *Baiera concinna* (Heer) Kawasaki

图 56

1876b. *Ginkgo concinna* Heer, p. 63;pl. 13, figs. 6–8;pl. 7, fig. 8.
1925. *Baiera concinna* (Heer) Kawasaki, p. 48;pl. 27, figs. 80a, b, d.
1984. *Baiera concinna*:陈芬等,页 60;图版 27,图 3–5;图版 30,图 2。
1996. *Baiera concinna*:米家榕等,页 123;图版 24,图 11,13–18,21,22;图版 26,图 1,3。

特征 叶掌状,具长柄。叶片多次深裂;裂片 10–16 枚,狭长,呈线形;裂片顶端钝圆,每一裂片具 2–3 条叶脉。(据 Heer, 1876b)

模式标本产地和层位 俄罗斯西伯利亚伊尔库茨克,下侏罗统。

注 此种的模式产地标本并未做角质层研究。北京西山门头沟的标本(陈芬等,1984,图版 27,图 3)与 Heer(1976b)描述的模式标本从形态上来看几乎完全相同,两者的叶片都规则地分裂 4 次,叶片和裂片的大小和形态也比较一致。

河北抚宁和辽宁北票的标本叶片分裂次数少,有些标本看上去似乎只是保存了叶片的半边(米家榕等,1996,图版 24,图 13–17,22,图版 26,图 1,3)。至于河南义马

1 cm

图 56　优雅拜拉 *Baiera concinna* (Heer) Kawasaki

北京门头沟，下侏罗统下窑坡组 Lower Jurassic Xiayaopo Formation, Mentougou, Beijing（CUGB: BM161; 陈芬等, 1984）

定为本种的标本（曾勇等, 1995）似应改定为 *Baiera hallei*，与 *Yimaia recurva* 同属于 *Yimaia hallei* (Sze)（Zhou & Zhang, 1992）（见本书页 109）。辽宁昌图沙河子的 cf. *Baiera concinna*（斯行健、李星学等, 1963），也即 Yabe（1922）的 *Baiera? concinna*，从形态上来看叶分裂程度不及本种，裂片略宽，裂片内含 4–5 条叶脉，归入似银杏属更合适。四川盐边晚三叠世的标本叶片分裂次数少，裂片稍宽，形态上更接近 *Ginkgoites* 属（陈晔等, 1987）。

此种原作者归入银杏属，在原产地和著名的西伯利亚银杏相伴产出。后来研究认为这些伴同产出的多种银杏形叶化石可能都属于同一个种（Doludenko & Rasskazova, 1972，见以下 *Ginkgoites sibirica*）。中国产出的形似 *Ginkgo concinna* 的标本，是否也应归入似银杏属，甚至应该合并入西伯利亚似银杏这一种内，是值得注意的问题。

以下标本保存较差，叶片不完整且比较破碎或特征比较模糊，虽在形态上与本种有一定的相似性，但无法做进一步比较。它们是否属于本种难以确定。

Baiera concinna：张武等, 1980, 页 285; 图版 145, 图 8。辽宁凌源沟门子, 下侏罗统郭家店组。

Baiera concinna：段淑英等, 1983, 图版 10, 图 5。云南宁蒗, 上三叠统背箩山煤系。

Baiera concinna：陈晔等, 1987, 页 121; 图版 35, 图 7–9。四川盐边, 上三叠统红果组。

Baiera cf. *concinna*：刘茂强、米家榕, 1981, 页 26; 图版 3, 图 4, 6。吉林临江义和, 下侏罗统义和组。

Baiera cf. *concinna*：段淑英等, 1986, 图版 1, 图 5。陕西彬州百子沟, 中侏罗统延安组。

产地和层位　北京门头沟, 下侏罗统下窑坡组; 河北抚宁石门寨, 下侏罗统北票组; 辽宁北票兴隆沟, 中侏罗统海房沟组。

厚叶拜拉 *Baiera crassifolia* Chen et Duan

图 57

1987. *Baiera crassifolia* Chen et Duan：陈晔等, 页 122; 图版 36, 图 1。

特征　叶较大, 扇形; 叶片质厚, 长至少 6 cm、宽 10 cm 以上。叶柄长 3.5–5 cm、宽可达 3–4 mm。叶片深裂或浅裂多次，形成 30–40 个最后的细裂片；每一裂片含叶脉 2–4 条，每个裂片的顶端常浅裂成一对突出的尖齿，每一尖齿内含叶脉一条。最外侧裂片左右展开角度约 180°。（据陈晔等，1987）

图 57　厚叶拜拉 *Baiera crassifolia* Chen et Duan

四川盐边，上三叠统红果组，正模 Upper Triassic Hongguo Formation, Yanbian, Sichuan, Holotype（IBCAS：7358；陈晔等，1987）

　　注　本种裂片多次深裂或浅裂，形成最后的细裂片较多、裂片的顶端浅裂成一对突出的尖齿和每个齿内含有一条叶脉等特点，与多裂拜拉 *Baiera multipartita* Sze et Lee（本书页 121；斯行健、李星学等，1963）非常相似，但后者的叶片质地似乎没有本种厚，先深裂成大致相等的左右两部分，然后每一部分再继续分裂数次，形成最后的裂片，其顶端具一对突出的钝齿，在形态上与本种有一定的差异。值得注意的是，四川盐边上三叠统红果组中也产丰富的 *B. multipartita*（陈晔等，1987，页 122，图版 35，图 3，4），而本种仅发现一块标本，因此本种属于后者的一个变异类型的可能性是非常大的。由于两者的表皮情况目前都未知，是否为同种还有待研究。

　　产地和层位　四川盐边，上三叠统红果组（模式标本）。

拜拉? 树形种 *Baiera? dendritica* Mi, Sun, Sun, Cui et Ai
图 58

1996. *Baiera? dendritica* Mi, Sun, Sun, Cui et Ai：米家榕等，页 123；图版 26，图 15，17；插图 15。

注　标本叶片分裂数次，裂片呈树枝状，中央具一脊状凸起，极似苔类植物叶状体的中肋，与拜拉属之间是否有关系，非常值得怀疑。

产地和层位　河北抚宁黑山，下侏罗统北票组（模式标本）。

5 mm

图 58　拜拉? 树形种 *Baiera? dendritica* Mi, Sun, Sun, Cui et Ai

河北抚宁黑山，下侏罗统北票组 Lower Jurassic Beipiao (Peipiao) Formation, Heishan of Funing, Hebei（CESJU：HF5035；
米家榕等，1996）

东巩拜拉 *Baiera donggongensis* Meng
图 59

1983. *Baiera donggongensis* Meng：孟繁松，页 227；图版 4，图 2。

特征　叶大型，高约 15 cm，扇形至宽楔形，具粗柄，宽 5 mm、长 35 mm 以上。叶片先深裂至基部，分成左右不对称的两部分，每部分又深浅不一地分裂三次形成 10 枚裂片，或深裂四次形成 16 枚末级线形裂片；最后裂片长 10 cm 以上、宽 4–9 mm，两侧边在上部至中部近于平行，自此向基部渐渐狭细，顶端钝圆；最外裂片之间夹角为 60°。叶脉稀疏，每裂片一般含叶脉 4–5 条，偶尔 7 条，叶脉之间具有脉间纹。（据孟繁松，1983）

1 cm

图 59　东巩拜拉　*Baiera donggongensis* Meng

湖北南漳东巩，上三叠统九里岗组，正模 Upper Triassic Jiuligang Formation, Donggong of Nanzhang, Hubei, Holotype
（YCIGM：D76023；孟繁松，1983）

注　该种化石叶片较大，裂片中叶脉较多，但粗而稀疏，具脉间纹，为中生代早期较为特别的类型。晚中生代的拜拉叶普遍较小、裂片细狭，与该种无可比较。在叶片一般形态上，本种与东格陵兰晚三叠世的 *Baiera amalloidea* Harris 的典型标本（Harris, 1935, p. 34, text-fig. 17-C）比较接近。格陵兰的标本叶片分裂深浅不一，裂片较本种更狭细，裂片至少 8 枚；叶脉较密，最多可达 8 条（不少于 2 条），角质层较薄。

产地和层位　湖北南漳东巩，上三叠统九里岗组（模式标本）。

雅致拜拉　*Baiera elegans* Ôishi

图 60

1932. *Baiera elegans* Ôishi, p. 353；pl. 49, figs. 6–11；text-fig. 4.
1976. *Baiera elegans*：李佩娟等，页 128；图版 41，图 1–4。
1978. *Baiera elegans*：周统顺，页 118；图版 28，图 1，2。
1982. *Baiera elegans*：王国平等，页 276；图版 122，图 2。
1984. *Baiera elegans*：陈公信，页 604；图版 264，图 3–5。
1986. *Baiera elegans*：叶美娜等，页 68；图版 46，图 3，5，8。
1992. *Baiera elegans*：孙革、赵衍华，页 545；图版 243，图 3。
1993. *Baiera elegans*：孙革，页 85；图版 36，图 1。

图 60　雅致拜拉 *Baiera elegans* Ôishi

吉林汪清天桥岭，上三叠统马鹿沟组 Upper Triassic
Malugou Formation, Tianqiaoling of Wangqing, Jilin
（NIGPAS：PB12008；孙革，1993）

特征　叶片半圆形或楔形，高 2–3 cm，二歧分叉状深裂 4 次；裂片从基部向上逐渐变宽；每一裂片的顶端再浅裂成两个小裂片。叶脉分叉，每一裂片在中部有 2–3 条叶脉，偶有 4 条，而小裂片里通常只有一条叶脉。（据 Ôishi，1932）

模式标本产地和层位　日本成羽，上三叠统。

注　中国鉴定为此种的标本就叶片外部轮廓和左右两半相互对称来看，和日本种相似。按照 Ôishi（1932，p. 353）的描述，日本晚三叠世成羽植物群的 *Baiera elegans* 这个种最显著的特点应该是叶片规则地二歧状分裂 4 次，每一裂片的顶端又再浅裂一次，裂片含脉 2–3 条，小裂片里含有一条叶脉。中国鉴定为此种的众多标本中与日本标本特征最符合的是四川东北晚三叠世的标本（叶美娜等，1986）。吉林汪清天桥岭上三叠统马鹿沟组（孙革，1993）和湖北赤壁（原名蒲圻）上三叠统鸡公山组（陈公信，1984）的标本叶片外部轮廓和左右两半相互对称等特点与日本标本也比较一致，但顶端未保存，因此是否存在顶端小裂片目前还未知，而且这些标本的裂片有些有 5 条叶脉，不过日本模式产地的标本也有类似情况。

云南禄丰上三叠统所发现的 *Baiera elegans* 标本（李佩娟等，1976）较模式标本大，并具叶柄（日本的标本叶柄基本未保存），但分裂的方式不如模式标本规则，有些标本的顶端有浅裂成齿状的小裂片，每一齿状的小裂片里含有一条叶脉，与四川巴县（现属重庆）及广元的 *Baiera multipartita*（斯行健、李星学等，1963，页 238；图版 82，图 2–4；图版 83，图 1）很相似，差别仅在于后者的叶片分裂次数较多，裂片较多、较细及顶端小裂片较长，因此归入 *Baiera* cf. *multipartita* 更合适；与此类似的还有四川巴县（现属重庆）和广元晚三叠世的原归为 *Baiera* cf. *elegans*，后来改定为 *Baiera* cf. *multipartita* 的标本（斯行健、李星学，1952；斯行健、李星学等，1963）。

以下可疑标本叶片的叶缘保存不全，角质层结构不明，叶片轮廓与 *B. elegans* 相似，与 *B. multipartita* 也比较相似，究竟与何种相关目前无法判断。

Baiera cf. *elegans*：李佩娟，1964，页 139；图版 19，图 1–4。四川广元荣山，上三叠统须家河组。

Baiera cf. *elegans*：吴向午，1982a，页 57；图版 9，图 2。西藏安多土门，上三叠统土门格拉组。

Baiera cf. *elegans*：陈晔等，1987，页 123；图版 36，图 3。四川盐边，上三叠统红果组。

Baiera cf. *elegans*：何德长见：钱丽君等，1987b，页 85；图 17，图 3。福建安溪格口，下侏罗统梨山组。

产地和层位　重庆开州七里峡、四川达州斌郎，上三叠统须家河组；福建漳平大坑，上三叠统文宾山组；吉林汪清天桥岭，上三叠统马鹿沟组；湖北赤壁（原名蒲圻）苦竹桥，上三叠统鸡公山组。

瘦形拜拉　*Baiera exiliformis* Yang

图 61

1978. *Baiera exiliformis* Yang：杨贤河，页 528；图版 177，图 3。

特征　叶半圆形或楔形，具细长的柄；叶的大小形态变异很大，较大的长 2 cm、宽 4 cm，较小的长 0.8 cm、宽 1 cm。叶片先深裂为近相等的左右两半，每一半继续或深或浅地分裂 4–5 次，最后形成针形的细裂片，裂片宽约 0.2 mm，顶端尖。叶脉细，每一细裂片具一条叶脉。（据杨贤河，1978）

注　该种最主要的特点是裂片狭细呈针状，每一对裂片合生的部分较短。有些定为 *Baiera furcata* 的标本虽然裂片也比较细，如内蒙古霍林郭勒早白垩世霍林河组的标本（邓胜徽，1995，图版 24，图 5），和它有些相似，但分裂的方式和裂片的形态和本种还是比较容易区分的，而且它们产出的时代也不同。此种汉名或译为小型拜拉（吴向午、王永栋，待刊）。

产地和层位　四川新龙雄龙，上三叠统喇嘛垭组（模式标本）。

图 61　瘦形拜拉 *Baiera exiliformis* Yang

四川新龙雄龙，上三叠统喇嘛垭组，正模 Upper Triassic Lamaya Formation, Xionglong of Xinlong, Sichuan, Holotype（CDIGM：SP0094；杨贤河，1978）

叉状拜拉　*Baiera furcata* (Lindley et Hutton) Braun

图 62

1837. *Solenites*? *furcata* Lindley et Hutton, pl. 209.

1843. *Baiera furcata* (Lindley et Hutton) Braun, p. 21 (name only).

1851. *Baiera gracilis* Bunbury, p. 182；pl. 12, fig. 3.

1884. *Baiera gracilis*：Saporta, p. 277；pl. 157, fig. 4；pl. 158, figs. 1–3.

1900. *Baiera lindleyana* (Schimper) Seward, p. 266；pl. 9, figs. 6, 7.

1929. *Baiera scalbiensis* Black, p. 426；text-figs. 13, 14A, B.
1974. *Baiera furcata*：Harris et al., p. 30；pl. I, figs. 1, 2；text-figs. 10–13.

特征 叶具柄；叶片以 45°–180° 的角度从叶柄伸出，扇形至半圆形，从第一次分裂至叶片顶端距离可达 70 mm。叶柄纤细，长度一般和叶片相当。叶片常二歧分叉 2–6 次成 4–24 个裂片，分叉角度通常为 20°–30°（很少在 10°–50°）。裂片通常宽 1.5 mm（个别可至 0.5 mm 或 4.5 mm），顶部钝尖至尖。叶片下部的裂片宽度可达 7.5 mm。叶脉不十分明显，每一裂片中所含叶脉一般为 2–5 条，个别叶片基部裂片的叶脉可达 7 条。叶脉之间分布有大量的树脂体，圆形或卵圆形，宽可达 155 μm、长可达 215 μm。

图 62 叉状拜拉 *Baiera furcata* (Lindley et Hutton) Braun

A. 北京西山门头沟下侏罗统下窑坡组 Lower Jurassic Xiayaopo Formation, Xishan of Mentougou, Beijing；B. 湖北秭归香溪，下侏罗统香溪组 Lower Jurassic Xiangxi (Hsiangchi) Formation, Xiangxi of Zigui, Hubei；C. 陕西铜川，中侏罗统延安组 Middle Jurassic Yan'an (Yenan) Formation, Tongchuan, Shaanxi（CUGB: A. BM019；陈芬等，1980；NIGPAS；B. PB941；C. PB750；P'an, 1936；Sze, 1949）

角质层厚度中等，下表皮略薄；上、下表皮皆有气孔器。上表皮具明显的脉路带，脉路带宽 50 μm（最宽达 490 μm），脉路带的表皮细胞长方形（长度可达宽度的 10 倍）；脉间带宽 370 μm 左右（140–590 μm），表皮细胞矩形或多边形排成纵列，而围绕气孔器周边的表皮细胞为等径的多边形；细胞垂周壁比较明显，常突起；平周壁较光滑，偶有乳突，表皮毛缺乏；气孔器散生或几个呈纵向排列，气孔无定向。下表皮脉路带不明显，表皮细胞略呈长方形；脉路间的表皮细胞等径多边形，偶尔排成短的纵列；垂周壁明显，直或弯曲；平周壁平滑或略向外凸起，或具乳突，偶有表皮毛；脉间带有大量气孔器，散生或几个气孔器不规则地纵向排列；保卫细胞的细胞壁薄，沿气孔口侧增厚，保卫细胞被卵圆形或不规则的副卫细胞环绕，孔缝无定向，副卫细胞表面光滑，或中央具一乳突，副卫细胞的增厚有时膨大成乳突状突起，或在近气孔处增厚并相连，环绕于保卫细胞周围；常具侧周围细胞，不具极周围细胞。（据 Harris et al., 1974）

模式标本产地和层位　英国约克郡，中侏罗统上、下三角洲系（Lower and Upper Deltaic Series）。

注　英国约克郡侏罗纪地层的此类化石被不同的研究者先后归入 *Baiera furcata* (Lindley et Hutton) Braun, 1843、*B. gracilis*（Bunbury, 1851）和 *B. scalbiensis*（Black, 1929）。Harris 等（1974）对这几个种的模式产地的标本又重新做了细致的研究并将它们做了归并。约克郡上三角洲系和下三角洲系均有丰富的此种化石：裂片宽的曾被定名为 *B. gracilis*，裂片窄的则归入 *B. furcata*。这些化石的裂片宽度从 0.5 mm 到 6 mm，裂片分叉角度从 10° 到 50°，裂片中的叶脉数目有超过 4 条甚至达到 6 条的情况。但下三角洲系的标本副卫细胞角质化程度不如上三角洲系的标本。这些标本外部形态和表皮角质层特点都存在着连续的变化，无法将它们截然分开，Harris 等认为这三个种属于同一个种，都应归入到 *Baiera furcata*。在日本也有类似的情况，Kimura 等（1983）在研究三叠纪地层（卡尼阶）中的银杏类化石时发现同一层位的 *Baiera* 的叶片形态不同，尤其是裂片宽度差别很大，根据叶片形态、裂片的宽窄可以辨识出五个类型，但这几个类型存在着形态上的连续性，因此 Kimura 等把它们都归到 *Baiera* cf. *furcata* 名下。由此可见该种在外部形态上不但存在着连续的变化，而且在裂片中叶脉数目超过 4 条还跨越了 Florin（1936）所划定的 *Ginkgoites* 和 *Baiera* 两属的界限，显示出巨大的变异性。在标本零星的情况下外形差异如此之大的标本很可能就被归入不同的种，有些裂片中叶脉的数目超过 4 条的标本单独保存时既可归入 *Ginkgoites*，也可能属于 *Baiera*。

产自中国的标本如下。

Baiera gracilis：Yokoyama, 1906, p. 30；pl. 9, fig. 2a.

Baiera gracilis：Yabe, 1922, p. 24；pl. 4, figs. 6, 15.

Baiera gracilis：Sze, 1933c, pp. 16, 34；pl. 7, figs. 1–3, ?4.

Baiera cf. *lindleyana*：P'an, 1936, p. 36；pl. 11, fig. 7；pl. 13, fig. 12.

Baiera gracilis：Stockmans & Mathieu, 1941, p. 48；pl. 6, figs. 5–7.

Baiera exilis Sze, 1949, p. 31；pl. 8, figs. 5, 6.

Baiera gracilis：沈光隆, 1961，页 172；图版 2，图 1，2。

Baiera gracilis：斯行健、李星学等, 1963，页 233；图版 74，图 7；图版 77，图 2；
　　图版 79，图 1；图版 80，图 7，?8。

Baiera furcata：斯行健、李星学等，1963，页231；图版78，图1，3，4。

Baiera gracilis：张志诚等，1976，页195；图版99，图5。

Baiera furcata：何元良等，1979，页151；图版74，图1，2，2a。

Baiera furcata：陈芬等，1980，页429；图版3，图4。

Baiera gracilis：张武等，1980，页285；图版146，图3。

Baiera furcata：杨学林、孙礼文，1982b，页51；图版21，图1。

Baiera furcata：段淑英、陈晔，1982，页506；图版13，图7，8。

Baiera gracilis：陈芬、杨关秀，1982，页579；图版2，图9。

Baiera gracilis：李杰儒，1983，图版3，图9。

Baiera furcata：陈芬等，1984，页60；图版28，图1，2。

Baiera furcata：顾道源，1984，页152；图版80，图16。

Baiera furcata：陈公信，1984，页604；图版260，图4，5。

Baiera gracilis：陈芬等，1984，页60；图版28，图3，4。

Baiera gracilis：Duan, 1987, p. 46; pl. 16, figs. 1, 2.

Baiera gracilis：孟繁松，1987，页254；图版35，图9。

Cf. *Baiera furcata*：李佩娟等，1988，页99；图版74，图3；图版116，图1–4。

Baiera furcata：吴向午，1993，页81；图版2，图3–4a，5b；图版3，图2–4A，4aA；
图版6，图7B，7aB；图版7，图3，4；图版8，图1–4。

Baiera furcata：米家榕等，1993，页127；图版34，图5，7。

Baiera gracilis：米家榕等，1993，页128；图版34，图10。

Baiera furcata：Wang, 1995, pl. 3, fig. 7.

Baiera gracilis：Wang, 1995, pl. 2, fig. 4.

Baiera furcata：米家榕等，1996，页123；图版25，图4–9；图版26，图2，5，9，12。

Baiera gracilis：米家榕等，1996，页124；图版26，图8，14，16，18。

Baiera gracilis：张泓等，1998，图版54，图5。

Baiera furcata：张泓等，1998，图版43，图9；图版45，图4；图版47，图3；图
版48，图3，4。

Baiera gracilis：吴舜卿，1999a，页16；图版10，图7。

Baiera furcata：袁效奇等，2003，图版19，图5。

Baiera gracilis：袁效奇等，2003，图版20，图7。

Baiera gracilis：邓胜徽等，2003，图版74，图5。

Baiera furcata：孙革、梅盛吴，2004，图版5，图10，10a；图版9，图7，8。

中国标本叶具柄，柄长20–30 mm、宽约1.5 mm。叶片扇形、宽三角形至半圆形，二歧分裂4–5次，分叉的角度为20º–60º。裂片狭细线形，宽度基本一致，为0.6–1.2 mm，顶端渐尖。叶脉不明显，似有2–4条。

角质层厚度中等，两面气孔型，下表皮略薄。上表皮脉路清楚，脉路带宽至少30 μm，脉路带细胞伸长，55–105 μm×5–10 μm，排列成纵行，细胞垂周壁厚而直，有时呈脊条状加厚，平周壁较平坦；脉间带宽约100–450 μm，细胞长方形、菱形或多角形，略伸长，气孔器附近的细胞往往是等径的；毛基细胞不存在，空心状乳突未见。下表皮角质层脉

路不如上表皮明显，脉间带宽而脉路带窄；脉路细胞略伸长；脉间带细胞方形至多角形，等径，25–40 μm×25 μm，排列成短的纵行或排列不规则，垂周壁明显，直或微波状弯曲，平周壁平滑，无乳突；气孔器在脉间带分布不规则，保卫细胞下陷，孔缝窄；副卫细胞形状不规则，角质加厚不均匀，靠近保卫细胞一侧角质加厚强烈并突出联合成环状；周围细胞不明显。(据吴向午，1993)

在本书中我们采纳 Harris 等（1974）的观点，将 *B. gracilis* 归并入 *Baiera furcata*。国内定为 *Baiera furcata* 及 *B. gracilis* 的标本非常多，时代和地域的分布都非常广泛。从时代上来看晚三叠世至早白垩世都有记录，主要集中在早、中侏罗世，多数标本保存欠佳，比较破碎且缺乏角质层。它们是否真正属于这一个欧洲种，在缺乏明显特征且缺乏角质层的情况下作出鉴定还缺乏可信依据。异名表中暂归入此种名下的中国标本从基本的形态特征上来看都或多或少符合 *Baiera furcata* 或者 *B. gracilis* 的特征，符合 Harris 等修订后的 *Baiera furcata* 的含义。显然，中国的这些早、中侏罗世甚至晚三叠世和早白垩世的标本归入到此种只能作为一个"集合种"看待。正确的分类和命名需要今后采集更多标本分别做细致深入研究，并对照模式标本才能得出。

重庆云阳下侏罗统珍珠冲组（段淑英、陈晔，1982）、陕西商州下白垩统凤家山组的叶片化石（吴向午，1993），虽无角质层或角质层不够清晰，但从叶片形态上来看与本种最为接近；而河南义马 *Baiera* 属的几个种包括 *B. gracilis* 都应归入到 *Baiera hallei*（见页109）。李佩娟等（1988）定为 cf. *Baiera furcata* (Lindley et Hutton) Harris 的青海柴达木盆地中侏罗统大煤沟组的标本虽仅保存一部分的二歧分叉的裂片，但叶片表皮角质层的构造与 Harris 等研究的英国约克郡中侏罗世标本以及瑞典南部中侏罗世的标本（Wu et al.，2006；Yang et al.，2008）基本一致，可归入此种。

以下为可疑标本和比较种。

Baiera cf. *gracilis*：Yabe & Ôishi, 1933, p. 217；pl. 32 (3), figs. 13B, 14, 15；pl. 33 (4), fig. 5。辽宁昌图沙河子、本溪碾子沟，吉林九台火石岭、长春陶家屯，侏罗系。

Baiera cf. *gracilis*, Ôishi, 1933, p. 242；pl. 36 (1), figs. 4–7；pl. 39 (4), figs. 5–7。辽宁昌图沙河子，侏罗系。

Baiera cf. *gracilis*：斯行健、李星学，1952，页11，31；图版9，图5。四川巴县（现属重庆）一品场，上三叠统须家河组。

Baiera cf. *furcata*：斯行健、李星学等，1963，页232；图版80，图6（＝*Baiera lindleyana* Seward：Sze, 1933b, p. 29；pl. 7, fig. 8）。内蒙古萨拉齐巴都村（石灰沟），下、中侏罗统。

Baiera cf. *gracilis*：黄枝高、周惠琴，1980，页99；图版43，图3，4；图版44，图5。陕西铜川柳林沟，上三叠统延长组上部。

Baiera furcata：张武等，1980，页285；图版146，图1，2；图版183，图1。辽宁喀左，下侏罗统；内蒙古伊敏，下白垩统大磨拐河组。

Baiera cf. *furcata*：王国平等，1982，页276；图版126，图7。江西万载老鸦窝，上三叠统安源组。

Baiera cf. *gracilis*：王国平等，1982，页277；图版129，图5。福建清流嵩溪，下侏罗统梨山组。

Baiera cf. *gracilis*：杨学林、孙礼文，1982a，页593；图版3，图1。松辽盆地九台，下白垩统沙河子组。

Baiera cf. *gracilis*：杨学林、孙礼文，1982b，页51；图版21，图2，3，3a，6。吉林洮南万宝二井、万宝五井，中侏罗统万宝组。

Baiera cf. *gracilis*：康明等，1984，图版1，图11，12。河南济源杨树庄，中侏罗统杨树庄组。

Baiera cf. *gracilis*：黄其胜，1985，图版1，图10。湖北大冶金山店，下侏罗统武昌组。

Baiera cf. *gracilis*：商平，1985，图版8，图8。辽宁阜新，下白垩统海州组孙家湾段。

Baiera cf. *furcata*：叶美娜等，1986，页68；图版46，图6。四川达州雷音铺，上三叠统须家河组第七段。

Baiera cf. *gracilis*：陈晔等，1987，页123；图版30，图5。四川盐边，上三叠统红果组。

Baiera furcata：何德长见：钱丽君等，1987b，页78；图版8，图5。浙江遂昌靖居口，中侏罗统毛弄组。

Baiera cf. *gracilis*：何德长见：钱丽君等，1987b，页79；图版11，图2；图版12，图3。浙江遂昌靖居口，下侏罗统毛弄组。

Baiera gracilis：何德长见：钱丽君等，1987a，页82；图版27，图1–3。陕西神木永兴，中侏罗统延安组二段。

Baiera furcata：陈晔等，1987，页122；图版30，图6。四川盐边，上三叠统红果组。

Baiera cf. *gracilis*：张汉荣等，1988，图版2，图3。河北蔚县南石湖，中侏罗统郑家窑组。

Baiera furcata：邓胜徽，1995，页54；图版24，图5，6；图版25，图4；图版44，图1–5；插图21。内蒙古霍林河盆地，下白垩统霍林河组。

Baiera cf. *gracilis*：米家榕等，1996，页124；图版26，图7。辽宁北票兴隆沟，中侏罗统海房沟组。

Baiera cf. *furcata*：常江林、高强，1996，图版1，图11。山西宁武麻黄沟，中侏罗统大同组。

Baiera furcata：邓胜徽等，1997，页43；图版25，图5；图版28，图15–17；图版29，图7。内蒙古扎赉诺尔坳陷，下白垩统伊敏组；大雁盆地，下白垩统伊敏组及大磨拐河组。

陕西神木永兴沟的 *B. gracilis* 标本（何德长见：钱丽君等，1987a）叶片巨大，裂片长达 11 cm 以上，比英国标本大很多；而且表皮角质层的结构与英国的也有差别，前者的气孔器排列不规则并且不排成纵向的短列，不像后者虽不规则排列但经常成短的纵列，而且英国标本的气孔器常具周围细胞，有时还能见到不具极周围细胞的第二轮周围细胞发生。基于这些不同，神木的标本和本种的关系值得怀疑，它也许是个新种。而浙江遂昌中侏罗世的标本只有一枚叶片化石，没有角质层，叶脉不清晰，形态上也很是可疑（何德长见：钱丽君等，1987a）。

东北地区早白垩世含煤地层产出的阜新植物群（陈芬等，1988）、鸡西植物群（张武等，1980；Yang, 2003）、龙爪沟植物群（张武等，1980；郑少林、张武，1982）（其中的 *Baiera lingxiensis* 已改归入为 *Ginkgoites lingxiensis*，见本书页170）、海拉尔植物群（邓胜徽等，1997）和霍林河植物群等（邓胜徽，1995）都含有丰富的似银杏化石，但只有内蒙古的下白垩统霍林河组（邓胜徽，1995）、伊敏组及大磨拐河组（邓胜徽等，1997）产出鉴定为 *Baiera furcata* 的化石，这些标本在形态上有一个共同的特征，即叶的裂片细狭、裂片之间的夹角较小，裂片的宽度往往不足 1 mm，霍林郭勒的标本甚至只有 0.6 mm（邓胜徽，1995；我们最近也在霍林郭勒采集到大量的标本，有些标本裂片宽度甚至只有 0.5 mm），形态上与英国约克郡中侏罗世 *Baiera furcata* 的裂片狭细的类型相似（Harris et al., 1974, text-figs. 12A, B），但英国标本的表皮角质层无论是宽叶的（Harris et al., 1974, text-figs. 11A, D）还是窄叶的（Harris et al., 1974, text-figs. 12D–F），其气孔器的排列都是散生的或排成短的纵列，气孔器的孔缝无定向，而霍林郭勒标本的表皮气孔器和孔缝基本是平行于脉路、纵向排列的（邓胜徽，1995，图版 44，图 1–5）。从角质层的特征来看，霍林郭勒的标本不同于英国约克郡的标本。内蒙古东部地区类似 *Baiera furcata* 的标本可能另有归属。

四川盐边上三叠统红果组的标本仅一块，叶片分裂多次所形成的细裂片宽 1–1.5 mm，叶片较厚，叶脉不明显，叶柄细长，与裂片宽度几乎相等（陈晔等，1987）。从作者描述的这些特点来看，与内蒙古和东北早白垩世的标本一样，似乎也不属于 *Baiera furcata*。还有不少标本比较破碎，都没有做过角质层研究，在目前的状况下无法对它们进一步鉴定，期待将来的深入研究。

产地和层位 辽宁北票羊草沟，上三叠统羊草沟组；葫芦岛（原名锦西）后富隆山，中侏罗统海房沟组；北票兴隆沟，中侏罗统海房沟组；凌源沟门子，下侏罗统郭家店组；本溪，中侏罗统大堡组；北票上园黄半吉沟，下白垩统义县组。吉林洮南万宝五井，中侏罗统万宝组；汪清天桥岭，上三叠统马鹿沟组；双阳大酱缸，上三叠统大酱缸组；九台火石岭，下白垩统。北京西山门头沟、大安山、长沟谷、斋堂，下侏罗统下窑坡组及中侏罗统上窑坡组。河北抚宁石门寨，下侏罗统北票组；平泉猴山沟，下白垩统九佛堂组。山东潍坊，下侏罗统。山西大同蜂子涧、龙王庙、张家湾、高山、鹊儿山等，中侏罗统云岗组。陕西延安王家坪、西杏子河，中侏罗统延安组；铜川，中侏罗统延安组；商州凤家山，下白垩统凤家山组；神木考考乌素沟，中侏罗统延安组。宁夏平罗汝箕沟，中侏罗统延安组。甘肃兰州窑街，中侏罗统窑街组；山丹高家沟煤矿，中侏罗统；徽县、成县，中侏罗统沔县群。青海大柴旦大煤沟，中侏罗统大煤沟组。新疆准噶尔盆地、和丰阿克雅，下侏罗统三工河组；塔里木盆地库车河剖面，下侏罗统阳霞组。重庆云阳南溪，下侏罗统珍珠冲组。湖北秭归香溪，下侏罗统香溪组；当阳桐竹园，下侏罗统桐竹园组；远安晓坪，下侏罗统香溪组。

叉状拜拉比较种（伴生青海义马果）*Baiera* cf. *furcata* (L. et H.) Braun (associated with *Yimaia qinghaiensis*)

图 63

1959. *Baiera furcata* (L. et H.) Braun：斯行健，页 26；图版 6，图 6，7；图版 7，图 1–5。
1984. *Baiera furcata*：王自强，页 275；图版 139，图 10，11；图版 167，图 6–8；图版 168，图 5–8。
2006. *Baiera* cf. *furcata*：Wu et al., pp. 219–223；pl. 1, figs. 1–24；pl. II, figs. 1–3；pl. III.

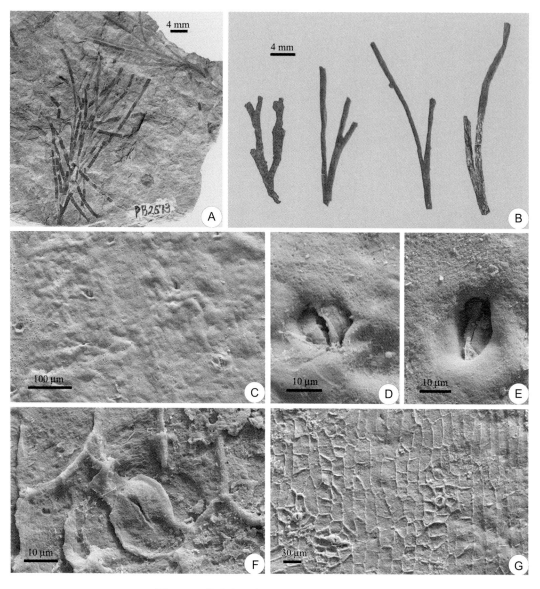

图 63 叉状拜拉比较种（伴生青海义马果）

Baiera cf. *furcata* (L. et H.) Braun (associated with *Yimaia qinghaiensis*)

青海大柴旦绿草山（图 A）和德令哈旺尕秀（图 B–G），中侏罗统石门沟组 Middle Jurassic Shimengou Formation, Lücaoshan of Da Qaidam and Wanggaxun of Delingha (Delhi), Qinghai。A. 保存较为完整的叶 Well-preserved leaves；B. 叶片段，分叉 1–3 次，其叶脉不显 Leaf segments, bifurcating 1–3 times, with indistinct veins；C. 叶下角质层外面观，示平坦的表面和散布的气孔器 Outer surface view of lower cuticle, showing a flat surface and several scattered stomata；D, E. 一个气孔器的外面观，其保卫细胞稍微下陷在一个由几乎不特化的副卫细胞构成的、宽而浅的窝口内 A stoma in outer side view, with slightly sunken guard cells in a shallow and wide pit forming by almost unspecialized subsidiary cells；F. 一个气孔器的内面观 A stoma in inner side view；G. 叶下角质层内面观，示长方形至等径形表皮细胞排列较为规则的纵行和方位不定的多角形气孔器 Inner surface view of lower cuticle, showing more or less regular longitudinal files of rectangular to isodiametric epidermal cells and randomly oriented polygonal stomata（C–G. SEM；NIGPAS：A. PB2573；斯行健，1959；B. PB20651, PB20637–PB20639；C–G. PB20686；Wu et al., 2006）

描述 叶整体形状不明。叶柄长可达 20 mm 以上，平均宽度为 1.08 mm。叶片深裂，在保存片段上可见到裂片以 10°–50°锐角二歧分叉 1–3 次。裂片直、线形，长度可达到 34–47 mm 或更长，各级裂片宽窄相近，平均宽度为 1.31 mm，最宽处在二歧分叉的下方。裂片顶端保存完好时尖锐或钝尖，有的可呈短尖头或缺刻状。裂片中可见叶脉一条。偶见树脂体。

叶两面气孔型，但上角质层气孔甚少，下角质层气孔密度为 42–50 个/mm^2。气孔一般不成带状分布，但可以构成 2–5 个气孔的纵向短行。气孔多角形，短而宽，60–70 μm×50–80 μm，在下角质层方位不定，但在上角质层多数呈纵向。保卫细胞角质化的部分很少，略微下陷或部分出露在一个浅的窝坑内。副卫细胞 5–6 个，通常不具乳突，也不增厚；其垂周壁粗而直。极副卫细胞缺失或只见于一端。周围细胞罕见，但气孔器周围的表皮细胞常较短小。表皮细胞表壁不增厚也无乳突。上表皮细胞长方形，120–200 μm 长、12–20 μm 宽，较为规则地排列成纵行；下表皮细胞多数近等轴形，其直径为 30–40 μm，偶有 15 μm、180 μm。

注 归入叉状拜拉比较种的青海绿草山标本（Wu et al., 2006）数量多，保存较好，特征明显，且和青海义马果密切伴生，故分别予以记述。在叶的外观上它们和英国约克郡中侏罗世的 *B. furcata* 十分相似，但在角质层构造上有区别。英国典型标本的气孔带和非气孔带较为清晰，气孔下陷较深，副卫细胞角质化强烈，常在近气孔窝口处构成增厚的围缘（rim），有时隆起和形成乳突，或者具有中心增厚和乳突；保卫细胞角质化较强，常为半月形，周围细胞很常见。其表皮细胞垂周壁明显，平周壁上常具乳突。虽然，Harris 等（1974）给予约克郡所产的[包括 *B. gracilis* (Bean) Bunbury 和 *B. scalbiensis* Black 在内]"*B. furcata* complex"有很广的含义，其中也有叶片类似当前标本具有平坦表壁和不明显气孔带等特征，但是由于周围细胞通常发育使得气孔器轮廓很不相同。另外，不利于把青海的标本直接归入英国种的证据，还在于丰富材料中也没有发现过 *B. gracilis* 型的叶片。

在我国，*B. furcata* 和 *B. gracilis* 这两个名称曾被用来称呼众多产于各地上三叠统至下白垩统外形多少相近的叶片化石（见页 99；吴向午、王永栋，待刊），其中多数为保存欠佳的印痕化石，无法和青海绿草山的标本做详细的比较和讨论。它们和英国标本是否同种也难以确定。唯有斯行健（1959）描述的产于青海德令哈旺尕秀（位于绿草山东南约 180 km 处）同一地层（中侏罗统石门沟组）中的 *B. furcata* 和王自强（1984）记载的产于河北宣化同时代地层中的同名标本，在外形和角质层特征上完全可以和绿草山的标本对比。李佩娟等（1988）描述的产于青海大柴旦大煤沟中侏罗统大煤沟组（层位略低）定为 cf. *B. furcata* 的标本相当破碎，但在角质层上，尤其是气孔器的形态和英国的标本较为相近（见页 103），而不同于绿草山的标本。

当前标本和其他各种 *Yimaia* 型胚珠器官相伴生的营养叶以及国内有关相似标本的区别和讨论详见 Wu 等（2006）。

产地和层位 青海海西大柴旦绿草山和德令哈旺尕秀，中侏罗统石门沟组；河北宣化，中侏罗统。

基尔豪马特拜拉 *Baiera guilhaumatii* Zeiller

图 64

1903. *Baiera guilhaumati* Zeiller, p. 205；pl. 50, figs. 16–19.

1931. *Baiera guilhaumati*：Sze, p. 37；pl. 6, figs. 1–6.

1963. *Baiera guilhaumati*：斯行健、李星学等，页 235；图版 79，图 2–4。

1988. *Baiera guilhaumati*：黄其胜，图版 2，图 7。

1987. *Baiera guilhaumati*：孟繁松，页 255；图版 35，图 4。

1991. *Baiera guilhaumati*：黄其胜、齐悦，图版 1，图 12。

1993. *Baiera guilhaumati*：米家榕等，页 128；图版 34，图 11。

特征 叶扇形至楔形，柄细长。叶片先深裂至基部为不对称的两部分，每一部分继续分裂 1–2 次；最后裂片通常 5–6 枚，长 2–5 cm、宽 5 mm 左右，最宽处在裂片顶部，顶端钝圆；最外裂片之间的夹角常为 30°–90°。叶脉稀疏，脉间距多在 0.6–0.8 mm，不明显，但沿裂片边缘的两条脉较明显。（据斯行健、李星学等，1963）

模式标本产地和层位 越南鸿基，上三叠统。

图 64 基尔豪马特拜拉 *Baiera guilhaumatii* Zeiller

江苏南京栖霞山，下侏罗统象山组 Lower Jurassic Xiangshan (Hsiangshan) Formation, Qixiashan of Nanjing, Jiangsu（Sze, 1931）

注 本种最主要的特点是叶片较窄，叶片基角不超过 90°，呈扇形至楔形，裂片边脉明显，以及裂片基部退缩成柄状等。这个种的表皮角质层至今未见报道。国内鉴定为此种的标本大多数量少且不完整，主要产自中国南方晚三叠世至早侏罗世（斯行健、李星学等，1963；杨关秀、黄其胜，1985；孟繁松，1987；黄其胜，1988；黄其胜、齐悦，1991），北方定为此种或比较种的化石较少（米家榕等，1993；吴向午等，2002）。

四川雅安晚三叠世归入此种的标本未做描述，从图影来看叶片不完整，裂片较宽，脉也不清楚（胡雨帆等，1974，图版 2，图 8），归入此种甚是可疑；而吉林浑江上三叠统北山组的标本比较破碎，也没有角质层，是否属于本种也很难确定（张武等，1980）。可疑标本和比较种列举如下。

Baiera cf. *guilhaumati*：Sze, 1931, p. 57。辽宁阜新孙家沟，下白垩统（原下侏罗统）。

Baiera cf. *guilhaumati*：斯行健、李星学，1952，页 11，30；图版 8，图 4。四川巴县一品场（现属重庆），上三叠统须家河组。

Baiera cf. *guilhaumati*：斯行健、李星学等，1963，页 235；图版 77，图 3；图版 80，图 1。四川巴县一品场（现属重庆），上三叠统须家河组。

Baiera guilhaumati：胡雨帆等，1974，图版 2，图 8。四川雅安，上三叠统。

Baiera guilhaumati：张武等，1980，页 286；图版 110，图 2。吉林浑江石人镇，上三叠统北山组。

Baiera cf. *guilhaumati*：陈晔等，1987，页 123；图版 35，图 10。四川盐边，上三叠统红果组。

Baiera cf. *guilhaumati*：曹正尧，2000，页 336；图版 3，图 15；图版 4，图 1–15。安徽宿松毛岭，下侏罗统武昌组；江苏南京石佛庵，下侏罗统陵园组。

Baiera cf. *guilhaumati*：吴向午等，2002，页 163；图版 13，图 9。内蒙古阿拉善右旗炭井沟，中侏罗统宁远堡组下段。

产地和层位 江苏南京栖霞山，下侏罗统象山组；浙江兰溪马涧，中侏罗统马涧组；安徽怀宁，下侏罗统武昌组中上部；湖北远安晓坪曾家坡，下侏罗统香溪组；辽宁北票羊草沟，上三叠统羊草沟组。

赫勒拜拉 *Baiera hallei* Sze
图 65

1933. *Baiera hallei* Sze, p. 18；pl. 7, fig. 9.

1933c. *Baiera gracilis* (Bean) Bunbury：Sze, pp. 16, 34；pl. 7, figs. 1–4.

1941. *Baiera gracilis*：Stockmans & Mathieu, p. 48；pl. 6, figs. 5, 6.

1954. *Baiera pseudogracilis* Hsü：斯行健、徐仁，页 61；图版 53，图 3（＝Sze, 1933c, pl. 7, fig. 2）。

1984. *Baiera hallei*：王自强，页 275；图版 140，图 1–9。

1992. *Baiera hallei*：Zhou & Zhang, pp. 152–159；pl. 1, figs. 1–11 (not 12)；pl. 2, figs. 1–3；pl. 4；pl. 5, fig. 9；pl. 6, fig. 10；pl. 7；pl. 8, figs. 5, 7, 8；text-figs. 2, 3.

1995. *Baiera ahnertii* Kryshtofovich：曾勇等，页 58；图版 17，图 2。

1995. *Baiera asadai* Yabe et Ôishi：曾勇等，页 57；图版 17，图 3，4；图版 19，图 1。

1995. *Baiera concinna* (Heer) Kawasaki：曾勇等，页 58；图版 16，图 1，3。

1995. *Baiera guilhaumatii* Zeiller：曾勇等，页 59；图版 21，图 2。

1995. *Baiera* sp. (cf. *B. guilhaumatii* Zeiller)：曾勇等，页 59；图版 15，图 7；图版 29，图 3，4。

1995. *Baiera* sp.：曾勇等，页 60；图版 16，图 2。

1995. *Ginkgoites lepidus* Heer：曾勇等，页 61；图版 15，图 8（不含图 6）。

1995. *Ginkgoites* sp. 1：曾勇等，页 62；图版 15，图 3。

2003. *Baiera* cf. *hallei*：袁效奇等，图版 20，图 8。

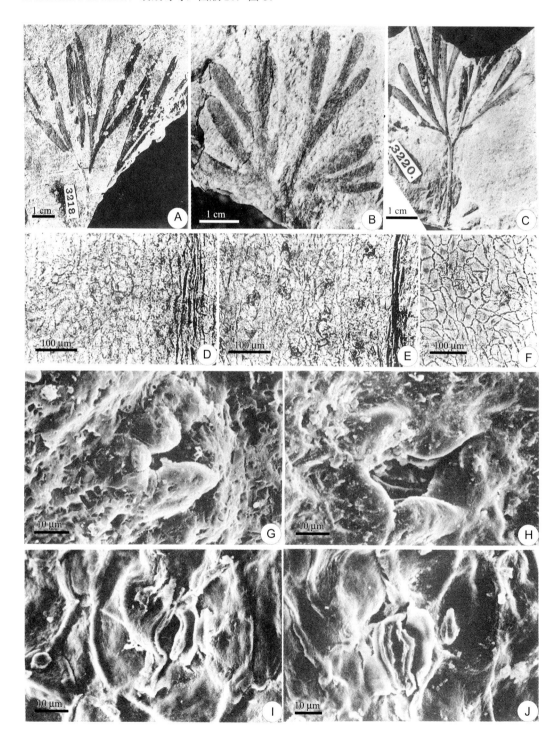

特征 叶片的基角大，深裂 2–6 次。在发育完好的叶片上，初级和次级裂片的基部常狭缩成柄状。末级裂片倒卵形、倒披针形、披针形至线形，最宽处在中上部。在较小和未充分发育的叶片上，裂片顶端钝或略呈截形；在较大和较发育的叶片上为渐尖、尖至短尖头状，甚或齿状。脉不明显，在末级裂片上 2–4 条，在较高级别的裂片上可多达 6–7 条，二歧分叉并和侧边平行，只在顶端稍微聚敛。脉间可见树脂体。叶肉组织较疏松，细胞等径型。

叶无毛，两面气孔型。上、下角质层厚度相近。表皮细胞通常不具乳突。在上角质层，其垂周壁断续而具孔，气孔器少而较为掩覆。气孔器不规则型、单环式，无定向，不规则地分布在增厚的非气孔带（脉路）之间。副卫细胞一般 5–7 个，偶见 3–4 个，最多 8 个，形状和大小不规则，有时几乎不特化。气孔窝口为副卫细胞的角质隆突部分遮掩。（据 Zhou & Zhang, 1992 增订特征缩减）

注 研究河南义马煤矿产出的大量标本证实此种具有巨大的形态变异（详见 Zhou & Zhang, 1992 根据一百多枚叶的观察、统计结果）。形体较大、发育良好的叶（图 65A）呈典型的拜拉型，其叶片多次深裂，裂片多而细狭，所含叶脉很少；形体较小的叶（Zhou & Zhang, 1992, pl. 1, figs. 1, 7, 9）通常叶片分裂较少、较浅，末级裂片较短而宽，所含叶脉较多，有时可超过 4 条，符合似银杏型的特征。两者之间有着一系列过渡类型，无法截然分开。斯行健（Sze, 1933c）最初鉴定的模式标本（图 65C=Zhou & Zhang, 1992, pl. 1, fig. 3），其叶的形态是介于两者之间的。按照斯行健创立此种时的意见，它的主要鉴别特征在于其叶片（和裂片）基部分裂时常狭缩成柄状，裂片顶端呈钝圆形。这两个特征确实可以在大部分标本上见到。只有最小的叶片，因分裂不深，其基部还不呈明显柄状。而在特别发育的叶片上，末级裂片细狭，其顶端也较尖窄。

此种叶的角质层也存在相当可观的变异。Zhou 和 Zhang（1992）根据 50 个观察测量数据统计，认为比较稳定的主要组合特征是：叶两面气孔型，气孔器较稀疏、分布和方向不规则，副卫细胞在近窝口一端不同程度加厚，表皮细胞平周壁通常不具乳突。

← **图 65 赫勒拜拉 *Baiera hallei* Sze**

山西大同，中侏罗统大同组（A）Middle Jurassic Datong (Tatong) Formation, Datong, Shanxi (Tatong, Shansi) (A)；河南义马北露天矿，中侏罗统义马组（B, D–J）Middle Jurassic Yima Formation, North Opencast Mine of Yima, Henan (B, D–J)；山西静乐，中侏罗统（C）Middle Jurassic, Jingle, Shanxi (Tsinglo of Shansi) (C)。A. 原归入 *Baiera gracilis* 的中等发育的叶，具有约 18 枚顶端尖或渐尖的线状至披针形裂片 Moderate developed leaf originally referred to *Baiera gracilis*, composed of about 18 linear to lanceolate lobes with acute or acuminate apices；B. 叶的全貌及裂片顶端钝圆端都和正模（图 C）相似 A leaf similar to the holotype (fig. C) in shape and in lobes with obtus distal end；C. 正模 Holotype；D. 上角质层，示斑驳的表面和弯曲的垂周壁 Upper cuticle showing mottled surface and undulating anticlinal walls；E. 下角质层，示脉路左侧的气孔带中气孔的密度 Lower cuticle showing the density of stomata in the stomatal zone on the left of a vein course；F. 上角质层，示细胞平周壁上微弱的中央增厚和具孔不规则增厚的垂周壁 Upper cuticle, showing periclinal cell walls with faint central thickenings and punctuated, unevenly thickened anticlinal walls；G. 上角质层气孔器外面观，较下角质层气孔口掩覆更为严密 Outer view of a stoma from the upper cuticle, being more protected than that of the lower cuticle；H. 下角质层气孔器外面观 Outer view of a stoma from the lower cuticle；I. 上角质层气孔器内面观 Inner view of a stoma from the upper cuticle；J. 下角质层气孔器内面观 Inner view of a stoma from the lower cuticle（G–J. SEM；NRM.SE：A. No. 3218；C. No. 3220；Sze, 1933a；NIGPAS：B. PB15153；D, E. PB15155；F. PB15186；G–J. PB15171；Zhou & Zhang, 1992）

国内形态类似的叶片化石发现甚多，但是多数保存和研究程度较差，难以做确切的比较。异名表中所列的除了模式标本的产地山西静乐和有角质层保存并研究清楚的山西大同、河南义马所产的同名化石外，还包括了山西大同和山东坊子中侏罗统产出的原先归于 *Baiera gracilis* (Bean) Bunbury（Sze，1933c；Stockmans & Mathies，1941）的标本。徐仁（斯行健、徐仁，1954）曾因为它们的角质层特征和此英国种有异，主张把它们改定为一个新种 *Baiera pseudogracilis*，但正式研究成果一直没有发表。后来重新研究斯行健早年研究过的，一直收藏在瑞典自然历史博物馆的我国山西和山东标本证实它们的外形和发育较好的 *Baiera hallei* 标本一致，而保存下来的角质层也和此种相同，都有别于英国中侏罗世的种 *Baiera gracilis* (Bean) Bunbury 即 *Baiera furcata* (L. et H.) Braun（Zhou & Zhang，1992）。*Baiera hallei* 的部分叶片虽然外形和此英国种相近，但这种同形只是两个不同种"叶的群体"（leaf population）间的局部重叠。除了它们角质层的区别以外，在义马植物群已发现的大量标本中只是偶见裂片较为细狭的、多少可和典型的 *Baiera furcata* 相比较的叶片。与此相应的是：在英国约克郡的中侏罗世植物群中也不存在叶片较小、裂片较少、短宽而顶端钝圆类型的 *Baiera hallei* 标本（如本书图65B）。

　　在异名表中所列若干产于义马植物群并被归入几个不同种名的拜拉型叶似乎也都在此种的变异范围内，至少它们原来的命名是十分可疑的。其中有 *Baiera guilhaumatii* Zeiller 和 *Ginkgoites lepidus* Heer 等。虽然这两个种也都具有叶片基部分裂时叶膜退缩成柄状的特征，但是产出的地域甚至时代并不相同。前一种原产于越南上三叠统，其角质层构造至今不明，仅仅根据个别标本外形相近实无把握正确鉴定。后一种为西伯利亚中生代分子。自 Heer（1876b）发表以来，古植物学家们对它是否为一个独立的种颇多讨论（斯行健、李星学等，1963）。后来 Doludenko 和 Rasskazova（1972）在 Vachrameev 主持下对伊尔库茨克盆地中侏罗世的银杏目和茨康目做了系统整理，证实它和 *Ginkgoites sibirica* 实属同种。这个西伯利亚常见分子不仅裂片中叶脉较多，它的角质层也十分特征，容易和 *Baiera hallei* 及其他种区别。它具有下气孔式的叶片，表皮细胞平周壁上普遍具有粗大的乳突，垂周壁细而清晰。副卫细胞也具中央乳突，但近气孔窝口处角质加厚通常并不明显。

　　可疑标本列举如下。

Baiera hallei Sze：周惠琴，1981，图版2，图7。辽宁北票羊草沟，上三叠统羊草沟组。

Baiera hallei：Wang，1995，pl. 1，fig. 11。陕西铜川，中侏罗统延安组。

产地和层位　山西静乐，中侏罗统大同组（模式标本）；河南义马，中侏罗统义马组；山东潍坊坊子、山西大同，中侏罗统。外形近似的标本产于北京西山，河北涿鹿，辽宁本溪、凌源和陕西铜川、神木等地中侏罗统（详见 Zhou & Zhang，1992）。

木户拜拉　*Baiera kidoi* Yabe et Ôishi

图66

1933. *Baiera kidoi* Yabe et Ôishi, p. 218；pl. 33 (4), fig. 3.

1933. *Baiera kidoi*: Ôishi, p. 243；pl. 37 (2), figs. 1, 2；pl. 39 (4), figs. 11, 12.
1963. *Baiera kidoi*: 斯行健、李星学等，页 236；图版 80，图 3，4；图版 81，图 8，9。
1980. *Baiera kidoi*: 张武等，页 286；图版 183，图 2。

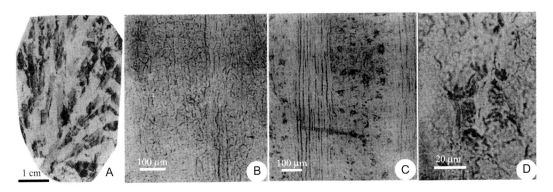

图 66　木户拜拉 *Baiera kidoi* Yabe et Ôishi

吉林九台火石岭及长春陶家屯，下白垩统 Lower Cretaceous, Huoshiling of Jiutai and Taojiatun of Changchun, Jilin。
A. 正模 Holotype；B. 上表皮 Upper cuticle；C. 下表皮 Lower cuticle；D. 气孔器 Stoma（IGPTU：38398；Yabe & Ôishi, 1933；Ôishi, 1933）

特征　叶整体形态不明。叶片数次叉状分裂，裂片数目在 14 枚以上，狭长，长度超过 4.5 cm，最大宽度可达 3 mm。叶脉不明显，平行；每一裂片含叶脉 4–6 条。

上、下表皮的构造不同：上表皮角质层薄而透明，脉路较窄，细胞呈长方形；叶脉之间的细胞呈多边形并具有乳突状突起；细胞稍稍弯曲，一般看不到气孔器。下表皮的角质层较厚而不透明，脉路较宽，细胞呈纺锤形，细胞壁很厚；脉路带之间的细胞多边形，具有乳突，有大量气孔器分布，密度可达 40–50 个/mm^2。副卫细胞大多数为 5 个，有些似有极副卫细胞。（据 Yabe & Ôishi, 1933；Ôishi, 1933）

注　定为这个种的标本主要来自吉林营城地区晚中生代地层（原为侏罗系、现归入下白垩统），原始标本的数量有限，保存亦不完整，其叶片前缘和叶柄都未保存，叶的整体形态不明，与其他拜拉属或似银杏属的各个种无法进行详细的比较。吉林的标本的裂片内含 4–6 条叶脉，按照 Florin（1936）的划分方法，应归入似银杏属。由于目前的材料有限，确切的分类位置难以确定，本书仍暂时将它归入拜拉属。

可疑标本列举如下。

Baiera kidoi：张采繁，1982，页 536；图版 347，图 4。湖南浏阳跃龙，下侏罗统跃龙组。

产地和层位　吉林九台火石岭及长春陶家屯，下白垩统（模式标本）。

卢波夫拜拉　*Baiera luppovii* Burakova

图 67

1963. *Baiera luppovi* Burakova：Baranova et al., p. 206；pl. 10, figs. 1, 2.
1984. *Baiera luppovi*：陈芬等，页 61；图版 28，图 5。

特征 叶片大，较规则地分裂 4 次，具 16 枚线形裂片，裂片宽 3–5 mm，顶端渐尖，每一裂片内含 3–4 条叶脉。（据陈芬等，1984）

图 67　卢波夫拜拉 *Baiera luppovii* Burakova

北京大安山，下侏罗统下窑坡组 Lower Jurassic Xiayaopo Formation, Da'anshan, Beijing（CUGB：BM169；陈芬等，1984）

模式标本产地和层位 土库曼斯坦，侏罗系。

注 北京大安山侏罗系下窑坡组所产的标本叶柄粗达 3–4 mm、长 6 cm，叶片直径可达 10 mm 以上，基部夹角 40°–50°，而后以近 180°角度扩大；首次全裂至叶柄，每部分再深裂 3–4 次，最后裂片不少于 18 枚；裂片的宽度达 5 mm，基部狭缩成很窄的楔形，具 4 条平行的叶脉。与模式标本比较，两者形态基本一致，只是北京的标本较大，分裂较深。与本属的其他种比较，本种不只是叶片相当大，主要是叶片分裂相当规则，每一裂片含 3–4 条叶脉，与其他种容易区分。目前定为此种的标本有限，且表皮角质层特征不明。这样宽大的叶片会不会是拜拉属的某些种在一定的环境里产生的变异类型？因为目前已发现的标本很少有如此大的。

产地和层位 北京大安山，下侏罗统下窑坡组。

孟氏拜拉 *Baiera mengii* Wu et Wang

图 68

1987. *Baiera ziguiensis* Meng：孟繁松，页 255；图版 35，图 2，3；图版 37，图 4，5。
2007. *Baiera mengii* Wu et Wang：Wu et al., p. 881.

特征 叶扇形至楔形。具柄，柄长超过 40 mm、宽 3 mm。最外裂片开展的角度为 60°–70°；叶片先深裂至叶柄，分成左右近相等的两半，每半再分裂三次，形成 16 个或更多的最后裂片；裂片狭长，宽 1.5–4 mm，顶端钝尖或钝圆，每个裂片含 2–4 条叶脉。

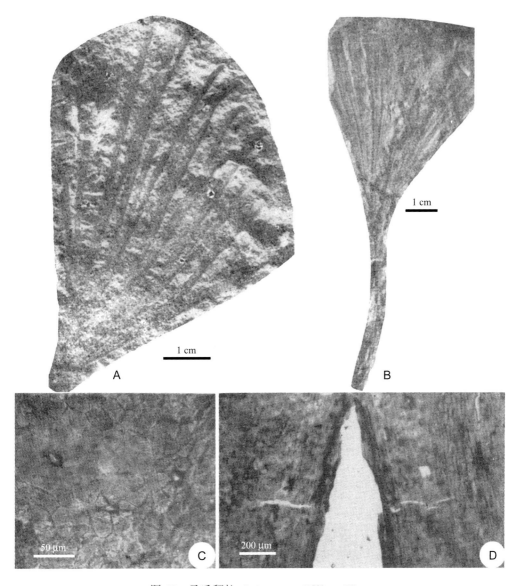

图 68 孟氏拜拉 *Baiera mengii* Wu et Wang

湖北秭归车站坪，下侏罗统香溪组 Lower Jurassic Xiangxi (Hsiangchi) Formation, Chezhanping of Zigui, Hubei。A. 叶 Leaf；B. 叶，正模 Leaf, Holotype；C. 下表皮气孔器 Stoma of lower cuticle；D. 上（右）、下（左）表皮 Upper (right) and lower (left) cuticles（YCIGM：A. P82218；B. P82219；孟繁松，1987）

　　上表皮脉路细胞略明显，细胞狭长，侧壁厚且直；脉间细胞长方形或长的多边形，排列稍规则，侧壁较脉路细胞的薄；气孔器分布于脉间，较下表皮少。下表皮脉路不明显，细胞较长，呈长方形或长的多边形，侧壁直；脉间细胞多角形，排列不规则，表壁无乳突或毛；气孔器散生，无定向，但多为纵向，脉路上也有分布；保卫细胞下陷，副卫细胞 5–6 个，副卫细胞在近孔缝的一侧明显加厚，并成环状。（据孟繁松，1987）

　　注 此种标本最早定为 *Baiera ziguiensis* Meng，系 *Baiera ziguiensis* Chen（陈公信，

1984；见本书页 125）的晚出同名，且发表时指定的模式标本是"合模"，属不合法的名称。吴向午等（Wu et al., 2007）将其改定为 *Baiera mengii* Wu et Wang 并指定了模式标本，使其成为合法名称。*Baiera ziguiensis* Chen 和 *Baiera mengii* Wu et Wang 这两个种均产自湖北省秭归县下侏罗统香溪组，*B. ziguiensis* 的叶较大，叶片基角也较大，可达 120°–180°，整体形态更接近同层位的似银杏如 *Ginkgoites tasiakouensis*（吴舜卿等，1980），但叶脉通常为 4 条，或者分裂较浅的小裂片有 2 条叶脉，与本种可以区分。

产地和层位　湖北秭归车站坪，下侏罗统香溪组（模式标本）。

最小拜拉 *Baiera minima* Yabe et Ôishi
图 69

1933. *Baiera minima* Yabe et Ôishi, p. 219；pl. 32 (3), fig. 11.
1933. *Baiera minima*：Ôishi, p. 245；pl. 37 (2), figs. 3–5；pl. 39 (4), figs. 8–10.
1963. *Baiera minima*：斯行健、李星学等，页 237；图版 81，图 4–7。
1980. *Baiera minima*：张武等，页 286；图版 182，图 9，10，12。
1981. *Baiera minima*：陈芬等，图版 3，图 5。
1985. *Baiera minima*：商平，图版 8，图 3。
1993. *Baiera minima*：胡书生，梅美棠，图版 2，图 9b。
1994. *Baiera minima*：高瑞祺等，图版 15，图 4。
1994. *Baiera minuta* Nathorst：高瑞祺等，图版 15，图 2。

特征　叶小，叶柄不明显。叶片半圆形，长 1.5–2 cm，先深裂至基部成为两组几乎相等的裂片；每一组的裂片又分叉 2–3 次，最后分裂成 18 枚裂片；最后裂片的侧边几乎平行，顶端钝圆或圆。最外裂片的左右展开角度约 180°或更大。叶脉平行，分叉；每一裂片中通常含有 4–5 条叶脉。

上表皮角质层稍薄；脉路区细胞呈伸长的矩形，排列成不明显的纵行。脉路之间的细胞多为方形或正方形，顶端部分多为多边形，细胞壁很薄并强烈弯曲，每一细胞中间有一乳突；只在裂片顶部分布有少数气孔器。下表皮细胞的乳突明显，脉路区的细胞也呈伸长的矩形；脉路的宽度比上表皮的略窄，细胞壁较厚而且直；气孔器不规则地散布于叶脉之间并排成不明显的纵行；保卫细胞稍下陷；副卫细胞 4–6 个，壁稍加厚，较直，略覆于保卫细胞上。在裂片中部，下表皮的气孔密度一般为 25–30 个/mm^2。（据 Yabe & Ôishi, 1933；斯行健、李星学等，1963）

注　本种的裂片排列密集，整体形态近半圆形，叶片展开角度约 180°或更大，与其他各种容易区分。形态上与本种比较接近的是 *Baiera muensteriana* (Presl)，但后者的裂片较本种大，排列较本种稀疏，而更接近 *Ginkgoites manchurica*（见页 174）。这几个种在东北地区的早白垩世地层中皆有记录。*Ginkgoites manchurica* 在形态上呈现出连续而明显的变化，但中、小型叶（长度<2.5 cm？）的裂片数量一般在 4–6 枚，与本种可以区分；两者的表皮构造中气孔器的分布、构造也有不同，*G. manchurica* 的气孔器排列较本种规则，副卫细胞较本种多且气孔器近孔缝处增厚成乳突状。

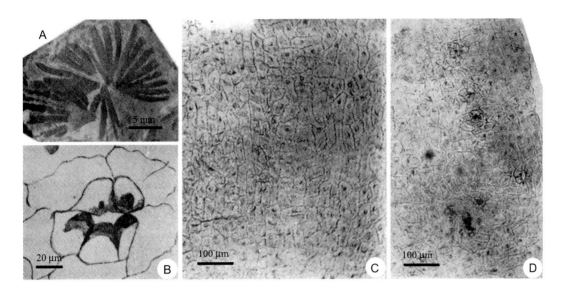

图 69　最小拜拉 *Baiera minima* Yabe et Ôishi

辽宁昌图沙河子，下白垩统 Lower Cretaceous, Shahezi of Changtu, Liaoning。A. 正模 Holotype；B. 气孔 Stoma；C. 上表皮 Upper cuticle；D. 下表皮 Lower cuticle（IGPTU：A. 38414；Yabe & Ôishi, 1933；Ôishi, 1933）

　　国内形态类似的叶片化石主要产自辽西及周边地区。除了模式标本的产地辽宁昌图沙河子的标本有角质层保存并研究清楚外，多数保存和研究程度较差。这些产自相邻地区、时代也比较相近的标本，应该归入同一种。而辽宁昌图沙河子下白垩统沙河子组原定为 *Baiera minuta* 的标本（高瑞祺等，1994）与本种没有根本的区别，也可以归入本种。

　　可疑标本列举如下。

　　Baiera cf. *minima*：王自强，1984，页 276；图版 155，图 2，3。河北张家口，下白垩统青石砬组；北京西山，下白垩统坨里砾岩组。

　　Baiera cf. *minima*：米家榕等，1996，页 124；图版 26，图 11，13。辽宁北票冠山，下侏罗统北票组；北票兴隆沟，中侏罗统海房沟组。

　　产地和层位　辽宁昌图沙河子，下白垩统（模式标本）；辽宁阜新海州矿，下白垩统阜新组；吉林辽源西安矿，下白垩统长安组下煤段。

极小拜拉 *Baiera minuta* Nathorst

图 70

1886. *Baiera minuta* Nathorst, p. 93；pl. 1, fig. 3；pl. 13, figs. 1, 2；pl. 20, figs. 14–16.

1978. *Baiera minuta*：周统顺，页 118；图版 28，图 3。

1989. *Baiera minuta*：Zhou, p. 150；pl. 15, figs. 1–5；pl. 16, figs. 1–5；pl. 19, figs. 1, 10；text-figs. 32–34.

1993. *Baiera* cf. *minuta*：王士俊，页 49；图版 21，图 3，7；图版 42，图 5–8。

　　特征　叶小，叶柄不明显。叶片半圆形，长 1.5–2 cm，先深裂至基部分为几组几乎相等的裂片，每一组的裂片又分叉 2–3 次，最后分裂成 18 枚裂片；末级裂片的侧边几乎平行，顶端钝圆或圆；叶脉平行，分叉，每一裂片通常含有 4–5 条叶脉；最外侧裂片的左右展开角度为约 180°或更大。

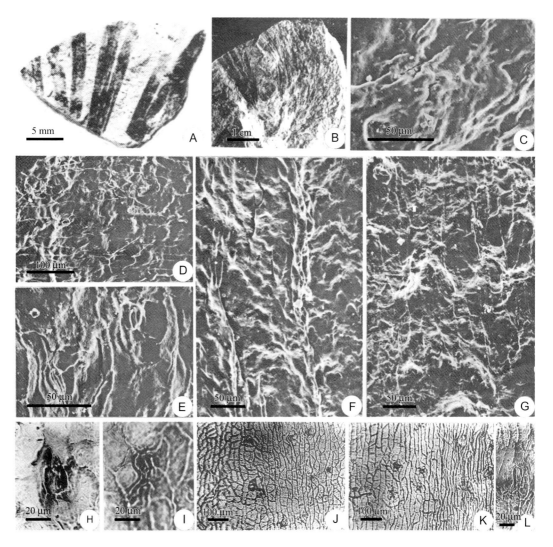

图 70　极小拜拉 *Baiera minuta* Nathorst

湖南衡阳杉桥，上三叠统杨柏冲组 Upper Triassic Yangbaichong Formation, Shanqiao of Hengyang, Hunan。　A, B. 叶 Leaves；C–L. 表皮，取自图 B 标本 Cuticles from fig. B；C. 气孔器外面 Outer view of stoma；D. 下表皮内面 Inner view of lower cuticle；E. 两个气孔器内面 Inner view of two stomata；F. 上表皮外面 Outer view of upper cuticle；G. 上表皮内面 Inner view of upper cuticle；H, I. 上表皮的气孔器 Stomata in upper cuticle；J, K. 上表皮与下表皮 Upper and lower cuticles；L. 下表皮气孔器 Stoma in lower cuticle（C–G. SEM；NIGPAS：A, B. PB13845, PB13846；Zhou, 1989）

　　上表皮的角质层比下表皮角质层稍厚。脉路带的细胞伸长，排列成不明显的纵行；脉路之间的细胞为不规则的多边形，且横向伸长，垂周壁直，或点状加厚，偶尔微弯曲。平周壁不规则增厚，偶有细胞中间乳突状。下表皮角质层脉路带明显，细胞的纵向垂周壁不规则增厚；气孔带表皮细胞有时纵向伸长。气孔器在下表皮分布较上表皮密集，上表皮为 17 个/mm²，下表皮为 40 个/mm²。气孔器不规则地散布于叶脉之间或 3–4 个排成不明显的纵行；保卫细胞略下陷，周围有副卫细胞 4–7 个，两个极副卫细胞较其他副卫细胞特化不明显或没有极副卫细胞。下表皮气孔器有周围细胞环绕，上表皮偶见周围细胞。（据 Nathorst, 1886；Zhou, 1989）

模式标本产地和层位　瑞典，上三叠统。

注　这个种与 *Baiera muensteriana* 很难区分，据 Harris 的观察，只有在拥有大量发育完好的叶部标本时才能把它分辨出来（Harris, 1935）。中国鉴定为此种的标本不但数量少，保存也非常不完整，往往只是几块破碎的裂片，仅从形态上确实难以区分。但湖南和广东的标本都保存了角质层，可以从角质层的不同来加以识别。本种的下表皮气孔器较多，密度基本是上表皮的两倍以上，气孔器有一圈副卫细胞且极副卫细胞特化不明显，而 *B. muensteriana* 的气孔器较稀疏，下表皮气孔器比上表皮略密（上表皮 16–20 个/mm^2，下表皮 24–32 个/mm^2），更主要的区别在于后者气孔器构造似乎变化很大（单环式至不完全的三环式），尽管大多也为双环式（Kirchner, 1992）。目前发现的本种标本主要分布在南方福建、江西、广东、湖南、四川等地的晚三叠世。前已指出：辽宁昌图沙河子早白垩世沙河子组定为本种的标本（高瑞祺等，1994），从形态上来看更接近 *Baiera minima*，从时代和地理分布来看也以归入后者为宜。

产地和层位　福建漳平大坑，上三叠统文宾山组上段；广东乐昌，上三叠统；湖南衡阳杉桥煤矿，上三叠统杨柏冲组。

敏斯特拜拉 *Baiera muensteriana* (Presl) Saporta

图 71

1838 (1820–1838). *Sphaerococcites muensteriana*
　　Presl：Sternberg, p. 105；pl. 28, fig. 3.
1884. *Baiera muensteriana* (Presl) Saporta：p. 272；
　　pl. 155, figs. 10–12；pl. 156, figs. 1–6；pl. 157,
　　figs. 1–3.
1981. *Baiera muensteriana*：周惠琴，图版 2，
　　图 5。
1992. *Baiera muensteriana*：孙革、赵衍华，
　　页 546；图版 243，图 4，11。
1993. *Baiera muensteriana*：孙革，页 86；图版
　　34，图 8，9；图版 36，图 3。
?1996. *Baiera muensteriana*：孙跃武等，图版 1，
　　图 15。

特征　叶明显地分为叶片和叶柄；叶片半圆形到扇形，深裂成两半，每半至少再深裂一次，一般深裂多次形成线形的最后裂片；每一裂片内有 2–4 条平行叶脉。

叶表皮角质层两面气孔型，表皮细胞

5 mm

图 71　敏斯特拜拉
Baiera muensteriana (Presl) Saporta
吉林汪清天桥岭，上三叠统马鹿沟组 Upper Triassic Malu-
gou Formation, Tianqiaoling of Wangqing, Jilin（NIGPAS：
PB12000；孙革，1993）

的垂周壁稍微弯曲。上表皮的气孔带有 9–26 行细胞,非气孔带有 8–14 行细胞。气孔带的细胞不规则多边形,大小为 44 μm ×27 μm(一般为 24–63 μm×15–45 μm)。在脉间有 220–720 μm×170–240 μm 的圆形至梭形的树脂体;有溶生树脂道,长 200–700 μm、宽 7–15 μm。气孔器排列不规则,以纵向为主;气孔器稀疏,上表皮 16–20 个/mm^2,下表皮 24–32 个/mm^2;气孔器单唇型,单环式至不完全的三环式(大多为不完全的双环式)。保卫细胞微下陷,和副卫细胞接触的侧向壁厚,但其极区末端角质化程度低。表皮细胞(包括气孔器的副卫细胞)上普遍发育微弱的乳突,毛状体缺失。叶柄和叶片的表皮构造只有微小的区别。(据 Florin, 1936;Kirchner, 1992)

模式标本产地和层位 德国 Franconia,下侏罗统底部。

注 这个种最初的描述十分简单(Sternberg, 1820–1838)。后来的研究表明该种的外部形态变化较大,鉴定起来十分不易,尤其是和极小拜拉 Baiera minuta 非常难区分,甚至有些作者对同一标本也会定为不同的种(参见 Harris, 1926, 1935;Ôishi, 1932, 1940)。此后又有学者对模式产地该种大量的叶化石及伴生的胚珠(或种子)化石进行了研究,结果显示该种完全成熟的叶可达 12 cm 长、12 cm 宽,其裂片可多达 28 个以上,裂片最宽处在距顶端 2.6–2.9 mm 处,顶端钝圆;叶柄宽 2.9 mm、长可达 17.8 mm;叶片基角可达 118°。而这个种的多数叶片长 7.3 cm、宽 5–5.8 cm,外侧的裂片宽 1.1–2.7 mm,中央的主干裂片长 22.8–26 mm、宽 1.5 mm,基角在 77°–80°左右;个别裂片宽 1.1–12.1 mm,基角可达 120°(Kirchner, 1992;Schweitzer & Kirchner, 1995)。因此鉴定这个种时,只有在拥有大量发育完好的叶化石标本且角质层结构清楚的情况下才有可能将它们与其他类似的种区别开来。

中国发现的与此种相似的标本有些比较破碎且未保存角质层,标本的数量也十分有限,在这种情况下要甄别它们究竟是 Baiera muensteriana 还是 Baiera minuta,或是其他种是非常困难的,把它们作为比较种可能更合适,列举如下。

Baiera cf. *muensteriana*:Sze, 1949, p. 33。湖北巴东瓦屋基,下侏罗统香溪煤系。

Baiera cf. *muensteriana*:斯行健、李星学,1952,页 11,31;图版 8,图 1,1a。四川威远,上三叠统须家河组(原归入下侏罗统矮山子页岩)。

Baiera cf. *muensteriana*:黄枝高、周惠琴,1980,页 105;图版 60,图 6。陕西安塞温家沟,中侏罗统延安组中、上部。

Baiera cf. *muensteriana*:王国平等,1982,页 277;图版 129,图 12。福建漳平大坑,上三叠统文宾山组。

Baiera cf. *muensteriana*:王自强,1984,页 276;图版 131,图 13。山西怀仁,下侏罗统永定庄组;河北承德,下侏罗统甲山组。

Baiera cf. *muensteriana*:叶美娜等,1986,页 69;图版 46,图 2,4。四川达州雷音铺,上三叠统须家河组。

Baiera cf. *muensteriana*:黄其胜,1992,图版 17,图 6。四川宣汉七里峡,上三叠统须家河组。

产地和层位 吉林汪清天桥岭,上三叠统马鹿沟组;辽宁北票羊草沟,上三叠统羊草沟组;河北承德上谷,下侏罗统南大岭组。

木里拜拉 *Baiera muliensis* Li et He

图 72

1979. *Baiera muliensis* Li et He：何元良等，页 151；图版 73，图 6，6a。

特征 叶片楔形，叶柄未知。在叶片基部有 5 枚狭细裂片；裂片最宽不足 1 mm，中间两枚裂片长 5 cm 以上，在中、上部分叉 1–2 次；两侧的裂片长 2–3 cm，在中部或中部偏上部位分叉一次；裂片随着向上分叉而逐渐变宽，最后裂片宽约 2 mm，顶端钝圆至钝尖；叶脉清晰，1–2 条，分叉 1–2 次，最后裂片有 2–4 条叶脉，有的最后一次裂片的顶端又浅裂成两枚钝齿，每一钝齿内含 2 条叶脉。（据何元良等，1979）

注 标本虽保存不十分完整，但非常清楚地显示了其特征：中间裂片较长、两侧裂片较短，并且第一次分叉后在裂片的中部或中上部再次分叉，裂片的最宽处在裂片上部，裂片顶端还呈齿状，因此和本属其他各种皆不相同。目前本种尚未见于其他产地和层位。

产地和层位 青海天峻木里，中、下侏罗统木里群江仓组（模式标本）。

图 72　木里拜拉 *Baiera muliensis* Li et He

青海天峻木里，中、下侏罗统木里群江仓组，正模
Lower-Middle Jurassic Jiangcang Formation of Muli Group, Muli of Tianjun, Qinghai, Holotype（NIGPAS：PB6400；何元良等，1979）

多裂拜拉 *Baiera multipartita* Sze et Lee

图 73

1952. *Baiera multipartita* Sze et Lee：斯行健、李星学，页 12，31；图版 9，图 1–3。

1963. *Baiera multipartita*：斯行健、李星学等，页 238；图版 82，图 2–4；图版 83，图 1。

1978. *Baiera multipartita*：杨贤河，页 529；图版 184，图 6。

1980. *Baiera multipartita*：何德长、沈襄鹏，页 26；图版 14，图 3。

1982. *Baiera multipartita*：段淑英、陈晔，页 506；图版 13，图 3–6。

1986. *Baiera multipartita*：张采繁，页 198；图版 3，图 1，2；插图 8。

1987. *Baiera multipartita*：陈晔等，页 122；图版 35，图 3，4。

1987. *Baiera* cf. *multipartita*：陈晔等，页 124；图版 35，图 5，6。

1993. *Baiera multipartita*：王士俊，页 50；图版 20，图 5；图版 42，图 1–4。

1996. *Baiera multipartita*：Wang et al., pl. 1, fig. 7.

1999b. *Baiera multipartita*：吴舜卿，页 44；图版 38，图 1–3A，4–7，10–12；图版 44，图 2，9；图版 50，
图 3–4a。

2001. *Baiera multipartita*：黄其胜，图版 1，图 2。

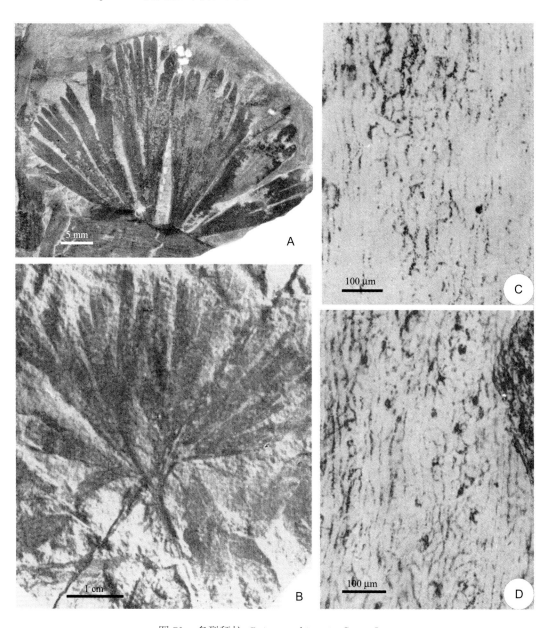

图 73　多裂拜拉 *Baiera multipartita* Sze et Lee

四川巴县一品场（现属重庆），上三叠统须家河组（A）Upper Triassic Xujiahe (Hsuchiaho) Formation, Yipinchang
of Baxian, Sichuan (belong to Chongqing now)（A）；四川盐边，上三叠统红果组（B）Upper Triassic Hongguo Formation,
Yanbian, Sichuan (B)；广东乐昌，上三叠统（C，D）Upper Triassic, Lechang, Guangdong (C, D)。A. 叶，正模 Leaf, Holotype；
B. 叶 Leaf；C. 上表皮 Upper cuticle；D. 下表皮 Lower cuticle（NIGPAS：A. PB2094；斯行健、李星学，1952；IBCAS：
B. 7354；陈晔等，1987；CUMTB：C, D. ws 0561/1；王士俊，1993）

特征 叶扇形或近半圆形，叶柄细长。叶片先深裂为左右约略相等的两部分，每一部分继续分裂 4–6 次，成为许多细线形的最后裂片。每一裂片含叶脉 2–3 条，裂片顶端浅裂成一对突出的钝齿或偶有不分裂成钝尖状，每一钝齿内含有叶脉 1 条。

表皮角质层较厚，两面气孔器型。上表皮脉路带宽度变化较大，由矩形、长方形细胞组成，端壁较平直，纵向壁垛状弯曲；脉间区细胞多呈纵向伸长，垂周壁亦垛状弯曲。下表皮脉路带较窄，细胞狭长，有时呈梭形，端壁直，纵向壁直或微弯曲；脉间区细胞呈纵向伸长的矩形、三角形或多边形，较脉路区的细胞短而宽，垂周壁直或微弯曲。气孔器上、下表皮都有分布，均较稀疏；气孔器散生，孔缝方向多与叶脉平行；副卫细胞 3–5 个，排成单环，其形态与其他表皮细胞区别不大。（据斯行健、李星学等，1963；段淑英、陈晔，1982；王士俊，1993）

注 这个种的叶片呈扇形或近半圆形，与似银杏属的叶片形态类似，叶片左右两组的裂片数目基本相当；每一组又继续分裂 4–6 次，各小组中的小裂片之间不完全对称，并形成许多细线形的不对称的最后裂片，顶端常具一凹缺。本种和 *Ginkgoites acosmius*（Harris, 1935）有一定程度的相似性，后者的叶片通常分为两半，每一半又或深或浅分裂成 3 个主裂片，裂片顶端通常具深缺裂或深裂，全缘或不规则缺裂。二者主要区别在于后者有明显的主裂片，主裂片的顶端具有或深或浅的不规则缺裂。

重庆东北部晚三叠世地层所产标本数量较多、保存较好，形态上变化较大，小的叶片长 1.5 cm，大的可达 3.5 cm，一般分裂 4–6 次，少数可见分裂 2–3 次（段淑英、陈晔，1982）。与巴县所产的模式标本在形态上的区别主要在于叶脉较明显。这些形态上的变异，尤其是叶片大小的变化，很可能是叶发育程度不同所致。四川盐边箐河上三叠统红果组定为比较种的标本从形态上来看与多裂拜拉没有区别，只是箐河标本的分裂次数略少，最后裂片较细弱（陈晔等，1987）。这些差别可以看成是一个种内的变异，因此本书将其归入同一个种。

注 中国南方晚三叠世地层中鉴定为此种或定为比较种的标本相当多，多数标本不完整，叶柄和叶片基部未保存的较多，在叶片顶端部分也未保存的情况下要进行鉴定是相当困难的。江西横峰西山坪晚三叠世安源组所产的本种标本相当不完整，既无叶柄，叶片基部也没有保存（王国平等，1982）；湖南怀化泸阳、宜章长策下坪、资兴三都同日垅等地晚三叠世—早侏罗世的标本数量少，叶片顶端模糊，角质层也不甚清楚（张采繁，1982），这样的标本或归入比较种更合适。列举如下。

Baiera multipartita Sze et Lee：冯少南等，1977b，页 238；图版 94，图 12。广东曲江，上三叠统小坪组。

Baiera multipartita：王国平等，1982，页 277；图版 122，图 4。江西横峰西山坪，上三叠统安源组。

Baiera multipartita：张采繁，1982，页 536；图版 340，图 12、13；图版 347，图 14–17。湖南怀化泸阳、宜章长策下坪、资兴三都同日垅，上三叠统—下侏罗统。

Baiera multipartita：吴其切等，1986，图版 23，图 2。江苏苏南地区，下侏罗统南象组。

Baiera cf. *multipartita*：斯行健、李星学等，1963，页 239；图版 77，图 10；图版 82，

图 5；图版 83，图 2。四川巴县一品场（现属重庆）、广元须家河，上三叠统须统家河组。

Baiera cf. *multipartita*：周惠琴，1981，图版 2，图 2。辽宁北票羊草沟，上三叠统羊草沟组。

产地和层位　四川巴县一品场（现属重庆），上三叠统须家河组[斯行健、李星学（1952）原认为产出地层为下侏罗统香溪群，现依据杨贤河（1978）改正（模式标本）]；四川彭州磁峰场、旺苍金溪、万源万新煤矿和石冠寺、大竹枒档湾、威远连界场，重庆合川炭坝，上三叠统须家河组；重庆开州，下侏罗统珍珠冲组；四川盐边，上三叠统红果组；四川通江平溪，上三叠统喇嘛垭组；云南宁蒗，上三叠统背箩山煤系（组）；湖南常宁柏坊，下侏罗统石康组顶部；广东乐昌关春、曲江牛牯墩，上三叠统。

强劲拜拉 *Baiera valida* Sun et Zheng
图 74

2001. *Baiera valida* Sun et Zheng：孙革等，页 89，194；图版 15，图 2；图版 51，图 2–7。

特征　叶近扇形。叶柄直，长 2–2.5 cm、宽 1.2–1.5 mm；有时可见从枝条脱落留下的叶柄基部，略膨胀凸起，直径 1.5–1.6 mm。叶片在叶柄处深裂一次至叶柄后再在基部以锐角深裂两次；末级裂片呈线形，多为劲直伸展，长 3–5 cm、宽 1–2 mm，顶端尖或钝尖。叶脉明显，多为 2 条（偶见 1 条或 3 条），较直，彼此近平行，每条脉宽约 0.2 mm，一般不分叉，偶尔在近基部处分叉一次。角质层情况不明。（据孙革等，2001）

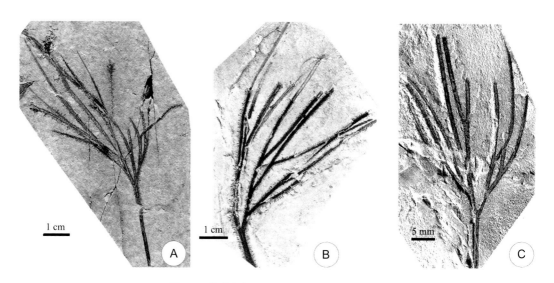

图 74　强劲拜拉 *Baiera valida* Sun et Zheng

辽宁北票，下白垩统尖山沟组 Lower Cretaceous Jianshangou Formation, Beipiao, Liaoning（NIGPAS：A. PB19079 正模 Holotype；B, C. PB19081, ZY3020；孙革等，2001）

注　本种最主要的特征为叶柄、裂片和叶脉均较为强直，裂片呈线形，且整个叶片的基角较小，虽角质层特征不明，但叶形特征比较典型，易于与本属的其他种区别，唯一相似的是 *Baiera borealis*（吴舜卿，1999a；见本书页 92），它和本种来自同一产地层位，目前仅见于辽西地区。

产地和层位　辽宁凌源、北票，下白垩统（原上侏罗统）尖山沟组（模式标本）。

秭归拜拉 *Baiera ziguiensis* Chen, 1984 (non *Baiera ziguiensis* Meng, 1987)

图 75

1984. *Baiera ziguiensis* Chen：陈公信，页 604；图版 265，图 1。

特征　叶较大，近扇形至半圆形；叶片基角 120°–180°；叶柄长可达 10 cm、粗 1.2–2 mm。叶片宽度达 12 cm，先深裂至叶柄处，再分裂 3–4 次；裂片排列疏松，顶端钝圆或再分裂一次；叶脉明显，多为 4 条，而分裂较浅的小裂片有 2 条叶脉。角质层情况不明。（据陈公信，1984）

注　该种叶片较宽大，裂片长而直、排列较稀疏，叶脉明显，整体形态与有的似银杏，如产自同一地点和层位的 *Ginkgoites tasiakouensis*，略微接近，它们属于同一种的可能性也不是没有。

产地和层位　湖北秭归，下侏罗统香溪组（模式标本）。

拜拉未定种多个 *Baiera* spp.

1874. *Bayera dichotoma* Brongniart, p. 408，即 *Baiera* sp. 4（斯行健、李星学等，1963），页 240。

产自陕西延安丁家沟，?侏罗系。

1911. *Baiera* sp.：Seward, p. 48；pl. 4, fig. 45.

产自新疆准噶尔盆地库布克河（Kobuk River）附近，侏罗系。

1952. *Baiera* sp.：斯行健、李星学，页 12，32；图版 9，图 7。

产自四川巴县一品场（现属重庆），上三叠统须家河组。

1964. *Baiera* sp. 1：李佩娟，页 139；图版 19，图 5。

产自四川广元荣山，上三叠统须家河组。

1964. *Baiera* sp. 2：李佩娟，页 140；图版 19，图 6。

产自四川广元荣山，上三叠统须家河组。

1964. *Baiera* sp. 3：李佩娟，页 140；图版 19，图 11。

产自四川广元荣山，上三叠统须家河组。

1976. *Baiera* sp.：李佩娟等，页 128；图版 41，图 5，5a。

产自云南禄丰一平浪，上三叠统一平浪组。

1976. *Baiera* sp.：张志诚等，页 210；图版 116，图 2–5。

产自内蒙古准格尔旗五字湾，中三叠统二马营组。

图 75 秭归拜拉 *Baiera ziguiensis* Chen

湖北秭归，下侏罗统香溪组，正模 Lower Jurassic Xiangxi (Hsiangchi) Formation, Zigui, Hubei, Holotype（YCIGM:
A–A3. EP675；陈公信，1984）

1980. *Baiera* sp.：黄枝高、周惠琴，页100；图版7，图1。
  产自内蒙古准格尔旗五字湾，中三叠统二马营组。
1980. *Baiera* sp.：吴舜卿等，页80；图版5，图1–3。
  产自湖北秭归沙镇溪，上三叠统沙镇溪组。
1980. *Baiera* sp.：吴舜卿等，页111；图版27，图6；图版37，图5，6；图版38，图3，4。
  产自湖北秭归香溪，下侏罗统香溪组。
1980. *Baiera* spp.：吴舜卿等，页111；图版28，图3–7；图版37，图7，8；图版38，图6。
  产自湖北秭归香溪，下侏罗统香溪组。
1980. *Baiera* sp. 1：黄枝高、周惠琴，页100；图版58，图6；插图9。
  产自陕西延安杨家崖，中侏罗统延安组下部。
1980. *Baiera* sp. 2：黄枝高、周惠琴，页101；图版59，图1；插图10。
  产自陕西延安杨家崖，中侏罗统延安组。
1980. *Baiera* sp. 3：黄枝高、周惠琴，页101；图版8，图7。
  产自陕西吴堡张家墕，中三叠统二马营组。
1981. *Baiera* sp.：陈芬等，页47；图版3，图4。
  产自辽宁阜新海州矿，下白垩统阜新组。
1981. *Baiera* sp.：周惠琴，图版2，图1，3。
  产自辽宁北票羊草沟，上三叠统羊草沟组。
1982b. *Baiera* sp.：吴向午，页98；图版14，图5。
  产自西藏察雅巴贡，上三叠统巴贡组。
1982. *Baiera* sp.：谭琳、朱家楠，页148；图版36，图1。
  产自内蒙古固阳，下白垩统固阳组。
1982. *Baiera* sp.：张武，页189；图版2，图6–7。
  产自辽宁凌源，上三叠统老虎沟组。
1982. *Baiera* sp.：张采繁，页536；图版342，图3。
  产自湖南浏阳跃龙，下侏罗统跃龙组。
1984. *Baiera* sp. 2：陈芬等，页61；图版28，图6。
  产自北京大安山，下侏罗统下窑坡组。
1986. *Baiera* sp.：吴其切等，图版23，图3。
  产自江苏南部地区，下侏罗统南象组。
1986. *Baiera* sp.：周统顺、周惠琴，页69；图版20，图11。
  产自新疆吉木萨尔，中三叠统克拉玛依组。
1986. *Baiera* sp. 1：陈晔等，页42；图版8，图7。
  产自四川理塘地区，上三叠统拉纳山组。
1986. *Baiera* sp. 2：陈晔等，页43；图版9，图2。
  产自四川理塘地区，上三叠统拉纳山组。
1986. *Baiera* sp.：陈其奭，页11；图版3，图9。
  产自浙江义乌，上三叠统乌灶组。
1987. *Baiera* sp.：Duan, p. 46；pl. 18, fig. 3.

产自北京西山斋堂，中侏罗统窑坡组。

1987. *Baiera* sp. 1：陈晔等，页 124；图版 36，图 2。

产自四川盐边，上三叠统红果组。

1987. *Baiera* sp. 2：陈晔等，页 124；图版 36，图 4。

产自四川盐边，上三叠统红果组。

1988. *Baiera* sp. 2：黄其胜，图版 1，图 4。

产自安徽怀宁，下侏罗统武昌组。

1993. *Baiera* sp.：吴向午，页 82；图版 5，图 1。

产自陕西商州凤家山，下白垩统凤家山组。

1993. *Baiera* sp.：孙革，页 86；图版 34，图 8，9；图版 36，图 3。

产自吉林汪清，上三叠统马鹿沟组。

1993. *Baiera* sp. 1：王士俊，页 50；图版 21，图 8，11。

产自广东乐昌关春，上三叠统。

1993. *Baiera* sp.：米家榕等，页 128；图版 35，图 1。

产自河北承德上谷，上三叠统杏石口组。

1995. *Baiera* sp.：Wang, pl. 3, fig. 12.

产自陕西铜川，中侏罗统延安组。

1995. *Baiera* sp.：曾勇等，页 59；图版 22，图 5。

产自河南义马，中侏罗统义马组。

1996. *Baiera* sp.：米家榕等，页 125；图版 26，图 10。

产自河北抚宁石门寨，下侏罗统北票组。

1996. *Baiera* sp. indet.：米家榕等，页 124；图版 26，图 6。

产自辽宁北票兴隆沟，中侏罗统海房沟组。

1997. *Baiera* sp. 1：邓胜徽等，页 43；图版 18，图 4；图版 25，图 2。

产自内蒙古大雁盆地、免渡河盆地，下白垩统大磨拐河组。

1997. *Baiera* sp. 2：邓胜徽等，页 43；图版 29，图 8。

产自内蒙古大雁盆地，下白垩统伊敏组。

2002. *Baiera* sp.：吴向午等，页 166；图版 13，图 1–3。

产自内蒙古阿拉善右旗道卜头沟，下侏罗统芨芨沟组。

2004. *Baiera* sp.：孙革、梅盛吴，图版 94，图 10，10a。

产自甘肃山丹高家沟煤矿，中侏罗统下部。

拜拉？未定种多个 *Baiera? spp.*

1933c. *Baiera* sp.：Sze, p. 54；pl. 8, fig. 9.

产自辽宁阜新，下白垩统。

1963. *Baiera*? sp.：斯行健、李星学等，页 240；图版 82，图 8。

产自辽宁阜新，下白垩统。

1993. *Baiera*? sp. 2：王士俊，页 50；图版 21，图 4。

产自广东乐昌关春，上三叠统。

1993. *Baiera*? sp.: 米家榕等，页 129；图版 34，图 14；插图 33。

产自吉林双阳八面石煤矿南井，上三叠统小蜂蜜顶子组。

1996. ?*Baiera* sp.: 米家榕等，页 125；图版 26，图 4。

产自河北抚宁石门寨，下侏罗统北票组。

2004. *Baiera*? sp.: 孙革、梅盛吴，图版 9，图 3。

产自内蒙古阿拉善右旗上井子，中侏罗统青土井群。

桨叶属 Genus *Eretmophyllum* Thomas, 1913

模式种 *Eretmophyllum pubescens* Thomas。英国约克郡 Cayton Bay，中侏罗统 Gristhorpe 植物层。

属征 叶沿叶柄基部断离脱落，全缘，倒披针形至近于线形，对称或略呈镰刀状；顶端波状，或微凹，或钝圆，或圆形，有时不对称；叶片向下逐渐狭缩并与叶柄合并；叶片基部两侧常加厚；叶脉疏松，在叶片基部作二歧式分叉，向上平行伸展，至顶端略聚敛，分别终止于顶缘。圆形至纺锤体形的树脂体常存在。

角质层两面气孔型或气孔器主要限于下面。表皮细胞方形或多角形，垂周壁直或波状，表壁平、中央加厚或具乳突；单细胞的毛状体有时存在；下角质层的气孔带和无气孔带明显；气孔带内的气孔散生或成纵行排列；保卫细胞略角质增厚，为一圈规则排列的单唇型副卫细胞环围。（据 Harris et al., 1974 修订特征）

注 本属的叶片全缘，呈线形至披针形，与 *Baiera*、*Ginkgoites* 和 *Sphenobaiera* 等属明显不同。本属外形与 *Ginkgodium* 和 *Pseudotorellia* 颇有相似性（见页 137，页 235），但本属叶脉在叶片基部作二歧式分叉后，向上平行伸展，至顶端略聚敛，分别终于顶缘，脉间具有圆形至纺锤体形的树脂体，间细脉不存在等与 *Ginkgodium* 不同；本属与 *Pseudotorellia* 的区别详见后一属。

在我国除以下记述的各种以外，在内蒙古中侏罗统新近又有 *Eretmophyllum neimengguensis* Li et Sun（Li et al., 2017）一种报道。

分布和时代 北半球，晚三叠世至早白垩世。

宽叶桨叶 *Eretmophyllum latifolium* Meng ex Yang, Wu et Zhou
图 76

2002. *Eretmophyllum latifolium* Meng：孟繁松等，页 312；图版 7，图 4；图版 8，图 2–7。（不合格发表）

2014. *Eretmophyllum latifolium* Meng ex Yang, Wu et Zhou, p. 268.

特征 叶大，基部对称或不对称，倒披针形，长 16.7–17.6 cm，最宽处位于中部稍偏上，达 2.2–2.4 cm。叶片自最宽处向顶端平行伸展，顶端钝圆，向基部渐渐狭缩，与叶柄合并；叶片基部边缘加厚。叶柄强壮，长约 2.5 mm、宽 4–5 mm；叶脉明显，脉距 0.6 mm，近基部分叉，向上平行伸展，近顶端稍聚敛，分别斜交于叶片顶缘。

上、下角质层几乎等厚；气孔器主要分布于下角质层；上角质层脉路窄，不甚明显，细胞排成规则的纵行，多为长方形，少数为伸长的多角形；脉间带较宽，细胞为长方形、多角形或方形；上表皮细胞垂周壁较直，偶尔微弯，凸起，表壁常角质增厚或具乳头状突起；气孔器稀疏，分布于脉间，分散排列，形态与下角质层的气孔器相似。下角质层脉路明显，窄，由狭长的多角形细胞排列成纵行，垂周壁直，有时稍弯，表壁脊状增厚，或偶尔中断；脉间带较宽，由伸长多角形、长方形或近等径的多角形细胞组成，其表壁具瘤状或乳头状突起。下角质层气孔器较多，散布于脉间带，孔缝大多纵向，偶尔不规则；保卫细胞下陷，沿孔缝周围稍加厚，副卫细胞 5–6 个围成一环，表面角质增厚，部分叠覆于保卫细胞之上。（据孟繁松等，2002 的描述整理）

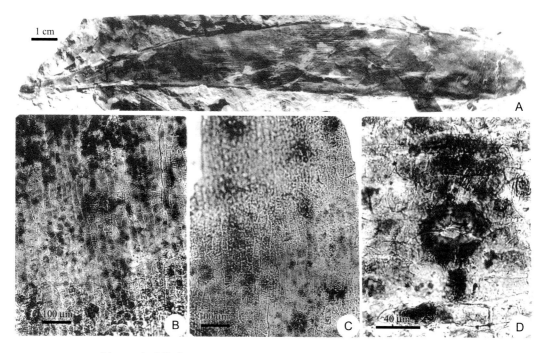

图 76　宽叶桨叶 *Eretmophyllum latifolium* Meng ex Yang, Wu et Zhou

湖北秭归车站坪，下侏罗统香溪组 Lower Jurassic Xiangxi (Hsiangchi) Formation, Chezhanping of Zigui, Hubei。A. 叶，正模 Leaf, Holotype；B, C. 上、下角质层 Upper and lower cuticle；D. 气孔器 Stomatal apparatus（YCIGM：A. SCG₁XP-2；孟繁松等，2002）

注　本种叶片外形和角质构造与英国约克郡中侏罗统的 *Eretmophyllum pubescens* Thomas 和 *Eretmophyllum whitbiense* Thomas（Thomas, 1913）都有相似之处。但 *Eretmophyllum pubescens* 叶片较短小，叶脉较疏松（平均 8 条/cm），具有树脂体，上角质层脉路不明显，上角质层表皮细胞及下角质层非气孔带细胞近于等径。*Eretmophyllum whitbiense* 叶片具有树脂体，叶脉较疏松，上、下角质层较厚，细胞轮廓清楚，表壁乳突不存在，上角质层脉路明显，气孔器较发育，脉间细胞近于等径也与本种不同。本种叶片宽大，叶柄粗强等与以下记述的内蒙古东部下白垩统 *Eretmophyllum latum* Duan 和 *Eretmophyllum subtile* Duan 明显不同。在角质层特征方面，本种气孔器主要发育于下角质层，细胞表壁加厚，并具有乳突等也与它们不同。

本种原中文名为宽桨叶，和拉丁字义不符。现按拉丁种名改译。

产地和层位　湖北秭归车站坪，下侏罗统香溪组（模式标本）。

宽桨叶 *Eretmophyllum latum* Duan
图 77，图 78

1991. *Eretmophyllum latum* Duan：Duan & Chen, p. 137；figs. 13, 17, 19–31.
1995. *Eretmophyllum latum*：Li & Cui, p. 92.

特征　叶脱落，匙形或倒披针形，顶端钝圆；叶片基部宽 1 mm，长 40–75 mm，在叶片上部 1/3 处最宽 12–13 mm；叶片质厚，在手标本上叶脉不清，但经氧化处理后叶脉和树脂体显著。树脂体纺锤形，在叶片中部的长 1–2.5 mm、宽 1 mm。叶脉两条从基部伸出，二歧分叉数次，在最宽处有叶脉 15 条，向上平行伸展，至顶部略聚敛并各自终止于叶片顶端边缘。

角质层两面气孔型。下角质层较上角质层薄，易碎；上、下角质层的气孔器数几乎相等，或下角质层略多；叶片边缘的上、下角质层的表皮细胞方形或伸长的多角形；上角质层中部的表皮细胞长 60–80 μm、宽 20–40 μm；下角质层中部的表皮细胞等轴多角形，宽 20–50 μm；垂周壁直或略呈波状，稍加厚。气孔器圆形或倒卵形，长 70–110 μm、宽 60–100 μm。保卫细胞下陷，长 35 μm、宽 25 μm，由 5–6 个（有时 8 个）作单环式排列的副卫细胞围绕；乳突在某些副卫细胞表面明显，但在表皮细胞表面缺失。（据 Duan & Chen, 1991 特征）

注　本种叶片较宽、较长，呈匙形，树脂体存在，叶脉较多，某些副卫细胞具有乳突等可与同产地和同层位的 *Eretmophyllum subtile* Duan（见页 135）区分。本种叶片较小，角质层为两面气孔型，不形成明显的气孔带等与英国约克郡中侏罗统 *Eretmophyllum pubescens* Thomas 和 *Eretmophyllum whitbiense* Thomas（Thomas, 1913）不同。撒丁岛侏罗系的 *Eretmophyllum lovisatoi* Edwards（1929），其叶片大小、具有树脂体和角质层为两面气孔型等特征与本种相似，但前者形态为狭披针形，气孔带和非气孔带明显，表皮细胞乳突发育等可与本种区别。南哈萨克斯坦上侏罗统 *Eretmophyllum boroldaicum* Orlovskaya（Doludenko & Orlovskaya, 1976）的叶片大小、形状与本种也有相似性，但前者叶片为长披针形，树脂体不存在，上角质层气孔少，脉间细胞具有乳突等与本种不同。

本种原中文名为宽叶桨叶（吴向午、王永栋，待刊）和拉丁字义不符，并且和 *E. latifolia* Meng 的中文名重复，兹改为宽桨叶。

产地和层位　内蒙古东部，下白垩统（模式标本）。

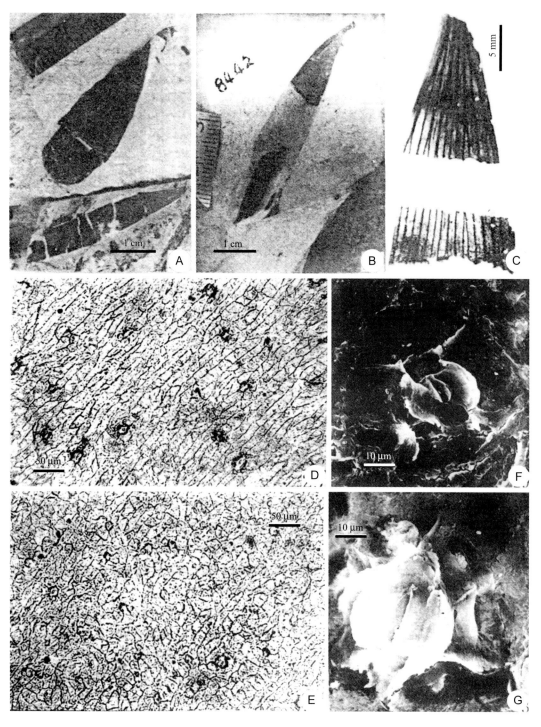

图 77　宽桨叶 *Eretmophyllum latum* Duan

内蒙古东部，下白垩统 Lower Cretaceous, east Inner Mongolia。A. 正模 Holotype；B. 叶基部狭 Narrow base；C. 示叶脉 Showing veins；D. 上角质层 Upper cuticle；E. 下角质层 Lower cuticle；F, G. 气孔器 Stomatal apparatuses（F, G. SEM；IBCAS：A. No. 8441；B, C. No. 8442, No. 8443；Duan & Chen, 1991）

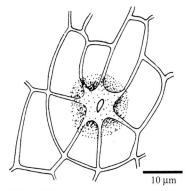

图 78　宽桨叶的气孔器 A stoma of *Eretmophyllum latum* Duan

内蒙古东部，下白垩统 Lower Cretaceous of east Inner Mongolia。示一个气孔器，其副卫细胞具有乳突 A stoma with subsidiary cell papillae（自 Duan & Chen, 1991, fig. 13）

毛点桨叶比较种 *Eretmophyllum* cf. *pubescens* Thomas
图 79

1996. *Eretmophyllum* cf. *pubescens* Thomas：米家榕等，页 128；图版 28，图 15。

图 79　毛点桨叶比较种 *Eretmophyllum* cf. *pubescens* Thomas

辽宁北票海房沟，中侏罗统海房沟组 Middle Jurassic Haifanggou Formation, Haifanggou of Beipiao, Liaoning（CESJU：IH5071；米家榕等，1996）

描述　两枚不甚完整的叶片。叶大，长 70 mm 以上、宽 12 mm，略呈弯曲的桨状，最宽处位于中部，顶部钝圆，基部叶柄未保存。叶脉稀疏，向上平行伸延，近顶端略会聚，但各自交于叶缘，密度为 15 条/cm。脉间具大量规则排列的小坑和散布的棒状树脂体。（据米家榕等，1996）

注　当前标本与命名为 *Eretmophyllum pubescens* Thomas（Seward, 1919）的模式标本（产于英国中侏罗统）特征基本一致，由于当前标本未保存叶柄，角质层也不明，不能做进一步比较。

产地和层位　辽宁北票海房沟，中侏罗统海房沟组。

赛汗桨叶 *Eretmophyllum saighanense* (Seward) Seward
图 80

1912. *Podozamites saighanense* Seward, p. 35；pl. 4, fig. 53.
1919. *Eretmophyllum saighanense* (Seward) Seward, p. 60；fig. 658.
1996. *Eretmophyllum saighanense*：米家榕等，页 128；图版 28，图 7–10。

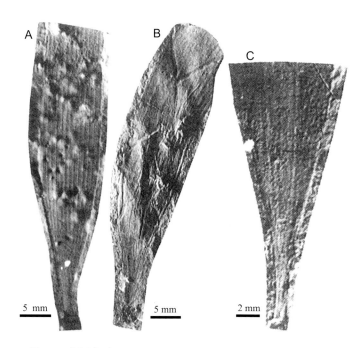

图 80　赛汗桨叶 *Eretmophyllum saighanense* (Seward) Seward

河北抚宁石门寨，下侏罗统北票组 Lower Jurassic Beipiao (Peipiao) Formation, Shimenzhai of Funing, Hebei。A, B. 近乎完整的叶 Nearly complete leaves；C. 叶基部，示叶脉分叉情况 Basal part of a leaf, showing the bifurcated veins（CESJU：A–C. HF5056, HF5055, HF5065；米家榕等，1996）

特征　叶宽线形，长达 12 cm 或更长，宽 2 cm。叶片逐渐向较细的叶柄狭缩。叶脉近基部分叉，至顶端略聚敛，叶脉间距 1 mm。（据 Seward, 1912）

模式标本产地和层位　阿富汗，侏罗系。

注 河北抚宁石门寨所产标本叶质较厚，呈匀称的长椭圆形；长 50 mm 以上、宽 12 mm，中部最宽。向两端均匀收缩；顶端未明，基部具柄，柄长 15 mm、宽约 1.5 mm。叶脉较稀疏，间距约 1 mm，仅在基部分叉，然后与叶缘平行向前延伸。（据米家榕等，1996）

中国标本叶呈长而宽的外形以及叶脉较稀疏、仅在基部分叉等特征与产于阿富汗侏罗系 *Eretmophyllum saighanense* (Seward) Seward 的模式标本基本一致。本种叶片外形和叶脉等与英国约克郡中侏罗统的 *Eretmophyllum pubescens* Thomas 和 *Eretmophyllum whitbiense* Thomas（Thomas, 1913）也十分相似。由于本种叶角质层未经研究，对它们之间的确切关系，目前还不能进行分析。

产地和层位 河北抚宁石门寨，下侏罗统北票组。

柔弱桨叶 *Eretmophyllum subtile* Duan

图 81，图 82

1991. *Eretmophyllum subtile* Duan：Duan & Chen, p. 136；figs. 1–12, 14–16, 18.

特征 叶脱落，倒披针形，全缘；顶端钝圆或钝尖，略不对称；叶柄不显著；叶片长 10–90 mm，基部宽 1–2 mm，最宽的中上部宽 3–6 mm。叶脉不清晰，但经氧化处理后十分显著，两条脉在基部二歧分叉 1–2 次，叶片最宽处有叶脉 6–9 条，或多或少平行，至顶部略聚敛并各自终止于叶片顶端边缘。树脂体不存在。

上角质层厚于下角质层。临近叶缘和叶基的角质层较厚，由长 50–100 μm（常见 70–80 μm）、宽 20–30 μm，伸长的表皮细胞组成；在叶片中、上部，上角质层的细胞为长方形或略伸长的多角形，在叶片下部，细胞为等径多角形，直径 20–

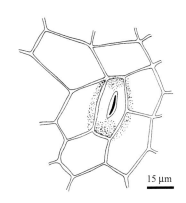

15 μm

图 81 柔弱桨叶的气孔器

A stoma of *Eretmophyllum subtile* Duan

内蒙古东部，下白垩统 Lower Cretaceous, east Inner Mongolia. 示一个气孔器，其副卫细胞不具乳突 A stoma without subsidiary cell papillae（自 Duan & Chen, 1991, fig. 1）

40 μm。细胞壁厚度中等，不规则加厚，侧边呈波状；表壁平，无角质增厚，乳突和毛状体不存在。两面气孔型，上、下角质层气孔器数几乎相等，或下角质层略多。气孔器（包括气孔和副卫细胞）圆形—椭圆形，长 70–80 μm、宽 50–65 μm，散生或偶尔有 3–4 个气孔排成短行，但不形成明显的气孔带。气孔器方位不定，大多纵向，有时斜向和横向，叶片基部和顶部较少，中部较多。保卫细胞下陷，由 4–7 个（大多 5–6 个）副卫细胞作单环式围绕；副卫细胞略覆盖保卫细胞，以致气孔窝口较小；细胞的相互覆盖部分颜色较深；副卫细胞壁无角质加厚。乳突和毛状体缺失。（据 Duan & Chen, 1991 特征）

注 本种以叶片细长、宽不大于 6 mm、叶脉较少、树脂体不存在、叶角质层为两面气孔型、气孔器散生不形成气孔带、细胞表壁平、乳突缺失等为特征，可与本属常见的种 *E. pubescens* Thomas、*E. whitbiense* Thomas（Thomas, 1913）、*E. saighanense* (Seward) Seward（Seward, 1919）等区分。本种叶片形状、大小与湖南江永桃川下侏罗统观音滩组 *Pseudotorellia hunanensis* Zhou（周志炎，1984）表面上有点相似，但后者不具叶柄，角质层为下气孔型，下角质层由较宽的气孔带和较狭的脉路组成等，易于区分。

产地和层位 内蒙古东部，下白垩统（模式标本）。

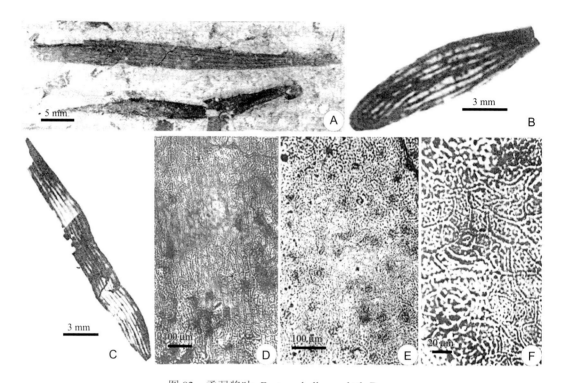

图 82 柔弱桨叶 *Eretmophyllum subtile* Duan

内蒙古东部，下白垩统 Lower Cretaceous, east Inner Mongolia。A. 叶，正模 Leaf, Holotype；B, C. 放大叶，示叶脉 Enlarged leaves showing the venation；D. 上角质层 Upper cuticle；E. 下角质层 Lower cuticle；F. 下表皮细胞和气孔器 Epidermal cells and stomata of the lower cuticle（IBCAS：A–C. 8439, 8463, 8473；Duan & Chen, 1991）

桨叶未定种多个 *Eretmophyllum* spp.

1988. *Eretmophyllum* sp.：李佩娟等，页 103；图版 67，图 4。
　　产自青海大煤沟，中侏罗统大煤沟组 *Tyrmia-Sphenobaiera* 层。
1996. *Eretmophyllum* sp.：米家榕等，页 127；图版 29，图 5，6。
　　产自河北抚宁石门寨，下侏罗统北票组。

桨叶? 未定种多个 *Eretmophyllum*? spp.

1986. *Eretmophyllum*? sp.：叶美娜等，页 70；图版 47，图 6。

产自四川达州白腊坪，上三叠统须家河组第七段。

1997. *Eretmophyllum*? sp.：吴舜卿等，页 169；图版 5，图 6。

产自香港大澳，下、中侏罗统。

准银杏属 Genus *Ginkgodium* Yokoyama, 1889

拼缀异名 *Ginkgoidium* Yokoyama ex Harris, 1935。

模式种 *Ginkgodium nathorstii* Yokoyama。日本 Shimamura、Yanagidani，上侏罗统。

属征 叶革质，全缘或浅裂，逐渐向基部狭缩；叶片基部两侧加厚并变为一短柄；叶脉密集、简单、平行；间细脉很细。（据 Yokoyama, 1889；Seward, 1919）

注 此属名曾被 Harris（1935）拼写为 *Ginkgoidium*。随后，有一些学者采用这样的拼缀法（如 Ôishi, 1940；斯行健、李星学等，1963；黄枝高、周惠琴，1980；刘子进，1982；吴舜卿、周汉忠，1996；吴舜卿等，1997；李星学，2007；Yang et al., 2014）。但原属名的拼写无悖于植物命名法规，而且在 Harris 以后出版的文献中（如 Harris et al., 1974），仍引用 Yokoyama（1889）的原名 *Ginkgodium*，而不再把它拼写为 *Ginkgoidium*。为了不造成拼写上的混乱，本书统一采用最初的名称 *Ginkgodium*。

本属叶片简单，叶柄短而加厚，叶脉简单，从边缘脉（或叶基边缘）平行伸出，具间细脉等可与 *Baiera*、*Eretmophyllum*、*Ginkgoites* 以及 *Sphenobaiera* 等属区分开来。模式种的角质层构造迄今未有报道。定名为 *Ginkgodium eretmophylloidium* Huang et Zhou、*Ginkgodium longifolium* Huang et Zhou、*Ginkgodium truncatum* Huang et Zhou 和 *Ginkgodium crassifolium* Wu et Zhou（见以下记述）的中国标本角质层构造显示为：叶两面气孔型。上角质层较厚，脉路明显，细胞伸长；脉间细胞较短，细胞垂周壁直或微弯，表壁厚，乳突存在。下角质层较薄，脉路不明显或较窄（仅 1–2 行细胞），细胞较短而宽。气孔器圆形，下角质层的气孔较上角质层密集，保卫细胞下陷，副卫细胞 4–6 个，常加厚成具乳突等，似可作为与本目其他属区分的依据。

分布和时代 北半球，中三叠世－早白垩世。

厚叶准银杏 *Ginkgodium crassifolium* Wu et Zhou
图 83

1996. *Ginkgoidium crassifolium* Wu et Zhou：吴舜卿、周汉忠，页 9，14；图版 2，图 4；图版 7，图 1–6；
图版 14，图 1–6。

2014. *Ginkgoidium crassifolium*：Yang et al., p. 265.

特征 叶革质，具柄，叶基两侧加厚；叶长 4–9.5 cm、宽 1.8–3.6 cm，自最宽处中、上部向基部逐渐收缩；叶片顶端浅裂成两个钝圆形裂片；叶脉仅在基部两侧分叉，平行伸展，排列疏松，17 条/cm。脉间具有细纵纹（间细脉）。

上角质层脉路明显，且较宽，由 5–6 行长方形和长多角形细胞组成；脉间细胞多角形，宽而短，排列不整齐；细胞垂周壁直，表壁具乳突；气孔器近圆形，散布于脉间；保卫细胞 2 个，下陷；副卫细胞 4–5 个，其乳突伸向孔缝。下角质层脉路窄，由 1–2 行长方形和长多角形细胞组成；脉间细胞短多角形；细胞表壁加厚，但不作乳突状；气孔器分布于脉间，密集，形状与上角质层的气孔器相同，其副卫细胞中央或沿孔缝加厚。（据吴舜卿、周汉忠，1996，稍作整理）

注 本种叶片的外形与模式种 *Ginkgodium nathorstii* Yokoyama（Ôishi, 1940）有些相似，但本种叶片较宽大，顶部深裂，叶脉疏松，而且后者角质层构造不明，不能做进一步比较。本种叶片外形、大小与陕西神木二十墩上三叠统延长组中上部的 *Ginkgodium truncatum* Huang et Zhou（黄枝高、周惠琴，1980）相似，但后者叶片分裂较深，而且常作两次分裂。两者角质层构造也较相似，仅后者下角质层较薄，脉路不明显，均由短而不规则的多角形细胞组成等勉强可与本种区别。

此种发表时未指定正模标本。

产地和层位 新疆库车，中三叠统"克拉玛依组"。

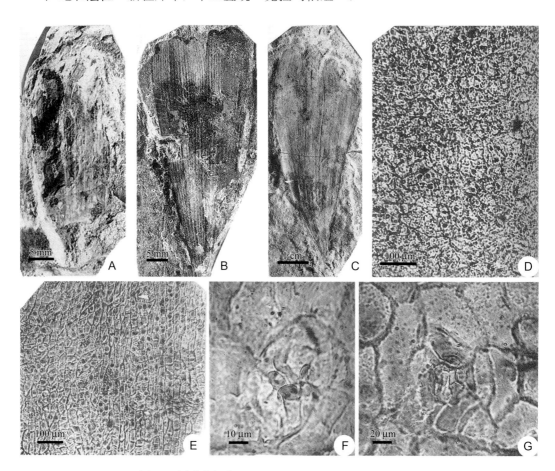

图 83 厚叶准银杏 *Ginkgodium crassifolium* Wu et Zhou

新疆库车，中三叠统"克拉玛依组" Middle Triassic "Karamay Formation", Kuqa of Xinjiang。A–C. 叶 Leaves；D. 上角质层 Upper cuticle；E. 下角质层 Lower cuticle；F, G. 气孔器 Stomata（NIGPAS: A. PB16934；B, D, E, G. PB16936；C. PB16938；F. PB16937；吴舜卿、周汉忠，1996）

桨叶型准银杏 *Ginkgodium eretmophylloidium* Huang et Zhou

图 84

1980. *Ginkgoidium eretmophylloidium* Huang et Zhou：黄枝高、周惠琴，页 105；图版 39，图 5；图版 46，
    图 3–5；图版 48，图 6–8。
1985. *Ginkgodium eretmophylloidium*：杨关秀、黄其胜，页 196；图 3-102.2。
2014. *Ginkgoidium eretmophylloidium*：Yang et al., p. 265.

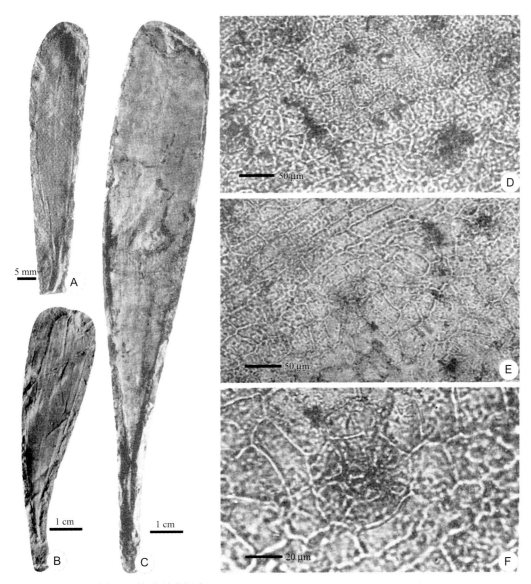

图 84　桨叶型准银杏 *Ginkgodium eretmophylloidium* Huang et Zhou

陕西神木二十墩，上三叠统延长组中、上部 Upper and middle parts of Upper Triassic Yanchang (Yenchang) Formation,
Ershidun of Shenmu, Shaanxi。A–C. 叶 Leaves；D. 上角质层 Upper cuticle；E. 下角质层 Lower cuticle；F. 上表皮气
孔器 A Stoma of the upper cuticle（IGCAGS：A, D–F. OP3060；B. OP3061；C. OP3064；黄枝高、周惠琴，1980）

特征　叶桨状，具一明显短柄；柄长 0.5–2 cm、宽 1–2.5 mm。叶片长 4–14 cm、宽 0.6–2.5 cm，自近顶端最宽处向基部狭缩；顶端不规则缺裂，两侧边近基部处加厚，形成一明显的加厚边。叶脉细，较密，仅在近基部处分叉，脉间具有间细脉。

上角质层脉路明显，较宽，为伸长的长方形细胞组成，其垂周壁直或弯曲；脉间细胞较短，呈不规则的多角形，垂周壁直，较厚，表壁具一明显的乳头状突起；气孔器近圆形，分布于脉路之间，大致沿脉路作纵向排列，其保卫细胞下陷，副卫细胞 5–6 个，具不明显的乳突。下角质层脉路不明显，细胞大多呈短而不规则的多角形，垂周壁直或微弯，增厚明显，表壁具明显乳突。气孔器较上角质层发育，分布很密，有时作不规则的纵向排列。气孔器构造和上角质层的相同。（据黄枝高、周惠琴，1980，稍作整理）

注　正如本种创建者所指出的：本种外形与 *Eretmophyllum* 的有关种相似。英国约克郡中侏罗统的 *Eretmophyllum pubescens* Thomas（Seward, 1919；Harris et al., 1974）的叶片形态与本种十分相似。但前者叶脉分叉，较疏松，间细脉未见，树脂体存在等与本种不同。角质层构造方面，前者上角质层脉路不明显，细胞近于等轴或为略伸长的多角形，气孔器较不发育等与本种易于区分。本种与阿富汗侏罗纪的 *Eretmophyllum saighanense* (Seward)（Seward, 1919）叶片也甚相似。该种在中国河北抚宁石门寨下侏罗统北票组也有发现，但叶脉疏松，间距约 1 mm，间细脉不存在等与本种不同，而且角质层构造未明，两者不能做进一步比较。

此种发表时未指定正模标本。

产地和层位　陕西神木二十墩，上三叠统延长组中、上部。

长叶准银杏 *Ginkgodium longifolium* Huang et Zhou, 1980 (non Lebejev, 1965)

图 85

1980. *Ginkgoidium longifolium* Huang et Zhou：黄枝高、周惠琴，页 105；图版 36，图 3；图版 37，图 6；图版 45，图 2；图版 46，图 1，2，8；图版 47，图 1–8。

1985. *Ginkgodium longifolium*：杨关秀、黄其胜，页 196；图 3-102.1。

2014. *Ginkgoidium longifolium*：Yang et al., p. 266.

特征　叶呈狭楔形，具一明显叶柄；柄长 0.6–2.5 cm、宽 2–4 mm。叶片较大，长 4–14 cm、宽 0.7–1.5 cm。叶片深裂一次，成两个对称的披针形或长椭圆形的裂片，分裂角为 15°–20°，裂缺深度约为叶片长度的 1/3–2/3；裂片最宽处位于中部或中、上部，裂片顶端钝圆或微缺；叶片基部两侧明显加厚，形成一个明显加厚的边缘延伸至叶柄。叶脉细而密，仅在近基部边缘处分叉，平行延伸至顶端，脉间具间细脉。

上角质层脉路明显，较宽（通常超过脉间宽度），其细胞规则，长方形，垂周壁加厚显著，直或稍弯；脉间细胞短而宽，呈不规则的多角形，其垂周壁增厚，直或稍弯；表壁具一明显的乳头状突起；气孔器分布于脉路之间（脉路上偶有分布），椭圆形，作纵向排列；保卫细胞椭圆形，其内侧边缘角质增厚，孔缝窄，呈纵向；副卫细胞 4–6 个，环绕保卫细胞，其内边明显角质加厚。下角质层脉路不清楚，细胞大多短而宽，呈不规则的多角形，偶尔有 1–2 列稍长的细胞相间，垂周壁直或微弯，增厚明显，表壁具一明显乳突。气孔器较上角质层的发育，分布很密，有时不规则地纵向排列。保卫细胞下陷，副卫细胞 4–6 个，各具一个显著乳突，悬于保卫细胞和孔缝之上；孔缝无一定方向。（据黄枝高、周惠琴，1980，稍作简化整理）

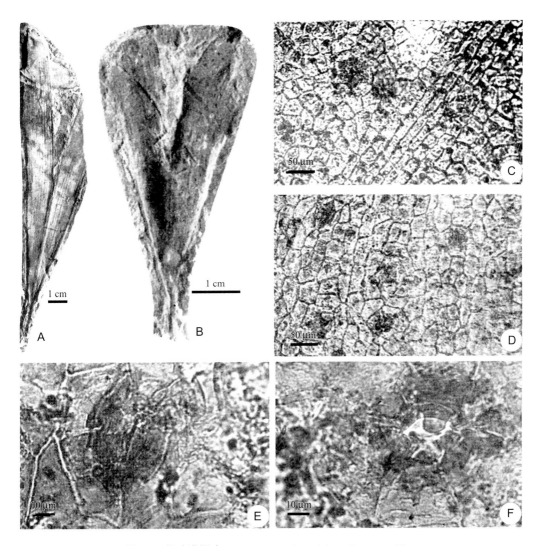

图 85 长叶准银杏 *Ginkgodium longifolium* Huang et Zhou

陕西神木二十墩，上三叠统延长组中、上部 Upper and middle parts of Upper Triassic Yanchang (Yenchang) Formation, Ershidun of Shenmu, Shaanxi。A, B. 叶 Leaves；C. 上表皮 Upper cuticle；D. 下表皮 Lower cuticle；E. 上表皮气孔 Stoma of upper cuticle；F. 下表皮气孔 Stoma of lower cuticle（IGCAGS：A, F. OP3065；B. OP3048；C. OP3106；D, E. OP3107；黄枝高、周惠琴，1980）

注 本种叶呈楔形、顶端深裂等方面与湖北秭归下-中侏罗统香溪组的 *Sphenobaiers huangii* (Sze) Hsü（Sze, 1949；斯行健、徐仁，1954）相似，但后者不具明显叶柄，叶脉较稀，脉间距为 0.6–0.8 mm 以及无间细脉等与本种不同。据吴舜卿等（1980）和王永栋等（Wang et al., 2005）对采自 *Sphenobaiers huangii* (Sze) Hsü 模式标本产地的叶角质层的研究，其角质构造为两面气孔型与本种也有相似之处，但下角质层较厚，气孔带和非气孔带明显，气孔带由 4-6 行等轴多角形至长方形细胞组成，非气孔带由 6-10 行纵向伸长的长方形细胞组成，下表皮细胞垂周壁直、加厚明显等与本种不同。

当前种发表时未指定正模标本，而且此种名被俄罗斯阿穆尔河（黑龙江）流域结雅河上侏罗统的 *Ginkgodium? longifolium* Lebedev（Lebedev, 1965, p. 116, pl. 25, fig. 3, text-fig. 37）先期占用，是一个不合法发表的晚出同名（吴向午、王永栋，待刊）。

产地和层位 陕西神木二十墩，上三叠统延长组中上部。

那氏准银杏 *Ginkgodium nathorstii* Yokoyama
图 86

1889. *Ginkgodium nathorsti* Yokoyama, p. 57；pl. 2, fig. 4；pl. 3, fig. 7；pl. 8；pl. 9, figs. 1–10.
1940. *Ginkgoidium nathorsti*：Ôishi, p. 382；pl. 39, figs. 2–5.
1978. *Ginkgodium nathorsti*：杨贤河，页 528；图版 189，图 6，7b。
1982. *Ginkgoidium nathorsti*：刘子进，页 134；图版 71，图 4，4a。
1985. *Ginkgodium nathorsti*：杨关秀、黄其胜，页 196；图 3-103。
1989. *Ginkgodium nathorsti*：杨贤河，图版 1，图 5。

2 mm

图 86　那氏准银杏 *Ginkgodium nathorstii* Yokoyama
甘肃武都龙家沟，中侏罗统龙家沟组上部 Upper part of
the Middle Jurassic Longjiagou Formation, Longjiagou of
Wudu, Gansu（XAIGM：Lp0049；刘子进，1982）

特征 叶革质，向下渐渐狭缩成一短柄，全缘或浅裂；顶端钝圆。纵向叶脉密，简单，平行；间细脉很细，简单。（Yokoyama, 1889；Ôishi, 1940）

模式标本产地和层位 日本 Shimamura、Yanagidani，上侏罗统。

注 本种叶的形态、大小变异较大。其外形与东格陵兰 *Lepidopteris* 带的 *Sphenobaiera boeggildiana*（Harris, 1935）及英国约克郡中侏罗统的 *Sphenobaiera gyron* Harris（Harris et al., 1974）的某些标本（如 Harris et al., 1974, figs. 18B–D 等），有相似之处，但本种叶脉从边缘脉伸出，简单，具有间细脉以及有明显的叶柄等与前两者不同。而且本种的叶角质层迄今未做研究，与上述种不能做确切比较。

中国标本大多保存欠佳，叶柄部分不是很清晰。甘肃武都龙家沟标本保存较好：叶楔形，长 2.2 cm，顶端正中有一浅缺，边缘略加厚。叶脉清晰，基出 2 条，沿叶缘伸延，并由此两条叶脉分出彼此平行的脉 16–18 条。脉间未见间细脉（刘子进，1982）。其叶的外形，特别是顶端正中有一浅缺，边缘略加厚，叶脉简单、细而平行，叶片基部作柄状收缩等方面与日本的模式标本相似。

产地和层位 四川江油厚坝白庙，下侏罗统白田坝组；甘肃武都龙家沟，中侏罗统龙家沟组上部。

截形准银杏 *Ginkgodium truncatum* Huang et Zhou
图 87

1980. *Ginkgoidium truncatum* Huang et Zhou：黄枝高、周惠琴，页 106；图版 35，图 4；图版 45，图 5；图版 46，图 6–7；图版 48，图 1–5。
1985. *Ginkgodium truncatum*：杨关秀、黄其胜，页 196；图 3-102.3。
2014. *Ginkgoidium truncatum*：Yang et al., p. 266.

特征 叶呈宽楔形，具一明显的、短而粗的叶柄，其长度为 1–1.5 cm，宽约 2 mm，末端较粗壮。叶片大小颇有变化，长 3.5–10 cm 或更长，在顶端最宽处为 1.5–4 cm，自最宽处向基部急剧狭缩。叶片以较小的角度分裂至叶的中部，成两个相等的楔形裂片，其顶端平截，并不对称地再分裂一次，外侧边近基部加厚明显，形成一加厚边延伸至叶柄；叶脉细而密，两条叶脉自叶柄伸出，并延伸至叶片基部两侧，其他叶脉似从这两条叶脉分出，仅在近基部处分叉，向上平行延伸至顶端；间细脉不甚清楚。

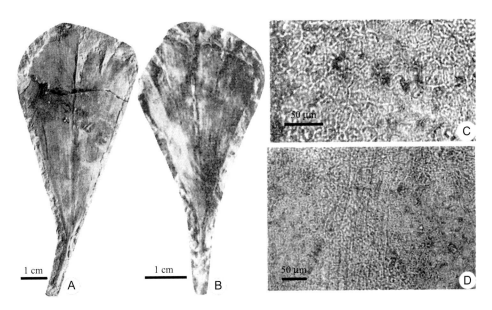

图 87 截形准银杏 *Ginkgodium truncatum* Huang et Zhou
陕西神木二十墩，上三叠统延长组中、上部 Upper and middle parts of the Upper Triassic Yanchang (Yenchang) Formation, Ershidun of Shenmu, Shaanxi。A, B. 叶 Leaves；C. 上表皮 Upper cuticle；D. 下表皮 Lower cuticle（IGCAGS：A. OP3069；B. OP3070；C, D. OP3072；黄枝高、周惠琴，1980）

上角质层较厚，脉路清楚，宽于脉间区；脉路细胞伸长，呈长方形，垂周壁增厚，略弯；脉间细胞短而宽，形状不规则，其垂周壁直或稍弯，角质增厚强烈，表壁中央具有一明显的乳突；气孔器较发育，近圆形，不规则地分布于脉间区，在脉路区偶有分布；

保卫细胞不明显；副卫细胞4–6个，具角质增厚的乳突，常掩盖在保卫细胞和孔缝之上。下角质层较薄，脉路不明显，其细胞为短而不规则的多边形，垂周壁增厚强烈，表壁微微增厚，乳突不明显。气孔器保存不好，似较上角质层发育。（据黄枝高、周惠琴，1980，稍作整理）

注　本种与同产地、同层位的 *Ginkgodium eretmophylloidium* 和 *Ginkgodium longifolium* 无论叶片外形和叶角质构造都较相似，主要区别在于本种叶片较宽大，常呈宽楔形，顶端分叉两次。*Ginkgodium eretmophylloidium* 叶片较狭，呈桨状，顶端不规则浅裂。*Ginkgodium longifolium* 的叶片深裂一次，形成两个对称的披针形或长椭圆形的裂片。本种的下角质层较薄等与上述两种略有不同。

此种发表时未指定正模标本。

产地和层位　陕西神木二十墩，上三叠统延长组中、上部。

准银杏未定种多个 *Ginkgodium* spp.

1996. *Ginkgoidium* sp. (cf. *G. gracilis* Tateiwa)：米家榕等，页 127；图版 28，图 11，13。
产自河北抚宁石门寨，下侏罗统北票组。

1996. *Ginkgodium* sp.：米家榕等，页 127；图版 28，图 6。
产自河北抚宁石门寨，下侏罗统北票组。

1998. *Ginkgodium* sp. 1：张泓等，图版 42，图 5。
产自内蒙古阿拉善右旗长山子，中侏罗统青土井组。

1998. *Ginkgodium* sp. 2：张泓等，图版 42，图 7。
产自新疆奇台北山，下侏罗统八道湾组。

准银杏? 未定种多个 *Ginkgodium*? spp.

1986. *Ginkgodium*? sp.：叶美娜等，页 66；图版 46，图 7，7a。
产自重庆开州温泉，下侏罗统珍珠冲组。

1997. *Ginkgoidium*? sp.：吴舜卿等，页 169；图版 5，图 9。
产自香港大澳，下、中侏罗统。

似银杏属 Genus *Ginkgoites* Seward, 1919

模式种　*Ginkgo obovata* Nathorst, 1886（据 Andrews, 1955）。瑞典斯堪尼亚（Scania），上三叠统瑞替阶。

属征　形似银杏的叶部化石，可能属于银杏属或其亲近族类，但不具备充分的、可以将它们确切归类的依据。（Seward, 1919 的原意）

注　一如 Seward 的原意，在本书中似银杏 *Ginkgoites* 作为一个叶化石属名用以指银杏状（*Ginkgo*-type）的叶化石。它们可能属于银杏属或其相类似的植物，但是缺乏可用于进行自然分类的可靠特征（Seward, 1919；也见 Zhou & Zhang, 1989；Zhou, 1997）。

这个属名的含义和应用，长期以来相当混乱。Seward 当年建立 *Ginkgoites* 属名时并没有给它指定一个模式种，也没有为此属划定形态上的界限。Florin（1936）后来将此属含义做了修订，包含两类银杏状叶化石：一类是在角质层和其他解剖构造特征上和银杏有重大区别的，另一类是角质层和其他解剖构造特征不明的。他并且进一步提出了从形态上区分 *Ginkgoites* 和相近似的叶化石 *Baiera* 属的标准：前者裂片中具有 4 条以上叶脉，而后者一般少于 4 条脉。Florin 的增订意见一度在古植物学界有广泛的影响，特别是在中国（如斯行健、李星学等，1963 等）。不过，Harris（1935）和 Tralau（1968）等提出不同意见。因为 Florin 修订的 *Ginkgoites* 包含了两个不同的含义，不符合分类学的原则。Tralau（1968）另以 *Ginkgo sibirica* Heer（1876b）作为 *Ginkgoites* 的属型种，并主张把它和叶化石 *Baiera* 一同作为银杏科的下属分类单元。它们都以叶片较深地、对称地分裂成狭的裂片和银杏相区别。Harris 等（1974）认为 Tralau 的分类标准在实际工作中无法应用，因为银杏营养叶形态具有很大的变异性，主张放弃 *Ginkgoites* 这个名称，把英国约克郡中侏罗世的所有银杏状的叶化石全部改归到现生银杏的属名之下。直到1998年Czier（1998）研究了罗马尼亚早侏罗世的银杏状的叶化石后,甚至主张把 *Ginkgoites* 连同 *Baiera* 一起归并到银杏属中。这种把不具备任何现生银杏特有性状的化石叶直接归入银杏这个独立的生物分类单元的做法是明显不合适的（Collinson, 1986），因为这样做混淆了自然分类和为了应用目的而建立的形态分类两个不同的系统，造成许多不必要的纠纷。

Krassilov（1972）仍主张应用 Seward 创建的属名。他给此属一个详细的定义如下（自俄文转译时略作修改）：叶具柄；叶片半圆形至楔形，全缘或不同程度地分裂为裂片。裂片总是较宽，在任何水平区段都有 4 条以上的叶脉。有两条脉从叶柄进入叶片，二歧分叉构成一个扇形的脉序。常具有脉间的溶生性树脂体。叶两面气孔型或下面气孔型。气孔单唇式，无定向且不规则地分布在脉间。保卫细胞下陷。副卫细胞通常分化为极位和侧位的，一般除了在靠近保卫细胞的近端以外，不强烈角质化，其表面平，不同程度地加厚或具乳突。表皮细胞具直或弯曲的垂周壁。

Watson 等（1999）也同意继续沿用 *Ginkgoites* Seward 一名的原意，并将此属含义加以增订。她们所给的属征较为简明：单独保存的叶化石；柄明显，顶端急剧扩大形成叶片；叶片具直的侧边，顶缘弧形，浅至深缺刻、开裂；叶脉重复二歧分叉，分开地各自达到顶缘；角质层保存时，具单唇形气孔。

Maheshwari 和 Bajpai（1992）所给的 *Ginkgoites* 的另一种属征，其含义扩大到包括了冈瓦纳大陆古生代一些被归到"银杏类"的叶部化石在内，是不符合 Seward 的原意的。

目前已知，*Ginkgoites* 型的叶化石可以分别和多种很不相同的生殖器官联系在一起，它们分别属于银杏目的不同自然属甚至科级的分类单元（详见概论"五"等；Zhou, 1991, 1997, 2009）。

叶片充分发育（分裂深、裂片多）的 *Ginkgoites* 有时无法和 *Baiera* 相区别［如归入 *Ginkgoites longifolius* (Phillips) Harris 的部分标本］，而有些叶片不大分裂、呈披针形或楔形的则接近 *Ginkgodium*（Yokoyama, 1889）或 *Eretmophyllum*（Thomas, 1913）。这些人为划分的叶化石属彼此之间并没有严格和截然的分界，在叶表皮角质层构造上相互也不容易区别。

在本书中，我们基本上采用 Seward 的处理方式，在缺乏生殖器官证据的情况下，把形似银杏的叶部化石几乎都包括在此叶化石属中。这样做，对于中生代以前的化石来说是符合逻辑的，因为已经有充分的事实证明同样的叶形完全可能属于生长着不同的生殖器官（尤其是雌性胚珠器官）的其他银杏目植物。只有研究得比较详细的义马银杏和无柄银杏等的营养叶化石例外（见页 61，页 63），因为它们不仅和胚珠器官密切共生，而且在器官的相互搭配上完全符合现生同属植物，属于同一植物的可信度极高（周志炎，1994；Zheng & Zhou, 2004）。对于新生代的银杏状叶化石在本书中仍按照原作者的做法把它们大部保留在银杏属内，因为迄今为止，新生代已知的银杏植物生殖器官只有银杏属的胚珠器官或种子（Crane et al., 1990；Gregor, 1992；Zhou et al., 2012）。在这种情况下，人们根据仅有的叶部形态特征作出化石归属的判断，尽管证据并不充分，但也不失为是合理的选择。至少在没有其他更有力的证据时，这样做也是无可厚非的。

分布和时代　亚洲始见于二叠纪；早三叠世至新近纪全球广布。

不整齐似银杏 *Ginkgoites acosmius* Harris
图 88

1935. *Ginkgoites acosmia* Harris, p. 8；pl. 1, figs. 3–5；pl. 2, figs. 1, 2；text-figs. 3E–H, 4.
1978. *Ginkgoites acosmia*：杨贤河，页 526；图版 177，图 1。
1989. *Ginkgo acosmia*：梅美棠等，页 106；图版 58，图 4。

图 88　不整齐似银杏 *Ginkgoites acosmius* Harris

四川新龙雄龙，上三叠统喇嘛垭组 Upper Triassic of Lamaya Formation, Xionglong of Xinlong, Sichuan（CDIGM: Sp0092；杨贤河，1978）

特征　叶柄长 5 cm、宽 1–2 mm；叶片宽 2–8 cm，多数约 6 cm，长 3–6 cm，多数约 4 cm，最小叶片宽 14 mm、长 7 mm。叶片通常分为两半，每一半又或深或浅分成三个主裂片，内侧的裂片较最外侧的裂片长且宽；主裂片顶端通常具深缺裂或深裂，裂片顶端全缘或不规则缺裂；叶脉之间分布有纺锤形树脂体，0.5–1 mm 长、0.2 mm 宽；叶脉细，不明显，有规律地二歧分叉，15 条/cm。

角质层中等厚。上表皮气孔器稀疏或没有，表皮细胞形状一致或是脉路带的略伸长，细胞壁平直，垂周壁很厚，平周壁具中等大小的乳突。下表皮叶脉之间分布有大量气孔器，脉路上也偶有气孔器。脉路的表皮细胞纵向伸长，而在脉间带的形状不规则的表皮细胞之间可以看到横向伸长的表皮细胞。细胞壁平直，平周壁比较平滑，乳突缺失或不明显。气孔器不规则排列，其孔缝方向不规则，但常为纵向；气孔器有时有四个副卫细胞，两个大的侧副卫细胞和两个小的极副卫细胞，但大多数气孔器具有 6 个连成环的副卫细胞。副卫细胞的角质层较普通表皮细胞厚，而且围绕气孔口增厚联合成不规则环状，或呈乳突状覆在气孔口上。气孔下陷，孔缝长 14 μm。下表皮细胞壁有时略弯曲。（据 Harris, 1935）

模式标本产地和层位　东格陵兰，上三叠统 *Lepidopteris* 层。

注　本种的标本在模式产地相当丰富，甚至是若干层位的主要化石，形态上显示出连续的变化，如叶片的大小、叶片的基角和叶片的分裂等。但所有标本的分裂方式都一致，叶脉之间都有树脂体，叶表皮角质层的结构也是非常稳定的（Harris, 1935）。

发现于四川（杨贤河，1978）的叶片形态与本种相似，只是裂片顶端的形态有细微的差别，其裂片的顶端往往呈不同程度的撕裂，并呈不整齐的截形。标本数量也不多，而且表皮角质层结构都未保存，无法做详细的比较，本书暂把这些标本归入本种。

本种和晚三叠世的 *Baiera multipartita* Sze et Lee（斯行健、李星学，1952；见本书页 121）在形态上非常相似。后者的叶片通常分为两半，每一半又或深或浅分裂 5–6 次，形成许多细线形的最后裂片，裂片的顶端浅裂成一对突出的钝齿；前者的叶片先深裂一次成两半，每一半再分裂成三个主裂片，裂片顶端通常具深缺裂或深裂，裂片顶端全缘或不规则缺裂。在标本不是很丰富的情况下两者很容易被混淆。这个格陵兰种在中国的存在还需要更多的标本，尤其是保存有表皮角质层构造的标本来证实。

这个种在形态上和中生代的某些似银杏标本，如 *Ginkgoites fimbriatus*（Harris, 1935）、*Ginkgoites sibirica* (Heer) Seward（Doludenko & Rasskazora, 1972）、*Ginkgoites taeniatus*（Harris, 1935)也有一定的相似性；但 *G. fimbriatus* 的表皮细胞具有中空的乳突；*G. sibirica* 在表皮细胞的结构和叶片形态上和本种虽然比较相似，但裂片的顶端是圆或钝圆的而不似本种的不规则缺刻。和本种相似的标本还有格陵兰与模式标本同层位的 *G. taeniatus*，标本数量也多达百余块，在形态上呈现连续的变化，按照 Harris 的观点，它们的不同仅在于 *G. acosmius* 的裂片较宽、较短（Harris, 1935）。

产自吉林的比较种标本与本种外形相似，但缺裂更深，而且未保存角质层。列举如下。

Ginkgoites cf. *acosmia*：孙革，1993，页 82；图版 35，图 4，5，?7。吉林汪清天桥岭，上三叠统马鹿沟组。

Ginkgoites cf. *acosmia*：米家榕等，1993，页 124；图版 31，图 3，7。吉林汪清天桥岭，上三叠统马鹿沟组。

产地和层位　四川新龙，上三叠统喇嘛垭组。

北京似银杏 *Ginkgoites beijingensis* Chen et Dou

图 89

1984. *Ginkgoites beijingensis* Chen et Dou：陈芬等，页 57；图版 25，图 1。

?1990. *Ginkgo beijingensis* (Chen et Dou) Zheng et Zhang：郑少林、张武，页 221；图版 5，图 6。

特征　叶柄极长，9 cm 以上，宽 2 mm，具明显的中肋。叶片横菱形，巨大，宽 12 cm、高约 10 cm，叶片两侧基角达 40°，然后喇叭状扩大，经三次全裂和局部的第四次半裂，形成 12 枚彼此分离的裂片。裂片细长，长 9–10 cm、宽 5–8 mm，顶端钝圆，下部逐渐收缩成长柄状的基部。每一裂片具 5–8 条平行脉。（据陈芬等，1984）

注　本种模式标本产地只有一块正负面标本，叶巨大，形态比较完整，但表皮角质层情况不明。本种从叶片外形来看，叶片第一次分裂深达叶柄，其后的几次分裂亦呈全裂状，且深度达叶片基部，所有裂片均细长，基部柄状，相互分离，与一些定为拜拉的标本如 *Baiera furcata*（Tralau，1968）十分相像，整体形态与银杏叶相去甚远，更接近拜拉。按照拜拉属和似银杏属这两个形态属的分类标准，裂片内叶脉数量超过 5 条，故归入似银杏属。

图 89　北京似银杏 *Ginkgoites beijingensis* Chen et Dou

北京西山大安山，下侏罗统下窑坡组，正模 Lower Jurassic Xiayaopo Formation, Da'anshan of Xishan, Beijing, Holotype
（CUGB：BM148；陈芬等，1984）

除北京地区以外，产自辽宁凤城的 *Ginkgo beijingensis* (Chen et Dou) Zheng et Zhang 亦仅有一块叶片标本，但是该标本保存非常不完整，也没有保存角质层（郑少林、张武，1990），是否归入此种存疑。

产地和层位　北京大安山，下侏罗统下窑坡组（模式标本）。可疑标本见于辽宁凤城，下侏罗统长梁子组。

北方似银杏 *Ginkgoites borealis* Li

图 90

1988. *Ginkgoites borealis* Li：李佩娟等，页 95；图版 69，图 1B；图版 70，图 2–5a；图版 71，图 1，2，3B，4?；图版 74，图 1，2；插图 22。

特征　叶扇形，叶片长 4–5 cm、宽 5–7 cm，基角 90°–120°；叶柄细，长至少 4 cm、宽 1–2 mm，叶柄表面平或中央有一凹槽。叶片分裂成 4–6 枚（多数 5 枚）楔形或匙形的裂片，裂片分裂的深度为叶片长度的 1/4 至 3/4，有的叶片先深裂成两部分，每部分再浅裂 1–2 次。裂片顶端钝圆至截形，全缘或有缺刻。叶脉清晰，较粗，自叶柄伸出两条叶脉，在叶片基部连续二歧分叉并呈放射状，直达叶缘，在裂片的上部有叶脉（11）14–16 条/cm；幼叶叶脉较密，22 条/cm 左右。叶脉之间未见树脂体。（据李佩娟等，1988）

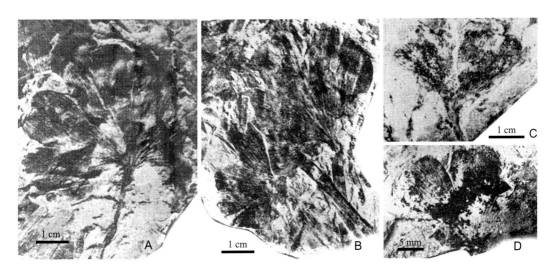

图 90　北方似银杏 *Ginkgoites borealis* Li

青海大煤沟，中侏罗统大煤沟组 Middle Jurassic Dameigou Formation, Dameigou, Qinghai（NIGPAS：A. PB13583 正模 Holotype；B–D. PB13584, PB13592, PB13587；李佩娟等，1988）

注　这个种与英国约克郡中侏罗统的 *Ginkgo digitata*（*Ginkgoites digitatus*）的某些标本非常相似（如 Harris et al., 1974, p. 7, text-fig. 1）。青海的本种化石都产自同一层位，数量丰富，有些是保存在同一层面上的，它们大小虽有不同，叶片分裂的深浅和叶脉的疏密等也有所变化。这些连续的变化可以视为同一个种内的变化。该种虽为叶片化石，且没有角质层保存，也没有生殖器官伴生，但所有的叶片化石显示的形态特征，如叶片较宽（4–6 cm）、基角较大可达 220°、叶片浅裂至深裂成 4–6 枚、叶脉较粗等特点，综合起来和 *G. digitata* 还是可以区别开来的。新疆哈密三道岭，中侏罗统西山窑组有相似叶化石报道（邓胜徽等，2003，图版 76，图 2）。

产地和层位　青海大柴旦大煤沟，中侏罗统大煤沟组（模式标本）。

吉林似银杏 *Ginkgoites chilinensis* Lee

图 91

1929. *Baiera* cf. *phillipsi* Nathorst：Ôishi, p. 273.

1933. *Baiera* cf. *phillipsi*：Yabe & Ôishi, p. 222；pl. 33, fig. 2.

1933. *Baiera* cf. *phillipsi*：Ôishi, p. 246；pl. 37, figs. 7, 8；pl. 39, fig. 14.

1963. *Ginkgoites chilinensis* Lee：斯行健、李星学等，页220；图版71，图8；图版73，图5；图版86，图4，5。

1980. *Ginkgo chilinensis* Lee ex Zhang, Chang et Zheng：张武等，页283；图版182，图2，6。

1982. *Ginkgo chilinensis*：郑少林、张武，页317；图版17，图9–16。

1982. *Baiera polymorpha* Samylina：谭琳、朱家楠，页148；图版35，图7–9。

1982. *Ginkgoites chilinensis*：刘子进，页133；图版70，图5；图版73，图5，6。

特征 叶扇形，高 3–4 cm，深裂成 6 个或更多的线形裂片。裂片排列紧凑，中部宽 3–4 mm，含 6–10 条平行脉。叶柄较细，宽度通常不足 1 mm，长度 1 cm 以上。

上、下表皮角质层厚度相当，上表皮细胞等径多边形或略伸长，脉路带不清楚，细胞垂周壁略弯曲，每一细胞中央皆有一乳突，脉路细胞的乳突不明显，脉路带之间偶见气孔器。下表皮的脉路较上表皮明显，为伸长的、边缘增厚的细胞所组成；叶脉之间的气孔器多而拥挤，圆形或椭圆形，排列无一定方向；保卫细胞外形不明，副卫细胞 5–6 个环绕气孔成一圆圈，具乳突，并弯覆于保卫细胞之上。（据斯行健、李星学等，1933）

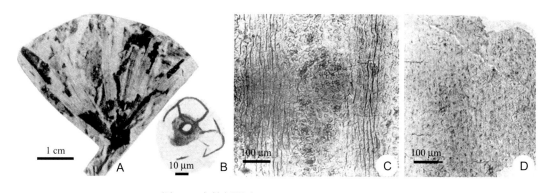

图91 吉林似银杏 *Ginkgoites chilinensis* Lee

吉林九台火石岭，下白垩统，正模 Lower Cretaceous, Huoshiling of Jiutai, Jilin, Holotype。A. 叶 Leaf；B. 气孔器 Stoma；C. 下表皮 Lower cuticle；D. 上表皮 Upper cuticle（IGPTU：38394；Yabe & Ôishi, 1933；Ôishi, 1933）

注 该种的模式标本较为破碎，表皮构造亦不十分清晰，最初由大石（Ôishi, 1929）归入拜拉属 *Baiera* cf. *phillipsi*，而这个种的英国标本后来已被归入似银杏属 *Ginkgoites longifolius*（Harris, 1946）或 *Ginkgo longifolius*（Harris et al., 1974）。据李星学的研究（斯行健、李星学等，1963），中国标本的表皮构造与英国标本的差异比较大：英国的标本虽外形及叶脉密度与中国标本相似，但表皮角质层不同，英国标本表皮细胞无乳突，垂周壁平直，上表皮无气孔；中国标本表皮细胞的中央皆有一乳突。据此，斯行健、李星学等（1963）将中国标本另定为吉林似银杏。从不多的几块中国标本来看（张武等，1980；刘子进，1982；郑少林、张武，1982），该种裂片细长，深裂，与拜拉相似，但每个裂片中的叶脉 6 条以上。一般来看，本种的裂片排列较紧密，叶片基角小（小于 180°），在外形上与大多数似银杏属化石有区别。

内蒙古固阳盆地下白垩统固阳组的 *Baiera polymorpha* Samylina（谭琳、朱家楠，1982）每个裂片内含有 5-10 条叶脉，应该归入似银杏属。内蒙古的标本虽然表皮角质层的特征不清楚，但从标本的形态来看只是比吉林九台火石岭的标本略大，裂片略多（8-14 枚），与本种非常相似，故将其归入本种。

产地和层位 吉林九台火石岭，下白垩统（原归入中、上侏罗统，模式标本）；营城，下白垩统沙河子组。黑龙江双鸭山四方台，下白垩统城子河组。内蒙古呼伦贝尔，下白垩统大磨拐河组；固阳，下白垩统固阳组。甘肃成县和康县草坝、李山，下白垩统东河群化垭组、周家湾组。

周氏似银杏 *Ginkgoites chowii* Sze
图 92

1956a. *Ginkgoites chowi* Sze：斯行健，页 47，152；图版 40，图 3；图版 47，图 2。
1963. *Ginkgoites chowi*：斯行健、李星学等，页 221；图版 86，图 2，3。

特征 叶较大，长至少 5 cm、宽至少 6.5 cm；叶片似革质。叶脉略稀疏，由基部放射状伸出，分叉数次直达叶边缘。叶近乎全缘，叶顶端分裂为深浅不一的几个裂片；裂片顶端呈钝圆形。叶柄较粗壮，宽达 4 mm，长度不明。叶基部较宽，几乎成截形。（据斯行健，1956a）

注 该种叶片整体形态呈铲状，叶片浅裂，与新生代地层较多发现的现生银杏比较接近，在中生代地层中较为少见。该种与产于南非中、上三叠统 Karroo 群上部 Molteno 组的 *Ginkgoites magnifolius* Du Toit（Du Toit, 1927；Anderson & Anderson, 1985, 2003）没有太大的区别，只是后者的叶形较本种略大，叶片分裂较本种略深。模式标本产地陕西宜君杏树坪上三叠统延长层上部产出的一种似银杏化石 *Ginkgoites* sp.（斯行健，1956a，图版 47，图 3，4）叶片浅裂、叶脉稀疏，也与该种相似。

图 92　周氏似银杏 *Ginkgoites chowii* Sze

陕西宜君杏树坪，上三叠统延长组 Upper Triassic Yanchang (Yenchang) Formation, Xingshuping of Yijun, Shaanxi（NIGPAS：PB2451；斯行健，1956a）

本种的模式标本产于上三叠统延长组的上部，和南非种 *Ginkgoites magnifolius* 的产出层位大致相当。目前国内归入本种的标本甚少，大多数类似的标本因叶片分裂较本种深而被归入南非的种。目前为止归入后者的中国标本（见页 173）主要发现于晚三叠世地层，在早侏罗世也偶有记录，表皮角质层结构不明。这些同时代或略晚的 *G. magnifolius* 标本，虽叶片较本种略大、略厚，叶脉略粗，但这些变化很可能是同一个种内的变异。

比较种列举如下。

Ginkgoites cf. *chowi*：吴舜卿、周汉忠，1996，页 9；图版 7，图 7；图版 15，图 4–6。新疆库车，中三叠统克拉玛依组。

产地和层位 陕西宜君杏树坪，上三叠统延长组（模式标本）。

革质似银杏 *Ginkgoites coriaceus* (Florin)
图 93，图 94

1936. *Ginkgo coriacea* Florin, p. 111；pl. 22, figs. 8–13；pls. 23, 24；pl. 25, figs. 1–5.
1967a. *Ginkgo paradiantoides* Samylina, p. 138；pl. 2, figs. 2–5；pl. 3, figs. 1–11；pl. 4, figs. 1–10；pl. 6, fig. 7a；pl. 8, fig. 7b.
1988. *Ginkgo paradiantoides*：陈芬等，页 67；图版 39，图 3–8。
1989. *Ginkgo paradiantoides*：任守勤、陈芬，页 636；图版 2，图 10–15。
1993. *Ginkgo coriacea*：Sun, p. 162；pls. 1–6；text-figs. 2, 3.
1995. *Ginkgo coriacea*：邓胜徽，页 51；图版 18，图 5；图版 22，图 7；图版 22，图 1, 7；图版 41，图 1–7；图版 42，图 3–6；插图 20。

图93 革质似银杏 *Ginkgoites coriaceus* (Florin)

内蒙古霍林郭勒，下白垩统霍林河组 Lower Cretaceous Huolinhe Formation, Holingol of Inner Mongolia（NIGPAS：C.170-5, C.174, C.171；Sun, 1993）

1997. *Ginkgo coriacea*: 邓胜徽等，页 41；图版 23，图 1–15；图版 24，图 1–9，14；图版 25，图 1A；图版 28，图 6，7。

2016. *Ginkgo coriacea*: Sun et al., p. 135; figs. 3a–h.

特征　叶片半圆形、扇形；叶柄长 1–2.2 cm、宽 1.0–2.2 mm；叶最外侧两裂片左右展开角度大多为 150°–180°，少数为 100°–130°。叶片长 2.0–4.4 cm、宽 3.8–8.0 cm，或深或浅裂成 4 片，每一裂片向基部略收缩并再分裂 1–2 次；顶端圆形、截形或有缺裂。叶脉纤细不明显，通常 15–20 条/cm，少数叶片为 12–15 条/cm。叶脉之间分布有 99–132 μm 宽、1.0–1.1 mm 长的纺锤形、卵形的树脂体。

上表皮的普通细胞为等径的或呈多边形，大小约 30–40 μm×25 μm，被脉路细胞隔开。脉路细胞 3–4 行，为伸长的多角形，大小约 65 μm×15 μm。平周壁角质化，多数细胞外表面有一圆形的、20 μm×20–25 μm 大小的乳突，少数细胞外表无乳突。垂周壁除少数弯曲大多平直。

下表皮分为气孔带和非气孔带。气孔带宽 410–443 μm，有 2–3 行不规则排列的气孔行。气孔器椭圆形，单唇式，单环或不完全双环。副卫细胞具乳突，这些乳突往往伸向气孔甚至覆盖了气孔。气孔带内的普通细胞多边形，平周壁上有乳突。非气孔带由 3–5 列长方形细胞组成。气孔密度为 24 个/mm^2。（据 Florin, 1936；Sun, 1993）

模式标本产地和层位　俄罗斯法兰士约瑟夫地，下白垩统。

注　本种是一个外形变化很大、分布广泛的种。Samylina（1967a）建立的 *Ginkgo paradiantoides* 无论叶片形态还是表皮角质层结构都与 Florin（1936）描述的 *Ginkgo coriacea* 模式标本没有根本的区别，应为本种的晚出异名。陈芬等（1988）、任守勤和陈芬（1989）描述的辽宁阜新铁法煤矿下白垩统沙海组、内蒙古海拉尔盆地五九煤矿下白垩统大磨拐河组的 *G. paradiantoides*，从形态上来看也都在本种的变化范围内，且它们的角质层和本种没有根本的区别，自应归入本种。孙革（Sun, 1993）并认为东北亚地区的一些似银杏化石，如日本内带早白垩世的 *G. paradiantoides*（Kimura & Sekido, 1978）、中国内蒙古扎赉诺尔早白垩世的 *G. digitita*（Toyama & Ôishi, 1935）、霍林郭勒及周边地区早白垩世的 *G. digitita*（张武等，1980），以及俄罗斯早白垩世的 *G. paradiantoides* 一样都属于本种。

在东北地区还有不少叶片分裂较深、裂片较细的似银杏化石被归于 *Ginkgo digitita* 和 *Ginkgo huttonii*（见本书相关部分）。这些标本在叶片形态上来看虽然也有属于似银杏和本种的可能，但这两个种的模式标本的表皮细胞结构不同于革质似银杏 *G. coriaceus*。*G. digitita* 的上表皮细胞的平周壁没有中央乳突，气孔器的副卫细胞也没有明显的乳突；*G. huttonii* 的上表皮也具气孔器，而且表皮细胞一般也没有中央乳突（Harris et al., 1974）。遗憾的是中国的这些标本大多是根据保存欠佳的零星标本确定的，无法比较表皮细胞的构造，因此它们的确切分类位置目前还难以厘定。

此种叶片分裂较浅的标本在形态上与现代银杏叶片更为接近。发现于新生代的相似标本一般归入现代银杏属。中生代此类标本较少，在没有发现相关的生殖器官等情况下本书将其归入化石形态属。值得注意的是最近在内蒙古霍林河煤田下白垩统霍林河组中发现一种新的胚珠器官化石 *Ginkgo neimengensis* Xu et Sun（Xu et al., 2017），其伴生叶就是属于"革质似银杏"型的。这说明此型营养叶确实和银杏属有密切关系。

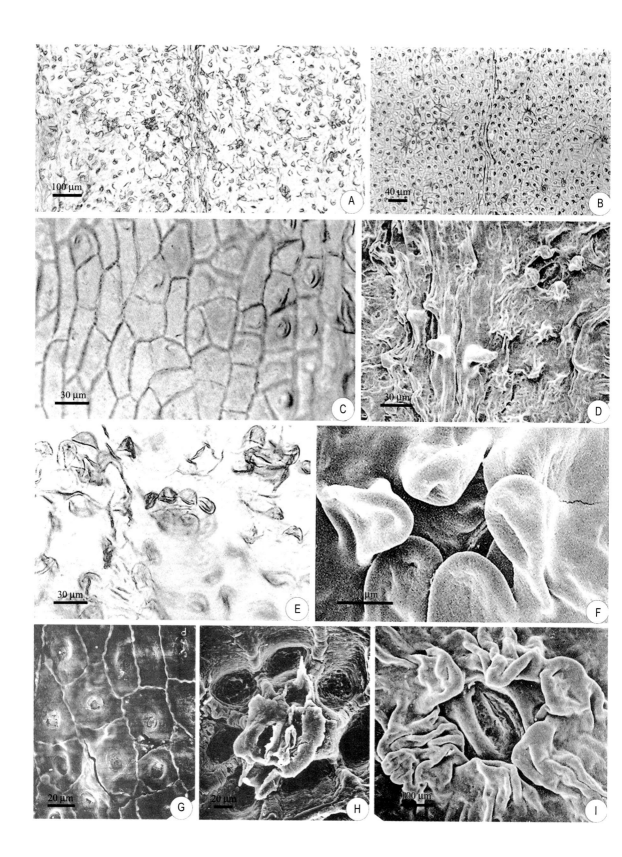

图 94　革质似银杏的角质层 Cuticles of *Ginkgoites coriaceus* (Florin)

内蒙古霍林郭勒，下白垩统霍林河组 Lower Cretaceous Huolinhe Formation, Holingol of Inner Mongolia。A. 下角质层，气孔带和非气孔区带 Lower cuticle, outline of stomatal and non-stomatal zones；B. 上角质层，分散的毛状体 Upper cuticle, scattered trichomes；C. 上角质层，平周壁上不同类型的乳状突起 Upper cuticle, varying of papillae on periclinal walls；D. 下角质层外面观，非气孔带上的毛状体，其垂周壁在纵向上折叠状角质化 Lower cuticles (outside view), trichomes developed on non-stomatal zones and their anticlinal walls longitudinally foldedly cutinized；E. 下角质层，气孔周围的显著的乳状突起 Lower cuticle, extraordinary papillae hanging pits of stomata；F. 下角质层气孔外面观，具显著的乳突，副卫细胞形态各异 Lower cuticle (outside view), stomata with extraordinarily strongly papillate subsidiary cells varying in form；G. 上角质层内面观，平周壁的中央具明显乳状突起 Upper cuticle (inside view), marked papillae situated regularly centrally on the periclinal wall；H. 非气孔带和一个气孔，其下陷的保卫细胞沿孔缝向极端扩展 Longitudinal files of non-stomatal zone and a stoma with sunken guard cell expanding polar part along the aperture；I. 下角质层气孔外面观，具显著乳突，副卫细胞形态各异 Lower cuticle (outside view), stomata with extraordinarily strongly papillate subsidiary cells varying in form（D, F, G, H, I. SEM；NIGPAS：A. C.176-3；B. C.176-1；C. C.175-1；D. C.177, SEM 65468；E. C.183；F. C.183-3, SEM63947；G. C.171R, SEM02865；H. C.175, SEM64261；I. C.183-3, SEM63947；Sun, 1993）

产地和层位　内蒙古霍林郭勒，下白垩统霍林河组；海拉尔，下白垩统大磨拐河组、伊敏组。辽宁阜新，下白垩统阜新组。吉林和龙、营城，下白垩统长财组、营城组。

似银杏？粗脉种 *Ginkgoites? crassinervis* Yabe et Ôishi

图 95

1933. *Ginkgoites*? *crassinervis* Yabe et Ôishi, p. 213；pl. 32, fig. 8a.

1963. *Ginkgoites*? *crassinervis*：斯行健、李星学等，页 221；图版 76，图 1a.

1980. *Ginkgo*? *crassinervis*：张武等，页 283；图版 182，图 7.

?1982a. *Ginkgoites crassinervis*：杨学林、孙礼文，页 593；图版 3，图 6。

特征　叶扇形，高 4 cm 以上，为一较宽的缺裂分成近于相等的两半，每半再分裂成楔形裂片。最外侧裂片展开近 180°，并且向基部渐渐汇合成为较粗的叶柄；叶柄直径 2–5 mm。叶脉明显，粗壮，可达 0.3 mm；基部叶脉 5 条，经二歧分叉后进入各级裂片。叶脉稀疏，裂片上部叶脉的间距达 1 mm。表皮特征不明。（据 Yabe & Ôishi, 1933）

注　本种叶片形态和叶脉分裂方式与银杏目植物相似，但叶脉粗壮、叶柄较宽，叶片基部有 5 条叶脉，又和已知的银

1 cm

图 95　似银杏？粗脉种
Ginkgoites? *crassinervis* Yabe et Ôishi

吉林长春陶家屯，下白垩统 Lower Cretaceous, Taojiatun of Changchun, Jilin（IGPTU: 38396；Yabe & Ôishi, 1933）

杏植物明显不同。本种的模式标本不完整、未保留角质层使得无法与银杏目各属做进一步比较，尤其是叶片基部有 5 条叶脉，是否可归入银杏类仍存疑。吉林九台沙河子组的标本叶片开展的角度小于 180°、中央分裂较窄且浅，叶脉较密、叶柄也较细（杨学林、孙礼文，1982a），与本种在形态上存在较大的差异。

产地和层位 吉林长春陶家屯，下白垩统；吉林营城，下白垩统沙河子组（模式标本）；吉林九台，下白垩统沙河子组有可疑记录。

楔叶似银杏 *Ginkgoites cuneifolius* Zhou

图 96

1984. *Ginkgoites cuneifolius* Zhou：周志炎，页 41；图版 22，图 3；图版 23，图 5，5a；图版 24，图 1–3。

特征 叶楔形，具柄；叶片长约 50 mm，基角 30°。叶柄宽 1 mm 左右、长 10 mm 以上。叶片深裂为两半，然后各自再深裂一次，最终分成 4 个狭细的裂片。裂片宽 2.5–4 mm，顶端钝至亚尖。叶脉不明显，每一裂片中有 4–7 条；脉间距不足 0.5 mm。树脂体圆形、椭圆形。

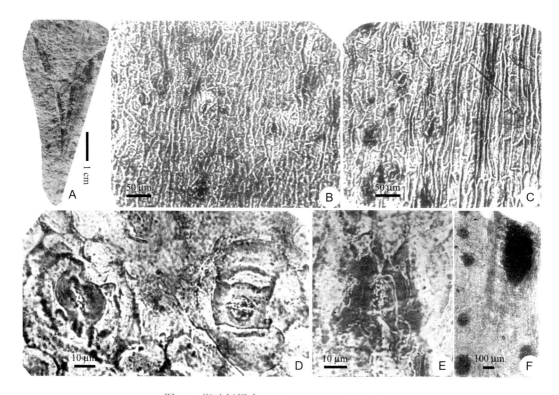

图 96　楔叶似银杏 *Ginkgoites cuneifolius* Zhou

湖南蓝山圆竹，下侏罗统观音滩组 Lower Jurassic Guanyintan Formation, Yuanzhu of Lanshan, Hunan。A. 正模 Holotype；B. 上表皮 Upper cuticle；C. 下表皮 Lower cuticle；D. 上表皮气孔器 Stomata in upper cuticle；E. 下表皮气孔器 Stoma in lower cuticle；F. 树脂体 Resin body（NIGPAS：PB8919；周志炎，1984）

角质层较厚。上表皮角质层比下表皮略厚，几乎全由近等轴形细胞（有时宽度略大于长度）组成。脉路不明显，细胞长方形，1–3 个细胞排成纵行。气孔带宽约 150 μm。细胞壁具微弱的角质突起。垂周壁常不均匀断续状角质增厚。气孔器形态与下表皮气孔器一致，但较稀疏，周围细胞不发育。下表皮由明显的脉路带和气孔带组成。脉路带宽约 200 μm；细胞长方形或斜长方形，排成不规则或规则的纵行，大小为 30–100 μm×7.5–22.5 μm。气孔带宽约 250 μm；细胞 10–100 μm×6–30 μm，呈稍狭长或横的长方形。表皮细胞的平周壁平，在气孔带中有时稍增厚；纵向的垂周壁增厚，在脉路上的最明显，常联合成较粗的角质脊；横向垂周壁较少加厚，常偏斜。气孔器单环式—复环式，以完全双环式为常见，纵向为主，少数偏斜，不规则散生于气孔带中。保卫细胞呈弓形、半月形或近长方形，不下陷，高 25–28 μm，强角质化；副卫细胞 4–7 个，一般有 2 个极副卫细胞，4–5 个侧副卫细胞，不具乳突；周围细胞存在，以侧位的较常见，有时组成完整的环。除保卫细胞外，所有细胞角质化程度相近。（据周志炎，1984）

注 这个种同湖南下侏罗统所产的另一个种 *Ginkgoites taochuanensis*（周志炎 1984；见本书页 205）一样材料较少，标本保存也不完整，但都保存了较好的角质层。本种保存下来的标本在外形及裂片形态上与楔拜拉 *Sphenobaiera* 非常相似，但有叶柄，因此应归入似银杏属。与欧洲早、中侏罗世的 *G. longifolius*（Harris et al., 1974）及 *G. marginatus*（Florin, 1936）相比，本种的上表皮细胞气孔器较多，气孔器保卫细胞不下陷，副卫细胞不具乳突。

产地和层位 湖南蓝山圆竹，下侏罗统观音滩组排家冲段（模式标本）。

弯曲似银杏 *Ginkgoites curvatus* (Chen et Meng)
图 97

1988. *Ginkgo curvata* Chen et Meng：陈芬等，页 65；图版 59，图 12，13。

特征 叶中等大小，柄明显。叶片宽楔形，中央先分裂一次至叶柄，每半再分裂 1–2 次，形成 4–12 个最后裂片。裂片呈匙形，最宽处在中上部，顶端钝；同级裂片往往向相反方向明显弯曲。每个裂片内约有 10 条左右叶脉。（据陈芬等，1988）

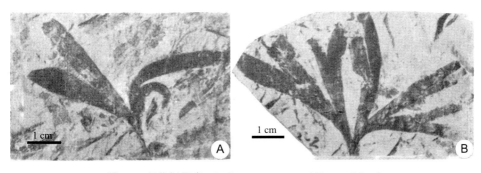

图 97 弯曲似银杏 *Ginkgoites curvatus* (Chen et Meng)

辽宁阜新，下白垩统阜新组 Lower Cretaceous Fuxin Formation, Fuxin of Liaoning（CUGB：A. Fx284，正模 Holotype；
B. Fx285；陈芬等，1988）

注　该种叶片形态比较独特，同级裂片向相反方向明显弯曲。从植物生长发育的角度来看，正常情况下叶片不会这样生长。因此，这种状况可能是叶片异常发育造成的非正常的叶片形态。考虑到同层位的 *Ginkgoites sibirica* 和 *G. manchurica* 这两个种在阜新盆地都有大量标本保存，而且叶片形态显示出很大的变化（陈芬等，1988），因此本种很可能是这两个种当中的一个发育不正常的叶。但目前该种的表皮结构特征不清楚，与后两种的关系无法判断，本书暂保留这个种名。

产地和层位　辽宁阜新海州，下白垩统阜新组（模式标本）。

大雁似银杏 *Ginkgoites dayanensis* (Chang)
图 98

1980. *Ginkgo dayanensis* Chang：张武等，页 283；图版 181，图 7，11。
1995. *Ginkgo dayanensis*：邓胜徽，页 52；图版 25，图 3。
1997. *Ginkgo dayanensis*：邓胜徽等，页 41；图版 24，图 13；图版 28，图 2–4。

1 cm

图 98　大雁似银杏 *Ginkgoites dayanensis* (Chang)

内蒙古霍林河煤田，下白垩统霍林河组 Lower Cretaceous Huolinhe Formation, Huolinhe Coal Mine, Inner Mongolia（CRIPED: H14-432；邓胜徽，1995）

特征　叶半圆形或扇形，具柄。叶片基角近 180°，高约 4 cm、宽 8–10 cm，先自中央深裂至近基部将叶片分为对称的两半，每半又分别或浅或深地分裂 2–3 次，形成 8 个以上最后裂片。裂片窄楔形或披针形，两侧平行，基部略收缩，顶端近截形。叶脉平行，较稀疏，每个裂片有 4–6 条，最多 7 条叶脉。表皮构造不明。（据张武等，1980；邓胜徽等，1997）

注　该种见于内蒙古东部早白垩世地层，叶片通常呈半圆形，分裂不整齐，略呈鹿角状，或深或浅，左右两半比较对称，裂片狭长，叶脉稀疏，略接近拜拉。在内蒙古霍林河煤田下白垩统霍林河组和本种共同产出的 *Ginkgo huolinhensis* Dong et Sun（Dong & Sun, 2012）两者外形完全相同，应属同种。其叶为下气孔型，乳突和毛细胞见于上、下表皮。

产地和层位　内蒙古呼伦贝尔扎赉诺尔，下白垩统大磨拐河组（模式标本）；内蒙古霍林郭勒，下白垩统霍林河组。

指状似银杏 *Ginkgoites digitatus* (Brongniart) Seward
图 99

1830 (1820–1838). *Cyclopteris digitata* Brongniart, p. 219；pl. 61, figs. 2, 3.

1919. *Ginkgoites digitata* (Brongniart) Seward, p. 14；fig. 634.

1948. *Ginkgo digitata* (Brongniart) Seward：Harris, p. 207；text-figs. 7A–D, 8.

1974. *Ginkgo digitata*：Harris et al., p. 5；text-fig. 1.

特征 叶片半圆形，高 2.2–4.7 cm，多数约 3 cm，基角可达 200°；叶柄纤细，表面有沟槽。叶片通常浅裂，深度很少超过叶片长度的 1/3。裂片 6–9 片，裂片顶端截形至圆形，具深缺刻，或具 12 个几乎相等的裂片。叶脉较明显，数目很多，通常 16 条/cm，二歧分叉。树脂体圆形或椭圆形，较小，0.1 mm×0.1–0.4 mm，分布在叶脉之间。

上表皮角质层厚约 1 μm，无气孔器。脉路带有几行略伸长细胞；叶脉之间的表皮细胞为等径状或稍伸长。细胞表面无乳突，偶有表皮毛，垂周壁平直。下表皮角质层厚约 0.5 μm，其脉路带为伸长的细胞组成；非脉路带的宽度通常是脉路带的三倍；普通表皮细胞为等径的，气孔器分布其间，较密；表皮细胞表面无纹饰或乳突，细胞壁平直。气孔器散生，孔缝方向不定，但纵向较多；保卫细胞微下陷；副卫细胞形成一个不明显的环，靠近孔缝处加厚。沿叶脉表皮上具毛状物，无乳突。（据 Harris, 1948；Harris et al., 1974）

模式标本产地和层位 英国约克郡，中侏罗统。

图 99 指状似银杏 *Ginkgoites digitatus* (Brongniart) Seward

内蒙古扎赉诺尔，下白垩统（A）Lower Cretaceous, Chalainor, Inner Mongolia (A)；黑龙江鸡西哈达、双鸭山四方台，下白垩统城子河组和穆棱组（B，C）Lower Cretaceous Muling Formation and Chengzihe Formation, Hada of Jixi and Sifangtai of Shuangyashan, Heilongjiang (B, C)（HKU：A. No. 6298；Toyama & Ôishi, 1935；SYIGM：B, C. HCS030；郑少林、张武，1982）

注 对本种模式产地的标本，Harris（1948）曾做过详细的研究，并将本种和同一产地的相关化石做了详细的比较（Harris et al., 1974）。与本种容易混淆的是西伯利亚似银杏 *Ginkgoites sibirica* 和胡顿似银杏 *Ginkgoites huttoni* 的部分标本（见页 165）。虽然这几个种的部分标本在形态特征和表皮角质层特点上和本种有相近之处，但西伯利亚似银杏的叶片分裂较深，裂片不及本种宽，裂片顶端不如本种宽圆、平截；胡顿似银杏的叶片也不及本种叶片宽。而本种叶片的基角较大（通常大于 180°，甚至可达 200°），叶片浅裂，裂片数量多，叶脉常较显著，在裂片的上部甚至接近边缘部分也分叉。另外，本种的表皮角质层较薄，细胞轮廓不十分清晰，普通表皮细胞和副卫细胞都没有乳突，也和以上两种有区别。中国中生代地层中最早定为此种的标本采自内蒙古呼伦贝尔扎赉诺尔

（Toyama & Ôishi, 1935），该标本后来被置于 *Ginkgo* 属（斯行健、李星学等，1963），又被认为是 *G. coriacea*（Sun, 1993）。

定为本种的化石主要是东北地区早侏罗世至早白垩世的标本，都未做过角质层研究。虽然如此，保存比较完整的标本从形态上来看还是可以归入本种的。

王自强（1984）描述的山西怀仁下侏罗统永定庄组的标本仅有一块，从形态上来看叶片的基角较小（150°），叶柄较粗，叶片中央分裂一次深达叶柄，第二次分裂亦深达叶片基部，最终成 4 枚约略相等的披针形裂片，裂片最宽处在中上部，顶端钝圆，与本种相去甚远；而且山西标本的表皮角质层特点与本种也有区别，山西标本的上表皮也偶有气孔器出现，下表皮气孔器不密集。

中国标本列举如下。

Ginkgoites digitata：Toyama & Ôishi, 1935, p. 69；pl. 3, figs. 4, 5.

Ginkgo digitata：斯行健、李星学等，1963，页 217；图版 71，图 5，6。

Ginkgo digitata：张武等，1980，页 283；图版 182，图 3–5，8。

Ginkgo digitata：刘茂强、米家榕，1981，页 26；图版 3，图 2。

Ginkgo digitata：郑少林、张武，1982，页 318；图版 4，图 15；图版 5，图 11；图版 15，图 8。

Ginkgo digitata：陈芬等，1984，页 57；图版 30，图 3。

Ginkgo digitata：孙革、商平，1988，图版 4，图 3。

Ginkgo digitata：孙革、赵衍华，1992，页 543；图版 244，图 2。

以下标本无角质层，形态又不完整，有的标本的裂片分裂较深，与本种形态上有一定差异，其归属难以确定，作为可疑标本和比较种列举如下。

Ginkgo digitata：张武等，1980，页 283；图版 142，图 4；图版 144，图 1；图版 181，图 4，10。内蒙古呼伦贝尔、伊敏、大雁，辽宁北票、本溪、昌图，下白垩统。

?*Ginkgo digitata*：王自强，1984，页 273；图版 140，图 9；图版 172，图 1–10。

Ginkgo digitata：商平，1985，图版 8，图 4。辽宁阜新，下白垩统海州组。

Ginkgo cf. *digitata*：黄枝高、周惠琴，1980，页 96；图版 30，图 6；图版 40，图 6；图版 42，图 2。陕西神木杨家坪，上三叠统延长组。

Ginkgo cf. *digitata*：王国平等，1982，页 275；图版 127，图 9。浙江临安，中侏罗统。

Ginkgo digitata：商平等，1999，图版 2，图 1。新疆吐哈盆地，中侏罗统西山窑组。

Ginkgo cf. *digitata*：吴向午等，2002，页 163；图版 13，图 1–3。内蒙古阿拉善右旗芨芨沟，中侏罗统宁远堡组。

产地和层位 内蒙古呼伦贝尔扎赉诺尔、霍林郭勒，下白垩统。吉林临江义和，下侏罗统义和组；蛟河煤矿，下白垩统乌林组。黑龙江双鸭山四方台、鸡西哈达，下白垩统城子河组及穆棱组。北京大安山，下侏罗统下窑坡组。山西怀仁，下侏罗统永定庄组有可疑记录。

费尔干似银杏 *Ginkgoites ferganensis* Brick

图 100

1940. *Ginkgoites ferganensis* Brick, pl. 10, figs. 1–3；pl. 20, fig. 4；text-figs. 13, 14.

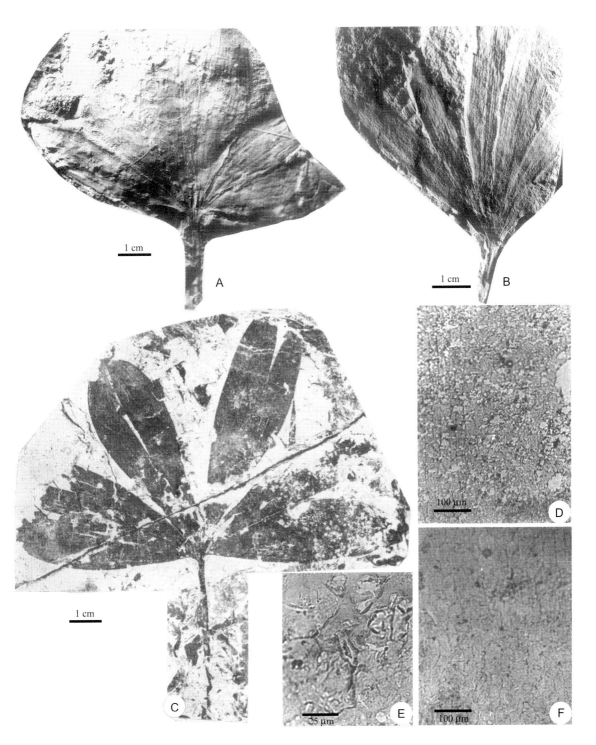

图 100　费尔干似银杏 *Ginkgoites ferganensis* Brick

河北抚宁石门寨，下侏罗统北票组 Lower Jurassic Beipiao (Peipiao) Formation, Shimenzhai of Funing, Hebei；辽宁北票台吉，下侏罗统北票组 Lower Jurassic Beipiao (Peipiao) Formation, Taiji of Beipiao, Liaoning；青海大煤沟，下侏罗统火烧山组 Lower Jurassic Huoshaoshan Formation, Dameigou of Qinghai。A–C. 叶 Leaves；D. 下表皮 Lower cuticle；E. 气孔器 Stoma；F. 上表皮 Upper cuticle（CESJU：A, D–F. BL-5102；B. HF5009；米家榕等，1996；NIGPAS：C. PB13595；李佩娟等，1988）

1988. *Ginkgo ferganensis*：李佩娟等，页 97；图版 64，图 3–5；图版 65，图 1–3。

1992. *Ginkgo ferganensis*：孙革、赵衍华，页 543；图版 244，图 1，8，9。

1996. *Ginkgo ferganensis*：米家榕等，页 117；图版 20，图 1，2；图版 21，图 1–3，5–9；图版 22，图 3，4。

1998. *Ginkgoites ferganensis*：张泓等，图版 42，图 1。

特征　叶扇形至半圆形，具一细长的叶柄；柄长超过 40 mm、宽 1.6–2 mm；叶片宽大，高 60–75 mm、宽 100–130 mm，基角 150°–180°；深裂为 4 个披针形或舌形的裂片；裂片顶端圆或钝圆，有些还继续浅裂一次。叶脉明显，先在裂片基部分叉一次，大多在中上部再分叉一次，然后平行延伸至裂片顶端或多或少聚敛；叶脉较稀疏，在裂片最宽处含叶脉 9–14 条/cm。

表皮角质层薄，约 1 μm。上表皮脉路带细胞略微伸长；脉路之间的细胞呈宽短的矩形或多边形，以多边形为主，细胞壁略弯曲；无气孔器或偶有发育不全的气孔器。下表皮明显分为脉路带和气孔带；脉路带细胞呈狭长的矩形，细胞壁直；气孔带宽约为脉路带的三倍或更宽，细胞壁不明显；气孔器较小，长卵形，孔缝无一定方向；两个保卫细胞的内、外缘明显加厚；副卫细胞 5–7 枚，不形成明显的环。（据李佩娟等，1988；孙革、赵衍华，1992；米家榕等，1996）

模式标本产地和层位　乌兹别克斯坦费尔干那盆地，上三叠统。

注　该种与 *Ginkgoites robustus* Sun（孙革，1993）和 *Ginkgoites magnifolius*（Du Toit，1927）一些标本或多或少有些相似（见页 173），但本种叶形较大、深裂且裂片数量较少、叶柄纤细、叶脉清晰而稀疏，与后两种还是有区别的。而 *G. robustus* 和 *G. magnifolius* 的表皮角质层构造目前还未知，无法做深入的比较，还是将它们作为三个形态种处理。

以下的化石记录在外形上与本种相似，没有保存角质层，暂归入费尔干似银杏比较种。

Ginkgo cf. *ferganensis*：李佩娟，1985，页 148；图版 18，图 5。新疆温宿塔克拉克矿区，下侏罗统。

Ginkgo ferganensis：徐福祥，1986，页 421；图版 2，图 2。甘肃靖远刀楞山，下侏罗统。

Ginkgoites cf. *ferganensis*：米家榕等，1993，页 124；图版 31，图 9，10；图版 32，图 1，4，5。吉林汪清天桥岭，上三叠统马鹿沟组。

Ginkgoites ferganensis：邓胜徽等，2010，图 4.12C。新疆哈密三道岭，中侏罗统西山窑组。

产地和层位　青海大煤沟，下侏罗统火烧山组 *Cladophlebis* 层。吉林双阳腾家街，下侏罗统板石顶子组。河北抚宁石门寨，下侏罗统北票组。辽宁北票台吉二井，下侏罗统北票组；北票海房沟，中侏罗统海房沟组。

大似银杏 *Ginkgoites giganteus* He
图 101

1987a. *Ginkgoites gigantea* He：何德长见：钱丽君等，页 81；图版 25，图 2；图版 28，图 5，7。

?1988. *Ginkgoites aganzhenensis* Yang, Sun, Shen：杨恕等，页71；图版1，图1–4。

特征　叶呈扇形。叶片大；叶柄长度不明，宽2 mm。叶片先中央深裂至叶柄，成两半，每一半的基部收缩成柄状，并再次深裂为三个裂片。裂片披针形，长11 cm、宽1.5 cm；叶脉稀疏，约10条/cm。

表皮角质层中等厚度。上表皮气孔稀少；脉路狭窄，宽170 μm，细胞狭长，两端尖，纵向细胞壁明显；脉间带宽约800 μm，细胞长方形、方形，纵向排列，细胞壁直，表面平滑。下表皮脉路带和非脉路带宽度约略相当，脉路带细胞狭长，两端尖，纵向细胞壁明显；气孔带细胞多角形、长方形，细胞轮廓不甚清楚。气孔器散布在气孔带，排列无定向，约14个/mm²；保卫细胞下陷，副卫细胞5–6个，具伸向气孔口的乳突并覆盖了保卫细胞的一部分，有的副卫细胞在中央也有乳突，气孔缝长24 μm。（据何德长见：钱丽君等，1987a）

图101　大似银杏 *Ginkgoites giganteus* He

陕西神木考考乌素沟，中侏罗统延安组，正模 Middle Jurassic Yan'an (Yenan) Formation, Kaokaowusugou of Shenmu, Shaanxi, Holotype. A. 叶 Leaf；B. 上角质层 Upper cuticle；C. 下角质层 Lower cuticle（XABCRI：Sh064；钱丽君等，1987a）

注　此种模式标本产地只有一块标本，叶巨大，形态并不十分完整，叶片顶端未保存，但表皮角质层保存良好，气孔器稀疏，叶脉稀疏且脉间带特别宽。与本种略相似的是北京早侏罗世的 *Ginkgoites beijingensis*（陈芬等，1984），两者的叶都巨大，叶片长度达到或超过10 cm，叶片第一次分裂深至叶柄且基部收缩成柄状；不同的是北京的标本不但叶片第一次分裂深达叶柄，其后的几次分裂亦呈全裂状，深度达叶片基部，且所有裂片均细长、基部柄状，相互分离，整个叶的形态更接近拜拉。北京的 *G. beijingensis* 标本及定为该种的辽宁标本（郑少林、张武，1990）均未保存角质层，无法进一步比较。

甘肃兰州阿干早侏罗世的 *G. aganzhenensis* Yang et al. 与本种在形态上最为相似。两者的叶片都较大，叶脉较稀疏（10 条/cm）；两者的表皮角质层都是两面气孔型，副卫细胞 5–6 个，近气孔处增厚为乳突状突起，但后者的气孔器密度为 30 个/mm²，多于前者的 14 个/mm²。由于这两个种都仅有一块标本，表皮角质层研究程度低，是否为同一个种还无法确定。本书持保留态度，将甘肃兰州的 *G. aganzhenensis* 暂置于 *G. giganteus* 名下。

产地和层位 陕西神木考考乌素沟，中侏罗统延安组（模式标本）；?甘肃兰州阿干，下侏罗统大西沟组上部。

?海尔似银杏 ?*Ginkgoites heeri* Doludenko et Rasskazova

图 102

1996. *Ginkgoites heeri* Doludenko et Rasskazova：米家榕等，页 118；图版 22，图 2，7–10。

描述 叶片深裂 1–3 次形成 2–6 个楔形裂片。叶角质层两面气孔型，下表皮与上表皮相似，只是气孔器略多。

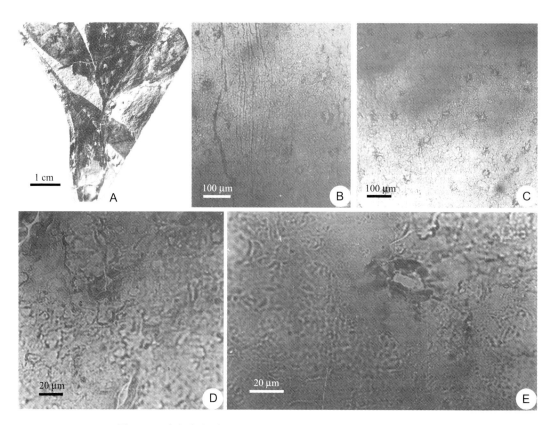

图 102 ?海尔似银杏 ?*Ginkgoites heeri* Doludenko et Rasskazova

辽宁北票台吉，下侏罗统北票组 Lower Jurassic Beipiao (Peipiao) Formation, Taiji of Beipiao, Liaoning。A. 叶 Leaf；B. 上表皮 Upper cuticle；C. 下表皮 Lower cuticle；D, E. 气孔器 Stomata（CESJU：BL-5103；米家榕等，1996）

模式标本产地和层位 俄罗斯伊尔库茨克，中侏罗统普里萨扬组。

注 此种模式标本特征：叶楔形至半圆形；浅裂（分裂至叶片的 1/3 或达到 1/2 左右）成 3–4 个宽的裂片，每个裂片再次浅裂成 2–3 个裂片；顶端钝圆形；叶基略呈楔形并逐渐过渡成长而窄的有凹槽的柄。表皮角质层下气孔式，表皮细胞的中央有小乳头状突起；气孔器双环式，下陷；副卫细胞 5–6 枚，强烈加厚形成环状或乳突状突起覆于保卫细胞上。（据 Doludenko & Rasskazova, 1972）

国内唯一定为该种的标本，其叶片分裂方式和次数与 *Ginkgoites heeri* 明显不同（Doludenko & Rasskazova, 1972, pl. 16, pl. 18, figs. 1–5, pl. 19, figs. 1–4, pl. 20, figs. 1–4）。从叶角质层结构特点来看，模式标本为下气孔式，其气孔器呈双环式，也有很大的差别。因此，这个原产于俄罗斯的种在中国的存在是非常值得怀疑的。

产地和层位 辽宁北票台吉，下侏罗统北票组。

胡顿似银杏 *Ginkgoites huttonii* (Sternberg) Black
图 103

1833 (1820–1838). *Cyclopteris huttoni* Sternberg, p. 66.
1876b. *Ginkgo huttoni* (Sternberg) Heer, p. 59.
1919. *Ginkgo digitata* var. *huttoni* (Sternberg) Seward, p. 14；fig. 633.
1929. *Ginkgoites huttoni* (Sternberg) Black, p. 431；text-figs. 17–19.
1974. *Ginkgo huttoni*：Harris et al., p. 11；text-figs. 2–4.

特征 叶片扇形，具一纤细的叶柄，叶片高 3–5 cm，基角 90°–120°。叶片或深或浅地分裂成 4–6 个桨形或宽披针形裂片；裂片略收缩，其顶端钝圆，或呈不规则的截形或具缺刻。叶脉细弱而密集，在叶片中部可达 25 条/cm，叶脉分叉通常只发生在叶片下部。叶脉之间有圆形或椭圆形树脂体，大小约 150 μm，树脂体常聚集出现。

表皮角质层较厚，上表皮的厚约 5 μm，下表皮的厚 2–3 μm。上表皮脉路带窄，由三行略伸长的长方形细胞组成，细胞轮廓不是很清晰；叶脉之间的普通表皮细胞通常形状和排列都很不规则，六角形或四角形，偶有气孔器散布；气孔器保卫细胞被七个副卫细胞环绕，副卫细胞的壁，尤其是近保卫细胞侧的壁增厚明显。下表皮脉路带比上表皮的略宽，为长方形细胞组成，脉路间细胞呈六角形，气孔器比较多，散布于普通表皮细胞之间，有周围细胞，保卫细胞凹陷，副卫细胞 6 个，靠近气孔口增厚，副卫细胞角质化并有棒状的乳突。（据 Black, 1929；Harris et al., 1974）

模式标本产地和层位 英国约克郡，中侏罗统。

注 本种容易与 *Ginkgo digitata* 混淆，曾经被 Seward（1919）作为 *G. digitata* 的一个变种（*Ginkgo digitata* var. *huttoni*）。但 Black（1929）认为该种的裂片顶端总是或多或少呈圆形或截形，叶片基角从不超过 180°，叶脉显著而密集，普通表皮细胞和气孔器副卫细胞都有明显的乳突，因此应该是一个独立的种。Harris 等（1974）也认为本种与后者相比，叶片分裂更深、裂片较长、叶脉二歧分叉只发生在叶片的下部，而且表皮角质层较厚、表皮细胞壁平直和气孔器副卫细胞有乳突等有别于后者。此种标本在模式产地叶片形态和角质层构造均呈现较大的变异性（Harris et al., 1974）。部分标本叶片分裂较深、裂片较长，与 *G. longifolius* (Phillips) 相似（见页 170），但后者的叶脉较本种稀疏、角质层较薄且缺乏表皮毛。有些标本与 *G. sibirica* 相似（见页 196），但后者表皮角质层较薄、普通表皮细胞上没有显著的乳突，也无表皮毛。

图 103　胡顿似银杏 *Ginkgoites huttonii* (Sternberg) Black

内蒙古大青山石拐，中侏罗统 Middle Jurassic, Shiguai of Daqingshan, Inner Mongolia（NRM.SE：S126110, S126074；Sze, 1933b）

斯行健（Sze, 1931）原定为 *Ginkgo* cf. *hermelini* 的辽宁北票煤矿标本（后被归于 *Ginkgo huttoni*；斯行健、李星学等，1963，页 218）从叶片分裂的深度和叶脉的显著程度以及密度来看，和 Black（1929）研究的本种标本非常相似，可以比较。此后中国从晚三叠世至早白垩世地层中鉴定为此种的标本众多（见以下中国标本列表）。除辽宁南票中侏罗统海房沟组的标本（张武、郑少林，1987）在形态上与约克郡标本完全可以比较外，大多数标本比较零碎，保存欠佳，目前为止还未见一个标本有详细的叶表皮角质层研究。所以中国中生代地层所产的这些标本是否属于英国种，还有待较好标本的发现和研究。单从形态上来看，记录中所列的标本，裂片桨形或宽披针形，顶端总是或多或少呈圆形或截形，叶片基角从不超过180°，叶脉明显或不明显，细弱而密集等特征和此种相似。

中国标本列举如下。

Ginkgo cf. *hermelini* (Nathorst) Hartz：Sze, 1931, p. 55；pl. 8, figs. 3–5.

Ginkgo cf. *hermelini*：Sze, 1933b, p. 28；pl. 7, figs. 5, 6.

Ginkgoites digitata var. *huttoni* (Sternberg) Black：Yabe & Ôishi, 1933, p. 20.

Ginkgo huttoni：斯行健、李星学等，1963，页 218；图版 74，图 1，2。

Ginkgo huttoni：张志诚等，1976，页 193；图版 98，图 1–3，6。

Ginkgo huttoni：张武等，1980，页 283；图版 142，图 5；图版 145，图 3–5；图版 181，图 8。

Ginkgo huttoni：陈芬等，1981，图版 3，图 1。

Ginkgo huttoni：郑少林、张武，1982，页 318；图版 15，图 9–13；图版 25，图 10–12。

Ginkgo huttoni：陈芬等，1984，页 57，图版 26，图 1。

Ginkgo cf. *huttoni*：顾道源，1984，页 151，图版 76，图 1。

Ginkgoites cf. *G. huttoni* (Sternberg)：叶美娜等，1986，页 67；图版 46，图 9，10。

Ginkgo huttoni：张武、郑少林，1987，页 256；图版 29，图 10。

Ginkgo huttoni：孙革、商平，1988，图版 3，图 5。

Ginkgo huttoni：赵立明、陶君容，1991，图版 2，图 13。

Ginkgoites huttoni (Sternberg)：黄其胜、卢宗盛，1992，图版 3，图 5。

Ginkgo huttoni：高瑞祺等，1994，图版 14，图 6。

Ginkgo cf. *huttoni*：陈晔等，1987，页 120；图版 33，图 6；图版 34，图 4，5。

Ginkgo cf. *huttoni*：米家榕等，1993，页 123；图版 31，图 1，2；图版 34，图 2，4。

产地和层位　内蒙古大青山石拐，中–下侏罗统；赤峰平庄，下白垩统杏园组；西乌珠穆沁旗、土默特左旗陶思浩，中–下侏罗统；霍林郭勒，下白垩统。吉林长春石碑岭，下白垩统沙河子组；汪清天桥岭，上三叠统马鹿沟组。辽宁北票，下侏罗统北票组；阜新海州，下白垩统阜新组。黑龙江双鸭山宝山，下白垩统城子河组。北京大安山门头沟，中–下侏罗统下窑坡组及上窑坡组。新疆吉木萨尔臭水沟，下侏罗统八道湾组。重庆开州温泉，上三叠统须家河组。四川盐边，上三叠统红果组。陕西神木考考乌素沟，中侏罗统延安组。

巨叶似银杏 *Ginkgoites ingentiphyllus* (Meng et Chen)
图 104

1988. *Ginkgo ingentiphylla* Meng et Chen：陈芬等，页 65；图版 40，图 1–3。

特征　叶巨大，叶柄长至少 11.5 cm，叶片半圆形，直径达 15 cm，基角略大于 180°。叶片中央先分裂一次，分裂达叶片半径的三分之二以上，成两半，每半再深裂至浅裂 2–3 次，形成 12 个宽约 2 cm 左右的最后裂片。裂片上部不收缩，顶端截形，具缺刻；叶脉多次二歧分支，在裂片上部有 10–13 条/cm。

角质层很薄。上表皮未见气孔，脉路明显。脉路间的细胞为不规则的多角形，细胞壁不规则弯曲。脉路带由五行左右伸长的细胞组成。大部分上表皮细胞表面中央具小而中空的乳突。无毛状体基。下表皮及气孔器特征不明。（据陈芬等，1988）

注　本种叶片巨大（可能是最大？）、叶柄特长，单枚叶（包括叶片和叶柄）的长度可达 21 cm，在已描述的银杏和似银杏类中十分罕见，只有晚三叠世的大叶似银杏 *Ginkgoites magnifolius* Du Toit 略可对比，但大叶似银杏的叶片基角不超过 90°，形态为铲状而不是半圆形，叶片高度也不过 7 cm 左右。本种与同层位的 *Ginkgoites curvatus* 一样，很可能是早白垩世时期东北地区某种银杏类植物（*Ginkgoites sibirica* 或 *G. manchurica*？）的发育异常的叶。

产地和层位　辽宁阜新，下白垩统阜新组（模式标本）。

图 104　巨叶似银杏 *Ginkgoites ingentiphyllus* (Meng et Chen)

辽宁阜新下白垩统阜新组，正模 Lower Cretaceous Fuxin Formation, Fuxin of Liaoning, Holotype。A. 叶 Leaf；B. 示脉路和气孔带轮廓，具有乳突的表皮细胞及细胞表面小乳突 Outline of stomatal and non-stomatal zones, epidermal cells with papillae；C. 表皮细胞 Epidermal cells（CUGB：Fx181；陈芬等，1988）

岭西似银杏 *Ginkgoites lingxiensis* (Zheng et Zhang)

图 105，图 106

1982. *Baiera lingxiensis* Zheng et Zhang：郑少林、张武，页 319；图版 18，图 7–12。

特征 叶半圆形，叶片高约 2 cm、宽近 4 cm，叶柄宽不及 1 mm，叶片基角约 180°。叶片先深裂至基部，分裂成约略相等的两个主裂片，然后又或深或浅地多次二歧分支，形成 12 枚最后裂片。裂片中部近于平行，顶端收缩成钝圆形。每个裂片含脉 4–5 条，每两条叶脉之间具一条明显的纵纹。

图 105　岭西似银杏 *Ginkgoites lingxiensis* (Zheng et Zhang)

黑龙江双鸭山岭西，下白垩统城子河组 Lower Cretaceous Chengzihe Formation, Lingxi of Shuangyashan, Heilongjiang。
叶，正模 Leaf, Holotype（SYIGM：HCS039；郑少林、张武，1982）

表皮角质层较厚。上表皮略薄，脉路细胞不明显，较脉路间的细胞伸长；脉路间的细胞为不规则的多角形，气孔器未见，有毛状体，表皮细胞中央无乳突。下表皮较厚，非气孔带由 7–8 行伸长的细胞组成，气孔带的普通表皮细胞形状不规则，由四边形或多角形细胞组成。气孔器排列不规则，孔缝无定向，单唇式。保卫细胞下陷，副卫细胞 4–6 个，强烈角质化，形成明显的乳头状突起。副卫细胞排列方式多样使得气孔器呈圆环形、四边形、椭圆形到纺锤形；有的表皮细胞表面有微弱的乳头状突起，偶见毛状体。（据郑少林、张武，1982）

注 此种标本外形与似银杏属十分相似，只是每个裂片叶脉都不超过 5 条，郑少林等认为是介于银杏和拜拉两属之间的过渡形式，归入拜拉属更合适些（郑少林、张武，1982）。但按照拜拉属和似银杏属这两个形态属的定义来看，裂片内叶脉数量超过 4 条的（本种是 4–5 条）应该归入似银杏属。鉴于本种叶片的整体形态与似银杏更相似，且上表皮未见气孔器，本书将其由 *Baiera* 改归于 *Ginkgoites*。本种与东北早白垩地层常见的某

些 *Ginkgoites manchurica* 和 *G. sibirica* 标本在外形上有一定的相似，但表皮角质层结构略有不同。本种的表皮细胞乳突发育的程度较弱，气孔器副卫细胞数目较后两者少。黑龙江鸡西下白垩统穆棱组的 *Ginkgoites myrioneurus* Yang（见页 183）的某些标本形态上与本种也比较相似，但前者的上、下表皮角质层乳突化，气孔器单环或不完整双环，副卫细胞达 6–8 个，与本种不同。这些形态和角质层结构的不同，究竟是不同种之间的差异，还是属于种内的变化？由于标本数量有限，目前它们还无法得出结论，仍将它们作为不同的形态种来对待。

产地和层位 黑龙江双鸭山，下白垩统城子河组（模式标本）。

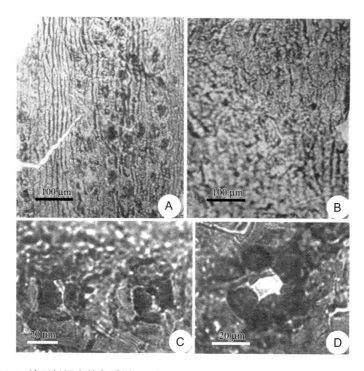

图 106　岭西似银杏的角质层 Cuticles of *Ginkgoites lingxiensis* (Zheng et Zhang)

黑龙江双鸭山岭西，下白垩统城子河组 Lower Cretaceous Chengzihe Formation, Lingxi of Shuangyashan, Heilongjiang。
图 105 叶的角质层 Leaf cuticles from fig. 105；A. 下表皮 Lower cuticle；B. 上表皮 Upper cuticle；C, D. 气孔器
Stomata

长叶似银杏 *Ginkgoites longifolius* (Phillips) Harris
图 107

1829. *Sphenopteris longifolia* Phillips, p. 148；pl. 7, fig. 17 (Holotype).
1900. *Baiera phillipsi* Nathorst：Seward, p. 269；pl. 9, fig. 4；text-fig. 47.
1936. *Ginkgoites phillipsi* (Nathorst) Florin, p. 107.
1944. *Baiera canaliculata* Harris, p. 680；text-figs. 6b, 6c, 7, 8.
1946. *Ginkgoites longifolius* (Phillips) Harris, p. 20；text-figs. 6, 7.
1974. *Ginkgo longifolius* (Phillips) Harris：Harris et al., p. 21；text-figs. 6–8.

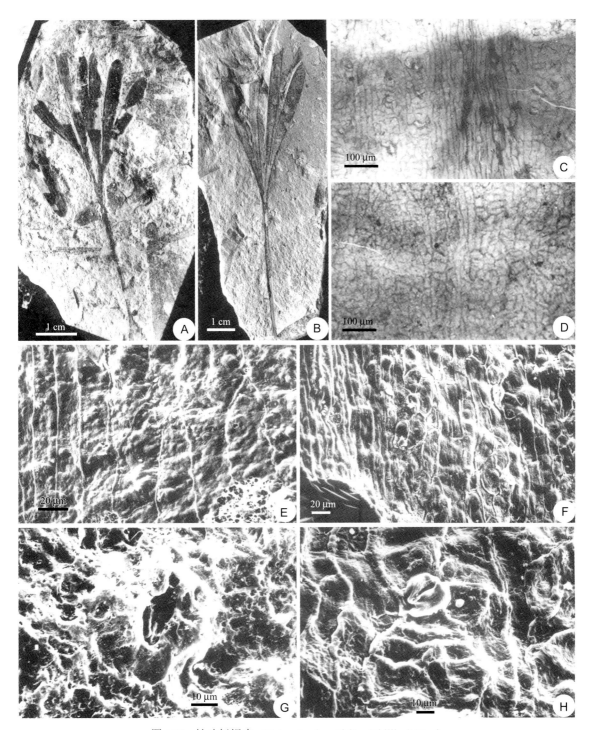

图 107　长叶似银杏 *Ginkgoites longifolius* (Phillips) Harris

河南义马煤田北露天矿，中侏罗统义马组 Middle Jurassic Yima Formation, North Opencast Mine, Yima Coal Field, Henan。A, B. 叶 Leaves；C. 下表皮 Lower cuticle；D. 上表皮 Upper cuticle；E. 上表皮内面 Inner view of upper cuticle；F. 下表皮内面 Inner view of lower cuticle；G. 下表皮气孔外面 Outer view of a stoma in lower cuticle；H. 下表皮气孔内面 Inner view of a stoma in lower cuticle（E–H. SEM；NIGPAS：A, C–H. PB23013, B. PB 15168；据周志炎等手稿）

特征　叶具长柄。叶片具一个 90° 左右的基角，深裂为 4–8 个裂片。各裂片可继续分叉，最终形成多达 16 个末级裂片，其顶端呈不规则开裂状或为圆形至亚尖形。叶脉颇明显，每一裂片中有 2–10 条，多数为 5 条，自叶片的基部到中、上部都可见到分叉，至顶端略趋聚敛。树脂体有时存在。

上角质层厚 2–3 μm。不清晰的脉路由几行较狭窄、略微伸长的细胞显示。脉间细胞等径形、多角形，近叶边缘处略微伸长，其细胞壁直，不甚明显；侧壁（垂周壁）宽，常间断状。普通表皮细胞的外壁偶有中心增厚，但无发育良好的乳突和毛状体。气孔在叶片近基部处 2–3 个/mm²，在其他区域更稀少或缺如。下角质层厚度约为上角质层的一半。脉路清晰，非气孔带宽 180（105–275）μm，由狭窄、略微伸长的细胞构成，其纵向壁突显。气孔带宽 570（275–905）μm。细胞等径形，多角形，很少为长方形并组成短列，轮廓不显，其垂周壁宽而直，偶有间断，表壁有时具中央增厚或低矮的乳突，无毛状体。气孔器散布脉间，很少组成短列，70（50–80）个/mm²，方位不定，但以纵向为多。保卫细胞下陷较深，部分为副卫细胞的乳突所掩覆。副卫细胞近端增厚，构成围绕气孔窝口的缘边，所具之乳突较上角质层的发育。周围细胞很少见（据 Harris et al., 1974）。

模式标本产地和层位　英国约克郡，下、中侏罗统阿林阶—巴柔阶中、下三角洲系（Lower and Middle Deltaic Series）。

注　中国标本列举如下。

Ginkgo longifolius：郑少林、张武，1982，页 318；图版 18，图 5。

Ginkgoites longifolius：李佩娟等，1988，页 91；图版 65，图 4；图版 66，图 1–2；
　　图版 70，图 1；图版 111，图 5；图版 112，图 1–4；图版 136，图 1。

Baiera hallei Sze：Zhou & Zhang, 1992, pl. 1, fig. 12.

Ginkgoites sp. 2：曾勇等，1995，页 62；图版 15，图 4。

Cf. *Ginkgo longifolius*：米家榕等，?1996，页 117；图版 22，图 1。

Ginkgoites longifolius：吴向午等，2002，页 164；图版 13，图 4–5，6?，7；图版 14，
　　图 1–6。

Ginkgo longifolius：Sun et al., 2008, pp. 1130–1132；fig. 3.

此种在形态上跨越了 *Ginkgoites* 和 *Baiera* 两属的界限。在模式产地，尤其在 *Baiera canaliculata* Harris 归并进来后，此种显示出很大的变异性（Harris et al., 1974）。*Baiera furcata* (L. et H.)、*Ginkgoites huttonii* (Sternberg)、*Ginkgoites marginatus* (Nathorst)（Lundblad, 1959）、*Ginkgoites regnellii* Tralau（1966）、*Ginkgo*（应为 *Ginkgoites*）*dissecta* Schweitzer et Kirchner（1995）等种的少数标本和此种在外形上都有不同程度的相似性，但是可以根据角质层特征将它们区别开来。国内发现的此种标本大多数都比较零碎，保存欠佳，且缺乏角质层。它们的归属有待较好的标本发现和研究后方能确证。目前只有内蒙古石拐煤田、青海柴达木和阿拉善右旗所产的标本保存有角质层。它们都显示较小的形态变异，没有 *Baiera canaliculata* Harris 类型的标本。在角质层上略有不同之处是：内蒙古石拐煤田的标本下角质层的气孔较稀疏，仅 25 个/mm²；青海标本的上表皮具有乳突，下表皮乳突发育较弱；阿拉善右旗标本的下表皮乳突也不发育。图示的为尚未正式发表的河南义马中侏罗统义马组所产标本，其角质层构造与英国的最为近似，但邓胜徽等（2003，图版 75，图 1）的同产地标本可能不属此种。

此种在东北亚地区早白垩世地层中也有记载。我国以往归于此种的吉林九台火石岭早白垩世的叶化石（原定名为 *Baiera* cf. *phillipsi* Nathorst，其地层原归入上侏罗统，见 Yabe & Ôishi, 1933；Ôishi, 1933），后来被李星学另定为一个新种：*Ginkgoites chilinensis* Lee（见本书页 150；斯行健、李星学等，1963，页 220），主要因为其上角质层具有明显的乳突，不同于英国标本。不过，Harris 等（1974）确认产于布列亚盆地早白垩世的、被 Vachrameev 和 Doludenko（1961, p. 105, pl. 50, figs. 1–8）鉴定为 *Baiera canaliculata* Harris 的叶化石属于此种无疑。

产地和层位　黑龙江双鸭山西岭，下白垩统城子河组。内蒙古石拐煤田，中侏罗统召沟组；阿拉善右旗芨芨沟和井坑子洼，中侏罗统宁远堡组及下侏罗统芨芨沟组。青海柴达木大柴旦大煤沟，中侏罗统大煤沟组。河南义马，中侏罗统义马组。河北抚宁石门寨和辽宁北票兴隆沟，中侏罗统海房沟组产可疑标本。

大叶似银杏 *Ginkgoites magnifolius* Du Toit

图 108

1927. *Ginkgoites magnifolia* Du Toit, p. 370；pl. 20；pl. 21, fig. 1；pl. 30；text-fig. 17.

1936. *Ginkgo magnifolia* Du Toit：P'an, p. 29；pl. 12, figs. 9–10；pl. 14, fig. 4.

?1949. *Ginkgo* cf. *magnifolia* (Du Toit)：Sze, p. 30；pl. 10, fig. 3.

1956a. *Ginkgoites magnifolia*：斯行健，页 30；图版 47，图 1。

1963. *Ginkgoites magnifolia*：斯行健、李星学等，页 222；图版 73，图 1，2。

?1976. *Ginkgo* cf. *magnifolius*：张志诚等，页 210；图版 116，图 2–5。

?1978. *Ginkgoites* cf. *magnifolius*：杨贤河，页 526；图版 190，图 4。

1980. *Ginkgoites magnifolius*：黄枝高、周惠琴，页 97；图版 44，图 1；图版 45，图 1。

1982. *Ginkgoites magnifolius*：刘子进，页 133；图版 72，图 1，2。

1983. *Ginkgoites magnifolius*：鞠魁祥等，图版 3，图 2。

1987. *Ginkgoites magnifolius*：孟繁松，页 254；图版 35，图 1。

?1988b. *Ginkgoites* cf. *magnifolius*：黄其胜、卢宗盛，图版 10，图 4。

?1989. *Ginkgo datungensis* Ding：杨贤河，图版 1，图 6。

特征　叶片较大，至少 10 cm 长、7 cm 宽；上部分裂为深浅不一的四个裂片。裂片顶端呈钝圆形。叶片略呈革质。叶脉粗强，自基部放射状伸出，并作多次分叉。叶柄粗壮，约 4 mm 宽、1.5 cm 长。（据斯行健、李星学等，1963）

模式标本产地和层位　南非，中、上三叠统 Karroo 群上部 Molteno 组。

注　该种叶片较大，顶端钝圆，上部分为深浅不一的四个裂片，整体形态与上三叠统延长组的 *Ginkgoites chowii*（见本书页 151；斯行健，1956a；斯行健、李星学等，1963）比较接近，但后者的叶片呈铲状，叶片浅裂，叶形略小。

本种的模式标本产于南非上三叠统（Anderson & Anderson, 1985, 2003），我国定为此种的标本和南非的产出时代大致相当，大多产于上三叠统，下侏罗统也偶有记录，但叶表皮角质层结构都不明了。由于没有角质层的比较，这个种和 *G. chowii* 仅根据叶片的大小和裂片的深浅而归入不同的种。不过它们属于同种的可能也不是没有的，因为它们产出层位相当，尤其在陕北地区。

　　西北地区中生代地层所产的另一个种 *Ginkgoites ferganensis* Brick（见页 160）的叶片也比较大，裂片数量也较少，但 *G. ferganensis* 的叶片基角较大，可达 180°，而且叶片深裂（李佩娟等，1988），与本种有所区别。山西大同下侏罗统的 *Ginkgo datungensis* Ding（杨贤河，1989）的叶片形态与本种相似，但仅有一图，无描述，无法做详细的比较，暂以保留态度置于本种名下。

图 108　大叶似银杏 *Ginkgoites magnifolius* Du Toit

陕西神木高家塔，中–上三叠统延长群 Middle and Upper Triassic of Yanchang (Yenchang) Group, Gaojiata of Shenmu, Shaanxi（IGCAGS：OP 2152；黄枝高、周惠琴，1980）

　　产地和层位　陕西绥德高家庵，上三叠统延长组；神木高家塔，中–上三叠统延长群。江苏南京龙潭范家场，上三叠统范家塘组。内蒙古准格尔旗五字湾中三叠统二马营组上部、四川广元宝轮院下侏罗统白田坝组、湖北大冶金山店下侏罗统武昌组中部及湖北秭归香溪下侏罗统香溪组产可疑标本。

东北似银杏 *Ginkgoites manchurica* (Yabe et Ôishi) Cao

图 109，图 110

1933. *Baiera manchurica* Yabe et Ôishi, p. 218；pl. 32, figs. 12, 13A；pl. 33, fig. 1.

1933. *Baiera manchurica*：Ôishi, p. 244；pl. 36 (1), fig. 9；pl. 37 (2), fig. 6；pl. 39 (4), fig. 13.

1933. *Baiera* cf. *gracilis*：Yabe & Ôishi, pl. 32, fig. 13B.

1933. *Baiera orinetalis* Yabe et Ôishi, p. 220；pl. 33, fig. 4.

1963. *Ginkgoites orientalis* (Yabe et Ôishi) Florin：斯行健、李星学等，页 224；图版 75，图 4。

1963. *Baiera manchurica*：斯行健、李星学等，页 236；图版 79，图 5A；图版 80，图 9；图版 81，图 1–3。

1980. *Ginkgo orientalis* (Yabe et Ôishi) Zhang, Chang et Zheng：张武等，页 284；图版 182，图 1。

1980. *Baiera manchurica*：张武等，页 286；图版 182，图 11。

1981. *Ginkgoites wulungensis* Li：厉宝贤，页 209；图版 1，图 9，10；图版 2，图 9–11；图版 4，图 4–9。

1981. *Ginkgoites fuxinensis* Li：厉宝贤，页 210；图版 2，图 1–7。

1988. *Baiera manchurica*：孙革、商平，图版 1，图 10b；图版 2，图 7。

1988. *Ginkgo manchurica* (Yabe et Ôishi) Meng et Chen：陈芬等，页 65；图版 35，图 1–9；图版 36，图 1–6；图版 64，图 3–4；图版 65，图 5。

1991. *Ginkgoites orientalis*：赵立明、陶君容，图版 2，图 11。

1991. *Ginkgoites pingzhuangensis* Zhao et Tao：赵立明、陶君容，页 965；图版 2，图 14–16。

1992. *Ginkgoites manchuricus* (Yabe et Ôishi) Cao：曹正尧，页 234；图版 1，图 1–7；图版 2，图 17。

1992. *Baiera manchurica*：孙革、赵衍华，页 545；图版 243，图 9；图版 245，图 5；图版 246，图 4；图版 259，图 1，2。

1993. *Ginkgo manchurica*：Zhao et al., p. 75; figs. 2–6.

1993. *Baiera manchurica*：胡书生、梅美棠，图版 2，图 9a。

1994. *Ginkgo orientalis*：高瑞祺等，图版 14，图 2。

1994. *Baiera manchurica*：高瑞祺等，图版 14，图 5。

1995. *Ginkgo manchurica*：邓胜徽，页 53；图版 25，图 2；图版 28，图 1；图版 42，图 1，2；图版 43，图 1–6。

1997. *Ginkgo manchurica*：邓胜徽等，页 41；图版 24，图 12；图版 26，图 2。

2001. *Baiera manchurica*：孙革等，页 89，194；图版 15，图 1；图版 51，图 1。

2000. *Ginkgoites orientalis*：胡书生、梅美棠，图版 1，图 4。

2004. *Ginkgo manchurica*：邓胜徽等，页 1334；图 1a。

2004. *Ginkgo manchurica*：Deng et al., p. 1774; fig. 1a.

特征　叶具柄；叶柄长 1–4.5 cm、宽 1–2 mm。叶片宽楔形、半圆形，最外侧裂片的左右展开角度一般在 90°以上，但不超过 180°。叶片长 2–7 cm，中央先深裂一次至叶柄成两半，每半再规则分裂 2–5 次（多为 3 次），形成 10–20 个或更多的最后裂片。裂片呈倒披针形，顶端圆或钝尖。叶脉一般不明显，在裂片中部有 4–7 条。

上、下表皮角质层近等厚，或上表皮的略薄。上表皮脉路由四行左右矩形细胞组成。脉路之间的表皮细胞多边形，排列不规则，细胞壁微弯曲，具点状加厚。细胞表面具中央乳突，但在脉路上的细胞无乳突或较少。气孔在上表皮偶出现于叶缘部分，或无。下表皮脉路明显，非气孔带由 5–10 行伸长的细胞组成，侧壁不均匀角质加厚，表面具乳突或无。气孔带的普通细胞表面中央具有一个中空的乳头状突起。气孔器分布于脉路之间，一般 2–3 行，较稀疏；孔缝方向不规则，多平行于叶脉。气孔器单唇式，单环或复环式，在上表皮多为复环式。保卫细胞下陷；副卫细胞 5–8 个，近孔缝的一侧角质增厚，形成大的乳突，覆于保卫细胞上。（据陈芬等，1988）

注　这个种原名满洲似银杏，最早归入拜拉属，如同 *Ginkgoites longifolius* 一样在形态上也跨越了 *Ginkgoites* 和 *Baiera* 两属的界限。Yabe 和 Ôishi 鉴定过很多产自东北地区中生代地层的标本，其中许多形态介于拜拉和银杏之间的标本被归入 *Baiera manchurica*，*Baiera* cf. *gracilis*，*Baiera orientalis* 等种（Yabe & Ôishi, 1933；Ôishi, 1933）。这些标本无

论是形态上还是角质层特征上都差别不大，难以区分。陈芬等认为日本学者所强调的形态和表皮结构的不同只不过是同种间不同叶片的差异，实际上应为同一种，而且这些标本的最后裂片内的叶脉数目往往超过 4 条，应该改归入 *Ginkgo* 属，称为 *Ginkgo manchurica* (Yabe et Ôishi) Meng et Chen（陈芬等，1988）。

图 109　东北似银杏 *Ginkgoites manchurica* (Yabe et Ôishi) Cao

A. 内蒙古赤峰西露天矿，下白垩统杏园组 Lower Cretaceous Xingyuan Formation, Xilutian Open Cast Mine of Chifeng, Inner Mongolia；B–E. 辽宁阜新海州煤矿，下白垩统阜新组 Lower Cretaceous Fuxin Formation, Haizhou of Fuxin, Liaoning；辽宁调兵山（原名铁法），下白垩统小明安碑组 Lower Cretaceous Xiaoming'anbei Formation, Diaobingshan (Tiefa) of Liaoning。各种形态、大小的叶 Leaves of various size and shape（IBCAS：A. NCP-8266；Zhao et al., 1993；

CUGB：B–E. Fx-164–Fx-166, Tf62-1；陈芬等，1988）

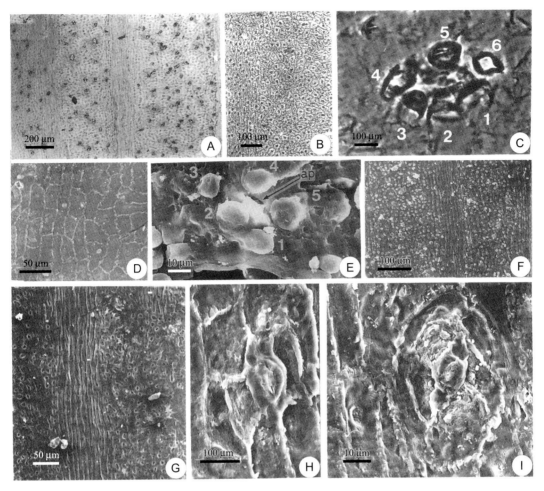

图 110　东北似银杏的角质层　Cuticles of *Ginkgoites manchurica* (Yabe et Ôishi) Cao

内蒙古赤峰西露天矿，下白垩统杏园组 Lower Cretaceous Xingyuan Formation, Xilutian Open Cast Mine of Chifeng, Inner Mongolia。A. 下角质层 Lower cuticle；B. 上角质层 Upper cuticle；C. 下表皮气孔器 Stoma of lower cuticle；D. 上角质层 Upper cuticle；E. 下表皮气孔器外面观 Outer view of a stoma on lower cuticle；F. 下角质层 Lower cuticle；G. 下角质层 Lower cuticle；H, I. 下表皮气孔内面观 Inner view of stomata on lower cuticle（C–I. SEM；IBCAS：A. NCP- MI8265a；B：NCP-8359；C–I . NCP-8345, NCP-8359, NCP-8265, NCP-8266；Zhao et al., 1993）

　　辽宁阜新盆地早白垩世阜新组和小明安碑组、内蒙古赤峰早白垩世杏园组等含煤地层都有大量类似 Yabe 和 Ôishi 最早定为 *Baiera manchurica* 的标本（陈芬等，1988；赵立明、陶君容，1991；邓胜徽，1995；邓胜徽等，1997）。这类标本在不少产地不但数量很多，形态和大小上差异也很大，并呈现出连续的变化。

　　赵立明等（Zhao et al., 1993）详细研究过内蒙古的此种叶部化石标本，把它们从形态上分为五种类型：A 型叶片较小，其半径一般在 1.5 cm 左右，裂片数量 4–6 枚；B 型叶片半径在 2.5 cm 左右，裂片数量 4–6 枚；C 型叶片中等大小，一般在 3 cm 左右，裂片数量 8–14 枚；D 型叶片较大，一般 5 cm 左右，裂片数量 12–20 枚；E 型叶片大，半径一般 10 cm 左右，裂片数量 18 枚以上。这几个类型之间并无明显的界线，而是呈现出连续的变化，据此，它们都应归入当前种。辽宁的标本和内蒙古的类似，在角质层结构上并无明显的差别，气孔器分布很不规则，有些气孔器只分布于下表皮，有些在上表皮也有分布；有的标本同一个叶片上不同裂片或同一裂片的不同部位气孔器只出现于下表皮，或零星分布于上表皮；气孔器有单环型和复环型等（陈芬等，1988）。

厉宝贤（1981）也曾研究过阜新盆地下白垩统阜新组的银杏类叶化石，并建立了三个新种，其中的 *Ginkgoites fuxinensis* 和 *G. wulungensis* 在形态上并无明显的区别，只是后者在上、下表皮上都有气孔器，而前者仅在下表皮上见到气孔器。陈芬等（1988）的研究已经证明阜新盆地此类标本气孔器分布很不规则，有些气孔器只分布于下表皮，有些在上表皮也有分布。这两个种无论从形态上还是角质层结构上与本种都没有根本的区别，也应并入本种。赵立明、陶君容（1991，页963，图版2，图14–16）研究的 *Ginkgoites pingzhuangensis* Zhao et Tao 也应归入此种。曹正尧（1992）主张将此种置于形态属 *Ginkgoites* 中。

邓胜徽等（2004）在辽宁铁法盆地早白垩世地层中发现了与此种同层位的银杏种子器官 *Ginkgo* sp.（见本书页68）。虽然没有发现叶化石和生殖器官化石连生的标本，但是 *Ginkgoites manchurica* 归入 *Ginkgo* 银杏属的可能性是非常大的。

总而言之，上述东北各地的许多种或比较种，无论在形态上还是角质层特征上差异并不是很明显，区别只在于细胞的大小、气孔在上表皮分布与否，甚至叶脉是否明显，而这些差异与标本的保存状况、标本数量和研究的程度有一定的关系。举例来说气孔器在上表皮分布与否与样品的处理关系很大，如果气孔器只分布在叶缘、叶顶端或叶基部，而处理出来的只是叶片的中央部分，则表皮角质层上就观察不到气孔了。因此那些产自东北地区早白垩世的 *G. wulungensis*、*G. orientalis*、*G. fuxinensis*、*Baiera manchurica* 等都可以归入 *Ginkgoites manchurica*。

以下列举的西北地区所产的标本从形态上来看可归入似银杏属，与 *G. manchurica* 没有太大差别，但大多仅有一块标本，角质层情况也不明，考虑到地质时代和地理分布，暂归入 *Ginkgoites* cf. *manchurica*。这些标本的真正归属还有待将来有更多标本的发现，尤其是角质层的研究。

Baiera? concinna：Yabe, 1922, p. 26；pl. 4, figs. 12–13。吉林昌图沙河子，下白垩统。

Baiera manchurica：黄枝高、周惠琴，1980，页99；图版58，图3。陕西安塞温家沟，中侏罗统延安组。

Baiera manchurica：刘子进，1982a，页134；图版70，图4。陕西安塞温家沟，中侏罗统延安组。

Ginkgoites orientalis：吴向午，1993，页80；图版4，图3–4a；图版5，图3；图版6，图6；图版7，图8。陕西商州凤家山，下白垩统凤家山组。

Baiera manchurica：Wang, 1995, pl. 3, fig. 8。陕西铜川，中侏罗统延安组。

产地和层位 辽宁昌图，下白垩统沙河子组（模式标本）；北票，下白垩统尖山沟组；阜新，下白垩统阜新组；调兵山（原名铁法），下白垩统小明安碑组。吉林营城火石岭、辽源，下白垩统沙河子组；九台营城子煤矿，下白垩统营城子组。黑龙江东荣，下白垩统城子河组。内蒙古扎赉诺尔，下白垩统伊敏组；大雁盆地、免渡河盆地，下白垩统大磨拐河组；霍林郭勒，下白垩统霍林河组；赤峰平庄西露天矿，下白垩统杏园组。

具边似银杏 *Ginkgoites marginatus* (Nathorst) Florin

图 111

1878. *Baiera marginata* Nathorst, p. 51；pl. 8, figs. 12 (?)–14.
1935. *Ginkgoites hermelini* (Hartz) Harris, p. 13；pl. 1, figs. 8, 10；pl. 2, figs. 5, 6；text-fig. 8.
1936. *Ginkgoites marginatus* (Nathorst) Florin, p. 107.
1959. *Ginkgoites marginatus*：Lundblad, p. 10；pls. 1, 2；text-figs. 1–4.

特征　叶片扇形；叶柄宽 3.5 mm 左右、长 15 mm 以上。叶片深裂 2–4 次，形成 4–10（多为 6–8）枚形态彼此相近的裂片；裂片披针形或长舌形，长 35 mm、宽 5.5 mm，最大宽度在中部或中上部，并向上、下两端慢慢狭缩；顶端钝圆形。叶脉明显，在基部分叉，每一裂片含近于平行的叶脉 5–6 条，约 12 条/cm。树脂体大小 280–460 μm×220–240 μm。

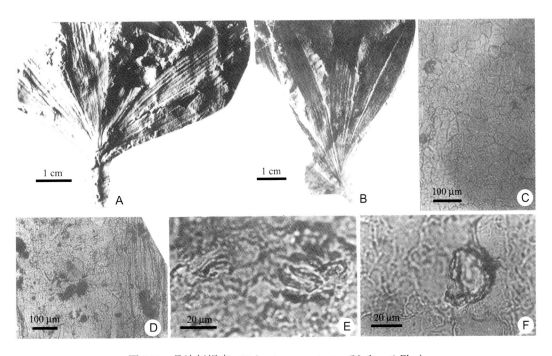

图 111　具边似银杏 *Ginkgoites marginatus* (Nathorst) Florin

辽宁北票台吉，下侏罗统北票组 Lower Jurassic Beipiao (Peipiao) Formation, Taiji of Beipiao, Liaoning。A, B. 叶 Leaf；
C. 上表皮 Upper cuticle；D. 下表皮 Lower cuticle；E, F. 气孔器 Stomata；（CESJU: A, C–F. BU-5003；B. BU-5013；
米家榕等，1996）

角质层厚约 2.5 μm。上表皮比下表皮略厚，其非气孔带细胞伸长，气孔带的细胞多为等径的多边形，壁厚，平直或弯曲，偶见零星分布的气孔器。下表皮脉路清晰，表皮细胞呈长方形或纺锤形，壁较厚；气孔带明显，表皮细胞呈多边形，表面光滑或有不明显的突起或乳突。气孔的保卫细胞微下陷，具加厚的内缘；保卫细胞长度达 72 μm，孔缝无定向。副卫细胞一般 4–6 枚，内边缘强烈加厚形成环状突起覆盖在保卫细胞上。（据

Lundblad, 1959）

模式标本产地和层位　瑞典西南部 Hälsingborg，上三叠统。

注　具边似银杏的模式标本比较破碎，最早的含义比较模糊。Lundblad（1959）对模式产地的标本连同 Nathorst 最早研究的模式标本一起重新做了研究，尤其是研究了表皮角质层并对叶的形态做了复原。该种和东格陵兰晚三叠世的 *Ginkgoites hermelini* (Hartz) Harris 区别也不清楚。对比 Harris（1935）对后一种的研究，Lundblad（1959）确认它们实际为同一种植物，以前大多数归入 *G. hermelini* (Hartz) 的标本都应改名为具边似银杏。本种的叶部形态变化较大，一般为扇形，裂片少者 2 枚，多则 10 枚以上，最常见的 6–8 枚；叶脉在叶片下部二歧分叉 1–2 次，然后平行至近裂片顶部聚敛。中等的或发育较全的裂片的侧边近于平行，裂片在近顶端处稍稍狭缩，顶端钝圆。但在较小的裂片上这些特征不稳定。在表皮构造方面变化也较大，一般上表皮气孔器较少或偶见，但也有些标本气孔器数目多少和下表皮差不多；表皮细胞有些无乳突，有些具不明显的乳突或具中空的乳突。中国标本列举如下。

Ginkgoites marginatus：何德长见：钱丽君等，1987a，页 82；图版 23，图 1，6。

Ginkgoites marginatus：米家榕等，1996，页 118；图版 21，图 4；图版 23，图 1，3，4，6–8。

Ginkgoites hermelini：张泓等，1998，图版 42，图 8。

Ginkgoites sibirica (Heer) Seward：张泓等，?1998，图版 43，图 1。

国内中三叠世至中侏罗世的地层中形态类似本种的叶片化石发现甚多，但是多数保存和研究程度较差，难以做确切的比较。除了上述辽宁北票的化石有比较详细的角质层研究外（米家榕等，1996），其他标本皆为不完整的叶片，且角质层没有研究。有些标本与本属其他种有时难以分辨，如 *Ginkgoites* cf. *sibirica*（Yabe & Ôishi, 1933）和本种就比较相似，只是前者的裂片较多、每一裂片所含的叶脉较密。国内一些或多或少相似的、但保存和研究程度较差的标本，一般多作为比较种处理。在没有发现完整的标本和角质层的情况下我们仍保留原来的处理意见。比较种列举如下。

Ginkgoites cf. *marginatus*：斯行健、李星学等，1963，页 223；图版 74，图 6。湖北西部白石岗，下侏罗统香溪群。

Ginkgo cf. *marginatus*：张志诚等，1976，页 210；图版 116，图 2–5。内蒙古准格尔旗五字湾，中三叠统二马营组上部。

Ginkgoites cf. *marginatus*：冯少南等，1977b，页 238；图版 95，图 5–7。湖北远安、当阳，下、中侏罗统香溪群上煤组。

Ginkgoites cf. *marginatus*：黄枝高、周惠琴，1980，页 98；图版 7，图 2；图版 8，图 2。内蒙古准格尔旗五字湾，中三叠统二马营组上部。

Ginkgoites cf. *marginatus*：段淑英、陈晔，1982，页 505；图版 13，图 2。重庆云阳南溪，下侏罗统珍珠冲组。

Ginkgoites cf. *marginatus*：王国平等，1982，页 275；图版 126，图 2。安徽怀宁月山，下-中侏罗统象山群。

Ginkgoites cf. *marginatus*：叶美娜等，1986，页 67；图版 46，图 1。四川达州白腊坪，下侏罗统珍珠冲组。

Ginkgoites cf. *marginatus*：Duan, 1987, p. 45；pl. 16, fig. 1；pl. 19, fig. 5。北京西山斋堂，中侏罗统窑坡组。

Ginkgoites cf. *marginatus*：米家榕等，1993，页125；图版31，图8；图版32，图2，3，6–8；图版33，图1。吉林汪清天桥岭，上三叠统马鹿沟组。

产地和层位 陕西神木考考乌素沟，中侏罗统延安组三段。辽宁北票台吉二井、东升矿一井，下侏罗统北票组；北票兴隆，中侏罗统海房沟组。新疆尼勒克吉林台，中侏罗统胡吉尔台组。

细小似银杏 *Ginkgoites minusculus* Mi, Sun, Sun, Cui et Ai
图 112

1996. *Ginkgoites minisculus* Mi, Sun, Sun, Cui et Ai：米家榕等，页119；图版23，图2，5，9，10；插图13。

特征 叶较小，楔形，具长的叶柄。叶柄长10 mm以上、宽约1 mm。叶片楔形，基角约50°，先深裂一次，然后每半再深裂一次，形成4枚披针形裂片。裂片长30–40 mm、宽4 mm，顶端钝尖。叶脉细密，每一裂片含4–5条，脉间有细纵纹。

上、下表皮角质层厚度相当，约2 μm。上表皮脉路带不清晰，略微伸长的细胞纵向排列；脉路间的细胞多为等轴状或宽短矩形，有少量气孔器。下表皮气孔器显著。脉路上的细胞狭长，纵向壁强烈加厚；气孔带内的细胞多呈多边形或长方形。气孔器密集，其保卫细胞下陷，孔缝狭窄，无定向；副卫细胞4–6枚，环绕保卫细胞并呈乳突状突起覆于保卫细胞之上；副卫细胞外有周围细胞环绕。（据米家榕等，1996）

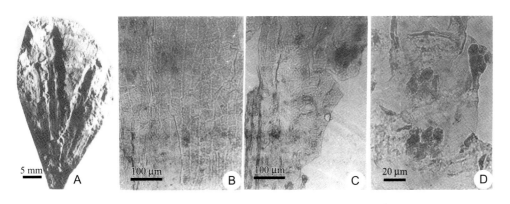

图 112 细小似银杏 *Ginkgoites minusculus* Mi, Sun, Sun, Cui et Ai

辽宁北票台吉，下侏罗统北票组，正模 Lower Jurassic Beipiao (Peipiao) Formation, Taiji of Beipiao, Liaoning, Holotype。
A. 叶 Leaf；B. 上表皮 Upper cuticle；C. 下表皮 Lower cuticle；D. 气孔器 Stomata（CESJU: BU-5002；米家榕等，1996）

注 本种原名较小似银杏，与湖南早侏罗世观音滩植物群的 *Ginkgoites cuneifolius* Zhou（周志炎，1984；见本书页156）略相似，但后者以叶和叶柄没有明显的分界、裂片较窄、保卫细胞弓形不下陷、副卫细胞不具乳突等特征与本种相区别。此种名原拼写为 *minisculus*，当为 *minusculus* 之误，其汉译名"较小"（为"minor"的汉译），含义也和拉丁名不符，现均予以改正。

产地和层位 辽宁北票台吉二井、东升矿一井，下侏罗统北票组（模式标本）。

混合似银杏 *Ginkgoites mixtus* (Tan et Zhu)

图 113

1982. *Ginkgo mixta* Tan et Zhu：谭琳、朱家楠，页 146；图版 35，图 3–4。

特征 叶片形态与楔拜拉类似，为长楔形，基角 45°。叶片深裂两次，裂片 4 枚，呈狭长楔形，宽 4–5 mm、长至少 5 cm，裂片上部 2/3 处两侧边缘平行，下部急剧收缩呈楔形。叶柄细长，宽 1 mm、长 1 cm 以上。叶脉清晰，每一裂片具 9–10 条叶脉，在叶片下部分叉然后平行至叶缘聚集，裂片顶端略钝。（据谭琳、朱家楠，1982）

注 该种原名楔拜拉状银杏，叶片形态和裂片特征与楔拜拉，尤其是 *Sphenobaiera longifolia* Pomel（见页 271）非常相似，但本种具有明显的叶柄，应归入似银杏属。作者发表时给以"楔拜拉状似银杏"的中文名称（谭琳、朱家楠，1982），但"mix"希腊字的本意是"混合"的意思，而"楔拜拉状似银杏"的拉丁名应该是"*Ginkgoites sphenobaieroides*"，因此这里将汉译名改为混合似银杏。

产地和层位 内蒙古固阳小三分子村东，下白垩统固阳组（模式标本）。

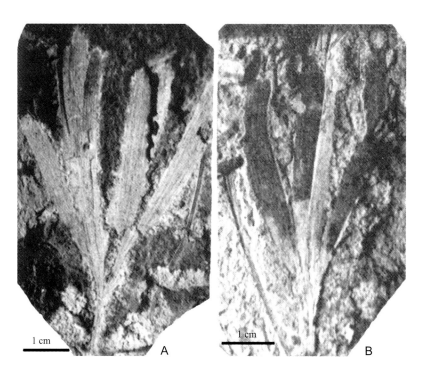

图 113　混合似银杏 *Ginkgoites mixtus* (Tan et Zhu)

内蒙古固阳小三分子，下白垩统固阳组 Lower Cretaceous Guyang Formation, Xiaosanfenzi of Guyang, Inner Mongolia
（GBIMAR：A. GR39 正模 Holotype；B. GR64；谭琳、朱家楠，1982）

密脉似银杏 *Ginkgoites myrioneurus* Yang

图 114

2003. *Ginkgoites* cf. *sibirica* Heer：Yang, p. 568；pl. 3, figs. 4–5, 9, 11–12；pl. 7, figs. 1–4.
2004. *Ginkgoites myrioneurus* Yang, p. 740；figs. 1, 2A & E–H, 3–5.

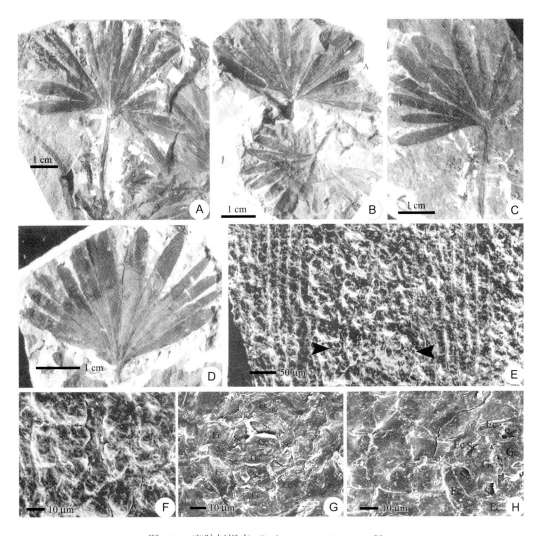

图 114　密脉似银杏 *Ginkgoites myrioneurus* Yang

黑龙江鸡西，下白垩统穆棱组 Lower Cretaceous Muling Formation, Jixi of Heilongjiang。A–D. 各种形态和大小的叶，
A 为正模标本 Variation in shape and size of leaves, A, Holotype；E–H. 表皮角质层，取自模式标本 Cuticles from Holotype,
SEM：E. 下表皮角质层的外表面，示明显的气孔带与非气孔带及气孔器（箭头）Outer view of lower cuticle, showing
well-defined stomatal and non-stomatal zones, with papillae and stomata (arrow heads)；F. 下表皮角质层气孔器的外面观，
副卫细胞具乳突 Outer surface view of a stoma in lower cuticle, with subsidiary cells each bearing a large papilla；G. 下角
质层一个气孔器，具环绕副卫细胞的周围细胞 A stoma in lower cuticle with encircling cells surrounding subsidiary cells；
H. 上角质层一个气孔器，具环绕副卫细胞的周围细胞 A stoma in upper cuticle with encircling cells surrounding subsidiary
cells（NIGPAS：A, E, F, G. PB19846；B. PB20249；C. PB20250；D, H. PB20251；Yang, 2004）

特征 叶扇形,叶柄细长,叶片最外侧两裂片所成的基角大多在 180°左右（135°–270°）。叶片中央先深裂一次至基部,每一部分又或深或浅裂 2–4 次,形成宽窄不一的 8–18 枚最后裂片。裂片呈倒披针形,中部宽度一般在 4–5 mm,顶端钝圆,含有 8–16 条近于平行的叶脉。叶脉细密,20–30 条/cm 或更多。

气孔器主要分布在下表皮,上表皮偶见。上、下表皮普通细胞均具乳头状突起,垂周壁直或微弯曲。上表皮细胞不规则,或排列成带状。下表皮气孔带（宽 120–200 μm）和非气孔带（宽 100–115 μm）明显。气孔器为单唇型,单环或不完整双环式。保卫细胞下陷,副卫细胞 6–8 个,每个副卫细胞表面均具有一个大的乳突,孔缝方向多为纵斜。（据原始特征）

注 这个种的标本数量多达 80 余块,显示出形态、大小的连续变化。裂片数目一般在 10 枚以上,通常在 12–14 枚之间,最多可达 18 枚。从叶片外形和裂片的数目来看,只有下白垩统阜新组所产的 *Ginkgoites manchurica* 可以比较。此种已发表的某些标本（见陈芬等,1988,图版 34,图 7,9,图版 35,图 9）与本文所描述的若干标本几乎完全一致,但当前标本的裂片在排列上大多较后者紧密,且基角多在 180°左右,而 *G. manchurica* 是与 *Baiera* 更接近的,其裂片细长,排列不紧密。更主要的是,当前种的大量标本都显示出该种的叶脉密度为 25–35 条/cm,反映在表皮构造上就是:本种的脉间区的宽度只有脉路区的 1.5–2 倍。当前标本角质层虽保存欠佳,但仍然看得出表皮的外面有大的乳突。从叶脉密度上来比较,与当前种最接近的是 *Ginkgo delicata* Samylina（1967a, p. 136, pl. 1, figs. 3–12）,但是后者无论是气孔带还是非气孔带的表皮细胞中央都有一个显著的乳突,而且它的裂片楔形,最宽处在叶片上端,也与本种不同。*Ginkgoites huttonii* (Sternb.) Black 的叶脉也很密,但裂片数目较少,且其表皮构造与当前标本的差别也较大（参见 Doludenko & Rasskazova, 1972; Harris et al., 1974; 见本书页 165）。

从叶片形态上来看,当前标本更接近 *Ginkgoites sibirica* Heer。此种模式产地西伯利亚伊尔库茨克的典型标本与当前标本较为一致（见 Doludenko & Rasskazova, 1972, p. 10, pls. 3–5）,而且 Ôishi（1933）所研究的该种中国标本的表皮构造特点与当前标本的也有些相似。但 *G. sibirica* 裂片数量相对略少（通常仅 8–10 枚）,所含叶脉较稀疏（4–11 条）,与本种还是存在明显的差别。

产地和层位 黑龙江鸡西,下白垩统穆棱组（模式标本）。

奥勃鲁契夫似银杏 *Ginkgoites obrutschewii* (Seward) Seward

图 115

1911. *Ginkgo obrutschewi* Seward, p. 46; pl. 3, fig. 41; pl. 4, figs. 42–43; pl. 5, figs. 59–61, 64; pl. 6, fig. 71; pl. 7, figs. 74, 76.

1919. *Ginkgoites obrutschewi* (Seward) Seward: Seward, p. 26; text-figs. 642A, B.

1963. *Ginkgoites obrutschewi*: 斯行健、李星学等,页 224;图版 73,图 6;图版 74,图 3–4;图版 77,图 4–5;图版 86,图 1。

1979. *Ginkgoites sibirica* (Heer) Seward: 何元良等,页 150;图版 73,图 5。

1980. *Ginkgoites obrutschewi*：黄枝高、周惠琴，页 98；图版 58，图 4；插图 8。

1982. *Ginkgo obrutschewi*：谭琳、朱家楠，页 138；图版 34，图 11。

1984. *Ginkgoites obrutschewi*：顾道源，页 151；图版 80，图 13–15。

1984. *Ginkgoites obrutschewi*：陈公信，页 604；图版 260，图 6。

1987. *Ginkgo obrutschewi*：陈晔等，页 119；图版 34，图 2。

1995. *Ginkgoites obrutschewi*：Wang, pl. 3, fig. 1.

2001. *Ginkgo obrutschewii*：Chen et al., fig. 9.

2010. *Ginkgoites obrutschewi*：Sun et al., fig. 6c.

2011. *Ginkgoites obrutschewii*：Nosova et al., p. 288；pls. 1–3.

特征 叶具一细柄；叶片深裂为两半，每一半还可同样再分一次。裂片呈长的倒卵形，基部慢慢狭缩，顶端钝圆；叶脉除基部附近外，很少分叉，间距约为 1 mm，并有不规则的细纹横贯于叶脉之间。同时，还可以看到一些和现代银杏叶片上的分泌道非常相似的纵向的短线。

图 115 奥勃鲁契夫似银杏 *Ginkgoites obrutschewii* (Seward) Seward

新疆准噶尔盆地白杨河，中侏罗统（A，C–F）Middle Jurassic, Baiyang River of Junggar Basin, Xinjiang (A, C–F)；新疆和布克赛尔福海煤田，中侏罗统（B）Middle Jurassic, Fuhai Coal Mine, Hoboksar, Xinjiang (B)。A. 叶，正模 Leaf, Holotype；B. 叶 Leaf；C. 气孔 Stomata；D. 上、下角质层 Adaxial and abaxial cuticles；E, F. 气孔器内外观 Stoma viewed inside and outside（E, F. SEM；CNIGR: A, C, D, E, F. coll. 368, spec. 29；IBCAS: B. 2010J, spec.001-1a: Nosova et al., 2011）

上、下表皮的脉路细胞都为伸长的细胞，普通表皮细胞一般较短，为等径或略伸长的多边形。表皮细胞垂周壁平直或微弯曲；平周壁平滑，无乳突或毛状凸起。气孔器星散分布于下表皮，在某些标本的叶缘上表皮也偶有气孔器分布。副卫细胞4-7个，靠气孔缝的细胞壁较厚，形成一个围绕气孔缝的环，气孔器的副卫细胞常具乳突。（据斯行健、李星学等，1963；Nosova et al.，2011）

注　本种模式标本产于新疆，Nosova 等（2011）又重新研究了保存于俄罗斯圣彼得堡的标本，选 Seward（1911）研究过表皮的标本为模式标本，同时对采自新疆和布克赛尔福海煤田中侏罗统西山窑组的大量似银杏叶做了详细的研究。与 Seward 的研究结果比较，Nosova 等发现了在上表皮也有气孔器，但仅限于叶片的边缘；表皮细胞的垂周壁不仅仅是平直、不弯曲的，而是也有不平直的；副卫细胞的数目为4-7个，而 Seward 的观察为5-6个；和布克赛尔的标本从外部形态到角质层构造都可以归入 G. obrutschewii。本种与 Ginkgoites huttonii 和 G. coriaceus（见页165，页152）及归入义马银杏 Ginkgo yimaensis Zhou et Zhang 等某些具有两枚或四枚裂片的标本也相似（见页63），但在标本丰富的情况下还是容易区别的，而且表皮角质层构造方面与它们差别更明显，本种的表皮角质层的平周壁外面较光滑，不像后两种似银杏有乳突或表皮毛。本种的气孔密度也比义马银杏大得多（Chen et al.，2001）。

归入此种的国内标本众多，基本上都是单独的叶片，具一细柄，裂片数量少，呈倒卵形，叶脉清晰。保存化石的地层时代从早侏罗世到早白垩世，以中侏罗世居多。内蒙古固阳早白垩世（谭琳、朱家楠，1982）的标本虽无角质层，但形态上和本种无明显差异；四川盐边晚三叠世（陈晔等，1987）、陕西延安中侏罗世（黄枝高，周惠琴，1980）、新疆和丰早侏罗世（顾道源，1984，图版80，图13）的标本叶片虽不完整，但从形态和特征上来看和本种非常相似。青海天峻县木里中-下侏罗统木里群江仓组的 Ginkgoites sibirica 从形态上完全可以和本种比较（何元良等，1979，页150，图版73，图5）。

按照 Nosova 等（2011）的观点，中国这些定为 G. obrutschewii 的标本，因为没有研究角质层都应作为未定种 Ginkgoites sp. 来处理；四川盐边的标本虽形态与本种接近，但表皮角质层平周壁有乳突，与 G. sibirica 的亲缘关系更密切（Ginkgoites ex gr. sibirica）。本文根据标本的形态仍将四川的标本置于本种，因为乳突从某种程度上来看与植物生活的环境及叶片具体的小生境有一定关系，在标本数量有限、表皮角质层研究不完全、不彻底的情况下很难断定这就是一个种的特征，且 Nosova 等针对同一块标本的重新研究就发现了 Seward 没有观察到的上表皮气孔器。四川、新疆两地所产的标本也只是部分做了角质层研究，目前对它们的全貌并不清楚。

可疑标本列举如下。

Ginkgo obrutschewi：郑少林、张武，1982，页319；图版25，图2-6。黑龙江双鸭山宝山，下白垩统城子河组。

Ginkgo obrutschewi：段淑英等，1986，图版1，图6。陕西彬州百子沟，中侏罗统延安组。

Ginkgoites obrutschewi：米家榕等，1996，页120；图版24，图3-5。河北抚宁石门寨，辽宁北票台吉二井、北票东升矿四井，下侏罗统北票组。

Ginkgoites obrutschewi：张泓等，1998，图版 42，图 3，4，6；图版 47，图 7。内蒙古阿拉善右旗长山子，中侏罗统青土井组；新疆哈密三道岭，中侏罗统西山窑组；青海德令哈旺尕秀，中侏罗统石门组。

产地和层位　新疆准噶尔白杨河，中侏罗统西山窑组（模式标本）；和布克赛尔福海煤田，中侏罗统西山窑组；和丰阿克雅，下侏罗统三工河组。陕西延安杨家崖，中侏罗统延安组下部。内蒙古固阳，下白垩统固阳组。湖北当阳桐竹园，下侏罗统桐竹园组。四川盐边，上三叠统红果组。青海天峻木里，中侏罗统木里群江仓组。

蝶形似银杏 *Ginkgoites papilionaceus* Zhou
图 116

1981. *Ginkgoites papilionaceous* Zhou：周惠琴，页 150；图版 2，图 4；插图 1。

特征　叶似蝴蝶状，叶片深裂至基部成为两部分，每一部分的叶片不分裂或分裂成若干裂片；叶柄未保存，每条主脉靠近叶基部分叉一次，近叶中部或叶缘时再分叉一次。（据周惠琴，1981）

图 116　蝶形似银杏 *Ginkgoites papilionaceus* Zhou

辽宁北票羊草沟，上三叠统羊草沟组，正模 Upper Triassic Yangcaogou Formation, Yangcaogou of Beipiao, Liaoning, Holotype（IGCAGS：By013；周惠琴，1981）

注　本种叶片呈蝴蝶状，如作者指出的那样，酷似中生代双扇蕨科 *Hausmania* 属，两者的重要区别在于前者叶脉仅作分叉状，不结网，因此将其归入似银杏属。作者所谓的蝴蝶状叶片也可能是两枚叶片相对保存、未保存叶柄所致。较完整的叶片部分与似银杏的叶片相同，而且叶脉在中、上部分叉，顶端截形至钝圆形，与 *Ginkgoites digitatus*（见页 158）某些叶片深裂的标本更相似。

产地和层位　辽宁北票羊草沟，上三叠统羊草沟组（模式标本）。

二叠似银杏 *Ginkgoites permica* Xiao et Zhu

图 117

1985. *Ginkgoites permica* Xiao et Zhu：肖素珍、张恩鹏，页 579；图版 201，图 4a，4b。

图 117　二叠似银杏 *Ginkgoites permica* Xiao et Zhu

山西中阳（原名宁乡）管头，中二叠统下石盒子组 Middle Permian Xiashihezi (Lower Shihhotze) Formation, Guantou of Zhongyang (Ningxiang), Shanxi. A, B. 正模 Holotype（TJIGM：sh322；肖素珍、张恩鹏，1985）

特征　叶片半圆形，长近 35 mm，具细柄；柄长大于 17 mm、粗 1.5 mm。叶片从中间深裂至基部，分成左右近等的两半，再深裂至近基部成为四个裂片；各个裂片最后较浅地分裂 2–3 次成为宽度为 5–8 mm（偶见 4 mm）的楔形末次裂片。叶脉扇状，在末次裂片中通常 8 条/cm。（据肖素珍、张恩鹏，1985）

注　此种形态完全符合本属的定义。和国外发现的少数古生代的似银杏相比（如 Maheshwari & Bajpai, 1992），它和中生代一些常见种相似程度更高。虽然没有角质层或其他伴生器官的证据，它属于早期银杏目成员的可能性很大。

产地和层位　山西中阳（原名宁乡）管头，中二叠统下石盒子组（模式标本）。

柴达木似银杏 *Ginkgoites qaidamensis* (Li)

图 118

1988. *Ginkgo qaidamensis* Li：李佩娟等，页 92；图版 65，图 5；图版 67，图 1；图版 111，图 1–4。

特征　叶楔形至扇形，具柄；叶片长 5–8 cm，基角 70°–110°。叶片深裂为两半，每半再分裂一次；裂片 4–6 枚，长 3.5–6 cm、宽 13 mm，长舌形至楔形，顶端截形至钝圆形，有的裂片顶端再浅裂一次。有两条叶脉自叶基部和叶柄的接触处伸出后迅速地二歧分叉至裂片的中、上部，叶脉很少再分叉，密度为 12 条/cm 左右，叶脉间有点状树脂体。

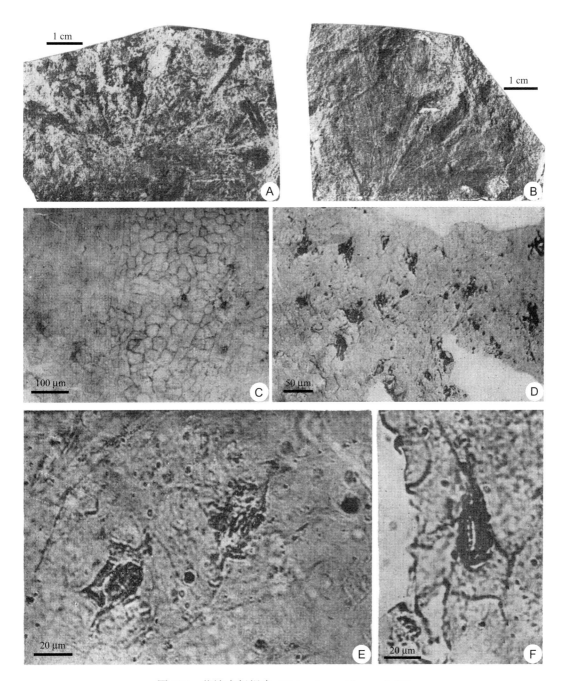

图 118　柴达木似银杏 *Ginkgoites qaidamensis* (Li)

青海柴达木大柴旦大煤沟，中侏罗统饮马沟组、大煤沟组 Middle Jurassic Yinmagou Formation and Dameigou Formation, Dameigou of Qaidam, Qinghai。A. 叶，正模 Leaf, Holotype；B. 叶 Leaf；C. 上表皮 Upper cuticle；D. 下表皮 Lower cuticle；E, F. 气孔器 Stomata（NIGPAS：A. PB13576；B. PB13577；李佩娟等，1988）

　　上表皮角质层较厚。脉路带宽 90–200 μm，由数行长方形、矩形至长的多边形表皮细胞组成；细胞两端平截或尖，侧壁较厚，直或略微弯曲，平周壁表面较平或具点状加厚。脉路间细胞多边形或等径多边形，靠近脉路带的细胞略微伸长，侧壁直或微弯并具孔，平周壁无乳突或表皮毛；气孔器偶见，构造与下表皮气孔器相同。下表皮角质层较薄，脉路带宽约 150 μm，表皮细胞长方形或长的多边形；脉间带表皮细胞多边形或等径多边形，侧壁直或微弯曲，有时断断续续，平周壁平滑无乳突或表皮毛。气孔器散生于脉间，排列无方向；保卫细胞略下陷，有时在极部凸出，孔口细长，为 4–6 个副卫细胞所围绕；副卫细胞仅在靠孔缝的一侧加厚，或凸出成乳头状，极部一侧有时不加厚。（据李佩娟等，1988）

注 这个种在外部形态上与英国约克郡中侏罗世的一些种都可以比较，如 *Ginkgoites huttonii*、*G. digitatus*，但 *G. huttonii* 的表皮角质层较厚，且上、下表皮细胞及气孔器副卫细胞都有明显的乳突；而 *G. digitatus* 的叶片较本种小，且分裂比较浅（Harris et al., 1974）。和其他角质层构造不明的、形似的似银杏属化石种，目前还不好做进一步比较。按照银杏目化石新的划分方案（Zhou, 2009），原先归入现代银杏属的中生代许多叶化石，不能确定是否一定同属，因没有发现可靠的生殖器官，应归入叶化石似银杏属，名为 *Ginkgoites qaidamensis*。

产地和层位 青海柴达木大柴旦大煤沟，中侏罗统饮马沟组（模式标本）和大煤沟组。

昌都似银杏 *Ginkgoites qamdoensis* Li et Wu
图 119

1982. *Ginkgoites qamdoensis* Li et Wu：李佩娟、吴向午，页 54；图版 6，图 4；图版 16，图 2。

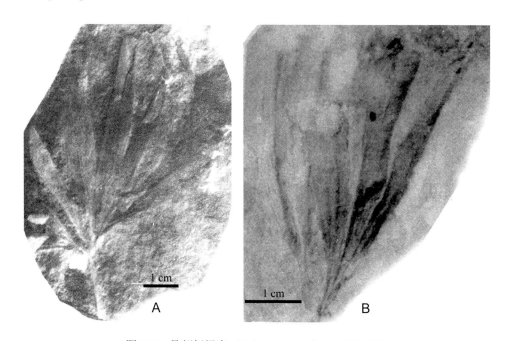

图 119　昌都似银杏 *Ginkgoites qamdoensis* Li et Wu

四川乡城上热坞，上三叠统喇嘛垭组，正模 Upper Triassic Lamaya Formation, Shangrewu of Xiangcheng, Sichuan, Holotype（NIGPAS：A. PB8555；B. PB8556；李佩娟、吴向午，1982）

特征 叶较大，具柄。柄宽约 2 mm、长至少 2 cm，表面具细的纵纹。叶片扇形至半圆形，基角展开为 120°，深裂为两半，每半再分裂为三个宽 8 mm 左右的裂片。裂片披针形至长方形，有的裂片顶端又再次分为两个裂片，顶端钝圆或舌形，基部渐狭缩。叶脉大多在裂片基部分叉，每一裂片含叶脉 4–8 条。表皮角质层不明。（据李佩娟、吴向午，1982）

注 本种与定为 *Ginkgoites sibirica*（见页 196）的有些标本比较相似，但 *G. sibirica* 的形态变异较大，而且主要发现于东北亚早白垩世地层中。当前种的表皮角质层情况不明，与 *Ginkgoites sibirica* 属于不同的地质时代和不同的植物区，因此，属于不同种的可能性很大。

产地和层位 四川乡城，上三叠统喇嘛垭组（模式标本）。

似银杏？ 四瓣种 *Ginkgoites? quadrilobus* Liu et Yao

图 120

1996. *Ginkgoites? quadrilobus* Liu et Yao：刘陆军、姚兆奇，页 655，669；图版 3，图 8，9；插图 4A–4C。

注 此种植物虽然大致符合似银杏这个形态属的叶部形态，但与一种特殊的生殖（花粉？）器官共同连生枝上。其分类位置存疑。

产地和层位 新疆哈密库莱，上二叠统塔尔朗组底部（模式标本）。

图 120 似银杏？ 四瓣种 *Ginkgoites? quadrilobus* Liu et Yao

新疆哈密，上二叠统塔尔朗组，正模 Upper Permian Taerla Formation, Hami, Xinjiang, Holotype（NIGPAS：PB17425；刘陆军、姚兆奇，1996）

强壮似银杏 *Ginkgoites robustus* Sun

图 121

1992. *Ginkgoites robustus* Sun (MS)：孙革、赵衍华，页 545；图版 242，图 2，3，6，7；图版 243，图 1，2，7，8。

1993. *Ginkgoites robustus* Sun：孙革，页 82；图版 32，图 1–5；图版 33，图 1–6；图版 34，图 1–7；图版 35，图 1–3；插图 21，22。

特征 叶扇形至半圆形；叶片基角为 105°–150°。叶片肥厚，可达 8–9 cm×9.5–12 cm，除较小叶片外，基本深裂成 6 枚裂片，中央先分裂一次，每半各自分裂一次，而后外侧的裂片再分裂一次；较小的叶片（最小可达 1.9 cm×3 cm）通常分裂两次，成为 4 或 5 枚裂片。裂片主要为长椭圆形—匙形，顶端多钝圆，偶为钝尖。叶脉在叶柄中为 2 条，进入叶片后二歧分叉 1–2 次，每裂片最宽部位的叶脉通常为 7–9 条（个别为 5 条），平均 7 条/cm。叶柄粗壮，约 5 mm，较小的叶片也有 3.5–4 mm。（据孙革，1993）

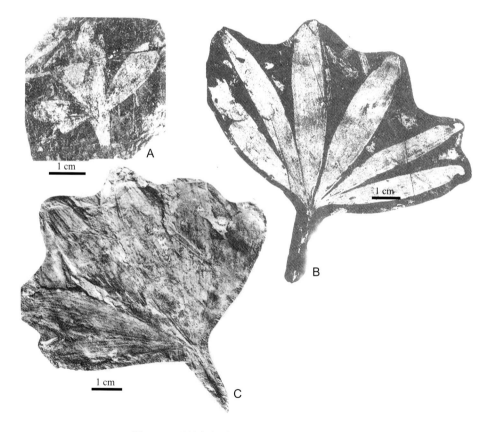

图 121　强壮似银杏 *Ginkgoites robustus* Sun

吉林汪清天桥岭，上三叠统马鹿沟组 Upper Triassic Malugou Formation, Tianqiaoling of Wangqing, Jilin。A, B. 叶 Leaves；C. 正模 Holotype（NIGPAS：A. PB11979；B. PB11980；C. PB11982；孙革，1993）

注　目前该种仅见于模式标本产地，没有角质层保存。单从叶片的外部形态上来看这个种与其他的银杏类叶化石，如 *Ginkgoites marginatus*、*Ginkgoites sibirica*、*Ginkgoites ferganensis* 等的叶片化石有一定程度的相似（见页 179，页 196，页 160），与陕西绥德上三叠统延长组下部所产的 *Ginkgoites magnifolius*（斯行健，1956a，图版 47，图 1）也很相似。该种已发现有 60 余块标本，虽然叶片大小和裂片形状存在连续变异，但也显示出该种裂片的数量比较稳定在 6 枚，叶柄比较粗壮，有别于其他相似的银杏叶化石（孙革，1993）。

产自同一地点的汪清似银杏 *Ginkgoites wangqingensis* Mi et al.（米家榕等，1993）从形态上来看与本种非常相似，只是叶脉不如本种粗壮。作者描述的叶片具脉间规则分布的树脂体在本种上也多见。两者目前都未发现保存角质层的标本，它们的表皮角质层的特点尚有待于研究和比较。因此本书（见页 211）暂将它们作为两个形态种。

产地和层位　吉林汪清天桥岭，上三叠统马鹿沟组（模式标本）。

近圆似银杏 *Ginkgoites rotundus* Meng

图 122

1983. *Ginkgoites rotundus* Meng: 孟繁松，页 227；图版 1，图 8；图版 3，图 2。

特征　叶具柄；柄宽约 2 mm，保存长度约 5 mm。叶扇形，不分裂，高约 6 cm，顶部全缘至波状。叶脉明显，自基部放射伸出，分叉数次直达叶缘，在叶前缘有脉约 16 条/cm。（据孟繁松，1982 略改动）

注　该种化石叶片全缘至波状，整体形态近圆形，与中生代晚期发现的有些似银杏如 *Ginkgoites subadiantoides* 和 *Ginkgoites coriaceus* 等（见页 203，页 152），以及现生银杏比较接近。类似的标本还有陕西上三叠统延长组上部的 *Ginkgoites chowii*（见页 151），从形态上来看它与本种没有太大的区别，只是陕西的标本叶形较本种略大，叶柄粗强，叶形如铲状，前缘或多或少浅裂，叶片分裂较本种略深，叶脉稀疏（斯行健，1956a）。而同地点同层位陕西宜君杏树坪上三叠统延长组上部产出的 *Ginkgoites* sp.（斯行健，1956a，图版 47，图 3，4）叶片浅裂，与当前种更相似。东格陵兰晚三叠世的 *Ginkgoites obovata* Seward 也有类似的标本，东格陵兰的标本大小不一，叶缘保存不全（Harris，1935，pp. 4–5，text-figs. 1F，2A，E）。

图 122　近圆似银杏 *Ginkgoites rotundus* Meng
湖北南漳东巩，上三叠统九里岗组，正模 Upper Triassic Jiuligang Formation, Donggong of Nanzhang, Hubei, Holotype（YCIGM: D76010; 孟繁松，1983）

目前为止陕西上三叠统延长组的 *G. chowii* 只有两块化石发现，与当前标本一样表皮角质层结构不明。这两处同为晚三叠世时期的标本在形态上都与现生的银杏更接近，这两种之间的区别是否属于种内变异的范围，由于标本数量较少，目前无法断定。

此种未指定正模。

产地和层位　湖北南漳东巩，上三叠统九里岗组。

刚毛似银杏　*Ginkgoites setaceus* (Wang)
图 123

1984. *Ginkgo setacea* Wang：王自强，页 274；图版 155，图 9；图版 169，图 7–9；图版 170，图 8–11。

特征　叶扇形；叶柄长度不明，粗 1.5–2 mm。叶片中央分裂一次，每一半再分裂两次，成 8 枚裂片；裂片狭长，两侧近平行，顶端钝尖。叶脉清楚，每一裂片含 4–5 条叶脉，密度为 18 条/cm 左右。

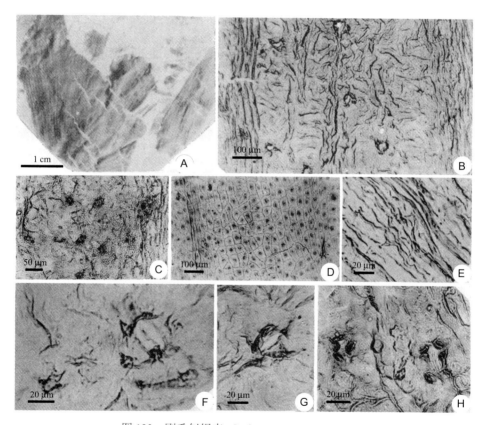

图 123　刚毛似银杏 *Ginkgoites setaceus* (Wang)
河北张家口黄家铺，下白垩统青石砬组 Lower Cretaceous Qingshila Formation, Huangjiapu of Zhangjiakou, Hebei。A. 叶，正模 Leaf, Holotype；B, C. 下表皮 Lower cuticle；D. 上表皮 Upper cuticle；E. 脉路细胞垂周壁上的刺毛 Spines in anticlinal walls；F–H. 下表皮气孔器 Stomata in lower cuticle（TJIGM：P0471；王自强，1984）

上表皮较厚，无气孔器。脉路细胞狭长方形；脉间细胞为方形或多边形。细胞壁波状弯曲，每个细胞中央具一枚实心乳突，毛基少。下表皮较薄；脉路细胞壁显著增厚呈肋条状；脉间区宽，气孔器分散排列，间隔大，气孔器之间常有表皮皱纹联系；细胞壁不清楚，乳突少而不明显；脉路细胞壁伸出小而尖锐的刺。气孔器圆形或椭圆形；副卫细胞不明显，但乳突发育，伸向气孔腔，其顶端常延伸为尖刺。有时乳突相互连接成包围气孔的环状；保卫细胞下陷，孔缝方向不定，大部分纵向。（据王自强，1984）

注 以上特征据作者的描述（王自强，1984），但从发表的图影来看，标本上叶片破碎，与已知的各种似银杏难以确切比较。而作者强调的表皮角质层的特点是细胞中央具一实心的乳突，在很多似银杏（如比较常见的 *Ginkgoites sibirica* 等）的角质层上都有；至于细胞壁（垂周壁）上的刺状物，从图影来看，也可能是角质层没有完全展开、略有皱缩而在光学显微镜下呈现的不规则的垂周壁角质层凸缘。因此这个种成立的依据是很可疑的。

产地和层位 河北张家口黄家铺，下白垩统青石砬组（模式标本）。

石拐似银杏 *Ginkgoites shiguaiensis* (Sun, Dilcher, Wang, Sun et Ge)
图 124

2008. *Ginkgo shiguaiensis* Sun, Dilcher, Wang, Sun et Ge, pp. 1132–1136；figs. 4–6.

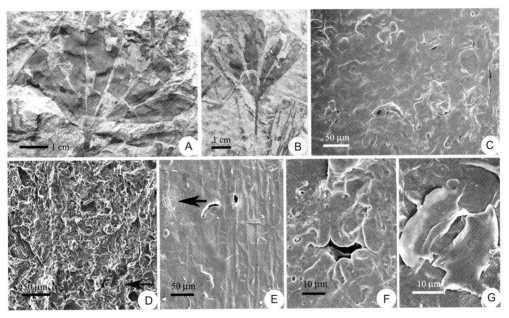

图 124 石拐似银杏 *Ginkgoites shiguaiensis* (Sun, Dilcher, Wang, Sun et Ge)

内蒙古石拐煤田，中侏罗统召沟组 Middle Jurassic Zhaogou Formation, Shiguai Coal Mine, Inner Mongolia。A. 叶，正模 Leaf, Holotype；B. 叶 Leaf；C. 下表皮内面观，示气孔的分布和不均匀加厚的平周壁 Inside view of lower cuticle showing the distribution of stomata and the periclinal walls with uneven thickenings；D. 下表皮外面观，示除副卫细胞（箭头所示）外没有任何乳状突起的表面 Outside view of lower cuticle showing the surface without any papillae except for subsidiary cells (indicated by arrow)；E. 在无气孔区域的长形细胞、多角形细胞和在叶脉之间的气孔区偶尔出现的气孔器（箭头所示）Inside view of upper cuticle showing elongate epidermal cells in nonstomatal zone, polygonal cells, and occasional stomatal complex on stomatal zone (indicated by arrow) between the veins；F. 下表皮气孔器外面观，示具有乳状突起的副卫细胞和部分被覆盖的气孔窝 Outside view of a stomatal apparatus from lower cuticle showing stomatal pit and subsidiary cells with five papillae partly covering the stoma；G. 下表皮气孔内面观，示保卫细胞上的清晰放射纹 Inside view of a stomatal apparatus from lower cuticle showing fine radial striations on the guard cells（RCPSJU：A, D, F, G. S001；B. S008；C. S009；E. S003；Sun et al., 2008）

特征　叶半圆形至扇形，具一个细长的柄。叶片基角 80°–220°、长 30–40 mm、宽 60–70 mm，先分裂为两半，再各自分裂为两个次级裂片。外侧的裂片常缺裂或再分为末级裂片。裂片披针形至狭倒卵形，具有圆钝的顶端。叶脉清晰，每 5 mm 有 9–12 条。

表皮角质层为稀疏的两面气孔型。上角质层仅有少数气孔。上、下角质层厚薄相近，表皮细胞的平周壁和垂周壁的表面不平整，但未见乳突和毛状体。上、下角质层的气孔器相形似，在气孔带中方位不定。气孔四周围绕保卫细胞的副卫细胞通常 4–6 个，具有显著的乳突，伸出在气孔窝口之上。（节译自 Sun et al., 2008）

注　此种和 *Ginkgoites huttonii* (Sternberg) Heer（见本书页 165；Harris et al., 1974, p. 11, text-fig. 2）外形相近，但后者表皮上乳突和毛状体发育，易于区别。它的叶形和前述义马银杏的某些叶片也容易混淆，但在角质层上彼此不难区分，因为后者为下气孔型叶，且气孔密度很低只有 6–12 个/mm，而本种较高为 30–40 个/mm。

产地和层位　内蒙古石拐煤田，中侏罗统召沟组（模式标本）。

西伯利亚似银杏 *Ginkgoites sibirica* (Heer) Seward
图 125

1876b. *Ginkgo sibirica* Heer, p. 61；pl. 9, figs. 5, 6；pl. 11, figs. 1–8；pl. 12, fig. 3.

1876b. *Ginkgo lepida* Heer, p. 62；pl. 12, figs. 1–10.

1876b. *Ginkgo schmidtiana* Heer, p. 60；pl. 13, figs. 1, 2.

1876b. *Ginkgo flabellata* Heer, p. 60；pl. 13, figs. 3, 4.

1876b. *Ginkgo pusilla* Heer, p. 61；pl. 13, figs. 6–8.

1919. *Ginkgoites sibirica* (Heer) Seward, p. 24；figs. 641A, 653C.

1962. *Ginkgo lepida*：Prynada, p. 176；pl. 9, fig. 5；pl. 10, figs. 1, 7；pl. 15, fig. 5；text-figs. 39–41.

1962. *Ginkgo sibirica*：Prynada, p. 174；pl. 9, figs. 6, 7；pl. 10, figs. 2, 3；pl. 11, fig. 4；pl. 25, fig. 5.

1972. *Ginkgoites sibirica*：Doludenko & Rasskazova, p. 10；pls. 1–10.

特征　叶片扇形至半圆形，具长柄。叶片先在中央分裂一次，深度几乎达到叶柄，每半再分裂两次或三次；最后裂片 8–10 个或 12–14 个，少数 6–8 个。裂片披针形；顶端钝圆至渐尖，基部缓缓收缩。每一裂片的中、上部含近于平行的叶脉 3–8 条，叶脉间距 0.7–1.3 mm。

叶表皮下气孔式。上表皮脉路带细胞呈狭长的四角形，排列成明显的行；脉路间的表皮细胞呈等径的多角形，细胞带不明显；壁直或微弯曲；每个细胞的中央几乎都有一小的圆形乳突。下表皮由气孔带和非气孔带交互组成。非气孔带上的表皮细胞为强烈伸长的长方形，排列成行；气孔带内气孔的分布较为稀疏，1–3 行，通常是两行。气孔为单环式，微下陷。副卫细胞 5–6 个，乳突发达，伸向气孔口方向，并偶尔覆盖着气孔口，孔缝无定向。几乎所有的下表皮细胞的中央均具有小的、空心的乳突。毛和毛基未见。（据 Doludenko & Rasskazova, 1972）

模式标本产地和层位　俄罗斯西伯利亚伊尔库茨克盆地切列姆霍夫组，中侏罗统。

图 125　西伯利亚似银杏 *Ginkgoites sibirica* (Heer) Seward

内蒙古扎赉诺尔，"侏罗系"（现为下白垩统）（A, B）"Jurassic" (now Lower Cretaceous), Chalainor, Inner Mongolia (A,
B)；内蒙古固阳，中侏罗统石拐组（C）Middle Jurassic Shiguai Formation, Guyang, Inner Mongolia (C)；内蒙古呼伦贝
尔伊敏，下白垩统（D）Lower Cretaceous, Yimin of Hulun Buir Meng, Inner Mongolia (D)（HKU：A, B. No. 50289；
NIGPAS：C. PB2954；SYIGM：D. D459；Toyama & Ôishi, 1935；斯行健、李星学等，1963；张武等，1980）

　　注　Heer（1876b）根据伊尔库茨克地区的标本最早建立了 *Ginkgo sibirica* 一种。
除该种外他还把来自同一层位的银杏类叶化石分别归入不同的种：*Ginkgo huttonii*、
G. schmidtiana、*G. flabellata*、*G. lepida*、*G. concinna* 和 *G. pusilla*（共七个种），并对它
们分别进行了详细的描述，但都没有研究角质层。Prynada（1962）对该盆地的银杏类叶
化石重新进行了研究，认为这些化石实际上可归入两个种：*G. sibirica* 和 *G. lepida*，后者
包括了 Heer 的 *G. schmidtiana*、*G. flabellata* 和 *G. pusilla*。他们对这些化石进行分类的主
要依据是叶片形态及叶片分裂状况，如叶片分裂的程度达叶柄或未达叶柄、裂片顶端的
形态是钝圆或钝尖。Heer 最初划分 *G. sibirica* 和 *G. lepida* 两个种主要是根据裂片的轮廓：
裂片顶端较钝的归入 *G. sibirica*，而裂片顶端较尖的归入 *G. lepida*。后来丰富的标本表明
仅仅依据外部形态特点进行分类是不可靠的，因为这些标本的裂片顶端形态从钝圆到钝
尖、从圆形到渐尖之间是连续的变化，没有一个截然的界限；而叶片分裂的深浅、裂片
的宽窄等也不是固定的特征，在标本数量比较丰富的情况下很难划定种的界限。而这些

形态上有差异的叶片在表皮角质层上则显示出比较一致而稳定的特点，使人们有理由相信它们是同一个种。因此，Doludenko 和 Rasskazova（1972, pp. 10–13, 83–91）对模式标本产地的银杏类叶化石标本重新进行研究以后，依据丰富的标本得出的结论是这些银杏类叶化石都可以归入同一个种——*Ginkgoites sibirica*。这些叶的形状和大小存在着连续的变化，但叶片分裂方式基本相同；叶表皮角质层的研究结果显示它们的表皮细胞中央都有一个小的中空的乳突；副卫细胞乳突面向孔缝的一侧较强烈地加厚并凸出于气孔之上；毛状体不存在。因此原先定为 *Ginkgo sibirica*、*G. lepida*、*G. flabellata*、*G. schmidtiana* 和 *G. pusilla* 的几个种都应归入 *Ginkgoites sibirica*（Doludenko & Rasskazova, 1972）。看来，西伯利亚似银杏这个种的外部形态变化是很大的。

我国中生代最早归入此种的标本有 Toyama 和 Ôishi（1935）研究的内蒙古扎赉诺尔早白垩世（原为中侏罗世）的叶部化石，随后东北地区有大量标本被归入此种，时代跨度从早侏罗世至早白垩世，但多缺乏角质层研究，这些标本是否都可以归入此种，在目前缺乏角质层的情况下逐一甄别起来是相当困难的。根据叶的形态本书暂将它们都归入本种，列举如下。

Ginkgo sibirica：Yabe, 1922, p. 23；pl. 4, fig. 11.

Ginkgo sibirica：Toyama & Ôishi, 1935, p. 70；pl. 3, fig. 6；pl. 4, fig. 2.

Ginkgoites sibiricus：斯行健，1959，页 9，25；图版 6，图 1–3。

Ginkgoites sibiricus：斯行健、李星学等，1963，页 225；图版 75，图 1–3。

Ginkgo sibirica：张志诚等，1976，页 194；图版 98，图 7–10；图版 99，图 2，3。

Ginkgo pusilla：张志诚等，1976，页 197；图版 100，图 4。

Ginkgo lepida：张志诚等，1976，页 194；图版 98，图 4，5；图版 99，图 1。

Ginkgoites sibiricus：黄枝高、周惠琴，1980，页 98；图版 57；图版 58，图 6；图版 59，图 4。

Ginkgo sibirica：张武等，1980，页 284；图版 180，图 6–8；图版 181，图 6。

Ginkgo lepida：张武等，1980，页 284；图版 145，图 1；图版 181，图 5，9。

Ginkgo pusilla：谭琳、朱家楠，1982，页 146；图版 34，图 10。

Ginkgo sibirica：陈芬、杨关秀，1982，页 579；图版 2，图 7，8。

Ginkgo sibirica：谭琳、朱家楠，1982，页 148；图版 34，图 3–9。

Ginkgo lepida：谭琳、朱家楠，1982，页 137；图版 35，图 5，6。

Ginkgo sibirica：郑少林、张武，1982，页 319；图版 19，图 5a。

Ginkgo pusilla：郑少林、张武，1982，页 319；图版 12，图 10。

Ginkgoites sibiricus：曹正尧，1983，页 39；图版 7，图 8，8a。

Ginkgoites sibiricus：陈芬等，1984，页 58；图版 25，图 2–4。

Ginkgoites sibiricus：王自强，1984，页 275；图版 155，图 1。

Ginkgoites lepidus：陈芬等，1984，页 58；图版 26，图 2，3；图版 30，图 1。

Ginkgoites lepidus：Duan, 1987, p. 44；pl. 17, fig. 6.

Ginkgoites lepida：何德长见：钱丽君等，1987a，页 81；图版 24，图 1–3，5，6。

Ginkgoites sibiricus：孙革、商平，1988，图版 3，图 6。

Ginkgo sibirica：陈芬等，1988，页 67；图版 34，图 6–10。

Ginkgoites lepidus：段淑英，1989，图版 1，图 1。

Ginkgoites sibiricus：孙革、赵衍华，1992，页 545；图版 243，图 5，6；图版 244，
　　图 6，7；图版 255，图 7；图版 259，图 8。

Ginkgo sibirica：黑龙江省地质矿产局，1993，图版 12，图 1。

Ginkgoites sibiricus：米家榕等，1996，页 120；图版 17，图 2，4，5，7，10；图版
　　18，图 6；图版 19，图 4–7；图版 20，图 7；图版 22，图 5；图版 24，图 1，6–8，
　　10–12，20。

Ginkgo sibirica：邓胜徽等，1997，页 42；图版 24，图 10，11。

　　中国中、西部有关本种的记录部分似不可靠。新疆和什托洛盖的标本叶较大、叶脉
稀疏、裂片大小不一（30–60 mm），与本种形态差异较大（顾道源，1984）；新疆尼勒克
吉林台的标本叶片大且叶脉稀疏（张泓等，1998），这两块标本形态上更接近 *Ginkgoites
marginatus*。青海海西绿草山的标本（李佩娟等，1988）叶片不完整，叶表皮角质层较薄，
表皮细胞中央无乳突，副卫细胞亦无乳突而仅内侧加厚，这些明显的差别表明青海的标
本也不属于此种。青海天峻县的标本叶脉非常强劲，似乎也不属于本种（何元良等，1979）。
重庆合川的 *Ginkgoites* cf. *sibiricus*（段淑英、陈晔，1982）、湖北秭归的 *Ginkgoites sibiricus*
（孟繁松，1987）、湖北大冶的 *Ginkgoites sibiricus*（黄其胜，1988）、四川盐边的 *Ginkgo lepida*
和 *Ginkgo sibirica*（陈晔等，1987）等晚三叠世或早侏罗世的标本，虽然从叶片形态来看
与本种非常相似，从地质时代和植物区系来考虑属于本种的可能性也不大。这一部分标
本列举如下。

Ginkgo cf. *lepida*：Sze, 1933, p. 70；pl. 10, figs. 1, 2.

Ginkgoites sibiricus：何元良等，1979，页 150；图版 73，图 5。

Ginkgoites cf. *sibiricus*：段淑英、陈晔，1982，页 506；图版 13，图 1。

Ginkgoites sibiricus：刘子进，1982，页 133；图版 70，图 5；图版 73，图 5，6。

Ginkgoites cf. *sibiricus*：刘子进，1982，页 133；图版 73，图 7。

Ginkgoites sibiricus：顾道源，1984，页 151；图版 75，图 4。

Ginkgoites sibiricus：商平，1985，图版 8，图 1，2，5–7，9。

Ginkgoites sibiricus：孟繁松，1987，页 254；图版 34，图 2。

Ginkgo sibirica：陈晔等，1987，页 120；图版 34，图 6，7。

Ginkgo lepida：陈晔等，1987，页 120；图版 33，图 4，5；图版 34，图 1。

Ginkgoites sibiricus：黄其胜，1988，图版 1，图 2。

Ginkgo cf. *sibirica*：李佩娟等，1988，页 93；图版 68，图 1；图版 71，图 5?；
　　图版 113，图 1–2a，5，6。

Ginkgoites sibiricus：张泓等，1998，图版 43，图 1。

Ginkgoites cf. *sibiricus*：吴向午等，2002，页 165；图版 7，图 7；图版 12，图 10，11；
　　图版 13，图 8。

Ginkgoites cf. *sibiricus*：邓胜徽等，2010，图 4.12A。

　　中、西部标本产地和层位：新疆和什托洛盖，下侏罗统八道湾组；尼勒克吉林台，
中侏罗统胡吉尔台组；哈密三道岭，中侏罗统西山窑组。青海海西绿草山，中侏罗统石
门沟组；天峻，下-中侏罗统木里群江仓组。甘肃康县李山，下白垩统东河群、周家湾组；

山丹毛湖洞，下侏罗统芨芨沟组上段；武威北达板，下、中侏罗统。重庆合川，上三叠统须家河组。湖北秭归泄滩，下侏罗统香溪组；大冶金山店，下侏罗统武昌组。四川盐边，上三叠统红果组。

以下名单中的标本大都数量少且保存不完整，有的只有半边叶片，有的叶片顶端情况不明或者叶柄未保存，有的叶脉模糊，而且都没有叶片角质层构造，与 *G. sibirica* 或其他种的关系都难以确定，我们把有关记录罗列在这里以备查考。

Ginkgo lepida：Yokoyama, 1906, p. 31；pl. 9, fig. 2b。辽宁凤城赛马集碾子沟，下、中侏罗统。

Ginkgoites cf. *sibirica*：Yabe & Ôishi, 1933, p. 214；pl. 31, fig. 8；pl. 32, figs. 4–7, 8b。吉林九台火石岭、长春陶家屯，下白垩统。

Ginkgoites cf. *lepidus*：斯行健、李星学等，?1963，页 222。辽宁朝阳北票，侏罗系。

Cf. *Ginkgoites sibiricus*：李佩娟，1964，页 141；图版 19，图 7, 8。四川广元荣山，上三叠统须家河组。

Ginkgoites cf. *sibiricus*：王国平等，1982，页 275；图版 133，图 16。山东莱阳北泊子，下白垩统莱阳组。

Ginkgoites cf. *sibiricus*：杨学林、孙礼文，1982b，页 51；图版 21，图 4, 5。吉林洮南万宝二井，中侏罗统万宝组。

Ginkgoites aff. *sibiricus*：陈芬等，1984，页 58；图版 26，图 6, 7。北京门头沟千军台，中侏罗统上窑坡组。

Ginkgoites cf. *sibiricus*：曹正尧，1984a，页 13；图版 2，图 6。黑龙江密山新村，中侏罗统裴德组上部。

Ginkgoites cf. *sibiricus*：厉宝贤、胡斌，1984，页 142；图版 4，图 4–7。山西大同永定庄华严寺，下侏罗统永定庄组。

Ginkgoites cf. *sibiricus*：张汉荣等，1988，图版 2，图 2。河北蔚县白草坡，中侏罗统郑家窑组。

Ginkgoites cf. *sibiricus*：曹正尧，1992，页 236；图版 3，图 12, 13。黑龙江东部，下白垩统城子河组。

Ginkgo sp. cf. *G. pusilla*：孙革、赵衍华，1992，页 544；图版 244，图 3。吉林辽源渭津，上侏罗统久大组。

产地和层位　北京大台、大安山、门头沟、西山斋堂，下、中侏罗统下窑坡组及上窑坡组；西山青龙头，下白垩统坨里群芦尚坟组。黑龙江虎林，中侏罗统裴德组、下白垩统云山组上部；密山园宝山，下白垩统云山组；黑河、鹤岗、勃利，下白垩统。吉林辽源、蛟河，下白垩统安民组、奶子山组；营城、长春陶家屯，下白垩统。内蒙古赤峰王子坟，下白垩统九佛堂组；阜新、新邱，下白垩统阜新组、海州组；北票海房沟、兴隆沟，中侏罗统海房沟组；北票台吉、冠山、三宝、东升矿，下侏罗统北票组。内蒙古固阳，中侏罗统石拐组，下白垩统固阳组；呼伦贝尔伊敏，"侏罗系"=下白垩统伊敏组；霍林郭勒，下白垩统；大雁盆地、免渡河盆地，下白垩统大磨拐河组。河北平泉，下白垩统九佛堂组；抚宁石门寨，下侏罗统北票组。山东潍坊二十里堡南，侏罗系。陕西神木西沟考考乌素沟、铜川焦坪，中侏罗统延安组。

四川似银杏 *Ginkgoites sichuanensis* Yang

图 126

1978. *Ginkgoites sichuanensis* Yang：杨贤河，页 527；图版 177，图 2。

特征　叶片扇形，具柄；柄宽约 0.8 mm；叶片宽约 3 cm、长约 2.5 cm。叶片分裂成约略相等的两个裂片，深度接近叶片的一半，每一裂片再或深或浅地分裂两次，形成最后的 24 个狭细的裂片，每个裂片宽仅 1 mm，顶端钝尖，叶脉不明显，每一裂片仅具一条叶脉。（据杨贤河，1978）

注　此种标本叶片下半部分联合，从叶片的中部开始分裂，然后再分裂成数目众多的仅含一条叶脉的细裂片，上半部分看上去更似拜拉，在目前已描述的银杏类叶化石中比较少见。

产地和层位　四川新龙，上三叠统喇嘛垭组（模式标本）。

图 126　四川似银杏 *Ginkgoites sichuanensis* Yang

四川新龙瓦日，上三叠统喇嘛垭组，正模 Upper Triassic Lamaya Formation, Wari of Xinlong, Sichuan, Holotype
（CDIGM：SP0093；杨贤河，1978）

中国叶型似银杏 *Ginkgoites sinophylloides* Yang

图 127

1978. *Ginkgoites sinophylloides* Yang：杨贤河，页 527；图版 185，图 1。
1989. *Ginkgoites sinophylloides*：杨贤河，图版 1，图 4。

特征　叶扇形，具柄；叶柄长 5 cm 以上、宽 1.5–3 mm；叶片长 5–10 cm、宽 7–15 cm。叶片先深裂至叶柄处成两半，每半的基部呈柄状，每半再分裂 4–5 次。最后裂片呈楔形，每一裂片上部较宽，顶端钝圆；中间的裂片较宽、较长，向两侧变短变窄。叶脉细而清晰，由基部伸出，二歧分叉多次直达裂片顶缘，每一裂片含叶脉约 12 条。（据杨贤河，1978）

  注 此标本叶形巨大，可与大叶似银杏 *Ginkgoites giganteus* 比较，但大叶似银杏不如本种叶片的裂片狭细而排列紧凑，而且裂片披针形而不是楔形，叶脉也没有本种清晰、细密。本种的表皮角质层构造不明，无法进一步比较。四川巴县（现属重庆）的中国叶 *Sinophyllum* Sze et Lee（斯行健、李星学，1952；见本书页 382）因每一裂片各具有一条中脉而与本种不同。

  产地和层位 四川攀枝花（原名渡口），上三叠统大荞地组（模式标本）。

2 cm

图 127 中国叶型似银杏 Ginkgoites sinophylloides Yang

四川攀枝花（原名渡口）龙洞，上三叠统大荞地组，正模 Upper Triassic Daqiaodi Formation, Longdong of Panzhihua (Dukou), Sichuan, Holotype（CDIGM：SP0133；杨贤河，1978）

楔叶型似银杏 *Ginkgoites sphenophylloides* (Tan et Zhu)
图 128

1982. *Ginkgo sphenophylloides* Tan et Zhu：谭琳、朱家楠，页 147；图版 35，图 1，2。

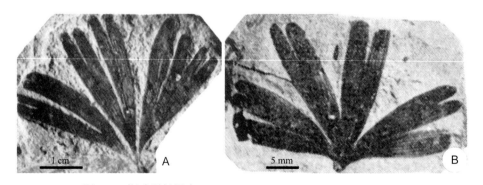

1 cm A   5 mm B

图 128 楔叶型似银杏 Ginkgoites sphenophylloides (Tan et Zhu)

内蒙古固阳小三分子，下白垩统固阳组 Lower Cretaceous Guyang Formation, Xiaosanfenzi of Guyang, Inner Mongolia（GBIMAR：A. GR56；B. GR26，正模 Holotype；谭琳、朱家楠，1982）

特征 叶片半圆形，具粗的叶柄；叶柄直径 2 mm。叶片基角 165°–180°，近掌状分裂，先分裂深达基部成 3 个主裂片，其基部呈柄状；每一主裂片可再分裂一次，分裂深度达叶片半径的 2/3，然后再或深或浅（不超过叶片半径的 1/3）分裂 1–2 次；最终裂片数为 10–16 个，其顶端钝圆或略呈截形，基部两侧近平行，宽 5–8 mm。叶脉明显，自基部向上至叶片 1/3 处开始分叉直达裂片顶缘，每个裂片有 8–12 条叶脉。（谭琳、朱家楠，1982）

注 此种叶形、叶脉等形态与 *Ginkgoites sibirica* 略相似，但裂片数目较少，尤其叶片近掌状分裂，先分裂深达基部成 3 个主裂片然后再或深或浅地分成最终的裂片，不似绝大多数似银杏总是先中央深裂为两半再继续分裂。

产地和层位 内蒙古固阳，下白垩统固阳组（模式标本）。

亚铁线蕨型似银杏 *Ginkgoites subadiantoides* Cao
图 129

1992. *Ginkgoites subadiantoides* Cao：曹正尧，页 236，246；图版 3，图 1–9；图版 4，图 1–10；图版 5，图 1–8；图版 6，图 10。
2014. *Ginkgoites subadiantoides*：Yang et al., p. 266.

特征 叶片较大，扇形至半圆形。扇形叶片不分裂或浅裂；半圆形叶片先深裂成两半再分裂 1–2 次或不再分裂；裂片大小变化较大，前缘较平。叶柄长短不一。叶脉密而明显，叶片中央每毫米内含 2–3 条叶脉。

角质层厚。上表皮细胞多角形或伸长的多角形和长方形，脉路不明显。表皮光滑，垂周壁直，偶见少数发育不完全的气孔器。下表皮较上表皮略薄；脉路区由 8–14 行纵长细胞组成，脉间区细胞多为长方形、多角形和伸长多角形；细胞具中空的乳突，垂周壁直且厚。气孔器圆形或椭圆形，排列不规则。副卫细胞 4–8 个，多角形或近方形，具伸向孔缝的乳突，孔缝方向不定。

注 此种标本的外形与新生代的 *Ginkgoites adiantoides* (Unger) Seward 非常接近，与现生 *Ginkgo biloba* 的叶片也很相似。北半球新生代地层中发现了很多类似的标本，多被归入现生的银杏属。中生代类似的标本有发现于俄罗斯科累马河兹良卡煤田早白垩世的 *Ginkgo paradiantoides* Samylina（1967a；见本书 *Ginkgoites coriaceus*）。本种与科累马河兹良卡的标本外部形态相似，略有不同的是后者的叶脉较稀疏；在角质层结构方面，后者的上表皮也具有不明显的乳突，下表皮的乳突大，非常发达，脉路区较窄，只有 3–5 行细胞，这里仍视它们为不同的种。

此种未指定正模。

产地和层位 黑龙江双鸭山，下白垩统城子河组。

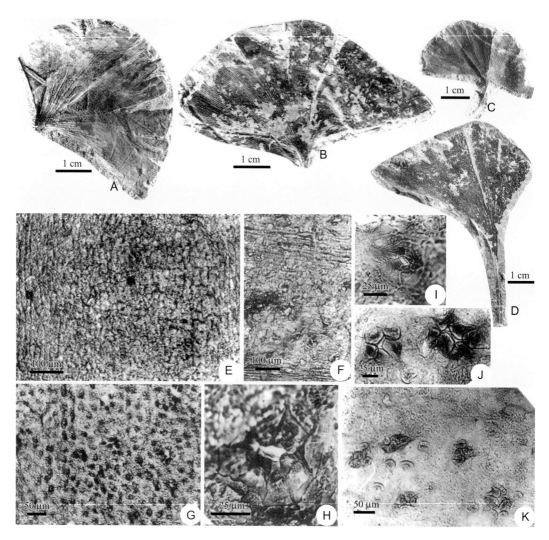

图 129　亚铁线蕨型似银杏 *Ginkgoites subadiantoides* Cao

黑龙江双鸭山，下白垩统城子河组 Lower Cretaceous Chengzihe Formation, Shuangyashan of Heilongjiang。A–D. 叶 Leaves；E. 上表皮，上面偶见发育不全气孔器 Upper cuticle with occasional stomata；F. 下表皮 Lower cuticle；G. 下表皮，表皮细胞具显著的乳突 Lower cuticle with a papilla in the center of epidermal cell wall；H. 下表皮气孔器 Stoma in lower cuticle；I. 下表皮气孔器 Stoma in lower cuticle；J. 气孔器，副卫细胞各具一个粗大的乳突悬于孔口上 Stoma, each subsidiary cell with a papilla hanging over the pit；K. 下表皮，气孔器分布在脉间区，局部可以见到中空的乳状突起 Lower cuticle with stomata distributed in stomatal zone, epidermal cells with papilla（NIGPAS：A, E, J, K. PB16122；B. PB16121；C. PB16133；D. PB16116；F, H, I. PB16120；曹正尧，1992）

带状似银杏 *Ginkgoites taeniatus* (Braun) Harris

图 130

1959. *Ginkgoites taeniata* (Braun) Harris：斯行健，页 9，25；图版 6，图 4。

1963. *Ginkgoites* cf. *taeniatus*：斯行健、李星学等，页 226；图版 76，图 8。

1987. *Ginkgo taeniata* (Braun) Harris：陈晔等，页 120；图版 33，图 6；图版 34，图 4–5。

1991. *Ginkgoites taeniatus*：米家榕等，页 299；图版 2，图 9–12。

1998. *Ginkgoites* cf. *taeniata*：张泓等，图版 49，图 6。

特征　叶扇形至宽的扇形，具柄，柄
长 35 mm；叶片基角一般为 60°–90°。叶
一般中部深裂一次，将叶分成约略对称的
两部分，每部分再浅裂或深裂 1–3 次，形
成 4–8 枚倒披针形裂片；较小的叶深裂为
两部分，每一部分又浅裂为两个很短而圆
的裂片。较小叶片的裂片长约 10 mm；较
大叶片的裂片长 30–50 mm、宽 3–6 mm。
较大的叶外侧裂片常在不同部位深裂或
浅裂；最内侧的裂片顶端往往浅裂或不分
裂。裂片最宽处在中部，顶端钝尖至钝圆。
叶脉平行，一般只在基部分叉；每裂片有
4–8 条叶脉，宽者可达 10 条。（据斯行健，
1959；米家榕等，1991）

5 mm

图 130　带状似银杏
Ginkgoites taeniatus (Braun) Harris
四川盐边，上三叠统红果组　Upper Triassic Hongguo
Formation, Yanbian of Sichuan（IBCAS: 7341；陈晔等，1987）

模式标本产地和层位　瑞典斯堪尼亚，下侏罗统。

注　本种最初归入 *Baiera* 属，是根据瑞典材料建立的，建立之初 *Baiera taeniata* 此
种名本身的含义就模糊不清。后来 Harris（1935）把这个种改归入 *Ginkgoites* 并把格陵兰
早侏罗世地层的许多形态变化较大的标本都归入这个种，因为它们的表皮构造基本一致。
中国定为本种或比较种的标本数量较少，形态上的变化在 Harris 所指出的变化范围内。
青海柴达木鱼卡（斯行健，1959）、四川箐河（陈晔等，1987）和河北抚宁（米家榕等，
1991）的标本与格陵兰的一些标本在形态上来看可以比较；而青海湟源大茶石浪（张泓
等，1998）的标本只是形态上略相似，叶片顶端是否有不规则的缺裂情况不明，而且裂
片中叶脉的数目和密度远超格陵兰的标本，与本种的关系十分可疑。这些中国标本目前
都没有角质层研究，因此是否与格陵兰种有关，存在一定的不确定性。

产地和层位　青海柴达木鱼卡，中侏罗统；湟源大茶石浪，下侏罗统日月山组。四
川盐边，上三叠统红果组。

桃川似银杏 *Ginkgoites taochuanensis* Zhou
图 131

1984. *Ginkgoites taochuanensi* Zhou：周志炎，页 42；图版 25，图 1–5；图版 34，图 6；插图 9。

特征　叶狭扇形；叶片长约 30 mm，基角 50°左右。叶柄宽约 1.5 mm、长 14 mm 以
上。叶片先分裂为两半，每半边各自分裂两次，最后可能有 6 个裂片。裂片宽 3 mm 左
右。叶脉不明显，每一裂片中有 6 条左右。树脂体呈圆形，直径 90–100 μm。
角质层略厚，上表皮 2 μm 左右，稍厚于下表皮（1 μm 左右）。上表皮脉路明显，宽

窄变化大（60–770 μm），由 25–200 μm×5–35 μm 的纵长细胞组成。纵垂周壁常加厚联合成角质脊。个别细胞的纵横垂周壁特别加厚。气孔带宽窄不一，有时仅一行排列不规则的气孔器，宽为 150–600 μm。细胞多边形至长方形，15–80 μm×8–55 μm。

下表皮细胞较上表皮细胞短，多边形或者纵横长方形，在脉路带中以纵长为主（25–235 μm×10–40 μm），在气孔带内较短或横宽（15–110 μm×10–85 μm）。细胞壁直或微弯，不规则角质增厚呈断续状。脉路宽 175–200 μm，无气孔器。气孔带内的气孔器常多于上表皮，不完全至完全双环式为主，散生。保卫细胞下陷，长可达 40 μm 以上，半月形，边缘或孔缝附近角质增厚。副卫细胞 3–7 个，以 4–6 个为常见，通常有 2 个极位，3–4 个侧位，偶尔极副卫细胞仅一个或所有副卫细胞相似，角质化程度通常稍高或近于正常细胞，仅在靠近气孔口处加厚联合或具乳突。气孔口长方形（一般 12–20 μm×6–12 μm），有时被乳突掩盖。周围细胞较常见，特别在侧副卫细胞外，有时联合成环；外围细胞存在。（据周志炎，1984）

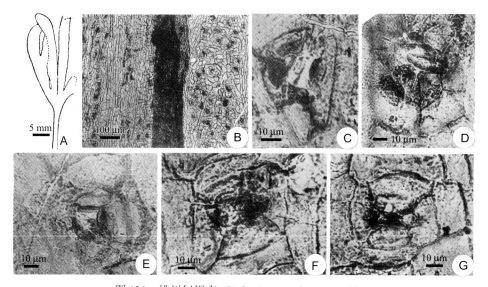

图 131　桃川似银杏 *Ginkgoites taochuanensis* Zhou

湖南江永，下侏罗统观音滩组 Lower Jurassic Guanyintan Formation, Jiangyong, Hunan。A. 叶 Leaf；B. 上、下表皮 Upper and lower cuticles；C–E. 下表皮气孔器 Stomata in lower cuticle；F. 上表皮两个气孔器 Two stomata in upper cuticle（NIGPAS：PB8920，正模 Holotype；周志炎，1984）

注　本种在外形上与 *Ginkgoites taeniatus* (Braun) 和 *Ginkgoites troedssonii* Lundblad（Harris, 1935；Lundblad, 1959）的某些标本可以比较，但表皮角质层特征明显不同。本种标本材料虽少，但表皮细胞的气孔器较大，常呈复环式，而且周围细胞比较发育，和似银杏属的其他相似的各种的角质层都不同。

产地和层位　湖南江永桃川，下侏罗统观音滩组搭坝口段（模式标本）。

大峡口似银杏 *Ginkgoites tasiakouensis* Wu et Li

图 132，图 133

1980. *Ginkgoites tasiakouensis* Wu et Li：吴舜卿等，页 109；图版 26，图 1–6；图版 27，图?1–3，4，5；

图版 34，图?4–6，7；图版 35，图 1，?2–6；图版 38，图?1–2。

1984. *Ginkgoites tasiakouensis*：陈公信，页 604；图版 264，图 1，2。

1988. *Ginkgoites tasiakouensis*：黄其胜，图版 1，图 5。

2014. *Ginkgoites tasiakouensis*：Yang et al., p. 266.

特征 叶柄细长；叶片扇形，或为纵伸的半圆形至半椭圆形，基角达 180°。叶片深裂成两半，每半又分裂为 4 枚主要裂片；裂片分裂的夹角小，彼此靠近，外侧两边的裂片左右展开成一直线。外侧的两枚主要裂片宽，常占据半个叶片的 1/2 至 3/5 的位置，并进一步深裂为 4 枚桨形或近线形的最后裂片，其最宽处靠近裂片顶部，向上略收缩呈钝圆形并具一微小的缺刻。内侧的两枚主要裂片纵向伸长成楔形，顶端钝圆，分裂浅。外侧裂片通常短于中间裂片 0.5–1 cm。每一最后裂片有叶脉 3–5 条以上，叶脉细弱但脉间隆起。

图 132　大峡口似银杏 *Ginkgoites tasiakouensis* Wu et Li

湖北秭归泄滩和兴山大峡口，下、中侏罗统香溪组 Lower-Middle Jurassic Xiangxi (Hsiangchi) Formation, Xietan of Zigui and Daxiakou of Xingshan, Hubei（NIGPAS：A–D. PB6855–PB6858；吴舜卿等，1980）

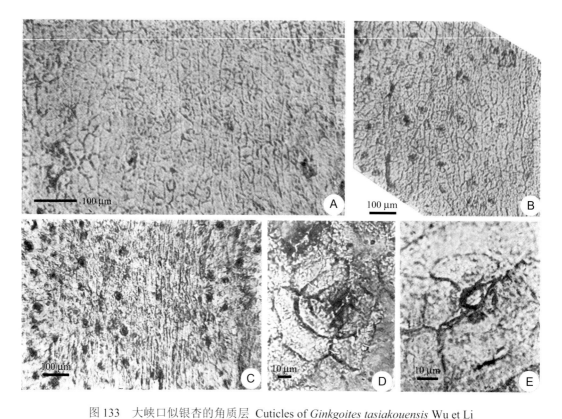

图 133 大峡口似银杏的角质层 Cuticles of *Ginkgoites tasiakouensis* Wu et Li

湖北秭归泄滩，下、中侏罗统香溪组 Lower-Middle Jurassic Xiangxi (Hsiangchi) Formation, Xietan of Zigui, Hubei。A. 上表皮 Upper cuticle；B, C. 下表皮 Lower cuticle；D. 上表皮气孔 Stoma in upper cuticle；E. 下表皮气孔 Stoma in lower cuticle（NIGPAS：A, B, D. PB6855；C, E. PB6854；吴舜卿等，1980）

上、下表皮略有不同。上表皮脉路不甚明显，表皮细胞多边形，其垂周壁微弯曲或不规则增厚，平周壁具不规则近圆形增厚。气孔器散生，保卫细胞下陷，5–6 个副卫细胞排列成环状，副卫细胞的细胞壁角质增厚，有的形成乳头状突起，有时有周围细胞。下表皮脉路清晰，非气孔带由 6–7 行矩形或长矩形细胞组成；偶有气孔器。气孔带上普通表皮细胞呈多边形，平周壁角质增厚不明显，垂周壁微弯曲或不规则增厚。气孔器散生，多于上表皮；孔缝多平行于脉路，偶有不定向的；气孔器构造与上表皮相同。（据吴舜卿等，1980）

注 本种叶片的形状、分裂方式、裂片形状和数量及顶端形状以及叶脉等特征都比较一致。从外形上来看与格陵兰的 *Ginkgoites acosmius*（Harris, 1935）或多或少有些相似，但后者因叶片分裂不甚规则，裂片顶端以截形为主，上表皮不具气孔或气孔很少而不同于本种。本种与伊朗厄尔布斯山瑞替期－早侏罗世的 *Ginkgoites iranicus*（Kilpper, 1971）的标本相比较，无论叶的外形或表皮构造都比较相似，但伊朗的标本比较破碎，难于进一步比较。本种标本叶片分裂夹角极小，裂片互相靠拢，外侧裂片通常较中间裂片短 0.5–1 cm，深裂，较中间裂片宽一倍，裂片最宽处接近顶端处，顶端钝圆具一小缺口，叶脉细弱但叶脉间隆起而使得叶脉显著，使得本种可以和似银杏属的其他种区分开来。

此种未指定正模。

产地和层位 湖北兴山大峡口和秭归香溪、泄滩，下、中侏罗统香溪组。

似银杏？四裂种 *Ginkgoites*? *tetralobus* Ju et Lan

图 134

1986. *Ginkgoites tetralobus* Ju et Lan：鞠魁祥、蓝善先，页 86；图版 1，图 6–8。

特征 叶具长柄；柄宽约 2 mm、长 20–30 mm，最长可达 55 mm。整个叶形呈掌状或扇形；叶片基部角度不超过 180°，一般为 100°–150°。裂片 4 枚，长倒卵形、舌形，最宽处在裂片中部或中上部，顶端钝圆，向基部狭缩，直至叶柄。叶片边缘加厚。叶脉由基部伸出后分叉，中部近于平行，向顶端收敛。叶脉向基部两侧与边缘斜交，较密，14–20 条，叶脉间距 0.8–1 mm。（据鞠魁祥、蓝善先，1986）

1 cm

图 134　似银杏？四裂种
Ginkgoites? *tetralobus* Ju et Lan
江苏南京吕家山，上三叠统范家塘组 Upper Triassic
Fanjiatang Formation, Lüjiashan of Nanjing, Jiangsu
（NJIGM：HPx1-168；鞠魁祥、蓝善先，1986）

注 本种形态特征比较独特，其叶片掌状或扇形，深裂，具 4 枚分裂程度几乎一致的裂片，边缘加厚，叶脉与边缘斜交。这些特征在似银杏属的叶片中很少出现。我国中生代似银杏属中某些种（如 *Ginkgoites obrutschewii*，斯行健、李星学等，1963，图版 77，图 5；见本书页 184）虽具有 4 个约略相等的裂片，但一般第二次分裂较第一次分裂浅，叶脉平行，至顶端聚敛。而叶脉在基部与叶缘斜交这一现象很少在银杏类植物叶片中出现（只有准银杏属有近似的形态）。因此这个晚三叠世的标本归入似银杏属是值得怀疑的。

产地和层位 江苏南京吕家山，上三叠统范家塘组（模式标本）。

截形似银杏 *Ginkgoites truncatus* Li

图 135

1981. *Ginkgoites truncatus* Li：厉宝贤，页 208；图版 1，图 2–8；图版 3，图 1–8。

1984. *Ginkgo pluripartita* (Schimper) Heer：王自强，页 273；图版 155，图 4–6；图版 156，图 4；图版 169，图 4–6；图版 170，图 5–7。

1988. *Ginkgo pluripartita*：陈芬等，页 67；图版 65，图 1。

1988. *Ginkgo truncata* Li：陈芬等，页 68；图版 37，图 4–7；图版 38，图 2–9；图版 65，图 2–4。

1993. *Ginkgoites* cf. *truncatus*：吴向午，页 81；图版 4，图 5，5a。

1997. *Ginkgo truncata*：邓胜徽等，页 42；图版 28，图 1，8。

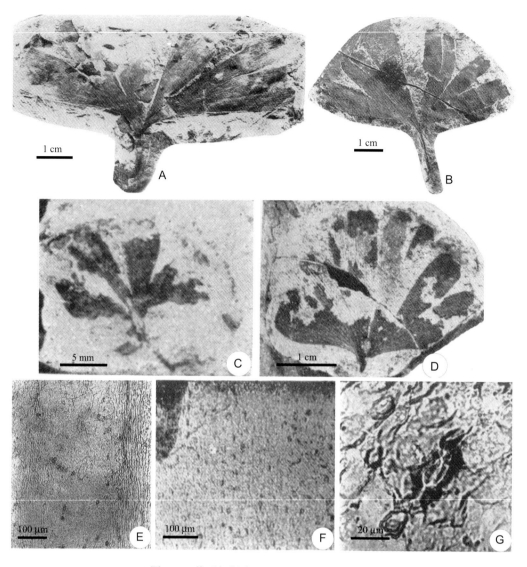

图 135 截形似银杏 *Ginkgoites truncatus* Li

辽宁阜新，下白垩统海州组 Lower Cretaceous Haizhou Formation, Fuxin of Liaoning。A–D. 叶 Leaves；E. 下表皮 Lower cuticle；F. 上表皮 Upper cuticle；G. 下表皮气孔器 Stoma in lower cuticle（NIGPAS：A. PB4379，正模 Holotype；B–G. PB4382, PB4384, PB4385, PB4395, PB4394, PB4395；厉宝贤，1981）

特征 叶柄长至少 1 cm、宽 2 mm；叶片扇形，长 4–4.5 cm、宽 8 cm，自中间先深裂至柄成两半，每半再深裂 1–2 次，成 4–8 个楔形裂片。裂片最宽处在顶部，向基部渐渐变狭，顶端截形；最外侧两裂片有时展开几成一直线。叶脉 18 条/cm；叶脉之间有长椭圆形的树脂体分布，大小为 319–536.5 μm×130.5 μm。

表皮角质层上、下厚度一致。上表皮脉路由 3–4 行伸长的矩形细胞组成；脉间细胞呈多角形；细胞壁微弯，表面具中心乳头突起。下表皮脉路清晰，细胞狭长形，侧壁角质化加厚，横壁不清楚；脉路以外的细胞形状不很明显，多角形，细胞壁微弯，有时有不规则加厚，致使表面具曲棍状条纹，中心具明显的中空乳头突起。气孔器不规则散布于脉间，方向不定；其保卫细胞一般下陷较深；副卫细胞 4–6 个，近气孔边缘角质化增厚，呈乳状外突，覆盖于保卫细胞之上。（据厉宝贤，1981；陈芬等，1988）

注　该种产地很多，形态上有变化，其主要特征是：叶片呈扇形；裂片为楔形，顶端截形等。定为 *Ginkgoites digitatus*（Toyama & Ôishi，1935）的两块内蒙古标本，其裂片也呈楔形，顶端截形，与该种有些相似，但其半圆形的叶片和叶片的分裂情况有别于本种，并且表皮构造不明。本种和 *Ginkgoites huttonii* (Sternb.) Heer（见前）有些标本也很相似，其叶片也呈楔形，并经过两次深裂形成 4 个裂片，但是一般后者的裂片为宽倒披针形或匙形，顶端钝圆，叶脉较密，达 20 条/cm 之多，特别是后者的上表皮具气孔，细胞壁较直，下表皮具毛状体等与本种有所不同。陈芬等（1988）在模式标本产地采得大量本种标本，反映出本种在形态上存在较大变异，但本种叶片裂片顶端基本上都是截形，而且在上表皮的叶缘处也偶有气孔器。下白垩统小明安碑组的 *Ginkgo pluripartita*（陈芬等，1988）的标本仅有一块，没有角质层，形态上来看与本种非常相似，只是裂片顶端既有截形亦有钝圆形的；河北所产的 *Ginkgo pluripartita*（王自强，1984）标本从形态看十分接近本种，只是较本种的叶片略大、分裂略浅、叶脉略密，但角质层与本种亦没有根本的区别，因此它们都可归入此种。

产地和层位　辽宁阜新海州南露天煤矿，下白垩统海州组（模式标本）；河北张家口，下白垩统青石砬组；陕西商州凤家山，下白垩统凤家山组。

汪清似银杏 *Ginkgoites wangqingensis* Mi, Zhang, Sun, Luo et Sun

图 136

1993. *Ginkgoites wangqingensis* Mi, Zhang, Sun, Luo et Sun：米家榕等，页 125；图版 33，图 2，4–6，8，10；插图 32。

特征　叶中等大小，宽楔形至扇形。叶柄粗 2–2.5 cm；叶片长一般 5–6 cm，最大 9 cm，基角 100°–140°；叶片分裂两次，每部分再分裂一次，最外侧二枚裂片常再分裂一次，末级裂片 4–6 枚。裂片呈长卵形、倒披针形或带状，基部楔形收缩，顶端具微锯齿状缺刻。叶片中部有叶脉 8–10 条/cm，脉间具规则分布的树脂体。（据米家榕等，1993）

注　本种叶片的外部形态与东格陵兰、瑞典等地晚三叠世的 *Ginkgoites marginatus*（见本书页 179）、*G. fimbriatus*（Harris，1935）、*G. acosmius*（见本书页 146）和 *G. ferganensis* 等（见本书页 160）比较相似，但本种未保存角质层。汪清似银杏已发现的六块标本叶片大小和裂片形状存在连续变异，裂片的数量一般为 6 枚，与同一产地和层位的 *Ginkgoites robustus* 也很相似（孙革，1993），但后者叶柄粗壮，裂片的顶端似不见微锯齿状缺刻。

产地和层位　吉林汪清天桥岭，上三叠统马鹿沟组（模式标本）。

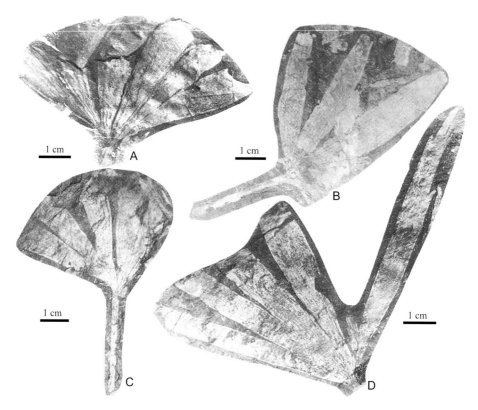

图 136　汪清似银杏 *Ginkgoites wangqingensis* Mi, Zhang, Sun, Luo et Sun

吉林汪清天桥岭，上三叠统马鹿沟组 Upper Triassic Malugou Formation, Tianqiaoling of Wangqing, Jilin （CESJU：
A. W419；B. W420，正模 Holotype；C, D. W422, W433；米家榕等，1993）

下花园似银杏 *Ginkgoites xiahuayuanensis* (Wang)
图 137

1984. *Ginkgo xiahuayuanensis* Wang：王自强，页 274；图版 141，图 9，10；图版 165，图 6–10；图版 168，图 2–4。
2014. *Ginkgo xiahuayuanensis*：Yang et al., p. 265.

　　特征　叶大，宽楔形，其叶柄长 2.5 cm 以上。叶片在中央第一次深裂几乎到叶柄，第二次分裂达叶 1/2 处，形成 4 枚宽披针形裂片，其顶端钝尖，最宽处位于裂片中部，长 6–7 cm、宽约 2 cm。叶质厚，叶脉不明显，脉间距约 1 mm。

　　表皮角质层厚，两面气孔型；上、下表皮都有毛基。上表皮气孔器较少，上、下表皮脉路均比较清楚，由伸长的细胞组成，脉间细胞为等径的多边形，垂周壁波状弯曲。乳突发育，但分布不均匀，有大有小，有时一个细胞内含 2 枚小突起，也有的细胞只是平周壁增厚。气孔器圆形至椭圆形，单唇式，常出现不完全双环；气孔腔开放。副卫细胞乳突大而显著，但不伸向气孔腔，也不连成一体，因此保卫细胞及孔缝大部分出露。保卫细胞背缘与副卫细胞接触处增厚呈弧形。（据王自强，1984）

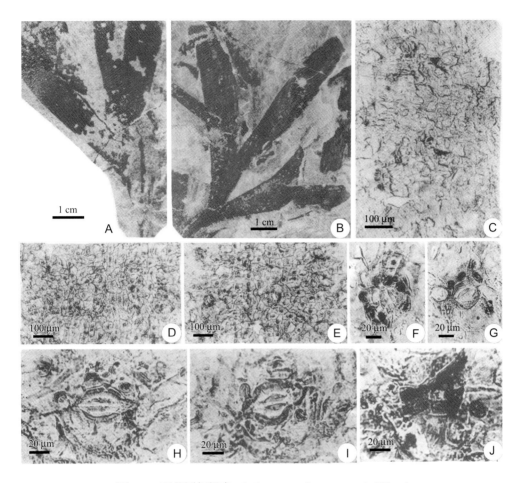

图 137　下花园似银杏 *Ginkgoites xiahuayuanensis* (Wang)

河北下花园，中侏罗统门头沟组 Middle Jurassic Mentougou Formation, Xiahuayuan of Hebei。A, B. 叶 Leaves；C. 上
表皮 Upper cuticle；D, E. 下表皮 Lower cuticle；F, G. 气孔器 A stoma；H, I. 气孔器 Stomata；J. 毛基 Trichome base
（TJIGM：A, B. P0275, P0276；王自强，1984）

注　本种标本不完整，叶片深裂，裂片狭长，看来更似同一产地和层位的 *Baiera hallei*
Sze（如王自强，1984，图版 140，图 5）。本种表皮为两面气孔型，保卫细胞背缘与副卫
细胞接触处增厚呈弧形等特点也与拜拉属相似。*Baiera hallei* Sze 的河南义马标本经研究
证实具有巨大的形态变异（详见 Zhou & Zhang, 1992 根据一百多枚叶的统计结果），但表
皮上无毛基。当前标本归入似银杏属只是因为裂片较大较宽，叶脉数量远多于 4 条。

此种未指定正模。

产地和层位　河北张家口下花园，中侏罗统门头沟组。

新化似银杏 *Ginkgoites xinhuaensis* Feng

图 138

1977a. *Ginkgoites xinhuaensis* Feng：冯少南等，页 668；图版 249，图 5。

1982. *Ginkgoites xinhuaensis*：程丽珠，页 519；图版 332，图 2。

注　此种叶深裂为 12 个线形裂片；裂片宽度为 3 mm，具近于平行的叶脉，但标本十分破碎。原描述裂片中含有 8 条叶脉，从图片上看似乎只有 4 或 5 条。

产地和层位　湖南新化马鞍山，上二叠统下部龙潭组第二层（模式标本）。

图 138　新化似银杏　*Ginkgoites xinhuaensis* Feng

湖南新化马鞍山，上二叠统龙潭组 Upper Permian Longtan (Lungtan) Formation, Maanshan of Xinhua, Hunan（YCIGM：P25142；冯少南等，1977a）

新龙似银杏　*Ginkgoites xinlongensis* Yang
图 139

1978. *Ginkgoites xinlongensis* Yang：杨贤河，页 526；图版 184，图 2。

特征　叶具柄，宽 1.2 mm、长至少 1 cm。叶片高 8 cm 左右，基部平截形，叶缘均等缺裂成 8 个裂片；中部缺裂深度约达叶片的 2/7，向两侧缺裂渐浅，裂片长度也变短。叶脉较密集，分叉数次直达叶缘。（据杨贤河，1978）

注　此种化石按原作者描述，整个叶形接近 *Ginkgoites chowii*（见本书页 151），但从所附的图片来看，尤其从叶柄和叶片的着生方式来看，似乎只保存了叶的一侧半边，如此则叶片的宽度有 10 cm。这个种很可能中间深裂一次到叶柄成两半，基部柄状，每一半如原作者所述，其形态和周氏似银杏不相同。

产地和层位　四川新龙雄龙，上三叠统喇嘛垭组（模式标本）。

图 139　新龙似银杏　*Ginkgoites xinlongensis* Yang

四川新龙雄龙，上三叠统喇嘛垭组，正模 Upper Triassic Lamaya Formation, Xionglong of Xinlong, Sichuan, Holotype（CDIGM：SP0125；杨贤河，1978）

窑街似银杏 *Ginkgoites yaojiensis* Sun ex Yang, Wu et Zhou

图 140

1998. *Ginkgoites yaojiensis* Sun：张泓等，页 279；图版 43，图 3–7（不合格发表）。
2014. *Ginkgoites yaojiensis* Sun ex Yang Wu et Zhou, p. 269.

特征　叶半圆形。叶柄长 1.5 cm、宽 2 mm；叶片基部张开约 180°；叶片高 2.5–3 cm、宽 4–5.5 cm。叶片先深裂至基部成为对称的两半，每一半再深裂两次，形成 6–8 个排列紧挤的最后裂片；裂片卵形或舌形，最宽处在中部，达 5–10 mm，顶端钝圆，基部狭缩。叶脉细密，多在中、下部分叉，近顶部时聚敛，每一裂片含 13 条叶脉。

上表皮角质层厚，下表皮角质层薄。上表皮无气孔器，脉路细胞 2–3 行，较清楚，细胞略伸长，脉间细胞呈等径的多边形。细胞普遍具有中空的中央乳突，脉路带细胞也有乳突。细胞壁微弯，少数略直。脉间带宽度约为脉路带两倍。下表皮气孔器密集，每平方毫米 80–100 个，主要分布在脉间带，脉路上偶有分布。脉路细胞长方形，长为宽的 3–4 倍，侧壁局部加厚。脉间细胞多边形，中央具中空的乳突，但远不及上表皮发育。

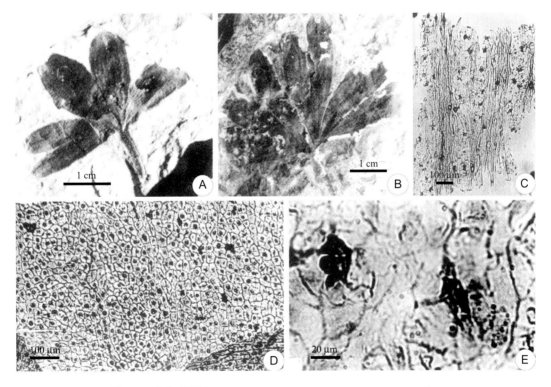

图 140　窑街似银杏 *Ginkgoites yaojiensis* Sun ex Yang, Wu et Zhou

甘肃兰州窑街，中侏罗统窑街组 Middle Jurassic Yaojie Formation, Yaojie of Lanzhou, Gansu。A. 正模 Holotype；B. 叶 Leaf；C. 下表皮 Lower cuticle；D. 上表皮 Upper cuticle；E. 气孔器 A stoma（SESLU：A, C–E. LP1490；B. LP1491；张泓等，1998）

脉间带与脉路带宽度相当。气孔器分布不规则，多呈卵形或长椭圆形；孔缝无定向，孔口长 20 μm。保卫细胞小而不清楚；副卫细胞 5 个，表面乳突发育，相互联结凸出于气孔口之上。气孔器不完整单环状。（据张泓等，1998）

注 该种裂片卵形或舌形，数量较少、排列紧密，有别于似银杏属的其他种。英国中侏罗世约克郡 *Ginkgoites digitatus* 的标本在整体形态上与此种相似，但裂片分裂较浅，顶端平截，表皮细胞中央没有乳突（Harris et al., 1974），与本种有区别。另外一个与本种相似的是辽宁阜新盆地早白垩世标本 *Ginkgoites truncatus* Li，但它的裂片为楔形，顶端截形，最宽处在裂片顶部（厉宝贤，1981），与本种不同。新疆白杨河的 *Ginkgoites obrutschewii*（Nosova et al., 2011）与本种裂片较少的标本在形态上十分相似，且两者下表皮的气孔器都很密集，其副卫细胞都有很发育的乳突，但 *G. obrutschewii* 的普通表皮细胞平周壁平滑，而本种上下普通表皮细胞中央都有乳突，上表皮尤其发育。

产地和层位 甘肃兰州窑街，中侏罗统窑街组（模式标本）。

似银杏未定种（铁线蕨型银杏比较属种）*Ginkgoites* sp. cf. *Ginkgo adiantoides* (Unger) Heer
图 141

1980. *Ginkgo adiantoides* (Unger) Heer：张武等，页 282；图版 181，图 1–3（不包括图版 195，图 1）。
1982. *Ginkgo adiantoides*：郑少林、张武，页 317；图版 16，图 17；图版 17，图 1–8；插图 13a，b。
1984b. *Ginkgo* cf. *adiantoides*：曹正尧，页 40；图版 5，图 2，3。
1986. *Ginkgo* cf. *adiantoides*：张川波，图版 1，图 5。
1991. *Ginkgo* cf. *adiantoides*：张川波等，图版 1，图 9。

描述 叶扇形或宽楔形，前缘缺裂；叶柄细长。上角质层边缘和脉路细胞长方形，脉间区细胞四边形，壁直或微弯；无气孔器或偶见，但具毛状体。下角质层脉间区气孔器较多，排列不成行，其方位多数和叶脉平行，少数斜交。保卫细胞下陷；副卫细胞 4–6 个，强烈角质化。（据郑少林、张武，1982 缩减）

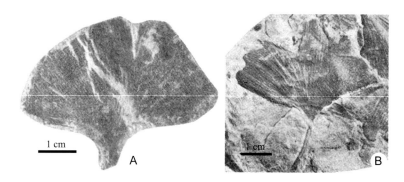

图 141 似银杏未定种（铁线蕨型银杏比较属种）*Ginkgoites* sp. cf. *Ginkgo adiantoides* (Unger) Heer
A. 叶片，标本产自黑龙江宾县陶淇河，下白垩统陶淇河组 Leaf collected from the Lower Cretaceous Taoqihe Formation, Taoqihe of Binxian, Heilongjiang（SYIGM：D433；张武等，1980）；B. 叶片，标本产自黑龙江双鸭山岭西，下白垩统城子河组 Leaf collected from the Lower Cretaceous Chengzihe Formation, Lingxi of Shuangyashan, Heilongjiang（SYIGM：HCS020；郑少林、张武，1982）

注　如前所述（见页 70），铁线蕨型银杏这一种名本身的含义不清，内容庞杂。即使是一些归入此种的晚白垩世和古近纪的标本，它们的可靠性也难以确定。更何况一些零星的、缺乏角质层特征的早白垩世的标本。除了外形大致相近外，并无任何其他可信依据表明它们应归属于铁线蕨型银杏。有的如黑龙江双鸭山的标本保存有角质层，但构造也和新生代的标本（Denk & Velitzelos, 2002；Quan et al., 2010；全成、周志炎，2010）不同。这些标本和 Samylina（1967a, b）命名于俄罗斯东西伯利亚北部下白垩统的 Ginkgo paradiantoides 在外形上也十分相似，而且后者的叶上角质层也具有气孔器。它们彼此之间的关系又如何？这也是今后需要寻找更多保存良好标本，深入研究才能解决的问题。

产地和层位　黑龙江鸡西、双鸭山岭西、密山、黑河三加山、宾县陶淇河，下白垩统城子河组、穆棱组、东山组、陶淇河组。内蒙古呼伦贝尔伊敏，下白垩统伊敏组。吉林延吉，下白垩统铜佛寺组；刘房子，下白垩统大羊草沟组。

似银杏未定种 1 *Ginkgoites* sp. 1

图 25A（左），图 142

1982. *Ginkgo* sp. cf. *huttoni*：谭琳、朱家楠，页 148；图版 34，图 12。
2007. *Ginkgoites* sp. (Morphotype 1)：Zhou et al., pp. 356, 357；figs. 6A, B, C (left), D, E.

描述　叶片扇形，13–49 mm 长、30–68 mm 宽，一般构成较小的（90°–110°）的基角，中间深裂至叶柄顶端成为左右两瓣。它们接着再分裂 1–3 次，形成 4–10 个末级裂片。裂片宽披针形至近倒卵形，最宽处在中上部，一般 5–7.5 mm，最宽可达 13.5 mm，其顶端钝圆。叶脉常清晰，在近叶柄处二歧分叉向上渐变为相互平行，至顶端略聚敛。末级裂片中可见脉 4–18 条，通常间距不到 1 mm，密度为 10–22 条/cm。发育较好的叶柄长达 25 mm、宽 1.5–2 mm。

图 142　似银杏未定种 1 *Ginkgoites* sp. 1

内蒙古宁城道虎沟，中侏罗统道虎沟组 Middle Jurassic Daohugou Formation, Daohugou, Ningcheng, Inner Mongolia
（NIGPAS：A, B. PB20222, PB20219；Zhou et al., 2007）

注　在已知三种和胚珠器官 *Yimaia capituliformis* Zhou et al.（见页 48）相伴生的似银杏叶型的叶中，此种叶片数量最多。在图 25A（左）的标本上，它似乎和保存在一起的胚珠器官从同一个短枝上生出。这些都表明它们有隶属关系的可能性甚大。形态多少相似的叶片化石在国内发现颇多，但是彼此的相互关系由于材料零星，加上缺乏角质层构造证据难以确知。其中，斯行健（Sze, 1933b）记述的产于内蒙古大青山石拐村（以往归属绥远省）侏罗系的 *Ginkgo* cf. *hermelinii* (Nathorst) Hart 和当前叶型在叶分裂形式、裂片形状和叶脉密度等方面都很相近。斯行健和李星学等（1963）曾将内蒙古标本归于 *Ginkgo huttonii* (Sternberg) Heer（见页 165）。典型的 *Ginkgoites marginatus* (Nathorst) Florin（包括以往称为 *Ginkgo hermelinii* 的标本）和当前及内蒙古的标本很容易区别，它的裂片长而细狭呈线形和披针形，不呈短宽和顶端钝圆状（Lundblad, 1959）。至于 *Ginkgo huttonii*，裂片虽然较宽，但是以截形的或平直而具有缺刻的顶端为特征（Harris et al., 1974）。

在我国中生代地层中，裂片较短而宽的银杏型叶片化石还有产于新疆准噶尔盆地侏罗系的 *Ginkgoites obrutschewii* Seward（1911）和河南义马中侏罗统的 *Ginkgo yimaensis*。这两种化石裂片中叶脉较为稀疏，而且角质层各具特色，都是彼此相异之处或是当前标本尚不了解的特征。

产地和层位　内蒙古赤峰宁城道虎沟，中侏罗统道虎沟组；固阳小三分子村东，下白垩统固阳组；大青山石拐产相似标本。

似银杏未定种 2 *Ginkgoites* sp. 2
图 143

2007. *Ginkgoites* sp. (Morphotype 2): Zhou et al., p. 357; figs. 7A, B.

描述　叶片 20–54 mm 长、21–60 mm 宽。叶柄 8–35 mm 长、0.7–2 mm 宽。叶片的两侧边在基部构成一个 40°–80°（偶达 130°）的狭角，深裂 2–3 次成为 5–8 个（偶有 4 个）末级裂片。裂片线形至披针形，最宽处达 2–4 mm，在裂片中上部，顶端钝至钝尖。叶脉在裂片下部二歧分叉，在末级裂片中有 4–7 条，密度为 14–21 条/cm。材料中有些叶片仍和短枝相连生。短枝上叶痕菱形，排列紧密，但维管束痕未见。

注　此型叶片化石也和头形义马果伴生。它和同层产出的 *Ginkgoites* sp. 1（见页 217）区别在于叶片分裂较深，裂片较狭细。裂片中叶脉数相对也少些，不过在叶脉密度上两者并无多少差别。这两种叶化石在叶片具有狭小的基角和裂片顶端钝圆等形态特征上，也是相同的。它们有可能是同种植物的发育程度不同的叶片。

此型叶片在叶片深裂、基角狭小和裂片数目等形态上与伊朗北部早侏罗世地层中产出的 *Ginkgoites baieraeformis* Kilpper 和定为 *Ginkgoites* sp. cf. *G. baieraeformis* 的标本很相近（Kilpper, 1971, pp. 92–93）。不过，伊朗的种具有较窄的裂片。其末级裂片含有较少叶脉。Schweitzer 和 Kirchner（1995, p. 24, pl. 6）后来又描述若干叶片分裂更剧、裂片更多而呈线形的叶化石，并改归此种于 *Baiera* 属。显然和当前叶型区别甚大。

图 143　似银杏未定种 2 *Ginkgoites* sp. 2

内蒙古宁城道虎沟，中侏罗统道虎沟组 Middle Jurassic Daohugou Formation, Daohugou, Ningcheng, Inner Mongolia
（IVPP：B0207；Zhou et al., 2007）

此种叶型和英国约克郡侏罗纪的 *Ginkgoites longifolius* (Phillips)（Harris, 1946；Harris et al., 1974）、阿富汗中侏罗世的 *Ginkgoites dissecta* Schweitzer et Kirchner（1995, p. 14）及格陵兰早侏罗世的 *Ginkgoites taeniatus* (Braun) 的部分叶片（Harris, 1935, text-figs. 10A–C）多少可以比较，但也都有差别（详见 Zhou et al., 2007）。

产地和层位　内蒙古赤峰宁城道虎沟，中侏罗统道虎沟组。

似银杏未定种 3 *Ginkgoites* sp. 3

图 144

2007. *Ginkgoites* sp. (Morphotype 3)：Zhou et al., pp. 357–359；figs. 7C, D.

描述　叶大型，具狭楔形叶片和一个清晰的，15–50 mm 长、1–2 mm 宽的叶柄。5–6 枚叶着生在 15 mm 长、8 mm 宽的短枝上，连生的长枝至少 240 mm 长、约 10 mm 宽。叶片 75–125 mm 长、42–55 mm 宽，深裂 2–3 次，成为 4–6 个线形至披针形的末级裂片。它们的最宽处在中部或中上部，其顶端钝尖。叶脉在裂片下部二歧分叉，在末级裂片中有 4–13 条，密度为 12–15 条/cm。

图 144　似银杏未定种 3 *Ginkgoites* sp. 3

内蒙古宁城道虎沟，中侏罗统道虎沟组 Middle Jurassic
Daohugou Formation, Daohugou, Ningcheng, Inner Mongolia
（IVPP：B0184；Zhou et al., 2007）

注　此型叶化石只是在形体的大小上有别于 *Yimaia capituliformis* 另一种伴生叶（*Ginkgoites* sp. 2，见页 218），之所以把它们分开记述，是因为在所采集的材料中未曾见到两者的过渡类型。国内已发表的叶化石中，外形可以比较的有产于北京西山中侏罗统上窑坡组，被陈芬等（1984，页 58，图版 26，图 6，7）鉴定为 *Ginkgoites* aff. *sibiricus* (Heer) 的标本。我国所产的这两种银杏叶在外形上和典型的西伯利亚似银杏（Doludenko & Rasskazova, 1972）也都不十分相近。显然，要确定它们之间是否真有关联，尚需要有更多的标本，特别是角质层方面的证据。

国外已发表的似银杏叶化石中也有若干形状和大小相近的标本，特别是几种和 *Yimaia* 可能有关的、归于 *Ginkgoites taeniatus* (Braun) Harris 和 *G. hermelinii* (Hartz) Harris = *G. marginatus* (Nathorst) Florin 的叶化石（见本书页 204，页 179；Gothan, 1914, pl. 31/32, fig. 1；Harris, 1935, fig. 6B；Florin, 1936），但仅仅依据个别标本外形的近似，同样难以确定它们彼此之间的关系（Zhou et al., 2007）。

产地和层位　内蒙古赤峰宁城道虎沟，中侏罗统道虎沟组。

似银杏未定种 4 *Ginkgoites* sp. 4
图 145

2008. *Ginkgo* sp.：Sun et al., p. 1136；fig. 7.

描述　叶半圆形，25 mm 长、55 mm 宽。叶片的基角为 170°，分裂为三个主要裂片。外侧的裂片深深缺裂，而中间裂片不分裂。外侧裂片狭，倒卵形，25–30 mm 长，在裂片上部可宽达 8–10 mm，其顶端圆。在裂片最宽处每 5 mm 有 10 条叶脉。叶角质层为下气孔型，不具表皮细胞乳突和毛状体。气孔极稀少，4–5 个/mm²。

注　此型叶化石保存有角质层特征，但标本太少，无法进一步讨论比较。

产地和层位　内蒙古石拐煤田，中侏罗统召沟组。

图 145　似银杏未定种 4　*Ginkgoites* sp. 4

内蒙古石拐煤田，中侏罗统召沟组 Middle Jurassic Zhaogou Formation, Shiguai Coal Mine, Inner Mongolia（RCPSJU：S007-8；Sun et al., 2008）

似银杏未定种多个 *Ginkgoites* spp.

　　我国中生代含植物化石陆相地层中，除了以上给出明确分类位置的，或与某些种有关的相似种的似银杏属化石以外，还有大量无法确定到种的标本，它们大多保存很不完整，表皮角质层构造也不清楚，只能判断出属于似银杏这个形态属。这些化石及其产地和层位列举如下。

1925. *Ginkgoites* sp.：Teilhard de Chardin & Fritel, p. 538；text-fig. 7a.
　　产自陕西榆林油坊头（You-fang-teou），下-中侏罗统。

1933. *Baiera* sp.：Yabe & Ôishi, p. 221；pl. 32, fig. 17；pl. 33, figs. 6, 10 即 *Ginkgoites* sp. 1（斯行健、李星学等，1963，页 227；图版 76，图 3–7）。
　　产自吉林九台火石岭，下白垩统。

1956a. *Ginkgoites* sp. 3：斯行健，页 48，152；图版 47，图 3，4。
　　产自陕西宜君杏树坪，上三叠统延长组上部。

1964. *Ginkgoites* sp.：李佩娟，页 141；图版 19，图 9，10。
　　产自四川广元荣山，上三叠统须家河组。

1976. *Ginkgo* sp.：张志诚等，页 210；图版 117，图 7。
　　产自内蒙古准格尔旗五字湾，中三叠统二马营组上部。

1980. *Ginkgoites* sp. 1：黄枝高、周惠琴，页 98；图版 45，图 6。
　　产自陕西铜川柳林沟，中侏罗统延安组上部。

1980. *Ginkgoites* sp. 2 (sp. nov.?)：黄枝高、周惠琴，页 99；图版 7，图 3。
　　产自内蒙古准格尔旗五字湾，中三叠统二马营组上部。

1980. *Ginkgoites* sp.：吴舜卿等，页 110；图版 28，图 8，9；图版 27，图 1b。
　　产自湖北兴山大峡口、秭归香溪，下-中侏罗统香溪组。

1981. *Ginkgoites* sp.: 厉宝贤，页 210；图版 1，图 1；图版 2，图 8；图版 4，图 1–3。
产自辽宁阜新，下白垩统海州组。

1981. *Ginkgoites* sp.: 陈芬等，页 47；图版 3，图 2。
产自辽宁阜新海州矿，下白垩统阜新组。

1982. *Ginkgoites* sp.: 陈芬、杨关秀，页 59；图版 27，图 1，2。
产自北京门头沟千军台，下侏罗统下窑坡组。

1983. *Ginkgoites* spp.: 张武等，页 80；图版 4，图 5–9。
产自辽宁本溪林家崴子，中侏罗统林家组。

1984. *Ginkgoites* sp.: 顾道源，页 151；图版 76，图 4。
产自新疆乌鲁木齐八道湾，下侏罗统三工河组。

1985. *Ginkgoites* sp.: 米家榕、孙春林，图版 2，图 7。
产自吉林双阳，上三叠统。

1986. *Ginkgoites* sp.: 陈其奭，页 11；图版 5，图 11。
产自浙江义乌，上三叠统乌灶组。

1987. *Ginkgoites* sp.: 何德长，见：钱丽君等 1987b，页 82；图版 16，图 1。
产自湖北赤壁（原名蒲圻）苦竹桥，上三叠统鸡公山组。

1987. *Ginkgo* sp.: 陈晔等，页 120；图版 33，图 6；图版 34，图 4，5。
产自四川盐边，上三叠统红果组。

1988. *Ginkgo* sp. 1: 李佩娟等，页 102；图版 65，图 6；图版 114，图 2–5。
产自青海海西绿草山绿沟，中侏罗统石门沟组 *Nilssonia* 层。

1988. *Ginkgo* sp. 2 (sp. nov.): 李佩娟等，页 95；图版 66，图 4，4a；图版 114，图 6，7。
产自青海大柴旦大煤沟，中侏罗统大煤沟组 *Tyrmia-Sphenobaiera* 层。

1988. *Ginkgoites* sp. 1: 李佩娟等，页 98；图版 75，图 1。
产自青海大柴旦大煤沟，中侏罗统大煤沟组 *Tyrmia-Sphenobaiera* 层。

1988. *Ginkgoites* sp. 2: 李佩娟等，页 98；图版 71，图 6；图版 76，图 1。
产自青海大柴旦大煤沟，中侏罗统大煤沟组 *Tyrmia-Sphenobaiera* 层。

1988. *Ginkgoites* sp. 3: 李佩娟等，页 98；图版 69，图 2，3。
产自青海大柴旦大煤沟，中侏罗统大煤沟组 *Tyrmia-Sphenobaiera* 层。

1988. *Ginkgoites* sp. 4: 李佩娟等，页 98；图版 71，图 7。
产自青海大柴旦大煤沟，中侏罗统大煤沟组 *Tyrmia-Sphenobaiera* 层。

1988. *Ginkgoites* sp. 5: 李佩娟等，页 99；图版 55，图 1。
产自青海海西绿草山绿沟，中侏罗统石门沟组 *Nilssonia* 层。

1988. *Ginkgo* sp. 1: 陈芬等，页 68；图版 39，图 1，2。
产自辽宁阜新，下白垩统阜新组。

1988. *Ginkgo* sp. 2: 陈芬等，页 68；图版 41，图 1–4。
产自辽宁阜新，下白垩统阜新组。

1990. *Ginkgoites* sp.: 吴舜卿、周汉忠，页 454；图版 2，图 2。
产自新疆库车，下三叠统俄霍布拉克组。

1992. *Ginkgoites* sp. cf. *G. acosmia* Harris: 孙革、赵衍华，页 544；图版 242，图 1，5。

产自吉林汪清天桥岭，上三叠统马鹿沟组。

1992. *Ginkgoites* sp. cf. *G. chilinensis* Lee：孙革、赵衍华，页 544；图版 244，图 4。
　产自吉林九台营城煤矿，下白垩统营城组。

1992. *Ginkgoites* sp. 1：曹正尧，页 237；图版 3，图 11。
　产自黑龙江东部，下白垩统城子河组。

1992. *Ginkgoites* sp. 2：曹正尧，页 238；图版 3，图 14，15；插图 5。
　产自黑龙江东部，下白垩统城子河组。

1992. *Ginkgoites* sp. 3：曹正尧，页 238；图版 3，图 10；图版 5，图 9–11。
　产自黑龙江东部，下白垩统城子河组。

1993. *Ginkgoites* sp.：吴向午，页 81；图版 5，图 2，2a。
　产自河南南召马市坪黄土岭附近，下白垩统马市坪组。

1993. *Ginkgoites* sp. 1：米家榕等，页 126；图版 31，图 6；图版 33，图 9；图版 34，图 1，2。
　产自吉林汪清天桥岭，上三叠统马鹿沟组。

1993. *Ginkgoites* sp. 2：米家榕等，页 125；图版 33，图 3。
　产自吉林汪清天桥岭，上三叠统马鹿沟组。

1993. *Ginkgoites* sp. indet.：米家榕等，页 127；图版 33，图 7。
　产自吉林双阳八面石煤矿南井，上三叠统小蜂蜜顶子组上段。

1995. *Ginkgo* sp.：曾勇等，页 59；图版 17，图 1；图版 30，图 1，2。
　产自河南义马，中侏罗统义马组。

1995. *Ginkgoites* sp. 1：曾勇等，页 62；图版 15，图 3。
　产自河南义马，中侏罗统义马组。

1995. *Ginkgo* sp.：孙革等，图版 104，图 5。
　产自黑龙江鹤岗，下白垩统石头河子组。

1996. *Ginkgoites* sp.：米家榕等，页 121；图版 24，图 9。
　产自辽宁北票海房沟、兴隆沟，中侏罗统海房沟组。

1996. *Ginkgoites* sp.：孙跃武等，图版 1，图 6，6a。
　产自河北承德，下侏罗统南大岭组。

1997. *Ginkgoites* sp.：吴秀元等，页 24；图版 10，图 9。
　产自新疆库车，上二叠统比尤勒包谷孜群。

1998. *Ginkgoites* sp. 1：张泓等，图版 42，图 2。
　产自青海德令哈旺尕秀，中侏罗统石门组。

1998. *Ginkgoites* sp. 2：张泓等，图版 42，图 9。
　产自内蒙古阿拉善右旗长山子，中侏罗统青土井组。

1998. *Ginkgoites* sp. 3：张泓等，图版 44，图 4。
　产自内蒙古阿拉善右旗长山子，中侏罗统青土井组。

1998. *Ginkgoites* sp. 4：张泓等，图版 46，图 3；图版 49，图 1。
　产自新疆乌鲁木齐艾维尔沟，下侏罗统八道湾组。

1998. *Ginkgoites* sp. 5：张泓等，图版 46，图 5。
　产自甘肃兰州窑街，中侏罗统窑街组。

1998. *Ginkgoites* sp. 6：张泓等，图版 48，图 3；图版 49，图 3。
产自甘肃兰州窑街，中侏罗统窑街组。

1998. *Ginkgoites* sp. 7：张泓等，图版 49，图 4。
产自甘肃靖远刀楞山，下侏罗统刀楞山组。

1999. *Ginkgoites* sp. 2：曹正尧，页 83；图版 15，图 13，14；插图 26。
产自浙江诸暨安华水库，下白垩统寿昌组。

2002. *Ginkgoites* sp.：吴向午等，页 166。
产自甘肃金昌老窑坡，下侏罗统芨芨沟组上段。

2003. *Ginkgoites* sp.：邓胜徽等，图版 76，图 1。
产自河南义马，中侏罗统义马组。

似银杏? 未定种多个 *Ginkgoites*? spp.

1923. 产自山东莱阳，下白垩统莱阳组。*Baiera* cf. *australis*：周赞衡，页 82，140；图版 2，图 7。

1956. ?*Ginkgoites* sp.：敖振宽，页 27；图版 6，图 3；图版 7，图 1。
产自广东小坪，上三叠统小坪群。

1963. *Ginkgoites*? sp. 5：斯行健、李星学等，页 228；图版 79，图 8。
产自山东莱阳，下白垩统莱阳组。

1963. *Ginkgoites*? sp. 6：斯行健、李星学等，页 229；图版 74，图 5。
产自广东小坪，上三叠统小坪群。

1990. *Ginkgoites*? sp.：吴舜卿、周汉忠，页 454；图版 4，图 5，5a。
产自新疆库车，下三叠统俄霍布拉克组。

1993. *Ginkgoites*? sp. indet.：米家榕等，页 127；图版 34，图 8。
产自吉林双阳大酱缸，上三叠统大酱缸组。

1999. *Ginkgoites*? sp. 1：曹正尧，页 82；图版 4，图 10。
产自浙江寿昌大桥，下白垩统寿昌组。

舌叶属 Genus *Glossophyllum* Kräusel, 1943

模式种 *Glossophyllum florinii* Kräusel。奥地利 Lunz 地区，上三叠统。

属征 枝干上着生的叶作螺旋状排列；叶革质，全缘，或多或少呈舌形，直或弯成镰刀形，其最宽处在中部，顶端钝圆，向下缓缓狭细，最后几乎如柄状，其基部略凸，在此处有两条维管束（即叶脉）进入，脉在下半部分叉后继续分叉，最后形成很多大致平行的脉。叶的上、下表皮都有气孔。下表皮气孔较多，排列成带，每带以无气孔带互相隔离。在气孔带中，气孔排列成密集而不规则的纵行，气孔器的方向不规则，大致沿着叶脉的方向伸展，单唇式，为 1–2 圈副卫细胞环围；保卫细胞微微下陷，副卫细胞 4–7 个，多数副卫细胞具有伸向孔缝的乳头状突起。上角质层气孔器构造和下角质层基本相同，但数目较少，气孔带和非气孔带不明显，气孔器常沿着叶脉的方向分布。细胞垂周壁直，表壁具有乳头状突起，乳突大小基本相同。［据斯行健（1956a）汉译 Kräusel（1943a）所给出的特征，稍作修饰］

注 舌叶属的角质层构造以及叶基部只有两条叶脉等特征表明它和银杏目有很密切的亲缘关系，但是至今未发现叶内具有树脂体。Tralau（1968）把它归于银杏类中的一个独立的科（Glossophyllaceae）。不过，Meyen（1988）认为它属于盾籽目种子蕨类。Dobruskina（1980）根据叶的形态和角质层特征，曾将它和同时在安加拉区晚三叠世地层中产出的 *Kalantarium* 和 *Kirijamkenia* Prynada（1970）都归属于 Glossophyllaceae，认为它们代表着中、晚三叠世一类特殊的银杏类植物（参见 Zhou, 1997）。后两属在我国目前尚无记载，它们之间的关系和分类位置都是今后研究中需要注意的问题。

本属与归于 *Yuccites*、*Pelourdea*、*Noeggerathiopsis* 及 *Desmiophyllum* 等属的一些叶化石容易混淆。它们之间的关系相当复杂，斯行健（1956a）和斯行健、李星学等（1963）都做过详细讨论，本书基本采用他们的意见。*Yuccites* 由 Schimper 和 Mougeot（1844）创立，用于那些具有线形至宽线形的叶，并以一个宽而阔的叶基着生在枝轴上的标本。Florin（1936）研究了 *Yuccites hadrocladus* (Halle) Florin 的角质层构造，证明其与松柏目或与科达目的亲缘关系较银杏目密切。*Pelourdea* 为 Seward（1917）所创立，用于那些以狭瘦的叶基着生在枝轴上的叶标本。斯行健（1956a）认为 *Glossophyllum* 是一个自然属名，*Pelourdea* 是一个形态属名。李星学（见：斯行健、李星学等，1963，页 257）支持 Halle（1927）的意见，将 *Pelourdea* 限用于古生代的植物，并指出：Seward（1917）原归于 *Pelourdea* 名下的中生代植物，几乎已改归于其他属名之下，仅有德国 *Pelourdea longifolia* (Salfeld) Seward（即 *Phyllotaenia longifolia* Salfeld）是中生代侏罗纪的种。他们认为这种叶基瘦狭、角质构造还不清楚的中生代标本，可以定名为 *Glossophyllum? longifolium* (Salfeld) Lee。*Desmiophyllum* 一属为 Lesquereux（1878）所创立，用于具平行脉，基部宽狭不明的带状叶化石。*Noeggerathiopsis* 由 Feistmantel（1879）创立。这是一个冈瓦纳古陆古生代的属。叶片的外部形态及叶脉方面和舌叶属颇为近似，但前者叶的大小、形态变化很大，其叶脉分叉较频繁，数目亦较多，在延伸至叶片顶端时常直接切交于边缘等与后者不同，可能根本不是银杏目植物（Seward & Sahni, 1920）。*Dukouphyllum* Yang（杨贤河，1978；见本书页 321）是依据越南和四川攀枝花（原名渡口）产出的叶标本创建的，其叶基相当宽，所含叶脉不止两条，或具叶柄，可以和舌叶相区分。1982年杨贤河又主张把潘钟祥（P'an, 1936）定名为?*Noeggerathiopsis hislopi* 及斯行健（1956a）称为 *Glossophyllum? shensiense* Sze 的陕西延长植物群的标本一同改名为陕西渡口叶 *Dukouphyllum shensiense* (Sze) Yang。陕西舌叶这个种在我国分布极广，经过半个多世纪的研究，虽模式标本的角质层构造不明，但个别已知角质层的记录表明归于这一名称下的叶化石隶属于银杏目舌叶属的可能性很大（王自强，1984）。本书的意见倾向于把它和分类位置不明的渡口叶分开，都仍归于舌叶属中。有关渡口叶的讨论见本书页 321。

分布和时代 欧亚大陆，中-晚三叠世及早侏罗世（？）。

傅兰林舌叶比较属种 Cf. *Glossophyllum florinii* Kräusel

图 146

1982. Cf. *Glossophyllum florini* Kräusel：王国平等，页 279；图版 128，图 6。

1983. Cf. *Glossophyllum florini*：孙革等，页 454；图版 2，图 1–6；插图 5。

1986. *Glossophyllum* cf. *florini*：陈其奭，页 451；图版 3，图 10–14。

1992. Cf. *Glossophyllum florini*：孙革、赵衍华，页 550；图版 256，图 5。

1995. *Glossophyllum florini*：Wang, pl. 3, fig. 5.

1999b. *Glossophyllum* cf. *florini*：吴舜卿，页 46；图版 39，图 2，4；图版 40，图 1。

描述　叶直伸或作镰刀状弯曲，长至少 13 cm，中部最宽处 1.4 cm；基部尖，顶部钝尖；叶脉粗，平行，叶中部约有 10 条。表皮构造不明。（吴舜卿，1999b）

图 146　傅兰林舌叶比较属种　Cf. *Glossophyllum florinii* Kräusel

四川万源庙沟，上三叠统须家河组 Upper Triassic Xujiahe (Hsuchiaho) Formation, Miaogou of Wanyuan, Sichuan

（NIGPAS：A, B. PB10742, PB10739；吴舜卿，1999b）

注　斯行健（1956a）翻译 *Glossophyllum florinii* Kräusel（1943a）的特征如下：叶长 6–25 cm、宽 6–26 mm，叶脉 5–15 条，通常 6–8 条，基部的脉第一次分叉后，内侧的（即

在叶中部的）一条支脉先分叉一次，然后其外侧的（即在叶边的）一条支脉再继续分叉。气孔的密度颇有变异（7–32 个/mm^2），外围的一圈副卫细胞通常发育不完全，两极和两侧的副卫细胞形态相同；下角质层的气孔器形状或多或少呈圆形，下角质层的气孔器稍作伸长形，常沿叶脉方向伸长；表皮细胞的乳头状突起强弱不同。

归于此种或与此种可作比较的中国标本大多是叶的碎片。它们是否具有叶柄，基部是否只含两条叶脉以及叶角质层构造特征都不得而知，甚至也无法确定它们为同一种植物，建议把这些标本都暂定为 Cf. *Glossophyllum florinii* Kräusel。

产地和层位 江西永丰牛田，上三叠统安源组；浙江衢州茶园里，上三叠统茶园里组；陕西铜川，中侏罗统延安组；吉林双阳大酱缸，上三叠统大酱缸组；四川万源庙沟，上三叠统须家河组。

陕西舌叶 *Glossophyllum shensiense* Sze
图 147，图 148

1900 (1901). Cordaitaceen Blätter *Noeggerathiopsis hislopi*：Krasser, p. 7；pl. 2, figs. 1, 2.

1936. ?*Noeggerathiopsis hislopi*：P'an, p. 31；pl. 13, figs. 1–3.

1956a. *Glossophyllum*? *shensiense* Sze：斯行健，页 48，153；图版 38，图 4, 4a；图版 48，图 1–3；图版 49，图 1–6；图版 50，图 3；图版 53，图 7b；图版 55，图 5。

1956b. *Glossophyllum*? *shensiense*：斯行健，页 285，289；图版 1，图 1。

1963. *Glossophyllum*? *shensiense*：斯行健、李星学等，页 257；图版 88，图 7, 8；图版 89，图 11, 12；图版 90，图 10。

1963. *Glossophyllum*? *shensiense*：李星学等，页 128；图版 99，图 1。

1976. *Glossophyllum*? *shensiense*：周惠琴见：张志诚等，页 211；图版 113，图 4。

1977b. *Glossophyllum*? *shensiense*：冯少南等，页 240；图版 95，图 3, 4。

1977. *Glossophyllum*? *shensiense*：长春地质学院地勘系等，图版 4，图 1, 4。

1978. *Glossophyllum*? *shensiense*：周统顺，页 119；图版 27，图 6。

1979. *Glossophyllum*? *shensiense*：何元良等，页 153；图版 76，图 5, 6；图版 78，图 1。

1979. *Glossophyllum shensiense*：徐仁等，页 65；图版 69，图 4, 5；图版 70，图 1–3。

1980. *Glossophyllum shensiense*：张武等，页 288；图版 105，图 1b；图版 110，图 7–9；图版 111，图 1–4，9，10。

1980. *Glossophyllum*? *shensiense*：黄枝高、周惠琴，页 108；图版 9，图 3；图版 41，图 3；图版 43，图 2。

1981. *Glossophyllum shensiense*：周惠琴，图版 1，图 5；图版 3，图 6。

1982. *Glossophyllum*? *shensiense*：王国平等，页 279；图版 126，图 5。

1982. *Glossophyllum*? *shensiense*：刘子进，页 135；图版 68，图 1。

1982. *Glossophyllum shensiense*：张武，页 190；图版 2，图 2–4, ?5。

1982. *Glossophyllum shensiense*：段淑英、陈晔，页 507；图版 15，图 1–3。

1982. *Dukouphyllum shensiense* (Sze) Yang：杨贤河，页 483；图版 3，图 9。

1983. *Glossophyllum shensiense*：段淑英等，图版 11，图 1。

1983. *Glossophyllum*? *shensiense*：何元良，页 189；图版 29，图 8, 9。

1983. *Glossophyllum*? *shensiense*：鞠魁祥等，页 125；图版 3，图 11。

1984. *Glossophyllum*? *shensiense*：米家榕等，图版 1，图 7。

1984. *Glossophyllum shensiense*：王自强，页 280；图版 116，图 5–7；图版 117，图 1–6。

1984. *Glossophyllum shensiense*：顾道源，页 153；图版 78，图 6，7。

1984. *Glossophyllum shensiense*：陈公信，页 606；图版 262，图 7–9。

1986. *Glossophyllum shensiense*：陈晔等，图版 8，图 8；图版 9，图 8。

1987. *Glossophyllum shensiense*：陈晔等，页 119；图版 32，图 3；图版 33，图 2，3。

1988. *Glossophyllum? shensiense*：陈楚震等，图版 6，图 6。

1988a. *Glossophyllum? shensiense*：黄其胜、卢宗盛，页 184；图版 1，图 3。

1991. *Glossophyllum shensiense*：李洁等，页 55；图版 2，图 4–9。

1992. *Glossophyllum shensiense*：孙革、赵衍华，页 550；图版 245，图 6，7，9。

1993. *Glossophyllum shensiense*：王士俊，页 52；图版 21，图 15，21。

1993. *Glossophyllum? shensiense*：米家榕等，页 138；图版 38，图 5–7；图版 39，图 3a，5，9；图版 40，图 1–6，11。

1994. *Glossophyllum? shensiense*：萧宗正等，图版 13，图 4。

1996. *Glossophyllum shensiense*：吴舜卿、周汉忠，页 10；图版 7，图 8；图版 8，图 1，2，4，5，?6，7，?8；图版 9，图 4；图版 10，图 3。

特征　叶的顶端阔圆，长度为 5–28 cm，最宽处在叶的前半部，达 1.1–4 cm；向下慢慢狭缩，最后成一狭柄。叶脉细而密，14 条/cm，自基部分叉后继续分叉数次，彼此几乎平行，顶端的脉稍稍地聚合或不相聚合。枝的印痕宽约 1 cm，表面有大致成螺旋状排列的叶痕；叶痕横列，如眼睛状，高 0.5 mm、宽 3–4 mm，两侧角尖锐；叶痕的宽度和叶基部的宽度大致相同。[据斯行健（1956a）和斯行健、李星学等（1963），略有改动]

注　本种叶和枝条的一般形态和模式种 *Glossophyllum florinii* Kräusel 相似，但后者叶片宽度和长度较小，最宽处接近中部，叶脉较少等特征与本种不同。由于本种模式标本（包括同一产地和层位的标本）叶角质构造迄今未有研究，叶的基部是否只有两条叶脉通入目前也未得到证实，斯行健等主张在属名后加"?"即 *Glossophyllum? shensiense*，也有许多作者不采取这样的保留态度。半个多世纪以来，我国学者对本种的研究有了不少进展，归于本种的标本已有四十多个记录，有的标本保存甚好，叶的形态比较完整，也有保存了角质炭膜的。如在重庆合川炭坝发现的叶，其基部保存较好，可见有两条叶脉通入（段淑英、陈晔，1982，图版 15，图 3），但角质构造未明。研究角质层构造的记录有两个，即吉林浑江石人煤矿上三叠统北山组（张武等，1980）和山西临县中–上三叠统延长群（王自强，1984）所产出的标本。山西的标本比较宽而短，两侧边呈弧状，略不对称，顶端钝圆，有时开裂，基部不形成明显的叶柄等特征与陕西的模式标本略有不同。其叶角质层为两面气孔型。上表皮气孔带窄，无气孔带宽，而下表皮则相反，无气孔带不显著。气孔带的表皮细胞多边形至方形，在上表皮其表壁上乳突较发育；无气孔带的细胞伸长形，垂周壁直，表壁上有纵条纹。气孔在上、下表皮上都不规则散布，有时排列成短行。气孔器单唇型，圆形，靠近无气孔带的略伸长，不完全的双环式。气孔窝口小。副卫细胞 5–7 枚，靠近气孔窝口处均不同程度地角质增厚，常形成乳突；保卫细胞下陷。山西的标本表皮细胞乳突较发育，尤其是副卫细胞上乳突十分明显，表皮构造和模式种 *Glossophyllum florinii* Kräusel（1943a）比较近似。吉林浑江标本的叶也呈两面气孔型，但表皮细胞乳突不发育。米家榕等（1993）认为吉林浑江标本"叶呈剑形，中上部最宽，顶端钝尖"等与本种陕北的模式标本不同。需要在此说明的是吉林保存角质层的标本只是一个叶片轮廓不明的碎片（张武等，1980，图版 105，图 1b），不是米家榕等

图 147　陕西舌叶 *Glossophyllum shensiense* Sze

A–C. 山西临县开化，中-上三叠统延长群 Middle to Upper Triassic Yanchang (Yenchang) Group, Kaihua of Linxian, Shanxi；D–G. 陕西，上三叠统延长组，除了图 F 外，都是叶 Upper Triassic Yanchang (Yenchang) Formation, Shaanxi, all except fig. F are leaves；D. 延长城西渠口 Qukou of Yanchang；E. 宜君杏树坪七母桥 Qimuqiao, Xingshuping of Yijun；F. 宜君四郎庙炭河沟，枝部化石，示眼睛状的叶痕 Tanhegou, Silangmiao of Yijun, branches with lenticular leaf traces；G. 绥德沙滩坪 Shatanping of Suide（TJIGM：A–C. P0112, P0111, P0113；王自强，1984；NIGPAS：D–G. PB2467, PB2457, PB2463, PB761；斯行健，1956a）

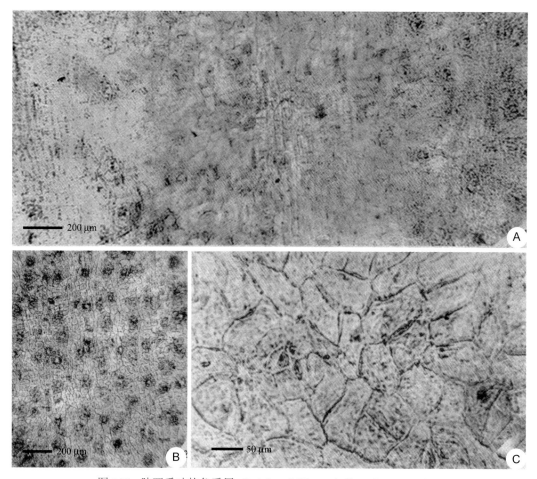

图 148　陕西舌叶的角质层　Cuticles of *Glossophyllum shensiense* Sze

都来自图 147B 的叶 All from the leaf in fig. 147B。A. 下表皮无气孔区 Non-stomatal zone of lower cuticle；B. 下表皮气孔区 Stomatal zone of lower cuticle；C. 气孔器 Stomata

所指出的较完整标本。由于存在上述种种差异和问题，对吉林和山西的标本是否同种，并都属于陕西舌叶，甚至是否同属都需要持保留或怀疑态度。本书仍暂把它们都归在陕西舌叶之下，待以后深入工作来解决。

辽宁北票上三叠统羊草沟组的 *Noeggerathiopsis liaoningensis* Mi et al.（米家榕等，1993）仅为一块保存不全的叶部化石，从叶片的大小、形状等看有属于本种的可能。越南东京上三叠统产出的 *Noeggerathiopsis hislopi*（Zeiller, 1903）以及 Seward 和 Sahni 鉴定的云南同名标本（见 Brown, 1938）是否也同属于本种尚待查明。斯行健（1956a）曾指出哈萨克斯坦伊列克（Ilek）河流域上三叠统鉴定为 *Yuccites spathulata* Prynada 的标本应该归属于陕西舌叶。徐仁等（1979）更认为，帕米尔地区所产的 *Yuccites angustifolia* Prynada 也是同种。看来，形态近似的化石在当时分布甚广。由于标本的保存和研究程度所限，对它们进行确切的鉴定和分辨是很困难的。

产地和层位　陕西宜君、延长、绥德、铜川柳林沟，上三叠统延长组（模式标本）。河南卢氏双槐树，上三叠统延长组下部。山西临县，中-上三叠统（延长群）；陕甘宁盆地，中三叠统铜川组、上三叠统延长组。内蒙古准格尔旗五字湾，中三叠统二马营组上部。青海都兰八宝山，上三叠统八宝山群；南祁连东部，上三叠统默勒群尕勒得寺组。新疆克拉玛依吐孜阿克内沟，上三叠统黄山街组；库车，中三叠统"克拉玛依组"；昆仑山野马滩北，上三叠统卧龙岗组。河北承德上谷、北京房山大安山和石景山杏石口，上三叠统杏石口组。辽宁凌源老虎沟，上三叠统老虎沟组；北票羊草沟，上三叠统羊草沟组。吉林双阳大酱缸，上三叠统大酱缸组；双阳八面石煤矿南井，上三叠统小蜂蜜顶子组上段；浑江石人北山，上三叠统北山组（小河口组）。江苏龙潭范家场，上三叠统范家塘组。福建漳平大坑，上三叠统大坑组。广东乐昌安口，上三叠统小坪组。湖北荆门分水岭、远安九里岗、当阳银子岗和南漳东巩，上三叠统九里岗组。四川永仁花山等地，上三叠统大荞地组中、上部；永仁太平场，上三叠统大箐组下部；盐边，上三叠统红果组；理塘，上三叠统拉纳山组。重庆合川炭坝，上三叠统须家河组。云南宁蒗，上三叠统背箩山组。

陕西舌叶比较属种 Cf. *Glossophyllum shensiense* Sze

1982. Cf. *Glossophyllum shensiense* Sze：李佩娟、吴向午，图版 13，图 3，4。

注 标本保存不好，是否属于此属种存疑。

产地和层位 四川乡城丹娘沃岗，上三叠统喇嘛垭组。

舌叶？杨氏种 *Glossophyllum? yangii* Yang, Wu et Zhou
图 149

1978. *Glossophyllum longifolium* Yang：杨贤河，页 529；图版 184，图 8。

2014. *Glossophyllum? yangii* Yang, Wu et Zhou, p. 270.

特征 叶着生于枝干上；枝干宽达 5 mm 左右，叶膜质厚，全缘，向下部缓缓变狭成细长的、宽约 1 mm、末端微微膨凸的柄状基部；叶脉自下部向上连续分叉，形成很多大致平行的支脉，叶中、下部约 12 条/cm。叶片上半部形态未明。（据杨贤河，1978 稍改动）

注 *Glossophyllum longifolium* Yang（杨贤河，1978，页 529）是一个晚出同名，此种名已被先用于 *Glossophyllum? longifolium* (Salfeld) Lee（斯行健、李星学等，1963，页 257；见本书页 225）。因此，Yang 等（2014）指出此名称不合法，

图 149 舌叶？杨氏种
Glossophyllum? yangii Yang, Wu et Zhou

四川攀枝花（原名渡口）宝鼎，上三叠统大荞地组，正模
Upper Triassic Daqiaodi Formation, Baoding of Panzhihua (Dukou), Sichuan, Holotype（CDIGM: SP01031；杨贤河，1978）

并启用新名 *Glossophyllum*? *yangii* (nomen novum)。本种保存有一枚叶，以其长达 3 cm、宽约 1 mm 的柄状基部着生在枝干上；枝干宽 5 mm，保存长度为 7 cm，具稀疏的横列的叶痕，叶痕间距 15–18 mm。同一块标本上还保存着四枚叶部碎片，宽 10–15 mm，保存最长的达 7 cm，似作披针形。叶片的形状和枝干具有横的叶痕等特征与奥地利 Lunz 地区模式种 *Glossophyllum florinii* Kräusel 及中国陕西上三叠统 *Glossophyllum*? *shensiense* Sze 相似，但叶片较细小，具有瘦长的叶柄状基部，枝干上横列的叶痕排列较稀松等特征与之不同。由于叶角质构造未明，叶基部是否有两条叶脉通过尚难辨明，目前还不能毫无保留地归于此属。本种叶基形态与 *Phyllotaenia longifolia* Salfeld，即 *Glossophyllum*? *longifolium* (Salfeld) Lee（见页 225）有些相似，但柄状基部狭细，长达 3 cm 等与后者明显不同，况且后者叶在枝上的着生状况目前尚不清楚，无法做进一步比较。本种叶片形状、宽窄等与 *Glossophyllum*? *zeilleri* (Seward) Sze 也有相似之处，但本种的柄状基部较长。

产地和层位　四川攀枝花（原名渡口）宝鼎，上三叠统大荞地组。

舌叶？蔡耶种 *Glossophyllum*? *zeilleri* (Seward) Sze
图 150

1903. *Noeggerathiopsis hislopi* Feistmantel：Zeiller, p. 149；pl. 40, figs. 1–6.

1938. *Pelourdea zeilleri* Seward：Brown, pp. 514–578.

1956a. *Glossophyllum*? *zeilleri* (Seward) Sze：斯行健，页 51，157。

1979. *Glossophyllum zeilleri* (Seward) Sze：徐仁等，页 66；图版 70，图 4。

1984. *Glossophyllum*? *zeilleri*：米家榕等，图版 1，图 10。

1985. *Glossophyllum*? *zeilleri*：米家榕、孙春林，图版 1，图 19；图版 2，图 1a，2。

1993. *Glossophyllum*? *zeilleri*：王士俊，页 52；图版 21，图 5。

特征　叶细长，带状，长 7–20 cm、宽 5–7 mm，基部缓缓收缩，顶端钝圆。叶脉平行，在叶的基部二歧分叉数次，在叶的中部偶有分叉，叶中部有脉 13–17 条。（据徐仁等，1979 四川永仁标本。越南的模式标本长 8–25 cm、宽 12–45 mm，叶脉约 20 条/cm，其他特征基本一致）

模式标本产地和层位　越南东京，上三叠统。

注　本种是斯行健（1956a）根据定名为 *Noeggerathiopsis hislopi* Zeiller 的越南标本（Zeiller, 1903）修订的，主要分布于越南鸿基，中国云南、四川和广东等地。杨贤河（1978）主张将越南和四川的标本归入一个新建的渡口叶属中，命名为 *Dukouphyllum noeggerathioides* Yang（见页 321）。由于研究程度不够，特别是叶角质构造未明，此类标本是否能够和舌叶区分开来成为一个独立的属，令人怀疑。本种与印度下冈瓦那系（石炭系—三叠系）的 *Noeggerathiopsis hislopi* 在叶片的外部形态及叶脉方面颇为近似，但后者叶片较宽大，叶脉分叉较为频繁，延伸至叶片顶端时常直接切交于边缘，不作聚敛等与本种不同。关于本种和 *Glossophyllum*? *shensiense* Sze 的关系，斯行健（1956a）和斯行健、李星学等（1963）已有详细讨论，一般后者叶片较宽较大，但在实际应用中对两者进行分辨并不容易。

产地和层位 四川永仁，上三叠统大荞地组；广东乐昌关春、安口，上三叠统小坪组；北京西山，上三叠统杏石口组；吉林双阳八面石煤矿南井，上三叠统小蜂蜜顶子组。在云南上三叠统也有报道。

图150 舌叶？蔡耶种 *Glossophyllum? zeilleri* (Seward) Sze

四川永仁，上三叠统大荞地组 Upper Triassic Daqiaodi Formation, Yongren, Sichuan（IBCAS：2675b；徐仁等，1979）

舌叶未定种 *Glossophyllum* sp.

图151

1999b. *Glossophyllum* sp.：吴舜卿，页45；图版38，图8，9；图版51，图3，4；图版52，图1–3。

描述 叶的下部未保存，中、上部最宽处达2 cm。顶端钝圆。叶脉平行，约16条/cm，在顶端和叶缘相交。上、下两面角质层相似，但下面气孔较多。表皮细胞为多角形，壁直，具乳突。脉路由多行排列整齐的多角形细胞组成；脉间细胞排列不整齐。气孔器散布于脉间，大致呈纵向，也有斜向的。气孔器单唇式。保卫细胞下陷，半月形；副卫细胞4–6个，不加厚，不具乳突；孔缝长椭圆形。（据吴舜卿，1999b，略修饰）

注 吴舜卿指出此种和模式种相比，叶较宽，最宽处在中上部，顶端钝圆，叶脉较细密；表皮构造基本特征和模式种一致，但气孔没有后者多而密集，副卫细胞呈单环式排列，不具乳突。它和陕西舌叶外形接近，只是保存很不完整，而且陕西种原产地标本的叶角质层特征至今尚不明了，难以确切比较。

张武等（1980）和王自强（1984）先后研究的吉林浑江北山组和山西临县延长群的陕西舌叶标本（见页227）保存也不很完整，其角质层构造和当前种也有差别。它们之间的相互关系需要深入工作来解决。

产地和层位 贵州六枝郎岱，上三叠统火把冲组。

舌叶未定种多个 *Glossophyllum* spp.

1981. *Glossophyllum* sp.：周惠琴，图版2，图8。
产自辽宁北票羊草沟，上三叠统羊草沟组。
1982. *Glossophyllum* sp.：段淑英、陈晔，页508；图版15，图4。

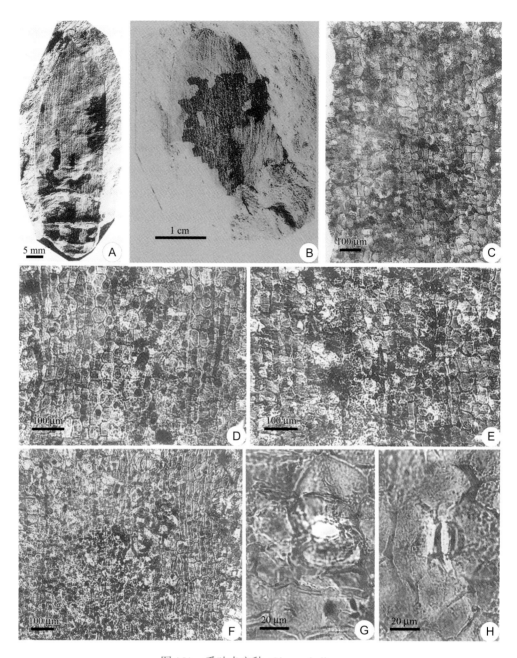

图 151 舌叶未定种 *Glossophyllum* sp.

贵州六枝郎岱，上三叠统火把冲组 Upper Triassic Huobachong Formation, Langdai of Liuzhi, Guizhou。A，B. 保存不完整的叶 Imperfect leaves；C. 上表皮 Upper cuticle；D. 上表皮 Upper cuticle；E，H. 下表皮和气孔器 Lower cuticle and a stoma；F，G. 下表皮和气孔器 Lower cuticle and a stoma；图 C，F，G 来自图 A，图 D，E，H 来自图 B Figs. C, F, G are from fig. A, figs. D, E, H are from fig. B（NIGPAS：PB10736, PB10737；吴舜卿，1999b）

产自四川合川炭坝，上三叠统须家河组。

1982. *Glossophyllum* sp.：张采繁，页 536；图版 347，图 1，2。

产自湖南辰溪中伙铺大太阳山，上三叠统。

1992b. *Glossophyllum* sp.: 孟繁松，页 705；图版 3，图 1，2。
产自湖北南漳胡家嘴，上三叠统九里岗组。
1995. *Glossophyllum* sp.: 谢明忠、张树胜，图版 1，图 9。
产自河北张家口，下侏罗统下部阳眷组。

舌叶? 未定种多个 *Glossophyllum*? spp.

1976. *Glossophyllum*? sp.: 李佩娟等，页 129；图版 41，图 6。
产自云南祥云沐滂铺，上三叠统祥云组白土田段。
1977. *Glossophyllum*? sp.: 长春地质学院地勘系等，图版 4，图 6。
产自吉林浑江石人镇，上三叠统小河口组。
1981. *Glossophyllum*? sp.: 刘茂强、米家榕，页 27；图版 1，图 18。
产自吉林临江义和，下侏罗统义和组。
1982. *Glossophyllum*? sp.: 刘子进，图版 2，图 16。
产自甘肃靖远刀楞山四道沟，下侏罗统。
1983. *Glossophyllum*? sp.: 孙革等，页 455；图版 1，图 10。
产自吉林双阳大酱缸，上三叠统。
1984. ?*Glossophyllum* sp.: 顾道源，页 153；图版 77，图 3。
产自新疆库车卡普沙梁，上三叠统塔里奇克组。
1987b. ?*Glossophyllum* sp.: 何德长见：钱丽君等，页 82；图版 16，图 1。
产自湖北赤壁（原名蒲圻）跑马岭，上三叠统鸡公山组。
1990. *Glossophyllum*? sp.: 吴舜卿、周汉忠，页 454；图版 2，图 5。
产自新疆库车，下三叠统俄霍布拉克组。
1993. *Glossophyllum*? sp.: 王士俊，页 52；图版 22，图 9。
产自广东乐昌关春，上三叠统。

假托勒利叶属 Genus *Pseudotorellia* Florin, 1936

模式种　*Pseudotorellia nordenskiöldii* (Nathorst) Florin。斯匹次卑尔根 Advent Bay，上侏罗统。

属征　叶革质，全缘，近线形至狭舌形，略呈镰状弯曲，最宽处在中部或靠近顶部，顶端宽而钝，向下部渐窄，但几乎不成柄状；叶基部不明显膨大，并有数条分叉的叶脉通过。

叶下气孔型。下角质层内狭而无气孔的纵带之间具有边界不明显的气孔带。气孔器在气孔带中呈短的纵行或很不规则排列，较稀疏，总是纵向方位，并为单唇型，单环或不完全的复环（双环）式。保卫细胞下陷，靠近孔缝处显出一强的角质缘脊（Vorhofleiste），贴近副卫细胞之处也强烈角质增厚。副卫细胞 4-6 个，角质增厚，在侧位的副卫细胞靠近气孔口处更为显著。表皮细胞具有略弯曲或直的外壁，常有乳头状角质增厚或突起。

（据周志炎，1984，译自 Florin, 1936）

注 Harris 等（1974）曾对上述特征做了补充，指出本属的叶通常不见着生在短枝上，因叶基具有离层而单独脱落；叶脉终止于叶片顶端边缘；树脂体不存在；上表皮细胞或多或少伸长，叶的一面或两面正常表皮细胞表面具有纵向的角质脊；气孔带和无气孔带分界不明显，气孔器在气孔带中稀疏分布［但不适用于所有种，如 *Pseudotorellia grojecensis* Reymanówna（1963）和 *Pseudotorellia heeri* Manum（1968）等］。本属模式种原归于 *Torellia* (=*Feildenia*) Heer。后来 Florin（1936）详细研究了 *Torellia* 模式种 *Torellia rigida* Heer 及现今视为本属的模式种 *Pseudotorellia nordenskiöldii* (Nathorst) Florin 的角质构造后，发现两者的角质构造颇为不同。前者气孔器分布较密，表皮细胞垂周壁是弯曲的；后者气孔器分布较稀疏，表皮细胞垂周壁直或略带弯曲。本属叶的大小、形状，不具叶柄，角质构造为气孔下生型等特征和 *Torellia* 十分相似，在没有研究角质层构造以前，一般都参考地层时代定名。*Torellia* 目前已知只有 *Torellia rigida* 一种，产于古近纪或中新世地层中。而 *Pseudotorellia* 的种相当多，据统计 20 世纪 60 年代已有十多种（Lundblad, 1968；Manum, 1968），后来在我国和苏联又发现多种（Vachrameev, 1980 等），它们均见于中生代晚三叠世至早白垩世地层中。最近，日本学者大花和植村（Horiuchi and Uemura, 2017）在北海道岩手郡古新统野田群港组（Minato Formation, Noda Group）记载了此属两个新生代的新种，并综述和比较此属和 *Torellia* 属迄今已记载的 58 种，认为两属之间的区别并不明显。本属叶片外形与 *Eretmophyllum* Thomas 也有相似之处，通常后者叶片较宽大，具有较明显的叶柄，树脂体常存在。它们的角质层为两面气孔型，气孔器形态构造和表皮细胞呈方形或多角形等都与本属不同。

本属目前已经发现至少有一种——*Pseudotorellia angustifolia* Doludenko 是着生在短枝上的，并且和"果鳞"化石——乌马鳞片属 *Umaltolepis* Krassilov（1972）相伴生。后者的"果鳞"（苞片）同本属营养叶的形态、叶脉和角质层构造都十分相似。因此可以认为这种叶化石至少有一部分，甚至全部都应该属于银杏目乌马鳞片科（见页 56）。

分布和时代 北半球，晚三叠世至古新世。

常宁假托勒利叶 *Pseudotorellia changningensis* Zhang
图 152

1986. *Pseudotorellia changningensis* Zhang：张采繁，页 198；图版 5，图 7, 7a；图版 6，图 5–6b；插图 9。

特征 叶小，舌形，全缘，长约 40 mm，最宽处在中部，约 4 mm，顶端略收缩呈圆形，近下部缓缓狭缩成柄状。叶脉不明显，在基部常分叉两次，向上平行伸展，近顶端略聚敛，但不相交，基部有脉 5 条，中部 11 条。每两条脉间有间细脉或纵细脉。

叶下气孔型。上角质层薄，细胞构造与下角质层相似，多为长方形或伸长多角形，垂周壁直，常强烈增厚，特别是细胞壁交角处，表壁有团块状增厚。下角质层较厚，脉路与脉间界限不清，细胞形态彼此近似，仅脉间细胞有的较宽短，有的较小；气孔器在脉路边缘偶见，主要分布于脉间区，不排列成纵行，但为纵向分布，体积较大，近卵圆形；保卫细胞下陷；副卫细胞 5–9 个，形态与正常细胞近似，但侧壁角质化较强，常组成明显的环，气孔窝口大，不整齐，孔缝纵向。（据张采繁 1986 特征整理）

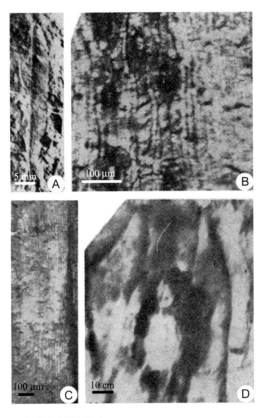

图 152　常宁假托勒利叶 *Pseudotorellia changningensis* Zhang

湖南常宁柏坊，下侏罗统石康组顶部 Lower Jurassic Shikang Formation, Baifang of Changning, Hunan。A. 叶，正模 Leaf, Holotype；B. 下角质层 Lower cuticles；C. 上角质层 Upper cuticles；D. 气孔器 A stoma（GMHNP：pp01-63；张采繁，1986）

　　注　此种叶片大小、形状、叶脉及叶呈下生气孔型等与英国约克郡中侏罗统的 *Pseudotorellia tibia* Harris et Millington（Harris et al., 1974）相似，但后者的上角质层较厚（约 8 μm），上表皮细胞中间呈纵肋状加厚，副卫细胞具有乳头状突起。本种与湖南江永桃川下侏罗统观音滩组所产的 *Pseudotorellia hunanensis* Zhou（周志炎，1984）也有相似之处，但后者为披针形，略呈镰刀状弯曲，顶端较尖，上角质层较下角质层明显增厚等与本种不同。

　　产地和层位　湖南常宁柏坊，下侏罗统石康组顶部（模式标本）。

较宽型刀形假托勒利叶 *Pseudotorellia ensiformis* (Heer) Doludenko f. *latior* Prynada

图 153

1980. *Pseudotorellia ensiformis* (Heer) Doludenko f. *latior* Prynada：张武等，页 288；图版 174，图 6；图版 178，图 4。

描述 叶圆楔形或长倒卵形，长 2.1–4.1 cm、宽 9–15 mm，全缘，最宽处在顶部或中上部，顶端钝或钝斜，向下缓缓变窄，两侧边不对称，使整个叶形微显弯曲。叶脉常在叶片下部分叉，向上略作扩散状，中间的脉近于平行，直达顶端。每个叶片有叶脉 18–20 条，脉间具不连续的纵纹。（据张武等，1980，未据引俄国模式标本出处）

产地和层位 内蒙古赤峰大庙张家营子，下白垩统九佛堂组。

图 153 较宽型刀形假托勒利叶 *Pseudotorellia ensiformis* (Heer) Doludenko f. *latior* Prynada
内蒙古赤峰大庙张家营子，下白垩统九佛堂组 Lower Cretaceous Jiufotang Formation, Zhangjiayingzi of Chifeng, Inner Mongolia（SYIGM：D 478；张武等，1980）

斑点假托勒利叶比较种 *Pseudotorellia* cf. *ephela* (Harris) Florin

图 154

1996. *Pseudotorellia* cf. *ephela* (Harris) Florin：米家榕等，页 129；图版 28，图 5。

描述 叶片长约 33.5 mm、宽 5 mm；基部收缩成似短柄状，宽仅 0.8 mm 左右；向上逐渐加宽，中、上部两侧边近于平行，顶端圆。叶脉在叶片下部分叉，然后相互平行向前伸延，在顶端略聚敛，交于前缘。叶片中、上部有叶脉 13 条左右。（据米家榕等，1996）

注 当前标本叶片形状、大小与命名为 *Pseudotorellia ephela* (Harris) Florin（Harris, 1935）的东格陵兰下侏罗统的模式标本相似，但后者叶脉较稀疏（11–16 条/cm），而且当前标本没有保存角质层，不能毫无保留地作出鉴定。此种保存完好的标本在河南义马中侏罗统已发现（Dong et al., 2019）。*Pseudotorellia ephela* 汉名或译作埃菲假托勒利叶（米家榕等，1996）。因 ephel（希腊文）一词含斑点之义，故改译之。

产地和层位 河北抚宁石门寨，下侏罗统北票组。

图 154　斑点假托勒利叶比较种 *Pseudotorellia* cf. *ephela* (Harris) Florin

河北抚宁石门寨，下侏罗统北票组 Lower Jurassic Beipiao (Peipiao) Formation, Shimenzhai of Funing, Hebei（CESJU：HF5079；米家榕等，1996）

湖南假托勒利叶 *Pseudotorellia hunanensis* Zhou

图 155，图 156

1984. *Pseudotorellia hunanensis* Zhou：周志炎，页 45；图版 27，图 1–2d；插图 11。

特征　叶可能呈披针形，微镰刀形弯曲，长度估计不超过 70 mm，最宽处约 5 mm，向上渐收缩，顶端尖，向基部渐渐狭窄。叶脉 7–8 条，互相平行，可能仅在基部分叉。

叶下气孔型。上角质层厚达 5 μm，脉路不明显，由形状均一、排列规则的长方形细胞（15–95 μm×10–30 μm）组成。表壁角质化不均匀，呈网状，有时具粗大（直径 20 μm）的乳突。垂周壁因角质加厚不匀而成断续状。下角质层厚 3 μm 左右，由较宽的气孔带（300–600 μm）和较狭的脉路（100–250 μm）组成。两者界线不甚分明。组成两者的细胞形状和大小近

图 155　湖南假托勒利叶
Pseudotorellia hunanensis Zhou

湖南江永桃川，下侏罗统观音滩组搭坝口段 Lower Jurassic Dabakou Member of Guanyintan Formation, Taochuan of Jiangyong, Hunan. 重建叶形 A restoration（据周志炎，1984，插图 11 From Zhou, 1984, text-fig. 11）

似，脉路上的细胞稍长（25–135 μm×10–25 μm），排列成规则的行状，气孔带中的细胞稍短而宽（20–110 μm×10–25 μm）。细胞表壁不均匀角质化呈现不同色泽、细网状，有时也具乳突；垂周壁直或微弯，明显断续状。气孔器单环式至不完全双环式，方位纵向，不排列成行或有时成 2–3 个气孔器的短行，稀疏地散见于气孔带中，偶见两气孔器互相接触。保卫细胞下陷，靠近孔缝处角质加厚。副卫细胞 4–6 个，极副卫细胞有时呈伸长形，侧副卫细胞 2–4 个，角质化程度不高，仅在气孔窝口处有乳突伸出悬垂其上，表壁的其他部分常为角质薄弱的浅色区。气孔窝口长达 30–40 μm。周围细胞角质化程度同正常表皮细胞相近。（据周志炎，1984 特征）

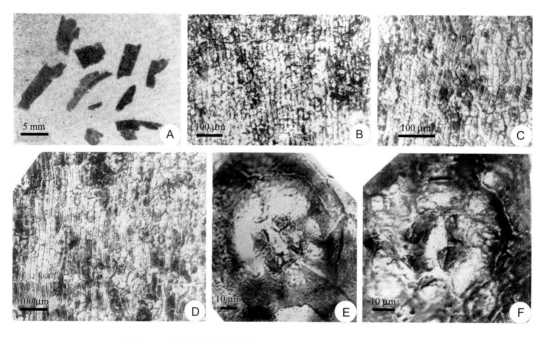

图 156　湖南假托勒利叶 *Pseudotorellia hunanensis* Zhou

湖南江永桃川，下侏罗统观音滩组搭坝口段 Lower Jurassic Dabakou Member of Guanyintan Formation, Taochuan of Jiangyong, Hunan。A. 叶片碎片，正模 Leaf fragments，Holotype；B. 上角质层 Upper cuticle；C, D. 下角质层 Lower cuticle；E, F. 不完全双环式和单环式气孔器 Monocyclic and incomplete dicyclic stomata（NIGPAS：PB8924，PB8925；周志炎，1984）

注　本种与东格陵兰的 *Pseudotorellia ephela*（*Torellia ephela* Harris, 1935），波兰的 *Pseudotorellia grojecensis* Reymanówna （1963）及本属模式种 *Pseudotorellia nordenskiöldii* Nathorst（Florin, 1936）可作比较，但东格陵兰早侏罗世的种的叶片顶端钝圆，上表皮细胞表壁具有角质脊，不像本种具有粗大的乳突；波兰侏罗纪的种气孔器在气孔带内分布甚密，不像本种气孔器排列较松，上角质层特厚，具有粗大的乳突；本种副卫细胞具有乳突，表皮细胞表面具有粗大的乳突，不具角质纵脊等与模式种不同。

产地和层位　湖南江永桃川，下侏罗统观音滩组搭坝口段（模式标本）。

长披针形假托勒利叶 *Pseudotorellia longilancifolia* Li

图 157

1988. *Pseudotorellia longilancifolia* Li：李佩娟等，页 103；图版 78，图 2A；图版 83，图 1B；图版 84，图 1B，2；图版 85，图 1；图版 88，图 2–4；图版 89，图 1；图版 90，图 1；图版 119，图 1–4，5?，6–8；插图 23。

1998. *Pseudotorellia longilancifolia*：张泓等，图版 51，图 3。

2014. *Pseudotorellia longilancifolia*：Yang et al., p. 266.

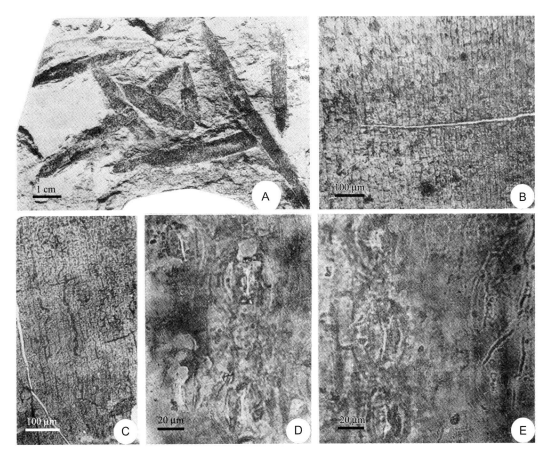

图 157　长披针形假托勒利叶 *Pseudotorellia longilancifolia* Li

青海大煤沟、绿草山，中侏罗统大煤沟组 *Tyrmia-Sphenobaiera* 层及石门沟组 *Nilssonia* 层 Middle Jurassic *Tyrmia-Sphenobaiera* Bed of Dameigou Formation and *Nilssonia* Bed of Shimengou Formation, Dameigou and Lücaoshan, Qinghai。A. 叶 Leaves；B. 上角质层 Upper cuticle；C. 下角质层，示脉路和气孔带 Lower cuticle, showing vein courses and stomatal zone；D, E. 气孔器 Stomatal apparatus（NIGPAS：A. PB13627；B–D. PB13621；E. PB13766；李佩娟等，1988）

特征　叶长披针形，最长达 15 cm，一般长 6–8 cm；叶最宽处靠近下部，5–7 mm；向基部逐渐收缩成柄状，"柄"宽约 1.5 mm；叶向上缓慢地变狭，两侧边几近平行地向上伸，至顶端逐渐狭细成渐尖状。叶脉在叶基部分叉，在叶最宽处有平行脉 15–18 条。

叶角质层厚，气孔下生型。上角质层细胞长方形或伸长，两端截形或尖，长宽之比约为3∶1；脉路和脉间带的界限不很明显，但脉路上的细胞较狭，侧壁直，厚度一般，连续或间断或成串珠状；无毛细胞和乳突存在。不发育的气孔器偶见。下角质层气孔带宽125–312.5 μm，表皮细胞与上角质层同，有的紧挨气孔带的细胞宽短，表壁斑驳；细胞多角形至长多角形。气孔器小，62–68 μm×40–43.3 μm，密，纵向，排列成短行或不规则分布；保卫细胞下陷，加厚；副卫细胞4–5个，略厚于正常的表皮细胞，侧副卫细胞向气孔的一侧加厚明显，极副卫细胞短，常有两相邻气孔器共有一个极副卫细胞；孔缝细狭，长15–17 μm。（据李佩娟等，1988）

注 李佩娟等（1988）曾指出：本种叶较长，近下部最宽，中上部两侧平行，叶脉较多，叶角质层厚，脉路宽，非气孔带和气孔带分带明显，气孔器较密等特征颇为特殊。在已知的种中与之最接近的是 *Pseudotorellia longifolia* Doludenko（Vachrameev & Doludenko, 1961）。该种产于俄罗斯布列亚盆地下白垩统，其"叶以中部为最宽，叶脉较少（5–7条），下表皮非气孔带较狭且不明显，气孔器排列较稀疏，两侧副卫细胞向气孔一侧明显地加厚成眉条"等特征与本种相区别。本种叶的形状、大小及角质层构造与湖南江永桃川下侏罗统观音滩组的 *Pseudotorellia hunanensis* Zhou（周志炎，1984）亦有相似之处，但后者叶略短，最宽处接近中部，叶脉较少，气孔器排列较稀疏，保卫细胞在孔缝处加厚明显，常有侧副卫细胞乳突悬垂于气孔窝口之上等特征与本种不同。

本种在发表时未指定正模标本（原文指定的是合模标本）。

产地和层位 青海大柴旦大煤沟、海西绿草山宽沟，中侏罗统大煤沟组 *Tyrmia-Sphenobaiera* 层及石门沟组 *Nilssonia* 层；陕西延安西杏子河，中侏罗统延安组。

假托勒利叶？青海种 *Pseudotorellia? qinghaiensis* (Li et He) Li et He

图158

1979. *Baiera? qinghaiensis* Li et He：何元良等，页151；图版75，图1，1a，2–4。
1988. *Pseudotorellia qinghaiensis* (Li et He) Li et He：李佩娟等，页3。

特征 叶披针形，保存长达4 cm，叶最宽处在中、上部，宽3–4 mm，向基部逐渐收缩。叶脉平行，叶中部约有叶脉12条。

叶角质层薄，细胞边壁直，气孔下生型。上角质层细胞为短多角形；下角质层细胞长多角形至长方形，脉路细胞较狭细。气孔器位于气孔带内，分布较松，排列不甚整齐，纵向；保卫细胞半月形，长50–55 μm、宽24 μm，内外两侧加厚；副卫细胞不加厚，单环或复环式排列；极副卫细胞较明显，其内外两侧壁呈弧状弯曲。（据何元良等，1979修饰）

注 此种原先有保留地归于 *Baiera* 属（何元良等，1979），后改归于 *Pseudotorellia* 属（李佩娟等，1988）。从叶的大小、形状、叶脉、叶下生气孔型以及气孔器分布等方面来看，它与鉴定为 *Pseudotorellia* 各种的标本相似，但本种角质层较薄，特别上角质层比下角质层更薄，表皮细胞为短多角形，表面未见纵向的角质脊等与本属的其他种明显不同，而且叶的基部没有保存，是不是形成叶柄未能证实，因此当前标本归于 *Pseudotorellia* 也应有所保留。本种与上述同层位的 *Pseudotorellia longilancifolia* Li 区别在于后者叶较长，最宽处位于中下部，角质层较厚，上表皮细胞较伸长，气孔器较密。它们之间是否有关系也有待今后进一步工作来阐明。

产地和层位 青海大柴旦大煤沟，中侏罗统大煤沟组（模式标本）。

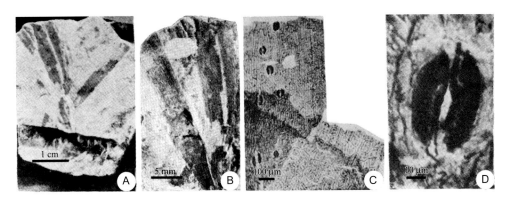

图 158 假托勒利叶? 青海种 *Pseudotorellia*? *qinghaiensis* (Li et He) Li et He

青海大柴旦大煤沟，中侏罗统大煤沟组 Middle Jurassic Dameigou Formation, Dameigou of Da Qaidam, Qinghai。A. 叶，正模 Leaves, Holotype；B. 图 A 的放大 Enlarged from fig. A；C. 左侧示下角质层，右侧示上角质层 Lower cuticle on the left, upper cuticle on the right；D. 一个气孔器 A stoma（NIGPAS：PB6399；何元良等，1979）

假托勒利叶未定种多个 *Pseudotorellia* spp.

1931. *Torellia* sp.: Sze, p. 60；pl. 5, fig. 7.
　　产自辽宁北票，下、中侏罗统。
1963. *Pseudotorellia* sp.: 斯行健、李星学等，页 247；图版 88，图 9。
　　产自辽宁北票，下、中侏罗统。
1980. *Pseudotorellia* sp. (? sp. nov.)：黄枝高、周惠琴，页 107；图版 53，图 2。
　　产自陕西府谷殿儿湾，下侏罗统富县组。
1985. *Pseudotorellia* sp.: 米家榕、孙春林，图版 1，图 22。
　　产自吉林双阳八面石煤矿南井，上三叠统小蜂蜜顶子组。
1986. *Pseudotorellia* sp.: 叶美娜等，页 71；图版 51，图 1B。
　　产自四川达州斌郎，上三叠统须家河组第七段。

假托勒利叶? 未定种多个 *Pseudotorellia*? spp.

1975. *Pseudotorellia*? sp.: 徐福祥，页 106；图版 5，图 9。
　　产自甘肃天水后老庙，中侏罗统炭和里组。
1980. *Pseudotorellia*? sp.: 张武等，页 288；图版 184，图 2。
　　产自内蒙古赤峰大庙张家营子，下白垩统九佛堂组。

1984. *Pseudotorellia*? sp.: 周志炎, 页 46; 图版 28, 图 1–5。

　　产自湖南零陵黄阳王家亭子、祁阳河埠塘, 下侏罗统观音滩组中、下部; 广西钟山, 下侏罗统西湾组大岭段。

1993. *Pseudotorellia*? sp.: 米家榕等, 页 132; 图版 36, 图 3–5。

　　产自黑龙江东宁罗圈站, 上三叠统罗圈站组; 吉林双阳八面石煤矿南井, 上三叠统小蜂蜜顶子组上段。

楔拜拉属 Genus *Sphenobaiera* Florin, 1936

模式种 *Sphenobaiera spectabilis* (Nathorst) Florin。俄罗斯法兰士·约瑟夫地, 上三叠统。

属征 叶分散脱落, 或多或少呈宽楔形, 没有明显的叶柄。叶片分裂一次或多次而形成裂片。每个裂片中的叶脉多次分叉, 几乎平行, 并各自终于裂片远端。

银杏目型 (Ginkgoalean type) 的角质层发育。气孔器散生或分布在宽带中, 气孔器下陷并分别由单唇型副卫细胞环围。(据 Florin, 1936 特征和 Harris et al., 1974 修订特征)

注 又名楔银杏属。Harris 等 (1974) 对本属特征做了修订, 增加了叶分散脱落 (leaves shed separately) 这个性状, 强调本属代表 "分散的叶" 的标本, 并认为 Florin (1936) 厘定为 *Sphenobaiera* 的 22 个种可以归为两类: 居多的一类包括像 *Sphenobaiera spectabilis* 一样具有单个分离的叶, 其余的虽然好像是单个叶实则代表了一些着生状况不明的植物碎片。另一类有三个种, 像 *Czekanowskia* 那样, 它们的叶是保存在脱落的短枝上的。他们认为是 "单个叶" 保存还是簇状连生在脱落短枝上的叶是区别 Ginkgoales 和 Czekanowiales 的唯一特征。他们主张将 Florin (1936) 归入 *Sphenobaiera* 属的 *Baiera paucipartita* Nathorst (1886), *Baiera amalloidea* Harris (1935) (为前者异名) 及 *Baiera leptophylla* Harris (1935) 改归于他们 (Harris et al., 1974) 创立的属于 Czekanowiales 目的新属 *Sphenarion* Harris et Miller 之中, 命名为 *Sphenarion paucipartita* (Nathorst) Harris et Miller 和 *Sphenarion leptophylla* (Harris) Harris et Miller。Florin (1936) 所创立法兰士·约瑟夫地下白垩统的 *Sphenobaiera hormiana* Florin 一种, 无法证实叶是 "单个叶" 还是着生在脱落短枝上的, 但叶基具有单根叶脉, 而不是银杏目植物特有的双维管束, 因而被改归于 *Czekanowskia* 属 (Krassilov, 1970; Harris et al., 1974)。Samylina 和 Kiritchkova (1991) 对广义的 *Czekanowskia* 属 (包括 *Solenites*、*Hartzia* 和 *Sphenarion* 等属) 做了详细研究, 根据叶角质层结构及气孔器分布等划分出三个亚属。叶两面气孔型且气孔器在上下角质层均纵向排列成条带状的为 *Czekanowskia* 亚属; 叶两面气孔型, 但气孔器只在下角质层作纵向排列成条带状的为 *Harrisella* 亚属; 叶下生气孔型的为 *Vachrameevia* 亚属; 角质层构造不明或气孔器分布不明的笼统归于 *Czekanowskia* 属之内。并将 Florin (1936) 原初厘定为 *Sphenobaiera* 属的, 以及 Harris 和 Miller (Harris et al., 1974) 归于 *Sphenarion* 属中的一些有关种也分别按照角质层特征归入到 *Czekanowskia* 属的三个亚属之中。归于 *Czekanowskia* 亚属的有: *Czekanowskia leptophylla* (Harris) Kiritchkova et Samylina、*Czekanowskia nuiriae* (Harris et Miller) Kiritchkova et Samylina 及 *Czekanowskia spetsbergensis* (Florin) Kiritchkova et Samylina; 归于 *Vachrameevia* 亚属的有: *Czekanowskia* *paucipartita* (Nathorst) Kiritchkova et Samylina 等。原先定名为 *Sphenobaiera flabellata* Vasilevskaya(Vassilevskaya & Pavlov, 1963)的勒拿河下游下白垩统标本,Harris 和 Miller(1974)认为也属于 *Sphenarion*,而 Samylina 和 Kiritchkova(1991)把它笼统归于 *Czekanowskia* 属,定名为 *Czekanowskia flabellata* (Vassilevskaya) Kiritchkova et Samylina。本书赞同把原先归于楔拜拉属中的像 *Sphenobaiera spectabilis* 一样为"单个叶"的种归于银杏目(Ginkgoales),而像 *Czekanowskia* 那样叶簇状着生于脱落的短枝上的种归于 Czekanowskiales,即把定名为 *Sphenobaiera leptophylla* (Harris) Florin 的中国陕西府谷殿儿湾下侏罗统富县组标本(黄枝高、周惠琴,1980)和定名为 *Sphenobaiera paucipartita* (Nathorst) Florin 的中国辽宁北票中侏罗统蓝旗组标本(张武等,1980)从 *Sphenobaiera* 属中划分出去,归于 Czekanowiales。至于归入 *Sphenarion* 抑或 *Czekanowskia* 属将另作阐述和讨论。

楔拜拉属的另一个重要特征是叶没有明显叶柄,叶片常成较狭的楔形分裂形式和 *Baiera* 相似,但叶脉密度和 *Ginkgoites* 属相似。自 Florin(1936)建立本属后,以往归于 *Baiera* 和 *Ginkgoites* 的晚古生代植物几乎都改归于本属,真正的 *Baiera* 和 *Ginkgoites* 似未出现于晚三叠世之前(斯行健、李星学等,1963),有关最新的研究情况见本书页 19。

从叶的形状、裂片大小、分裂形式,特别是具有短枝等特征来看,定名为 *Sphenobaiera setacea* Zhang 的辽宁凌源上三叠统老虎沟组的标本(张武,1982,页 189,图版 1,图 15–17)显然不是 *Sphenobaiera* 属的成员,可能与 *Czekanowskia* 属的关系更密切。

定名为 *Sphenobaiera bifurcata* Hsü et Chen(徐仁等,1974)的四川永仁上三叠统大荞地组标本,其叶作羽状分裂,显然与本属叶的特征不同。原作者已改定为 *Stenopteris bifurcata* (Hsü et Chen) Hsü et Chen(徐仁等,1979)。

本属在中国十分常见,从古生代的晚二叠世早期至中生代的早白垩世都有分布,据不完全统计,已报道的种名约有 48 个(不包括未定种),二百多个记录。其中有的种现已被改归于其他属中。根据中国标本建立的种有些是同名,有些是异名等不合法的名称。现把本书采纳的种记述如下。

分布和时代　全球,晚二叠世早期至早白垩世。

阿勃希里克楔拜拉 *Sphenobaiera abschirica* Brick ex Genkina

图 159

1966. *Sphenobaiera abschirica* Brick (MS):Genkina, p. 99;pl. 47, figs. 5–8.
1993. *Sphenobaiera abschirica* Brick ex Genkina:米家榕等,页 129;图版 34,图 3,12;插图 33。

特征　叶较小,狭楔形,无明显叶柄,长 70 mm,顶部最宽达 25–30 mm,向基部渐狭缩;基部末端宽不足 1 mm。叶片分裂两次,形成 4 枚最后裂片,最后裂片长 22–25 mm、宽 1.5–2.5 mm,顶端钝尖。叶脉自基部伸出,二歧分叉数次,达于最后裂片顶端,每个最后裂片中约有脉 5 条。(据米家榕等,1993)

模式标本产地与层位　南费尔干纳,侏罗系。

图 159　阿勃希里克楔拜拉 *Sphenobaiera abschirica* Brick ex Genkina

吉林双阳八面石煤矿南井，上三叠统小蜂蜜顶子组上段 Upper Member of Upper Triassic Xiaofengmidingzi Formation
（CESJU：A, B. SHb402, SHb403；米家榕等，1993）

图 160　尖基楔拜拉 *Sphenobaiera acubasis* Chen

湖北荆门凉风垭，下侏罗统桐竹园组 Lower Jurassic
Tongzhuyuan Formation, Liangfengya of Jingmen, Hubei
（HBRGS：EP633；陈公信，1984）

注　当前标本叶的形状、大小及作一次分裂等特征与描述为 *Sphenobaiera abschirica* Brick (MS)（Genkina, 1966）的南费尔干纳侏罗系模式标本基本一致。本种外形与 *Sphenobaiera crassinervis* Sze 也有相似之处，但后者的叶和裂片较大，每个裂片所含叶脉较多，约是本种两倍。

产地和层位　吉林双阳八面石煤矿南井，上三叠统小蜂蜜顶子组上段。

尖基楔拜拉 *Sphenobaiera acubasis* Chen

图 160

1984. *Sphenobaiera acubasis* Chen：陈公信，页 605；图版 244，图 1a；图版 252，图 5a，5b。
2014. *Sphenobaiera acubasis*：Yang et al., p. 267.

特征　叶楔形，不具明显叶柄，基部较尖。叶片分裂成两个几乎相等的披针形裂片。裂片长 85 mm，中部最宽处约 14 mm，向两端渐渐狭缩，顶端钝圆，基部甚尖，分裂角度很小，在 10° 以内，而深度直达叶片基部。叶脉 2 条，从基部伸出，在基部附近分叉数次，以后不再分叉，并彼此平行伸展，至顶端聚敛。每裂片中上部含叶脉 12–14 条。叶脉较疏松，每两条叶脉之间具有断续间细脉（或纵纹）2–4 条。（据陈公信，1984 特征整理修饰）

注　本种叶作一次分裂与 *Sphenobaiera huangii* (Sze) Hsü（见页 262）相似，但后者叶基较宽，分裂较浅，裂片带状，无间细脉等易于区分。本种叶片大小、形状及叶作一次分裂等与 *Sphenobaiera crispifolia* Zheng（张武等，1980；见页 254）十分相似，但后者叶片分裂较浅，达叶片的 1/2 处，叶脉较密，在裂片最宽处含叶脉 26–28 条，并具有纵向褶皱等可作区分。

此种发表时未指定模式标本。

产地和层位　湖北荆门凉风垭，下侏罗统桐竹园组。

狭叶楔拜拉比较种 *Sphenobaiera* cf. *angustifolia* (Heer) Florin
图 161

1986. *Sphenobaiera angustifolia* (Heer) Florin：
　　张川波，图版 1，图 1。

注　定名为 *Sphenobaiera angustifolia* (Heer) Florin 的中国标本有两个记录。内蒙古包头石拐沟中侏罗统召沟组的标本（张志诚等，1976），其叶片是着生在短枝上的，显然不是本种的成员。吉林延吉下白垩统铜佛寺组的标本（张川波，1986），原文未作描述，仅有一个保存不完整的叶片。从叶和裂片形状、大小等看它与勒拿河流域下白垩统 *Sphenobaiera angustifolia* (Heer) Florin 的模式标本（Florin, 1936；Heer, 1878）可比较，但叶脉等特征在图片上看不清，故改定为 *Sphenobaiera* cf. *angustifolia* (Heer) Florin。

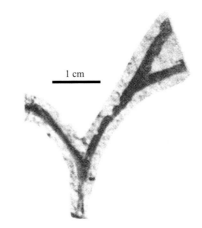

图 161　狭叶楔拜拉比较种
Sphenobaiera cf. *angustifolia* (Heer) Florin
吉林延吉铜佛寺，下白垩统铜佛寺组 Lower Cretaceous
Tongfosi Formation, Tongfosi of Yanji, Jilin（CESJU:
Tf012；张川波，1986）

产地和层位　吉林延吉铜佛寺，下白垩统铜佛寺组。

北票楔拜拉 *Sphenobaiera beipiaoensis* Mi, Sun, Sun, Cui et Ai ex Yang, Wu et Zhou
图 162

1996. *Sphenobaiera beipiaoensis* Mi, Sun, Sun, Cui et Ai：米家榕等，页 125；图版 28，图 1–4；插图 16。

2014. *Sphenobaiera beipiaoensis* Mi, Sun, Sun, Cui et Ai ex Yang, Wu et Zhou, p. 270.

特征 叶楔形，不具明显叶柄。叶大，全长 100 mm 以上；叶片先深裂为两个近于相等的带状裂片，后在顶部再各自分裂一次，最后形成 4 枚裂片，两次分裂的角度均小于 20°。末次裂片长 30 mm、宽 7–10 mm。叶脉细密，12–15 条/cm。

角质层中等厚度，上、下角质层近于等厚，约 2 μm。上表皮细胞多呈等轴状或多边形，垂周壁直，每一细胞中央具一明显的乳头状突起；脉路带细胞略伸长，较窄，纵向排列。下角质层脉路带和气孔带明显。脉路带宽 100–150 μm，其上的细胞狭长，纵向排列，侧壁明显加厚；气孔带宽为脉路的 3–4 倍，细胞多边形，垂周壁不明显，中心具乳头状突起；气孔器圆形或椭圆形，保卫细胞下陷，副卫细胞 5–7 枚，强烈加厚，乳突覆盖于保卫细胞之上，形成不连续的环状；气孔器纵向排列成 3–5 行，或不规则分布。（据米家榕等，1996 特征及描述整理）

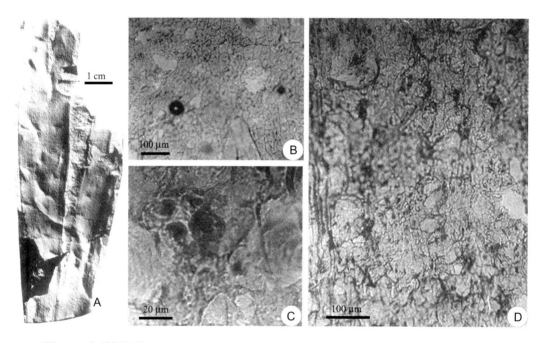

图 162　北票楔拜拉 *Sphenobaiera beipiaoensis* Mi, Sun, Sun, Cui et Ai ex Yang, Wu et Zhou

辽宁北票台吉二井、冠山二井，下侏罗统北票组下段 Lower Member of Lower Jurassic Beipiao (Peipiao) Formation, wells from Taiji and Guanshan of Beipiao, Liaoning。A. 叶，正模 Leaf, Holotype；B. 上角质层 Upper cuticle；C. 气孔器 Stomatal apparatus；D. 下角质层 Lower cuticle（CESJU：BL-5001；米家榕等，1996）

注 本种叶片分裂两次以及裂片带状和与四川会理上三叠统白果湾组 *Sphenobaiera lobifolia* Yang（杨贤河，1978；见本书页 270）相似，但后者叶第一次是深裂，第二次是浅裂，形成的最后裂片长仅约 10 mm，而本种叶的两次分裂均为深裂，末次裂片长达 30 mm 以上。

产地和层位 辽宁北票台吉二井、冠山二井，下侏罗统北票组下段。

双裂楔拜拉 *Sphenobaiera biloba* Prynada, 1938 (non *Sphenobaiera biloba* Feng, 1977)

图 163，图 164

1938. *Sphenobaiera biloba* Prynada, p. 47；pl. 5, fig. 1.

1988. *Sphenobaiera biloba*：陈芬等，页 69；图版 42，图 3–6；图版 43，图 1，2。

1995. *Sphenobaiera biloba*：邓胜徽，页 55；图版 24，图 4。

1997. *Sphenobaiera biloba*：邓胜徽等，页 44；图版 22，图 7，8；图版 25，图 6；图版 26，图 5，6。

特征 叶大，呈窄楔形，基角 10° 左右，长 17 cm，无明显叶柄，基部宽 3–4 mm，只分裂一次，深裂至离基部 3.5 cm 左右。两个最后裂片呈线形，裂片中上部最宽，达 1.3 cm，向两端微收缩，顶端截形或微内缺。叶脉明显，近基部分叉三次，相互平行，密度为 20 条/cm 左右。

叶两面气孔型。上角质层较厚，表皮细胞三边形到六边形，脉路不明显，由几行排列较规则的伸长或不伸长的细胞组成，脉间区细胞等径。细胞表壁具不甚明显的乳头状突起，垂周壁直，较宽厚，一般宽 3 μm，个别细胞垂周壁加厚，厚达 7 μm 以上；气孔器数量很少，分布也不均匀，叶缘处较多。孔口方向平行于裂片边缘。下角质层薄，细胞明显伸长，垂周壁加厚，形成条带状；表壁不具角质增厚。气孔器分布于脉间区，数量不多，不成行，孔口方向平行于裂片边缘。气孔器单唇型，单环式，在上表皮呈圆形，在下表皮明显伸长。保卫细胞微下陷，副卫细胞 8 个左右，近孔口一侧稍加厚。一般不形成乳头状突起；上表皮有的副卫细胞内侧角质增厚，形成乳头状突起，部分覆盖保卫细胞。（据陈芬等，1988）

模式标本产地和层位 俄罗斯科累马河流域，下白垩统。

注 当前标本外形与 *Sphenobaiera biloba* Prynada（Prynada, 1938）的俄罗斯

图 163 双裂楔拜拉 *Sphenobaiera biloba* Prynada

辽宁阜新，下白垩统阜新组 Lower Cretaceous Fuxin Formation, Fuxin, Liaoning（CUGB：Fx188；陈芬等，1988）

科累马河流域下白垩统模式标本基本一致。叶角质构造则和兹良卡盆地所产的同种标本（Samylina, 1967a）相似。但兹良卡盆地的标本仅获得上角质层，未见气孔器。当前标本上角质层的气孔也很稀少，而且分布很不均匀，因此它们之间没有明显区别，可把它们作为同种对待。本种叶的外形与 *Sphenobaiera pulchella* (Heer) Florin（见页 284）也有相似之处，但该种叶片小，叶脉简单，脉间具间细脉等与本种不同。

产地和层位 辽宁阜新，下白垩统阜新组。内蒙古霍林郭勒，下白垩统霍林河组；扎赉诺尔，下白垩统伊敏组。

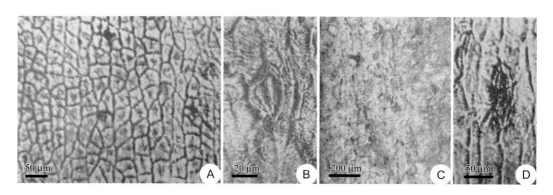

图 164 双裂楔拜拉 Cuticles of *Sphenobaiera biloba* Prynada

角质层，自图 163 标本 Cuticles from specimen in fig. 163。A. 上表皮 Upper cuticle；B. 上表皮气孔器 Stoma of upper cuticle；C. 下表皮 Lower cuticle；D. 下表皮气孔器 Stoma of lower cuticle

图 165 波氏楔拜拉

Sphenobaiera boeggildiana (Harris) Florin

河北承德，下侏罗统甲山组 Lower Jurassic Jiashan Formation, Chengde of Hebei（NIGPAS: P0148；王自强，1984）

波氏楔拜拉 *Sphenobaiera boeggildiana* (Harris) Florin

图 165，图 166

1935. *Baiera boeggildiana* Harris, p. 28；pl. 4, figs. 2, 8.

1936. *Sphenobaiera boeggildiana* (Harris) Florin, p. 108.

1984. *Sphenobaiera boeggildiana*：王自强，页 277；图版 131，图 10；图版 167，图 3–5；图版 168，图 9–11。

特征 叶着生在 3 mm 粗的枝上。叶痕半圆形，宽 1.5 mm。叶一般长 3–4 cm、宽 0.6–1.2 cm，基部渐狭，顶端常分裂成两个圆的裂片。不存在明显的叶柄，叶片边缘下部加厚。间细脉不存在，圆形树脂体见于叶脉之间。

角质层相当厚；上角质层较下角质层

厚，气孔器稀少或缺失，其表皮细胞等轴形或横向伸长，细胞轮廓清楚，细胞壁直，具有不规则加厚，中央乳突不存在。细胞形状沿叶脉没有改变。下角质层脉路之间的条带内有许多气孔器，但沿脉路仅偶有气孔器。细胞轮廓显著，细胞壁略有齿状加厚（较上角质层弱）。在某些标本上绝大多数细胞具有显著的中央乳突，在其他标本中乳突较小，而且限于某些细胞。多数气孔器纵向排列，由一圈副卫细胞环绕。极副卫细胞通常不突出，侧副卫细胞均略加厚，临近气孔加厚强烈。侧副卫细胞通常具有突出在气孔口上的乳突。保卫细胞位于椭圆形窝口的底部，表面轻度角质增厚，孔口长 13 μm。副卫细胞表面通常有一细片条（strip），可能代表乳突的基部。侧副卫细胞对侧常有不特化的周围细胞。（据 Harris, 1935 特征）

模式标本产地和层位 东格陵兰 Scoresby Sound，上三叠统 *Lepidopteris* 层。

注 在上述特征中，Harris（1935）没有提到叶脉的特点，但在其插图 14A，B 中明显显示出叶基部有两条叶脉，并在基部多次二歧分叉；在讨论中也谈到此种的叶脉与 *Eretmophyllum* 相同（即叶脉在基部多次二歧分叉，向上平行伸展，至顶端略聚敛等）。本种外形与 *Ginkgodium nathorstii* Yokoyama 相似，但后者叶片具有叶柄，叶脉不分叉等与本种不同，而且后者角质层构造至今尚不清楚。

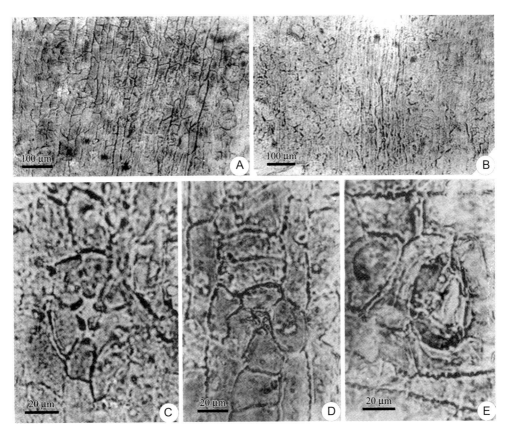

图 166　波氏楔拜拉的角质层 Cuticles of *Sphenobaiera boeggildiana* (Harris) Florin

A. 上角质层 Upper cuticle；B. 下角质层 Lower cuticle；C, D. 气孔器 Stomatal apparatus；E. 毛基（左）A trichome on the left（均自图 165 标本 All from specimen in fig. 165）

我国归入此种的标本仅有一个记录，标本少而保存欠佳，叶片形态都不很清楚。河北发现的标本保存着角质层，其构造与模式标本略有不同，即其上表皮细胞伸长，而模式标本为等轴或横向伸长；另外表皮细胞乳突较少，不过模式标本的乳突在不同样品上的发育多寡也是有所不同的。另有一比较属种如下。

Cf. *Sphenobaiera boeggildiana*：叶美娜等，1986，页 69；图版 47，图 3。四川达州雷音铺，下侏罗统珍珠冲组。

产地和层位 河北承德，下侏罗统甲山组。

图 167 科尔奇楔拜拉比较种
Sphenobaiera cf. *colchica* (Prynada) Delle
辽宁朝阳，中侏罗统海房沟组 Middle Jurassic Haifanggou Formation, Chaoyang, Liaoning（SYIGM: SG110146；张武、郑少林，1987）

科尔奇楔拜拉比较种 *Sphenobaiera* cf. *colchica* (Prynada) Delle
图 167

1987. *Sphenobaiera colchica* (Prynada) Delle：张武、郑少林，页 305；图版 29，图 2。

注 原文仅有一张图片，未作描述，但指出每个裂片中所含叶脉多于格鲁吉亚中侏罗统的此种模式标本（Prynada, 1933；Delle, 1959）。故对此种鉴定应有所保留，现改定为 *Sphenobaiera* cf. *colchica* (Prynada) Delle。

产地和层位 辽宁朝阳良图沟、拉马沟，中侏罗统海房沟组。

粗脉楔拜拉 *Sphenobaiera crassinervis* Sze
图 168

1956a. *Sphenobaiera crassinervis* Sze：斯行健，页 52，158；图版 9，图 5，5a。
1963. *Sphenobaiera crassinervis*：斯行健、李星学等，页 241；图版 83，图 3，3a。
1981. *Sphenobaiera crassinervis*：周惠琴，图版 2，图 6。
1983. *Sphenobaiera crassinervis*：何元良，页 189；图版 29，图 7。

特征 叶长楔形，体积可能很大，标本仅保存一次分裂；裂片亦呈长楔形，彼此交成一锐角；裂片长度不明，保存的最宽处为 1.5 cm，裂片上部未保存，顶部是否继续分裂尚不清楚。叶基宽约 5 mm，与裂片基部几乎等宽，叶基的保存长度约 4.5 cm。叶脉颇粗，数次分叉，密度为 11–12 条/cm。（据斯行健，1956a；斯行健、李星学等，1963 特征）

注 斯行健创立此种时仅有一块保存不全的标本，有些特征尚不清楚。我国青海南祁连东部（何元良，1983），辽宁北票羊草沟（周惠琴，1981）及内蒙古准格尔旗（张志诚等，1976；黄枝高、周惠琴，1980）上三叠统或中三叠统地层中也有此种的同种或相似种报道，但多数标本保存不好。目前只有辽宁北票羊草沟的标本保存较好，可给本种的特征做些补充。可惜原作者只有图版，未作描述。从图像（周惠琴，1981，图版 2，图 6）上看，辽宁标本叶长楔形，长至少 12 cm，最宽处接近顶部，宽可达 6 cm，自最宽处向下

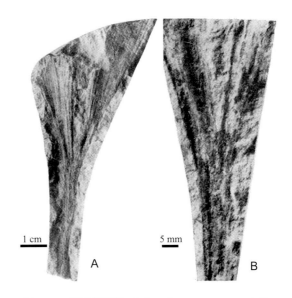

图 168　粗脉楔拜拉 *Sphenobaiera crassinervis* Sze

陕西黄龙，上三叠统延长组 Upper Triassic Yanchang (Yenchang) Formation, Huanglong, Shaanxi。A. 正模 Holotype；B. 图 A 叶子的基部放大 Enlarged from the basal part of lamina in fig. A（NIGPAS：PB2468；斯行健，1956a）

逐渐狭缩，叶基宽约 4 mm，叶基角约 30°。叶片作两次深裂，分裂成 4 个近于披针形的裂片，分裂角较窄，第一次分裂深达 10 cm，第二次分裂深达 7–8 cm；裂片长 7–8 cm 或更长，中、上部宽 12–14 mm；叶脉粗壮，近基部分叉，平行伸展，每个裂片约有叶脉 10–12 条。

本种叶和裂片的形状、大小与美国弗吉尼亚州同时代的 *Sphenobaiera multifida* (Fontaine) Florin（Fontaine, 1883）可作比较，但后者叶片分裂的次数较多（可达 5 次），裂片多，叶基也较宽，易与本种相区别。

比较种列举如下。

Sphenobaiera cf. *crassinervis* Sze：周惠琴见：张志诚等，1976，页 210；图版 116，
　　图 6。内蒙古准格尔旗五字湾，中三叠统二马营组。

Sphenobaiera cf. *crassinervis* Sze：黄枝高、周惠琴，1980，页 102；图版 4，图 5。
　　内蒙古准格尔旗五字湾，中三叠统二马营组上部。

产地和层位 陕西黄龙，上三叠统延长组（模式标本）；辽宁北票羊草沟，上三叠统羊草沟组；青海南祁连东部，上三叠统默勒群尕勒得寺组。

白垩楔拜拉比较种 *Sphenobaiera* cf. *cretosa* (Schenk) Florin

图 169

1989. *Sphenobaiera* cf. *cretosa* (Schenk) Florin：郑少林、张武，图版 1，图 16。

注　原文未作描述，仅有一张图片。叶和裂片形状、大小及叶作一次分裂情况与法国下白垩统模式标本 *Sphenobaiera cretosa* (Schenk) Florin（Schenk, 1871; Florin, 1936）近似，但保存不全，叶脉等特征不明，不能做进一步比较。

产地和层位　辽宁新宾苏子河盆地，下白垩统聂尔库组。

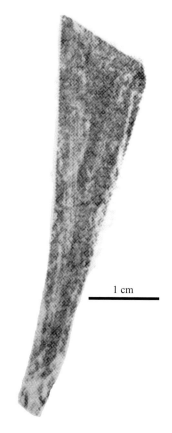

1 cm

图 169　白垩楔拜拉比较种 *Sphenobaiera* cf. *cretosa* (Schenk) Florin

辽宁新宾苏子河盆地，下白垩统聂尔库组 Lower Cretaceous Nie'erku Formation, Suzihe Basin of Xinbin, Liaoning
（SYIGM：LN-16；郑少林、张武，1989）

皱叶楔拜拉 *Sphenobaiera crispifolia* Zheng

图 170

1980. *Sphenobaiera crispifolia* Zheng：张武等，页 287；图版 146，图 6–7（不合格发表名称）。
2014. *Sphenobaiera crispifolia* Zheng：Yang et al., p. 267.

特征　叶窄楔形，无明显叶柄，长 14.5 cm，上部最宽，达 5 cm，向下逐渐变窄；叶片以窄角分裂成不对称的长舌形裂片，裂缺达叶片 1/2 处；裂片最宽处约 2 cm，顶端钝圆。叶脉粗而密，具间细脉，在裂片最宽处有叶脉 26–28 条；裂片中具纵向褶皱 4–5 条。（据张武等，1980 特征）

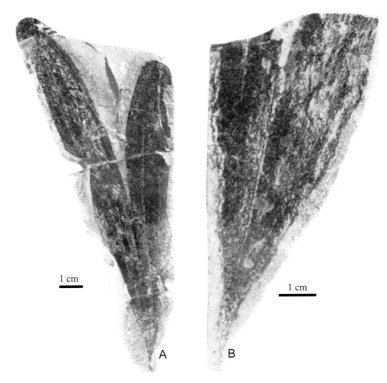

图 170　皱叶楔拜拉 *Sphenobaiera crispifolia* Zheng

辽宁北票,下侏罗统北票组 Lower Jurassic Beipiao (Peipiao) Formation, Beipiao of Liaoning（SYIGM：A, B. D474, D473；张武等，1980）

注　本种叶的形状、大小，特别是叶片作一次分裂等与 *Sphenobaiera biloba* Prynada（1938）颇可比较。后一种在我国东北下白垩统也有较多的发现（见页 249）。它的叶分裂为两个近线形的裂片，其顶端截形，所含叶脉较少，每个裂片中部有脉 20 条等可以区别。本种叶的外形与湖北秭归下侏罗统香溪组 *Sphenobaiera huangii* (Sze) Hsü（见页 262）也有相似之处。后者的两个裂片呈带状，近于对称，叶脉较稀，裂片中部仅有叶脉 12–21 条，无间细脉，无纵向褶皱等可与本种区分。

此种发表时未指定模式标本。

产地和层位　辽宁北票，下侏罗统北票组。

宽基楔拜拉 *Sphenobaiera eurybasis* Sze

图 171

1959. *Sphenobaiera eurybasis* Sze：斯行健，页 12，28；图版 6，图 8；插图 3。
1963. *Sphenobaiera eurybasis*：斯行健、李星学等，页 241；图版 83，图 4, 4a。
1979. *Sphenobaiera eurybasis*：何元良等，页 151；图版 74，图 3。

特征　叶保存不全，长楔形，长达 7 cm、宽达 2 cm，渐渐向下狭缩。叶基很宽，约7 mm。叶片深裂 2–3 次，多数成为狭而细直的线形裂片；裂片侧缘平行，所有裂片宽度颇相一致，约 2 mm，裂片与裂片间的交角很小，约为 10°或小于 10°。叶脉不明显。（据斯行健，1959；斯行健、李星学等，1963 特征）

图 171　宽基楔拜拉 *Sphenobaiera eurybasis* Sze

青海大柴旦鱼卡，下-中侏罗统，正模 Lower and Middle Jurassic, Yuqia of Da Qaidam, Qinghai, Holotype（NIGPAS：PB2675；斯行健，1959）

　　注　本种标本虽然保存不全，但叶基很宽，叶为长楔形，裂片狭细，无疑应属于楔拜拉属。本种叶片深裂成狭细的裂片，裂片的分裂角很小，约为 10°或小于 10°等特征可与英国约克郡的 *Sphenobaiera pecten* Harris（Harris, 1945；Harris et al., 1974）作比较。后者在我国吉林洮南万宝五井中侏罗统万宝组也有报道（见页 283），其叶片展开的幅度较大，可分裂 5–6 次，裂片更多、更细，有的甚至为细线形。

　　产地和层位　青海大柴旦鱼卡，中侏罗统大煤沟组（模式标本）。

冯氏楔拜拉 *Sphenobaiera fengii* Wu et Wang

图 172

1977a. *Sphenobaiera biloba* Feng：冯少南等，页 668；图版 250，图 1。

1982. *Sphenobaiera biloba*：程丽珠，页 518；图版 332，图 6。

2007. *Sphenobaiera fengii* Wu et Wang：Wu et al., p. 881.

特征　叶不具明显的叶柄，狭扇形，分裂为两个相等裂片，基角为 30°。裂片舌形，最宽处近顶部，达 15 mm，长 50 mm 左右，往基部逐渐狭窄；裂缺深达叶长度的 1/2。叶脉很密，20 条/cm。（据冯少南等，1977a 特征）

注　冯少南等（1977a）发表的 *Sphenobaiera biloba* Feng 一种名是 *Sphenobaiera biloba* Prynada（Prynada, 1938, p. 47, pl. 5, fig. 1）的晚出同名，吴向午等（Wu et al., 2007）把它修订为 *Sphenobaiera fengii* Wu et Wang。

本种叶片外形和内蒙古准格尔旗早二叠世晚期 *Sphenobaiera? spirata* Sze ex Gu et Zhi（中国科学院南京地质古生物研究所、植物研究所《中国古生代植物》编

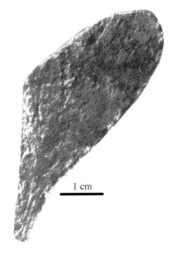

图 172　冯氏楔拜拉 *Sphenobaiera fengii* Wu et Wang
湖南新化马鞍山，上二叠统龙潭组，正模 Upper Permian Longtan (Lungtan) Formation, Ma'anshan of Xinhua, Hunan, Holotype（YCIGM: P25141；冯少南等，1977b）

写小组，1974；见本书页 296）相似。但后者叶已知是螺旋状着生于长枝上的，最宽处接近顶端，其裂片顶端钝圆，而本种叶最宽处在中、上部，裂片顶端舌形，似不相同。本种叶片分裂一次与中生代的 *Sphenobaiera biloba* Prynada（1938）（见本书页 249）有些相似，但后者叶片较长，裂片为桨状，长可达 13 cm，基角和分裂角较小。

产地和层位　湖南新化马鞍山，上二叠统龙潭组（模式标本）。

福建楔拜拉 *Sphenobaiera fujianensis* Cao, Liang et Ma
图 173

1995. *Sphenobaiera fujianensis* Cao, Liang et Ma：曹正尧等，页 8，16；图版 3，图 6，7。

2014. *Sphenobaiera fujianensis*：Yang et al., p. 267.

特征　叶宽楔形，基部收缩呈柄状，最宽处接近顶部，宽至少 7.5 cm，长 10 cm 以上。先中央深裂至基部而分成两半，然后每一半以极小的角度连续分裂 3 次。末级裂片线形，其宽约 3.5 mm，裂片顶端未保存。叶脉明显，每个末次裂片含叶脉 4 条左右，叶脉彼此平行。（据曹正尧等，1995 特征稍作整理）

注　本种叶的形状，作 4 次分裂和末次裂片形状、大小以及含叶脉 4 条等特征与定名为 *Sphenobaiera longifolia* (Pomel) Florin（Harris et al., 1974）的英国约克郡标本颇为相似。后一种在我国也有较多的发现（见后）。当前标本角质层构造未明，就叶的外形而言，英国种的叶分裂角较大，末次裂片大小及排列等不如福建标本整齐。

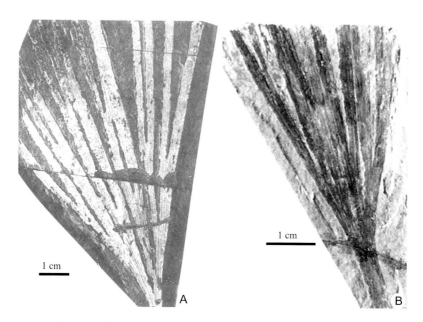

图 173　福建楔拜拉 *Sphenobaiera fujianensis* Cao, Liang et Ma

福建政和，下白垩统南园组 Lower Cretaceous Nanyuan Formation, Zhenghe of Fujian　（NIGPAS：A, B. PB16843,
PB16844；曹正尧等，1995）

此种发表时未指定模式标本。

产地和层位　福建政和，下白垩统南园组。

?叉状楔拜拉　?*Sphenobaiera furcata* (Heer) Florin

图 174

1956a. ?*Sphenobaiera furcata* (Heer) Florin：斯行健，页 53，159；图版 47，图 6，6a，6b。
1963. ?*Sphenobaiera furcata*：斯行健、李星学等，页 242；图版 84，图 1；图版 85，图 6。
1982. ?*Sphenobaiera furcata*：张武，页 189；图版 2，图 1，1a。

描述　标本保存不佳。叶部至少两次分裂，裂片细线形，似乎没有叶柄。表皮细胞保存也不佳，呈长方形或多角形，细胞壁直。气孔器详细构造不明，乳头突起未见。（斯行健、李星学等，1963）

模式标本产地和层位　瑞士 Basel，上三叠统中部 Keuper 层。

注　根据叶的分裂状态和裂片的形状、大小以及表皮构造等，标本可以和瑞士上三叠统所产的 *Sphenobaiera furcata* (Heer) Florin（1936）相比较，但当前标本保存不好，不能作出确切鉴定。

产地和层位　山西兴县李家凹，上三叠统延长组下部；辽宁凌源，上三叠统老虎沟组。

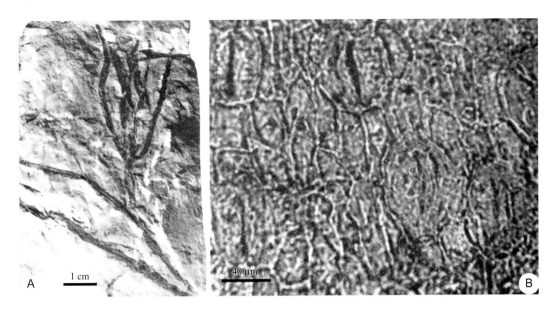

图 174　?叉状楔拜拉　?*Sphenobaiera furcata* (Heer) Florin

山西兴县李家凹，上三叠统延长组下部 Lower part of the Upper Triassic Yanchang (Yenchang) Formation, Lijia'ao of Xingxian, Shanxi。A. 叶 Leaves；B. 表皮角质层及气孔 Cuticle and stomata（NIGPAS：A. PB2469；B. PB2470；斯行健，1956a）

银杏状楔拜拉 *Sphenobaiera ginkgoides* Li
图 175

1988. *Sphenobaiera ginkgooides* Li：李佩娟等，页 100；图版 66，图 5；图版 68，图 4；?图版 69，图 5；图版 70，图 6；图版 74，图 4；图版 115，图 1–5；图版 116，图 5，6；图版 117，图 5。

　　特征　叶楔形，宽 2–3 cm，深裂成两枚宽 6–11 mm 的倒卵形的裂片，向基部逐渐收缩呈柄状，基部宽 1.5–2 mm，长 40–55 mm 或更长，顶端钝圆。有的叶再分裂一次成为 4 枚宽约 4–6 mm 的裂片。叶脉清晰，在基部分叉后平行地直伸裂片顶端，密度为 12–13 条/cm，脉距不足 1 mm，顶端叶脉聚集；脉间见有细条纹及可能是树脂体的点痕。

　　叶上角质层厚 2.5 μm，脉路区和脉间区分界明显。脉路由 2–4 行长方形—长多角形细胞组成，宽可达 75 μm（50–60 μm）；脉间区宽 600–850 μm，细胞轮廓清楚，短多角形至等轴形，有时脉路区附近细胞为砖形，紧挨脉的细胞常较伸长，细胞壁明显，垂周壁微微弯曲，均匀或不均匀加厚，连续或断续，表壁平，无特殊加厚。气孔器零星分布，不及下角质层发育。下角质层厚 1.5–2 μm，脉路区细胞伸长，成行；脉间区宽 550–885 μm，细胞多角形至等轴，排列不成行，侧壁略弯曲，加厚，连续或断续。气孔器圆形或椭圆形，分散排列，方位多为纵向，少数横向；保卫细胞下陷，副卫细胞 4–6 个，围绕气孔的一侧相连成环形或不相连，或呈乳头状凸起，偶尔只有侧副卫细胞加厚，有的两侧副卫细胞的侧壁也明显加厚。（据李佩娟等，1988 特征）

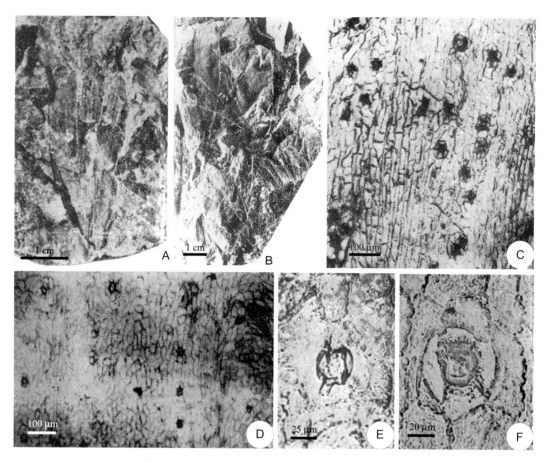

图 175　银杏状楔拜拉 *Sphenobaiera ginkgoides* Li

青海绿草山绿沟，中侏罗统石门沟组 *Nilssonia* 层 Middle Jurassic *Nilssonia* Bed of the Shimengou Formation, Lügou of Lücaoshan, Qinghai。A. 叶 Leaf；B. 叶，正模 Leaves, Holotype；C. 上角质层的脉路和气孔带 Upper cuticle, showing vein courses and stomatal zone；D. 下角质层的脉路和气孔带 Lower cuticle, showing vein courses and stomatal zone；E. 气孔器 Stomatal apparatus；F. 气孔器 Stomatal apparatus（NIGPAS：A. PB13610；B, D, E. PB13558；C. PB13608；F. PB13611；李佩娟等，1988）

　　注　本种叶片呈二裂状时与 *Ginkgodium nathorstii* Yokoyama（见页 142）相似，但后者叶片基部具有明显叶柄，基部两侧边缘加厚，叶脉不分叉等与本种不同。本种叶的外形及角质层构造方面与英国同时代的 *Sphenobaiera gyron* Harris et Millington（Harris et al., 1974）十分相似，但本种叶片为 1–2 次分裂，裂片成 2–4 片，未见全缘叶，表皮细胞垂周壁呈弯曲状，表壁平，无特殊加厚；后者为全缘叶或二裂状叶，垂周壁通常是直的，表壁中央有时加厚或具低的乳突，而且下表皮细胞轮廓不如前者清楚。日本下侏罗统的 *Sphenobaiera nipponica* Kimura et Tsujii（1984）叶片有时一次分裂，与本种有些相似，但前者叶片有时不分裂，其裂片顶端为截形。由于日本种的角质层特征未明，两者不能做进一步比较。

　　产地和层位　青海海西绿草山绿沟，中侏罗统石门沟组 *Nilssonia* 层（模式标本）。

大楔拜拉 *Sphenobaiera grandis* Meng

图 176

1987. *Sphenobaiera grandis* Meng：孟繁松，页 255；图版 36，图 1。

特征 叶大，没有明显叶柄，楔形，长至少 18 cm，最宽 16 cm。叶片先深裂成两半，每半又分裂 1–2 次，最后成 6 枚宽线形或带状裂片，裂片宽 1.2–1.5 cm。叶脉扇状，粗而稀，裂片前端含叶脉 12–15 条，脉间距约 1 mm。（据孟繁松，1987 特征稍作整理）

图 176　大楔拜拉 *Sphenobaiera grandis* Meng

湖北荆门姚河，上三叠统九里岗组 Upper Triassic Jiuligang Formation, Yaohe of Jingmen, Hubei。叶，正模 Leaf, Holotype（YCIGM：P82220；孟繁松，1987）

注 本种叶巨大，分裂 2–3 次，最后裂片 6 枚，宽达 1.2–1.5 cm，叶脉粗而稀，脉间距约 1 mm，可与本属其他已知的种区别。定名为 *Sphenobaiera spectabilis* (Nathorst)

Florin，产自东格陵兰 *Thaumatopteris* 层的某些标本（Harris, 1926, figs. 23A, B；1935, fig. 12）与本种颇为相似，但前者叶脉通常比较细密，不如后者粗壮。

产地和层位 湖北荆门姚河，上三叠统九里岗组（模式标本）。

黄氏楔拜拉 *Sphenobaiera huangii* (Sze) Hsü ex Lee
图 177，图 178

1949. *Baiera huangi* Sze, p. 32；pl. 7, figs. 1–4.
1954. *Sphenobaiera huangi* (Sze) Hsü：斯行健、徐仁，页 62；图版 56，图 2（＝Sze, 1949, pl. 7, fig. 3）（不合格发表名称）。
1963. *Sphenobaiera huangi* (Sze) Hsü：李星学，页 242；图版 84，图 2，3。
1977b. *Sphenobaiera huangi*：冯少南等，页 239；图版 95，图 8。
1978. *Sphenobaiera huangi*：杨贤河，页 530；图版 184，图 9。
1980. *Sphenobaiera huangi*：吴舜卿等，页 112；图版 28，图 1，2；图版 36，图 6；图版 37，图 1–3；图版 38，图 5。
1980. *Sphenobaiera huangi*：黄枝高、周惠琴，页 102；图版 50，图 1–7；图版 51，图 1–8；图版 52，图 1–6；图版 54，图 5–7。
1982. *Sphenobaiera huangi*：刘子进，页 134；图版 70，图 6；图版 73，图 3，4。
1982. *Sphenobaiera huangi*：王国平等，页 277；图版 127，图 10。
1984. *Sphenobaiera huangi*：陈公信，页 605；图版 266，图 1–3，6–8。
1984. *Sphenobaiera huangi*：江苏省地质矿产局，图版 10，图 4。
1987. *Sphenobaiera huangi*：陈晔等，页 124；图版 37，图 5，6。
1989. *Sphenobaiera huangi*：梅美棠等，页 108；图版 58，图 3。
1990. *Sphenobaiera huangi*：郑少林、张武，页 221；图版 5，图 6。
1993. *Sphenobaiera huangi*：王士俊，页 51；图版 21，图 9；图版 43，图 1–5。
1995. *Sphenobaiera huangi*：Wang, pl. 3, fig. 20.
1995. *Sphenobaiera huangi*：曾勇等，页 63；图版 18，图 4a；图版 29，图 5。
1996. *Sphenobaiera huangi*：米家榕等，页 127；图版 27，图 1–3，5–8。
1998. *Sphenobaiera huangi*：张泓等，图版 43，图 8。
2005. *Sphenobaiera huangii*：Wang et al., p. 709；figs. 1–35.
2014. *Sphenobaiera huangii* (Sze) Hsü ex Lee：Yang et al., p. 271.

特征 叶不具明显叶柄，狭扇形或楔形；叶片分裂为两个几乎相等的带状裂片，分裂的角度很狭，约 15°–20°；裂缺深达裂片长度的 1/2–5/6。叶片形体颇有变化，裂片宽 1–2 cm，长约为宽的 4–9 倍。叶脉较稀，每一裂片的中部含有近平行的叶脉 12–21 条，脉间距 0.6–0.8 mm。（据 Sze, 1949；斯行健、徐仁，1954；斯行健、李星学等，1963 特征）

注 徐仁（斯行健、徐仁，1954）在编著《中国标准化石——植物》一书时，将湖北秭归所产定名为 *Baiera huangi* Sze 的标本改归于楔拜拉属并建立此种新组合，所发表的唯一标本是从原始材料中选出的一块比较完整的标本（即 Sze, 1949, pl. 7, fig. 3）。不过，他当时并未据引新组合的基名和标本的出处，属于不合格发表名称。最早出现的此组合的合格名称是由李星学（斯行健、李星学等，1963）发表的（见 Yang et al., 2014）。

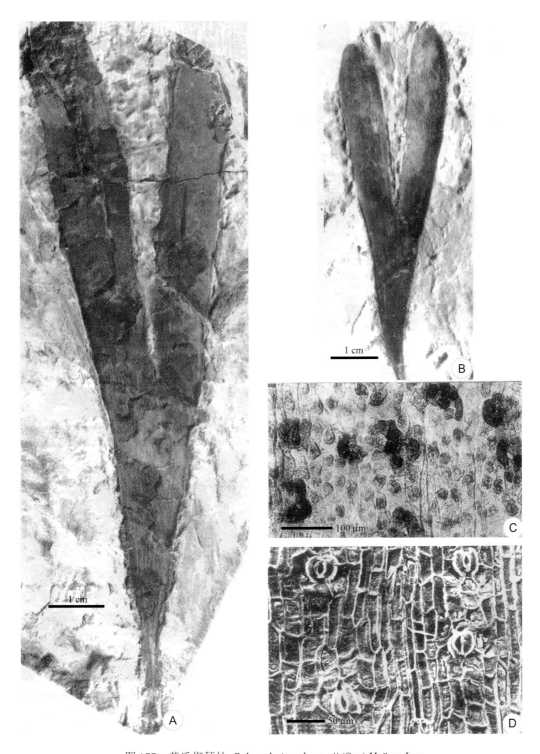

图 177　黄氏楔拜拉 *Sphenobaiera huangii* (Sze) Hsü ex Lee

湖北秭归，下侏罗统香溪组 Lower Jurassic Xiangxi (Hsiangchi) Formation, Zigui of Hubei。A. 已知最大的叶 Largest leaves；B. 已知最小的叶，正模 Smallest leaves, Holotype；C. 下角质层表皮细胞及气孔器 Epidermal cells and stomata of the lower cuticle；D. 下角质层内面观 Inside view of lower cuticle（D. SEM；NIGPAS：A. PB20041；B. PB931；C. PB20065；D. PB20064；Sze, 1949；Wang et al., 2005）

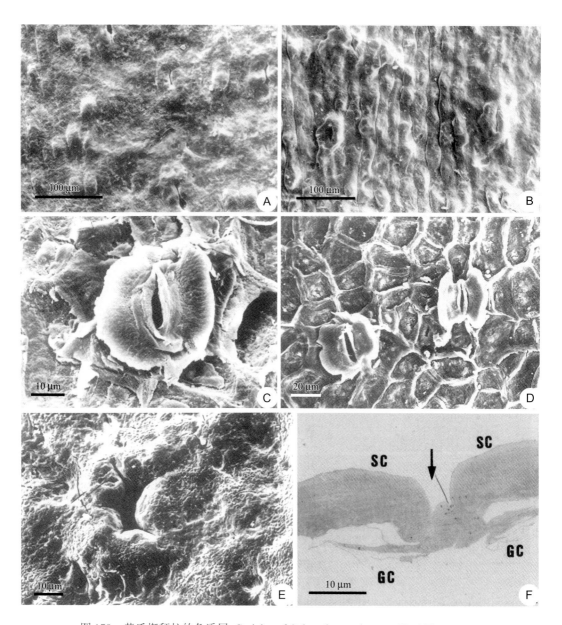

图 178　黄氏楔拜拉的角质层 Cuticles of *Sphenobaiera huangii* (Sze) Hsü ex Lee

湖北秭归，下侏罗统香溪组 Lower Jurassic Xiangxi (Hsiangchi) Formation, Zigui of Hubei。A. 下角质层外面观 Outside view of lower cuticle；B. 上角质层外面观 Outside view of upper cuticle；C. 下角质层气孔内面观 Inside view of a stoma of lower cuticle；D. 上角质层气孔内面观 Inside view of stomata of upper cuticle；E. 上角质层气孔外面观 Outside view of a stoma of upper cuticle；F. 下角质层气孔器（箭头所指）截面 Section of a stomatal apparatus (arrow) of lower cuticle；GC. 保卫细胞 Guard cell；SC. 副卫细胞 Subsidiary cell（A–E. SEM；F. TEM；NIGPAS；A. PB20044；B. PB20045；C, E. PB20064；D, F. PB20041；Wang et al., 2005）

　　国内发现此种的标本较多，保存也较好。据不完全统计，不少于 25 个记录。而且湖北秭归（吴舜卿等，1980；Wang et al., 2005）、陕西府谷（黄枝高、周惠琴，1980）、辽宁北票（米家榕等，1996）、广东乐昌（王士俊，1993）、河南义马（曾勇等，1995）等地的标本都曾进行过角质层的研究，但不同产地的角质层构造略有不同。湖北、陕西和辽宁北票的标本为两面气孔型，而广东和河南标本为下面气孔型；湖北、陕西和河南的标本表皮细胞表壁具有角质加厚或乳头状突起，广东和辽宁北票的标本表皮细胞表壁角质加厚或乳头状突起不明显。与模式标本同产地和同层位的叶角质层构造的研究已有两个记录。两者除了测量数据略不同外（如果计算无误）主要特征基本一致。现据吴舜卿等（1980）和 Wang 等（2005），将湖北秭归所产标本的叶角质层构造的描述整理如下。

叶两面气孔型。上角质层脉路（非气孔带）明显，较宽，脉路细胞长矩形，排列整齐；脉间带较窄，表皮细胞方形、多角形；表皮细胞垂周壁直至微呈波状，表壁有时角质增厚或呈瘤状突起；气孔器单行纵向分布或分散排列，较在下角质层中稀疏，3–9 个/mm^2（吴舜卿等，1980）或 13–18 个/mm^2（Wang et al., 2005），气孔器形态同下角质层。下角质层气孔带和非气孔带明显，非气孔带（或脉路）由 6–10 行纵向伸长的长方形细胞组成；气孔带（脉间）由多行等径多角形至长方形细胞组成；下表皮细胞垂周壁直，比上角质层加厚显著，表壁光滑，每个细胞具有显著乳突，并较上角质层发育；下角质层的气孔器较密，11–17 个/mm^2（吴舜卿等，1980）或 20–48 个/mm^2（Wang et al., 2005），成纵行分布于脉间，孔缝纵向或偶不规则，保卫细胞下陷，极部裸露并在副卫细胞之下，临近孔口表壁加厚，保卫细胞内壁通常有从孔口放射伸出的细纹；副卫细胞 5–7 个，表壁具有角质加厚或乳头状突起，有时覆盖于气孔窝口之上，大多数副卫细胞特别在其边缘增厚，并相互连接形成环绕气孔窝口的复杂的连接环。

黄氏楔拜拉各种细胞的角质层超微结构大致相同，都是由真角质层 A 和角质化层 B 两层构成。外层 A 是均质的，成分全为直径约 5 nm 的圆形颗粒。内层 B 是异质的，主要为大致横向延伸的短和波状弯曲的纤维，其间所夹杂的颗粒物，在形态和大小上都和 A 层的相同。

在外形和叶脉密度方面，本种与 *Sphenobaiera pulchella* (Heer) Florin（见页 284）可作比较，但后者叶较小，间细脉很明显等与本种不同。*Sphenobaiera huangi* (Sze) Krassilov［1972, p. 42, pl. 10, figs. 1–7, pl. 11, fig. 1, text-fig. 63；non Hsü 1954 ex Lee, 1963（斯行健、李星学等，1963）］显然是未查阅中国文献而造成的晚出等同名（isonym）（Yang et al., 2014）。俄罗斯远东所产的这些"同名"化石以及国内模式标本产地（含湖北等地同时代地层）以外的此种的其他记录是否确实属于黄氏楔拜拉，尚需今后工作验证。

比较种列举如下。

Sphenobaiera cf. *huangi*：厉宝贤、胡斌，1984，页 142；图版 4，图 8，9。山西大同永定庄华严寺，下侏罗统永定庄组。

Sphenobaiera cf. *huangi*：米家榕、孙春林，1985，图版 1，图 21。吉林双阳八面石煤矿南井，上三叠统小蜂蜜顶子组。

Sphenobaiera cf. *huangi*：宁夏回族自治区地质矿产局，1990，图版 9，图 1。内蒙古阿拉善左旗缺台沟，中侏罗统延安组。

产地和层位 湖北秭归、沙镇溪，下-中侏罗统香溪煤系（模式标本）；鄂城程潮、荆门海慧沟，下侏罗统武昌组、桐竹园组和香溪组。四川新龙雄龙，上三叠统喇嘛垭组；盐边，上三叠统红果组。陕西府谷殿儿湾，下侏罗统富县组、中侏罗统延安组；铜川，中侏罗统延安组；凤县户家窑，中侏罗统龙家沟组。江苏江宁周村，下-中侏罗统象山群。

辽宁本溪田师傅，中侏罗统大堡组；北票台吉二井、东升矿，下侏罗统北票组。广东乐昌关春，上三叠统。河南义马，中侏罗统义马组。

伊苛法特楔拜拉 *Sphenobaiera ikorfatensis* (Seward) Florin

图 179，图 180

1926. *Baiera ikorfatensis* Seward, p. 96；pl. 9, fig. 81；text-figs. 11C, D.
1936. *Sphenobaiera ikorfatensis* (Seward) Florin, p. 108.
1995. *Sphenobaiera ikorfatensis*：李星学，图版 104，图 1，2。
2003. *Sphenobaiera ikorfatensis*：Lydon et al., p. 414；pls. 1, 2；text-figs. 1, 2.
2003. *Sphenobaiera ikorfatensis*：Sun et al., p. 424；pls. 1, 2；text-figs. 1, 2.

特征　叶楔形，最长可达 15 cm。叶片基部不分裂部分长 2 cm 以上、宽 2–5 mm。首次分裂形成两个宽裂片，典型的宽 8–10 mm，分裂角约 20°；第二次分裂通常形成 4–6 个带状裂片，裂片远端突然收缩呈圆形顶端。叶脉显著，每毫米 2–3 条，每个裂片有 10–15 条。树脂体通常存在。

叶两面气孔型，上角质层通常厚 4–7 μm，下角质层厚 3–5 μm。上角质层脉路细胞伸长，呈带状，细胞大小 20–50 μm×20 μm；脉间细胞排列不规则，多角形，通常横向宽 20–30 μm；平周壁平，中央乳突状加厚有或没有。气孔不规则分布于脉间，一般 6–8 个/mm^2；纵向或偏斜。气孔口通常圆形，直径略有变化，一般横向宽 60–80 μm；保卫细胞略下陷于副卫细胞之下；副卫细胞 5–8 个（偶尔 4 个），内垂周壁角质增厚，通常突起覆盖于保卫细胞之上，形成宽而有凹槽的窝口边。

下角质层表皮细胞或多或少伸长，呈条带状；所有细胞约宽 20 μm；脉路细胞长度略有变化，一般长 40–50 μm，有时相当长；脉间细胞长约 30 μm；垂周壁直而宽；细胞表壁凸起，常形成圆形或脊状角质加厚。气孔纵向分布，见于脉路之间，散生或排列成 2–3 列纵行；气孔密度 20–30 个/mm^2。气孔口或多或少呈卵形；一般长 80 μm、宽 60 μm；气孔窝口伸长，具有浅裂边缘。保卫细胞略下陷于副卫细胞环之下；副卫细胞 4–8 个，一般 6 个；副卫细胞内侧垂周壁宽而深度角质加厚，向窝口形成加厚边，常在侧边如实心乳突那样突出在窝口之上；保卫细胞存在弱放射条纹的内角质化层（inner cuticular layer）。（据 Lydon et al., 2003 的特征）

模式标本产地和层位　格陵兰 Ikorfat，下白垩统。

注　Seward（1926）曾给出此种特征："裂片顶端突然收缩成圆形。叶脉略突起，间距约 0.7 mm，脉间具更细的纵条纹；像许多银杏类的叶那样脉间具有纤细的横皱纹。表皮细胞伸长，细胞垂周壁直；气孔器位于脉路之间。气孔大小约 79 μm×29 μm，顶端截形，具有与极部平行的加厚条纹。气孔每侧有一个狭长的细胞，此细胞偶尔由 1–2 条横壁（transverse wall）分割。气孔的乳突和副卫细胞环不存在。" Lydon 等（2003）对模式标本重新做了研究，另给了上述新的特征和描述。值得注意的是她们明确指出选型标本的普通表皮细胞表壁（平周壁）有时有一个显著的空心状乳突（Lydon et al., 2003, pl. 1, figs. 2, 6）。此特性 Seward（1926, p. 96, text-figs. 11C, D）没有图示和注释。而 Seward 指

图 179　伊苛法特楔拜拉 *Sphenobaiera ikorfatensis* (Seward) Florin

内蒙古霍林郭勒，下白垩统霍林河组 Lower Cretaceous Huolinhe Formation, Holingol of Inner Mongolia。A–C. 叶 Leaves；D. 叶内树脂体 Resin bodies isolated from leaf；E. 上角质层 Upper cuticle；F. 上角质层外面观 Outer view of upper cuticle；G. 上角质层内面观 Inner view of upper cuticle；H. 气孔器内面观 Inner view of stomatal apparatus （F– H. SEM；NIGPAS：A. H198；B, D–H. H190；C. H199；Sun et al., 2003）

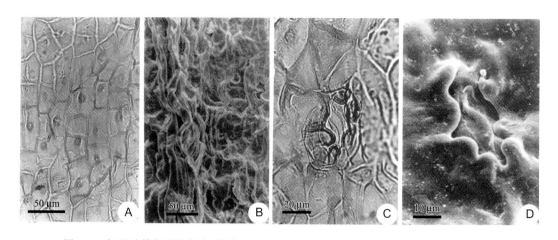

图180　伊苛法特楔拜拉的角质层　Cuticles of *Sphenobaiera ikorfatensis* (Seward) Florin

内蒙古霍林郭勒，下白垩统霍林河组 Lower Cretaceous Huolinhe Formation, Holingol of Inner Mongolia。A. 上角质层 Upper cuticle；B. 上（左）、下（右）角质层外面观 Outer view of cuticles, upper on the left side and lower on the right；C. 上角质层，显示气孔器构造 Upper cuticle, showing the stomatal apparatus；D. 下角质层气孔器外面观 Outer view of stomatal apparatus from lower cuticle（B, D. SEM；NIGPAS：A–D. H190；Sun et al., 2003）

出脉间具更细的纵条纹（间细脉），Lydon 等没有提及。另有一处叶片"第二次分裂通常形成 4–6 个带状裂片"也引人注意。首先是叶片第一次分裂形成两个裂片，第二次分裂只能形成 4 个裂片。更主要的是在模式标本和选型标本（Lydon et al., 2003, text-figs. 1A, 1B）上只见到 4 个裂片，没有发现 6 个裂片；在中国标本上保存清晰的也是 4 个裂片（Sun et al., 2003, pl. 1, figs. 1–5）。中国标本的其他特征都和格陵兰的标本一致。

本种叶片大小、形状都和晚三叠世至早侏罗世的 *Sphenobaiera spectabilis* (Nathorst) Florin（见页 291）较为相似，但后者裂片顶端较尖，副卫细胞具有空心状乳突。本种和 *Sphenobaiera longifolia* (Pomel) Florin（见页 271）相比较，后者叶分裂的次数较多，裂片较多，宽度较小，树脂体通常不存在，上角质层气孔器少，脉路不明显，为等径的多角形细胞组成，下角质层气孔器较多，方位不规则等与前者不同。孙革等（Sun et al., 2003）认为定名为 *Sphenobaiera longifolia* (Pomel) Florin 的辽宁阜新下白垩统阜新组标本（陈芬等，1988，图版 43，图 3–6，图版 44，图 1–3），因叶角质构造相似和裂片较宽而与本种为同种。但阜新组标本叶有宽的和窄的两种类型，叶分裂次数较多（2–3 次），裂片也较多（达6 枚），无间细脉等，与本种模式标本和选型标本之间的确切关系尚有待证实。

此种在我国仅发现于内蒙古下白垩统霍林河组。标本保存较好，角质层构造清楚，表皮细胞表壁具有显著乳突与归于 *Sphenobaiera ikorfatensis*（Samylina, 1956, 1963；Krassilov, 1972）的布列亚盆地和阿尔丹河上侏罗统标本十分接近。

产地和层位　内蒙古霍林郭勒，下白垩统霍林河组。

并列楔拜拉 *Sphenobaiera jugata* Zhou

图181

1989. *Sphenobaiera jugata* Zhou, p. 153；pl. 17, figs. 1–6；pl. 18, figs. 1–7；text-figs. 35–42.

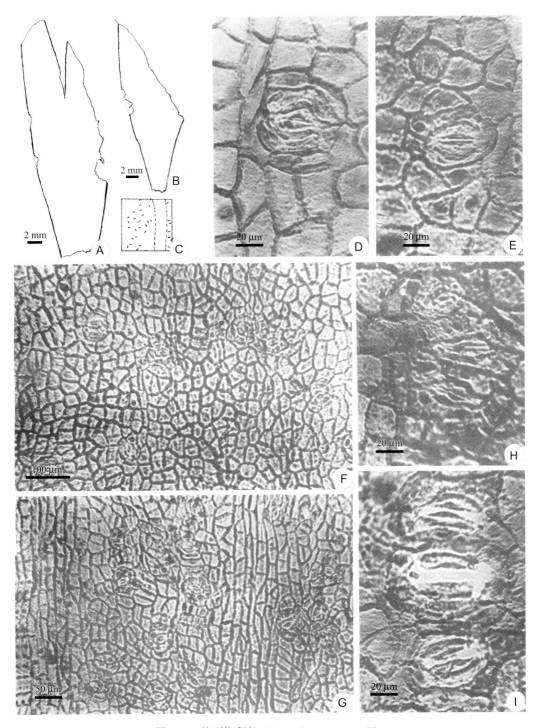

图 181　并列楔拜拉 *Sphenobaiera jugata* Zhou

湖南衡阳杉桥，上三叠统杨柏冲组 Upper Triassic Yangbaichong Formation, Shanqiao of Hengyang, Hunan。A. 不完整叶轮廓，正模 Outlines of leaf fragment, Holotype；B. 不完整叶轮廓 Outlines of leaf fragment；C. 下角质层素描图，示气孔分布情况 Sketch showing distribution of stomata in lower cuticle；D. 上角质层气孔器 Stoma of upper cuticle；E. 下角质层气孔器 Stoma of lower cuticle；F. 上表皮角质层，可见到下皮细胞的角质层 Upper cuticle with hypodermal cells partly visible；G. 下表皮角质层 Lower cuticle；H, I. 上表皮角质层并列气孔器 Stomata of upper cuticle in juxtaposition（NIGPAS：A. PB13847；B. PB13848；Zhou, 1989）

特征 叶长 60–100 mm，未分裂部分的最宽处达 15 mm，向基部逐渐狭缩，在上部至少分裂一次；末次裂片宽约 4 mm，具 8–9 条叶脉；顶端圆形。叶脉平行，至裂片远端略聚集。叶脉密度 15–26 条/cm。纺锤形树脂体存在，长 0.3–0.5 mm、宽 0.08–0.1 mm。

叶两面气孔型。上角质层略薄于下角质层，厚约 2.5 μm，由窄而有时不清楚的脉路带（约 140 μm 宽）和宽的气孔带（430–670 μm）组成。气孔密度 29–58 个/mm²（叶中部）。表皮细胞或多或少伸长，沿叶脉和靠近叶边缘排成纵行，但气孔带的细胞几乎等径，排列不规则；垂周壁通常加厚，直或略弯曲，有时因具有孔而间断；表壁斑驳，有时在角质层内面具有一个圆形乳突状突起。在脉路带之下可见到下皮细胞的轮廓，偶尔别处也有；下皮细胞长方形，40–72 μm×15–20 μm，排列成规则的行，它们的长轴与叶平行。

下角质层稍厚（3–3.5 μm），在气孔带中具有较多的气孔（在叶的中部 69–72 个/mm²），气孔带宽 400–670 μm；脉路带清楚，宽 200–400 μm，由窄而伸长的细胞排列成规则的纵行。脉间细胞的形态和大小不规则，下皮细胞不存在。气孔带中的气孔器分布不甚均匀，偶尔排列成 3（2–7）个短行，方位不规则，大多横向至偏斜，少数纵向。相邻气孔器以普通细胞分开，或常有 2（3）个并列的气孔器以副卫细胞邻接，偶尔也彼此共有 1–2 个副卫细胞。保卫细胞裸露，角质化弱，但形成加厚的孔缘，其极部角质化很弱，通常裸露。侧副卫细胞 2–4 个，极副卫细胞 1–2 个，有时缺失；侧副卫细胞常伸长。副卫细胞加厚程度各不相同，有时中央加厚或比周围细胞薄弱，但从未形成伸向保卫细胞的乳突。周围细胞存在，在两侧边较常见，角质加厚程度同副卫细胞，但没有形成完整的环。毛状体不存在，但具有表壁加厚的长方形细胞有时可存在于脉路带或气孔带。（据 Zhou, 1989 特征）

注 本种叶片接近上部分裂一次，形成二裂状的顶端以及叶脉平行伸展等与前述的 *Ginkgodium nathorstii* Yokoyama 有些相似，但本种叶脉分叉（如 Zhou, 1989, text-fig. 38）、没有间细脉等特征与后者不同，而且后者的叶角质构造迄今未明，与本种不能做进一步比较。

英国约克郡中侏罗统的 *Sphenobaiera gyron* Harris et Millington（Harris et al., 1974）的叶片有时作一次分裂，叶脉平行，至顶端聚集等与本种可作比较，但其叶片有时不分裂，如作一次分裂时，则裂缺较深，裂片（叶）顶端较钝、不为圆形，树脂体不存在等与本种不同。该种角质构造为两面气孔型，气孔密度较大（气孔带中每平方毫米内气孔约 51 个），气孔方位不规则，保卫细胞裸露，周围细胞存在等与本种也甚相似，但其副卫细胞加厚成环，通常具有突出于孔口的实心或空心乳突等则不同。本种气孔器并列的特征在本属其他种内很少见到。此种汉名或被称为合叶楔拜拉（吴向午、王永栋，待刊）。

产地和层位 湖南衡阳杉桥煤矿，上三叠统杨柏冲组（模式标本）。

裂叶楔拜拉 *Sphenobaiera lobifolia* Yang

图 182

1978. *Sphenobaiera lobifolia* Yang：杨贤河，页 530；图版 184，图 7。

特征 叶无柄，狭扇形或楔形，长约 6 cm。叶片先分裂为两个相等的裂片，分叉角极狭，约 10°，裂缺深达叶片长度的 2/3。裂片中部宽达 1 cm，顶端平截至钝圆形；每一裂片顶端又浅裂一次，成为 4 个顶裂片，中间的两个较狭，外侧的两个较宽，裂缺深度约 1 cm。（据杨贤河，1978 特征整理）

注 本种迄今仅发现一块标本，上述特征是否稳定尚待发现和研究更多的标本来证实。本种叶分裂为 4 个外宽内窄裂片的状态颇为别致，在本属已知各种中是十分罕见的。本种叶片为狭楔形，基角小，首次分裂较深等特征与 *Sphenobaiera biloba* Prynada（Prynada，1938）相似，但后者叶片仅分裂一次，分叉角略宽，约 20°，而本种的叶分裂两次，分裂角小。

产地和层位 四川会理鹿厂，上三叠统白果湾组（模式标本）。

1 cm

图 182　裂叶楔拜拉 *Sphenobaiera lobifolia* Yang
四川会理鹿厂，上三叠统白果湾组 Upper Triassic Baiguowan Formation, Luchang of Huili, Sichuan。叶，正模 Leaf, Holotype（CDIGM：SP0130；杨贤河，1978）

长叶楔拜拉 *Sphenobaiera longifolia* (Pomel) Florin
图 183，图 184

1849. *Dicropteris longifolia* Pomel, p. 339.

1873–1875. *Jeanpaulia longifolia* (Pomel) Saporta, p. 464；pl. 67, fig. 1.

1876b. *Baiera longifolia* (Pomel) Heer, p. 52；pl. 7, figs. 2, 3；pl. 8；pl. 9, figs. 1–7；pl. 15, fig. 11b.

1913. *Baiera longifolia*：Thomas, p. 243；pl. 25, figs. 3, 4；text-fig. 5.

1936. *Sphenobaiera longifolia* (Pomel) Florin, p. 108.

?1941. *Baiera* cf. *longifolia*：Stockmans & Mathieu, p. 48；pl. 6, fig. 3.

1956. *Sphenobaiera longifolia*：Samylina, p. 538；pl. 3, figs. 3–5.

1959. *Sphenobaiera longifolia*：斯行健，页 11，27；图版 6，图 5；图版 8，图 1–6。

1963. *Sphenobaiera longifolia*：李星学等，页 134；图版 108，图 1。

1963. *Sphenobaiera longifolia*：斯行健、李星学等，页 243；?图版 84，图 6；图版 85，图 1–4。

1963. *Sphenobaiera longifolia*：Samylina, p. 101；pl. 27, figs. 1–3；pl. 28, figs. 1–4.

1974. *Sphenobaiera longifolia*：Harris et al., p. 43；pl. 1, figs. 3–5；text-fig. 15.

1979. *Sphenobaiera longifolia*：何元良等，页 152；图版 76，图 1–4。

1980. *Sphenobaiera longifolia*：张武等，页 287；图版 186，图 1。

1980. *Sphenobaiera longifolia*：黄枝高、周惠琴，页 103；图版 59，图 5。

1980. *Sphenobaiera lata* (Vachrameev) Dou：陈芬等，页 429；图版 3，图 2。

1981. *Sphenobaiera longifolia*：陈芬等，图版 3，图 6。

1982. *Sphenobaiera longifolia*：张采繁，页 536；图版 348，图 6。

1983. *Sphenobaiera longifolia*：李杰儒，图版 4，图 14。

1984. *Sphenobaiera lata*：陈芬等，页 62；图版 29，图 1–3。

1985. *Sphenobaiera longifolia*：米家榕、孙春林，图版 1，图 5，6。

1985. *Sphenobaiera longifolia*：杨关秀、黄其胜，页 201；图 3-108 左、中。

1985. *Sphenobaiera lata*：杨关秀、黄其胜，页 202；图 3-160、16。

1987a. *Sphenobaiera longifolia*：何德长见：钱丽君等，页 83；图版 28，图 1，3，6。

1987. *Sphenobaiera lata*：Duan, p. 47；pl. 18, fig. 6a.

1988. *Sphenobaiera longifolia*：陈芬等，页 70；图版 43，图 3–6；图版 44，图 1–3。

1989. *Sphenobaiera lata*：梅美棠等，页 108；图版 60，图 3。

1992. *Sphenobaiera longifolia*：孙革、赵衍华，页 546；图版 249，图 1。

1993. *Sphenobaiera longifolia*：米家榕等，页 130；图版 35，图 2–4，7，8。

1995. *Sphenobaiera longifolia*：邓胜徽，页 55；图版 24，图 2–3；图版 41，图 8；图版 44，图 6；图版 45，图 1–6；图版 46，图 1–4。

1995. *Sphenobaiera longifolia*：曾勇等，页 62；图版 19，图 4；图版 18，图 4b；图版 25，图 7–8；图版 21，图 4a；图版 26，图 1–2。

1995. *Sphenobaiera lata*：曾勇等，页 63；图版 18，图 2a；图版 25，图 2–3。

1996. *Sphenobaiera longifolia*：常江林、高强，图版 1，图 13。

?1996. *Sphenobaiera szeiana* Zheng et Zhang, p. 386；pl. 1, fig. 13.

1997. *Sphenobaiera longifolia*：邓胜徽等，页 44；图版 25，图 1B；图版 26，图 1A；图版 27，图 1–3。

2003. *Sphenobaiera longifolia*：修申成等，图版 2，图 5。

2003. *Sphenobaiera longifolia*：邓胜徽等，图 4.12G。

特征　典型的叶呈楔形，长至少 130 mm，连续 4 次二歧分裂成末次裂片。叶基部不分裂部分长 30–70 mm 或更长，基部宽 1–2 mm，向上逐渐加宽，在首次分裂点之下宽达 10 mm。叶的基角为 30°–55°，分裂角约 15°（5°–25°），二歧分裂间距 15–50 mm。裂片宽 1.0–6.0 mm，基部收缩，向上宽度逐渐增加，至分裂点下宽度最大。叶脉不明显（英国约克郡标本），在 1.5 mm 宽的一个裂片中可能有 4 条，在 2.5 mm 宽的一个裂片中约有 7 条，或在 4.5 mm 宽的一个裂片中有 11 条（Saporta, 1873）。裂片上部狭缩，约 30 mm，顶端钝圆。树脂体通常不存在，如出现则为卵形，宽 110–170 μm、长 135–255 μm。

角质层两面气孔型。上角质层厚约 6 μm，下角质层厚约 3 μm。上角质层的脉路不明显，主要由等径的多角形细胞组成。长方形、等径或伸长形细胞的纵行常存在于裂片边缘，有时 1–2 个细胞宽的纵行也出现在裂片边缘。下皮细胞轮廓通常在长方形细胞行下见到，有时在别处也能见到。下皮细胞有些伸长，长方形，其长轴与叶的方向平行。表皮细胞壁显著，突起，通常宽而直，偶尔中断，有时沿表壁弯曲增厚，有时细胞角部突起更明显。表壁不是未加厚就是有低平的乳突、有不规则的加厚斑点或是除中央具细的放射纹以外全部加厚。毛状体不存在，气孔器方位不规则，通常不成纵行分布。密度每平方毫米约 7 个（0–17 个）。气孔器与下角质层相似。

下角质层有含气孔的纵条带和不含气孔的条带，但可能非气孔带并不总是代表脉路区。即使在叶的一个部分，气孔带宽度变化也是很大的（180–610 μm），等径的多角形细胞有时在气孔带排成纵行。非气孔带宽 60–550 μm，等径的、长方形的或多角形细胞排列成纵行。垂周壁显著，突出，直，较上角质层略薄。表壁具有颗粒状饰纹，或同心条纹，或放射条纹。普通细胞通常有细小、实心的或大而厚壁的、高达 27 μm 的空心状乳突。有时候相邻乳突相互联合，形成短的纵脊。毛状体不存在。

图 183　长叶楔拜拉的叶 Leaves of *Sphenobaiera longifolia* (Pomel) Florin

辽宁阜新海州，下白垩统阜新组 Lower Cretaceous Fuxin Formation, Haizhou of Fuxin, Liaoning。分别示宽裂片和窄裂片型的叶 Leaves with wider and narrow segments（CUGB：A, B. Fx191, Fx192；陈芬等，1988）

气孔器方位不定，散布于非气孔带之间，每平方毫米约 30（15–50）个。保卫细胞下陷于由 6 个副卫细胞环围成的不规则气孔窝口内。保卫细胞表壁薄，但孔口两端具窄的横脊。保卫细胞两极伸延于副卫细胞之下。副卫细胞表壁角质化程度深于普通细胞，通常具有突向气孔窝口的实心乳突。副卫细胞乳突偶有缺失，但除中央区外，表壁加厚。周围细胞不存在。（据 Harris et al., 1974 增订特征）

模式标本产地和层位　法国，上侏罗统。

注　此种模式标本产于法国，原名为 *Dicropteris longifolia* Pomel（1849），当时仅给出名称和特征，没有图影。Saporta（1873–1875）把它改定为 *Jeanpaulia longifolia* (Pomel) Saporta（见异名表），并给出了图影。Thomas（1913）依据与法国标本形态上相似的英国约克郡标本做了角质层的研究。Harris 和 Millinton（Harris et al., 1974）又对英国约克

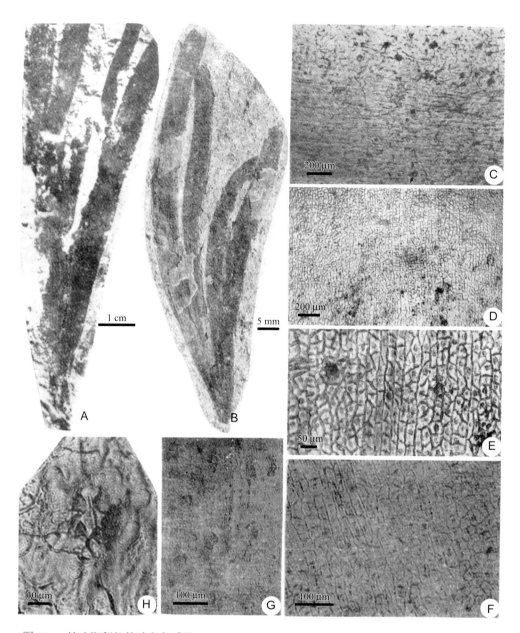

图 184　长叶楔拜拉的叶和角质层　Leaves and cuticles of *Sphenobaiera longifolia* (Pomel) Florin

辽宁阜新，下白垩统阜新组（A, C, D, E, H）Lower Cretaceous Fuxin Formation, Fuxin of Liaoning (A, C, D, E, H)；陕西神木，中侏罗统延安组四段（B, F, G）Member 4 of Middle Jurassic Yan'an (Yen'an) Formation, Shenmu, Shaanxi (B, F, G)。A. 叶 Leaf；B. 窄裂片型叶 Leaf with narrower segments；C. 下角质层 Lower cuticle；D, E. 上角质层细胞和气孔器 Epidermal cells and stomata of upper cuticle；F, G. 上、下表皮角质层 Upper and lower cuticles；H. 下角质层气孔器 Stomata of lower cuticle（CUGB：A, D, E. Fx193；C. Fx192；H. Fx191；陈芬等，1988；XABCRI：B. Sh029；钱丽君等，1987a）

郡标本做了系统研究（包括角质层的研究），并对种的特征做了增订。由于法国标本是保存在灰岩中的，未保存角质层，因而将英国标本的角质层特征增添到此种的特征之中。与此同时 Samylina（1956, 1963, 1967a）对归于此种的俄罗斯西伯利亚阿尔丹河流域、科累马河流域标本（包括叶和角质层）进行了研究。发现西伯利亚标本角质层和英国约克郡标本有所不同。如西伯利亚标本上角质层乳突较发育，英国标本不发育；前者下角质层脉路明显，脉路细胞伸长，后者脉路不明显，细胞常为等径状。Harris 等（1974）认为西伯利亚叶的图像不是很像约克郡的标本，但它们之间的区别不大，仍把它们作为同种对待，并把西伯利亚标本列入"选供参考"（Selected references）的异名表中。陈芬等（1988）在研究辽宁阜新标本后，认为西伯利亚和英国标本的"表皮特征有如此大的区别是不应定为同种的"。不过她们仍把辽宁的标本归于 *Sphenobaiera longifolia* (Pomel) Florin 中。

国内发现此种的标本已有 20 多个记录，有的保存较好。不过中国标本叶片分裂次数较少，一般只有 2–3 次。发现角质层的标本也有近 10 个记录。在这些材料中辽宁阜新标本保存较好（如陈芬等，1988），叶角质层为两面气孔型，上、下角质层脉路显著，脉路细胞伸长，具有明显的乳突，气孔器作纵向排列，孔口方向多与叶脉平行。无论叶的形态和角质层构造都同西伯利亚标本（Samylina, 1956, 1963）基本一致。叶可分为宽裂片的（陈芬等，1988，图版 43，图 3，图版 44，图 1）和窄裂片的（陈芬等，1988，图版 43，图 4）两种类型，这些标本均保存在一起，而且角质构造证明为同种。宽裂片叶与定名为 *Sphenobaiera longifolia* (Pomel) Florin forma *lata* Vachrameev（Vachrameev, 1958）的标本相同。

本书同意陈芬等（1988）的意见，根据角质层的特征把宽裂片的叶和窄裂片的叶都归入 *Sphenobaiera longifolia* (Pomel) Florin 一个种内。据此将定名为 *Sphenobaiera lata* (Vachrameev) Dou（见：陈芬等，1980，1984；Duan, 1987；曾勇等，1995）的北京西山标本和河南义马标本改归于本种。内蒙古霍林河盆地和海拉尔地区下白垩统的标本（邓胜徽，1995；邓胜徽等，1997）也保存着较好的角质层，两者的叶均为宽裂片型的。霍林河盆地和海拉尔地区的角质层类似，而与辽宁阜新标本略有不同，其上、下角质层乳突不发育；副卫细胞除内缘加厚外也无乳头状突起。河南义马标本（曾勇等，1995）叶有宽裂片和窄裂片两种类型，宽的被定为 *Sphenobaiera lata* (Vachrameev) Dou。两者都有角质层，窄裂片型下角质层未处理出来，宽裂片型上角质层没有图像。青海柴达木鱼卡标本（斯行健，1959）、陕西神木标本（何德长见：钱丽君等，1987a）均产于中侏罗统，叶和裂片的形状、大小及叶脉等特征与欧洲和西伯利亚归于此种的标本十分近似，叶属于窄裂片型。角质层构造与英国及西伯利亚标本相似，特别是下角质层结构。陕西神木标本的上表皮细胞为多角形、方形，表壁无乳突，具囊状突起或呈棒状角质增厚等也与英国约克郡的标本一致，所不同的是青海和陕西标本上角质层很少或没有气孔器。总体而言，中国标本角质层特征与英国约克郡标本基本一致，特别是下角质层，但也有所差异，主要表现在上角质层气孔器多少，表皮细胞为等径或伸长和乳突有无等方面。这些差异可能与生长环境有关，本书基本同意暂把这些标本作为同种处理。

定名为 *Sphenobaiera szeiana* Zheng et Zhang（1996）的辽宁辽源煤田下白垩统长安组标本，其叶和裂片的形态、叶脉及角质构造等与本种的基本一致，只是角质层中脉路带和气孔带界线明显，脉路细胞伸长，上角质层气孔器作纵向排列，孔口方向多与叶脉平行等与本种英国约克郡的标本略有区别。但这些特征在本种西伯利亚和我国辽宁阜新等地的标本上也可见到。鉴于本种不同地点产出的角质层略有变异，因此辽宁辽源下白垩统标本似乎也应归于本种。

中国比较种列举如下。

Sphenobaiera cf. *longifolia* (Pomel) Florin：王国平等，1982，页 277；图版 129，图 4。江西万载多江，上三叠统安源组。

Sphenobaiera cf. *longifolia*：杨学林、孙礼文，1982b，页 52；图版 21，图 8，9。吉林洮南万宝五井、兴安堡，中侏罗统万宝组。

Sphenobaiera cf. *longifolia*：陈芬等，1984，页 62；图版 28，图 7。北京西山大台，下侏罗统下窑坡组。

Sphenobaiera cf. *longifolia*：顾道源，1984，页 152；图版 76，图 5，6。新疆吉木萨尔臭水沟、玛纳斯玛纳斯河，下侏罗统八道湾组、三工河组。

Sphenobaiera cf. *longifolia*：商平，1985，图版 7，图 2。辽宁阜新，下白垩统海州组。

产地和层位 河北临榆柳江，下-中侏罗统。青海大柴旦鱼卡，中侏罗统大煤沟组；天峻木里，下-中侏罗统木里群江仓组。辽宁凌源沟门子，下侏罗统郭家店组；阜新海州矿，下白垩统阜新组；葫芦岛（原名锦西）后富隆山盘道沟，中侏罗统海房沟组；苏子河盆地，下白垩统；北票，下-中侏罗统。吉林双阳八面石煤矿南井，上三叠统小蜂蜜顶子组；辽源煤田，下白垩统长安组；安图明月镇，下白垩统屯田营组。黑龙江鸡西、鹤岗，下白垩统鸡西组和城子河组。陕西铜川焦坪、神木考考乌素沟，中侏罗统延安组。湖南资兴三都同日垅，下侏罗统唐垅组。内蒙古霍林河盆地，下白垩统霍林河组；扎赉诺尔、伊敏，下白垩统大磨拐河组及伊敏组。河南义马，中侏罗统义马组。山西宁武黄松沟，中侏罗统大同组。北京西山，下侏罗统下窑坡组及中侏罗统上窑坡组。新疆哈密三道岭，中侏罗统西山窑组。

微脉楔拜拉 *Sphenobaiera micronervis* Wang et Wang
图 185

1987. *Sphenobaiera micronervis* Wang et Wang：王自强、王立新，页 30；图版 16，17。
2014. *Sphenobaiera micronervis*：Yang et al., p. 267.

特征 叶小，狭楔形，叶两侧边夹角不超过 15°。叶片基部相当长的一段不分裂；之后陆续分裂成互相紧挤、两侧平行的线形裂片；近顶端处再不规则地分裂成丝状裂片。叶脉细而密，在叶中部的裂片（宽 0.5–0.7 mm）含叶脉 4–5 条。

角质层两面气孔型，上、下角质层略有区别。上角质层表皮细胞和气孔器稍短。脉路清楚地由伸长细胞组成，不含气孔器；气孔带由 1–2 列气孔器组成。气孔器稀疏排列于等径细胞之间，从不共有副卫细胞；表皮细胞垂周壁直，表壁不具乳突，仅局部出现微弱增厚。气孔器纵向，圆或椭圆形；副卫细胞比表皮细胞略小，6–7 枚。下角质层气孔器副卫细胞为长方形，保卫细胞下陷，气孔腔深，环围孔口的副卫细胞壁增厚，有时具有乳突。（据王自强、王立新，1987 特征整理）

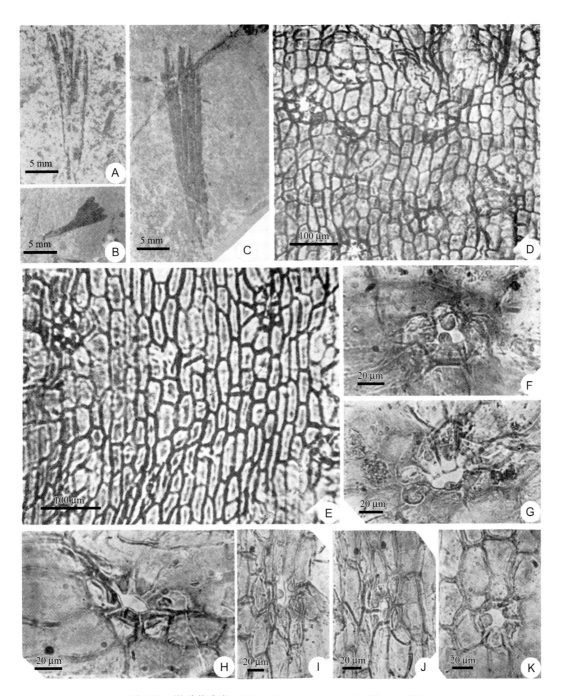

图 185 微脉楔拜拉 *Sphenobaiera micronervis* Wang et Wang

A–C. 山西柳林磨石沟、大风山南，上二叠统孙家沟组 Upper Permian Sunjiagou Formation, Moshigou and South of Dafengshan, Liulin, Shanxi；A, B. 较小的叶 Smaller leaves；C. 较大的叶，原作者指定的"合模"之一 Larger leaf, one of the "syntypes"；D–K. 角质层和气孔器，均取自一块产于山西临县碛口孙家沟组的叶碎片（另一个"合模"）All cuticles from another "syntype" from Sunjiagou Formation, Qikou, Linxian, Shanxi；D. 上角质层，示不规则分布的圆形气孔器 Upper cuticle, showing the distribution of stomata；E. 下角质层，具清晰的脉路，其细胞伸长，排列规则，脉间带细胞纵向排列，具纵长的气孔器 Lower cuticle, showing the vein course and the elongate stomata；F–H. 上角质层气孔器 Stomata of upper cuticle；I–K. 下角质层气孔器 Stomata of lower cuticle（NIGPAS: A. 8402-225；B. 8302-131；C. 8302-130；D–K. 8301-401；王自强、王立新，1987）

注　此种叶小，狭楔形，分裂次数较多，最后裂片呈线形，与楔拜拉属的其他种不同。此种外形与保存为撕裂状态的科达（*Cordaites*）叶略有些相似，但从此种的形状和大小不等的叶片最后都分裂为线裂片等来看，不像是偶然保存的结果。本种副卫细胞较多，通常 6–7 个，相邻气孔器从不共有副卫细胞，极位的副卫细胞同样作伸长状，而后者副卫细胞较少，通常 4 个，少数才达 6 个，具有明显的极性，侧副卫细胞伸长，极副卫细胞短小，相邻气孔器常共有一个极副卫细胞。

此种名在建立时未曾明确指定模式标本，属不合格发表名称。

产地和层位　山西临县碛口北、柳林大风山南和磨石沟，上二叠统孙家沟组中段。

多裂楔拜拉 *Sphenobaiera multipartita* Meng et Chen
图 186

1988. *Sphenobaiera multipartita* Meng et Chen：陈芬等，页 71，158；图版 45，图 1–3；图版 46，图 5。
1997. *Sphenobaiera multipartita*：邓胜徽等，页 45；图版 25，图 1C；图版 28，图 9。
1998. *Sphenobaiera multipartita*：邓胜徽，图版 2，图 7。
2014. *Sphenobaiera multipartita*：Yang et al., p. 267.

特征　叶大，宽楔形，长超过 25 cm，其基角约 60°。叶片分裂 4 次，一般深裂，基部联合部分很少，只有最后一次裂得较浅，形成多达 15 个左右线形裂片，同一叶片上裂片宽窄不一，可为 2.5–9 mm。叶脉明显，在近基部分叉多次，向上相互平行，5 mm 内有叶脉 7–9 条。

角质层中等厚度，下表皮略薄，两面气孔型。表皮细胞多角形，伸长。脉路明显，由大约 6 行排列较规则的伸长细胞组成。脉间区细胞略短，排列不规则。垂周壁微弯曲，细胞表壁不具任何角质加厚。上角质层气孔偶见；下角质层气孔分布于脉间区，不成行，孔口方向平行于脉路。气孔器单唇型，单环式，保卫细胞略下陷，副卫细胞约 6 个，内侧略角质加厚，形成不明显的乳头状突起，微覆盖保卫细胞。（据陈芬等，1988 特征整理）

注　本种叶宽大，分裂 4 次，裂片较多等方面与上述的 *Sphenobaiera longifolia* (Pomel) Florin（见页 271），特别是宽裂片型的标本可作比较，但本种叶更宽大，长超过 25 cm，基角约为 60°，叶脉较密与后者有所不同。两者角质层构造区别较大：本种表皮细胞伸长，细胞表壁不具任何角质加厚，保卫细胞略下陷，副卫细胞角质加厚不显著；后者表皮细胞不伸长，或只在脉中央的细胞伸长，细胞表壁具有明显乳突，保卫细胞下陷于气孔窝口内，副卫细胞通常具有突向气孔窝口的实心乳突。本种裂片形状、大小与古生代的 *Sphenobaiera tenuistriata* (Halle) Florin（见页 297）也有相似之处，但后者叶片基部不分裂的部分较长，叶脉较密，而且角质层构造未明，两者不能做进一步比较。

图 186　多裂楔拜拉 *Sphenobaiera multipartita* Meng et Chen

辽宁阜新，下白垩统阜新组 Lower Cretaceous Fuxin Formation, Fuxin, Liaoning。 A. 叶下部 Lower part of leaf；B. 叶
上部 Upper part of leaf；C. 上、下角质层 Upper and lower cuticles；D. 下角质层 Lower cuticle（CUGB: Fx197, Fx198；
陈芬等，1988）

此种发表时未指定模式标本。

产地和层位　辽宁阜新，下白垩统阜新组。内蒙古扎赉诺尔拗陷，下白垩统伊敏组；平庄–元宝山盆地，下白垩统元宝山组。

南天门楔拜拉 *Sphenobaiera nantianmensis* Wang
图 187

1984. *Sphenobaiera nantianmensis* Wang：王自强，页 277；图版 155，图 7；图版 169，图 1–3；图版 170，
图 1–4。

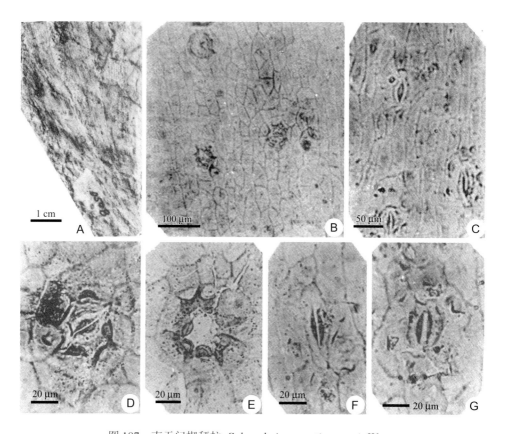

图 187　南天门楔拜拉 *Sphenobaiera nantianmensis* Wang

河北张家口，下白垩统青石砬组 Lower Cretaceous Qingshila Formation, Zhangjiakou of Hebei。A. 正模，叶 Holotype,
leaf；B. 上角质层 Upper cuticle；C. 下角质层 Lower cuticle；D, E. 上角质层气孔器 Stomata of upper cuticle；F, G. 下
角质层气孔器 Stomata of lower cuticle（NIGPAS：P0469；王自强，1984）

特征　叶片大，长至少 8 cm，最宽处约 4 cm，楔形，分裂两次，通常形成 4 枚带状裂片。裂片宽 6–8 mm，裂隙狭细。叶脉清楚，14–15 条/cm，脉间具有细脉。

角质层两面气孔型，上角质层厚，下角质层薄。上、下角质层的脉路均不很明显。普通表皮细胞乳突不发育或仅中心增厚，但气孔器周围的细胞及副卫细胞具空心乳突。

细胞壁直但常中断。气孔器分散，保卫细胞大部出露或微下陷，气孔腔开阔。上、下角质层区别显著，上表皮细胞以方形或等径形细胞为主，气孔器圆，孔缝方向不定，副卫细胞多达 7 枚左右，排列成环形，副卫细胞壁增厚并具有各自分离的乳突；下表皮细胞狭而伸长，气孔器亦随之伸长，纵向，或多或少排列成行，保卫细胞不下陷，沿气孔两侧显著增厚，副卫细胞 6 枚左右，每枚含一个空心乳突，但不向气孔窝口靠拢，侧副卫细胞伸长。（据王自强，1984 特征整理）

注 本种叶片外形与前述的 *Sphenobaiera longifolia* (Pomel) Florin 相似，但本种叶较小，长约 8 cm，仅作两次分裂，裂片较宽，达 6–8 mm，后者叶较长，至少 130 mm，可分裂 4 次，裂片宽 1.0–6.0 mm；两者表皮构造也有明显不同，后者保卫细胞下陷于气孔窝口内，副卫细胞具有突向气孔窝口的实心乳突，而本种保卫细胞大部出露或微下陷，气孔腔开阔，副卫细胞乳突不向气孔窝口靠拢。本种外形和 *Sphenobaiera pulchella* (Heer) Florin（见页 284）也有相似之处，但后一种的叶只分裂一次，副卫细胞具有突向气孔窝口的实心乳突等与本种不同。本种的气孔器形状和气孔构造，如保卫细胞大部出露或微下陷，表皮细胞乳突不发育等与定名为 *Sphenobaiera pecten* Harris 的英国约克郡中侏罗统的标本（Harris et al., 1974, text-fig. 14；见本书页 282）颇相一致，但后者叶片分裂多达 6 次，最后裂片呈线形，宽仅为 0.7 mm，其上、下角质层气孔构造基本一致，易于区分。

产地和层位 河北张家口，下白垩统青石砬组（模式标本）。

瓶尔小草状楔拜拉比较种 *Sphenobaiera* cf. *ophioglossum* Harris et Millington
图 188

1984. *Sphenobaiera* cf. *ophioglossum* Harris et Millington：王自强，页 278；图版 133，图 6；图版 142，图 4–5；图版 166，图 1–8。

描述 叶楔形，浅至中等分裂 1–2 次，形成 2–4 枚线形裂片。裂片顶端钝尖或圆，长至少 13 cm，最宽约 2 cm。叶脉不明显，约 13 条/cm。

上、下表皮厚，两面气孔型。表皮细胞以方形至长方形细胞为主，上、下表皮的脉路均不明显。细胞表壁有时具细纹。上表皮细胞中央常增厚，下表皮细胞具乳突。上角质层气孔器多少伸长，窝口较张开，孔缝纵向，副卫细胞 4–8 个，侧副卫细胞伸长。下角质层气孔器通常圆形，孔缝方向常有变化，副卫细胞排列成环。上、下角质层副卫细胞均发育乳突，下角质层副卫细胞乳突常掩覆在气孔窝口之上。（王自强，1984）

注 当前标本叶的形态及叶脉特征与英国约克郡中侏罗统 *Sphenobaiera ophioglossum* Harris et Millington（Harris et al., 1974）的模式标本相似，只是未分裂部分较短。角质构造方面，上、下角质层较厚，保卫细胞角质增厚显著，气孔器副卫细胞乳突发育，下角质层副卫细胞乳突常掩覆气孔窝口等特征和模式标本略有不同。

产地和层位 河北张家口下花园，中侏罗统门头沟组。

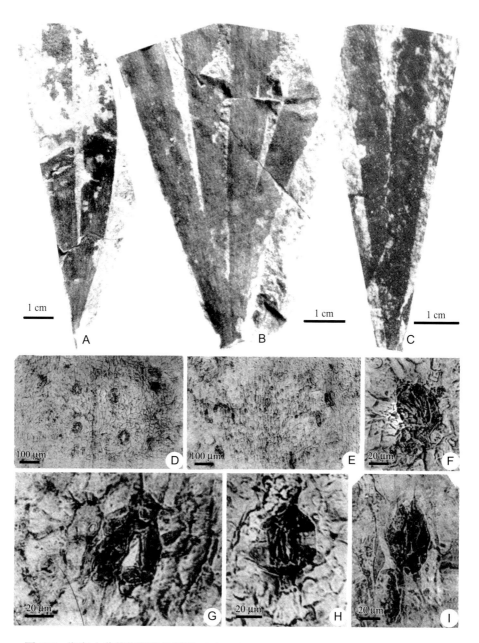

图 188　瓶尔小草状楔拜拉比较种 *Sphenobaiera* cf. *ophioglossum* Harris et Millington

河北下花园，中侏罗统门头沟组 Middle Jurassic Mentougou Formation, Xiahuayuan of Hebei。A–C. 叶 Leaves；D. 下角质层 Lower cuticle；E. 上角质层 Upper cuticle；F. 毛基 Trichome base；G, H. 下角质层气孔器 Stomata of lower cuticle；I. 上角质层气孔器 Stoma of upper cuticle（NIGPAS：A–C. P0278, P0277, P0279；王自强，1984）

栉形楔拜拉 *Sphenobaiera pecten* Harris

图 189

1945. *Sphenobaiera pecten* Harris, p. 219；text-figs. 3, 4

1974. *Sphenobaiera pecten*: Harris et al., p. 40；text-fig. 14.

1982b. *Sphenobaiera pecten*：杨学林、孙礼文，页 52；图版 21，图 10。

特征　叶楔形，长达 100 mm、宽达 70 mm。叶基部宽 2.5 mm，向上稍狭，叶片首次二歧分裂前变宽，达 4.5 mm。叶以约 10 mm（5–20 mm）间距连续 6 次分裂出裂片，从基部至首次分叉的距离不超过 20 mm，分叉角约 10°（5°–20°）；下边的裂片宽达 3.0 mm，向上变狭，最后裂片宽约 0.7 mm，顶端急尖。叶脉在叶基未见，较下部的裂片上模糊地显示出 2–4 条宽的纵脊，在最后裂片上见一条纵肋。叶膜质厚；树脂体长 100 μm，通常存在，但不丰富。

图 189　栉形楔拜拉 *Sphenobaiera pecten* Harris

吉林洮南万宝，中侏罗统万宝组 Middle Jurassic Wanbao Formation, Wanbao of Taonan, Jilin（CGIJL：WV038；杨学林、孙礼文，1982b）

角质层坚硬，相当厚，上、下角质层厚度约 3 μm，两面气孔型。除气孔器多少有别外，上、下角质层相似。上角质层气孔器密度为每平方毫米约 10 个（5–15 个），下角质层气孔器密度为每平方毫米约 24 个（17–33 个）。叶下部的上、下角质层上，脉路都不特别明显，脉路上气孔器少或没有；在叶上部无法分辨出脉路。表皮细胞排列成纵行，细胞等径至长方形，侧壁较顶壁显著。细胞壁宽，或多或少清晰；垂周壁直，很少中断。表壁几乎平坦，难得有一个不明显的纵向中央加厚或低平乳突。表面纹饰常呈颗粒状或形成细的纵长条纹。薄壁鳞片状毛状体通常出现在角质层两面；毛基形态和普通表皮细胞相似，或较小并加厚，在表面呈现一个围绕薄弱区的边缘。

气孔器散布，但在脉路中气孔少或没有。气孔器不排列成明显的纵行，通常纵向（除非正好在叶片分裂之下）排列，偶有斜向排列。保卫细胞稍有下陷，较大，表壁围绕孔口和外侧边强烈加厚，其中间部分和极部较薄。保卫细胞表面常显示从孔口放射出的细条纹。副卫细胞不规则，侧位的伸长，顶位的常缺失。副卫细胞表面较普通表皮细胞薄，仅在紧邻保卫细胞处发育角质脊，但以较薄的加厚条纹与保卫细胞分开。副卫细胞仅偶尔突出在保卫细胞之上，而且仅是一小部分，从未形成乳突。周围细胞不存在。（据 Harris et al., 1974 增订特征）

模式标本产地和层位　英国约克郡，中侏罗统 Lower Deltaic Series。

注　本种叶片分裂多达 6 次，叶的裂片多而狭细，下部的宽 3.0 mm，最后裂片宽 0.7 mm 等甚为特殊，在形态上与本属其他种不同。本种的角质层构造，如保卫细胞几乎不下陷，副卫细胞表壁薄，乳突不存在，表皮细胞几乎不加厚等特征也较别致。仅有 *Sphenobaiera ophioglossum* Harris et Millington（Harris et al., 1974）可与本种比较，但后者叶分裂仅 1–2 次，叶长可达 185 mm，裂片少而宽，与本种截然不同。

本种在我国仅有吉林一个记录。吉林的标本虽然角质构造未明，叶的基部也未保存，但叶片分裂 5–6 次，最后裂片线形，多达 20 余枚，宽 0.5–1 mm，分裂角为 10°–20°等与

Sphenobaiera pecten Harris（Harris, 1945；Harris et al., 1974）的模式标本无任何区别。这是迄今为止首次在英国约克郡以外地区发现的栉形楔拜拉的同种标本。

产地和层位　吉林洮南万宝五井，中侏罗统万宝组。

稍美楔拜拉比较种 *Sphenobaiera* cf. *pulchella* (Heer) Florin

图 190

1935. *Baiera pulchella* Heer：Toyama & Ôishi, p. 71；pl. 4, fig. 3.
1963. *Sphenobaiera* cf. *pulchella* (Heer) Florin：斯行健、李星学等，页 243；图版 84，图 4。
1980. *Sphenobaiera* cf. *pulchella*：黄枝高、周惠琴，页 103；图版 59，图 5。
1980. *Sphenobaiera pulchella* (Heer) Florin：张武等，页 287；图版 186，图 4。
1985. *Sphenobaiera pulchella*：杨关秀、黄其胜，页 201；图 3-108 右。
1992. *Sphenobaiera pulchella* (Heer) Florin f. *lata* Genkina：孙革、赵衍华，页 546；图版 246，图 2。
1992. *Sphenobaiera* cf. *pulchella*：曹正尧，页 238；图版 6，图 1，2。
1993. *Sphenobaiera pulchella* f. *lata*：孙革，页 87；图版 36，图 4，6。
1995. *Sphenobaiera* cf. *pulchella*：曾勇等，页 63；图版 18，图 2b；图版 25，图 4–6。

描述　叶片楔形，无明显叶柄。叶片长 5 cm 以上，向基部狭缩。叶片深裂至近基部，成为两个对称的裂片，最宽处上部约 1 cm，顶端未保存。分裂的角度较狭。叶脉清晰，细而密，只在基部分叉。每个裂片含叶脉 14–16 条，每两条叶脉间尚有细条纹，可能为间细脉。（据黄枝高、周惠琴，1980 描述）

注　定名为 *Sphenobaiera pulchella* (Heer) Florin［包括定为此种的宽型 *Sphenobaiera pulchella* (Heer) Florin f. *lata* Genkina］和此种比较种的中国标本都保存较差。这些叶的裂片顶端大多没有保存，与俄罗斯阿穆尔河流域侏罗系模式标本（Heer, 1876b; Florin, 1936）及俄罗斯伊萨克库尔下侏罗统此种宽型的标本（Genkina, 1966）都不能做进一步比较，对它们的鉴定应有所保留。定名为 *Sphenobaiera pulchella* (Heer) Florin 的黑龙江鸡西城子河标本（张武等，1980），裂片顶端不成双瓣状，没有见到间细脉等，把它归于本种也应有所保留。目前模式标本原产地的角质层构造尚未见有报道。我国河南义马（曾勇等，1995）和黑龙江东部（曹正尧，1992）归于此种比较种的标本有角质层的记录。河南义马的标本为下气孔型；上角质层脉路明显，脉路细胞伸长，以矩形为主；脉间细胞多边形，细胞表壁乳突明显；下角质层脉路明显，脉路细胞伸长，表壁平，边壁弯曲而加厚；脉间细胞作纵向伸长，同样以矩形为主，表壁具有显著乳突；气孔器分布于脉间，以纵向为主或不定向；两个保卫细胞，内壁稍加厚；副卫细胞形态和数目不明。黑龙江东部的标本，上、下角质层都未发现气孔器。这些时代和产地不同的叶化石和模式种之间是否有确切关系尚待证实。

产地和层位　内蒙古呼伦贝尔，上侏罗统；黑龙江鸡西城子河、鹤岗，下白垩统城子河组；辽宁凌源，下侏罗统郭家店组；吉林汪清天桥岭，上三叠统马鹿沟组；河南义马，中侏罗统义马组；陕西延安王家坪，中侏罗统延安组。

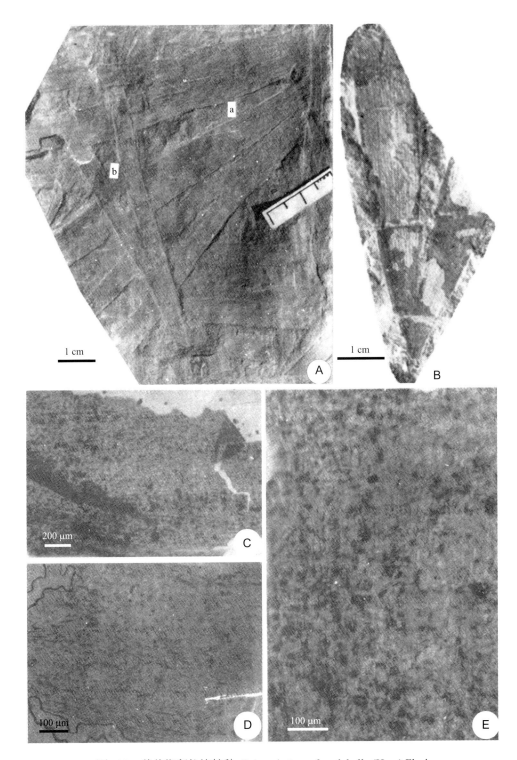

图 190　稍美楔拜拉比较种 *Sphenobaiera* cf. *pulchella* (Heer) Florin

河南义马，中侏罗统义马组（A, C–E）Middle Jurassic Yima Formation, Yima of Henan (A, C–E)；陕西延安王家坪，中
侏罗统延安组（B）Middle Jurassic Yan'an (Yen'an) Formation, Wangjiaping of Yan'an, Shaanxi (B)。A, B. 叶 Leaves；
C, D. 下表皮角质层 Lower cuticle；E. 上表皮角质层 Upper cuticle（CUMTX：A, C–E. YM94086；曾勇等，1995；
IGCAGS：B. OP62003；黄枝高、周惠琴，1980）

柴达木楔拜拉 *Sphenobaiera qaidamensis* Zhang ex Yang, Wu et Zhou

图 191

1998. *Sphenobaiera qadamensis* Zhang：张泓等，页 279；图版 44，图 5（不合格发表）。
2014. *Sphenobaiera qaidamensis* Zhang ex Yang, Wu et Zhou, p. 270.

图 191　柴达木楔拜拉 *Sphenobaiera qaidamensis* Zhang ex Yang, Wu et Zhou

青海德令哈旺尕秀，中侏罗统石门沟组，正模 Middle Jurassic Shimengou Formation, Wanggaxun of Delingha, Qinghai, Holotype（XABCRI: MP-93956；张泓等，1998）

特征　叶狭楔形，长 11 cm，不具明显叶柄，两侧边夹角不大于 10°。叶片分裂一次，分裂角很窄，5°–15°，裂缺深达叶片长度 1/2（叶未分裂部分长约 55 mm），裂片宽 4–5 mm，顶端钝圆。叶片分裂点下的宽度为 8–10 mm。叶脉细，基出脉 2 条，多次二歧分叉，每个裂片含平行叶脉 8–9 条，脉间距为 0.5 mm。（据张泓等，1998 描述整理）

注　本种叶狭楔形，分裂一次，裂缺很深，达叶片长度的 1/2，裂片宽 4–5 mm，顶端钝圆，叶脉细密等与英国同时代的 *Sphenobaiera ophioglossum* Harris et Millington（Harris et al., 1974）模式标本相似，但本种叶较窄，两侧边夹角不大于 10°，分裂角很窄，5°–15°，而后者的叶未分裂部分长约 70 mm，裂片分裂角较大，约 12°（8°–30°），而且有的叶片可作两次分裂。定名为 *Sphenobaiera* cf. *ophioglossum* Harris et Millington（王自强，1984；见本书页 281）的河北张家口下花园中侏罗统门头沟组标本，在外形上也可与本种的标本比较，但叶顶端部分较宽，分裂 1–2 次，裂片较宽可达 20 mm，而本种叶为狭楔形，仅分裂 1 次，裂片较窄，宽 4–5 mm。

此种名发表时未附有英文特征。此外，在正文"分类描述"中把地名"柴达木"（Qaidam）拼写为"qadam-"，在图版说明中为"qiadam-"，都出现了拼写打印差错。这些问题，此前都已做了改正（Yang et al., 2014）。

产地和层位 青海德令哈旺尕秀，中侏罗统石门沟组（模式标本）。

前甸子楔拜拉 *Sphenobaiera qiandianziense* Zhang et Zheng
图 192

1983. *Sphenobaiera qiandianziense* Zhang et Zheng：张武等，页 80；图版 4，图 19–21（不合格发表）。
2014. *Sphenobaiera qiandianziense*：Yang et al., p. 267.

特征 叶楔形，保存最大长度达 8 cm，最宽处约 7 cm，不具明显叶柄。叶片分裂为 4 个主要裂片，分裂角 15°–20°，有的裂片在近顶端处再浅裂一次。叶脉细密，在裂片中上部 30–40 条/cm。（据张武等，1983 特征）

注 本种外形和南费尔干中、上三叠统的 *Sphenobaiera granulifer* Sixtel（Sixtel, 1962）有些相似，但后者叶脉较粗，密度也较小。

此种发表时未指定模式标本。

产地和层位 辽宁本溪林家崴子一带，中三叠统林家组。

图 192 前甸子楔拜拉 *Sphenobaiera qiandianziense* Zhang et Zheng

辽宁本溪林家崴子，中三叠统林家组 Middle Triassic Linjia Formation, Linjiaweizi of Benxi, Liaoning（SYIGM：
LMP2092–LMP2094；张武等，1983）

七星楔拜拉 *Sphenobaiera qixingensis* Zheng et Zhang
图 193

1982. *Sphenobaiera chenzihensis* Zheng et Zhang：郑少林、张武，页 320；图版 18，图 1–4；图版 19，
图 1–2；图版 20，图 9–10（不合格发表）。

图 193　七星楔拜拉 *Sphenobaiera qixingensis* Zheng et Zhang

黑龙江双鸭山七星，下白垩统城子河组 Lower Cretaceous Chengzihe Formation, Qixing of Shuangyashan, Heilongjiang。
A, B. 叶 Leaves；C, D. 下角质层 Lower cuticle；E. 气孔器 Stomatal apparatus（SYIGM：A, D, E. HCC004；B, C. HCS028，正模 Holotype；郑少林、张武，1982）

1982. *Sphenobaiera qixingensis* Zheng et Zhang：郑少林、张武，页320；图版19，图3；图版20，图1–8。
1992. *Sphenobaiera qixingensis*：曹正尧，页239；图版6，图3–5；插图6。
2014. *Sphenobaiera chenzihensis*：Yang et al., p. 267.

特征 叶窄楔形，无明显叶柄，长可达 17 cm 以上（小的叶长仅数厘米）。叶片首先在正中分裂一次，裂缺几乎深达基部，然后再分裂一次，形成 4 个最后裂片。外侧两个最后裂片较内侧的两个宽；裂片最宽处位于中部，顶端钝圆，分裂角很小；叶脉粗而明显，分叉多次，裂片中部含叶脉 20 条以上（在较小的叶中，裂片含叶脉 10 条左右）。

角质层相当薄弱。下角质层较薄，脉路不明显，脉路细胞由伸长的四方形细胞组成，脉间区的细胞为不规则的多角形，由于加厚不均匀，故表壁很不平整；气孔器仅分布于脉间区，数目较少，排列不规则，孔口多与叶脉平行；气孔器单唇式，保卫细胞深陷，较薄弱；副卫细胞新月形，孔口两侧各一个，围成椭圆形，近孔口一侧略角质加厚倾覆于保卫细胞之上。上角质层与下角质层构造相似，但表皮细胞无不均匀加厚，表壁显得平整，脉路细胞比脉间细胞略为伸长，行列较明显，具有各种形状的树脂道和树脂体，偶见毛状体基痕。（据郑少林、张武，1982 特征）

注 定名为 *Sphenobaiera chenzihensis* Zheng et Zhang（郑少林、张武，1982）的标本与本种产于同一产地和层位，无论叶的外形还是角质层构造两者都没有本质区别，当为同种。虽然 *Sphenobaiera chenzihensis* Zheng et Zhang 出版时排列在本种之前，但有两块标本（登记号：HCC004，HCC004-1），由于没有指定正模标本，即为不合格发表的种名。本种名虽排列在后，但仅有一块标本（登记号：HCS028），在当时无须另外指定模式，即可视为合格发表的种名。故本书采用合格发表的种名 *Sphenobaiera qixingensis* Zheng et Zhang。

本种叶片和裂片形态等与 *Sphenobaiera longifolia* (Pomel) Florin 相似，但后者叶片分裂次数较多，裂片也多，每个裂片的叶脉较少，有 7–11 条，树脂体不存在。本种外形与 *Sphenobaiera spectabilis* (Nathorst) Florin 也甚相似，但后者叶片分裂次数多于 2 次，顶端常呈浅裂状。原作者认为：本种角质层构造颇为特殊，与本属其他种不同。由于保存欠佳且图片不够清晰，对于保卫细胞和副卫细胞的特征描述，还有待验核。

产地和层位 黑龙江双鸭山七星，下白垩统城子河组（模式标本）。

楔拜拉？具皱种 *Sphenobaiera? rugata* Zhou (non *Sphenobaiera rugata* Wang 1984)

图 194

1984. *Sphenobaiera? rugata* Zhou：周志炎，页44；图版26，图1–1g。

特征 叶保存部分长 25 mm，呈楔形，自上部最宽处缓缓向下变窄，基部未保存，中间深裂至叶中部，分为两个宽达 4.5 mm 的裂片。裂片可再浅裂一次，顶端不明。叶脉保存不甚明显，每一裂片中有 5 条。叶两面气孔型。树脂体未见。

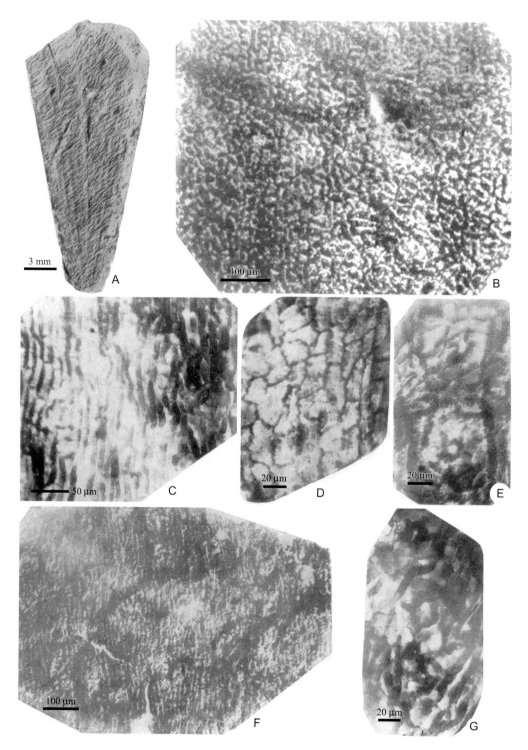

图 194　楔拜拉? 具皱种 *Sphenobaiera*? *rugata* Zhou

广西西湾，下侏罗统西湾组大岭段 Lower Jurassic Daling Member of Xiwan Formation, Xiwan of Guangxi。A. 正模，示叶脉 Holotype, showing venation；B. 上角质层 Upper cuticle；C. 示下角质层上的索状角质脊 Rope-like cuticular ridges on the lower cuticle；D. 上角质层细胞 Epidermal cells on the upper cuticle；E. 示下角质层气孔器 Stomata of lower cuticle；F. 下角质层 Lower cuticle；G. 上角质层气孔器 Stomata of upper cuticle（NIGPAS：PB8923；周志炎，1984）

角质层厚。上角质层厚约 7.5 μm，由脉路和脉间带组成。脉路宽约 10 μm，由较狭长的（15–65 μm × 5–30 μm）排列成纵行的细胞组成。脉间细胞多角形为主，或为纵横长方形，长在 30–80 μm 之间。下角质层厚约 5 μm，边缘宽 200–230 μm，由多角形细胞组成，其余部分为较宽（200–500 μm）的脉路和较狭（200 μm）的气孔带所占据。后两者的细胞均为伸长形（脉路上尤为明显），其细胞垂周壁角质增厚显著，使表壁所占面积缩小。上、下细胞的垂周壁普遍地互相连接成条脊，使整个角质层（除边缘带外）呈现皱纹状的面貌，以致气孔带和脉路较难分辨。正常表皮细胞的垂周壁均强烈褶皱，上角质层的尤为显著，下角质层常因角质增厚而使褶皱互相联合成直线状。细胞表壁呈粗网状。

上、下角质层的气孔器在构造上相同，在上角质层极少，在下角质层较多，在气孔带中呈不规则排列。气孔器较小（上角质层较显著），以不完全的双环式为主，直径为 50–70 μm；孔缝方位不定。保卫细胞下陷。副卫细胞 4–6 个，极位和侧位的分化不明显，在靠近气孔窝口处角质增厚呈乳突状伸出。周围细胞存在。（据周志炎，1984 特征）

注 此种角质构造颇为别致，正常表皮细胞的垂周壁均强烈褶皱，下角质层常因角质增厚而使褶皱互相联合成直线状，细胞表壁呈粗网状等特征与楔拜拉属以及形态与之近似的银杏目叶化石（如 *Ginkgoites*）的已知种都不相同。由于叶基部不明，对它的归属尚有保留。此种的种名和王自强（1984）同年发表的 *Sphenobaiera rugata* Wang 相同，但后者在出版时间上稍晚，属于晚出同名，已被改名为 *Sphenobaiera wangii* Wu, Zhou et Wang（Wu et al., 2007）（见本书页 300）。

产地和层位 广西西湾，下侏罗统西湾组大岭段（模式标本）。

奇丽楔拜拉 *Sphenobaiera spectabilis* (Nathorst) Florin
图 195，图 196

1906. *Baiera spectabilis* Nathorst, p. 4；pl. 1, figs. 1–8；pl. 2, fig. 1；text-figs. 1–8.

1922. *Baiera spectabilis*：Johansson, p. 45；pl. 8, figs. 1, 2.

1926. *Baiera spectabilis*：Harris, p. 99；text-figs. 23A–D.

1936. *Sphenobaiera spectabilis* (Nathorst) Florin, p. 108.

1977b. *Sphenobaiera spectabilis*：冯少南等，页 238；图版 96，图 4，5。

1980. *Sphenobaiera spectabilis*：黄枝高、周惠琴，页 103；图版 49，图 6；图版 53，图 1，4–8；图版 54，图 1。

1982. *Sphenobaiera spectabilis*：刘子进，图版 2，图 19。

1983. *Sphenobaiera spectabilis*：黄其胜，页 32；图版 4，图 8。

1984. *Sphenobaiera spectabilis*：陈公信，页 605；图版 266，图 4，5。

1986. *Sphenobaiera spectabilis*：鞠魁祥、蓝善先，图版 2，图 7。

1987a. *Sphenobaiera spectabilis*：何德长见：钱丽君等，页 83；图版 23，图 3，5，7–8。

1988. *Sphenobaiera spectabilis*：李佩娟等，页 101；图版 67，图 2，3；图版 68，图 2，3；图版 69，图 4；图版 70，图 7；图版 117，图 1–4；图版 118，图 3–6。

1988. *Sphenobaiera spectabilis*：黄其胜，图版 1，图 8。

1993. *Sphenobaiera spectabilis*：米家榕等，页 130；图版 35，图 9–11。

1995. *Sphenobaiera spectabilis*：周志炎见：李星学，图版 92，图 1。

1996. *Sphenobaiera spectabilis*：Huang et al., pl. 1, fig. 8.

2001. *Sphenobaiera spectabilis*：黄其胜，图版 1，图 1。

2002. *Sphenobaiera spectabilis*：孟繁松等，页 312；图版 5，图 3。

特征　叶向下逐渐变狭，叶片增厚，但柄和叶片之间没有明显分界。叶的基部略作扩张状，叶膜色泽变暗；上、下角质层的表皮细胞方形，叶基部的细胞伸长。（据 Harris，1926）

模式标本产地和层位　俄罗斯法兰士·约瑟夫地，上三叠统。

注　此种叶较大，楔形，长达 13 cm 以上，上部较宽，向基部逐渐狭缩，但无明显叶柄；叶片一般深裂 2—3 次，常形成 4—6 枚裂片。裂片较宽，呈狭长带状等易于识别，在我国报道较多，但有角质层的标本仅见于陕西府谷下侏罗统富县组、神木中侏罗统延安组和青海中侏罗统。在上、下角质层、表皮细胞、气孔器等构造，特别是副卫细胞都具有明显的乳突，不覆盖或不完全覆盖保卫细胞等方面，它们和瑞典及东格陵兰的 *Sphenobaiera spectabilis* 标本是一致的。

本种外形及表皮构造和 *Sphenobaiera longifolia* (Pomel) Florin 相近。Prynada（1938）曾提出合并两者为同一种。不过 Samylina（1956, 1963）、Lundblad（1959）以及李佩娟等（1988）等持相反意见。本种和西伯利亚侏罗系的 *Sphenobaiera longifolia*（Heer, 1876b, 1880；见本书页 271）相比较，后者叶较狭，叶分裂的次数较多，最后一次裂片宽度较小，不超过 9 mm，分裂深度几乎达到"叶柄"附近，叶上角质层气孔器少并且多分布于叶缘附近、下角质层气孔器副卫细胞加厚较强、乳突遮盖着气孔，这些特征表明两者是有区别的。

定名为 *Sphenobaiera spectabilis* (Nathorst) Florin 的新疆库车下侏罗统塔里奇克组标本（吴舜卿，1995），其叶片是簇生于脱落的短枝上的，分裂后的裂片十分狭窄，明显不是本属的成员，可能与 *Czekanowskia* 属有关。定名为 *Sphenobaiera spectabilis* (Nathorst) Florin 的四川达州铁山上三叠统须家河组标本（杨贤河，1978），叶片较短，分裂后裂片也较狭，部分不排除是 *Baiera* 的碎片。

比较种列举如下。

Sphenobaiera cf. *spectabilis* (Nathorst) Florin：张采繁，1982，页 536；图版 355，图 12。湖南资兴三都，下侏罗统唐垅组。

Sphenobaiera cf. *spectabilis*：王国平等，1982，页 278；图版 127，图 9。浙江丽水蔡坑，下侏罗统。

Sphenobaiera cf. *spectabilis*：Duan, 1987, p. 48；pl. 17, figs. 4, 5；pl. 18, fig. 1。北京西山斋堂，中侏罗统窑坡组。

Sphenobaiera cf. *spectabilis*：陈晔等，1987，页 125；图版 36，图 5；图版 37，图 1, 2。四川盐边，上三叠统红果组。

Sphenobaiera cf. *spectabilis*：王士俊，1993，页 52；图版 21，图 10，10a；插图 4。广东乐昌关春、曲江红卫坑，上三叠统。

Sphenobaiera cf. *spectabilis*：米家榕等，1993，页 130；图版 35，图 5, 6。吉林双阳八面石煤矿南井，上三叠统小蜂蜜顶子组上段。

图 195　奇丽楔拜拉 *Sphenobaiera spectabilis* (Nathorst) Florin

青海大煤沟，中侏罗统大煤沟组 *Tyrmia-Sphenobaiera* 层及绿草山宽沟，中侏罗统石门沟组 *Nilssonia* 层 Middle Jurassic
Tyrmia-Sphenobaiera Bed of Dameigou Formation, Dameigou and *Nilssonia* Bed of Shimengou Formation, Kuangou of
Lücaoshan, Qinghai（NIGPAS：A, B, C. PB13617, PB13616, PB13608；李佩娟等，1988）

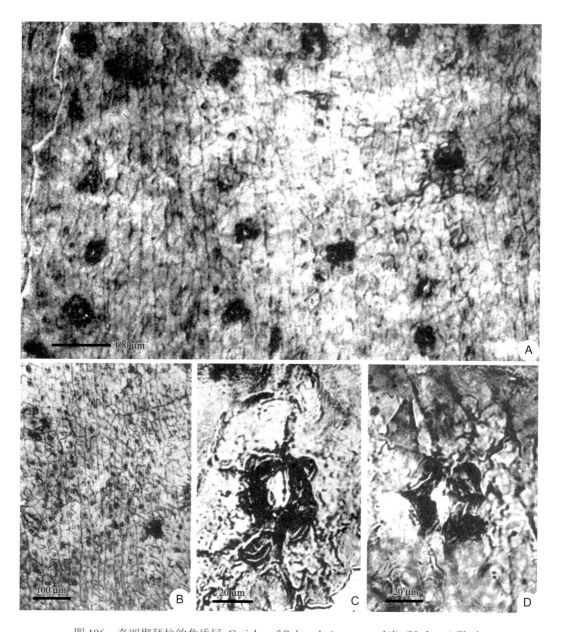

图 196　奇丽楔拜拉的角质层　Cuticles of *Sphenobaiera spectabilis* (Nathorst) Florin

A. 下表皮，示细胞形状和气孔器分布 Lower cuticle, showing epidermal cells and stomata；B. 上表皮，示细胞形状和
乳突 Upper cuticle, showing epidermal cells and papillae；C, D. 示气孔器 Showing stomatal apparatus；图 A，B，D 自
图 195B，图 C 自图 195C　Figs. A, B, D from fig. 195B and fig. C from fig. 195C

Sphenobaiera cf. *spectabilis*：Wang, 1995, pl. 2, figs. 3, 6。陕西铜川，中侏罗统延安组。

Sphenobaiera cf. *spectabilis*：米家榕等，1996，页 127；图版 27，图 4。河北抚宁石
　　门寨，下侏罗统北票组。

Sphenobaiera cf. *spectabilis*：张泓等，1998，图版 44，图 1；图版 47，图 1–2；图版 49，
　　图 2。新疆乌鲁木齐艾维尔沟，下侏罗统八道湾组；甘肃靖远刀楞山，刀楞山组。

Sphenobaiera cf. *spectabilis*：邓胜徽等，2003，图版 76，图 5。新疆哈密三道岭，中
　　侏罗统西山窑组。

产地和层位　甘肃靖远刀楞山四道沟，下侏罗统。重庆开州，下侏罗统珍珠冲组。
陕西神木西沟大砭窑，中侏罗统延安组一段；府谷闻家畔，下侏罗统富县组。安徽怀宁，
下侏罗统武昌组下部；怀宁牧岭水库，下侏罗统象山群下部。湖北秭归泄滩新镇，下侏
罗统香溪组；鄂城程潮，下侏罗统武昌组。江苏南京吕家山，上三叠统范家塘组。青海
大煤沟、绿草山宽沟，中侏罗统大煤沟组 *Tyrmia-Sphenobaiera* 层及石门沟组 *Nilssonia* 层。
黑龙江东宁水曲柳沟，上三叠统罗圈站组。

刺楔拜拉 *Sphenobaiera spinosa* (Halle) Florin
图 197

1927. *Baiera spinosa* Halle, p. 191；pl. 52, figs. 12–14；pl. 53, figs. 7–9.

图 197　刺楔拜拉 *Sphenobaiera spinosa* (Halle) Florin

山西太原，上二叠统下部上石盒子组 Lower Upper Permian Shangshihezi (Upper Shihhotse) Formation, Taiyuan, Shanxi.
A. 正模，叶上部二歧分叉 Holotype, leaves bifurcated in the upper part；B. 叶基部放大，示边缘小刺 Enlarged leaf basal
part, showing marginal spines（NRM.SE：A. S138301；B. S138302；Halle, 1927）

1936. *Sphenobaiera spinosa* (Halle) Florin, p. 108.

1974. *Sphenobaiera spinosa*：中国科学院南京地质古生物研究所、植物研究所《中国古生代植物》编写小组，页 146；图版 115，图 5–8。

1985. *Sphenobaiera spinosa*：杨关秀、黄其胜，页 107；图 2-217。

1989. *Sphenobaiera spinosa*：梅美棠等，页 66；插图 3-60。

图 198　楔拜拉？旋生种
Sphenobaiera? spirata Sze ex Gu et Zhi

内蒙古准格尔旗黑带沟，中二叠统下石盒子组 Middle Permian Xiashihezi (Lower Shihhotse) Formation, Heidaigou of Junggar Qi, Inner Mongolia。着生同一枝上、下部的叶，正模 Leaves attached to the same shoot, Holotype（NIGPAS：PB4364；斯行健，1989）

特征　叶无柄，很少分裂或仅分裂一次，长至少 10 cm，基部宽 7–8 mm。裂片近线形，上部宽达 10 mm 以上。叶腹面边缘有一条宽 1–2 mm 的狭带，带中不规则地分布着锥形小刺。叶脉粗而不规则，在裂片前端 20–30 条/cm。（据 Halle，1927 特征；中国科学院南京地质古生物研究所、植物研究所《中国古生代植物》编写小组，1974 增订特征）

注　本种叶片很少分裂或仅分裂一次，裂片边缘具一含有小刺的狭带颇为别致，可与楔拜拉属的其他种区别。中国科学院南京地质古生物研究所、植物研究所《中国古生代植物》编写小组（1974）汉译此种名为刺楔银杏。

产地和层位　山西太原，上二叠统下部上石盒子组下部（模式标本）。

楔拜拉？旋生种 *Sphenobaiera? spirata* Sze ex Gu et Zhi

图 198

1974. *Sphenobaiera? spirata* Sze ex Gu et Zhi：中国科学院南京地质古生物研究所、植物研究所《中国古生代植物》编写小组，页 146；图版 116，图 3–5。

1976. *Sphenobaiera? spirata*：黄本宏，页 379；图版 224，图 5，6。

1989. *Ginkgophyton? spiratum* Sze：斯行健，页 80，224；图版 89，图 8，8a；图版 92，图 4–7；图版 93，图 1，2。

特征　长枝粗 4.5–5 mm。叶革质，楔形，有时二裂，长 4 cm 以上，顶端钝圆，基部极狭，下延，疏松螺旋排列，脱落后在枝上留下拱形的叶痕。叶脉细密，在叶的下部为二歧分叉，大致与叶缘平行。（据斯行健，1989；中国科学院南京地质古生物研究所、植物研究所《中国古生代植物》编写小组，1974）

注 斯行健在1963年的手稿里将此种暂归于 *Ginkgophyton*？。1974年出版的《中国古生代植物》一书中则将此种改归于入楔拜拉属。*Ginkgophyton* 属是 Zalessky（1918）创立的，包括以 *Psygmophyllum flabellatum* (L. et H.) 为代表的，裂片中叶脉扇状，不具中脉的"掌叶类"植物。由于此属名先前已被用于一种 *Sphenopteris* 型的植物化石，是一个后出同名，不是合格发表的名称（Matthew，1909；姚兆奇，1989），Høeg（1967）创立新属名 *Ginkgophytopsis* 来代替它。不过当前种叶片较小，分裂较为规则和叶片大型、常不规则分裂的 *Ginkgophytopsis flabellata* 和 *G. spinimarginalis* 等种也颇为不同（见系统记述"三"）。因为它的基本形态特征符合叶化石属楔拜拉的定义，在缺乏角质层和生殖器官等重要证据的情况下，目前这样处理较为合适。本种叶不脱落，与长枝连生保存的状况颇为罕见，在以往的记载中仅有东格陵兰上三叠统的 *Sphenobaiera boeggildiana* (Harris) Florin（Harris，1935，pl. 4，figs. 2，8）和重庆大足上三叠统须家河组所产的 *Sphenobaierocladus* Yang（见页310）两种。

此种的汉译名原为旋楔银杏（中国科学院南京地质古生物研究所、植物研究所《中国古生代植物》编写小组，1974）。

产地和层位 内蒙古准格尔旗，中二叠统下石盒子组下部（模式标本）。

细脉楔拜拉 *Sphenobaiera tenuistriata* (Halle) Florin

图199，图200

1927. *Baiera tenuistriata* Halle, p. 189；pl. 53, figs. 1–5, ?6；pl. 54, fig. 25.

1936. *Sphenobaiera tenuistriata* (Halle) Florin, p. 108.

1974. *Sphenobaiera tenuistriata*：中国科学院南京地质古生物研究所、植物研究所《中国古生代植物》编写小组，页146；图版116，图1，2。

1978. *Sphenobaiera tenuistriata*：陈晔、段淑英，页467；图版154，图3。

1987. *Sphenobaiera tenuistriata*：杨关秀，图版16，图1。

2006. *Sphenobaiera tenuistriata*：杨关秀等，页155，294；图版47，图5（＝杨关秀，1987，图版16，图1），6；图版76，图2。

特征 叶大，无柄，多次（可达4–5次）二歧分裂成许多（多达16–20枚）线形裂片；中部的裂片宽10–15 mm，最后裂片宽约2 mm，叶脉密，叶基部有脉8–10条，二歧分裂处密度为35条/cm，在叶的中部50–60条/cm。（据 Halle，1927特征，中国科学院南京地质古生物研究所、植物研究所《中国古生代植物》编写小组，1974及杨关秀等，2006修订特征整理）

注 杨关秀等（2006）在河南禹州等地发现较完整的标本，对本种的特征做了些修订。她们证实此种的（正常的）叶片下部的叶缘夹角为20°，并具有长达10 cm以上的柄状基部（图199B）。杨关秀等（2006，图版47，图1，2，即本书图199C，D）同时还

图 199　产自河南的细脉楔拜拉 *Sphenobaiera tenuistriata* (Halle) Florin from Henan

河南禹州云盖山、汝州，上二叠统下部云盖山组 Lower Upper Permian Yungaishan Formation, Ruzhou and Yungaishan of Yuzhou, Henan。A, B. 示叶楔形下部和长的柄状基部 Showing wedge-shaped lower part and long petiole-like leaf base；C, D. 裂片细狭的可疑幼叶标本 Doubtful juvenile leaves with narrow segments；E. 叶中部 Middle part of a leaf（CUGB：A–E. HEP0742, HEP0741, HEP3396, HEP3395, HEP0743；杨关秀等，2006）

图 200　产自山西的细脉楔拜拉 *Sphenobaiera tenuistriata* (Halle) Florin from Shanxi

山西太原，上二叠统下部上石盒子组 Lower Upper Permian Shangshihezi (Upper Shihhotse) Formation, Taiyuan, Shanxi。

A—C. 叶的中部、上部和基部 The middle, upper and lower parts of leaves（NRM.SE：A—C. S138304, S138306, S138308；

Halle, 1927）

记述了此种的"幼叶"标本两块，其叶片狭小，共分裂 4 次，具有 16 枚宽度为 1 mm 的裂片，但是没有发表形态大小介于两类叶化石之间的过渡类型。此类"幼叶"的叶片分裂更细，叶基部狭细成柄状，可能不属于楔拜拉属。

本种与同时代的 *Sphenobaiera spinosa* (Halle) Florin 不难区别（见页 295）。本种裂片形状、大小等与中生代的 *Sphenobaiera multipartita* Meng et Chen 及裂片较宽的 *Sphenobaiera longifolia* (Pomel) Florin 等可作比较，但本种叶脉较密，裂片分裂角较小，而且本种角质层构造未明不能做进一步比较。

此种汉译名或作细脉楔银杏（中国科学院南京地质古生物研究所、植物研究所《中国古生代植物》编写小组，1974）和多脉楔拜拉（吴向午、王永栋，待刊）。

比较种如下。

Sphenobaiera cf. *tenuistriata*：王仁农、李桂春，1998，图版 16，图 2。河南禹州，
　　上二叠统下部上石盒子组。

产地和层位　山西太原，上二叠统下部上石盒子组（模式标本）。河南禹州云盖山、汝州坡池，上二叠统下部云盖山组；禹州陈庄南，上二叠统下部上石盒子组。四川彭州小鱼洞，上二叠统龙潭组。

单脉楔拜拉比较种 *Sphenobaiera* cf. *uninervis* Samylina
图 201

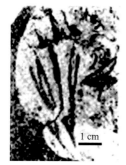

图 201　单脉楔拜拉比较种
Sphenobaiera cf. *uninervis* Samylina
内蒙古霍林河煤田，下白垩统霍林河组 Lower Cretaceous
Huolinhe Formation, Huolinhe coal field of Inner Mongolia
（NIGPAS: Ps024；孙革、商平，1988）

1988. *Sphenobaiera uninervis* Samylina：孙革、
　　商平，图版 3，图 7。

注　此标本原被定名为 *Sphenobaiera uninervis* Samylina，未作描述，仅有一张图片。叶脉等特征在图片上看不清楚，无法与俄罗斯阿尔丹达河盆地下白垩统模式标本（Samylina, 1956）做进一步比较，暂改定为 *Sphenobaiera* cf. *uninervis* Samylina。

产地和层位　内蒙古霍林河煤田，（上侏罗统至）下白垩统霍林河组。

王氏楔拜拉 *Sphenobaiera wangii* Wu, Zhou et Wang
图 202，图 203

1984. *Sphenobaiera rugata* Wang：王自强，页 278；图版 118，图 1–5。
2007. *Sphenobaiera wangii* Wu, Zhou et Wang, p. 881.

图 202　王氏楔拜拉 *Sphenobaiera wangii* Wu, Zhou et Wang

山西临县，中-上三叠统延长群，正模 Middle and Upper Triassic Yanchang (Yenchang) Group, Linxian, Shanxi, Holotype。
仅图左上，右侧为舌叶等碎片 Upper left only, lower right *Glossophyllum*（NIGPAS：P0114；王自强，1984）

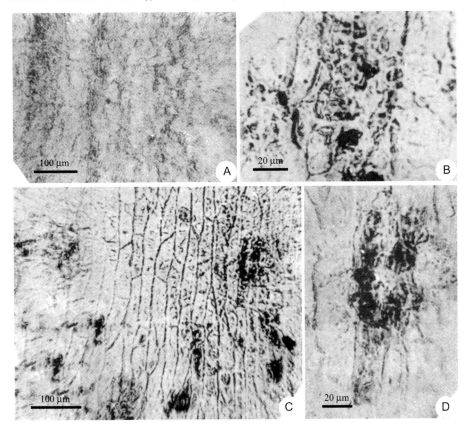

图 203　王氏楔拜拉的角质层 Cuticles of *Sphenobaiera wangii* Wu, Zhou et Wang

叶角质层，来自图 202 标本左上 Cuticles from specimen in fig. 202, upper left：A. 上角质层 Upper cuticle；B, D. 气孔
器 Stomatal apparatus；C. 下角质层 Lower cuticle

特征 叶片狭楔形，至少长 9 cm，深裂 3–4 次。最后裂片为宽 1–1.5 mm 的线形裂片，顶端渐尖。叶脉细，每个裂片含叶脉 2–3 条。叶表面具纵褶，沿叶脉方向发育，脉间具间细脉。

叶两面气孔型，角质层较薄，具纵褶，以纵向伸长细胞为主，细胞垂周壁多少弯曲。下角质层较上角质层细胞轮廓清楚。气孔器较多，长椭圆形，乳突发育。上、下角质层气孔器分布不规则，侧副卫细胞伸长，气孔窝口被副卫细胞上大而突出的乳突掩覆。（据王自强，1984 特征整理）

注 本种原名为 *Sphenobaiera rugata* Wang（王自强，1984/12 月），在广西西湾下侏罗统西湾组大岭段的 *Sphenobaiera? rugata* Zhou（周志炎，1984/3 月）之后发表，属于晚出同名。遵照国际植物命名法规（McNeill et al., 2006, Articles 7.3 & 53.1），吴向午等（Wu et al., 2007）把山西标本改名为 *Sphenobaiera wangii* Wu, Zhou et Wang。

本种叶片分裂较多，最后裂片线形等与前述的 *Sphenobaiera pecten* Harris 标本可作比较，但后者叶表未见纵褶，脉间未见间细脉，最后裂片较狭，宽约 0.7 mm，叶脉可能只有一条。在角质层方面，本种表皮细胞乳突发育、副卫细胞乳突大而突起常掩覆在气孔窝之上等，明显与 *S. pecten* 的标本不同。

产地和层位 山西临县，中-上三叠统延长群（模式标本）。

楔拜拉未定种 1 *Sphenobaiera* sp. 1
图 204

1927. *Baiera* sp.：Halle, p. 192；pl. 53, fig. 10.

描述 脉较粗。叶片向下部急剧变窄直到柄状基部，叶片分裂间距短，裂片彼此构成较宽的交角。（据 Halle, 1927）

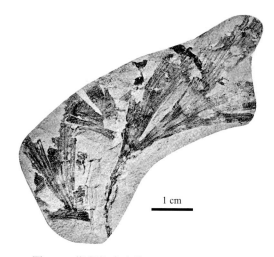

1 cm

图 204 楔拜拉未定种 1 *Sphenobaiera* sp. 1

山西太原，上二叠统下部上石盒子组 Lower Upper Permian Shangshihezi (Upper Shihhotse) Formation, Taiyuan, Shanxi
（NRM.SE；Halle, 1927）

注　Halle 认为此类型和某些中生代的 *Baiera* 略有相似之处。由于标本保存欠佳，在未能确切证实和中生代常见种有联系以前，暂与同一层产出的标本一同归入楔拜拉属中。

产地和层位　山西太原，上二叠统下部上石盒子组。

楔拜拉未定种 2 *Sphenobaiera* sp. 2
图 205

1987. *Sphenobaiera* sp.：赵修祜等，页 102；图版 29，图 5，5a。

描述　叶基部宽楔形，多次二歧分叉。下部裂片宽 6–10 mm；上部宽 2–6 mm，顶部未保存。叶脉细密，在较大裂片内有 60 条/cm。（据赵修祜等，1987）

产地和层位　山西左权十里店，中二叠统下石盒子组。

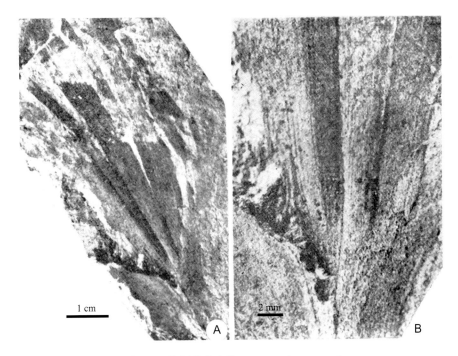

1 cm

2 mm

A

B

图 205　楔拜拉未定种 2 *Sphenobaiera* sp. 2

山西左权十里店，中二叠统下石盒子组，图 B 为图 A 下部的局部放大　Middle Permian Xiashihezi (Lower Shihhotse) Formation, Shilidian of Zuoquan, Shanxi, fig. B enlarged from lower part of fig. A（NIGPAS：A, B. PB13821；赵修祜等，1987）

楔拜拉未定种 3 *Sphenobaiera* sp. 3
图 206

1989. *Baiera* (*Sphenobaiera*?) sp.：斯行健，页 71；图版 81，图 1，1a，2，2a。

描述 叶楔形，深深地分裂几乎达到基部；裂片呈叉状线形，顶端钝。叶脉通常不明显，与叶膜边缘大致平行，每一裂片内有叶脉数条。（据斯行健，1989）

产地和层位 内蒙古准格尔旗黑岱沟，中二叠统下石盒子组。

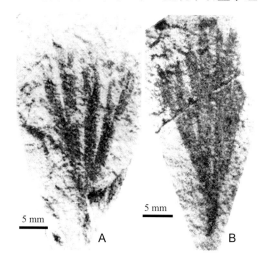

图 206 楔拜拉未定种 3 *Sphenobaiera* sp. 3

内蒙古准格尔旗黑岱沟，中二叠统下石盒子组 Middle Permian Xiashihezi (Lower Shihhotse) Formation, Heidaigou of Junggar Qi, Inner Mongolia（NIGPAS：A, B. PB4310, PB4311；斯行健，1989）

楔拜拉未定种 4 *Sphenobaiera* sp. 4

图 207

2000. *Sphenobaiera* sp.：阎同生等，图版 1，图 10（无描述）。
2001. *Sphenobaiera* sp.：阎同生、杨遵仪，图版 7，图 1，4（无描述）。

图 207 楔拜拉未定种 4 *Sphenobaiera* sp. 4

河北秦皇岛柳江，上二叠统下部上石盒子组 Lower Upper Permian Shangshihezi (Upper Shihhotse) Formation, Liujiang of Qinhuangdao, Hebei（CUGB：A, B. QL1080, QL1077；阎同生、杨遵仪，2001）

注　阎同生等（2000）和阎同生、杨遵仪（2001）发表此种时都未给出描述，所示的图片中两枚叶的分裂角度和裂片宽窄都颇为不同，是否同属一种有待证实。

产地和层位　河北秦皇岛柳江，上二叠统上石盒子组。

楔拜拉未定种多个 *Sphenobaiera* spp.

1933c. *Baiera* sp.：Sze, p. 28；pl. 2, figs. 10, 11.
　　产自内蒙古乌兰察布石拐子，下-中侏罗统。

1956c. *Sphenobaiera* sp. [Cf. *Sphenobaiera spectabilis* (Nathorst) Florin]：斯行健，页 468，476；图版 2，图 1，2。
　　产自新疆准噶尔盆地，上三叠统延长组。

1963. *Sphenobaiera* sp. [Cf. *Sphenobaiera spectabilis* (Nathorst) Florin]：斯行健、李星学等，页 244；图版 83，图 5（=斯行健，1956c，页 468，476；图版 2，图 1）。
　　产自新疆准噶尔盆地，上三叠统延长组。

1963. *Sphenobaiera* sp. 1 (?sp. nov.)：斯行健、李星学等，页 244；图版 84，图 5；图版 85，图 5（=*Baiera* sp.: Sze, 1933c, p. 28; pl. 2, figs. 10, 11）。
　　产自内蒙古乌兰察布石拐子，下-中侏罗统。

1976. *Sphenobaiera* sp. 1：张志诚等，页 195；图版 99，图 8；图版 105，图 3。
　　产自内蒙古包头石拐沟，中侏罗统召沟组。

1976. *Sphenobaiera* sp. 2：张志诚等，页 195；图版 99，图 9。
　　产自山西左云罗道沟，中侏罗统大同组。

1977. *Sphenobaiera* sp.：长春地质学院地勘系等，图版 4，图 7。
　　产自吉林浑江石人镇，上三叠统小河口组。

1980. *Sphenobaiera* sp. [Cf. *Sphenobaiera spectabilis* (Nathorst) Florin]：何德长、沈襄鹏，页 26；图版 22，图 1。
　　产自湖南祁阳黄泥塘，下侏罗统。

1980. *Sphenobaiera* sp. 1 (sp. nov.)：黄枝高、周惠琴，页 104；图版 8，图 5。
　　产自陕西吴堡张家墕，中三叠统二马营组上部。

1980. *Sphenobaiera* sp. 2 (sp. nov.)：黄枝高、周惠琴，页 104；图版 8，图 3，4。
　　产自陕西吴堡张家墕，中三叠统二马营组上部。

1982b. *Sphenobaiera* sp.：杨学林、孙礼文，页 52；图版 21，图 11。
　　产自吉林洮南万宝五井，中侏罗统万宝组。

1982. *Sphenobaiera* sp.：张采繁，页 536；图版 347，图 6；图版 356，图 4。
　　产自湖南怀化泸阳，上三叠统。

1982. *Sphenobaiera* sp.：郑少林、张武，页 320；图版 18，图 6。
　　产自黑龙江密山裴德，中侏罗统裴德组。

1982. *Sphenobaiera* sp.：段淑英、陈晔，页 507；图版 16，图 6。
　　产自四川达州铁山，下侏罗统珍珠冲组。

1983. *Sphenobaiera* spp.：张武等，页 81；图版 4，图 14–16。

产自辽宁本溪林家崴子，中侏罗统林家组。

1984. *Sphenobaiera* sp. cf. *Sphenobaiera spectabilis* Nathorst：周志炎，页 43；图版 24，图 4；插图 10。

产自湖南衡南洲市、祁阳河埠塘，下侏罗统观音滩组排家口段。

1986. *Sphenobaiera* sp. [Cf. *Sphenobaiera spectabilis* (Nathorst) Florin]：叶美娜等，页 69；图版 47，图 1，7–9。

产自重庆开州温泉、四川达州铁山金窝，上三叠统须家河组第七段。

1986. *Sphenobaiera* sp.：张川波，图版 2，图 5。

产自吉林延吉智新大拉子，下白垩统大砬子组。

1987. *Sphenobaiera* sp. 1：陈晔等，页 125；图版 37，图 3。

产自四川盐边，上三叠统红果组。

1987. *Sphenobaiera* sp. 2：陈晔等，页 125；图版 37，图 4。

产自四川盐边，上三叠统红果组。

1988. *Sphenobaiera* sp. cf. *Sphenobaiera longifolia* (Heer) Florin：孙革、商平，图版 2，图 8。

产自内蒙古霍林河煤田，下白垩统霍林河组。

1988. *Sphenobaiera* sp.：李佩娟等，页 102；图版 71，图 8；图版 118，图 1，2，7，8。

产自青海德令哈柏树山，中侏罗统石门沟组 *Nilssonia* 层。

1988. *Sphenobaiera* sp.：张汉荣等，图版 2，图 4。

产自河北蔚县南石湖，中侏罗统郑家窑组。

1988a. *Sphenobaiera* sp. [Cf. *Sphenobaiera spectabilis* (Nathorst) Florin]：黄其胜、卢宗盛，页 183；图版 2，图 1。

产自河南卢氏双槐树，中–上三叠统延长群下部。

1991. *Sphenobaiera* sp.：赵立明、陶君容，图版 1，图 1。

产自内蒙古赤峰平庄西露天矿，上侏罗统杏园组。

1993. *Ginkgoites* sp. 2：孙革，页 87；图版 18，图 6；图版 36，图 5。

产自吉林汪清天桥岭镇南（嘎呀河西岸），上三叠统马鹿沟组。

1993. *Sphenobaiera* sp.：米家榕等，页 131；图版 34，图 9，13。

产自吉林双阳八面石煤矿南井，上三叠统小蜂蜜顶子组上段。

1993. *Sphenobaiera* spp. indet.：米家榕等，页 131；图版 33，图 11；图版 36，图 1，2。

产自吉林双阳大酱缸，上三叠统大酱缸组；浑江石人北山，上三叠统北山组（小河口组）。辽宁凌源老虎沟，上三叠统老虎沟组。

1995. *Sphenobaiera* sp.：李星学，图版 62，图 7。

产自海南琼海九曲江，下三叠统岭文组。

1995. *Sphenobaiera* sp.：曹正尧等，页 8；图版 4，图 2B。

产自福建政和，下白垩统南园组。

1995. *Sphenobaiera* sp.：曾勇等，页 64；图版 9，图 6。

产自河南义马，中侏罗统义马组。

1996. *Sphenobaiera* sp.：米家榕等，页 127；图版 28，图 14。

产自辽宁北票海房沟，中侏罗统海房沟组。

1996. *Sphenobaiera* sp.：孙跃武等，图版 1，图 10。

产自河北承德，下侏罗统南大岭组。

1996. *Sphenobaiera* sp.：何锡麟等，页 81；图版 66，图 3。

产自江西乐平鸣山煤矿，上二叠统乐平组老山下亚段。

1997. *Sphenobaiera* sp.：吴秀元等，页 24；图版 8，图 2。

产自新疆库车，上二叠统比尤勒包谷孜群。

1998. *Sphenobaiera* sp. 1：张泓等，图版 43，图 2。

产自陕西延安，中侏罗统延安组。

1998. *Sphenobaiera* sp. 2：张泓等，图版 44，图 2。

产自陕西延安，中侏罗统延安组；甘肃兰州窑街，中侏罗统窑街组。

2001. *Sphenobaiera* sp.：孙革等，页 90，194；图版 15，图 3。

产自辽宁义县，下白垩统尖山沟组。

2003. *Sphenobaiera* sp.：Yang, p. 569；pl. 3, figs. 6, 7, 13.

产自黑龙江鸡西盆地，下白垩统穆棱组。

2003. *Sphenobaiera* sp.：邓胜徽等，图版 75，图 5。

产自新疆哈密三道岭，中侏罗统西山窑组。

楔拜拉？未定种多个 *Sphenobaiera*? spp.

1963. *Sphenobaiera*? sp. 2：斯行健、李星学等，页 245；图版 87，图 1（=*Baiera* sp.: Sze, 1945, p. 52; fig. 17）。

产自福建永安坂头，（上侏罗统至）下白垩统坂头组。

1976. *Sphenobaiera angustifolia* (Heer) Florin：张志诚等，页 195；图版 99，图 4；图版 101，图 5。

产自内蒙古包头石拐沟，中侏罗统召沟组。

1979. *Sphenobaiera*? sp.：何元良等，页 152；图版 74，图 4。

产自青海刚察阿尔东沟，上三叠统默勒群下岩组。

1980. *Sphenobaiera*? sp.：黄枝高、周惠琴，图版 36，图 5，6。

产自陕西铜川柳林沟，上三叠统延长组顶部。

1988. *Sphenobaiera*? sp.：陈芬等，页 71；图版 65，图 6。

产自辽宁调兵山（原名铁法），下白垩统小明安碑组。

1993. *Sphenobaiera*? sp.：李杰儒等，页 235；图版 1，图 7。

产自辽宁丹东集贤 10 队采石场，下白垩统小岭组。

1996. *Sphenobaiera*? sp. 1：吴舜卿、周汉忠，页 10；图版 11，图 4。

产自新疆库车，中三叠统"克拉玛依组"。

1996. *Sphenobaiera*? sp. 2：吴舜卿、周汉忠，页 10；图版 8，图 9；图版 15，图 1–3。

产自新疆库车，中三叠统"克拉玛依组"。

2. 营养枝

似银杏枝属 Genus *Ginkgoitocladus* Krassilov, 1972

模式种 *Ginkgoitocladus burejensis* Krassilov。俄罗斯布列亚盆地，下白垩统。

属征 枝分长枝和短枝，短枝被鳞叶及叶痕覆盖。叶痕为卵圆形或长卵形，其上具双叶迹，在分泌道出露的地方有一些较小的穴。鳞叶具少量气孔，靠近基部下延，具有很多分泌道。（据 Krassilov, 1972）

注 该属是 Krassilov 研究俄罗斯布列亚盆地晚侏罗世和早白垩世地层的银杏目化石时建立的，其形态与现生银杏的枝条基本一致，分长枝和短枝，短枝上的叶痕中有双叶迹（两条维管束痕）和分泌道的痕迹。Ettingshausen（1887）在研究新西兰始新世标本时最早应用银杏枝（*Ginkgocladus*）一名，可是这个属名的模式标本是一块叶状印痕化石，不具备银杏枝条的特征（Seward, 1919）。似银杏枝和银杏目的多种生殖器官和不同的叶化石，如 *Ginkgoites*、*Karkenia*、*Baiera*、*Pseudotorellia* 和 *Sphenobaiera* 等，经常相伴生，保存完好时还可见到与叶相连生的标本（Zhou et al., 2007）。对于一些已知枝、叶相连生的标本，许多研究者仍依据叶的形态来命名，如 *Sphenobaiera furcata* Heer（Kräusel, 1943a；斯行健，1956a；Harris et al., 1974）、*Pseudotorellia angustifolia*（Krassilov, 1972）和 *Eretmophyllum tetoriensis*（Kimura & Sekido, 1965）等。不过，也有些学者主张把枝、叶连生的标本分出来另建新属，如：*Furcifolium* Kräusel（1943b）、*Eretmoglossa* Barale（1981）和 *Sphenobaierocladus* Yang（杨贤河，1986）等。但连生的标本相当少见，如果同一种的枝、叶分散保存就难以命名；而且，目前已发现的和不同的叶连生的枝条本身在形态上并无明显的差别，如果单独保存也无法确定其归属。因此有些研究者在描述此类化石时并不予以分类和命名（李佩娟等，1988），或只是作为一个未定种来处理（Yang, 2004；Zheng & Zhou, 2004）。

分布和时代 欧亚大陆，侏罗纪至白垩纪。

似银杏枝未定种 *Ginkgoitocladus* sp.
图 208

2003. *Ginkgoitocladus* cf. *burejensis* Krassilov：Yang, p. 569；pl. 3, figs. 6, 7, 13.
2004. *Ginkgoitocladus* sp.：Yang, p. 744；figs. 2B–D, 6.

描述 枝分长枝和短枝。长枝保存长度达 5.5 cm，宽约 3.2 mm，表面比较平滑并可见很多纵行的细纹，其中有些延伸进入短枝，很可能是维管束痕。短枝在长枝上螺旋状排列，长 1 cm 左右、粗 0.5 cm 左右，圆柱状，表面粗糙不平，具横列的椭圆形突起，是叶脱落后留下的叶痕，突起中间具凹痕，个别叶痕上可见两个圆点，可能是维管束痕。

注 这个短枝的形态和大小与 Krassilov 最早描述的 *Ginkgoitocladus burejensis* 化石非常接近（Krassilov, 1972, p. 38, pl. 6, figs. 1–4, 8–10）。在标本上也能观察到双叶迹这一

银杏目植物的特征，但未观察到分泌道，也许是保存的缘故。标本上也未分析出角质层。该化石的产出层位中有大量银杏类叶化石 *Ginkgoites myrioneurus* Yang（2004），它们可能来自相同的母体植物。

产地和层位　黑龙江鸡西，下白垩统穆棱组。

图 208　似银杏枝未定种 *Ginkgoitocladus* sp.

黑龙江鸡西，下白垩统穆棱组 Lower Cretaceous Muling Formation, Jixi, Heilongjiang。长、短枝 Long and dwarf shoots（NIGPAS：PB19848；Yang, 2004）

似银杏枝? 未定种 1　*Ginkgoitocladus*? sp. 1
图 33D

2004. *Ginkgoitocladus*? sp.：Zheng & Zhou, p. 95；pl. 1, fig. 8；pl. 2, fig. 6.

描述　短枝化石，长 9–13 mm、宽 5–7 mm，向上变窄可能延生出一条次一级的长枝。芽鳞披针形至卵形。

注　此短枝化石与同层位的银杏型叶化石和胚珠器官化石 *Ginkgo apodes* Zheng et Zhou（见页 61）保存在一起，形态上和种子或胚珠脱落后的银杏枝条十分相像，应该属于银杏的枝条，而且和同层位保存的叶、胚珠和种子可能来自同一母体植物。

产地和层位　辽宁义县头道河子鹰窝山，下白垩统义县组。

似银杏枝? 未定种 2 *Ginkgoitocladus*? sp. 2

1988. 短枝化石: 李佩娟等, 页 137; 图版 69, 图 6C; 图版 93, 图 5B; 图版 100, 图 16B。

注 此种棒状的短枝化石和现代银杏短枝也十分相像, 叶痕不明显, 似乎也可以归入此属。但是同一地层中并没有可鉴定为银杏或似银杏类的化石产出。

产地和层位 青海柴达木, 下侏罗统甜水沟组。

楔拜拉枝属 Genus *Sphenobaierocladus* Yang, 1986

模式种 *Sphenobaierocladus sinensis* Yang。重庆大足万古兴隆冉家湾, 上三叠统须家河组。

属征 长枝具螺旋状着生短枝。短枝上具紧密排列的叶痕, 以及楔拜拉叶和雄球花(?)。雄球花另命名为楔拜拉花属(见页 79)。(据杨贤河, 1986 模式种特征缩减)

分布和时代 迄今只报道一种于重庆, 晚三叠世。

中国楔拜拉枝 *Sphenobaierocladus sinensis* Yang
图 209

1986. *Sphenobaierocladus sinensis* Yang: 杨贤河, 页 53–55; 图 1, 2, 2a; 插图 2。

图 209 中国楔拜拉枝 *Sphenobaierocladus sinensis* Yang

重庆大足兴隆, 上三叠统须家河组 Upper Triassic Xujiahe (Hsuchiaho) Formation, Xinglong of Dazu, Chongqing。示长枝上着生具有叶和可疑花柄(梗)的短枝 Showing the long shoot bearing short shoot with leaves and a doubtful pedicel (CDIGM: Sp301, 模式标本负面 Holotype; 杨贤河, 1986)

特征 长枝较短枝粗，表面平滑；短枝短粗，表面密布螺旋状排列的横卵形叶痕。叶痕内具横向排列的点痕（维管束痕等）两个以上。叶和雄花一起簇生短枝顶端。叶楔形，无叶柄，为楔拜拉型。（据杨贤河，1986）

注 营养器官枝叶和花粉器官相连生是十分难得的保存状态，对了解植物化石全貌和生态、习性等具有很高的价值。由于楔拜拉枝属的各个器官并不具备各自独特的特征，如果分散保存它将很难和前述的似银杏枝、楔拜拉和穗花（或石花）等各器官属相区别。标本上连生的只是一枚断裂的柄（图209左侧；标本正面见图44A），未见和伴生的花粉器官直接相连。杨贤河指出：此种的叶与 *Sphenobaiera* 属的 *Sph. longifolia* Heer（1876b, pl. 7, figs. 2, 3, pl. 8, pl. 9, figs. 1–11）、*Sph. spectabilis*（Harris, 1926, p. 100, fig. 23A；1935, p. 27, fig. 13D）和 *Sph. lata*（陈芬等，1980，图版3，图2=*Sph. Longifolia* Heer，见本书页271）等几个相似种的区别在于裂片数目较少，末次裂片较狭，其所含叶脉较少。

产地和层位 重庆大足万古兴隆冉家湾，上三叠统须家河组。

3. 矿化木材

银杏型木属 Genus *Ginkgoxylon* Saporta, 1884 emend. Süss, 2003 ex Philippe et Bamford, 2008

模式种 *Ginkgoxylon gruetii* Pons et Vozenin-Serra。法国，侏罗系。

属征 生长轮颇明显，常具有含晶体的薄壁异细胞；射线单列，高1–9个细胞，多数2–4个细胞；管胞排列不整齐，径向壁具缘纹孔1–2列，偶3列，对生为主，径列条（眉条）偶见；交叉场纹孔柏木型，1–6个，通常2–4个，1–2横列。

注 这个属最早是 Saporta（1884）研究法国侏罗纪木化石时建立的，在其后的一百多年里该属名的使用一直存在着很大的混乱和争议，而且还多次被不同的学者先后作为新属名重复发表（如 Andreánszky, 1952；Khudajberdyev, 1962）。Süss（2003）认为 Saporta 对属的定义过于宽泛，对属征重新做了修订，将具有异细胞作为属的鉴定特征，但没有指定模式种，一直到 Philippe 和 Bamford（2008）整理总结中生代裸子植物木材化石的属名和命名沿革时才指定 *Ginkgoxylon gruetii*（Pons & Vozenin-Serra, 1992）为该属新模。

此属在我国仅有以下记述的早白垩世一种。最近在辽西中、晚侏罗世也有产出（王永栋、蒋子堃提供信息；Jiang et al., 2016）。

分布和时代 欧洲、亚洲，侏罗纪—新生代早期。

中国银杏型木 *Ginkgoxylon chinense* Zhang et Zheng
图210

2000. *Ginkgoxylon chinense* Zhang et Zheng：张武等，页221；图版1，图1–9；图版2，图1–3，5。
2006. *Ginkgoxylon chinense*：张武等，页181；图版6-3。
2008. *Ginkgoxylon chinense*：Zheng et al., p. 181；pl. 6-3.

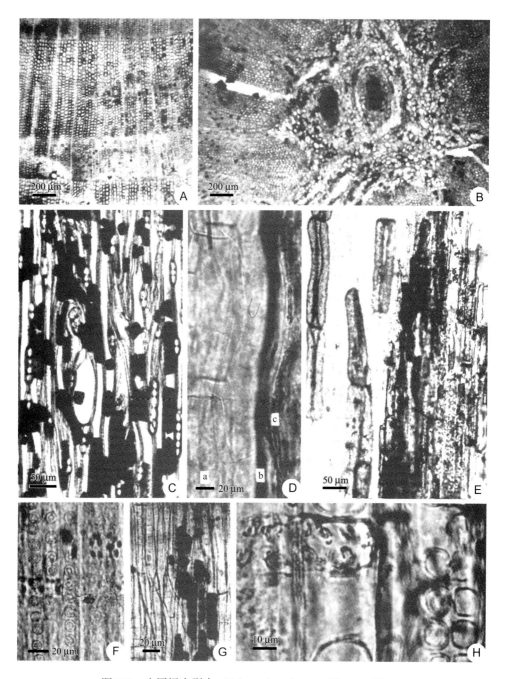

图 210　中国银杏型木 *Ginkgoxylon chinense* Zhang et Zheng

辽宁义县白塔子沟，下白垩统沙海组，模式标本 Lower Cretaceous Shahai Formation, Baitazigou of Yixian, Liaoning, Holotype。A. 横切面，示生长轮和假生长轮 Transverse section, showing growth rings and false growth rings；B. 横切面，示髓、原生木质部和次生木质部 Transverse section, showing pith, primary xylem and secondary xylem；C. 弦切面，示管胞、木射线的排列，以及膨大的细胞和填充体 Tangential section, showing tracheids, xylem rays inflated parenchymatous cells and encrusting substances；D. 径切面，示髓部的薄壁细胞（a）、分泌道（b）和原生木质部管胞的梯纹加厚（c）Radial section, showing the parenchymatous cells (a), secretary canal (b) and primary xylem tracheid thickened scariformly (c) in pith；E. 径切面，示髓里的薄壁细胞、分泌细胞、分泌道和分泌物 Radial section, showing parenchymatous cells, secretary cells, secretary canals and secretions in pith；F. 径切面，示单列纹孔 Radial section, showing uniseriate pitting；G. 径切面，示不规则排列的管胞 Radial section, showing tracheids in irregular arrangement；H. 径切面，示双列纹孔和交叉场纹孔 Radial section, showing biseriate pitting and cross pits（SYIGM：LFW01；Zhang et al., 2000）

特征 髓由薄壁细胞、分泌细胞和分泌道组成。原生木质部内始式；管胞径壁有螺纹加厚。次生木质部有生长轮和假生长轮；管胞排列不规则，管胞腔大小和形状差异大，有些管胞腔中有充填物。管胞径向壁纹孔为冷杉型，多数单列，分离，双列时对生。射线单列，偶尔局部出现双列，多数高1–4个细胞，最多可达6个细胞，射线细胞壁光滑。交叉场纹孔柏木型，每一交叉场一般有2–4个纹孔，最多可达6个，排成1–3行。薄壁细胞形状不规则，纵向增大或膨大，异细胞常见。无树脂道。轴向薄壁细胞偶见。

产地和层位 辽宁义县白塔子沟，下白垩统沙海组（模式标本）。

古银杏型木属 Genus *Palaeoginkgoxylon* Feng, Wang et Rössler, 2010

模式种 *Palaeoginkgoxylon zhoui* Feng, Wang et Rössler。内蒙古阿拉善左旗呼鲁斯太，中二叠统（Guadalupian）下石盒子组。

属征 保存初生木质部和次生木质部的木材化石。真中柱由大量分离木质部束和宽大的髓组成，髓周围有大量的叶维管束。髓实心同质，由薄壁细胞组成。初生木质部内始式，初生木质部管胞具环纹、螺纹、梯纹或网纹加厚。次生木质部密木型，管胞大小和排列不规则，末端弯曲、重叠，径向壁具缘纹孔1–2列，混合型。交叉场纹孔柏木型。射线薄壁细胞水平壁和弦向壁上偶具纹孔。轴向薄壁组织发育。（据 Feng et al., 2010）

注 该化石因为具有异细胞，管胞末端弯曲、重叠和1–2列混合型的径向壁具缘纹孔，而被作者认为与银杏目有亲缘关系，代表了银杏类木材演化的早期阶段（Feng et al., 2010）。联系到我国二叠纪地层中产出的多种银杏目叶化石，如山西太原上二叠统下部上石盒子组的刺楔拜拉 *Sphenobaiera spinosa* (Halle) Florin 和细脉楔拜拉 *Sphenobaiera tenuistriata* (Halle) Florin、内蒙古准格尔旗中二叠统下石盒子组的 *Sphenobaiera? spirata* Sze ex Gu et Zhi（见本书页296），这种可能性是存在的。

分布和时代 现今只在我国内蒙古中二叠世发现一种。

周氏古银杏型木 *Palaeoginkgoxylon zhoui* Feng, Wang et Rössler

图 211

2010. *Palaeoginkgoxylon zhoui* Feng, Wang et Rössler, p. 149; pls. 1–4.

特征 木材茎干具有圆形真中柱，由50个木质部束和15个叶迹组成。初生木质部内始式，由大量的后生木质部管胞和少量的原生木质部的成分组成。初生木质部管胞具环纹、螺纹、梯纹或网纹加厚。髓实心同质，由圆形或多角形薄壁细胞组成，在正常的髓薄壁细胞中有不规则分布的、具有线状排列具缘纹孔的细胞。次生木质部密木型，管胞分子长方形至近圆形，管胞末端弯曲、重叠，径壁上具缘纹孔1–2列，混合型，纹孔口卵圆形，斜向。交叉场1–4个柏木型纹孔。射线1–2列，短。射线薄壁细胞长方形横卧。偶见具纹孔和褶皱的射线细胞。轴向薄壁组织发育，为单个细胞或成纵行。叶迹为单原型维管束，将木质部分成不规则的楔形木质部块。（据 Feng et al., 2010）

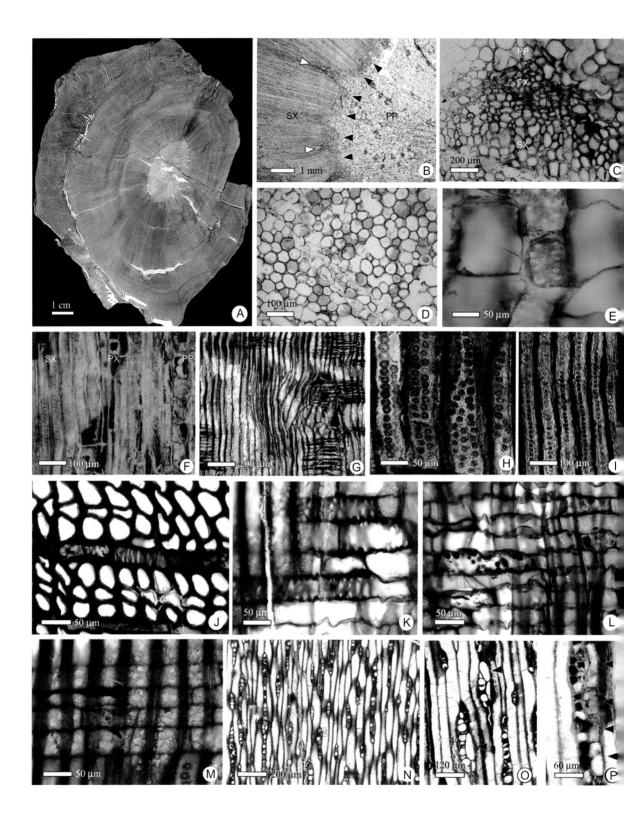

产地和层位　内蒙古阿拉善左旗呼鲁斯太，中二叠统（Guadalupian 阶）下石盒子组（模式标本）。

原始银杏型木属 Genus *Proginkgoxylon* Zheng et Zhang, 2008

模式种　*Proginkgoxylon benxiense* (Zheng et Zhang) Zheng et Zhang。辽宁本溪田师傅，下二叠统山西组。

属征　次生木质部，生长轮缺乏或存在，管胞横切面排列不规则，管胞的形状、大小多变，细胞间隙清楚；管胞径向排列不规则，有时互相交叉或叠覆，有时一些管胞在与木射线相遇时产生弓形弯曲。管胞的径向壁纹孔为过渡型或原始松型，螺纹加厚缺乏，但偶尔有因应压木引起的螺纹状裂隙或腔。木射线全由射线薄壁细胞组成，射线单列，有时部分双列，偶尔三列。射线薄壁细胞的水平壁上常不见纹孔，端壁不明显加厚。射线管胞缺乏。交叉场纹孔柏木型。轴向木薄壁组织通常缺乏，但常具有薄壁、形状膨大的且不规则的纵向分室含晶细胞或异细胞。树脂道缺失。（据 Zheng et al., 2008）

注　Khudajberdyev（1971）根据原始松型的径壁纹孔特征把他认为和银杏类有亲缘关系的次生木质部的木材化石归入他建立的 *Protoginkgoxylon*，但并没有指定模式标本，属于不合格发表（Philippe, 1993, 1995）。国外不少学者一般把二叠纪的这一类木材归入 *Baieroxylon* Greguss（Bamford & Philippe, 2001；Süss, 2003；Berthelin et al., 2004；Philippe & Bamford, 2008），因此 *Protoginkgoxylon* 一名即使能够成立也该是 *Baieroxylon* Greguss（1961）的一个异名。不过，郑少林和张武认为同层位与木化石伴生的化石并没有可靠的 *Baiera* 叶化石，因而认为 *Baieroxylon* 和与其相似的 *Ginkgophytoxylon*（Vozenin-Serra et al., 1991）都应归入 *Protoginkgoxylon*，并在研究中国本溪下二叠统山西组与此类似的木材时

←　图 211　周氏古银杏型木 *Palaeoginkgoxylon zhoui* Feng, Wang et Rössler

内蒙古阿拉善左旗呼鲁斯太，中二叠统下石盒子组，模式标本 Middle Permian Lower Shihhotse Formation, Hulstai of Alxa Zuoqi, Inner Mongolia, Holotype. A. 横切面，示密木型的树干和宽大的髓部 Transverse section showing the pycnoxylic tree trunk with a broad pith；B. 横切面，示真中柱、初生木质部束（黑箭头）和叶迹束（白箭头）Transverse section showing the eustele, the primary xylem strands (black arrow heads) and leaf trace strands (white arrow heads)；C. 横切面，示内始式初生木质部 Transverse section showing endarch primary xylem；D. 横切面，示髓薄壁细胞 Transverse section showing pith parenchymatous；E. 径切面，示髓薄壁细胞壁上的纹孔 Radial section showing the pitted in pith parenchyma；F. 径切面，示髓薄壁细胞（PP）、初生木质部（PX）和次生木质部（SX）Radial section showing the pith parenchyma (PP), primary xylem (PX) tracheids and secondary xylem (SX)；G. 径切面，示次生木质部管胞和末端弯曲 Radial section showing the bent ends of tracheid elements；H. 径切面，示次生木质部管胞径壁纹孔 Radial section showing the bordered pits of tracheid elements；I. 径切面，示次生木质部管胞径壁纹孔 Radial section showing the bordered pits of tracheid elements；J. 横切面，示次生木质部射线细胞壁纹孔 Transverse section showing the pits of ray parenchyma；K. 径切面，示次生射线细胞壁纹孔 Radial section, showing the pitted parenchymatous ray cells；L. 径切面，示射线细胞壁褶皱 Radial section showing the strongly wrinkled walls of parenchymatous ray cells；M. 径切面，示交叉场及纹孔 Radial section showing the pits in cross-fields；N. 弦切面，示单列及部分双列的射线 Tangential section showing the uniseriate and partially biseriate rays；O. 弦切面，示巨大的木薄壁细胞 Tangential section showing the large parenchyma cell；P. 弦切面，示纵向的木薄壁细胞 Tangential section, showing the axial xylem parenchyma cell（YKLPYU：YKLP20006；Feng et al., 2010）

指定 *Protoginkgoxylon benxiense* Zheng et Zhang 为模式种（Zheng & Zhang, 2000），后来又重新将此属命名为原始银杏型木属 *Proginkgoxylon*，以取代不合法发表的名称 *Protoginkgoxylon* Khudajberdyev（Zheng et al., 2008）。目前在辽宁本溪和内蒙古大青山的早二叠世发现有此属两个种。

分布和时代 匈牙利、法国、阿拉伯半岛、美国新墨西哥、中国辽宁和内蒙古，二叠纪。

本溪原始银杏型木 *Proginkgoxylon benxiense* (Zheng et Zhang) Zheng et Zhang
图 212

2000. *Protoginkgoxylon benxiense* Zheng et Zhang：郑少林、张武，页 121；图版 1，图 1–6；图版 2，图 1–5。
2006. *Protoginkgoxylon benxiense*：张武等，页 43；图版 3-8，图 A–F；图版 3-9，图 A–E。
2008. *Proginkgoxylon benxiense* (Zheng et Zhang) Zheng et Zhang：Zheng et al., p. 47；pl. 3-8, figs. A–F；pl. 3-9, figs. A–E.

特征 生长轮缺失。横切面上管胞排列不规则，管胞的形状、大小不一，胞间隙显著；管胞的径向壁纹孔式为过渡型或原始松木型，螺纹状裂隙明显，有时有两组螺纹状裂隙呈交叉状；管胞排列不规则，有时互相叠覆；射线同质，单列，部分双列，一般 1–9 个，最多 24 个细胞高；细胞的水平壁和端壁光滑、无孔；交叉场纹孔柏木型，每场 2–8 个；轴向木薄壁组织缺乏，但有垂向膨大的薄壁细胞或分室含晶细胞出现，未见晶体存在。树脂道缺失。（据 Zheng et al., 2008）

产地和层位 辽宁本溪田师傅，下二叠统山西组（模式标本）。

大青山原始银杏型木 *Proginkgoxylon daqingshanense* (Zheng et Zhang) Zheng et Zhang
图 213

2000. *Protoginkgoxylon daqingshanense* Zheng et Zhang：郑少林，张武，页 121；图版 2，图 6；图版 3，图 1–6。
2006. *Protoginkgoxylon daqingshanense*：张武等，页 47；图版 3-9，图 F；图版 3-10，图 A–F。
2008. *Proginkgoxylon daqingshanense* (Zheng et Zhang) Zheng et Zhang：Zheng et al., p. 47；pl. 3-9, fig. F；pl. 3-10, figs. A–F.

特征 生长轮缺失。横切面管胞排列不规则，管胞的形状、大小不一，小管胞丛中散布有一些大的管胞；管胞径向排列不规则，径向壁纹孔为过渡型或原始松型。木射线多数单列，部分双列，1–15（–24）个细胞高；交叉场纹孔柏木型，每场 1–2 个（稀见 3 个）。轴向薄壁组织缺乏，但有膨大的薄壁细胞在纵向上连成短行，偶尔有异细胞或含晶细胞出现。（据 Zheng et al., 2008）

注 此种产出地层大青山组和早已用于侏罗系的地层重名，故加引号以示区别。

产地和层位 内蒙古大青山，下二叠统"大青山组"（模式标本）。

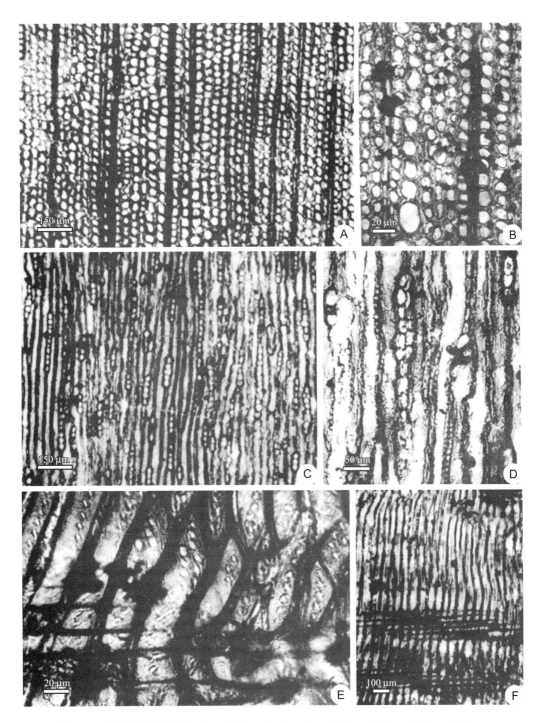

图 212　本溪原始银杏型木 *Proginkgoxylon benxiense* (Zheng et Zhang) Zheng et Zhang

辽宁本溪田师傅，下二叠统山西组，模式标本 Lower Permian Shanxi (Shansi) Formation, Tianshifu of Benxi, Liaoning, Holotype。A, B. 横切面，示管胞形状和大小 Transverse section, showing shape and size of tracheidal lumina；C, D. 弦切面，示木射线和膨大了的分室含晶细胞 Tangential section, showing xylem rays and enlarged chambered crystalliferous cells：E, F. 径切面，示管胞排列、径向壁具缘纹孔和螺纹状裂隙、交叉场纹孔和径向壁纹孔及深色、不定形结晶物 Radial section, showing cross-field pitting, radial wall pitting and darkly crystalline substances of unsteady shape（SYIGM：GJ6-21；Zheng & Zhang, 2000）

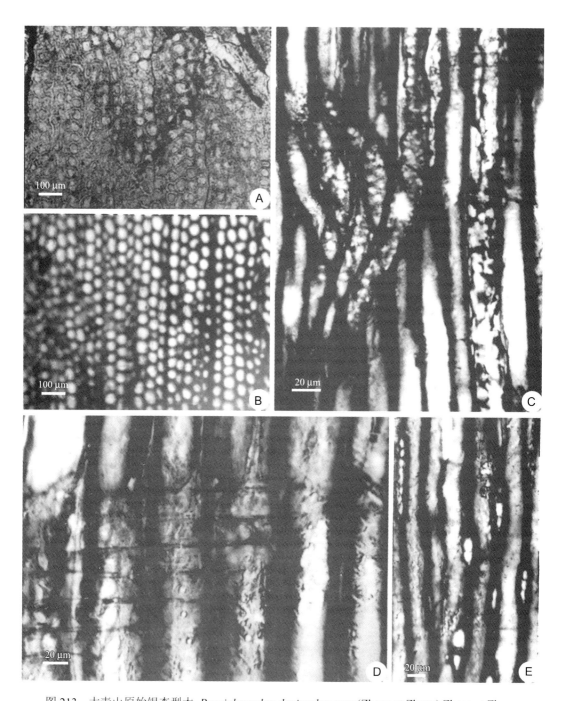

图 213　大青山原始银杏型木 *Proginkgoxylon daqingshanense* (Zheng et Zhang) Zheng et Zhang

内蒙古大青山石拐子，下二叠统"大青山组"，模式标本 Lower Permian "Daqingshan Formation", Shiguaizi of Daqingshan, Inner Mongolia, Holotype。A, B. 示管胞横切面的形状、大小及不规则排列 Transverse section, showing irregular arrangement of tracheids, and shape and size of tracheidal lumina; C, D. 径切面，示管胞排列、具缘纹孔、管胞中的晶簇和螺纹状撕裂 Radial section, showing tracheid arrangement, bordered pitting and druses in tracheids; E. 弦切面，示木射线和膨大的不定形晶簇 Tangential section, showing xylem rays and enlarged chambered crystalliferous cells（SYIGM：Shang Nei M56-114；Zheng & Zhang, 2000）

三、归属可疑的营养叶

　　以往"银杏类植物"内包含着不少归属可疑的属一级的分类单元，其中部分单元甚至连本身的名称是否能成立也成问题，原因是代表着这些分类名称的模式种的模式标本多半保存欠佳、研究程度较低，难于或不能和已知属相比较或区别。有些属虽然标本保存尚好，研究程度较高，但是所显示的特征和银杏差别较大。它们是否应该都归属于银杏目（狭义），或者只是其部分的种可能和银杏目有关，都有待研究证实。它们是：*Avatia*（Anderson & Anderson, 2003）、*Baierella*（Potonié, 1933）、*Baierophyllites*（Jain & Delevoryas, 1967）、*Datongophyllum*（王自强，1984）、*Dukouphyllum*（杨贤河，1978）、*Eosteria*（Anderson & Anderson, 2003）、*Eretmoglossa*（Barale, 1981）、*Euryspatha*（Prynada ex Takhtajan et al., 1963）、*Furcifolium*（Kräusel, 1943b）、*Ginkgophyllum*（Saporta, 1875）、*Ginkgophytopsis*（Høeg, 1967）、*Kalantarium*（Dobruskina, 1980）、*Kerpia*（Naugolnykh, 1995）、*Kirjamkenia*（Prynada, 1970）、*Leptotoma*（Kiritchkova & Samylina, 1979）、*Nehvizdya*（Hluštik, 1977）、*Paraginkgo*（Anderson & Anderson, 2003）、*Primoginkgo*（马洁、杜贤铭，1989）、*Psygmophyllum*（Schimper, 1870）s. l.、*Radiatifolium*（孟繁松，1992）、*Saportaea*（Fontaine & White, 1880）、*Sidhiphyllites*（Srivastava, 1984）、*Sinophyllum*（斯行健、李星学，1952）和 *Torellia*（Heer, 1870=*Fieldenia* Heer, 1871）等。

　　此外，还有一些在晚古生代，特别是在安加拉和冈瓦纳植物群中记载的有问题的"银杏类植物"叶化石如 *Flabellophyllum*（Stone, 1973）、*Ginkgophyton*（Zalessky, 1918）、*Phylladoderma*（Zalessky, 1914 见 Neuberg, 1960）和 *Rhipidopsis*（Schmalhausen, 1879）以及华夏植物群中近似的分子 *Pseudorhipidopsis*（P'an, 1936）等。

　　这些属一级的分类单元中 *Avatia*、*Baierella*、*Baierophyllites*、*Eosteria*、*Eretmoglossa*、*Euryspatha*、*Furcifolium*、*Kalantarium*、*Kerpia*、*Kirjamkenia*、*Nehvizdya*、*Paraginkgo*、*Sidhiphyllites* 和 *Torellia* 等尚未在我国发现报道。*Leptotoma* 已有发现，但研究结果尚未发表。其他各个属都将在下面分别记述、讨论或予以简要的评述，以便读者查阅和参考。

大同叶属　Genus *Datongophyllum* Wang, 1984

　　模式种　*Datongophyllum longipetiolatum* Wang。山西怀仁，下侏罗统永定庄组。

　　属征　枝细，叶聚生小枝顶。叶片圆形、椭圆形至卵圆形，顶端圆，基部强烈伸长，收缩成细柄。叶脉细，平行伸延，两侧的叶脉为弧曲形。叶脉分叉处多位于叶片基部，会聚于顶端。叶脉之间有一条细而清楚的间细脉，作断续延长。近柄端为两条叶脉。胚珠（种子）浆果状，具长柄，着生于枝顶。成熟时呈球形，顶端稍凹入，具裂口，基部楔形。（据王自强，1984，略作修改）

　　分布和时代　中国山西，早侏罗世。

长柄大同叶 *Datongophyllum longipetiolatum* Wang

图 214

1984. *Datongophyllum longipetiolatum* Wang：王自强，页 281；图版 130，图 5–13。
2014. *Datongophyllum longipetiolatum*：Yang et al., p. 265.

特征 枝细，宽 1.5 mm，具纵向细纹。叶三枚聚生。叶片圆形、椭圆形或卵形，最大的长 2 cm、宽 1.2 cm，基部渐渐收缩并延伸为细长的柄。柄长可达 2 cm。叶顶端圆或微凹。叶脉细，除中间的叶脉直伸达顶端外，其余叶脉在叶片基部分叉后多少呈弧曲形伸向前方，并会聚于叶片顶端。叶片中部每厘米含叶脉 10–12 条。于叶片基部近柄端，叶脉为 2 条。每两条叶脉间有一条更细的间细脉，断续伸延。胚珠（种子）近球形，基部稍伸长，顶端凹入或裂开为两瓣，表面具细纹。胚珠以一长柄着生于枝顶端。（据王自强，1984，略有改动）

注 王自强认为此种的种子形状、种子和叶都聚生枝顶以及叶片基部具有两条叶脉等都和银杏相似，故应属于银杏目，但它的叶片柔弱，未保存角质层，种子器官的详细构造不明，其归属甚为可疑。另外，种名发表时也未指定正模标本（Holotype），需要按国际命名法规予以重新发表（Yang et al., 2014）。

产地和层位 山西怀仁，下侏罗统永定庄组。

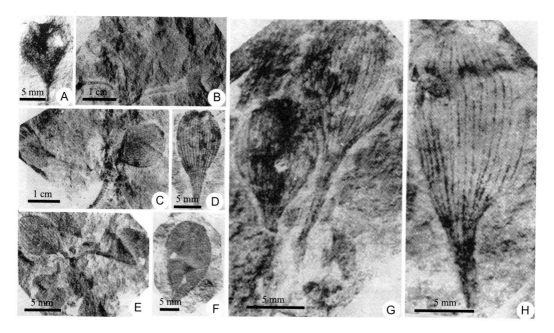

图 214 长柄大同叶 *Datongophyllum longipetiolatum* Wang

山西怀仁，下侏罗统永定庄组 Lower Jurassic Yongdingzhuang Formation of Huairen, Shanxi。A, E. 胚珠器官 Ovulate organs；B–D, F–H. 叶 Leaves（NIGPAS：A–D. P0174–P0177；E–H. P0179–P0182；王自强，1984）

大同叶未定种 *Datongophyllum* sp.

图 215

1984. *Datongophyllum* sp.：王自强，页 282；图版 130，图 14。

描述　叶三枚聚生，具长柄。叶片披针形。叶脉平行且直伸至顶。
注　标本虽和长柄大同叶共同保存，但叶片作伸长形，叶脉较细密，而不呈弧曲状。
产地和层位　山西怀仁，下侏罗统永定庄组。

图 215　大同叶未定种　*Datongophyllum* sp.

山西怀仁，下侏罗统永定庄组 Lower Jurassic Yongdingzhuang Formation of Huairen, Shanxi（NIGPAS：P0178；王自强，1984）

渡口叶属 Genus *Dukouphyllum* Yang, 1978

模式种　*Dukouphyllum noeggerathioides* Yang。四川攀枝花（原名渡口）摩沙河，上三叠统大箐地组。
属征　单独保存的叶，其形态、大小变异很大，具柄或不具柄。舌形、匙形、铲形、楔形或宽披针形至狭线形；不具叶柄的叶基很宽或稍狭，其底缘略略内凹，顶端钝圆、宽圆或略尖。叶片长短与宽狭变化很大，最宽处的位置变化不定，可在基部、中部、上部或顶部，有的两侧缘平行。叶脉自叶柄顶端呈放射状伸出，分叉数次后，成多条大致相互平行伸展的叶脉；多数叶内的叶脉以微小角度和叶缘斜交，少数叶内的叶脉和叶的两侧缘平行。叶脉细密，脉间具细小的圆点状凸起或凹陷。（据杨贤河，1978，稍作改动）
注　杨贤河（1978）认为，先后被定为 *Noeggerathiopsis hislopi*（Zeiller, 1903）、*Pelourdea zeilleri*（斯行健，1956a），后来又被指可能属于 *Glossophyllum*（Kräusel, 1943a）的越南上三叠统的一些标本的叶基相当宽，把它们归到任何一个属中都不合适。他又引述斯行健、李星学等（1963，页 253 脚注）的意见：这些标本的叶基"所含叶脉显然不止两条，无论定为 *Pelourdea* 或 *Glossophyllum* 都应作很大保留"，故创立属名 *Dukouphyllum* 用于越南和新发现的四川攀枝花（原名渡口）的标本。1982 年杨贤河又将潘钟祥(1936)定名为?*Noeggerathiopsis hislopii* 及斯行健(1956a)改名为 *Glossophyllum*? *shensiense* Sze 的陕西晚三叠世的标本修订为 *Dukouphyllum shensiense* (Sze) Yang，并将此属归于楔拜拉科。其实，一些分类位置未知，线形至宽线形，以宽阔的叶基着生在枝轴上的叶化石可归于 *Yuccites* Schimper et Mougeot，叶基宽狭不十分明了的带状叶可归于 *Desmiophyllum* Lesquereux（Seward, 1919），没有必要为这些叶基较宽的标本另外创立属名，而且上述标本叶的解剖构造未明，叶基有几条叶脉通过也不能确定，有的可能根本就不是银杏植物，似乎不能毫无保留地将此属归于"楔拜拉科"甚至银杏目。有关 *Glossophyllum*? *shensiense* Sze 的讨论详见本书系统记述"二"。

分布和时代　中国、越南，晚三叠世。

诺格拉齐蕨型渡口叶 *Dukouphyllum noeggerathioides* Yang

图 216

1903. *Noeggerathiopsis hislopii*：Zeiller, p. 149；pl. 40, figs. 1–6.
1978. *Dukouphyllum noeggerathioides* Yang：杨贤河，页 525；图版 175，图 3；图版 186，图 1–3.
2014. *Dukouphyllum noeggerathioides*：Yang et al., p. 265.

特征　叶披针形或铲形，具柄或否，其大小、形态变化很大。具叶柄的叶，其叶片大小和形状颇为一致，呈披针形，长约 20 cm，上部最宽达 4–5 cm，顶端钝圆，向基部徐徐狭细至叶柄顶端。叶柄长 2–3 cm、宽 0.6–1 cm。叶柄底缘平截或微内凹。叶柄表面具不规则横皱纹。叶脉自叶柄顶端略呈分散状伸展，并连续分叉多次，至叶片顶端和叶缘相交。不具叶柄的叶，其叶片最大的长达 21 cm，上部最宽处达 11 cm，向下变狭成宽 2 cm 的基部，顶端钝圆。最小的叶长约 3.5 cm。中、上部最宽达 0.8 cm，并向两端狭细，基部宽 0.4 cm。普通常见的叶长 17 cm，上部最宽达 3 cm，向下部缓缓变狭，基部宽达 1.5 cm，顶端钝圆。有的叶自基部至顶部宽窄变化不显著，长 6 cm、宽约 1.8 cm，顶端钝圆，基部较宽，通常为 1.5 cm，基部底缘略略内凹呈弧形。叶脉与具叶柄的叶片相同，均较细密，但在通常较宽的叶基部叶脉平行伸出。叶脉间具点痕或凹凸的小圆点。（据杨贤河，1978）

注　此种包含形态差别颇大的几块标本，彼此间相互关系有待查证。该种名发表时未指定正模标本，需要按国际命名法规予以重新发表（Yang et al., 2014）。至于它和越南等地类似标本之间的关系等（见页 225，舌叶属的讨论）也有待研究澄清。

产地和层位　四川攀枝花（原名渡口）摩沙河，上三叠统大荞地组。

银杏叶属 Genus *Ginkgophyllum* Saporta, 1875

模式种　*Ginkgophyllum grassertii* Saporta。法国 Lodève（Hérault），二叠系。

图 216　诺格拉齐蕨型渡口叶 *Dukouphyllum noeggerathioides* Yang

四川攀枝花（原名渡口）摩沙河，上三叠统大荞地组 Upper Triassic Daqiaodi Formation, Moshahe of Panzhihua (Dukou), Sichuan。A. 示柄状叶基 Showing the petiole-like leaf base；B, C. 示叶的钝圆顶端 Leaf with rounded apex；D. 不完整的叶 Incomplete leaves（CDIGM：A. SP0134；B–D. SP0135–SP0137；杨贤河，1978）

属征　叶互生，向下变窄，以一长柄下延于茎上。柄长约 3 cm、宽 3 mm，向上渐宽变为叶片，并可见纵向排列的叶脉以二歧分叉形式展开。叶片先分裂为两个裂片，每个裂片再分为两个裂片，外侧的裂片常在顶端呈二裂状。叶片顶缘似截形，具有小的缺裂。（据模式种原始描述转译和简述）

注　此属的模式种发表时仅有描述（Saporta, 1875；其图片见 Saporta, 1884, pl. 152, fig. 2）。按照 Seward（1919）的意见，此属的模式种在叶的大小、轮廓和着生方式等方面都和掌叶属的 *Psygmophyllum flabellatum* L. et H.（=*Ginkgophytopsis flabellata* 详见以下讨论）十分相近，只是叶片分裂成线形裂片，所以应该归并到掌叶属内。由于缺乏形态学和解剖学方面的可靠依据，暂时分开对待也是一种处理意见。除了叶片较大以外，这些古生代的叶片化石在外观形态上甚至和中生代常见的叶化石属楔拜拉 *Sphenobaiera* 也没有什么重要的差别。尽管如此，它们是否都隶属于银杏目仍存疑。

分布和时代　欧亚大陆，主要为二叠纪。

银杏叶未定种 1 *Ginkgophyllum* sp. 1
图 217

1980. *Ginkgophyllum* sp.：黄本宏，页 565；图版 257，图 7。

描述　叶扇状，宽三角形，具一细长的叶柄。叶片深裂成 6–7 个楔形裂片，顶端近截形，并微微裂开。裂片长为 4–4.7 cm，上部最宽，达 0.4–0.5 cm。叶脉细密，在裂片上部一般具有 16–22 条。

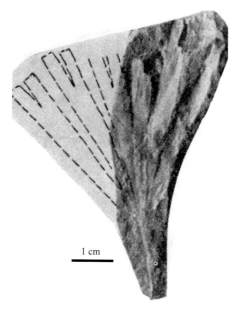

1 cm

图 217　银杏叶未定种 1 *Ginkgophyllum* sp. 1

黑龙江伊春红山，上二叠统红山组 Upper Permian Hongshan Formation, Hongshan of Yichun, Heilongjiang（SYIGM：PFH 00521；黄本宏，1980）

注 标本保存较差，它的分类归属
存疑。

产地和层位 黑龙江省伊春红山，上
二叠统红山组。

银杏叶未定种 2 *Ginkgophyllum* sp. 2
图 218

1987. *Ginkgophyllum* sp.：胡雨帆，页 178；图版 2，
图 1。

描述 叶大，长 10 cm 以上，其柄长
2 cm、宽 2 mm。叶片分裂为若干长的楔
形裂片，宽为 0.5–1 cm；最外侧的裂片最
大，呈舌形。叶脉细而明显，自基部伸出
数条，然后二歧分叉数次。每一个裂片内
有 20 条左右。

产地和层位 新疆乌鲁木齐苍房
沟，上二叠统上部下苍房沟群泉子
街组。

图 218 银杏叶未定种 2 *Ginkgophyllum* sp. 2
新疆乌鲁木齐苍房沟，上二叠统上部下苍房沟群泉子街
组 Upper part of Upper Permian Quanzijie Formation of
Xiacangfanggou (Lower Tsangfanggou) Group, Cangfang-
gou of Urumqi, Xinjiang（IBCAS：XPC047；胡雨帆，
1987）

银杏叶未定种 3 *Ginkgophyllum* sp. 3

1883a. *Ginkgophyllum* sp.：Schenk, p. 22；pl. 8.

产地和层位 河北开平，中石炭统。

银杏叶? 未定种 *Ginkgophyllum*? sp.
图 219

1992. ?*Ginkgophyllum* sp.：Durante, pl. 13, fig. 1.

注 原作者未对此种进行描述。从所附图片看，叶长近 10 cm，基部细狭呈叶柄
状，叶片分裂深，中间的开裂直达叶柄顶端；左侧的主裂片可见 2–3 次分裂；裂片宽
度在 2–6 mm 之间。叶脉不显，但可见到裂片中有纵肋 1–3 条。

产地和层位 甘肃祁连山（南山），上二叠统 C 带，第 III 层。

图 219　银杏叶？未定种 *Ginkgophyllum*? sp.

甘肃祁连山（南山），上二叠统 C 带第 III 层 Upper Permian, Layer III of Zone C in Qilianshan (Nanshan), Gansu（NRM.SE；Durante, 1992, pl. 13, fig. 1）

拟银杏叶属 Genus *Ginkgophytopsis* Høeg, 1967

异名　*Psygmophyllum* Schimper, 1870 (pro parte)；*Ginkgophyton* Zalessky, 1918。

模式种　*Ginkgophytopsis flabellata* (L. et H.) Høeg。英国 Newcastle 煤田，石炭系（Westphalian D）。

属征　叶大，扇形，不分裂，有时前缘呈波状，较少见呈深波状（sinuate）。叶脉密，清晰，二歧分叉。柄长下延，螺旋状着生于轴上。（据 Høeg, 1967 翻译）

注　此属是挪威古植物学家 Høeg 从含义十分笼统、内容极为庞杂的掌叶属（*Psygmophyllum* Schimper）中划分出来的（Høeg, 1942, 1967），应用于以 *Ginkgophytopsis flabellata* (L. et H.)为代表的具有二歧分叉叶脉、不具有中脉的大型扇状叶片化石。Høeg 认为具有扇状叶脉的拟银杏属和以 *Psygmophyllum expansum* (Brongniart) 及 *Psygmophyllum cuneifolia* (Kutorga) 为代表的、裂片中具有中脉和侧脉的掌叶属的各种明显不同，应该把它们区分开来。他同时还主张把那些叶的分裂较深、裂片较窄细的标本归于 Saporta（1875）原先创立的以 *Ginkgophyllum grasserti* Saporta 为代表的银杏叶属（*Ginkgophyllum*）内。Høeg（1942, 1967）对含义广泛的掌叶类的划分和处理方案虽然得到不少学者的赞同和应用，实际上也还存在很多问题。由于 Schimper 1870 年在建立 *Psygmophyllum* 属时，是以 Lindley 和 Hutton 命名的 *Noeggerathia flabellata* 为模式种的（Andrews, 1955），在属的特征中指明其叶脉是多次二歧分叉，直立-辐射状的 "nervis pluries dichotomis, erecto-radiatibus"（Seward, 1919）。尽管他当时归于掌叶属的还夹杂有产自乌拉尔二叠系，叶的裂片中具有中脉的类型，如 *Psygmophyllum expansum*

(Brongniart) 和 *Psygmophyllum cuneifolia* (Kutorga) 等种，但是以后对 *Psygmophyllum* 属的任何修订，必须仍然以该属的模式种为标准，不能随意把它改归其他属（或新属 *Ginkgophytopsis*）的模式种，而把裂片中具有中脉的种作为 *Psygmophyllum* 属的代表（模式）种。相反地，应该把那些具有中脉的种分出来，归到其他属名下（如 *Palmophyllum* Zalessky）。至于 Saporta（1875）原先创立的银杏叶属（*Ginkgophyllum*），其模式种 *Ginkgophyllum grasserti* Saporta 虽然叶片分裂较深、具有较窄细的裂片，但形态上大体上也符合 Schimper 所给出的掌叶属特征。事实上 Saporta（1878）自己稍后就把 *Ginkgophyllum grasserti* 和 *Psygmophyllum flabellata* 归并于同一属了，不过他没有取消后出异名银杏叶属，反而把 *Psygmophyllum flabellata* 从掌叶属中分出来归入到银杏叶属中，而把那些裂片中具有中脉的乌拉尔二叠纪的种当作"典型的"掌叶。Halle（1927）在研究我国山西太原上石盒子组所产的 *Psygmophyllum multipartitum* 时也持同样的观点。这些早期植物化石的命名和研究缺乏严格的模式法（typification）和优先律（priority）规则的约束，显然是以后一连串纠纷的根源。Retallack（1980）则对 Høeg（1967）所给出 *Ginkgophytopsis* 的属征提出批评意见，认为 Høeg 只考虑了叶片的分裂程度，忽略了 *Ginkgophytopsis flabellata* (L. et H.) 叶片中存在网状脉的特征。为此，他又给予此属一个修订的属征：叶楔形，分裂或顶端磨损状；叶脉密，网状联结和二歧分叉，均匀地从基部向顶部放射，常因脉间存在众多的木质条纹而显得模糊；叶基部狭，无柄，下延并螺旋状着生在较细的木质轴上。姚兆奇（1989）曾对华夏植物群中的掌叶类化石的命名沿革和含义变动等做了介绍和讨论。他仍遵循 Høeg（1967）的分类，但首次详细研究和报道了一种具有拟银杏叶型化石的角质层，证实它和银杏目有关，同时发现裂片中具有主脉的 *Psygmophyllum multipartitum* Halle（1927）的角质层却属种子蕨类型。他的发现为今后深入地从植物解剖学的基础上探究和解决掌叶类的分类问题开辟了途径。根据他的厘定，华夏植物群内已发现以下几种拟银杏叶，最后两个种原产于中国（表15）。

Ginkgophytopsis flabellata (L. et H.)=*Psygmophyllum flabellatum*（Asama, 1967）产于日本本州米谷下二叠统 *Parafusulina* 带；类似此种的标本也曾被记载于我国吉林延边上二叠统（Kon'no, 1968）。

Ginkgophytopsis komalarjunii (Asama) Yao=*Psygmophyllum komalarjunii* Asama（1966）产于泰国碧差汶中二叠统（Kungurian–Kazanian 或更晚）。

Ginkgophytopsis maiyaensis (Asama) Yao=*Psygmophyllum maiyaense* Asama（1967）产于日本本州米谷下二叠统 *Parafusulina* 带。

Ginkgophytopsis spinimarginalis Yao（姚兆奇，1989）。

Ginkgophytopsis? *zhongguoensis* (Feng) Yao=*Ginkgophyllum zhongguoense* Feng（冯少南等，1977a）。

此属化石后来又在福建和香港发现。另外，我国北方黑龙江、内蒙古和甘肃的安加拉植物群中也有若干种产出（黄本宏，1977，1986，1993）。甘肃祁连山（南山）晚二叠世地层产出多种大型掌状叶化石（Durante, 1980；姚兆奇，1989）。Durante（1992）在正式描述发表祁连山（南山）的标本时不再应用此属名，主张为裂片中有主脉的 *Psygmophyllum multipartitum* 另建立一个新属 *Psygmophyllopsis*，并采用 Stone（1973）创立的分类位置未定的叶化石属属名 *Flabellophyllum* 来替代 *Ginkgophytopsis*。他的主要

表 15 华夏植物群及我国东北安加拉植物群中几种拟银杏叶形态的比较

Table 15 Comparisons among several species of *Gingkophytopsis* Hoeg from the Cathaysian flora and the Angaran flora of NE China

	叶	叶基部	裂片	叶脉	叶角质层构造
G.? chuoerheensis（黄本宏，1993）	"复叶"；小叶对生至半对生状，扇形，长 1.2–1.7 cm，宽 1–2 cm	具有叶柄	小叶中间深裂至叶柄，两侧各不规则分裂 1–2 次；末次裂片披针形，匙形和带形，宽 <2 mm	细密，平行伸至叶顶端叶缘；末次裂片中有 4–6 条	不明
G. flabellate（Asama, 1967）	叶扇形，长达 15–18.5 cm，宽约 12 cm	基角 20°–30°	裂片分裂次数少，在叶片上部常不分裂	在近顶端处 30 条/cm，有网结	不明
G. fukiensis（朱彤，1990）	叶大，楔扇形，长达 25 cm，宽约 28 cm	叶柄状，具点痕和纵纹，保存长度 3 cm	裂片不规则撕裂，前缘缓波状；侧边全缘	扇状，细密，以较小角度多次分叉，伸至前缘和两侧边，在前缘每厘米有 40 条	不明
G. komalarjunii（Asama, 1966）	叶扇形，长达 15 cm，宽约 19 cm，常在近顶端处分裂	呈叶柄状，基角 70°–80°	裂片宽窄不等，分裂次数少	在叶上部和侧缘相交，30–40 条/cm	不明
G. maiyaensis（Asama, 1967）	叶小，扇形，长达 13 cm，宽达 12 cm	基角 25°–30°	裂片分裂次数少，顶端平截	在近顶端处 15–20 条/cm	不明
G. spinimarginalis（姚兆奇，1989）	掌状，长约 25 cm，宽约 15 cm，分裂为 6 个主裂片后再分裂 3–4 次	呈叶柄状，具纵纹，基角较大	末次裂片线形，长短不一，顶端钝圆，侧缘具钝锯齿状突出物	扇状，二歧分叉，在叶中部 22 条/cm，在裂片顶端有 30 条/cm 与顶缘相交	气孔下生，脉路不显；气孔单层式，纵向排列
G.? xinganensis（黄本宏，1977, 1986）	叶大，螺旋状着生，楔形；叶片长>8 cm，最大宽度>3 cm	呈叶柄状	顶端圆形，全缘，浅裂至缺裂	扇状，二歧分叉，近顶端处每 5 mm 有 8–10 条	不明
G.? zhongguoensis（冯少南等，1977a）	掌状，长>20 m，分裂为 8 个裂片	柄长 40 cm，具纵纹	裂片线形，中间的最大，长达 150 cm，宽 30 cm	扇状，二歧分叉，40 条/cm	不明

理由是：被 Høeg（1967）用作 *Ginkgophytopsis* 模式种的 *Psygmophyllum flabellatum* 叶脉并不是扇状的，保存好的标本明显可见网结（Seward, 1919, pp. 83–84, text-fig. 666），而 Høeg（1967）等归入此属的其他种都不具网脉。尽管属名 *Flabellophyllum* Stone 所替换的不合法名称 *Platyphyllum* Dawson（为一种地衣 *Platyphyllum* Ventenat, 1799 的后出同名）原先是用于晚泥盆世的、含有稀疏而清晰叶脉的叶片标本（*Cyclopteris browiana* Dawson）（Stone, 1973），Durante 认为将此属的属征稍作修改加以扩大，包括具有较密叶脉的类型，就可以把这些石炭、二叠纪不具网脉的（*Psygmophyllum flabellatum* 类型的）标本也归进来。按这样定义，*Flabellophyllum* Stone 一名仍然是一个内容十分广泛，包括不同时代、生物地理区系和分类位置的叶化石的属名（Durante, 1992）。至于马洁、杜贤铭（1989）创建的 *Primoginkgo* Ma et Du，因裂片中具有主脉，也应是同 *Psygmophyllum multipartitum* 相类似的化石，和银杏目无关。何锡麟等（1996）对 *Psygmophyllum* 和相关的化石的研究历史和现状有较详细的介绍和论述。

看来，古植物学者之间对晚古生代大型掌状叶化石如何正确命名和分类的分歧意见到现在也还未一致。之所以存在这种情况，主要是这几个属模式种的指定存在混乱，同时关键的标本保存欠佳且研究程度不高。就 *Ginkgophytopsis* Høeg 这个属而言，姑且暂不审议它是否只是 *Psygmophyllum* 的后出异名，它的模式种 *Ginkgophytopsis flabellata* 的角质层至今不明。这个产于英国石炭系（Westphalian）的欧美植物群的种和产出在华夏植物区二叠系的几个种的外形虽然完全可以比较，但由于无法在叶角质层构造特征方面比较，彼此之间真实关系仍需更多的发现和研究来验证。因为不仅叶脉的形式有差别，它们的时空分布也有很大的不同。甘肃祁连山（南山）安加拉植物群所产的标本外观似乎和华夏植物群的分子也十分相似，但是它们是否同属于一个自然分类位置，甚至彼此所属的大类是否相同也一样成问题。我们建议最好的办法还是先把已研究得比较清楚的和角质层尚未研究、分类位置不明的掌叶类化石严格地区分开来，如：先为确实属于银杏目的 *Ginkgophytopsis spinimarginalis* Yao 另建一个属名，同时把裂片中具有主脉的、已知角质层构造隶属于种子蕨的 *Psygmophyllum*（如 *Psygmophyllum multipartitum* 以及其他裂片中具有主脉的掌状叶化石 *Psygmophyllopsis* Durante 和 *Primoginkgo* Ma et Du 等）也划分出来，至于一些尚未研究清楚、分类位置不明的掌叶类化石仍可按照外形暂且分别归于有关叶化石属中。在本书中我们暂且把我国所产的，和 *Ginkgophytopsis flabellata* 相似的标本仍都按照姚兆奇的意见归于拟银杏叶 *Ginkgophytopsis* Høeg 属名之下（表15）。有关讨论和意见仅供读者今后在进行专门研究时参考和采用。

分布和时代　欧洲、亚洲，晚石炭世至二叠纪。在中国出现于中二叠世至晚二叠世。

拟银杏叶？绰尔河种　*Ginkgophytopsis? chuoerheensis* Huang

图 220，图 221

1993. *Ginkgophytopsis chuoerheensis* Huang：黄本宏，页98；图版16，图13–14a；插图21c。

特征　标本为复叶的顶部。叶以宽角从宽度为 2–2.5 mm 的叶轴上对生至半对生状伸出，扇形，长 1.2–1.7 cm、宽 1–2 cm，具有叶柄。叶片中间深裂至叶柄，每侧的一半连续不规则分裂 1–2 次，形成的最后裂片呈披针形、匙形和带形，宽度不超过 2 mm。叶脉细密，自叶柄伸出后分叉，然后平行伸至叶顶端叶缘，每一最后裂片中有 4–6 条。复叶顶端的叶片在分裂情况和叶脉特征上和两侧着生叶片的相同。（据原始描述略做文字改动）

注 此种已发表的图影质量较差，从所附插图看（图 221），此种植物是否如作者描述的那样呈复叶状并且具有（小叶的）叶柄，甚为可疑。它纤小的形体和深裂的叶片的形态和 Høeg（1967）、姚兆奇（1989）等归于此属的标本区别甚大。如果它确实呈复叶状，而且（小）叶具有叶柄，就和此属的模式种 *G. flabellata* 区别更大了。在没有对标本重新研究以前，将此种归于拟银杏叶属需持保留态度。此种发表时未指定模式或正模标本，其名称的合格性也存在问题。

产地和层位 内蒙古扎赉特旗乌兰昭，上二叠统林西组。

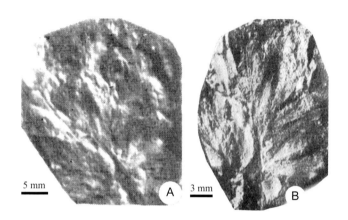

图 220 拟银杏叶? 绰尔河种 *Ginkgophytopsis? chuoerheensis* Huang

内蒙古扎赉特旗乌兰昭，上二叠统林西组 Upper Permian Linxi Formation, Ulan Zhao, Jalaid Qi of Inner Mongolia
（SYIGM：A, B. SG020434, SG020435；黄本宏，1993）

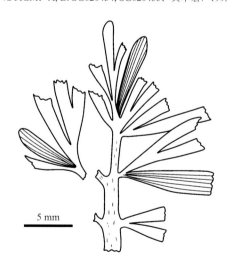

图 221 拟银杏叶? 绰尔河种的线条图 Line drawing of *Ginkgophytopsis? chuoerheensis* Huang

内蒙古扎赉特旗乌兰昭，上二叠统林西组 Upper Permian Linxi Formation, Jalaid Qi of Inner Mongolia。示 "复叶" 分裂状态和叶脉 Showing veins and division of the "compound leaf"（据黄本宏，1993，插图 21c 重绘 Redrawn after Huang, 1993, text-fig. 21c）

扇形拟银杏叶比较种 *Ginkgophytopsis* cf. *flabellata* (L. et H.) Høeg

图 222

1968. *Psygmophyllum* cf. *flabellatum* Schimper：Kon'no, p. 197；pl. 24, fig. 3；pl. 25, fig. 1.

描述　在代表叶的主体和下部的标本上，叶片呈大的宽楔形，具有细密的、多次二歧分叉的叶脉。叶脉平行，不联结成网，在叶片的最下部 30 条/cm，中部 33 条/cm，前端有 37–40 条/cm。叶基部保存部分长达 8.5 cm，可能宽 3 cm。叶的两侧边在基部呈约 20°角，向上达 35°角。叶片表面微拱凸。叶脉在最下部有 20 条，向上 30 条，其中有的较粗强。（摘译自原始描述）

注　今野圆藏所描述的标本一般形态和以往归入此种的一些标本相近（如：Seward, 1919；Asama, 1967）。不同的是，他描述叶基部的叶片"分裂为许多裂片。它们彼此以侧边相接触，但在印痕上常看不出侧边的存在"（Kon'no, 1968, p. 1967）。如果确实如此，它和此种的模式标本是有所区别。不过，我们从所发表的图上（Kon'no, 1968, pl. 25, fig. 1；本书图 222）看不到裂片分裂的情况。Seward 和 Asama 都曾指出此种的叶脉有结网现象，在今野研究过的延边标本上也并未见到。

产地和层位　吉林延边开山屯，上二叠统下部。

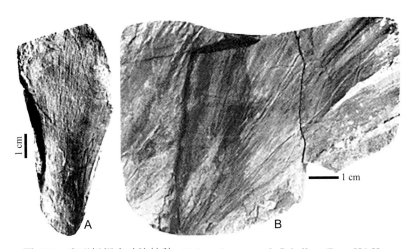

图 222　扇形拟银杏叶比较种 *Ginkgophytopsis* cf. *flabellata* (L. et H.) Høeg

吉林延边开山屯，上二叠统下部 Lower Upper Permian, Kaishantun of Yanbian, Jilin。A. 叶柄状基部 Petiole-like leaf base；B. 叶中上部 Leaf middle and upper parts（IGPTU：A, B. IGPS90168, IGPS90167；Kon'no, 1968）

福建拟银杏叶 *Ginkgophytopsis fukienensis* Zhu

图 223，图 224

1990. *Ginkgophytopsis fukienensis* Zhu：朱彤，页 101；图版 44，图 4；图版 45，图 1, 2；图版 46，图 1；图版 47，图 1, 2。

2014. *Ginkgophytopsis fukienensis*：Yang et al., p. 266.

特征　叶巨大，楔扇形，长可达 25 cm、宽 28 cm，前缘缓波状，有不规则撕裂，侧边全缘，基部收缩成叶柄状，保存长度可达 3 cm，表面具有点痕和纵纹。叶脉细密，扇状，以较小角度多次分叉，伸至前缘和两侧边，在前缘每厘米有 40 条。

注　此种和 *Ginkgophytopsis flabellata* 非常相似，区别在于后者叶脉较疏，前缘每厘米仅 30 条，且叶脉偶有网结，基部狭细，下延于轴上（如：Seward, 1919, p. 83, fig. 666）。此种发现标本甚多，但均为印痕，没有保存角质层，而且所发表的图片的摄影和印制质

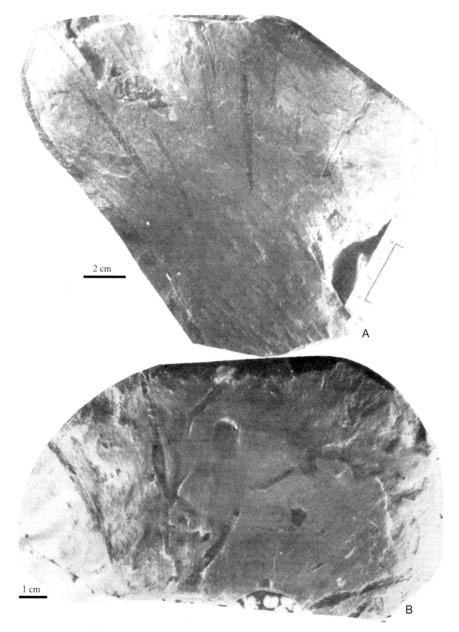

2 cm

A

1 cm

B

图 223　福建拟银杏叶 *Ginkgophytopsis fukienensis* Zhu

福建永定，中二叠统童子岩组 Middle Permian Tongziyan (Tungtseyan) Formation, Yongding of Fujian。A. 叶扇状 Flabellate leaf；B. 叶前缘不规则撕裂 Irregularly tiered front margin（FJCGE121T：A. 86152；B. 86149；朱彤，1990）

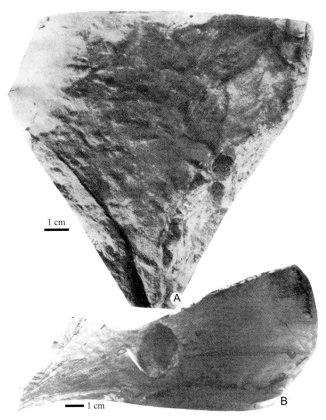

图 224　保存有基部的福建拟银杏叶 *Ginkgophytopsis fukienensis* Zhu with basal part

福建永定，中二叠统童子岩组 Middle Permian Tongziyan Formation, Yongding, Fujian。A. 叶基部呈柄状 Leaf with petiole-like base；B. 较小的叶，保存有前缘和基部 Smaller leaf showing the front margin and basal part（FJCGE121T：A. 86151；B. 86155；朱彤，1990）

量也欠佳。此种发表时也没有明确指定模式标本和标本存放地点，不符合国际植物命名法的规定。这些存在的问题都有待于对标本重新研究发表时弥补和改正。

比较种如下。

Ginkgophytopsis cf. *fukienensis*：刘陆军、李作明，1998，页 211；图版 3，图 7。香港新界大埔海丫洲岛，中二叠统—上二叠统下部丫洲组。

产地和层位　福建永定，中二叠统童子岩组。

刺缘拟银杏叶 *Ginkgophytopsis spinimarginalis* Yao
图 225—图 227

1989. *Ginkgophytopsis spinimarginalis* Yao：姚兆奇，页 176–178；图版 3，图 1–5；图版 4，图 1–6；插图 2。

特征　叶掌状，基部叶柄状；叶片在下部联合，掌状分裂后，再往上二歧式分裂 3–4 次，形成大致对称的两部分；裂片侧缘具分布较规则的钝刺状突出物；末次裂片长短不一，线形，顶端半圆形；叶脉扇形，多次二歧分叉，在裂片中与侧缘平行，在叶侧缘开裂形成的每一钝刺中进入一条叶脉，叶脉在裂片顶端不聚合，而与顶缘相交。叶柄状基部具有点痕和纵纹。叶片中无树脂体。

表皮角质层较薄，气孔下生。上表皮细胞矩形至狭长形，侧壁直，常具斜的端壁，排列成行；脉路细胞几乎难以辨别。下表皮角质层较上表皮薄，细胞长方形至伸长形，侧壁直；脉路细胞略长于脉间细胞，但脉路也难以辨别。气孔单唇形。气孔带不明显。气孔带内气孔常排列成不连续的纵行，偶呈斜列状，同一气孔带内较少有两个以上气孔并列。气孔呈纵行排列，即长轴与叶脉平行。（据姚兆奇，1989）

图 225　刺缘拟银杏叶 *Ginkgophytopsis spinimarginalis* Yao

江苏镇江伏牛山煤矿，中二叠统（龙潭组下部）Middle Permian [lower part of the Longtan (Lungtan) Formation], Funiushan Coal Mine, Zhenjiang of Jiangsu。A, B. 深裂叶片的顶部和柄状的基部 Deeply divided leaf lamina and petiole-like base；C. 自图 A 放大，示叶脉和裂片钝圆顶端 Enlarged from fig. A, showing veins and the obtuse apex of segment

（NIGPAS：A, C. PB14607；B. PB14606；姚兆奇，1989）

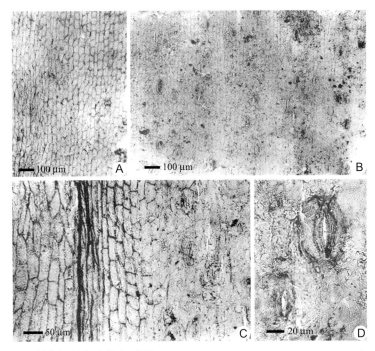

图 226　刺缘拟银杏叶的角质层　Cuticles of *Ginkgophytopsis spinimarginalis* Yao

江苏镇江伏牛山煤矿，中二叠统（龙潭组下部）Middle Permian [lower part of the Longtan (Lungtan) Formation], Funiushan Coal Mine, Zhenjiang of Jiangsu。A. 上表皮角质层 Upper cuticle；B. 下表皮角质层 Lower cuticle；C. 叶角质层，左侧为上表皮，右侧为下表皮 Leaf cuticles, upper cuticle on the left, lower one right；D. 气孔器 Stomata（角质层自图 225B 标本 Cuticles from specimen showing in fig. 225B）

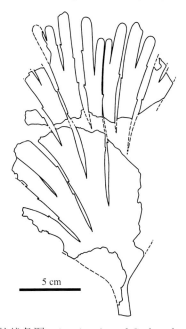

5 cm

图 227　刺缘拟银杏叶的线条图　Line drawing of *Ginkgophytopsis spinimarginalis* Yao

江苏镇江伏牛山煤矿，中二叠统（龙潭组下部）Middle Permian [lower part of the Longtan (Lungtan) Formation], Funiushan Coal Mine of Zhenjiang, Jiangsu。两块标本的拼接绘图，示采集前未曾破碎时的形态 Montage of two specimens, showing the outline of a leaf before broken（据姚兆奇，1989，插图 2 重绘 Redrawn after Yao, 1989, text-fig. 2）

注　此种气孔不下陷，副卫细胞和正常表皮细胞不具乳突，和中新生代许多银杏目植物不同，而和 *Pseudotorellia* Florin（1936）最为相近。叶片角质层上所黏附的银杏型的花粉粒为它归属于银杏目提供了辅证。未明确指定正模。

　　产地和层位　江苏镇江伏牛山煤矿，中二叠统（龙潭组下部）。

拟银杏叶？兴安种 *Ginkgophytopsis? xinganensis* Huang
图 228，图 229

1977. *Ginkgophytopsis? xinganensis* Huang：黄本宏，页 62；图版 24，图 1；图版 38，图 6；插图 23。
1986. *Ginkgophytopsis xinganensis*：黄本宏，页 107；图版 3，图 3–7。

图 228　拟银杏叶？兴安种 *Ginkgophytopsis? xinganensis* Huang
黑龙江神树大安河，上二叠统三角山组（A）Upper Permian Sanjiaoshan Formation, Da'anhe of Shenshu, Heilongjiang (A)；内蒙古东乌珠穆沁旗阿尔陶勒盖，上二叠统林西组（B–F）Upper Permian Linxi Formation, Artaolegou of Dong Ujimqin Qi, Inner Mongolia (B–F)。A. 正模 Holotype；B, F. 示叶的轮廓和着生状态 Showing the outline and attachment of leaves；C. 叶片中的叶脉 Veins；D, E. 示叶片分裂状况 The division of lamina（SYIGM：A. PFH0242；B–F. SG020024–SG020028；黄本宏，1977，1986）

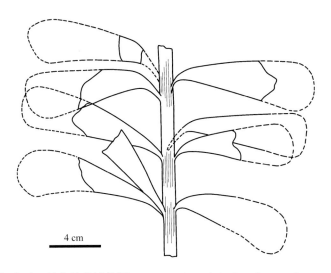

图 229　拟银杏叶? 兴安种的线条图 Line drawing of *Ginkgophytopsis*? *xinganensis* Huang

黑龙江神树大安河，上二叠统三角山组 Upper Permian Sanjiaoshan Formation, Da'anhe of Shenshu, Heilongjiang（据黄本宏，1977，插图 23 重绘 Redrawn after Huang, 1977, text-fig. 23）

特征　叶轴粗壮，宽约 1 cm，具不规则细纹。叶螺旋状着生，以较狭的交角自轴上伸出，很快弯向侧方或斜前方，楔形，长 8 cm 以上，最大宽度在叶上部，大于 3 cm，向柄状的基部逐渐变窄。叶脉在基部有 3–4 条，多次分叉，在叶较宽部位每 0.5 cm 有 8–10 条。（据原始描述摘要）

注　原作者 1977 年研究发表的黑龙江标本形体较大，但叶的顶端未保存（图 228A，图 229）。在 1986 年修订时归入此种的标本上（图 228B–F），叶大小仅为模式标本的一半，在保存较好的顶部可见到中间浅裂或不规则分裂数次。尽管两地的标本叶形大致相似，叶脉密度相同，后者形体和叶分裂的形态与典型的拟银杏叶（如 *Ginkgophytopsis flabellata* 等）并不相似，却与通常归入楔拜拉属的标本不好区别。这些标本是否同一种属，它们是否都和拟银杏叶有关，目前都难以确定。

产地和层位　黑龙江神树大安河，上二叠统三角山组（模式标本）。内蒙古东乌珠穆沁旗阿尔陶勒盖，上二叠统林西组。

拟银杏叶? 中国种 *Ginkgophytopsis*? *zhongguoensis* (Feng) Yao

图 230

1977a. *Ginkgophyllum zhongguoense* Feng：冯少南等，页 670；图版 250，图 3，4a，4b。
1989. *Ginkgophyllum zhongguoense*：梅美棠等，页 69；图版 30，图 2。
1989. *Ginkgophytopsis zhonguoensis* (Feng) Yao：姚兆奇，页 174，184。

特征　叶掌状，有明显叶柄，柄长不到 40 mm、粗 10 mm，表面有清晰的纵纹。叶长 200 mm 以上，裂成 8 个线形裂片，最下面的两对裂片似乎从柄的两侧成对地伸出，中间的裂片最大，长 150 mm 左右，中间宽 30 mm，两侧的裂片较小，长 110 mm，中间

宽 20 mm。叶脉扇状，细而明显，从基部伸出后，二歧分叉多次，每厘米有 40 条左右。（据冯少南等，1977a）

注　从发表的图片看，此种基部并不具有真正的叶柄，叶脉也不像是扇状的，因裂片中似有一条中脉，它是否属于 Saporta（1875, 1978）和 Høeg（1967）等以 *Psygmophyllum grassertii* 为代表的银杏叶属（*Ginkgophyllum*），或是确实和拟银杏叶属有关均存疑。另外，此种的正模至今没有明确指定。

产地和层位　广东曲江花坪，上二叠统下部龙潭组。

图 230　拟银杏叶? 中国种 *Ginkgophytopsis*? *zhongguoensis* (Feng) Yao

广东曲江花坪，上二叠统下部龙潭组 Lower Upper Permian Longtan (Lungtan) Formation, Huaping of Qujiang, Guangdong。正模标本的正负面 Part and counterpart of the Holotype（YCIGM: P25145, P25146；冯少南等，1977a）

拟银杏叶未定种 *Ginkgophytopsis* sp.

2000. *Ginkgophytopsis* sp.: Wang, pl. 2, fig. 3.

注　原文无描述。

产地和层位　山西保德，上二叠统下部。

拟银杏叶? 未定种 1 *Ginkgophytopsis*? sp. 1

图 231

1992. *Flabellophyllum* sp. 1：Durante, pp. 28, 29；pl. 11, fig. 3；pl. 12, fig. 6；text-fig. 13.

描述　叶楔形，具大体完整的叶缘。一块较完整的叶（Durante, 1992, pl. 11, fig. 3, text-fig. 13；本书图 231A），长大于 5.5 cm，基部宽约 1 cm，至近顶端处扩展为 5 cm 宽的扇形叶片。叶片仅在顶部分割为 4 个主裂片；中间的裂片 1.3–1.5 cm 宽，两侧的宽约 1 cm；在右侧还可见到一个窄的裂片。叶脉辐射状，平行于叶的侧缘，似二歧分叉 3–5 次，可能每 0.5 cm 有 15–17 条。另一块标本（Durante, 1992, pl. 12, fig. 6；本书图 231B）为近三角形叶的近基部；两侧叶缘夹角呈 75°–80°。脉平行，每 0.5 cm 有 8–10 条，脉间有时可见间细脉（?）。（据 Durante, 1992 描述摘要）

产地和层位　甘肃祁连山（南山），上二叠统 C 带，第 III 和 IV 层。

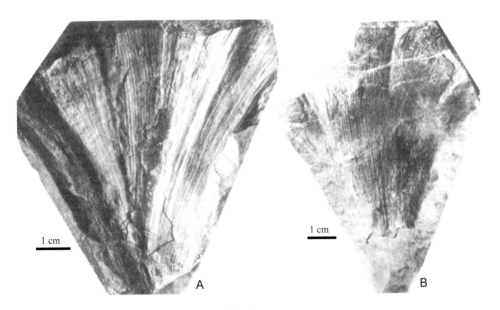

图 231　拟银杏叶? 未定种 1 *Ginkgophytopsis*? sp. 1

甘肃祁连山（南山），上二叠统 C 带，第 III 和 IV 层 Upper Permian, Layers III and IV of Zone C in Qilianshan (Nanshan), Gansu（NRM.SE：A, B. S030244-02, S030244-01；Durante, 1992）

拟银杏叶? 未定种 2 *Ginkgophytopsis*? sp. 2

图 232

1992. *Flabellophyllum* sp. 2：Durante, p. 29；pl. 11, fig. 2；text-fig. 14.

描述　叶扇形，长、宽都大于 12 cm。叶片分割为 4 个宽度相近的主裂片；它们又各自较深地分裂。在左侧有一个窄的侧裂片。叶脉二歧分叉 4–6 次或更多，在基部每 0.5 cm 约 8 条，向上较密，每 0.5 cm 有 15–16 条。（据原始描述摘要）

　　注　原作者认为此种和他原定为 *Flabellophyllum* sp. 1（=拟银杏叶？未定种 1；见上）的区别在于叶较大，分裂较深，裂片形状不同，叶侧缘的夹角更大。此两个种均以具有窄小的边缘裂片而区别于同属的其他种，不过也不排除两者为同一种的形态变异。

　　产地和层位　甘肃祁连山（南山），上二叠统 C 带，第 III、IV、VII 层。

图 232　拟银杏叶？未定种 2　*Ginkgophytopsis*? sp. 2

甘肃祁连山（南山），上二叠统 C 带，第 III、IV、VII 层　Upper Permian, Layers III, IV and VII of Zone C in Qilianshan (Nanshan), Gansu（Durante, 1992, pl. 11, fig. 2）

皮叶属 Genus *Phylladoderma* Zalessky, 1914

　　模式种　*Phylladoderma arberi* Zalessky。俄罗斯伯绍拉盆地，上二叠统。

　　属征　叶两侧对称，甚大，长椭圆形、长圆形、长披针形，中部最宽。叶全缘，顶端通常具凹缺，基部楔形，有时伸长成柄状，只有一条叶脉进入。叶脉在基部分叉，两条主脉偏向叶缘，在下部分叉多次，构成两侧对称的脉序；叶脉粗而明显，直或微弧形，彼此平行并和侧边平行，至顶端聚敛，不和侧边相交。［据杨关秀、陈芬（1979）翻译的 Neuberg（1960）给予此属模式种的修订特征缩减］

　　注　又名顶缺银杏。Meyen（1983）后来对本属的属征又做了补充，其主要内容是：叶螺旋状排列，顶端钝圆或具凹缺；叶片角质层厚，气孔器均匀分布在上、下表皮，或集中在不明显的气孔带内；保卫细胞强烈下陷，副卫细胞 4 个或 6 8 个，围绕气孔口呈

· 340 ·

环状加厚等（何锡麟等，1996）。Meyen 还根据叶角质层上气孔分布状态区分出皮叶亚属 *Phylladoderma (Phylladoderma)* 和等孔亚属 *Phylladoderma (Aequistoma)*。后者气孔分布不如前者均匀，有微弱的成行排列趋势。模式种 *Phylladoderma arberi* 属于皮叶亚属 *Phylladoderma (Phylladoderma)*。

此属最初因叶顶端有凹缺刻，叶脉与叶缘平行而和科达属（*Cordaites*）或匙叶属（*Noeggerathiopsis*）相区别。Neuberg（1960）研究模式种 *Phylladoderma arberi* 的叶角质层后，认为它和典型银杏目植物相近，因而把它视为晚二叠世的一个银杏目成员。实际上，她发表的图（text-figs. 8–10，pls. 19–22）上所显示的气孔器的形态构造颇为独特。它们具有一个宽大、圆形至长圆形的气孔口；副卫细胞形状不规则，正常细胞形态相近，没有明显的极位和侧位分化，也没有乳突和明显的角质增厚，只在近气孔口稍微加厚，相互联合构成一个颇为均匀的环状缘边；其保卫细胞间缝隙几乎无例外地都呈纵向位。这些都和现生银杏和许多中生代银杏目植物的气孔器不同。值得重视的是这种植物的叶脉在叶基部只有一条，这和银杏目植物叶柄中具有双叶迹构造区别也很明显。虽然 Neuberg 把它归于银杏目的主张得到 Tralau（1968）的支持，但是近几十年来此属一般都被归于盾籽类种子蕨类的心鳞籽科 Cardiolepidaceae（Meyen，1983，1988；Durante，1992；Esaulova，2000；Ignatiev，2003）。不过，在我国江西发现的皮叶属的模式种化石（何锡麟等，1996）表明它的叶确实是螺旋状着生在茎干上的，也不同于通常意义上的"种子蕨"的羽状复叶。因此，皮叶属的真实分类位置至今仍是悬而未决的。

分布和时代 俄罗斯等地（安加拉植物区），晚二叠世。在我国，十分相似的叶化石在山西、江西和广东晚二叠世都有记载。

舌形皮叶 *Phylladoderma arberi* Zalessky

图 233，图 234

1914. *Phylladoderma arberi* Zalessky, p. 24；pl. 1, fig. 4；pl. 2, figs. 7, 9；pl. 3, figs. 3, 5–8, 10, 11.

1960. *Phylladoderma arberi*：Neuberg, p. 43；pls. 16–23；pl. 24, figs. 1, 2, 5–7.

1983. *Phylladoderma arberi*：Meyen, p. 53；pl. 14, figs. 1, 1a；pl. 17, figs. 1, 3；pl. 20, fig. 4；pl. 21, fig. 4.

1979. *Phylladoderma* cf. *arberi*：杨关秀、陈芬，页 131；插图 41b；图版 42，图 5–6a.

1996. *Phylladoderma arberi*：何锡麟等，页 75；图版 71–73；图版 74，图 1，2；图版 84；图版 85，图 5–8；图版 86，87；图版 89，图 1–3；图版 93，94。

特征 此模式种特征基本同属征。俄罗斯伯绍拉的标本叶长达 23 cm、宽 6.5 cm。主脉各二歧分叉 7 次，叶脉间距为 1.5–2 mm。叶片最宽处有叶脉 6–7 条。（据杨关秀、陈芬，1979）

模式标本产地和层位 俄罗斯伯绍拉盆地，上二叠统。

注 我国江西有此种大量保存完好的标本（何锡麟等，1996）。叶大，长椭圆形或披针形，最宽处在中部，全缘。叶顶端钝圆，或具一尖头和凹缺，基部楔形。叶脉粗而稀，在基部伸出一条，分叉后平行叶缘直伸，至顶端聚敛。叶两面气孔型，角质层厚。气孔

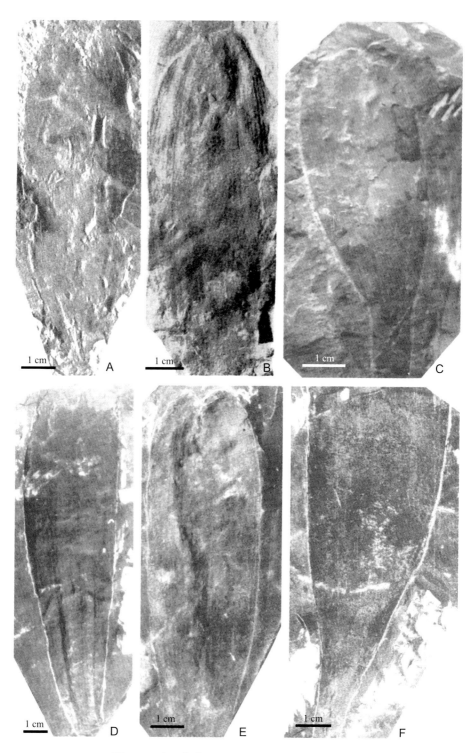

图 233　舌形皮叶 *Phylladoderma arberi* Zalessky

广东仁化格顶寨，上二叠统下部龙潭组（A，B）　Lower Upper Permian Longtan (Lungtan) Formation, Gedingzhai of Renhua, Guangdong (A, B)；江西乐平鸣山煤矿（C）、丰城建新煤矿（D–F），上二叠统下部乐平组 Lower Upper Permian Leping (Loping) Formation, Mingshan Mine of Leping (C) and Jianxin Mine of Fengcheng (D–F), Jiangxi（CUGB：A, B. 0421, 0422；杨关秀、陈芬，1979；CUMTX：C. X88294；D. X88299；E. X88300；F. X88303；何锡麟等，1996）

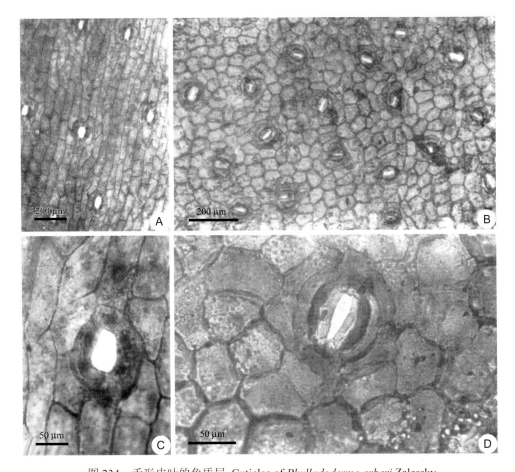

图 234　舌形皮叶的角质层 Cuticles of *Phylladoderma arberi* Zalessky

A, C. 图233C叶的上角质层和气孔 Upper cuticle and stomata from fig. 233C; B, D. 图233E叶的下角质层和气孔 Lower cuticle and stomata from fig. 233E（CUMTX: 何锡麟等，1996）

器分布均匀。气孔窝口周围有一个增厚角质缘脊环绕。密切伴同产出的还有一种茎干化石（*Phylladendroid* He et al.）（何锡麟等，1996，页 74，167），其叶痕为横菱形，具维管束痕，可能为着生此种皮叶的茎干。广东（杨关秀、陈芬，1979）产出的此种标本很少，未保存角质层，但基本形态一致。

产地和层位　江西乐平鸣山煤矿、丰城建新煤矿和高安等地，上二叠统下部乐平组；广东仁化格顶寨，上二叠统下部龙潭组。

等形皮叶（等孔亚属）比较种 *Phylladoderma (Aequistoma)* cf. *aequalis* Meyen

图 235

1987. *Phylladoderma (Aequistoma)* cf. *aequalis*：王自强、王立新，页 28，29；图版 29，图 1–4；图版 30，图 2，3，5，7。

描述　叶碎片，保存宽度仅 5 mm，具不明显的平行脉。角质层两面气孔型，上、下角质层基本相同，表皮细胞主要为等径的四边形至多边形，壁直或微弯，具一粗厚的中

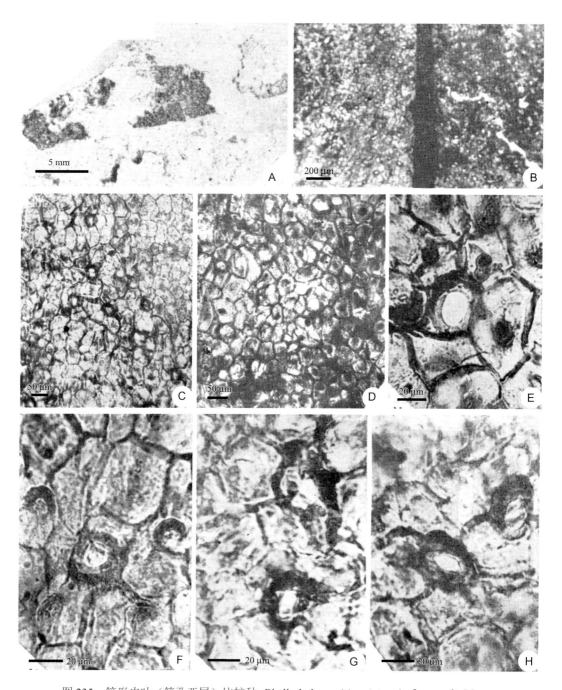

图 235 等形皮叶（等孔亚属）比较种 *Phylladoderma (Aequistoma)* cf. *aequalis* Meyen

山西柳林大凤山南，上二叠统孙家沟组中段 The middle part of the Upper Permian Sunjiagou Formation, South of Dafengshan of Liulin, Shanxi。 A. 叶片段 Leaf segment；B. 上、下角质层，原作者未分别加以指明 Upper and lower cuticles, not clearly indicated respectively in the original paper；C, D. 上、下角质层，自图 B 放大，其中一面具较粗大乳突 Upper and lower cuticles enlarged from fig. B, one with thicker and larger papillae than the other；E, G. 下角质层气孔器 Stomatal apparatuses from lower cuticle；F, H. 上角质层气孔器 Stomatal apparatuses from upper cuticle；所有角质层都出自图 A All cuticles from fig. A（TJIGM：A–H. 8302-136；王自强、王立新，1987）

央乳突，排列不规则，只是下角质层乳突更粗厚，表皮细胞有时排列成短行，显示出微弱的脉路。气孔器单环式，分布比较均匀，有时排列成短纵列。副卫细胞 5–6 个，在形态、大小方面和表皮细胞接近，有时相邻气孔器共有副卫细胞。保卫细胞角质化弱，孔缝大致为纵向。气孔口的周围具圆形角质增厚环。

注 原作者对此比较种的角质层特征的描述和图版说明有不相符合之处。王自强、王立新（1987，页 76，图版 28，图 3，4）在图版说明中指出：其上角质层乳突较下角质层发育。本书暂依据正文描述。

当前标本和俄罗斯保存不完全的此种模式标本在叶片形态和叶脉型式上无大的区别，它们的主要角质层特征也是基本一致的，只是俄罗斯叶角质层的细胞较为伸长（Meyen, 1977, pl. 8, figs. 5–10；1983, pl. 18, figs. 1–3）。

产地和层位 山西柳林大风山南，上二叠统孙家沟组中段。

皮叶（等孔亚属）未定种 *Phylladoderma (Aequistoma)* sp.

1996. *Phylladoderma (Aequistoma)* sp.：何锡麟等，页 76；图版 85，图 1–4；图版 88；图版 89，图 4–6。

注 只是分散的角质层，没有手标本。

产地和层位 江西鸣山煤矿，上二叠统乐平组老山段下亚段。

皮叶? 未定种 *Phylladoderma?* sp.

1992. *Phylladoderma?* sp.：Durante, p. 19；pl. 12, figs. 2, 3, 5, 6；text-fig. 7.

注 是一些分类位置不明的叶片。

产地和层位 甘肃祁连山（南山）剖面，C 组 III 层（属上二叠统）。

异叶属 Genus *Pseudorhipidopsis* P'an, 1936–1937

模式种 *Pseudorhipidopsis brevicaulis* (Kawasaki et Kon'no) P'an。朝鲜半岛平安南道江东郡晚达面云鹤里，二叠系高坊山群。河南禹县神垕镇，上二叠统大风口系上部（云盖山组）。

属征 末级枝（？）长，在下部宽达 3 mm，向上渐狭细。轴平滑，最宽处约 3 mm。叶具一个长 1–3 mm 的短柄，排列紧密，常相互叠覆并向上弯曲，着生在枝上部轴上的为对生和亚对生，在枝下部的成为互生。叶自基部连续二歧分叉成为 10 个裂片。裂片具有一个狭细柄状基部和宽截形的顶端，自叶中间向两侧变小，可分为 4 个组。中间的两个组各自由两个较大的裂片组成；侧边的两组各有 3 个裂片。叶脉颇密，二歧分叉而不结网，在中间裂片中每厘米有 45–50 条，在侧生的裂片中每厘米有 35–40 条。（潘钟祥所

述的原始属征）

注 此属的模式种产于朝鲜半岛北部平安南道江东郡晚达面云鹤里，二叠系高坊山群（Kawasaki & Kon'no, 1932），原归于扇叶属中。潘钟祥（P'an, 1936–1937）研究河南大风口所产的保存完好且数量众多的标本后认为此种虽和扇叶属很相似，但是后者的叶较大，具有一个长柄，未曾发现过叶在枝轴上着生的标本，可能具有落叶习性而有所不同，因此把它分出来建立一新属。杨关秀等（2006）在采集更多标本的基础上对此属的模式种 *Pseudorhipidopsis brevicaulis* 的特征做了修订，但未对属征做正式的改动。需要说明的是：潘钟祥所指的末级枝的原先含意包括着生在枝轴两侧的叶在内，不同于杨关秀等专指枝轴本身，因而在他们所发表的特征中出现量度上的不一致。

分布和时代 华北和朝鲜半岛（华夏植物区），二叠纪。

短茎异叶 *Pseudorhipidopsis brevicaulis* (Kawasaki et Kon'no) P'an emend. Yang

图 236，图 237

1932. *Rhipidopsis brevicaulis* Kawasaki et Kon'no, p. 39；pl. 101, figs. 7, 8.

1936–1937. *Pseudorhipidopsis brevicaulis* (Kawasaki et Kon'no) P'an, p. 265；pls. 1, 2；pl. 3, figs. 4, 5.

1974. *Pseudorhipidopsis brevicaulis*：中国科学院南京地质古生物研究所、植物研究所《中国古生代植物》编写小组，页 148；图版 117，图 4–9；插图 5-3。

1991. *Pseudorhipidopsis brevicaulis*：杨景尧等，图版 10，图 6；图版 11，图 4。

1997. *Pseudorhipidopsis brevicaulis*：尚冠雄，图版 17，图 4, 5。

2006. *Pseudorhipidopsis brevicaulis*：杨关秀等，页 156；图版 47，图 7；图版 51，图 5–6；图版 76，图 3–4。

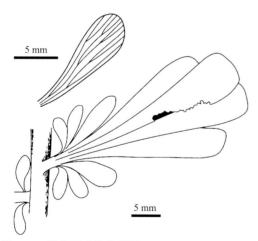

图 236 短茎异叶的线条图 Line drawing of *Pseudorhipidopsis brevicaulis* (Kawasaki et Kon'no) P'an emend. Yang

示叶着生和分裂状况及叶脉 Showing the attachment and division of leaf, and the venation（据 Kawasaki 和 Kon'no 的原始标本图片重绘 Redrawn from Kawasaki & Kon'no, 1932, pl. 101, figs. 8a, 8b）

特征 具三级分枝系统。一级枝宽 12 mm；二级枝近垂直伸出，宽 4 mm，保存长度超过 10 cm；末级枝垂直伸出，宽 2–3 mm。叶掌状。叶柄长 1–3 mm，垂直或以宽角螺旋状着生枝上，但保存在同一平面上。叶片长 1.5–4.5 cm、宽 0.5–2 cm，连续分裂为 10 个楔形或倒披针形裂片。裂片顶端钝圆或近截形，基部窄，中间的 4 个较大，最宽处达 5 mm，两侧各有 3 个较小的，其顶端指向两侧。叶脉扇状，细密，在较大的裂片中 45–50 条/cm，较小的裂片中 35–40 条/cm。（据杨关秀等，2006）

模式标本产地和层位 朝鲜半岛北部平安南道江东郡晚达面云鹤里，二叠系高坊山群。

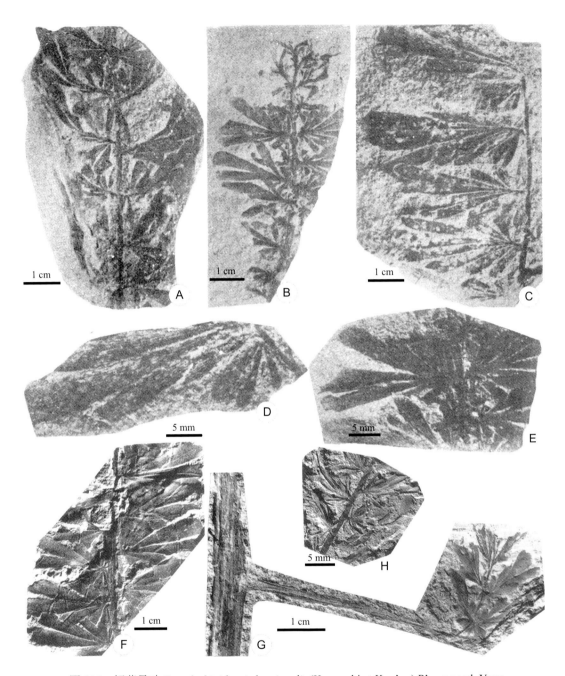

图 237　短茎异叶 *Pseudorhipidopsis brevicaulis* (Kawasaki et Kon'no) P'an emend. Yang

河南禹州大风口（A–F，H）、汝州坡池（G），上二叠统下部云盖山组（=大风口组）Lower Upper Permian Yungaishan Formation (= Tafengkou Formation), Dafengkou of Yuzhou (A–F, H) and Pochi of Ruzhou (G), Henan (Honan)。图 D 自图 C 放大，图 E 自图 B 放大　Figs. D and E enlarged from figs. C and B respectively（NIGPAS：A–E. PB269, PB274, PB276；P'an, 1936–1937；CUGB：F–H. HEP0792, HEP3404, HEP0793；杨关秀等，2006）

注　杨关秀等（2006，页 156，157，295）对此种的特征做了修订，认为此种可能是一种具有单轴式分枝的小乔木。她们在异名表中并未据引潘钟祥的图版 3，图 4，5 的标本，也未说明它们不应归于此种的理由。

图 238　奇数异叶 *Pseudorhipidopsis imparis* Yang
河南禹州大风口，上二叠统下部云盖山组八煤段，正模 Lower Upper Permian Yungaishan Formation, Coal Member VIII, Dafengkou of Yuzhou, Henan, Holotype（CUGB：HEP0794；杨关秀等，2006）

产地和层位　河南禹州大风口，上二叠统下部云盖山组八煤段（模式标本）。

产地和层位　河南禹州大风口、汝州坡池，上二叠统下部云盖山组八煤段。河南巩义瑶岭、伊川鲁沟和济源下冶的相当层位以及江西乐平上二叠统下部乐平组也有此种报道。

奇数异叶 *Pseudorhipidopsis imparis* Yang
图 238

2006. *Pseudorhipidopsis imparis* Yang：杨关秀等，页 157，295；图版 47，图 8。

特征　末级的枝轴细。叶掌状，以短柄呈 60°–70° 的宽角螺旋状着生在枝上，但保存在同一平面上，呈亚对生。叶片长 2.5–3 cm，奇数分裂为 3 个或 5 个狭倒卵形或倒披针形裂片。裂片顶端圆形或近截形，基部窄细，中间的一个长而宽，顶部宽达 8–12 mm，两侧的裂片长度为中间裂片的 1/2–2/3，斜指向两侧。末级枝顶端的叶呈偏心形，长 3 cm、宽 3.5 cm，有 9 个裂片。叶脉扇状，细密，在中间裂片的上部 55–60 条/cm。（据杨关秀等，2006）

注　此种以裂片呈奇数，中间一枚最大为特征。它和本属模式种 *Pseudorhipidopsis brevicaulis* 的区别还在于叶脉较密。

楔异叶 *Pseudorhipidopsis sphenoformis* (Yang) Yang
图 239

1991. *Triphyllum sphenoformis* Yang：杨景尧等，页 52，53；图版 10，图 7；图版 11，图 5；图版 12，图 2；图版 13，图 3。
2006. *Pseudorhipidopsis sphenoformis* (Yang) Yang：杨关秀等，页 157，296；图版 76，图 5，5a。

特征　末级枝细，宽 2–3 mm。叶以直角或钝角着生，螺旋状排列，但保存为对生或亚对生状。叶片不对称梯形，分裂为 3 个长楔形裂片，最下面的一个裂片最大，向上依次变小。裂片侧边直或微弯，其顶端钝尖或略呈截形。叶脉扇形，自基部伸出后多次二歧分叉，平行叶的侧边直伸裂片顶端。在末级枝下部，叶二裂或不分裂而呈长三角形；在枝顶端，叶也不分裂，以狭角伸出并紧密螺旋状排列。（译自杨关秀等，2006 英文特征）

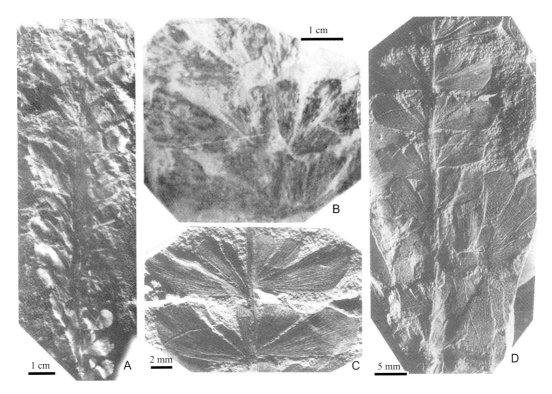

图 239　楔异叶 *Pseudorhipidopsis sphenoformis* (Yang) Yang

河南登封颍阳山神庙和巩义瑶岭（A，B）、登封蹬槽（C，D），上二叠统下部云盖山组八煤段 Lower Upper Permian, Coal Member VIII of Yungaishan Formation, Shanshenmiao, Yingyang of Dengfeng and Yaoling of Gongyi (A, B), Dengcao of Dengfeng (C, D), Henan（HNCCG：A, B；杨景尧，1991；CUGB：C, D. HEP3161；杨关秀等，2006）

注　杨景尧（杨景尧等，1991）最初为此种建立新属 *Triphyllum* 时既未给出文字描述或特征，也未指定模式标本，属于不合格发表。杨关秀等（2006）将此种改归入异叶属中成为新组合时，发表了英文的特征，并指定杨景尧等（1991，图版 10，图 7，图版 12，图 2）和她们发表的一块标本（图版 76，图 5，5a）一同作为合模，但并未明确地指定一个正模，对于杨景尧等的图版 11，图 5 的标本，既未予引据也没有做评述和讨论。

此种形态和杨关秀、陈芬（1979，页 110，图版 19，图 5，5a，插图 24）命名为 *Adiantites*? *lobifolia*，产于广东仁化格顶寨上二叠统的标本十分相似。它们的叶都是分裂为 2–3 个裂片，最下面的一个裂片最大，向上变小。兰善先等（李汉民等，1982，页 376–377，图版 147，图 4–12，插图 92）根据他们在江苏镇江伏牛山和福建龙岩黄坑上二叠统所发现的相同材料为这种化石创建了一个新属华夏叶 *Cathaysiophyllum*，并以裂瓣华夏叶 *C. lobifolia* (Yang et Chen) Lan, Li et Wang 为模式种。杨关秀等（2006，页 157，296）在对 *Pseudorhipidopsis imparis* 的讨论中将它和华夏叶做了比较，但是并没有对形态十分相似的裂瓣华夏叶和 *Ps. sphenoformis* 的关系作出任何说明。如果它们确实相同，需要采用

早先发表的种名 *Ps. lobifolia* (Yang et Chen)。

产地和层位 河南登封蹬槽和颍阳、巩义瑶岭东，上二叠统下部云盖山组八煤段。

异叶未定种 *Pseudorhipidopsis* sp.

1998. *Pseudorhipidopsis* sp.：王仁农、李桂春等，图版 14，图 6。

注 仅有图版无描述。

产地和层位 安徽颍上谢桥，上二叠统下部上石盒子组。

辐叶属 Genus *Radiatifolium* Meng, 1992

模式种 *Radiatifolium magnum* Meng。产地和层位见下。

属征 叶大，具一明显的叶柄。叶片深裂。裂片 10–14 枚，从叶柄顶端作放射状伸展，楔形，大小近于相等，顶端钝圆，正中有的浅裂。叶脉自裂片基部放射状伸出，多次二歧分叉，直达裂片顶端。（据孟繁松，1992 稍作修改）

注 本属裂片的一般形态和叶脉等方面与古生代扇叶属 *Rhipidopsis* 有些相似，但后者的叶为掌状分裂，裂片大小不等（中间的大、两侧的小），最外侧的下弯并指向下方等与本属明显不同。本属外形与四川巴县一品场（现属重庆）上三叠统须家河组 *Sinophyllum sunii* Sze et Lee（斯行健、李星学，1952）也有相似之处，但后者叶为扇形，叶先在叶柄的顶端分成大致相等的两半，每一半又分裂 2–3 次，每一对裂片在其中部及底部好像是联合着的，最外边的裂片似较短小，而且略略下弯，每一裂片有一条显著的中脉，并由此斜伸出许多侧脉等与当前属不同。根据裂片从柄顶端作放射状伸展、楔形、大小近于相等，叶脉自裂片基部放射状伸出，多次二歧分叉，直达裂片顶端等特征，本属与古生代的楔叶属 *Sphenophyllum* 似乎颇为接近，但未发现叶和茎干相连生的化石，不明了茎上是否具有节和节间，而且本种的裂片颇为宽大，与通常归于 *Sphenophyllum* 的古生代有节植物很不相同。本书暂将它归于有疑问的银杏目植物。

分布和时代 中国湖北，晚三叠世。

大辐叶 *Radiatifolium magnum* Meng

图 240

1992. *Radiatifolium magnusum* Meng：孟繁松，页 705，707；图版 I，图 1，2；图版 II，图 1，2。

特征 叶大，具一明显的叶柄，柄长达 7.8 cm 以上，中、下部宽 3 mm，向上接近顶部逐渐变宽至 5 mm。裂片 10–14 枚，从叶柄顶端作放射状伸展，呈楔形，大小近于相等，长 10–11 cm，顶端最宽，达 4 cm，其中、下部常彼此叠覆，顶端钝圆，有时正中浅裂一次。叶脉放射状，细密，二歧分叉多次，在裂片的上部每厘米有脉 35–40 条。

注　此种名发表时未指明模式标本，与命名法规（墨尔本法规 Art. 40.6）不符。种名也应正确拼写为 *Radiatifolium magnum*。

产地和层位　湖北南漳东巩，上三叠统九里岗组。

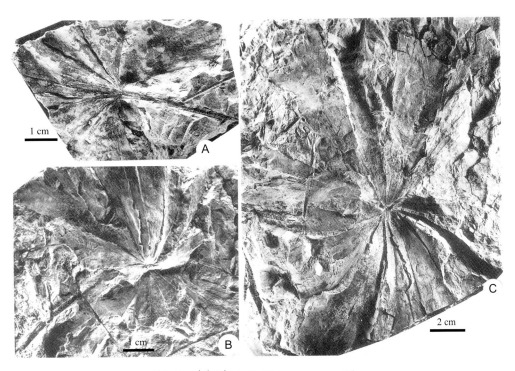

图 240　大辐叶 *Radiatifolium magnum* Meng

湖北南漳东巩，上三叠统九里岗组 Upper Triassic Jiuligang Formation, Donggong of Nanzhang, Hubei。A. 叶具长柄 The leaf with a long petiole；B. 正模的负面 Counterpart of the Holotype；C. 正模 Holotype（YCIGM：A. P86024；B. P86021；C. P86020；孟繁松，1992）

钉羊齿属（部分种）Genus *Rhaphidopteris* Barale, 1972 (pro parte)

模式种　*Rhaphidopteris astartensis* (Harris) Barale（=*Stenopteris astartensis* Harris, 1932）。东格陵兰 Scoresby Sound，上三叠统瑞替阶。

属征　叶自枝上脱落，革质，具柄，倒卵形、椭圆形至披针形，一至多次羽状，不等二歧（歧轴）式或二歧式分裂；叶片常深裂；裂片通常较狭细，末级的裂片线形。叶各部分（叶柄、主轴和裂片）趋近于等宽。叶轴简单或分叉一次，常具翼。裂片分叉前一般仅含 1–2 条脉；最末级裂片正常情况下仅含 1 条脉伸至顶端。叶多数为两面气孔型。气孔常稀疏地呈纵向方位分布。副卫细胞大小不规则，有时具一中空乳突。周围细胞若存在也不特化。保卫细胞下陷，角质化程度弱；毛状体有时存在。下皮纤维层不发育。（据章伯乐、周志炎，1996 和 Zhou & Zhang, 2000a 对 Harris, 1964 所给"*Stenopteris*"的属征及 Barale, 1972a 的属征综合和修订）

注　此属模式种和一些相关种在 Harris（1932, 1935, 1937, 1944, 1946, 1947, 1964）研究格陵兰和约克郡等地中生代植物化石时都被归入狭羊齿属（*Stenopteris* Saporta, 1873）内。

1971 年 Barale 研究此属模式种 *S. desmomera* 时证实 *Stenopteris* 一名只是厚羊齿属 *Pachypteris* Bronginart, 1828 的一个后出异名，遂于 1972 年创立以 *Stenopteris astartensis* Harris 为模式种的新属 *Rhaphidopteris*，以包容这些在外形和角质层构造等方面和厚羊齿有区别的化石（章伯乐、周志炎，1996）。按照 Krassilov（1982）的意见，通常被归并于楔拜拉属的 *Baierella* Potonié（包括 *B. uninervis* Samylina 等）也可以归入 Harris 定义的 *Stenopteris* 属中。

钉羊齿属自建立以来已有十多个种，其内容十分复杂。排除一些可疑的和误定的，仍可以大体上分出四个形态构造明显不同的类群（章伯乐、周志炎，1996；Zhou & Zhang，2000a；Zhou et al., 2000）。

第一类以模式种 *Rhaphidopteris astartensis* (Harris) 为代表，它们形态特征基本上符合属征，包括英国约克郡中侏罗世的 *R. nana*（Harris, 1947）和 *R. nitida*（Harris, 1946），云南思茅奴贵山晚侏罗世的 *Rhaphidopteris* sp.（=*Stenopteris* sp.，李佩娟等，1976），青海柴达木盆地大煤沟中侏罗世的 *R. gracilis* (Wu)（=*Stenopteris gracilis* Wu，见李佩娟等，1988），河北平泉早侏罗世的 *R. rugata* Wang（王自强，1984）和河南义马中侏罗世的 *R. shaohuae*（Zhou & Zhang, 2000a）等。

第二类以格陵兰里阿斯期早期的 *Rhaphidopteris dinosaurensis*（Harris, 1932）为代表，目前已知三个种。它们的叶并不是直接着生在枝上，而是生在短枝上并且和短枝一同凋落的。这一特征接近茨康目，和模式种区别明显。因而后来它们被分出来归入另一个属 *Tharrisia* Zhou, Wu et Zhang（Zhou et al., 2000）中。

第三类以英国约克郡中侏罗世 *R. williamsonis* (Brongniart)（Harris, 1944）为代表。这一类群和格陵兰晚三叠世瑞替期的模式种区别在于其叶片较宽、叶轴具翼、末级裂片较短而宽并含有多条叶脉。具有相似主要特征的法国 Creys 地方晚侏罗世钦莫利期的 *Rhaphidopteris fragilis* Barale（1972b）和河南义马中侏罗世的 *Rhaphidopteris cornuta* Zhang et Zhou（章伯乐、周志炎，1996）可能属于同一个类群。

第四类以 *Rhaphidopteris rhipidoides* 为代表，其羽片（或裂片）呈楔拜拉或似银杏型，基部呈长柄状，向上扩大呈扇形并多次二歧分裂，具二歧分叉的扇形脉。

从整体上来看，钉羊齿属多数种的叶、裂片和叶脉不是以规则的等二歧式分叉的，通常呈歧轴式，甚至羽状分裂。它们不可能和典型的银杏目叶化石混淆。不过，也有个别种，如属于第四类的 *Rhaphidopteris shaohuae* 和 *R. rhipidoides*（Zhou & Zhang, 2000a），其裂片和叶脉是以相当规则的等二歧式分叉的。除了形体较小外，在外观上和银杏目的似银杏、拜拉和楔拜拉的叶片难以区别。更令人迷惑的是有的种，如属于第三类的 *Rhaphidopteris fragilis* 和 *R. cornuta* 等虽然外形和银杏目叶化石区别较大，却具有保存完美的树脂体和不规则型气孔器等银杏目植物的特征，而且 *R. fragilis* 的角质层超微结构也不同于已知的任何种子蕨，如 *Cycadopteris*、*Pachypteris*（Labe & Barale, 1996）和 *Komlopteris*（Guignard et al., 2001）等，其真角质层（cuticle proper）的表面和银杏属一样（Guignard & Zhou, 2005）具有一个规则的、致密和半透明薄片交替重叠的"多片带"（polylamellate zone, A_1）（Barale, 1972b；Labe & Barale, 1996, pls. 4, 6–9）。此属，或目前归入其中的某些种，是否真的和银杏目有某种关联，值得在今后研究中加以关注和重视。

分布和时代　北半球自格陵兰至中国这·西北 东南向的带状地域内，晚三叠世瑞替期至晚侏罗世钦莫利期。

角形钉羊齿 *Rhaphidopteris cornuta* Zhang et Zhou

图 241

1996. *Rhaphidopteris cornuta* Zhang et Zhou：章伯乐、周志炎，页 532；图版 I，图 1–7；图版 II，图 1–10；图版 III，图 1–8；插图 1，2。

特征 叶倒卵形、倒三角形至近五角形，在下部二歧分叉一次；分出的两个部分各以歧轴式分枝多次，构成一个不对称的羽片；叶柄发育，叶片深裂，叶轴具翼。羽片和小羽片互生，下先出，具强烈收缩成楔形或柄状的基部。它们呈不对称形，下侧第一枚次一级羽片、小羽片和裂片分别明显地大于其他同级羽片、小羽片和裂片。末级裂片短，顶端尖。裂片最宽处含多达 4–5 条叶脉，最后仅一条叶脉伸入尖端。毛状体仅在裂片尖端发育。脉间可见稀疏树脂体。叶肉细胞圆形。上、下表皮角质层相似，唯上角质层稍厚而性脆。表皮细胞以纵长形为主，组成脉路的细胞排列较规则。气孔器在上表皮极少，在下表皮稀疏，不均匀分布，方位以纵向为主。保卫细胞稍下陷。副卫细胞一般 5 个左右，大小、形状颇不规则，常有一个极位，其余的为侧位，除靠近气孔窝口处常增厚或其平周壁上有时具有乳突以外，和正常表皮细胞无区别。周围细胞存在。

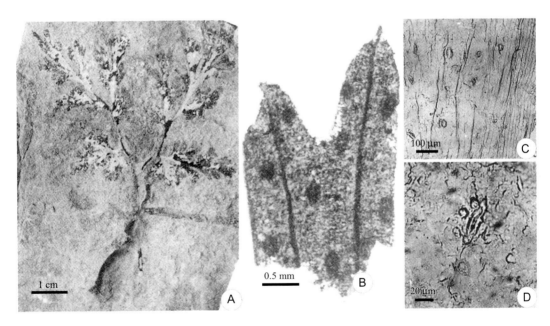

图 241 角形钉羊齿 *Rhaphidopteris cornuta* Zhang et Zhou

河南义马，中侏罗统义马组 Middle Jurassic Yima Formation, Yima, Henan。A. 正模 Holotype；B. 半透明裂片，示直伸入尖齿的叶脉、脉间的树脂体和细颗粒状的叶肉细胞 Translucent segments showing a vein entering into the acute tooth, resin bodies between veins and granular mesophyllous cells；C. 在叶片的一个分叉点下的下角质层，示气孔器以纵向为主，右侧为一脉路，由两端尖锐的狭长形细胞组成 Lower cuticle below a fork point of the lamina, showing the longitudinal orientation of stomata, and a vein course on the right side composed of elongate cells with acute ends；D. 气孔器，副卫细胞具乳突 Stomata with papillate subsidiary cells（NIGPAS：A. PB16817；B. PB16820；C, D. PB16825；章伯乐、周志炎，1996）

注 法国晚侏罗世的 *R. fragilis* 的叶轴具翼，一级羽片互生，裂片有时也较短而宽（Barale, 1972b, pl. I, fig. 2），并含有树脂体等都和本种一致，但法国的 *R. fragilis* 的下表皮（?）上的气孔器数目少得多，细胞平周壁上常具乳突等。此外，到目前为止，我们还未能证实 *R. fragilis* 的叶下部具有二歧式分叉。当前种的角质层超微结构是否和法国的种一样，在真角质层的表面具有"多片带"也不明了。

产地和层位 河南义马，中侏罗统义马组（模式标本）。

扇形钉羊齿 *Rhaphidopteris rhipidoides* Zhou et Zhang

图 242，图 243

2000a. *Rhaphidopteris rhipidoides* Zhou et Zhang, pp. 19–21；pl. 1, figs. 1–5；pl. 2, figs. 1–4；text-figs. 3–5.

特征 叶羽状分裂，长达 60 mm。裂片（或羽片）互生，似银杏或楔拜拉型，具一个长达 13 mm 的柄状基部和扇形的、2–3 次二歧分叉的上半部。末级裂片楔形，顶缘截形至钝圆，有时具有缺刻。叶脉二歧分叉构成扇状脉序，在末级裂片中有 2–6 条。未见脉间纤维和树脂体。

角质层薄而脆弱，为两面气孔型。上角质层 1.5–2 μm 厚，下角质层稍薄；两者在构造上大体相似，都由纵长细胞组成不十分规则的纵列，未见明显分带。因垂周壁角质化弱，尤其是横向壁，在光镜下细胞轮廓不显。在上角质层细胞轮廓更加模糊，通常 50–80 μm 长、20–25 μm 宽。气孔稀，多数纵向。保卫细胞常半月形，下陷在一个浅的，37.5–40 μm 长、15–20 μm 宽的纺锤形气孔窝内。副卫细胞 5–6 个，不具乳突。

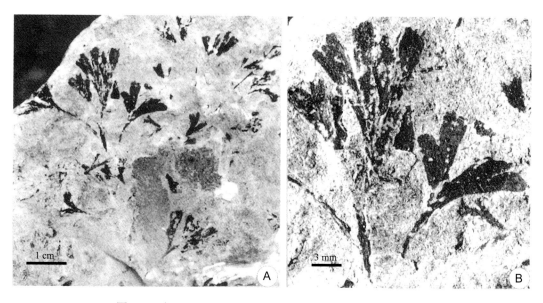

图 242　扇形钉羊齿 *Rhaphidopteris rhipidoides* Zhou et Zhang

河南义马，中侏罗统义马组，正模 Middle Jurassic Yima Formation, Yima, Henan, Holotype。图 B 自图 A 放大 Fig. B enlarged from fig. A（NIGPAS：PB18402；Zhou & Zhang, 2000a）

注 从外形来看，此种酷似着生似银杏或楔拜拉型营养叶的幼枝。它在解剖特征上和银杏目植物并没有明显的区别，只是角质层较薄，也未见叶肉中含有树脂体。这些差别似乎也可从发育程度不同来解释。不过原作者注意到此种的裂片单独保存时，其柄状基部常呈断裂状，不像银杏目植物的叶通常具有离层，脱落后叶柄基部完整，因而认为它们之间的形似并不具有分类学上的价值。何况这种比较是在两者的不同器官间进行的。

产地和层位 河南义马，中侏罗统义马组（模式标本）。

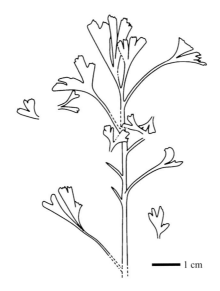

图 243 扇形钉羊齿的线条图 Line drawing of *Rhaphidopteris rhipidoides* Zhou et Zhang

河南义马，中侏罗统义马组，模式标本正负面的拼接图，示裂片以一个长柄状基部互生两侧，向上变宽，多次二歧分裂 Montage of the part and counterpart of the Holotype, showing segments alternately laterally attached to the axis and bifurcated several times（据 Zhou & Zhang, 2000a, text-fig. 3）

少华钉羊齿 *Rhaphidopteris shaohuae* Zhou et Zhang

图 244

2000a. *Rhaphidopteris shaohuae* Zhou et Zhang, pp. 18, 19; pl. 1, figs. 6–8.

特征 叶羽状分裂。羽轴很细，宽 0.2–0.5 mm，无翼。叶片可能为卵形，长约 40 mm、宽 24 mm。一级裂片对生；基部细，柄状，长 5.5 mm、宽 0.3–0.5 mm；上部为扇形或肾形轮廓，先以较大（一般 60°–80°）角度分成近对称的两半。二级裂片细狭，渐向上变宽，以狭角作二歧或不等二歧式连续分裂 3–4 次，最宽处达 1.3 mm；末级裂片 0.3–0.7 mm 宽，其顶端尖。叶脉很细，在裂片的各部位都只有一条，粗细均一，只在临近裂片分裂前分叉。角质层薄而脆，表皮由细胞壁不清晰的纵长细胞构成。

注 此种裂片形似微型的拜拉或楔拜拉叶，但其他特征，如角质薄弱，不具树脂体等不同于银杏目植物。

产地和层位 河南义马，中侏罗统义马组（模式标本）。

图 244　少华钉羊齿 *Rhaphidopteris shaohuae* Zhou et Zhang

河南义马，中侏罗统义马组，正模 Middle Jurassic Yima Formation, Yima, Henan, Holotype（NIGPAS：PB18400；Zhou & Zhang, 2000a）

扇叶属　Genus *Rhipidopsis* Schmalhausen, 1879

模式种　*Rhipidopsis ginkgoides* Schmalhausen。俄罗斯伯绍拉盆地，二叠系。

属征　叶大型，卵形，具叶柄。叶片分裂为若干（倒）楔形或倒卵形裂片。裂片形状和大小有显著区别。（据 Seward, 1919 转译）

注　此属分布甚广，种类繁多。我国已发表记载的有三十多种（含未定种）。除了少数种形态较为独特、易于识别外，多数种的建立和鉴定只是根据叶的大小、裂片的宽窄和叶脉的密度等差异。由于所依据的标本往往数量较少或保存不完整，对于各个种的性状变异范围了解得很少，加上至今仍缺乏此属角质层等解剖构造的研究报道，无论是扇叶属的分类位置还是它下属的一些种的相互区别都有待将来进一步研究、整理和厘定。Meyen（1988）把扇叶属的模式种 *Rh. ginkgoides* 归入盾籽目，但认为此种掌状的营养叶型很可能源自不同的类群。

分布和时代　欧洲、亚洲和北美洲，二叠纪晚期。

拜拉型扇叶　*Rhipidopsis baieroides* Kawasaki et Kon'no

图 245

1932. *Rhipidopsis baieroides* Kawasaki et Kon'no, p. 41；pl. 101, figs. 9, 10.

1968. *Rhipidopsis baieroides*：Kon'no, p. 195；pl. 23, figs. 1–2b；pl. 24, fig. 1；pl. 25, figs. 3, 4.

特征 叶具柄，肾形或倒卵形。叶片深裂为多个分叉的、宽度为 2–3.5 mm 的线形裂片，其长度向叶的下边递减。叶脉很密，5–7 条/mm。

图 245 拜拉型扇叶 *Rhipidopsis baieroides* Kawasaki et Kon'no

吉林延边开山屯，上二叠统下部 Lower Upper Permian, Kaishantun of Yanbian, Jilin（IGPTU: IGPS90162, IGPS90164; Kon'no, 1968）

模式标本产地与层位 朝鲜半岛北部，平安南道江西郡长山，上二叠统高坊山系。

注 原作者在比较和讨论中指出，此种虽然在叶片分裂和裂片形状上和中生代常见的拜拉属相近，但在叶片、裂片形态和叶脉密度等方面和扇叶更为接近。它的叶片不像拜拉属那样呈扇形或半圆形。它的裂片越靠近叶片下边越短小，并且有（向下方）反转现象。叶脉也比常见的拜拉细密得多。

中国标本叶大，具柄。叶片肾形，长达 12 cm 多，宽超过 14 cm。叶柄在上端宽约 6 mm，长度不明。叶片中似有 4 条从叶柄顶端伸入的脉，在基部分裂为 8–10 个分隔很开的大裂片，其形体从叶中部向侧边变小；最基部的末次裂片很小并明显向下反转，致使其长轴和叶柄近乎平行。正常的大裂片为伸长的楔形，具有直或稍内凹的侧边，向下缓慢变窄成为尖削的基部，顶端不明。通常在离基部不同的距离二歧分裂三次成为狭细的、4–5 mm 宽、侧边平行的末次裂片。叶脉清晰，平行而分布规则。进入大裂片的每一条脉在基部二歧分叉，再重复分叉为细密的小脉，在末次裂片中部有 25 条/cm。在顶部有 40–45 条/cm。

今野（Kon'no, 1968）认为吉林所产标本的裂片在靠近叶柄顶端处同时分裂为 8 枚大裂片，且形体较大和高坊山系所产的模式标本有些不同。后者叶片先分成相等的两半，各半再分为两个大小和分裂程度不等的次级裂片；外侧的大于内侧的，分裂更快，分出的平行裂片较多。从发表的图影看，虽然吉林的叶片和裂片都较朝鲜高坊山系的模式标本宽大（如 Kon'no, 1968, pl. 25, figs. 3, 4），它们多次连续的分裂方式是一致的。这一特征在扇叶属其他种内很少见到。潘钟祥（P'an, 1936–1937）在河南禹州神垕镇大风口上二叠统下部发现许多和此种相似的标本，后来研究认为不同于此种，已被改名为潘氏扇叶。有关讨论见本书页 369。

此种目前所知仅见于我国东北和朝鲜半岛北部。它也曾被记载于广东的上二叠统（周惠琴，1963，页 167，图版 70，图 2），但该标本形态更近似潘氏扇叶（见本书页 369）。

产地和层位 吉林延边开山屯，上二叠统。

凹顶扇叶 *Rhipidopsis concava* Yang et Chen
图 246，图 247

1979. *Rhipidopsis concava* Yang et Chen：杨关秀、陈芬，页 133；图版 43，图 6；图版 44，图 1；插图 42。

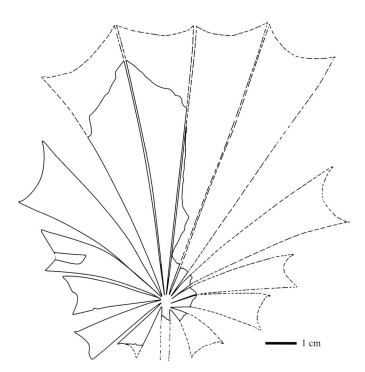

1 cm

图 246 凹顶扇叶的线条图 Line drawing of *Rhipidopsis concava* Yang et Chen

广东仁化格顶寨，上二叠统下部龙潭组 Lower Upper Permian Longtan (Lungtan) Formation, Gedingzhai of Renhua, Guangdong（据杨关秀、陈芬，1979，插图 42 重绘 Redrawn after Yang & Chen, 1979, text-fig. 42）

图 247　凹顶扇叶 *Rhipidopsis concava* Yang et Chen

广东仁化格顶寨，上二叠统下部龙潭组 Lower Upper Permian Longtan (Lungtan) Formation, Gedingzhai of Renhua, Guangdong（CUGB：K0428；杨关秀、陈芬，1979）

特征　叶大，具长柄。叶片倒卵形，掌状分裂为 14 枚楔形裂片。裂片基部狭细，近柄状；顶端凹铲形；中间四枚最大，长达 12 cm 以上，外侧两对裂片短小。脉细而密，二歧分叉，每 5 mm 有 25 条。（据杨关秀、陈芬，1979）

注　原作者指出：此种形体较大，叶脉细密，和冈瓦纳大陆二叠系 *Rhipidopsis densinervis* Feistmantel（1880）最为相似。此种裂片顶端形态颇为特殊，是自然形态还是保存所致，需采集和观察更多标本才能够确定。此种未明确指定正模。

产地和层位　广东仁化格顶寨，上二叠统下部龙潭组。

银杏状扇叶比较种
Rhipidopsis cf. *ginkgoides* Schmalhausen
图 248

1974. *Rhipidopsis* cf. *ginkgoides* Schmalhausen：中国科学院南京地质古生物研究所、植物研究所《中

图 248　银杏状扇叶比较种
Rhipidopsis cf. *ginkgoides* Schmalhausen

贵州盘州纸厂，上二叠统宣威组 Upper Permian Xuanwei (Hsuanwei) Formation, Zhichang of Panzhou, Guizhou（NIGPAS：PB4987；中国科学院南京地质古生物研究所、植物研究所《中国古生代植物》编写小组，1974）

国古生代植物》编写小组，页 148；图版 116，图 10。

1978. *Rhipidopsis* cf. *ginkgoides*：张吉惠，页 484；图版 163，图 2。

1978. *Rhipidopsis ginkgoides* Schmalhausen：张吉惠，页 484；图版 163，图 7。

1980. *Rhipidopsis* cf. *ginkgoides*：赵修祜等，图版 21，图 1。

1984. *Rhipidopsis* cf. *ginkgoides*：朱家楠等，页 143；图版 2，图 9。

1984. *Rhipidopsis ginkgoides*：朱家楠等，页 143；图版 3，图 1，2。

描述　叶柄长至少 2 cm、宽 3 mm。叶片掌状分裂成 6–10 个裂片。裂片顶端钝圆；中间的一对大而宽，长 7 cm，顶部宽 3 cm，楔形或匙形，两侧的较小，最外侧的一对小而呈倒卵形。叶脉细，在裂片前部有 16–24 条/cm。

注　银杏状扇叶 *Rhipidopsis ginkgoides* 的模式标本产于俄罗斯伯绍拉盆地二叠系（Schmalhausen, 1879, p. 50, pls. 6, 8；Seward, 1919, pp. 90–92, fig. 670）。此种特征是：叶大型，包括叶柄在内可长达 30 cm，宽 11 cm。裂片 6–12 枚，常彼此分离直至叶柄的顶端，形状和大小变化显著。中间的裂片（倒）楔形，具宽圆截形顶缘；侧边的裂片呈不对称倒卵形。叶脉重复二歧分叉，在叶片基部间距为 1–1.5 mm，在上部较密集。狭窄的叶柄长度达到 10 cm。（据 Seward，1919 对模式标本的描述）

此种以裂片宽大、顶端圆钝、数目不多、中间裂片和最外侧裂片大小悬殊等为特征。它在我国贵州和四川都有记载（张吉惠，1978；朱家楠等，1984），但标本稀少而破碎，特征不明，难以确切地鉴定。在本书中将它们都归入银杏状扇叶比较种。

以上的描述所依据的是产于贵州盘州的一块标本（中国科学院南京地质古生物研究所、植物研究所《中国古生代植物》编写小组，1974；张吉惠，1978）。它是我国已发现的保存银杏状扇叶的特征相对较多的标本。我国的标本保存都不完整，判断此种安加拉区所产的植物是否当时也确实在我国南方华夏植物群中生存，自然需要更多、更可靠的证据。

产地和层位　云南富源庆云，贵州盘州纸厂、水城鸡场，上二叠统宣威组；四川筠连金鸡旁，上二叠统下部筠连组。

图 249　冈瓦纳扇叶

Rhipidopsis gondwanensis Seward

贵州水城汪家寨，上二叠统宣威组 Upper Permian Xuanwei (Hsuanwei) Formation, Wangjiazhai of Shuicheng, Guizhou （CUMTB：田宝霖、张连武，1980，图版 19，图 1）

冈瓦纳扇叶
Rhipidopsis gondwanensis Seward
图 249

1881. *Rhipidopsis ginkgoides* (non Schmalhausen)：Feistmantel, p. 257；pl. 2, fig. 1.

1919. *Rhipidopsis gondwanensis* Seward, p. 92.

1980. *Rhipidopsis gondwanensis*：田宝霖、张连武，页 30；图版 19，图 1，2；图版 22，图 6，11。

特征　叶小，长仅 3 cm。叶片分裂几乎达到基部。裂片 6–10 枚，常彼此分离。大的裂片楔形；小的裂片倒卵形和钝

形。（据 Seward, 1919）

模式标本产地与层位　印度，上二叠统 Damuda 系 Barakar 群。

注　Seward（1919）指出 Feistmantel 所发表的归于银杏状扇叶的印度标本和俄罗斯上二叠统的同名标本甚为相似，只是形体小得多。他考虑到印度和俄罗斯在地理上的远隔，主张把它们分开，将印度标本另命名为一个独立的种。在晚古生代印度属于冈瓦纳植物区，不同于俄罗斯属于北方的安加拉植物区。

中国标本叶掌状分裂，圆形或横圆形，长宽均可达 7–8 cm。叶柄宽 2–3 mm。叶片在柄端分裂为两个部分，每一个部分再分裂为 5–6 个裂片。裂片宽肥楔形，顶端圆。叶中间的裂片最大，向外长度依次递减，最外侧的一对长不足 2 cm，约为中间裂片长度的 1/3。叶脉较粗，在裂片前部有 30 条/cm。（田宝霖、张连武，1980）

原作者认为归入此种的标本和共同产出的贵州扇叶（见后）十分相似，区别在于后者叶片倒卵形，裂片顶端平，叶脉较密。

产地和层位　贵州水城汪家寨，上二叠统下部龙潭组（＝宣威组）。

贵州扇叶 *Rhipidopsis guizhouensis* Tian et Zhang
图 250

1980. *Rhipidopsis guizhouensis* Tian et Zhang：田宝霖、张连武，页 29；图版 14，图 1，2，6。

特征　叶柄长 7 cm，基部宽度 4.5 mm，顶部 2–3 mm。叶片掌状分裂，近圆形或倒卵圆形，长、宽各 7–9 cm，在柄端分裂为两个部分，每一个部分再分裂为 4–6 个裂片，共有约 10 个裂片。裂片楔形，顶端较平，全缘。叶中间最大裂片长 6 cm 以上，向外长度依次递减，最外侧的一对长不足 2 cm，斜指下方。叶脉密，在裂片前部有 35–40 条/cm。（据原始特征）

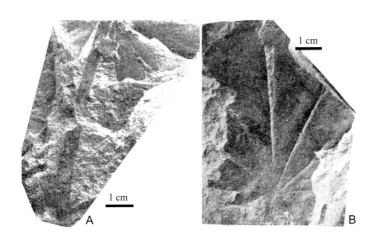

图 250　贵州扇叶 *Rhipidopsis guizhouensis* Tian et Zhang

贵州水城汪家寨，上二叠统宣威组 Upper Permian Xuanwei Formation, Wangjiazhai of Shuicheng, Guizhou（CUMTB；田宝霖、张连武，1980，图版 14，图 2，6）

注　此种形态和 *Rhipidopsis lobata* Halle（见页 364）比较接近。原作者认为两者间的区别在于后者叶圆形，裂片较狭，顶端常浅裂。此种建立时未指定模式标本。

产地和层位　贵州水城汪家寨，上二叠统宣威组。

红山扇叶 *Rhipidopsis hongshanensis* Huang
图 251

1977. *Rhipidopsis hongshanensis* Huang：黄本宏，页 59；图版 10，图 4；插图 19。

特征　叶大体为圆形或椭圆形，长和宽都大致为 6.5 cm。叶片掌状深裂，左右两半对称，以较大角度（30°）从中间分开；每一半各有裂片 6 枚，彼此间的夹角较小（5°–15°）。裂片为狭细的楔形或线形，其顶端圆形或截形。中间两枚裂片最长达 6.5 cm、宽 0.8–0.9 cm。向两侧裂片长宽依次递减，最外侧的一对长仅 1.2 cm、宽 0.25 cm，指向斜下方。叶脉细密，自基部开始连续分叉多次，在裂片前部每 0.5 cm 有 15 条。（据原始特征）

注　黄本宏认为此种的叶片以较大的夹角分为对称的两半，裂片细狭，顶端全缘为特征，可以和本属其他种区别。

产地和层位　黑龙江伊春红山，上二叠统红山组（模式标本）。

图 251　红山扇叶 *Rhipidopsis hongshanensis* Huang

黑龙江伊春红山，上二叠统红山组，正模 Upper Permian Hongshan Formation, Hongshan of Yichun, Heilongjiang, Holotype（SYIGM：PFH0015；黄本宏，1977）

今泉扇叶 *Rhipidopsis imaizumii* Kon'no
图 252

1968. *Rhipidopsis imaizumi* Kon'no, p. 196；pl. 24, fig. 2；pl. 25, fig. 2.

图 252 今泉扇叶 *Rhipidopsis imaizumii* Kon'no

吉林延边开山屯,上二叠统下部 Lower Upper Permian, Kaishantun of Yanbian, Jilin(IGPTU: IGPS90165, IGPS90166; Kon'no, 1968)

特征 叶大,肾形,长约 14 cm、宽超过 15 cm,深裂直至叶片基部,成为约 10 枚、在纵长方向大部相互接触或稍微叠覆的主裂片。中间的主裂片最大最长,伸长楔形,长约 14 cm、宽超过 4.5 cm,深裂一次成宽的、顶端大而圆的末级裂片。侧边的主裂片较短而窄,棒槌形,具有大而不开裂的圆形顶端。叶脉清晰而密,在主裂片的中部彼此的间距约为 0.5 mm,在前端 0.4 mm,在近顶端处有 25 条/cm。(据原始特征)

注 原作者指出:此种模式标本(未指定正模)保存不全,未能显示最外侧裂片和叶柄的特征,但它的叶呈肾形轮廓、中间的裂片顶端分叉、两侧的顶端不分叉而收缩成圆形等特征可以和一同产出的 *Rhipidopsis baieroides* Kawasaki et Kon'no(见页356)区分。

产地和层位 吉林延边开山屯,上二叠统下部(模式标本)。

瓣扇叶 *Rhipidopsis lobata* Halle
图 253

1927. *Rhipidopsis lobata* Halle, p. 192; pl. 54, fig. 27.
1985. *Rhipidopsis lobata*:肖素珍、张恩鹏,页 579;图版 203,图 4。
2006. *Rhipidopsis lobata*:杨关秀等,页 156;图版 47,图 4。

特征 叶片长 5–6 cm、宽 7–8 cm;叶柄宽 1.5 mm,长度不明。裂片 10 枚,

图 253 瓣扇叶 *Rhipidopsis lobata* Halle

山西太原东山,上二叠统下部上石盒子组,正模 Lower Upper Permian Shangshihezi (Upper Shihhotse) Formation, East Hills of Taiyuan, Shanxi (Shansi), Holotype(NRM.SE: S138333;Halle, 1927)

具狭的柄状基部和圆截形顶端，从叶片基部连续二歧分叉分出，呈半扇形排列，在叶片中部最大，长可达 5 cm，向两侧变小，最外侧的只有 1 cm 长，并强烈向下反弯。位于中部的四个大裂片再次割裂较深，叶脉二歧分叉，颇密，在裂片上部有 35–40 条/cm。（据原始特征）

注 Halle 认为此种和安加拉植物群中产出的模式种 *Rhipidopsis ginkgoides* Schmalhausen（1879）的区别在于裂片顶端或多或少呈割裂状。在裂片形态和叶脉密度等特征上，它和冈瓦纳植物群所产的 *Rhipidopsis densinervis* Feistmantel（1880-1881）相像，但后者叶很大，也未见到外侧短小裂片。

产地和层位 山西太原东山，上二叠统下部上石盒子组（模式标本）。在山西太原、晋城下村同一地层，河南登封蹬槽中二叠统上部小风口组和甘肃酒泉二叠系窑沟群中也有记载。类似标本在河南永城（王仁农、李桂春，1998，图版 16，图 4）上二叠统也有报道。

多裂扇叶 *Rhipidopsis lobulata* Mo
图 254

1980. *Rhipidopsis lobulata* Mo：赵修祜等，页 86；图版 19，图 11，12。

特征 叶柄长度不明，宽约 5 mm。叶片扇形，分裂为 10 个彼此分离的裂片。位于叶柄正上方的裂片稍大，中部长约 5.5 cm，顶部宽约 3 cm。向两侧裂片渐短小，指向下方的裂片最小。裂片楔形，顶端钝圆，基部较宽。所有裂片都具 2–5 个缺裂。叶脉粗而密，多次分叉直达顶端，近顶端处有 35 条/cm。（据原始描述）

注 此种和 *Rhipidopsis lobata* Halle（1927）相近，但后者裂片彼此紧挤，向两侧急剧变小，基部较狭细。此种创立时未指定模式标本。

产地和层位 贵州盘州纸厂，上二叠统宣威组下段。

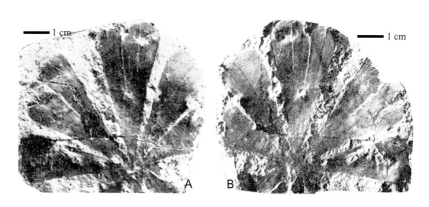

图 254　多裂扇叶 *Rhipidopsis lobulata* Mo

贵州盘州纸厂，上二叠统宣威组下段 Upper Permian, the lower part of the Xuanwei (Hsuanwei) Formation, Zhichang of Panzhou, Guizhou（NIGPAS：A, B. PB7083, PB7084；赵修祜等，1980）

长叶扇叶 *Rhipidopsis longifolia* Zhou et Zhou

图 255

1986. *Rhipidopsis longifolia* Zhou et Zhou：周统顺、周惠琴，页 61；图版 14，图 1，2，5，7。

图 255　长叶扇叶 *Rhipidopsis longifolia* Zhou et Zhou

新疆吉木萨尔大龙口，上二叠统梧桐沟组 Upper Permian Wutonggou (Wutunggou) Formation, Dalongkou of Jimsar, Xinjiang。A. 不完整的叶 Incomplete leaves；B. 示裂片顶端形态 Showing the apical part of segments（IGCAGS：A, B. XJP-D50, XJP-D52；周统顺、周惠琴，1986）

特征　叶大，宽扇形；柄细，宽约 3 mm，长度不明，表面具不规则纵纹。叶片在柄端先分裂为两部分；每一部分再掌状深裂为 10 枚以上的裂片。裂片呈细长的楔形，有的裂片长 12 cm 以上，宽仅 1 cm 左右。每一裂片顶端又不同程度浅裂，顶端平截。全部裂片呈扇形展布，向外侧和下方变小。叶脉很细密，自裂片基部开始分叉多次，直伸向顶端，在裂片中、上部每 0.5 cm 有 21 条。（据原始描述）

注　此种叶片分裂次数多，裂片细长可以和本属其他种区别。此种创立时未指定模式标本。

产地和层位　新疆吉木萨尔大龙口，上二叠统梧桐沟组。

较小扇叶 *Rhipidopsis minor* Feng

图 256

1977a. *Rhipidopsis minor* Feng：冯少南等，页 668；图版 250，图 2。

1982. *Rhipidopsis minor*：程丽珠，页 519；图版 332，图 3。

特征　叶掌状，长 40 mm、宽约

图 256　较小扇叶 *Rhipidopsis minor* Feng

湖南涟源观山，上二叠统下部龙潭组，正模 Lower Upper Permian Longtan (Lungtan) Formation, Guanshan of Lianyuan, Hunan, Holotype（YCIGM：P25144；冯少南等，1977a）

30 mm，叶柄未保存。叶片在基部分裂为两部分，每一部分再分裂为 6 个裂片。裂片（倒）楔形，顶端钝圆至宽平。在叶片中间的裂片最大，长 40 mm，顶部宽 7 mm；叶片下部的裂片最小，仅长 5 mm，指向下方。叶脉密，约有 52 条/cm。（据原始特征）

注 原汉译名为小扇叶。

产地和层位 湖南涟源观山，上二叠统下部龙潭组（模式标本）。

小扇叶 *Rhipidopsis minutus* Zhang
图 257

1978. *Rhipidopsis minutus* Zhang：张吉惠，页 484；图版 163，图 4，4a。
1978. *Rhipidopsis* cf. *panii* Chow：张吉惠，页 484；图版 163，图 1。

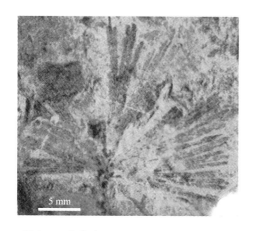

图 257　小扇叶 *Rhipidopsis minutus* Zhang

贵州纳雍公鸡岭，上二叠统宣威组，正模 Upper Permian Xuanwei (Hsuanwei) Formation, Gongjiling of Nayong, Guizhou, Holotype（GZTSP：GP-77；张吉惠，1978）

特征 叶小。叶片扇形，深裂为 6 个左右裂片。裂片长 1.2–1.8 cm。每一个裂片再分裂成为若干深浅不等的细裂片。细裂片宽 0.1–1.5 mm，线形，顶端钝圆。每一个裂片基部有 2–3 条叶脉，经多次分叉后，分别伸入细裂片。每一个细裂片中具有 1–3 条（多数为 3 条）叶脉。

注 本种以形体极小和叶片分裂为多个细裂片为特征，可以同本属其他的种相区别。张吉惠在同一产地发现的一块鉴定为潘氏扇叶比较种的标本，在叶片分裂状况和裂片形态上都和本种一致，只是形体较大。它的叶片分裂次数较多，裂片细狭且呈线形，明显不同于潘氏种。后者通常叶片分裂次数少、裂片楔形。

产地和层位 贵州纳雍公鸡岭，上二叠统宣威组（模式标本）。

多分叉扇叶 *Rhipidopsis multifurcata* Tian et Zhang
图 258

1980. *Rhipidopsis multifurcata* Tian et Zhang：田宝霖、张连武，页 31；图版 23，图 2，2a。

特征 叶掌状分裂，宽卵形，长宽各 11–15 cm；柄长超过 7 cm，宽 4 mm。叶片在柄端分裂为两个部分，每一个部分再分裂为 5–6 个裂片。叶中间最大裂片长达 15 cm，向外侧长度依次递减，最外侧的一对长约 2 cm。每一裂片从基部 1/4 处开始连续分叉 3–4 次。分叉后的细裂片线形，宽 2–4 mm，顶端钝圆。叶脉粗，在裂片分叉前含有 6–9

条，分别伸入细裂片后连续分叉，在顶端仍含有 6–9 条。（据原始描述）

注　此种形态和 *Rhipidopsis minutus* Zhang 形态很相似，但形体大得多，约为后者的 7 倍，叶脉也较密。

产地和层位　贵州水城汪家寨，上二叠统宣威组（模式标本）。

图 258　多分叉扇叶 *Rhipidopsis multifurcata* Tian et Zhang

贵州水城汪家寨，上二叠统宣威组，正模 Upper Permian Xuanwei (Hsuanwei) Formation, Wangjiazhai of Shuicheng, Guizhou, Holotype（CUMTB；田宝霖、张连武，1980）

掌状扇叶 *Rhipidopsis palmata* Zalessky
图 259

1932. *Rhipidopsis palmata* Zalessky, p. 125；fig. 11.
1948. *Rhipidopsis palmata*：Neuberg, pp. 250, 251；pl. 18, fig. 3.
1960. *Rhipidopsis palmata*：Neuberg, pp. 41, 42；pl. 14, fig. 3.
1986. *Rhipidopsis palmata*：黄本宏，页 107；图版 4，图 3，4。

特征　叶圆形，较小，长 4.5–9.8 cm、宽 4.3–9.6 cm，掌状分裂为约 23 枚裂片。中间的裂片长宽比为（4.5–5）：1，最短的裂片长宽比为（3.5–3.58）：1。叶脉较粗，在中间裂片的最宽部分每 0.5 cm 有 17 条（库兹涅茨克盆地标本）或 14 条（伯绍拉盆地标本）。（据 Kon'no, 1968 转译自 Neuberg, 1948, 1960）

模式标本产地与层位　俄罗斯伯绍拉盆地，上二叠统。

注 黄本宏未给出中国标本的详细描述，仅指出保存虽不够完好，但叶的形态和裂片顶端的特征和此种一致。保存完好的俄罗斯标本叶片中间两枚裂片最长，向外裂片依次变短，最外的两枚裂片下指，致使整个叶片呈近圆形；裂片顶端常具缺裂。

产地和层位 内蒙古东乌珠穆沁旗阿尔陶勒盖，上二叠统。

图 259 掌状扇叶 *Rhipidopsis palmata* Zalessky

内蒙古东乌珠穆沁旗阿尔陶勒盖，上二叠统 Upper Permian, Artaolegou of Dong Ujimqin Qi, Inner Mongolia（SYIGM：A, B. SG020022, SG020023；黄本宏，1986）

掌状扇叶亲近种 *Rhipidopsis* aff. *palmata* Zalessky
图 260

1992. *Rhipidopsis* aff. *palmata* Zalessky：Durante, p. 27；pl. 7, fig. 6；pl. 9, fig. 6.

描述 叶片卵形，分裂成 8 枚宽楔形裂片。裂片从中间向两侧和叶基变小。中间的裂片长逾 4 cm，由小的缺裂分割为 2（或 3）个次级裂片，两侧和基部的裂片长约 2 cm，不分裂。

注 Durante 指出祁连山（南山）的标本形态和 *Rhipidopsis palmata* Zalessky 接近，但裂片较宽，超过 3 cm。

产地和层位 甘肃祁连山（南山），上二叠统 C 带，第 IV 层。

图 260 掌状扇叶亲近种 *Rhipidopsis* aff. *palmata* Zalessky

甘肃祁连山（南山）剖面，上二叠统 C 带，第 IV 层 Upper Permian, Layer IV of Zone C in Qilianshan (Nanshan), Gansu（NRM.SE；Durante, 1992）

掌状扇叶比较种 *Rhipidopsis* cf. *palmata* Zalessky

图 261

1968. *Rhipidopsis* cf. *palmata* Zalessky：Kon'no, p. 197；pl. 23, fig. 3.
1992. *Rhipidopsis* cf. *palmata*：Durante, p. 27；pl. 4, fig. 4；pl. 13, fig. 3.

描述　东北地区标本（图 261A；Kon'no, 1968）叶很小，叶片圆形，长约 35 mm、宽 30 mm，深裂至近叶柄顶端处成为 10 个彼此接触或稍微相互叠覆的裂片。主裂片伸长楔形；最长的裂片约长 32 mm，最宽处为 6 mm，在前部分叉一次；侧边的裂片明显变短，向基部宽度缩小不明显，呈短楔形，具有钝的顶端。叶脉细密，在裂片中上部有 37–40 条/cm。

西北地区标本（图 261B，C；Durante, 1992）叶圆形至卵形，具细柄。叶片分裂成 10 枚狭楔形裂片，最长的可达 7 cm。裂片毗邻，彼此相间宽度为裂片宽度的 1/3–1/2。裂片近乎不分裂，个别的分成 2 个（或 3 个）次级裂片。

注　东北地区标本保存不完整，而且和俄罗斯标本（见页 367）相比较，裂片中的叶脉较密。原作者认为西北地区标本的叶形和分裂状况和 *Rhipidopsis palmata* Zalessky 最为接近，但裂片的形状有别。

产地和层位　吉林延边开山屯，上二叠统下部。甘肃祁连山（南山），上二叠统 C 带，第 XIV 层。

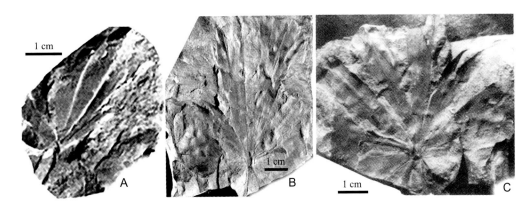

图 261　掌状扇叶比较种 *Rhipidopsis* cf. *palmata* Zalessky

吉林延边开山屯，上二叠统下部（A）Lower Upper Permian, Kaishantun of Yanbian, Jilin (A)；甘肃祁连山（南山）剖面，上二叠统 C 带，第 XIV 层（B，C）Upper Permian, Layer XIV of Zone C in Qilianshan (Nanshan), Gansu (B, C)（IGPTU：A. IGPS90133；Kon'no, 1968；NRM.SE：B, C. S030412, S030102；Durante, 1992）

潘氏扇叶 *Rhipidopsis panii* Chow

图 262

1936–1937. *Rhipidopsis baieroides* Kawasaki et Kon'no：P'an, p. 266；pl. 3, figs. 1–3a；pls. 4, 5.

1962. *Rhipidopsis pani* Chow：周志炎见：李星学等，页 135；图版 80，图 1–3。

1963. *Rhipidopsis baieroides*：周惠琴，页 167；图版 70，图 2。

1974. *Rhipidopsis pani*：中国科学院南京地质古生物研究所、植物研究所《中国古生代植物》编写小组，页 147；图版 116，图 9；图版 117，图 2，3（不包括图版 117，图 1）。

1977a. *Rhipidopsis pani*：冯少南等，页 669；图版 251，图 6。

1978. *Rhipidopsis pani*：陈晔、段淑英，页 468；图版 154，图 1，2；图版 155，图 1，2。

1978. *Rhipidopsis pani*：张吉惠，页 483；图版 163，图 3；?页 484，图版 163，图 1。

1979. *Rhipidopsis pani*：杨关秀、陈芬，页 134；图版 45，图 1A，2，3。

1980. *Rhipidopsis pani*：田宝霖、张连武，页 29；图版 17，图 4；插图 22。

1982. *Rhipidopsis pani*：李汉民等，页 371；图版 156，图 1。

1982. *Rhipidopsis pani*：李星学等，页 37；图版 13，图 9，10。

1982. *Rhipidopsis pani*：程丽珠，页 519；图版 333，图 8。

1985. *Rhipidopsis pani*：肖素珍、张恩鹏，页 580；图版 203，图 5。

1986. *Rhipidopsis pani*：杨光荣等，图版 19，图 6。

1986. *Rhipidopsis pani*：周统顺、周惠琴，页 61；图版 14，图 6；图版 15，图 9。

1987. *Rhipidopsis pani*：杨关秀，图版 17，图 2。

1996. *Rhipidopsis pani*：何锡麟等，页 82；图版 65，图 4–6；图版 66，图 1；图版 67。

2006. *Rhipidopsis panii*：杨关秀等，页 156；图版 47，图 4。

特征　叶具柄。叶片扇形或肾形，在叶柄顶端分裂为两半，每一半立刻分出 6–8 个（倒）楔形的裂片。裂片有时分叉，急剧向基部变窄，其长度从叶中部向两侧缩短。裂片顶端稍圆、截形或割裂状。叶脉在基部较粗，二歧分叉，在裂片中部约有 45 条/cm。（据 P'an，1936–1937 所给"*Rhipidopsis baieroides*"的特征，略有改动）

注　又称楔扇叶。潘钟祥原将河南禹州大风口的标本归入 *Rhipidopsis baieroides*，并根据所采大量保存完好的标本重新为此种的特征做了"修订"（如上）。河南的标本裂片通常较宽，呈（倒）楔形，自叶柄顶端分出后不或很少再次分裂，不同于川崎和今野研究的朝鲜高坊山群和后来发现在吉林延边开山屯上二叠统的拜拉型扇叶（见页 356）。典型的 *Rhipidopsis baieroides* 的裂片为窄线形，分出后在伸向叶前缘的中途不同部位多次分叉（如 Kawasaki & Kon'no，1932，pl. 101，fig. 9；Kon'no，1968，pl. 23，figs. 2a，2b；本书图 245）。除了叶片最外侧的裂片特别短小，且指向下方和叶脉较细密等扇叶属的特征外，在其他方面和中生代常见的拜拉属几乎无法区别。这样的标本在禹州大风口的丰富材料中从未见到过。有鉴于此，周志炎（见：李星学等，1962）建议把它们分开，为河南标本另建立新种——潘氏扇叶。杨关秀和陈芬（1979，页 134，135）认为此种原先含义较宽，主张将《中国古生代植物》（中国科学院南京地质古生物研究所、植物研究所《中国古生代植物》编写小组，1974）一书的图版 117，图 1 以及赵修祜等（1980）鉴定为潘氏扇叶的部分标本改归入 *Rhipidopsis radiata* Yang et Chen，并提出潘氏扇叶的含义应是：叶轮廓为偏心形，中心偏下，掌状分裂成 10 个以上的宽楔形裂片。裂片顶端平截或微弧曲。叶脉密，5 mm 中有 15–30 条。

比较种列举如下。

Rhipidopsis pani：梁建德等，1980，图版 2，图 1。甘肃永昌大泉，下二叠统山西组。

Rhipidopsis pani：何锡麟等，1996，页 82；图版 70，图 1。江西吉水石莲煤矿，上二叠统乐平组王潘里段。

图262　潘氏扇叶 *Rhipidopsis panii* Chow

河南禹州大风口（原禹县神垕），上二叠统下部云盖山组（原大风口组）（A, B, D）Lower Upper Permian Yungaishan Formation of Yuzhou, Henan (A, B, D)；广西合浦，上二叠统下部龙潭组（C）Lower Upper Permian Longtan (Lungtan) Formation, Hepu of Guangxi (C)（NIGPAS: A, B, D. PB281, PB282, PB284; P'an, 1936–1937; C. PB3785; 李星学等, 1962）

　　产地和层位　河南禹州大风口（原禹县神垕），上二叠统下部云盖山组（原大风口系）（模式标本）；山西沁水杏峪，上二叠统下部上石盒子系；广西合浦，广东曲江、兴宁黄泥坪、仁化格顶寨，上二叠统下部龙潭组；江西进贤钟陵桥、安福、丰城、信丰、乐平、铅山，上二叠统下部乐平组及中二叠统上部—上二叠统下部雾霖山组；湖南涟源观山和七星街，四川彭州小鱼洞、兴文川堰，重庆天府煤矿，上二叠统下部龙潭组；贵州水城汪家寨、纳雍公鸡岭，上二叠统宣威组；西藏昌都妥坝，上二叠统妥坝组；新疆吉木萨尔大龙口，上二叠统梧桐沟组。类似标本也见于新疆库车，上二叠统比尤勒包谷孜群（吴秀元等，1997）。

辐扇叶 *Rhipidopsis radiata* Yang et Chen

图 263，图 264

1974. *Rhipidopsis pani* Chow：中国科学院南京地质古生物研究所、植物研究所《中国古生代植物》编写
　　小组，页 147；图版 117，图 1（不包括图版 116，图 9；图版 117，图 2、3）。
1979. *Rhipidopsis radiata* Yang et Chen：杨关秀、陈芬，页 135；图版 46，图 1；插图 44。
1980. *Rhipidopsis pani*：赵修祜等，图版 21，图 3、4。
1989. *Rhipidopsis pani*：梅美棠等，页 68；图版 31，图 1。

图 263　辐扇叶 *Rhipidopsis radiata* Yang et Chen

广东仁化格顶寨，上二叠统下部龙潭组，正模（A）Lower Upper Permian Longtan (Lungtan) Formation, Gedingzhai of
Renhua, Guangdong, Holotype (A)；贵州盘州纸厂，上二叠统宣威组（B）Upper Permian Xuanwei (Hsuanwei) Formation,
Zhichang of Panzhou, Guizhou (B)（CUGB：A. K0437；杨关秀、陈芬，1979；NIGPAS：B. PB7095；赵修祜等，1980）

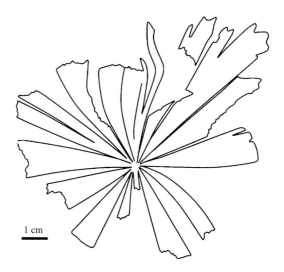

图 264　辐扇叶的线条图 Line drawing of *Rhipidopsis radiata* Yang et Chen

广东仁化格顶寨，上二叠统下部龙潭组，正模 Lower Upper Permian Longtan (Lungtan) Formation, Gedingzhai of Renhua,
Guangdong, Holotype（据杨关秀、陈芬，1979，插图 44 重绘 Redrawn after Yang & Chen, 1979, text-fig. 44）

特征 叶较大；叶柄宽 1.5 mm，保存长度为 1 cm。叶片轮廓近圆形，直径达 11 cm，掌状深裂为 14 枚近辐射状排列的狭楔形裂片。裂片顶端不规则缺裂或呈钝圆状，有的可再次分裂，深达近基部的 1/3 处。裂片自叶片中部向两侧变窄、变短的趋势不明显。最外侧的两对裂片指向下斜方。叶脉细，在基部较稀，在裂片中部有 15–20 条/5mm。（据原始特征，略有删节）

注 又称射扇叶。原作者认为此种的主要特点是裂片大小变化较小，并呈辐射状排列成圆形轮廓。产于贵州盘州纸厂宣威组，原定为 *Rhipidopsis pani* Chow（中国科学院南京地质古生物研究所、植物研究所《中国古生代植物》编写小组，1974，图版 117，图 1）的一块标本也应归入此种。这块标本后来又被赵修祜等（1980）发表。在同一篇文中记载的另一块产于云南的潘氏扇叶也具有相同的形态。

产地和层位 广东仁化格顶寨，上二叠统下部龙潭组（模式标本）；云南富源庆云和贵州盘州纸厂，上二叠统宣威组。

石发扇叶 *Rhipidopsis shifaensis* Huang
图 265

1980. *Rhipidopsis shifaensis* Huang：黄本宏，页 565；图版 258，图 6，7；插图 44。

特征 叶柄未保存。叶片长 1.7–32 cm、宽 2–3.5 cm，掌状深裂为 8–9 枚裂片。裂片全缘，楔形，微向一侧弯曲，中间最大的一枚裂片长 3.2 cm、宽 0.5 cm，向两侧变小，外侧的一对最小。叶脉细而密，在裂片前部每 5 mm 有 18–20 条。（据原始描述）

注 此种裂片微向一侧弯斜，最外侧的一对裂片向侧方近于平伸而不向下指，和本属其他种不同。原文未指定模式标本。

产地和层位 黑龙江阿城石发屯，上二叠统三角山组。

图 265　石发扇叶 *Rhipidopsis shifaensis* Huang
黑龙江阿城石发屯，上二叠统三角山组 Upper Permian
Sanjiaoshan Formation, Shifatun of Acheng, Heilongjiang
（SYIGM：PFH00524；黄本宏，1980）

水城扇叶 *Rhipidopsis shuichengensis* Tian et Zhang
图 266

1980. *Rhipidopsis shuichengensis* Tian et Zhang：田宝霖、张连武，页 30；图版 20，图 1–6；图版 21，图 1–3；插图 23。

图 266　水城扇叶 *Rhipidopsis shuichengensis* Tian et Zhang

贵州水城汪家寨，上二叠统宣威组 Upper Permian Xuanwei (Hsuanwei) Formation, Wangjiazhai of Shuicheng, Guizhou

（CUMTB；田宝霖、张连武，1980）

特征　叶掌状分裂，圆形、椭圆形或倒卵形，形体变化较大，最大者长宽均可达 30 cm，一般为 10 cm。叶柄宽 3 mm。叶片在柄端分裂为两个部分，每一个部分再分裂为 4–6 个裂片，共有 9–12 个裂片。裂片形态和宽窄变化大，叶中间的 2–4 个裂片特别大，并且从下部向上常急剧变宽；顶端一般平截状，但也有钝圆状的。叶脉在裂片前部有 25–35 条/cm。（据原始描述）

注　此种形态和 *Rhipidopsis panii* Chow 比较接近。原作者认为两者间的区别在于此种裂片宽窄变化大而不规则。此种建立时未指定模式标本。

产地和层位　贵州水城汪家寨，上二叠统宣威组。

汤旺河扇叶 *Rhipidopsis tangwangheensis* Huang

图 267，图 268

1980. *Rhipidopsis tangwangheensis* Huang：黄本宏，页 564；图版 253，图 6；图版 255，图 9；插图 43。

图 267 汤旺河扇叶 *Rhipidopsis tangwangheensis* Huang

黑龙江伊春红山，上二叠统红山组 Upper Permian Hongshan Formation, Hongshan of Yichun, Heilongjiang（SYIGM：
A, B. PFH00523；黄本宏，1980）

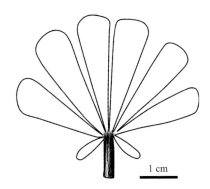

图 268 汤旺河扇叶的线条图 Line drawing of *Rhipidopsis tangwangheensis* Huang

黑龙江伊春红山，上二叠统红山组 Upper Permian Hongshan Formation, Hongshan of Yichun, Heilongjiang（据黄本宏，
1980，插图 43 重绘 Redrawn after Huang, 1980, text-fig. 43）

特征 叶扇形，长 3.1 cm、宽 4.5 cm，具柄。叶片掌状深裂为 8 枚楔形、全缘裂片。中间的两枚裂片最大，长 3.1 cm、宽 0.8 cm。中间的 6 枚裂片大小相近，而最外侧的一对明显短小，长 0.8 cm、宽 0.3 cm，指向下方。叶脉细而密，在裂片前部每 5 cm 有 14–16 条。（据原始特征）

产地和层位 黑龙江伊春红山，上二叠统红山组（模式标本）。

陶海营扇叶 *Rhipidopsis taohaiyingensis* Huang
图 269

1983. *Rhipidopsis taohaiyingensis* Huang：黄本宏，页 581；图版 1，图 1–3。

特征 叶大。叶柄保存长度 5.5 cm，宽 3–4 mm。叶片长达 14 cm、宽 20 cm，深裂

成 14–18 枚相互紧挤的裂片。裂片楔形，顶端圆形；中间裂片最大，达 9–14 cm 长、1–1.3 cm 宽，顶端中间浅裂，向两侧变窄变短；最外侧的裂片长度为中间的 1/4–1/3。叶脉多次分叉，在裂片上部有 35–37 条/cm。（据原始描述）

图 269　陶海营扇叶 *Rhipidopsis taohaiyingensis* Huang

内蒙古阿鲁科尔沁旗天山陶海营子，上二叠统陶海营子组 Upper Permian Taohaiyingzi Formation, Tianshan of Ar Horqin Qi, Inner Mongolia。A. 正模 Holotype；B. 示长的叶柄 Showing the long petiole（SYIGM：A, B. PFL20211, PFL20212；黄本宏，1983）

注　原作者认为此种和 *Rhipidopsis panii* 近似，区别在于裂片排列较紧密，顶端不呈截形，侧边不很平直。本种建立时未指定模式标本。

产地和层位　内蒙古阿鲁科尔沁旗天山陶海营子，上二叠统陶海营子组。

兴安扇叶 *Rhipidopsis xinganensis* Huang
图 270

1977. *Rhipidopsis xinganensis* Huang：黄本宏，页 58；图版 17，图 4；图版 29，图 4，5；插图 18。

特征　叶中等大小，长 6.5 cm 左右、宽 6–6.5 cm，掌状深裂。叶柄宽 2.5 mm，长度不明。裂片共 12 枚，分布均匀，狭楔形，在顶部不同程度再次分裂；中间两枚裂片最大，长达 6.5 cm，顶端最宽达 1.8 cm，再次分裂深达 2.5 cm；裂片向两侧依次变短，顶端开裂变浅，最外侧的两枚裂片最短、最窄，明显指向斜下方。叶脉细密，自裂片基部开始连续分叉多次，直伸向裂片顶部，在裂片上部每 5 mm 有 15–17 条。（据原始特征）

图 270　兴安扇叶 *Rhipidopsis xinganensis* Huang
黑龙江伊春红山，上二叠统红山组，正模 Upper Permian Hongshan Formation, Hongshan of Yichun, Heilongjiang, Holotype（SYIGM: PFH0014；黄本宏，1977）

注　黄本宏曾将兴安扇叶和 *Rhipidopsis palmata* Zalessky（见页 367）比较，认为此种分裂较深、裂片顶端再次分裂成两个前缘圆形或近于截形的裂片，可以区别。原作者并指出 *Rhipidopsis imaizumii* Kon'no（见前）的特征和当前种的相近，但后者形体大得多。此种和同一产地层位且保存在同一块标本上的红山扇叶形态和大小相似，只是后者叶片似乎分为左右两半，裂片不再开裂。本种建立时未指定模式标本。

产地和层位　黑龙江伊春红山，上二叠统红山组。

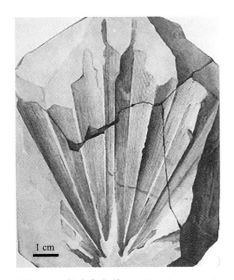

图 271　扇叶未定种 1 *Rhipidopsis* sp. 1
云南宣威水塘铺，上二叠统宣威组 Upper Permian Xuanwei (Hsuanwei) Formation, Shuitangpu of Xuanwei, Yunnan（UTK；Yokoyama, 1906）

扇叶未定种 1 *Rhipidopsis* sp. 1
图 271

1906. *Phoenicopsis*? *yamadai* Yokoyama, p. 17; pl. 2, fig. 1.
1963. *Rhipidopsis yamadai* (Yokoyama) Chow：周志炎见：斯行健、李星学等，页 252。

描述　叶未见柄，呈伸长的楔形，从近基部处开裂为不相等的裂片。裂片在基部向上约 6 cm 处宽度为 1 cm，两侧边近平行。叶脉在基部似分叉多次，在裂片最宽处有 20–39 条。

注　横山又次郎原先描述这种叶化石时认为其叶形总体上近似中生代常见的拟刺葵属（*Phoenicopsis* Heer），而叶片分裂的状态像拜拉属（*Baiera*）。他也曾和扇叶属做了比较，但是因为未保存完全，不知道裂片是否向上变宽而存疑。最后他以保留的态度把化石命名为拟刺葵属的一个新种。

李星学（见：斯行健、李星学等，1963）总结中国中生代银杏类植物时，在一个脚注中提及周志炎曾指出横山对地层年代和化石鉴定的错误，并将它改归入扇叶属。从图影上看，它和当地主要含煤地层宣威组中所产的多种扇叶大体上都可以比较。从宽楔形不再分裂的裂片看，它和潘氏扇叶最为相近。至于究竟属于何种或者确实是一个新种，目前无法确定。

产地和层位　云南宣威水塘铺，上二叠统宣威组（原归于上三叠统）。

扇叶未定种 2 *Rhipidopsis* sp. 2
图 272

1992. *Rhipidopsis* sp. 1：Durante, p. 27；pl. 9, fig. 5.

描述　叶三枚排成一行似着生于同一枝上。叶都保存不完整，但可以看到它横卵形的轮廓，分裂成 10–12 枚楔形裂片，呈辐射状分布。裂片长 3.5–6 cm，彼此紧密排列或彼此相隔数毫米。除了叶基的较小以外，中间和两侧的裂片长度很接近。各个裂片都被深的缺裂分割为 3–4 个狭细的次级裂片。

注　Durante 指出这一标本有别于此属所有已知种，在于其规则的圆形至横卵形的叶片以及中间和两侧的裂片长度相等。

产地和层位　甘肃祁连山（南山），上二叠统 C 带，第 IV 层。

图 272　扇叶未定种 2 *Rhipidopsis* sp. 2

甘肃祁连山（南山），上二叠统 C 带，第 IV 层 Upper Permian, Layer IV of Zone C in Qilianshan (Nanshan), Gansu（NRM. SE: II-3-38；Durante, 1992）

扇叶未定种多个 *Rhipidopsis* spp.

1980. *Rhipidopsis* sp.：田宝霖、张连武，页 31；图版 21，图 6。
　　产自贵州水城汪家寨矿，上二叠统宣威组。

1986. *Rhipidopsis* sp. 1：周统顺、周惠琴，页 61；图版 14，图 3。

产自新疆吉木萨尔大龙口，上二叠统梧桐沟组。

1986. *Rhipidopsis* sp. 2：周统顺、周惠琴，页 62；图版 14，图 4。

产自新疆吉木萨尔大龙口，上二叠统梧桐沟组。

1986. *Rhipidopsis* sp.：王德旭等，图版 5，图 1。

产自甘肃肃南羊露河，二叠系嘉峪关组。

1986. *Rhipidopsis* sp.：杨光荣等，图版 19，图 7。

产自四川兴文川州，上二叠统龙潭组。

1987. *Rhipidopsis* sp.：梅美棠等，图版 1，图 2。

产自江西安福，上二叠统乐平组老山段。

1988. *Rhipidopsis* sp. 2：周统顺、蔡凯蒂，图版 2，图 5。

产自甘肃玉门大山口，上二叠统肃南组。

1989. *Rhipidopsis* sp.：吴绍祖，页 123；图版 21，图 7。

产自新疆库车比尤勒包谷孜，上二叠统比尤勒包谷孜群。

1990. *Rhipidopsis* sp.：陆彦邦，图版 2，图 7。

产自安徽宿州，上二叠统上石盒子组。

1992. *Rhipidopsis* sp.：朱家楠、冯少南，页 299；图版 2，图 12。

产自广东连阳，下二叠统谷田组上段。

1995. *Rhipidopsis* sp.：王祥珍等，页 202；图版 43，图 3，4。

产自江苏徐州庞庄，中二叠统上部下石盒子组。

1997. *Rhipidopsis* sp.（cf. *Rhipidopsis p'anii* Chow）：吴秀元等，页 24；图版 7，图 6，7。

产自新疆库车，上二叠统比尤勒包谷孜群。

扇叶? 未定种多个 *Rhipidopsis*? spp.

1983. *Rhipidopsis*? sp.：窦亚伟等，页 613；图版 226，图 5，6。

产自新疆库车，上二叠统比尤勒包谷孜群；阜康臭水沟，上二叠统梧桐沟组。

1998. ?*Rhipidopsis* sp.：王仁农、李桂春，图版 16，图 5。

产自河南平顶山，上二叠统上石盒子组。

铲叶属 Genus *Saportaea* Fontaine et White, 1880

模式种 *Saportaea salisburioides* Fontaine et White。美国西弗吉尼亚卡斯维尔（Cassville），二叠系（宾夕法尼亚群），韦恩斯堡煤层（Wynesburg Coal）顶板页岩。

属征 叶片宽楔形或半圆形，以具有一条增厚的下边缘为特征。这条下边缘自叶柄两侧伸出很短距离就向水平方向延展，呈现出在叶柄顶端以垂直于柄轴的角度二歧分叉的形状。叶片不规则缺裂。二歧分叉的叶脉自基部中心向叶片散发，在增厚的下边缘伸出时呈宽角。（据 Seward, 1919）

注　此属因外形和银杏有些相近而通常被归于银杏类中，但一直缺乏可靠的生殖器官或解剖学方面的证据。从中国已发现的此属角质层特征（梅美棠、杜美利，1991，见下文）来判断，它可能和银杏目并没有亲缘关系。更多保存完好的标本的发现和研究将有助于确定其分类位置。

　　分布和时代　北美和东亚，石炭–二叠纪。

多脉铲叶 *Saportaea nervosa* Halle
图 273

1927. *Saportaea nervosa* Halle, p. 194；pl. 55, figs. 1–4.

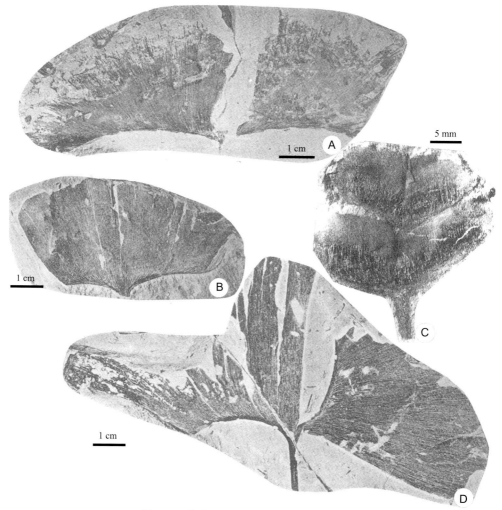

图 273　多脉铲叶 *Saportaea nervosa* Halle

山西太原东山，上二叠统下部上石盒子组（A, B, D）Lower Upper Permian Shangshihezi (Upper Shihhotse) Formation, East Hills of Taiyuan, Shanxi (A, B, D)；河南禹州大风口，中二叠统小风口组（C）Middle Permian Xiaofengkou Formation, Dafengkou of Yuzhou, Henan (C)。C. 两枚重叠保存的幼叶 Two overlapping young leaves（NRM.SE: A, B, D. S138335–S138337；Halle, 1927；CUGB: C. HEP0928；杨关秀等，2006）

1985. *Saportaea nervosa*: 肖素珍、张恩鹏，页579；图版203，图3。
1996. *Saportaea nervosa*: 孔宪祯等，页193；图版16，图4b；图版17，图7。
2006. *Saportaea nervosa*: 杨关秀等，页156；图版47，图3；图版75，图2。

特征 叶柄长5 cm，颇粗，在基端宽约4 mm，上端分成两个叉枝。叉枝明显向外弯曲或微拱曲而和叶柄呈近于直角方向伸出。叶片着生在叉枝的内侧，在叶柄两分叉处仍相连。叶片宽度远大于长度，最宽处达14 cm，长度为3.5–5.5 cm。叶片顶端全缘。叶脉大多以很小的角度自分枝上伸出，向垂直顶缘的方向弯转，重复二歧分叉，在叶片上部有35–50条/cm。（据原始特征）

注 Halle认为此种和模式种区别不大。美国的标本保存欠佳，从手绘的图片上看叶脉稀疏有别于中国标本。杨关秀等（2006）曾报道此种的两枚幼叶，其产出层位较低，属于中二叠统。

产地和层位 山西太原东山，上二叠统下部上石盒子组（模式标本）；在山西阳泉、古县松木沟和沁水杏峪的相同层位和河南禹州大风口的中二叠统小风口组也有报道。

多脉铲叶比较种 *Saportaea* cf. *nervosa* Halle
图274

1991. *Saportaea* cf. *nervosa* Halle：梅美棠、杜美利，页155；图版1，图1a–1e。

描述 叶宽铲形，长5.6 cm、宽6.5 cm。叶柄宽8 mm，保存长度1.6 cm。叶柄顶端分叉，向两侧展开，形成叶片的下缘。叶片的顶缘微波状。叶脉粗强，脊状，自叶柄和两侧叉枝上伸出，多次二歧分叉直达顶端，在叶片上部有13条/cm。

叶下气孔型，上、下表皮特征相似，脉路带和脉间带的分界不明显，但上表皮较厚。表皮细胞呈不规则长多边形至多边形，壁直，排列紧密。长多边形细胞的延长方向和叶片的伸长方向一致。气孔器散生，分布不规则，椭圆形，略下陷。保卫细胞肾形，副卫细胞5–8个。

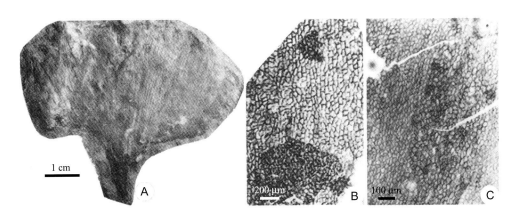

图274　多脉铲叶比较种 *Saportaea* cf. *nervosa* Halle

安徽淮北煤田，上二叠统下部上石盒子组 Lower Upper Permian Shangshihezi (Upper Shihhotse) Formation, Huaibei Coal Field, Anhui。A. 叶 Leaf；B. 下表皮 Lower cuticle；C. 上表皮 Upper cuticle（CUMTB；梅美棠、杜美利，1991）

注　梅美棠和杜美利（1991）在安徽淮北煤田所发现的一块标本形态和山西所产的相同，但叶脉稀疏得多。她们把这种化石定名为多脉铲叶比较种 *Saportaea* cf. *nervosa* Halle。淮北的标本保存有角质层，这在该属是首次发现，对探讨其分类位置具有重要价值。从气孔器构造和角质层特征来看，它和种子蕨类相似的程度远高于银杏目植物，因为它的脉路和脉间带分化不明显，气孔器具有多达 8 个形态相似、辐射状排列的副卫细胞，这些特征都不常见于后一类中。

产地和层位　安徽淮北煤田，上二叠统下部上石盒子组。

铲叶未定种 *Saportaea* sp.

1984. *Saportaea* sp.：朱家楠等，页 143；图版 3，图 3。

描述　叶大，长约 12 cm、宽达 15 cm，未见叶柄。叶脉细密，40 条/cm。

产地和层位　四川筠连鲁班山，上二叠统金鸡旁组。

中国叶属 Genus *Sinophyllum* Sze et Lee, 1952

模式种　*Sinophyllum sunii* Sze et Lee。四川巴县一品场（现属重庆），上三叠统须家河组。

属征　叶为扇形，具一长柄。叶片多次二歧分裂为多个裂片。在叶最外边的裂片似较短小，而且略下弯。裂片似呈（倒）楔形，每一裂片具有一粗而显著的中脉，由此斜伸出侧脉；侧脉略向外弯，并作多次分叉。（据原作者的模式种特征缩减）

分布和时代　中国重庆，晚三叠世。

孙氏中国叶 *Sinophyllum sunii* Sze et Lee
图 275，图 276

1952. *Sinophyllum suni* Sze et Lee：斯行健、李星学，页 12，32；图版 5，图 1；图版 6，图 1；插图 2。
1963. *Sinophyllum suni*：斯行健、李星学等，页 263；图版 106，图 1；图版 107，图 1（＝斯行健、李星学，1952，图版 5，图 1；图版 6，图 1）。
1978. *Sinophyllum suni*：杨贤河，页 531；图版 183，图 1，1a（＝斯行健、李星学，1952，图版 5，图 1；图版 6，图 1）。

特征　叶为扇形，长 10–12 cm、宽 12–13 cm，具一狭细的叶柄，柄的全长不明。叶片首先在叶柄的顶端分成大致相等的两半，每一半又紧接着再分成两半，形成叶中间的部分和侧边的部分。侧边的部分又很快地分成两半，每一半有两个裂片；每一对裂片在其中部及底部好像是相连的。在叶最外边的裂片似较短小，而且略下弯。整个叶的裂片总数可能是 12 个。裂片似呈（倒）楔形，每一裂片具有一粗而显著的中脉，并由此斜伸出许多侧脉；侧脉和中脉成 15°–30°交角，略向外弯，并作多次分叉。侧脉分叉的次数不明。（据斯行健、李星学，1952 略作改动）

注　此属至今仅发现模式种的一块标本。原作者指出此属在叶的整个形态及分裂方式方面和古生代的扇叶属颇为相似，但本属裂片较为伸长，分裂较浅，并具一条中脉而有所不同。孙氏中国叶的每个裂片具有一条中脉，与华北上石盒子组的 *Psygmophyllum multipartitum* Halle（Halle, 1927）最可比较，但本种所具叶柄很细、叶部的裂片较多、分裂方式较规则、最外侧的裂片较为短小并略向下弯等特征易与后者区别。

本种的叶角质层构造不明，分类位置还难以确定。通常人们认为它与"银杏纲"的扇叶属和掌叶属在外形上较为接近，而将它归为同类（如：中国科学院南京地质古生物研究所、植物研究所《中国古生代植物》编写小组，1974；Neuberg 1960 年也发表过类似的看法）。不过，迄今为止扇叶属的角质层一直没有发现过，而掌叶属（狭义）的叶形和一些种子蕨相类似（Meyen, 1983, 1988），已知的角质层也是种子蕨型的（姚兆奇，1989），与银杏目植物显然不同。

产地和层位　四川巴县一品场（现属重庆），上三叠统须家河组（模式标本）。[斯行健、李星学（1952）原认为产出地层为下侏罗统香溪群，现依据杨贤河（1978）改正]

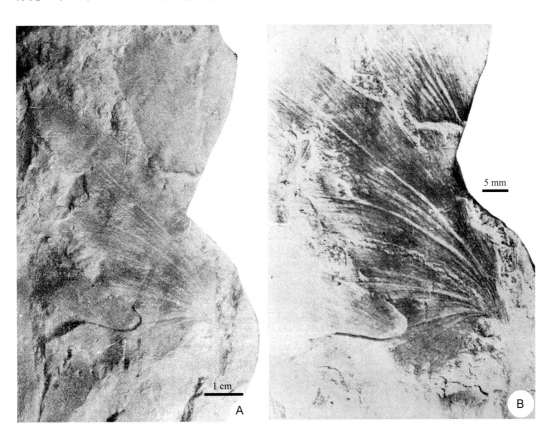

图 275　孙氏中国叶 *Sinophyllum sunii* Sze et Lee

四川巴县一品场（现属重庆），上三叠统须家河组，正模 Upper Triassic Xujiahe (Hsuchiaho) Formation, Yipinchang of Baxian, Sichuan (belong to Chongqing now), Holotype。图 B 自图 A 放大 Fig. B enlarged from fig. A（NIGPAS: PB2097；斯行健、李星学，1952）

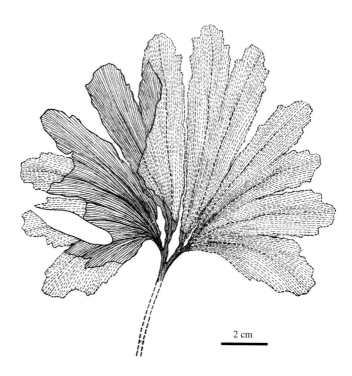

2 cm

图 276　孙氏中国叶的再造图　Restoration of *Sinophyllum sunii* Sze et Lee

四川巴县一品场（现属重庆），上三叠统须家河组 Upper Triassic Xujiahe (Hsuchiaho) Formation, Yipinchang of Baxian, Sichuan (belong to Chongqing now)。示叶的整体形态、裂片的分裂状况和叶脉形式 Showing leaf shape and division, and venation（据斯行健、李星学，1952，插图 2 From Sze & Lee, 1952, text-fig. 2）

参 考 文 献

敖振宽 (Ao Z K=Ngo C K). 1956. 广东小坪煤系中生代瑞底克期植物群的初步研究. 中南矿冶学院学报, 1: 18–32

北京市地质矿产局 (Bureau of Geology and Mineral Resources, Beijing Municipality). 1991. 中华人民共和国地质矿产部地质专报, 一. 区域地质, 27 北京市区域地质志. 1–598

曹福亮 (Cao F L). 2007a. 银杏. 北京: 中国林业出版社. 1–165

曹福亮 (Cao F L). 2007b. 中国银杏志. 北京: 中国林业出版社. 1–300

曹正尧 (Cao Z Y). 1983. 黑龙江省东部龙爪沟群植物化石(二). 见: 黑龙江省东部中生代含煤地层研究队著. 黑龙江省东部中、上侏罗统与下白垩统化石, 上册. 哈尔滨: 黑龙江科学技术出版社. 22–50

曹正尧 (Cao Z Y). 1984a. 黑龙江省东部龙爪沟群植物化石(三). 见: 黑龙江省东部中生代含煤地层研究队著. 黑龙江省东部中、上侏罗统与下白垩统化石, 下册. 哈尔滨: 黑龙江科学技术出版社. 1–34

曹正尧 (Cao Z Y). 1984b. 黑龙江省密山下白垩统东山组植物化石. 见: 黑龙江省东部中生代含煤地层研究队著. 黑龙江省东部中、上侏罗统与下白垩统化石, 下册. 哈尔滨: 黑龙江科学技术出版社. 35–48

曹正尧 (Cao Z Y). 1992. 黑龙江绥滨–双鸭山地区城子河组的银杏类化石. 古生物学报, 31(2): 232–248

曹正尧 (Cao Z Y). 1999. 浙江早白垩世植物群. 中国古生物志, 总号第 187 册, 新甲种第 13 号. 北京: 科学出版社. 1–174

曹正尧 (Cao Z Y). 2000. 苏皖象山群下部一些裸子植物化石及其表皮构造的研究. 古生物学报, 39(3): 334–342

曹正尧 (Cao Z Y), 梁诗经 (Liang S J), 马爱双 (Ma A S). 1995. 福建政和早白垩世南园组植物化石. 古生物学报, 34(1): 1–17

长春地质学院地勘系, 吉林省地质局区测大队, 吉林省煤田地质勘探公司 102 队调查队 [Surveying Group of Department of Geological Exploration of Changchun Institute of Geology, Regional Geological Surveying Team, the 102 Surveying Team of Coal Geology Exploration Company of Jilin (=Kirin) Province]. 1977. 吉林省浑江地区晚三叠世地层及植物化石. 长春地质学院学报, (3): 2–12

常江林 (Chang J L), 高强 (Gao Q). 1996. 山西宁武大同组植物群特征. 煤田地质与勘探, 24(1): 4–8

陈楚震 (Chen C Z), 王义刚 (Wang Y G), 王志浩 (Wang Z H), 黄嫔 (Huang P). 1988. 江苏南部的三叠纪生物地层. 见: 江苏石油勘探局地质科学研究院, 中国科学院南京地质古生物研究所著. 江苏地区下扬子准地台震旦纪—三叠纪生物地层. 南京: 南京大学出版社. 315–368

陈芬 (Chen F), 窦亚伟 (Dou Y W), 黄其胜 (Huang Q S). 1984. 北京西山侏罗纪植物群. 北京: 地质出版社. 1–136

陈芬 (Chen F), 窦亚伟 (Dou Y W), 杨关秀 (Yang G X). 1980. 燕山侏罗纪门头沟玉带山植物群. 古生物学报, 19(6): 423–514

陈芬 (Chen F), 孟祥营 (Meng X Y), 任守勤 (Ren S Q), 吴冲龙 (Wu C L). 1988. 辽宁阜新和铁法盆地早白垩世植物群及含煤地层. 北京: 地质出版社. 1–180

陈芬 (Chen F), 杨关秀 (Yang G X). 1982. 河北平泉、北京西山早白垩世植物化石. 植物学报, 24(6): 575–580

陈芬 (Chen F), 杨关秀 (Yang G X), 周惠琴 (Zhou H Q=Chow H Q). 1981. 辽宁阜新盆地早白垩世植物群. 地球科学——武汉地质学院学报, 总 15 期(2): 39–51

陈公信 (Chen G X). 1984. 蕨类植物门, 种子植物门. 见: 湖北省区域地质测量队编. 湖北省古生物图册. 武汉: 湖北科学技术出版社. 556–615, 797–812

陈国达 (Chen G D=Chen K T). 1944. 江西大羽羊齿植物群之分布及其在乐平盆地之发现. 地质论评, 9(3–4): 159–165

陈其奭 (Chen Q S). 1986. 浙江义乌晚三叠世乌灶组之植物化石. 浙江地质, 2(2): 1–19

陈晔 (Chen Y), 陈明洪 (Chen M H), 孔昭宸 (Kong Z C). 1986. 四川理塘地区拉纳山组植物化石. 见: 中国科学院青藏高原综合科学考察队编. 青藏高原研究: 横断山考察专集(2). 北京: 北京科学技术出版社. 32–46

陈晔 (Chen Y), 段淑英 (Duan S Y). 1978. 植物界(古生代部分). 见: 西南地质科学院主编. 西南地区古生物图册, 四川分册(二), 石炭纪至中生代. 北京: 地质出版社. 460–469

陈晔 (Chen Y), 段淑英 (Duan S Y), 张玉成 (Zhang Y C). 1987. 四川晚三叠世箐河植物群. 植物学集刊, 2: 83–158

程丽珠 (Cheng L Z). 1982. 古生代植物. 见: 湖南省地质局编. 中华人民共和国地质矿产部地质专报, 二、地层 古生物, 1 湖南古生物图册. 506–520

邓胜徽 (Deng S H). 1995. 内蒙古霍林河盆地早白垩世植物群. 北京: 地质出版社. 1–125

邓胜徽 (Deng S H). 1998. 内蒙古平庄-元宝山盆地早白垩世植物化石及地层时代. 现代地质, 12(2): 168–172

邓胜徽 (Deng S H), 卢远征 (Lu Y Z), 樊茹(Fan R), 泮燕红 (Pan Y H), 程显胜 (Cheng X S), 付国斌 (Fu G B), 王启飞 (Wang Q F), 潘华璋 (Pan H Z), 沈炎彬 (Shen Y B), 王亚琼 (Wang Y Q), 张海春 (Zhang H C), 贾程凯 (Jia C K), 段文哲 (Duan W Z), 方琳浩 (Fang L H). 2010. 新疆北部的侏罗系. 合肥: 中国科学技术大学出版社. 1–219

邓胜徽 (Deng S H), 任守勤 (Ren S Q), 陈芬 (Chen F). 1997. 内蒙古海拉尔地区早白垩世植物群. 北京: 地质出版社. 1–116

邓胜徽 (Deng S H), 杨小菊 (Yang X J), 周志炎 (Zhou Z Y). 2004. 辽宁铁法盆地早白垩世银杏胚珠器官的发现及其意义. 科学通报, 49(13): 1334–1336

邓胜徽 (Deng S H), 姚益民 (Yao Y M), 叶得泉 (Ye D Q), 陈丕基 (Chen P J), 金帆 (Jin F), 张义杰 (Zhang Y J), 许坤 (Xu K), 赵应成 (Zhao Y C), 袁效奇 (Yuan X Q), 张师本 (Zhang S B). 2003. 中国北方侏罗系, I 地层总述. 北京: 地质出版社. 1–399

窦亚伟 (Dou Y W), 孙喆华 (Sun Z H), 吴绍祖 (Wu S Z), 顾道源 (Gu D Y). 1983. 古植物. 见: 新疆地质局区域地质调查大队, 新疆地质局地质研究所, 新疆石油局地质调查处主编. 西北地区古生物图册 新疆维吾尔自治区分册 (二). 北京: 地质出版社. 561–614

段淑英 (Duan S Y). 1989. 斋堂植物群的特征及其地质时代. 见: 崔广振, 石宝衍主编. 中国地质科学探索. 北京: 北京大学出版社. 84–93

段淑英 (Duan S Y), 陈晔 (Chen Y). 1982. 四川盆地东部中生代含煤地层及植物化石. 见: 四川盆地陆相中生代地层古生物编写组编. 四川盆地陆相中生代地层古生物, 下篇(古生物论文集). 成都: 四川人民出版社. 491–519

段淑英 (Duan S Y), 陈晔 (Chen Y), 陈明洪 (Chen M H). 1983. 云南宁蒗地区晚三叠世植物群. 见: 中国科学院青藏高原综合科学考察队编. 青藏高原研究: 横断山考察专集(一). 昆明: 云南人民出版社. 55–65

段淑英 (Duan S Y), 陈晔 (Chen Y), 牛茂林 (Niu M L). 1986. 鄂尔多斯盆地南缘地区的中侏罗世植物群. 植物学报, 28(5): 549–554

冯少南 (Feng S N), 陈公信 (Chen G X), 席运宏 (Xi Y H), 张采繁 (Zhang C F). 1977a. 植物界. 见: 湖北省地质研究所, 河南省地质局等编. 中南地区古生物图册(二). 北京: 地质出版社. 622–674

冯少南 (Feng S N), 孟繁松 (Meng F S), 陈公信 (Chen G X), 席运宏 (Xi Y H), 张采繁 (Zhang C F), 刘永安 (Liu Y A). 1977b. 植物界. 见: 湖北省地质研究所, 河南省地质局等编. 中南地区古生物图册(三). 北京: 地质出版社. 195–262

傅德志 (Fu D Z), 杨亲二 (Yang Q E). 1993. 银杏雌性生殖器官的形态学本质及其系统学意义. 植物分类学报, 31(3): 294–296

高瑞祺 (Gao R Q), 张莹 (Zhang Y), 崔同翠 (Cui T C). 1994. 松辽盆地白垩纪石油地层. 北京: 石油工业出版社. 1–333

葛永奇 (Ge Y Q), 邱英雄 (Qiu Y X), 丁炳扬 (Ding B Y), 傅承新 (Fu C X). 2003. 孑遗植物银杏群体遗传的 ISSR 分析. 生物多样性, 11(4): 276–284

公繁浩 (Gong F H). 2007. 黑龙江嘉荫晚白垩世银杏属(*Ginkgo*)新材料. 世界地质, 26(2): 146–149, 172

顾道源 (Gu D Y). 1984. 蕨类植物门, 裸子植物门. 见: 新疆石油管理局地质调查处, 新疆地质局区域测量大队主编. 西北地区古生物图册, 新疆维吾尔自治区分册(三), 中、新生代部分. 北京: 地质出版社. 134–158

何德长 (He D C), 沈襄鹏 (Shen X P). 1980. 植物化石. 见: 煤炭科学研究院地质勘探研究所著. 湘赣地区中生代含煤地层化石, 四. 北京: 煤炭工业出版社. 1–49

何锡麟 (He X L), 梁敦士 (Liang D S), 沈树忠 (Shen S Z). 1996. 中国江西二叠纪植物群研究. 徐州: 中国矿业大学出版社. 1–201

何元良 (He Y L). 1983. 古植物. 见: 杨遵仪等著. 南祁连山三叠系. 北京: 地质出版社. 38, 185–189

何元良 (He Y L), 吴秀元 (Wu X Y). 吴向午 (Wu X W), 李佩娟 (Li P J), 李浩敏 (Li H M), 郭双兴 (Guo S X). 1979. 植物. 见: 中国科学院南京地质古生物研究所, 青海地质研究所编. 西北地区古生物图册, 青海分册(三). 北京: 地质出版社. 129–167

贺超兴 (He C X), 陶君容 (Tao J R). 1997. 黑龙江依兰始新世植物群的研究. 植物分类学报, 35: 249–256

黑龙江省地质矿产局 (Bureau of Geology and Mineral Resources, Heilongjiang Province). 1993. 中华人民共和国地质矿产部地质专报, 一. 区域地质, 33 黑龙江省区域地质志. 1–734

胡书生 (Hu S S), 梅美棠 (Mei M T). 1993. 辽源煤田晚中生代长安组("辽源含煤组")下含煤段植物组合. 北京自然博物馆研究报告, (53): 320–334

胡书生 (Hu S S), 梅美棠 (Mei M T). 2000. 吉林辽源早白垩世含煤地层植物化石研究. 植物学通报, 17(专辑): 210–219

胡先骕 (Hu X S=Hu H H). 1954. 水杉、水松、银杏. 生物学通报, (12): 12–15

胡雨帆 (Hu Y F). 1987. 新疆北部二叠纪植物化石及其区系. 植物学集刊, 2: 159–206

胡雨帆 (Hu Y F), 段淑英 (Duan S Y=Tuan S Y), 陈晔 (Chen Y). 1974. 四川雅安中生代含煤岩系的植物化石及其地质时代. 植物学报, 16(2): 170–72

黄本宏 (Huang B H). 1976. 植物. 见: 内蒙古自治区地质局, 东北地质科学研究所编. 华北地区古生物图册, 内蒙古分册(一). 北京: 地质出版社. 355–379

黄本宏 (Huang B H). 1977. 小兴安岭东南部二叠纪植物群. 北京: 地质出版社. 1–79

黄本宏 (Huang B H). 1980. 古植物. 见: 沈阳地质矿产研究所编著. 东北地区古生物图册(一)古生代分册. 北京: 地质出版社. 525–573

黄本宏 (Huang B H). 1983. 内蒙古东部陶海营子组植物化石. 植物学报, 25(6): 580–583

黄本宏 (Huang B H). 1986. 大兴安岭中部上二叠统及植物化石. 中国地质科学院沈阳地质矿产研究所所刊, 14: 99–111

黄本宏 (Huang B H). 1993. 大兴安岭地区石炭、二叠系及植物群. 北京: 地质出版社. 1–141

黄其胜 (Huang Q S). 1983. 安徽省沿江一带早侏罗世象山植物群. 地球科学——武汉地质学院学报, (2): 25–36

黄其胜 (Huang Q S). 1985. 鄂东南早侏罗世武昌组叉鳞鱼类的发现兼论武昌组的下部时代. 地球科学——武汉地质学院学报, 10(特刊): 187–190

黄其胜 (Huang Q S). 1988. 长江中、下游早侏罗世植物化石垂直分异及其意义. 地质论评, 34(3): 193–202

黄其胜 (Huang Q S). 1992. 四川盆地晚三叠世须家河煤系的成煤植物及其成煤规律. 地球科学——中国地质大学学报, 17(3): 270

黄其胜 (Huang Q S). 2001. 四川盆地北缘达县、开县一带早侏罗世珍珠冲植物群及其古环境. 地球科学——中国地质大学学报, 26(3): 221–228

黄其胜 (Huang Q S), 卢宗盛 (Lu Z S). 1988a. 豫西卢氏县双槐树晚三叠世植物化石. 地层古生物论文集, 20: 178–188

黄其胜 (Huang Q S), 卢宗盛 (Lu Z S). 1988b. 鄂东南武昌组早侏罗世植物群. 地球科学——中国地质大学学报, 13(5): 545–552

黄其胜 (Huang Q S), 卢宗盛 (Lu Z S). 1992. 早、中侏罗世含煤地层及生物群. 见: 李思田, 程守田, 杨士恭, 黄其胜, 解习农, 焦养泉, 卢宗盛, 赵根榕. 鄂尔多斯盆地东北部层序地层及沉积体分析——侏罗系富煤单元的形成、分布及预测基础. 北京: 地质出版社. 1–10

黄其胜 (Huang Q S), 齐悦 (Qi Y). 1991. 浙江兰溪市马涧早、中侏罗世植物群. 地球科学——中国地质大学学报, 16(6): 599–608

黄枝高 (Huang Z G), 周惠琴 (Zhou H Q). 1980. 古植物. 见: 中国地质科学院地质研究所编. 陕甘宁盆地中生代地层和古生物, 第一册. 北京: 地质出版社. 43–114

江苏省地质矿产局 (Bureau of Geology and Mineral Resources of Jiangsu Province). 1984. 中华人民共和国地质矿产部地质专报, 一. 区域地质, 1 江苏省及上海市区域地质志. 北京: 地质出版社. 1–857

吉士 (Ji S). 2007. 诞生神州几多年, 遍历沧桑看世界——银杏树的传奇. 生物进化, (3): 28–34

鞠魁祥 (Ju K X), 蓝善先 (Lan S X). 1986. 南京吕家山中生代地层及 *Lobatannularia* 植物化石的发现. 中国地质科学院南京地质矿产研究所所刊, 7(2). 78–88

鞠魁祥 (Ju K X), 蓝善先 (Lan S X), 李金华 (Li J H). 1983. 南京龙潭范家塘晚三迭世植物及双壳类化石. 中国地质科学院南京地质矿产研究所所刊, 4(4): 112–135

康明 (Kang M), 孟凡顺 (Meng F S), 任宝山 (Ren B S), 胡斌 (Hu B), 程昭斌 (Cheng Z B), 厉宝贤 (Li B X). 1984. 豫西义马组的时代及杨树庄组的创建. 地层学杂志, 8(3): 194–198

孔宪祯 (Kong X Z), 许惠龙 (Xu H L), 李润兰 (Li R L), 常江林 (Chang J L), 刘陆军 (Liu L J), 赵修祜 (Zhao X H), 张遴信 (Zhang L X), 廖卓庭 (Liao Z T), 朱怀诚 (Zhu H C). 1996. 山西晚古生代含煤地层和古生物群. 太原: 山西科学技术出版社. 1–280

李保进 (Li B J), 邢世岩 (Xing S Y). 2007. 叶籽银杏叶的解剖结构及气孔特性. 林业科学, 43(10): 34-39

厉宝贤 (Li B X). 1981. 辽西阜新海州组的四种似银杏化石的表皮构造. 古生物学报, 20(3): 208–215

厉宝贤 (Li B X), 胡斌 (Hu B). 1984. 山西大同永定庄组植物化石. 古生物学报, 23(2): 135–147

李汉民 (Li H M), 蓝善先 (Lan S X), 李星学 (Li X X), 蔡重阳 (Cai C Y), 吴秀元 (Wu X Y), 莫壮观 (Mo Z G), 陈其奭 (Chen Q S), 王国平 (Wang G P). 1982. 古植物. 见: 地质部南京地质研究所编. 华东地区古生物图册(二)晚古生代分册. 北京: 地质出版社. 336–378

李洁 (Li J), 甄保生 (Zhen B S), 孙革 (Sun G). 1991. 新疆昆仑山乌斯腾塔格–喀拉米兰晚三叠世植物化石的首次发现. 新疆地质, 9(1): 50–58

李杰儒 (Li J R). 1983. 锦西后富隆山地区中侏罗世植物群研究. 辽宁地质学报, (1): 15–29

李杰儒 (Li J R), 李超英 (Li C Y), 孙常玲 (Sun C L). 1993. 丹东地区中生代地层–古生物. 辽宁地质, (3): 230–243

李建文 (Li J W), 刘正宇 (Liu Z Y), 谭杨梅 (Tan Y M), 任明波 (Ren M B). 1999. 金佛山银杏的调查研究. 林业科学研究, 12 (2): 197–201

李佩娟 (Li P J=Lee P C). 1964. 四川广元须家河组植物化石. 中国科学院地质古生物研究所集刊, 3: 101–178

李佩娟 (Li P J). 1985. 早侏罗世的植物. 见: 中国科学院登山科学考察队主编. 天山托木尔峰地区的地质古生物. 乌鲁木齐: 新疆人民出版社. 147–149

李佩娟 (Li P J=Lee P C), 曹正尧 (Cao Z Y=Tsao C Y), 吴舜卿 (Wu S Q). 1976. 云南中生代植物. 云南中生代化石(上册). 北京: 科学出版社. 87–160

李佩娟 (Li P J), 何元良 (He Y L), 吴向午 (Wu X W), 梅盛吴 (Mei S W), 李炳有 (Li B Y). 1988. 青海柴达木盆地东北缘早、中侏罗世地层及植物群. 南京: 南京大学出版社. 1–231

李佩娟 (Li P J), 吴向午 (Wu X W). 1982. 四川西部喇嘛垭组植物化石. 见: 四川省地质局区域地质调查队, 中国科学院南京地质古生物研究所著. 川西藏东地区地层与古生物, 第二册. 成都: 四川人民出版社. 29–70

李士美 (Li S M), 邢世岩 (Xing S Y), 李保进 (Li B J), 王利 (Wang L). 2007. 叶籽银杏的发生及其个体与系统发育研究述评. 林业科学, 43(5): 90–98

李星学 (Li X X=Lee H H). 1963. 银杏类植物. 见: 斯行健, 李星学等. 中国中生代植物. 北京: 科学出版社. 209–263

李星学 (Li X X) (主编). 1995. 中国地质时期植物群. 广州: 广东科技出版社. 1–542

李星学 (Li X X). 2007. 银杏——进化论的实证. 见: 李星学文集, 中国科学院南京地质古生物研究所院士文集. 合肥: 中国科学技术大学出版社. 426–436

李星学 (Li X X=Lee H H), 王水 (Wang S), 李佩娟 (Li P J =Lee P C), 张善桢 (Zhong S Z=Chang S J), 叶美娜 (Ye M N=Yeh M N), 郭双兴 (Guo S X=Guo S H), 曹正尧 (Cao Z Y=Tsao C Y). 1963. 植物. 见: 赵金科编. 西北区标准化石手册. 北京: 科学出版社. 73, 74, 85–87, 97, 98, 107–110, 121–123, 125–131, 133–136, 143, 144, 150–155

李星学 (Li X X=Lee H H), 王水 (Wang S), 李佩娟 (Li P J=Lee P C), 周志炎 (Zhou Z Y=Chow T Y). 1962. 植物. 见: 王钰主编. 扬子区标准化石手册. 北京: 科学出版社. 96–98, 125–127, 134–137, 146–148, 150–154, 156–158

李星学 (Li X X), 姚兆奇 (Yao Z Q), 邓龙华 (Deng L H). 1982. 西藏昌都妥坝晚二叠世植物群. 见: 中国科学院青藏高原综合考察队编. 西藏古生物, 第五分册. 北京: 科学出版社. 17–44

梁建德 (Liang J D), 杨祖才 (Yang Z C), 刘洪筹 (Liu H C), 雷积成 (Lei J C), 王宗峨 (Wang Z E), 董定锡 (Dong D X), 沈光隆 (Shen G L). 1980. 甘肃龙首山东段一条二叠纪生物地层剖面及其意义. 地质论评, 26(1): 7–15

梁立兴 (Liang L X), 李少能 (Li S N). 2001. 银杏野生种群的争论. 林业科学, 37(1): 135–137

林思祖 (Lin S Z). 2007. 银杏的生物学特性, 营养器官. 见: 曹福亮主编. 中国银杏志. 北京: 中国林业出版社. 53–56

林协 (Lin X). 2007a. 银杏名称释义. 见: 曹福亮主编. 中国银杏志. 北京: 中国林业出版社. 1–3

林协 (Lin X). 2007b. 第三章, 银杏的栽培和利用历史; 第四章, 银杏的自然种群与栽培区域. 见: 曹福亮主编. 中国银杏志. 北京: 中国林业出版社. 28–52

林协 (Lin X), 张都海 (Zhang D H). 2004. 天目山银杏种群起源分析. 林业科学, 40(2): 28–31

刘陆军 (Liu L J), 李作明 (Li Z M=Lee C M). 1998. 香港丫洲二叠纪植物. 见: 李作明, 陈金华, 何国雄主编. 香港古生物和地层, 下册. 北京: 科学出版社. 215–224

刘陆军 (Liu L J), 姚兆奇 (Yao Z Q). 1996. 吐鲁番–哈密盆地晚二叠世早期植物群. 古生物学报, 35(6): 644–671

刘茂强 (Liu M Q), 米家榕 (Mi J R). 1981. 吉林临江附近早侏罗世植物群及下伏火山岩地质时代的讨论. 长春地质学院学报, (3): 18–29

刘子进 (Liu Z J). 1982. 古植物. 见: 西安地质矿产研究所主编. 西北地区古生物图册. 陕甘宁分册(三)中、新生代分册. 北京: 地质出版社. 116–139

陆彦邦 (Lu Y B). 1990. 安徽淮北晚古生代煤系的植物化石组合. 淮南矿业学院学报, 10(1): 14–30

马洁 (Ma J), 杜贤铭 (Du X M). 1989. 太原石盒子组一种深裂始拟银杏(新属种)*Primoginkgo dissecta* gen. et sp. nov. 北京自然博物馆研究报告, 3(43): 1–4

梅美棠 (Mei M T), 杜美利 (Du M L). 1991. 鳞木叶(未定种)和多脉铲叶(相似种)角质层的研究. 植物学

报, 33(2): 153–156

梅美棠 (Mei M T), 田宝霖 (Tian B L), 陈晔 (Chen Y), 段淑英 (Duan S Y). 1989. 中国含煤地层植物群. 徐州: 中国矿业大学出版社. 1–327

梅美棠 (Mei M T), 万志辉 (Wan Z H), 梁敦仕 (Liang D S). 1987. 江西省二叠纪含煤地层植物群研究. 见: 中国煤炭学会, 地质学会煤田地质专业委员会编. 中国石炭二叠纪含煤地层及地质学术会议论文集. 北京: 科学出版社. 120–130

孟繁松 (Meng F S). 1983. 鄂西荆当盆地九里岗组植物化石的新资料. 地层古生物论文集, 10: 223–238

孟繁松 (Meng F S). 1987. 古植物. 见: 地质矿产部宜昌地质矿产研究所主编. 长江三峡地区生物地层学(5)三叠纪–侏罗纪分册. 北京: 地质出版社. 239–257

孟繁松 (Meng F S). 1992. 鄂西九里岗组植物化石新属种. 古生物学报, 31(6): 703–707

孟繁松 (Meng F S), 张振来 (Zhang Z L), 徐光洪 (Xu G H). 2002. 侏罗系. 见: 汪啸风等. 长江三峡地区珍贵地质遗迹保护和太古宙—中生代多重地层划分与海平面升降变化. 北京: 地质出版社. 291–317

米家榕 (Mi J R), 孙春林 (Sun C L). 1985. 吉林双阳–磐石一带晚三叠世植物化石. 长春地质学院学报, (3): 1–8

米家榕 (Mi J R), 孙春林 (Sun C L), 孙跃武 (Sun Y W), 崔尚森 (Cui S S), 艾永亮 (Ai Y L). 1996. 冀北辽西早、中侏罗世植物古生态学及聚煤环境. 北京: 地质出版社. 1–169

米家榕 (Mi J R), 苑清扬 (Yuan Q Y), 孙春林 (Sun C L), 侯海涛 (Hou H T). 1991. 几种银杏类叶部化石的计算机分类. 植物学报, 33(4): 297–303

米家榕 (Mi J R), 张川波 (Zhang C B), 孙春林 (Sun C L), 罗桂昌 (Luo G C), 孙跃武 (Sun Y W) 等. 1993. 中国环太平洋带北段晚三叠世地层古生物及古地理. 北京: 科学出版社. 1–219

米家榕 (Mi J R), 张川波 (Zhang C B), 孙春林 (Sun C L), 宁岩 (Ning Y), 姚春青 (Yao C Q). 1984. 北京西山杏石口组发育特征及其时代. 地质学报, 58(4): 273–283

宁夏回族自治区地质矿产局 (Bureau of Geology and Mineral Resources of Ningxia Hui Autonomous Region). 1990. 中华人民共和国地质矿产部地质专报, 一. 区域地质, 22 宁夏回族自治区区域地质志. 北京: 地质出版社. 1–522

钱丽君 (Qian L J), 白清昭 (Bai Q Z), 熊存卫 (Xiong C W), 吴景均 (Wu J J), 何德长 (He D C), 张新民 (Zhang X M), 徐茂钰 (Xu M Y). 1987a. 陕西北部侏罗纪含煤地层及聚煤特征. 西安: 西北大学出版社. 1–202

钱丽君 (Qian L J), 白清昭 (Bai Q Z), 熊存卫 (Xiong C W), 吴景均 (Wu J J), 徐茂钰 (Xu M Y), 何德长 (He D C), 王赛仪 (Wang S Y). 1987b. 中国南方中生代含煤地层. 北京: 煤炭工业出版社. 1–322

全成 (Quan C). 2005. 黑龙江嘉荫沿江地区晚白垩世植物群及地层. 长春: 吉林大学博士学位论文

全成 (Quan C), 周志炎 (Zhou Z Y). 2010. 黑龙江渐新世银杏大化石及其古气候和植物地理意义. 古生物学报, 49(4): 439–442

任守勤 (Ren S Q), 陈芬 (Chen F). 1989. 内蒙古海拉尔五九煤盆地早白垩世大磨拐河组植物化石. 古生物学报, 28(5): 634–641

尚冠雄 (Shang G X) (主编). 1997. 华北地台晚古生代煤地质学研究. 太原: 山西科学技术出版社. 1–405

商平 (Shang P). 1985. 辽西阜新盆地早白垩世含煤地层及植物群. 阜新矿业学院学报, 1985(1): 99–121

商平 (Shang P), 付国斌 (Fu G B), 侯全政 (Hou Q Z), 邓胜徽 (Deng S H). 1999. 新疆吐哈盆地中侏罗世植物化石. 现代地质, 13(4): 403–407

沈光隆 (Shen G L). 1961. 陇南徽成县一带侏罗纪沔县群植物化石. 古生物学报, 9(2): 165–179

斯行健 (Si X J=Sze H C). 1956a. 陕北中生代延长层植物群. 中国古生物志, 总号第139册, 新甲种第5号. 北京: 科学出版社. 1–217

斯行健 (Si X J=Sze H C). 1956b. 甘肃固原延长层的发现. 古生物学报, 4(3): 285–292

斯行健 (Si X J=Sze H C). 1956c. 新疆西北部准噶尔盆地中生代含油地层的植物群. 古生物学报, 4(4):

461–476

斯行健 (Si X J=Sze H C). 1959. 青海柴达木侏罗纪植物群. 古生物学报, 7(1): 1–31

斯行健 (Si X J). 1989. 内蒙古清水河及山西河曲晚古生代植物. 中国古生物志, 总号第 176 册, 新甲种第 11 号. 北京: 科学出版社. 1–268

斯行健 (Si X J=Sze H C), 李星学 (Li X X=Lee H H). 1945. 甘肃延长层之一羊齿植物 *Danaeopsis*(节要). 地质论评, 10(3–4): 166–168

斯行健 (Si X J=Sze H C), 李星学 (Li X X=Lee H H). 1952. 四川侏罗纪植物化石. 中国古生物志, 总号第 135 册, 新甲种第 3 号. 北京: 中国科学院. 1–38

斯行健 (Si X J=Sze H C), 李星学 (Li X X＝Lee H H) 等(编著). 1963. 中国植物化石, 第二册, 中国中生代植物. 北京: 科学出版社. 1–429

斯行健 (Si X J=Sze H C), 徐仁 (Xu R=Hsü J). 1954. 中国标准化石——植物. 北京: 地质出版社. 1–83

孙革 (Sun G). 1993. 中国吉林天桥岭上三叠统植物群. 长春: 吉林科学技术出版社. 1–157

孙革 (Sun G), 曹正尧 (Cao Z Y), 李浩敏 (Li H M), 王鑫甫 (Wang X F). 1995. 白垩纪植物群. 见: 李星学主编. 中国地质时期植物群. 广州: 广东科技出版社. 310–344

孙革 (Sun G), 梅盛吴 (Mei S W). 2004. 植物. 见: 中国石油天然气股份有限公司玉门油田分公司, 中国科学院南京地质古生物研究所编著. 西北地区潮水盆地和雅布赖盆地侏罗纪至白垩纪地层及环境. 合肥: 中国科学技术大学出版社. 46–48

孙革 (Sun G), 商平 (Shang P). 1988. 内蒙古东部霍林河煤田晚侏罗–早白垩植物化石初步研究. 阜新矿业学院学报, 7(4): 69–75

孙革 (Sun G), 赵衍华 (Zhao Y H). 1992. 古生代、中生代植物. 见: 吉林省地质矿产局主编. 吉林省古生物图册. 长春: 吉林科学技术出版社. 500–562

孙革 (Sun G), 赵衍华 (Zhao Y H), 李春田 (Li C T). 1983. 吉林双阳大酱缸晚三叠世植物. 古生物学报, 22(4): 447–459

孙革 (Sun G), 郑少林 (Zheng S L), 迪尔切 D (Dilcher D), 王永栋 (Wang Y D), 梅盛吴 (Mei S W). 2001. 辽西早期被子植物及伴生植物群. 上海: 上海科技教育出版社. 1–227

孙跃武 (Sun Y W), 刘鹏举 (Liu P J), 冯君 (Feng J). 1996. 河北承德上谷早侏罗世南大岭组植物化石. 长春地质学院学报, 26(1): 9–16

谭琳 (Tan L), 朱家楠 (Zhu J N). 1982. 植物. 见: 内蒙古自治区地质局主编. 内蒙古固阳含煤盆地中生代地层古生物. 北京: 地质出版社. 137–160

陶君容 (Tao J R). 1988. 西藏拉孜县柳区组植物化石组合及古气候意义. 中国科学院地质研究所集刊, 3: 223–238

陶君容 (Tao J R), 熊宪政 (Xiong X Z). 1986. 黑龙江晚白垩世植物区系及东亚、北美区系的关系. 植物分类学报, 24(1): 1–15

陶君容 (Tao J R), 周浙昆 (Zhou Z K), 刘裕生 (Liu Y S). 2000. 中国晚白垩世至新生代植物区系发展演变. 北京: 科学出版社. 1–282

田宝霖 (Tian B L), 张连武 (Zhang L W). 1980. 贵州水城汪家寨矿区化石图册. 北京: 煤炭工业出版社. 1–110

王德旭 (Wang D X), 贺勃 (He B), 张淑玲 (Zhang S L). 1986. 祁连山二叠纪植物群的特征. 甘肃地质, (6): 37–60

王伏雄 (Wang F X), 陈祖铿 (Chen Z K). 1983. 银杏胚胎发育的研究兼论银杏目的亲缘关系. 植物学报, 25(3): 199–207

王国平 (Wang G P), 陈其奭 (Chen Q S), 李云亭 (Li Y T), 蓝善先 (Lan S X), 鞠魁祥 (Ju K X). 1982. 植物界(中生代). 见: 地质矿产部南京地质矿产研究所主编. 华东地区古生物图册(三)中、新生代分册. 北京: 地质出版社. 236–294, 392–401

王仁农 (Wang R N), 李桂春 (Li G C) (主编). 1998. 中国含煤盆地演化和聚煤规律. 北京: 煤炭工业出

版社. 1–186

王士俊 (Wang S J). 1993. 粤北晚三叠世植物化石. 广州: 中山大学出版社. 1–100

王祥珍 (Wang X Z), 孙善达 (Sun S D), 余宝柱 (Yu B Z), 曾昭勇 (Zeng Z Y), 孙道明 (Sun D M), 李承文 (Li C W), 王凯平 (Wang K P), 李福俊 (Li F J), 吕其玉 (Lu Q Y), 李振泉 (Li Z Q). 1995. 徐州地区晚古生代含煤地层及生物群. 北京: 科学技术出版社. 1–374

王自强 (Wang Z Q). 1984. 植物界. 见: 地质矿产部天津地质矿产研究所主编. 华北地区古生物图册 (二)中生代分册. 北京: 地质出版社. 223–296, 367–384

王自强 (Wang Z Q), 王立新 (Wang L X). 1987. 华北石千峰群下部晚二叠世植物化石. 中国地质科学院天津地质矿产研究所所刊, 15: 1–120

吴其切 (Wu Q Q), 胡存礼 (Hu C L), 杨文达 (Yang W D), 穆曰孔 (Mu Y K), 俞芝莲 (Yu Z L). 1986. 江苏及邻区中生代陆相生物地层、沉积相和油气特征. 中国地质科学院南京地质矿产研究所所刊增刊, 2(总 26): 1–92

吴舜卿 (Wu S Q). 1995. 塔里木北缘早侏罗世塔里奇克组植物化石. 古生物学报, 34(4): 468–474

吴舜卿 (Wu S Q). 1999a. 辽西热河植物群初步研究. 远古世界, 11: 7–57

吴舜卿 (Wu S Q). 1999b. 四川晚三叠世须家河组植物化石新记述. 中国科学院南京地质古生物研究所丛刊, 14: 1–69

吴舜卿 (Wu S Q), 李作明 (Li Z M=Lee C M), 黎权伟 (Li Q W=Lai K W), 何国雄 (He G X), 廖卓庭 (Liao Z T). 1997. 香港大澳早中侏罗世植物的发现. 见: 李作明, 陈金华, 何国雄主编. 香港古生物和地层, 上册. 北京: 科学出版社. 163–174

吴舜卿 (Wu S Q), 叶美娜 (Ye M N), 厉宝贤 (Li B X). 1980. 鄂西香溪群——晚三叠世及早、中侏罗世植物化石. 中国科学院南京地质古生物研究所集刊, 14: 63–131

吴舜卿 (Wu S Q), 周汉忠 (Zhou H Z). 1990. 天山南部早三叠世植物化石初步研究. 古生物学报, 29(4): 447–459

吴舜卿 (Wu S Q), 周汉忠 (Zhou H Z). 1996. 塔里木北缘中三叠世植物化石初步研究. 古生物学报, 35(增刊): 1–17

吴绍祖 (Wu S Z). 1989. 植物群. 见: 新疆地质矿产局地质矿产研究所, 中国地质科学院地质研究所编. 中国天山二叠–三叠系界线的补充. 北京: 海洋出版社. 26–29, 42–44, 85–99, 117–122

吴向午 (Wu X W). 1982a. 西藏安多、巴青一带土门格拉组植物化石. 见: 中国科学院青藏高原综合考察队编. 西藏古生物, 第五分册. 北京: 科学出版社. 45–62

吴向午 (Wu X W). 1982b. 西藏东部晚三叠世植物. 见: 中国科学院青藏高原综合科学考察队编. 西藏古生物, 第五分册. 北京: 科学出版社. 63–109

吴向午 (Wu X W). 1993. 陕南商县、豫西南召早白垩世植物化石. 远古世界, 2: 76–99

吴向午 (Wu X W), 邓胜徽 (Deng S H), 张亚玲 (Zhang Y L). 2002. 潮水盆地侏罗纪植物化石. 远古世界, 14: 136–201

吴向午 (Wu X W), 王永栋 (Wang Y D). 待刊. 中国植物大化石记录(1865–2006)中国银杏植物.

吴秀元 (Wu X Y), 孙柏年 (Sun B N), 沈光隆 (Shen G L), 王永栋 (Wang Y D). 1997. 塔里木盆地北缘二叠纪植物群. 古生物学报, 36(增刊): 1–37

向碧霞 (Xiang B X), 向准 (Xiang Z), 向应海 (Xiang Y H). 2006. 务川县野银杏——贵州野银杏种质资源调查资料 VII. 贵州科学, 24(2): 56–67

向碧霞 (Xiang B X), 向准 (Xiang Z), 向应海 (Xiang Y H). 2007. 黔中野银杏——贵州野银杏种质资源调查资料Ⅷ. 贵州科学, 25(4): 47–55

向应海 (Xiang Y H), 向碧霞 (Xiang B X), 赵明水 (Zhao M S), 王佐良 (Wang Z L). 2000. 浙江西天目山天然林及银杏种群考察报告. 贵州科学, 18(1–2): 77–92

向准 (Xiang Z), 张著林 (Zhang Z L), 向应海 (Xiang Y H). 2001. 重庆市南川金佛山银杏天然资源考察报告. 贵州科学, 19(2): 37–52

肖素珍 (Xiao S Z), 张恩鹏 (Zhang E P). 1985. 植物界. 见: 天津地质矿产研究所主编. 华北地区古生物图册(1)古生代分册. 北京: 地质出版社. 530–586

萧宗正 (Xiao Z Z), 杨鸿连 (Yang H L), 单青生 (Shan Q S). 1994. 北京中生代地层及生物群. 北京: 地质出版社. 1–133

谢明忠 (Xie M Z), 张树胜 (Zhang S S). 1995. 冀西北早侏罗世晚期植物化石. 中国煤田地质, 7(2): 22–25

邢世岩 (Xing S Y). 2007. 银杏品种、优系或优株. 见: 曹福亮主编. 中国银杏志, 第九章. 北京: 中国林业出版社. 163–221

邢世岩 (Xing S Y), 李保进 (Li B J), 李士美 (Li S M), 王芳 (Wang F), 荣绍乾 (Rong S Q). 2007. 叶生小孢子囊银杏的形态特性. 南京林业大学学报(自然科学版), 31(6): 11–15

修申成 (Xiu S C), 姚益民 (Yao Y M), 陶明华 (Tao M H) 等. 2003. 中国北方侏罗系, VI. 华北地层区. 北京: 石油工业出版社, 1–151

徐福祥 (Xu F X). 1975. 甘肃天水后老庙含煤地层及植物化石. 兰州大学学报(自然科学版), (2): 98–109

徐福祥 (Xu F X). 1986. 甘肃靖远早侏罗世植物化石. 古生物学报, 25(1): 421–425

徐仁 (Xu R=Hsü J). 1946. 一平浪中生代植物化石. 地质论评, 11(5–6): 405–406

徐仁 (Xu R=Hsü J), 朱家楠 (Zhu J N), 陈晔 (Chen Y), 段淑英 (Duan S Y=Tuan S Y), 胡雨帆 (Hu Y F), 朱为庆(Zhu W Q). 1974. 云南永仁晚三叠世植物的新属种 I. 植物学报, 16(3): 266–278

徐仁 (Xu R=Hsü J), 朱家楠 (Zhu J N), 陈晔 (Chen Y), 段淑英 (Duan S Y), 胡雨帆 (Hu Y F), 朱为庆 (Zhu W Q). 1979. 中国晚三叠世宝鼎植物群. 北京: 科学出版社. 1–130

许坤 (Xu K), 杨建国 (Yang J G), 陶明华 (Tao M H), 梁鸿德 (Liang H D), 赵传本 (Zhao C B), 李荣辉 (Li R H), 孔慧 (Kong H), 李瑜 (Li Y), 万传彪 (Wan C B), 彭维松 (Peng W S). 2003. 中国北方侏罗系, VII 东北地层区. 北京: 石油工业出版社. 1–261

阎同生 (Yan T S), 钱金平 (Qian J P), 袁金国 (Yuan J G), 王健 (Wang J). 2000. 秦皇岛柳江华夏植物群及古环境研究. 植物学通报, 17(专辑): 190–198

阎同生 (Yan T S), 杨遵仪 (Yang Z Y). 2001. 河北抚宁, 曲阳晚古生代地层及植物群. 北京: 地质出版社. 1–89

杨光荣 (Yang G R), 张玉成 (Zhang Y C), 黄运安 (Huang Y A), 李长林 (Li C L), 王兴华 (Wang X H). 1986. 四川南部上二叠统划分与含煤性. 重庆: 重庆出版社. 1–153

杨关秀 (Yang G X). 1987. 禹县二叠纪含煤地层植物群、地层划分及古气候分析. 见: 杨起主编. 河南禹县晚古生代煤系沉积环境与聚煤特征. 北京: 地质出版社. 11–54

杨关秀 (Yang G X). 1994. 古植物学. 北京: 地质出版社. 1–330

杨关秀 (Yang G X) 等. 2006. 中国豫西二叠纪华夏植物群——禹州植物群. 北京: 地质出版社. 1–361

杨关秀 (Yang G X), 陈芬 (Chen F). 1979. 古植物. 见: 侯鸿飞等. 广东晚二叠世含煤地层和生物群. 北京: 地质出版社. 104–139

杨关秀 (Yang G X), 黄其胜 (Huang Q S). 1985. 古植物图册. 武汉: 武汉地质学院出版社. 1–237

杨景尧 (Yang J Y), 梁湘沅 (Liang X Y), 李宏伟 (Li H W), 郭熙年 (Guo X N). 1991. 晚古生代地层及生物群. 见: 郭熙年, 唐仲林, 李万程等. 河南省晚古生代聚煤规律. 武汉: 中国地质大学出版社. 8–68

杨恕 (Yang S), 孙柏年 (Sun B N), 沈光隆 (Shen G L). 1988. 兰州地区侏罗纪似银杏属的新材料. 兰州大学学报(自然科学版), 24(专刊): 70–77

杨贤河 (Yang X H). 1978. 植物界(中生代部分). 见: 西南地质科学院主编. 西南地区古生物图册, 四川分册(二), 石炭纪至中生代. 北京: 地质出版社. 469–536

杨贤河 (Yang X H). 1982. 四川盆地晚三叠世植物化石. 见: 四川盆地陆相中生代地层古生物编写组编. 四川盆地陆相中生代地层古生物, 下篇(古生物论文集). 成都: 四川人民出版社. 462–490

杨贤河 (Yang X H). 1986. 银杏类新属——楔拜拉枝 *Sphenobaierocladus* n. gen. (Sphenobaieraceae n. fam.) 及其亲缘关系. 中国地质科学院成都地质矿产研究所所刊, 7: 49–59

杨贤河 (Yang X H). 1989. 银杏门植物的起源、分类、演化. 中国地质科学院成都地质矿产研究所所刊, 10: 77–90

杨学林 (Yang X L), 孙礼文 (Sun L W). 1982a. 松辽盆地东南部沙河子组和营城组的植物化石. 古生物学报, 21(5): 588–596

杨学林 (Yang X L), 孙礼文 (Sun L W). 1982b. 大兴安岭东南部早、中侏罗世含煤地层及植物群. 吉林煤田地质, 1982(1): 1–67

姚兆奇 (Yao Z Q). 1989. 华夏植物群中的掌叶类化石. 古生物学报, 28(2): 171–191

叶美娜 (Ye M N), 刘兴义 (Liu X Y), 黄国清 (Huang G Q), 陈立贤 (Chen L X), 彭时江 (Peng S J), 许爱福 (Xu A F), 张必兴 (Zhang B X). 1986. 川东北地区晚三叠世及早、中侏罗世植物. 合肥: 安徽科学技术出版社. 1–141

袁效奇 (Yuan X Q), 傅智雁 (Fu Z Y), 王喜富 (Wang X F), 贺静 (He J), 解丽琴 (Xie L Q), 刘绥保 (Liu X B). 2003. 中国北方侏罗纪, V 鄂尔多斯地层区. 北京: 石油工业出版社. 1–165

云南省地质矿产局 (Bureau of Geology and Mineral Resources of Yunnan Province) (编著). 1996. 全国地层多重划分对比研究(53)云南省岩石地层. 武汉: 中国地质大学出版社. 1–366

曾勇 (Zeng Y), 沈树忠 (Shen S Z), 范炳恒 (Fan B H). 1995. 豫西义马组植物群研究. 南昌: 江西科学技术出版社. 1–92

章伯乐 (Zhang B L), 周志炎 (Zhou Z Y). 1996. *Rhaphidopteris* Barale(裸子植物)一新种及其分类位置的探讨. 古生物学报, 35(5): 528–543

张川波 (Zhang C B). 1986. 吉林延吉盆地早白垩世中晚期地层. 长春地质学院学报, (2): 15–28

张川波 (Zhang C B), 赵东甫 (Zhao D P), 张秀英 (Zhang X Y), 丁秋红 (Ding Q H), 杨春志 (Yang C Z), 沈德安 (Shen D A). 1991. 松辽盆地东缘晚期中生代一个新的重要含煤层位. 长春地质学院学报, 21(3): 241–249

张采繁 (Zhang C F). 1982. 古植物界 中、新生代部分. 见: 湖南省地质矿产局编. 湖南古生物图册. 中华人民共和国地质矿产部地质专报, 二, 地层古生物, 第 1 号. 北京: 地质出版社. 521–543

张采繁 (Zhang C F). 1986. 湘东早侏罗世植物群. 地层古生物论文集, 14: 185–206

张泓 (Zhang H), 李恒堂 (Li H T), 熊存卫 (Xiong C W), 张慧 (Zhang H), 王永栋 (Wang Y D), 何宗莲 (He Z L), 蔺广茂 (Lin G M), 孙柏年 (Sun B N). 1998. 中国西北侏罗纪含煤地层与聚煤规律. 北京: 地质出版社. 1–317

张汉荣 (Zhang H R), 范文仲 (Fan W C), 范和平 (Fan H P). 1988. 河北蔚县地区侏罗纪含煤地层. 地层学杂志, 12(4): 281–289

张吉惠 (Zhang J W). 1978. 古植物. 见: 贵州地层古生物工作队编. 西南地区古生物图册, 贵州分册 (二). 北京: 地质出版社. 458–491

张弥曼 (Zhang M M=Chang M M), 陈丕基 (Chen P J), 王元青 (Wang Y Q), 王原 (Wang Y). 2001. 热河生物群. 上海: 上海科技出版社. 1–150

张武 (Zhang W). 1982. 辽宁凌源晚三叠世植物化石. 中国地质科学院沈阳地质矿产研究所所刊, 3: 187–196

张武 (Zhang W), 傅小平 (Fu X P), 展铁梅 (Yi T M), 丁秋红 (Ding Q H), 王士俊 (Wang S J), 王永栋 (Wang Y D), 杨小菊 (Yang X J), 程业明 (Cheng Y M), 王军 (Wang J), 郑少林 (Zheng S L), 李楠 (Li N), 蒋子堃 (Jiang Z K), 田宁 (Tian N), 何学智 (He X Z), 李丽琴 (Li L Q), 余俊杰 (Yu J J). 2013. 世界木化石概论. 北京: 地质出版社. 1–680

张武 (Zhang W), 李勇 (Li Y), 郑少林 (Zheng S L), 李楠 (Li N), 王永栋 (Wang Y D), 杨小菊 (Yang X J), 杨家驹 (Yang J J), 展铁梅 (Yi T M), 傅小平 (Fu X P). 2006. 白垩纪木化石. 见: 深圳市城市管理局、深圳仙湖植物园、国土资源部沈阳地质矿产研究所主编. 中国木化石. 北京: 中国林业出版社. 1–356

张武 (Zhang W), 张志诚 (Zhang Z C=Chang C C), 郑少林 (Zheng S L). 1980. 蕨类植物门, 裸子植物

亚门. 见: 沈阳地质矿产研究所主编. 东北地区古生物图册(二)中、新生代分册. 北京: 地质出版社.
222–308

张武 (Zhang W), 郑少林 (Zheng S L). 1987. 辽宁西部地区早中生代植物化石. 见: 于希汉等编. 辽宁
西部中生代地层古生物 3. 北京: 地质出版社. 239–338

张武 (Zhang W), 郑少林 (Zheng S L), 常绍泉 (Chang S Q). 1983. 辽宁本溪中三叠世林家组植物群的
研究. 中国地质科学院沈阳地质矿产研究所所刊, 8: 62–91

张武 (Zhang W), 郑少林 (Zheng S L), 商平 (Shang P). 2000. 辽宁早白垩世银杏木一新种——中国银杏
木. 古生物学报, 39: 220–235

张席禔 (Zhang X Z＝Chang H C). 1930. 广东乳源、湖南宜章交界旵口煤田侏罗纪植物. 两广地质调查
所古生物志, 1(2): 1–9

张志诚 (Zhang Z C). 1984. 黑龙江北部嘉荫地区晚白垩世植物化石. 地层古生物论文集, 11: 111–132

张志诚 (Zhang Z C＝Chang C C), 周惠琴 (Zhou H Q＝Chow H Q), 黄枝高 (Huang Z G). 1976. 植物界.
见: 内蒙古自治区地质局, 东北地质研究所编. 华北地区古生物图册, 内蒙古分册(二). 北京: 地质
出版社. 179–211

赵立明 (Zhao L M), 陶君容 (Tao J R). 1991. 内蒙古赤峰杏园组植物化石. 植物学报, 33(12): 963–967

赵修祜 (Zhao X H), 刘陆军 (Liu L J), 侯吉辉 (Hou J H). 1987. 晋东南地区石炭、二叠纪含煤岩系植物
群. 见: 山西煤田地质勘探公司 114 队, 中国科学院南京地质古生代研究所著. 晋东南地区晚古生
代含煤地层和古生物群. 南京: 南京大学出版社. 61–137

赵修祜 (Zhao X H), 莫壮观 (Mo Z G), 张善桢 (Zhang S Z), 姚兆奇 (Yao Z Q) 等. 1980. 黔西滇东晚
二叠世植物群. 见: 中国科学院南京地质古生物研究所编著. 黔西滇东晚二叠世含煤地层和古生物
群. 北京: 科学出版社. 70–122

郑少林 (Zheng S L), 张武 (Zhang W). 2000. 中国辽宁、内蒙古晚古生代银杏类木材. 古生物学报, 39:
119–126

郑少林 (Zheng S L), 张武 (Zhang W). 1982. 黑龙江省东部龙爪沟群及鸡西群植物化石. 中国地质科学
院沈阳地质矿产研究所所刊, 5: 227–349

郑少林 (Zheng S L), 张武 (Zhang W). 1989. 聂尔库组植物化石新材料及其地层意义. 辽宁地质, (1):
26–36

郑少林 (Zheng S L), 张武 (Zhang W). 1990. 辽宁田师傅早、中侏罗世植物群. 辽宁地质, (3): 212–237

中国科学院南京地质古生物研究所、植物研究所《中国古生代植物》编写小组 (*Palaeozoic plants from
China* Writing Group of Nanjing Institute of Geology and Palaeontology and Institute of Botany,
Academia Sinica = Gu et Zhi). 1974. 中国植物化石, 第一册, 中国古生代植物. 北京: 科学出版社.
1–226

中国科学院北京植物研究所、南京地质古生物研究所《中国新生代植物》编写组 (*Cenozoic plants from
China* Writing Group of Institute of Beijing Botany and Nanjing Institute of Geology and Palaeontology,
Academia Sinica). 1978. 中国植物化石, 第三册, 中国新生代植物. 北京: 科学出版社. 1–232

周惠琴 (Zhou H Q＝Chow H Q). 1963. 古植物. 见: 地质部地质科学院第三室主编. 南岭化石手册. 北
京: 中国工业出版社. 158–176

周惠琴 (Zhou H Q＝Chow H Q). 1981. 辽宁北票羊草沟晚三叠世植物化石组合的发现. 见: 中国古生物
学会编辑. 中国古生物学会第十二届学术年会论文集. 北京: 科学出版社. 147–152

周统顺 (Zhou T S). 1978. 福建中生代含煤地层及其植物化石. 地层古生物论文集, 4: 88–134

周统顺 (Zhou T S), 蔡凯蒂 (Cai K D). 1988. 甘肃玉门大山口晚期安加拉植物群的发现. 地层古生物论
文集, 21: 52–61

周统顺 (Zhou T S), 周惠琴 (Zhou H Q). 1986. 古植物. 见: 中国地质科学研究院地质研究所, 新疆地
质矿产局地质研究所编. 中华人民共和国地质矿产部地质专报, 二 地层 古生物, 新疆吉木萨尔大
龙口二叠、三叠纪地层及古生物群. 北京: 地质出版社. 39–69

周赞衡 (Zhou Z H＝Chow T H). 1923. 山东白垩纪之植物化石. 农商部地质调查所地质汇报, 5(2): 81–141

周志炎 (Zhou Z Y). 1984. 湘西南早侏罗世早期植物化石. 中国古生物志, 总号第165册, 新甲种第7号. 北京: 科学出版社. 1–91

周志炎 (Zhou Z Y). 1990. 中生代银杏目植物的系统发育和进化趋向. 见: 戎嘉余, 方宗杰, 吴同甲主编. 理论古生物学文集. 南京: 南京大学出版社. 1–19

周志炎 (Zhou Z Y). 1992. 古植物整体研究和重建. 古生物学报, 31(1): 117–126

周志炎 (Zhou Z Y). 1994. 银杏型胚珠器官的异时发育起源. 古生物学报, 33(2): 1–9

周志炎 (Zhou Z Y). 1995. 侏罗纪植物群. 见: 李星学主编. 中国地质时期植物群. 广州: 广东科技出版社. 260–308

周志炎 (Zhou Z Y). 2003. 中生代银杏类植物系统发育、分类和演化趋向. 云南植物, 25(4): 377–396

周志炎 (Zhou Z Y), 吴向午 (Wu X W). 2006. 早中生代银杏目的辐射和分异. 见: 戎嘉余(主编), 方宗杰, 周忠和, 詹仁斌, 王向东, 袁训来(副主编). 生物的起源、辐射与多样性演变——华夏化石记录的启示. 北京: 科学出版社. 510–549, 904–906

周志炎 (Zhou Z Y), 章伯乐 (Zhang B L). 1988. 河南义马中侏罗世两种银杏目的雌性生殖器官. 科学通报, 33(3): 216–217

朱家楠 (Zhu J N), 冯少南 (Feng S N). 1992. 广东连阳谷田组植物化石及其意义. 植物学报, 34(4): 291–301

朱家楠 (Zhu J N), 胡雨帆 (Hu Y F), 李正积 (Li Z J). 1984. 川南筠连地区晚二叠世地层及植物化石. 地层古生物论文集, 11: 133–147

朱彤 (Zhu T). 1990. 福建二叠纪含煤地层及古生物群. 北京: 地质出版社. 1–127

Alberch P, Gould S J, Oster G F, Wake D B. 1979. Size and shape in ontogeny and phylogeny. Paleobiology, 5: 296–317

Anderson J M, Anderson H M. 1985. Paleoflora of Southern Africa, Prodromus of South Africa Megafloras. Devonian to Lower Cretaceous. Rotterdam: A. A. Balkema. 1–423

Anderson J M, Anderson H M. 2003. Heyday of the gymnosperms: systematics and biodiversity of the Late Triassic Molteno fructifications. Strelitzia, 15: 1–398

Anderson J M, Anderson H M, Cleal C J. 2007. Brief history of the gymnosperms: classification, diversity, phytogeographiy and ecology. Strelitzia, 20: 1–280

Andreánszky G. 1952. Der versteinerte Wald von Mikkófalva und einige andere verkieselte Baumstämme aus Ungarn. Ann Biol Univ Hungar, 1: 15–24

Andrews H N jr. 1955. Index of generic names of fossil plants, 1820–1950. Bull U S Geol Surv, 1013: 1–262

Andrews H N jr. 1961. Studies in Paleobotany. New York: Wiley. 1–487

Arber E A N. 1912. On *Psygmopllum majus* sp. nov. from the Lower Carboniferous rocks of Newfoundland, together with a revision of the genus and remarks on its affinities. Trans Linn Soc, 7: 391–405

Archangelsky S A. 1965. Fossil Ginkgoales from the Ticò flora, Santa Cruz Province, Argentina. Bull Brit Mus (Nat Hist): Geology, 10: 121–137

Archangelsky S, Cúneo R. 1990. *Polyspermophyllum*, a new Permian gymnosperm from Argentina, with consideration about the Dicranophyllales. Rev Palaeobot Palynol, 63: 117–135

Arnold C A. 1947. An Introduction to Paleobotany. New York/London: McGraw-Hill. 1–433

Arnott H J. 1959a. Anastomoses in the venation of *Ginkgo biloba*. Amer J Bot, 45: 406–411

Arnott H J. 1959b. Vein anastomoses in the leaves of long shoots of *Ginkgo biloba*. Nature, 184: 1336

Asama K. 1966. Permian plants from Phetchabun, Thailand and problems of floral migration from Gondwanaland. Bull Natn Sci Mus Japan, 9(2): 171–211

Asama K. 1967. Permian plants from Maiya, Japan. 1. *Cathaysiopteris* and *Psygmophyllum*. Bull Natn Sci Mus Japan, 10(2): 139–153

Bajpai U. 1991. On *Ginkgoites* leaves from the early Permian of Rajmahal Hills, Bihar, India. Amegheniana,

28: 145–148

Bamford M, Philippe M. 2001. Gondwanan Jurassic–Early Cretaceous homoxylous woods: a nomenclatural revision of the genera with taxonomical notes. Rev Palaeobot Palynol, 113: 287–297

Banks H P. 1987. Comparative morphology and the rise of paleobotany. Rev Palaeobot Palynol, 50: 13–29

Barale G. 1971. *Pachypteris desmomera* (de Saporta) nov. comb. feuillage filicoïde du Kimméridgien de Creys (Isère). Bull Soc Géol France, sér 7, 13: 174–180

Barale G. 1972a. *Rhaphidopteris* nouveau nom de genre de feuillage filicoïde mesozoique. C R Acad Sci, sér D, 274: 1011–1014

Barale G. 1972b. Sur la presence de genre *Rhaphidopteris* Barale dans le jurassique supérieur de France. C R Acad Sci, sér D, 275: 2467–2470

Barale G. 1981. *Eretmoglossa* nouveau genre de ginkgophytes dans les calcaires lithographiques du Crètacè infèrieur de la Serra du Montsech (Espagne). Ilerda, 42: 51–61

Baranova Z Y, Burakova A T, Bekasova N B. 1963. Stratigraphy, lithology and flora of the Jurassic deposits of Tuarkyr. Trud VSEGEI, n s 88 (13). Moscow: Gostoptekhizdat. 1–232

Bauer K, Kustatscher E, Butzmann R, Fischer T C, Van Konijnenburg-van Cittert J H A, Krings M. 2014. Ginkgophytes from the Upper Permian of the Bletterbach Gorge (Northern Italy). Rev Italy Paleont Soc, 120(3): 271–279

Bauer K, Kustatscher E, Krings M. 2013. The ginkgophytes from the German Kupferschiefer (Permian), with considerations on the taxonomic history and use of *Baiera* and *Sphenobaiera*. Bull Geosci, 88(3): 539–556

Beck C B. 1960a. Connection between *Archaeopteris* and *Callixylon*. Science, n s, 131(3412): 1524–1525

Beck C B. 1960b. The identity of *Archaeopteris* and *Callixylon*. Brittonia, 12(4): 351–368

Beck C B. 1988. Origin and Evolution of Gymnosperms. New York: Columbia Univ Press. 1–504

Begović Bego B M. 2011. Nature's Miracle: *Ginkgo biloba* L. 1711. Croatia: Branko M Begović Bego

Berthelin M, Vozenin-Sserra C, Broutin J. 2004. Phytogeographic and climatic implications of Permian woods discovered in Oman (Arabian Peninsula). Palaeontographica Abt. B, 268(4–6): 93–112

Black M. 1929. Drifted plant-beds of the Upper Estuarine Series of Yorkshire. Q J G S London, 85: 389–437

Boersma M, Visscher H. 1969. On two Late Permian plants from southern France. Mededel Rijks Geol Dienst, n s, 20: 57–63

Braun C F W. 1843. Beiträge zur Urgeschichte der Pflanzen. In: Münster G G (ed.) Beiträge zur Petrefactenkunde 6. Bayreuth: F C Birmer. 1–25

Brick M I. 1940. Mesozoic flora of southern Fergana, IV. Ginkgoales. VGF (MS) (in Russian)

Brongniart A. 1822. Sur la classification et la distribution des végétaux fossilies. Soc Hist Nat Paris Mem, 8: 203–348

Brongniart A. 1828–1838. Histoire des végétaux Fossilies ou recherches Botaniques et Géologiques sur les végétaux Renfermes dans les diverses Conches du Globe 1. 1–488

Brongniart A. 1874. Notes sur les plantes fossiles de Tinkiako (Shensi merdionale), envoyees en 1873 par M. l'abbé A. David. Bull Soc Geol France, ser 3(2): 408

Brown J C. 1938. Contributions to the geology of the province of Yunnan in western China (10). The distribution, age and relationship of the red beds. Rec Geol Surv India, 73(4): 514–578

Bunbury D J F. 1851. On some fossil plants from the Jurassic Strata of the Yorkshire Coast. Q J G S, London, 7: 179–194

Burleigh J G, Mathews S. 2004. Phylogenetic signal in nucleotide data from seed plants: implications for resolving the seed plant tree of life. Amer J Bot, 91: 1599–1613

Chamberlain C J. 1934. Gymnosperms—Structure and Evolution. Chicago: Chicago University Press. 1–484

Chang M M, Chen P J, Wang Y Q, Wang Y. 2003. The Jehol Biota: the emergence of feathered dinosaurs, beaked birds and flowering plants. Shanghai: Shanghai Scientific & Technical Publishers. 1–208

Chase M W, Soltis D E, Olmstead R G, Morgan D, Les D H, Mishler B D, Duvall M R, Price R A, Hills H G, Qiu Y L, Kron K A, Rettig J H, Conti E, Palmer J D, Manhart J R, Sytsma K J, Michaels H J, Kress W J, Karol K G, Clark W D, Hedr N M, Gau B S, Jansen R K, Kim K J, Wimpee C F, Smith J F, Furnier G R, Strauss S H, Xiang Q Y, Plunkett G M, Soltis P S, Swensen S M, Williams S E, Gadek P A, Quinn C J, Eguiarte L E, Golenberg E, Learn G H, Graham S W, Barrett S C H, Dayanandan S, Albert V A. 1993. Phylogenetics of seed plants: an analysis of nucleotide sequences from the plastid gene *rbc*L. Ann MO Bot Gard, 80: 528–580

Chaw S M, Zharkikh A, Sung H M, Li W H. 1997. Molecular phylogeny of extent gymnosperms and seed plant evolution: analyses of nuclear 18SrRNA sequences. Mol Biol Evol, 14: 56–68

Chen L Q, Li C S, Chaloner W G, Beerling D J, Sun Q G, Collinson M E, Mitchell P L. 2001. Assessing the potential for the stomatal characters of extant and fossil *Ginkgo* leaves to signal atmospheric CO_2 change. Amer J Bot, 88(7): 1309–1315

Chi Y S, P'an C H. 1933. On the existence of the Shangchuan Series and its Triassic flora in Hsishan or the Western Hills of Peiping. Bull Geol Soc China, 12(2): 491–503

Cleal C J, Thomas B A. 2010. Botanical nomenclature and plant fossils. Taxon, 59: 261–268.

Collinson M E. 1986. Use of modern generic names for plant fossils. In: Spicer R A, Thomas B A (eds.) Systematic and taxonomic approaches in paleobotany. Syst Assoc, Spec Vol 31: 91–104. Oxford: Clarendon Press

Coulter J M, Chamberlain C J. 1917. Morphology of Gumnosperms (revised edition). Chicago: Chicago University Press. 1–466

Crane P R. 1985. Phylogenetic analyses of seed plants and the origin of angiosperms. Ann MO Bot Gard, 72: 716–793

Crane P R. 2012. *Ginkgo*: the Tree that Time Forgot. New Haven & London: Yale University Press. 1–384

Crane P R. 2016. 银杏: 被时间遗忘的树种. 胡永红, 张庆费译. 北京: 高等教育出版社. 1–343

Crane P R, Manchester S R, Dilcher D L. 1990. A preliminary survey of fossil leaves and well-preserved reproductive structures from the Sentinel Butte formation (Paleocene) near Almont, North Dakota. Fieldiana Geol, n s, 20: 1–63

Critchfield W B. 1970. Shoot growth and heterophylly in *Ginkgo biloba*. Bot Gaz, 131: 150–162

Cúneo R. 1987. Sobre la presencia de probables Ginkgoales en el Pérmico inferior de Chubut, Argentina. Actas VII Simposio Argentino Paleobot. Palynol. (Buenos Aires) 13–15 April 1987. 47–49

Czier Z. 1998. *Ginkgo* foliage from the Jurassic of the Carpathian Basin. Palaeontology, 41: 349–381

De Franceschi D, Vozenin-Serra C. 2000. Origine du *Ginkgo biloba* L. Approche phylogénétique. C R Acad Sci (Sci de la Vie), 323: 583–592

Del Fueyo G M, Archangelsky S. 2001. New studies on *Karkenia incurva* Archang. from the Early Cretaceous of Argentina. Evolution of the seed cone in Ginkgoales. Palaeontographica, B 256: 111–122

Del Tredici P, Ling H, Guang Y. 1992. The *Ginkgos* of Tian Mu Shan. Conservation Biol, 6: 202–210

Delle G V. 1959. Gingoales from Jurassic deposits of Tkvarcheli coal-bearing basin of Transcaucasia. Bot Zh, 44(1): 87–91 (in Russian)

Deng S H, Yang X J, Zhou Z Y. 2004. An Early Cretaceous *Ginkgo* ovule-bearing organ fossil from Liaoning, Northeast China and its evolutionary implications. Chin Sci Bull, 49(16): 1774–1776

Denk T, Velitzelos D. 2002. First evidence of epidermal structures of *Ginkgo* from the Mediterranean Tertiary. Rev Palaeobot Palynol, 120: 1–15

Dijkstra S J. 1973. Fossilium Catalogus II, 82. Uitgeverij Dr W Junk N V's - Gravenhage

Dobruskina I A. 1980. Stratigraphic position of Triassic plant-bearing beds of Eurasia. Trud Geol. Inta AN

SSSR, 346: 1–163 (in Russian)

Doludenko M P, Orlovskaya E R. 1976. Jurassic flora of the Karatau. Trans Acad Sci USSR, 284: 1–260

Doludenko M P, Rasskazova E S. 1972. Ginkgoales and Czekanowskiales from the Irkutsk Basin. In: Doludenko et al. Mesozoic plants of East Siberia. Moscow: Nauka. 7–43 (in Russian)

Dong C, Zhou Z Y, Zhang B L, Wang Y D, Shi G L. 2019. *Umaltolepis* and associated *Pseudotorellia* leaves from the Middle Jurassic of Yima, Henan Province, Central China. Rev Palaeobot Palynol, 271: 104–111.

Dong M, Sun G. 2012. *Ginkgo huolinhensis* sp. nov. from the Lower Cretaceous of Huolinhe Coal Field, Inner Mongolia, China. Acta Geol Sin, 86 (1): 11–19

Dorf E. 1958. The geographical distribution of the *Ginkgo* family. Bull Wagner Free Inst Sci, 33: 1–10

Doubinger J. 1956. Contribution a l'etude des flores Autuno—Stéphaniennes. Mém Soc Geol France, 75: 1–189

Doweld A B. 2001. Prosyllabus Tracheophytorum. Tentamen Systematis Plantarum Vascularium (Tracheophyta). Moscow: Geos. 1–110

Doyle J A. 2006. Seed ferns and the origin of angiosperms. J Torrey Bot Soc, 133: 169–209

Doyle J A, Donoghue M J. 1986. Seed plant phylogeny and the origin of angiosperms: an experimental cladistic approach. Bot Rev, 52: 321–431

Doyle J A, Donoghue M J. 1987a. The importance of fossils in elucidating seed plant phylogeny and macroevolution. Rev Palaeobot Palynol, 50: 63–95

Doyle J A. Donoghue M J. 1987b. The origin of angiosperms: a cladistics approach. In: Friis E M, Chaloner W C, Crane P C (eds.) The Origin of Angiosperms and their Biological Consequences. Cambridge: Cambridge Univ Press. 17–49

Doyle J A, Donoghue M J, Zimmer E A. 1994. Integration of morphological and ribosomal RNA data on the origin of angiosperms. Ann MO Bot Gard, 81: 419–450

Drinnan A N, Chambers T C. 1986. Flora of the Lower Cretaceous Koonwarra Fossil Bed (Korumburra Group), South Gippsland, Victoria. In: Jell P A, Roberts J (eds.) Plants and Invertebrates from the Lower Cretaceous Koonwarra Fossil Bed, South Gippsland, Victoria, 3. Mem Assoc Australasian Palaeontologists. 1–75

Du Toit A L. 1927. The fossil flora of the Upper Karroo Beds. Ann South African Mus, 22: 289–420

Duan S Y. 1987. The Jurassic flora of Zhai Tang, Western Hills of Beijing. Stockholm: Department of Geology, University of Stockholm, Department of Palaeobotany, Swedish Museum of Natural History. 1–95

Duan S Y, Chen Y. 1991. The discovery of two new species of *Eretmophyllum* (Ginkgoales) in China. Cathaya, (3): 135–142

Durante M V. 1980. On comparison of the Upper Permian flora from Nanshan with coeval floras. Paleont Zhur, (1): 125–134 (in Russian)

Durante M V. 1992. Angaran Upper Permian flora of the Nan-shan section (northern China). In: Reports from the Scientific Expedition to the North-western Province of China under the Leadership of Dr. Sven Hedin—the Sino-Swedish Expedition, Publication 55. IV. 3 Palaeobotany. Stockholm: The Sven Hedin Foundation. 7–68

Edwards W N. 1929. The Jurassic Flora of Sardinia. Ann Mag Nat Hist London, 4(10): 385–394

Emberger L. 1954. Sur les Ginkgoales et quelques rapprochements avec d'autres groupes systématiques. Sven Bot Tidskr, 48: 361–367

Endo S. 1942. On the fossil flora from the Shulan coal-field, Kirin Province and the Fushun coal-field, Fengtien Province. Bull Cent Nat Mus Manchoukuo, 3: 33–43

Engler A, Prantl K. 1897. Die natürlichen Pflanzen Famillien. Nachtrag zu Teil 2–4. Leipzig

Esaulova N K. 2000. Upper Permian Sub-Angarian Pteridosperms and their Stratigraphic Role. Permophiles,

37: 10–11

Ettingshausen C. 1887. Beiträge zur Kenntnis der fossilen Flora Neuseelands. K Akad Wiss Denkchr, 53: 143–192

Falcon-Lang H J. 2004. A new anatomically preserved ginkgoalean genus from the Upper Cretaceous (Cenomanian) of the Czech Republic. Palaeontology, 47(2): 349–366

Fan X X, Shen L, Zhang X, Chen X Y, Fu C X. 2004. Assessing genetic diversity of *Ginkgo biloba* L. (Ginkgoaceae) populations from China by RAPD markers. Biochemicial Genetetics, 42: 269–278

Feistmantel O. 1879. The flora of the Talchir-Karharbari beds. Mem Geol Surv India, Palaeont Indica, 12, 3: 1–48

Feistmantel O. 1880–1881. Fossil flora of the Gondwana system II. The flora of the Damuda and Panchet divisions. Mem Geol Surv India, Palaeont Indica, 12, 3(2): 1–149

Feng Z, Wang J, Rössler R. 2010. *Palaeoginkgoxylon zhoui*, a new ginkgophyte wood from the Guadalupian (Permian) of China and its evolutionary implications. Rev Palaeobot Palynol, 162: 146–158

Fink W L. 1982. The conceptual relationship between ontogeny and phylogeny. Paleobiology, 8(3): 254–264

Fischer T C, Meller B, Kustatscher E, Butzmann R. 2010. Permian Ginkgophyte fossils from the Dolomites resemble extant *O-ha-tsuki* aberrant leaf-like fructifications of *Ginkgo biloba* L. BMC Evol Biol, 10: 337

Florin R. 1920. Einige chinesische Tertiarpflanzen. Sven Bot Tidskr, 14(2–3): 239–243

Florin R. 1922. Zur alttertiaren Flora der sudlichen Mandschurei. Palaeontol Sin, A 1(1): 1–52

Florin R. 1936. Die fossilen Ginkgophyten von Franz-Joseph-Land nebst Erörterungen ueber vermeintliche Cordaaitales mesozoischen Alters, I. Spezieller Teil. Palaeontographica, B 81: 71–173; II. Allgemeiner Teil. Palaeontographica, B 82: 1–72

Florin R. 1949. The morphology of *Trichopitys heteromorpha* Saporta, a seed-plant of Palaeozoic age, and the evolution of female flowers in the Ginkgoinae. Acta Horti Bergiana, 15: 79–109

Fontaine W M. 1883. Contributions to the knowledge of the older Mesozoic flora of Virginia. U. S. Geol Surv, Monogr. 6: 1–144

Fontaine W M, White I C. 1880. The Permian and Upper Carboniferous flora of West Virginia and SW Pennsylvania. Second Geol Surv Pennsylvania Rept Progr. 1–143

Freidman W E. 1987. Growth and development of the male gametophyte of *Ginkgo biloba* within the ovule (in vivo). Amer J Bot, 74: 1797–1815

Freidman W E, Gifford E M. 1997. Development of the male gametophyte of *Ginkgo biloba*: a window into the reproductive biology of early seed plants. In: Hori T, Ridge R W, Tulecke W, Del Tredici P, Trémouillaux-Guiller J, Tobe H (eds.) *Ginkgo biloba*—a Global Treasure from Biology to Medicine. Tokyo: Springer Verlag. 29–49

Friis E M. 1989. Palaeobotany. Progr Bot, 51: 262–277

Fujii K. 1896. On the different views hitherto proposed regarding the morphology of the flower of *Ginkgo biloba* L. Bot Mag Tokyo, 10(15): 104–110

Galtier J, Meyer-Berthaud B. 2006. The diversification of early arborescent ferns. J Torrey Bot Soc, 133: 7–19

Ganju P N. 1943. On a new species of *Psygmophyllum* (*P. sahnii* sp. nov.) from the Lower Gondwana beds of Kashmir. J Ind Bot Soc, 22: 201–207

Genkina R Z. 1966. Fossil flora and stratigraphy of Lower Mesozoic deposits in Issac-Kule depressiom. Moscow: Nauka. 1–148 (in Russian)

Gomez B, Martín-Closas C, Barale G, Thévenard F. 2000. A new species of *Nehvizdya* (Ginkgoales) from the Lower Cretaceous of the Iberian Ranges (Spain). Rev Palaeobot Palynol, 111: 49–70

Gong W, Chen C, Dobes C, Fu C X, Koch M A. 2008. Phylogeography of a living fossil: Pleistocene glaciations forced *Ginkgo biloba* L. (Ginkgoaceae) into two refuge areas in China with limited subsequent postglacial expansion. Mol Phylogenet Evol, 48(3): 1094–1105

Gong W, Qui Y X, Chen C, Ye Q, Fu C X. 2007. Glacial refugia of *Ginkgo biloba* L. and human impact on its genetic diversity: evidence from chloroplast DNA. J Integr Pl Biol, 50(3): 368–374

Gothan W. 1914. Die unterliassiche (rätische) Flora der Umgegend von Nürenberg. Abh Nat Hist Ges Nürenberg, 19: 91–186

Gould S J. 1977. Ontogeny and Phylogeny. Cambridge, Mass: Harvard Univ Press. 1–501

Grand'Eury C F. 1877. Flore Carbonifère du Départment de la Loire et du Centre dela France, Prémiere Parte-Botanique. Paris: Impremeriei Nationale. 1–624

Gregor H-J. 1992. *Ginkgo geissertii* nov. spec. aus dem Pliozän des Elsaß, der Erstnachweis von *Ginkgo*-Samen im mitteleuropischen Neogen. Doc nat, 74: 26–31

Greguss P. 1961. Permische fossile Hoelzer aus Ungarn. Palaeontographica, B 109: 131–146

Grim J P. 2001. Plant Strategies, Vegetation Processes, and Ecosystem Processes (second edition). Chichester: Wiley. 1–456

Guignard G, Boka K, Barbacka M. 2001. Sun and shade leaves? Cuticle ultrastructure of Jurassic *Komlopteris nordenskioeldii* (Nathorst) Barbacka. Rev Paleobot Palynol, 114: 191–208

Guignard G, Zhou Z Y. 2005. Comparative studies of leaf cuticle ultrastructure between living and the oldest known fossil ginkgos in China. Int J Plant Sci, 166(1): 145–156

Halle T G. 1927. Palaeozoic plants from central Shansi. Palaeontol Sin, A 2(1): 1–316

Hara N. 1984. Early ontogeny and malformation of *Ginkgo* leaves. J Jap Bot, 59: 337–343

Hara N. 1997. Morphology and anatomy of vegetative organs in *Ginkgo biloba*. In: Hori T, Ridge R W, Tulecke W, Del Tredici P, Trémouillaux-Guiller J, Tobe H (eds.) *Ginkgo biloba*—a Global Treasure from Biology to Medicine. Tokyo: Springer Verlag. 3–15

Harris T M. 1926. The Rhaetic flora of Scoresby Suond, East Greenland, Medd Greenland, 68: 45–148

Harris T M. 1932. The fossil flora of Scoresby Sound, East Greenland, 2. Medd Grønl, 85(3): 1–112

Harris T M. 1935. The fossil flora of Scoresby Sound, East Greenland, 4. Medd Grønl, 112(1): 1–176

Harris T M. 1937. The fossil flora of Scoresby Sound, East Greenland, 5. Medd Grønl, 112(2): 1–114

Harris T M. 1944. Notes on the Jurassic flora of Yorkshire, 13–15. Ann Mag Nat Hist London (11), 11: 661–690

Harris T M. 1945. Notes on the Jurassic flora of Yorkshire, 16–18. Ann Mag Nat Hist London (11), 12(88): 213–234

Harris T M. 1946. Notes on the Jurassic flora of Yorkshire, 25–27. Ann Mag Nat Hist London (11), 12: 820–835

Harris T M. 1947. Notes on the Jurassic flora of Yorkshire, 31–33. Ann Mag Nat Hist London (11), 13: 392–411

Harris T M. 1948. Notes on the Jurassic Flora of Yorkshire, 37–39. 37 *Todites princeps* (Presl) Gothan; 38 *Ginkgo huttoni* (Sternberg) Heer; 39 *Ginkgo digitata* (Brongn.) Heer. Ann Mag Nat Hist, London (12), 1: 181–213

Harris T M. 1951. The fructification of *Czekanowskia* and its allies. Phil Trans R Soc London (B), 235: 483–508

Harris T M. 1964. The Yorkshire Jurassic flora II. London: British Museum (Natural History). 1–191

Harris T M, Millington W, Miller J. 1974. The Yorkshire Jurassic flora IV. London: British Museum (Natural History). 1–150

Haseba M. 1997. Molecular phylogeny of *Ginkgo biloba*: close relation between *Ginkgo biloba* and cycads. In: Hori T, Ridge R W, Tulecke W, Del Tredici P, Trémouillaux-Guiller J, Tobe H (eds.) *Ginkgo biloba*—a Global Treasure from Biology to Medicine. Tokyo: Springer Verlag. 173–181

He S A, Gu Y, Pang Z J. 1997. Resources and prospects of *Ginkgo biloba* in China. In: Hori T, Ridge R W, Tulecke W, Del Tredici P, Trémouillaux-Guiller J, Tobe H (eds.) *Ginkgo biloba*—a Global Treasure from Biology to Medicine. Tokyo: Springer Verlag. 373–383

Heer O. 1868. Die fossile Flora der Polarländer. Zürich. 1–192

Heer O. 1870. Die Miocene Flora und Fauna Spitzbergens. K Sven Vet Akad Handl, 8(7): 1–98

Heer O. 1871. Fossile Flora der Baren-Insel. K Sven Vet Akad Handl, 9(5): 1–51

Heer O. 1876a. Über permische Pflanzen von Fünfkirchen in Ungarn. Mitt Jahrb König Ungar Geol Anstalt, 5: 3–18

Heer O. 1876b. Beiträge zur Jura-Flora Ostsibiriens and Amurlandes. Mém Acad Imp Sci St Pétersb, sér 7, 25(6): 1–122

Heer O. 1877. Beiträge zur fossilen Flora Spitzbergens. Flora fossil Arct, IV. Yema

Heer O. 1878. Miocene Flora der Insel Sachalin. Mém Acad Imp Sci St Pétersb, sér 7, 25(7): 1–61

Heer O. 1880. Nachträge zur Jura-Flora Sibiriens and Amurlandes. Mém Acad Imp Sci St Pétersb, sér 7, 27: 1–34

Herrera F, Shi G, Ichinnorov N, Takahashi M, Bugdaeva E, Herendeen P S, Crane P R. 2017. The presumed ginkgophyte *Umaltolepis* has seed-bearing structures resembling those of Peltaspermales and Umkomasiales. Pro Nat Acad Sci USA, 114(12): E2385–2391

Hilton J, Bateman R. 2006. Pteridosperms are the backbone of seed-plant phylogeny. J Torrey Bot Soc, 33: 19–168

Hirase S. 1896. On the spermatozoid of *Ginkgo biloba*. Bot Mag Tokyo, 10: 325–328 (in Japanese)

Hluštik K A. 1977. The nature of *Podozamites obtusus* Velenovsky. Sbor Nar Muz Praze, 30B (4–5): 173–186

Høeg O A. 1942. The Downtonian and Devonian flora of Spitzbergen. Norges Swalbard Ishavs Unders Skrifter, (83): 1–228

Høeg O A. 1967. Ordre Incertae Sedis des Palaeophyllales. In: Boureau E (ed.) Traité de Paléobotanique II. Paris: Masson et Ciepp. 362–399

Høeg O A, Bose M N. 1960. The *Glossopteris* flora of the Belgian Congo. Ann Mus R Congo Belg Soc Geol, 32: 1–106

Hori S, Hori T. 1997. A cultural history of *Ginkgo biloba* in Japan and the generic name *Ginkgo*. In: Hori T, Ridge R W, Tulecke W, Del Tredici P, Trémouillaux-Guiller J, Tobe H (eds.) *Ginkgo biloba*—a Global Treasure from Biology to Medicine. Tokyo: Springer Verlag. 385–412

Hori T, Miyamura S. 1997. Contribution to the knowledge of fertilization of gymnosperms with flagellated sperm cells: *Ginkgo biloba* and *Cycas revoluta*. In: Hori T, Ridge R W, Tulecke W, Del Tredici P, Trémouillaux-Guiller J, Tobe H (eds.) *Ginkgo biloba*—a Global Treasure from Biology to Medicine. Tokyo: Springer Verlag. 67–84

Hori T, Ridge R W, Tulecke W, Del Tredici P, Trémouillaux-Guiller J, Tobe H. 1997. *Ginkgo biloba*—a Global Treasure from Biology to Medicine. Tokyo: Springer Verlag. 1–427

Horiuchi J, Uemura K. 2017. Paleocene occurrence of *Pseudotorellia* Florin (Ginkgoales) from Northeast Japan and the Meso–Cenozoic history of *Pseudotorellia* and *Torellia*. Rev Palaeobot Palynol, 246: 146–160

Hu H H. 1946. Notes on a Palaeogene species of *Metasequoia* in China. Bull Geol Soc China, 26: 105–107

Hu H H, Chaney R W. 1940. A Miocene flora from Shantung Province, China. Palaeont Sinica, 112, A, 1: 1–147

Huang Q S, Lu Z S, Lu S M. 1996. The Early Jurassic flora and palaeoclimate in northeastern Sichuan, China. Palaeobotanist, 45: 344–354

Ignatiev I A. 2003. On the new finding of presumably Angaran type Early Permian flora in the Canadian Arctic. Permophiles, 44: 21–23

Jain P K, Delevoryas T. 1967. A Middle Triassic flora from the Cackeuta Formation, Minas de Petroleo, Argentina. Palaeontology, 10: 557–589

Jiang Z K, Wang Y D, Philippe M, Zhang W, Tian N, Zheng S L. 2016. A Jurassic wood providing insights into the earliest step in Ginkgo wood evolution. Scientific Reports, 6: 38191. DOI: 10 1038/srep38191

Johansson N. 1922. Die Rhatische Flora der Kholengruben bei Stabbarp und Skromberga in Schonen. K Sven Vet Akad Handl, 63(5): 1–78

Jongmans W J, Dijkstra S J. 1971–1974. Fossilium Catalogus. II, 79–86. Gravenhage: Uitgeverij Dr W Junk N V's. 1–935

Kaempfer E. 1712. Amoenitatum Exoticarum Politico-Physico-Medicarum Fasciculi V, Quibus Continentur Variae Relationes, Observationes et Descriptiones Rerum Persicarum et Ulterioris Asiae. Lemgo, Germany: Meyer

Kawasaki S. 1925. Some older Mesozoic plants in Korea. Bull Geol Surv Chosen (Korea), 4(1): 1–71

Kawasaki S, Kon'no E. 1932. The flora of the Heian System 3. Bull Geol Surv Chosen, 6 (3): 32–44

Khudajberdyev R. 1962. Wood of Ginkgo from the Upper Cretaceous of South-West Kyzylkum. Dokl Akad Nauk SSSR, 145: 422–424

Khudajberdyev R. 1971. The woody fossil Ginkgoales. In: Sixtel T A, Kuzichkina Y M, Savitskaya L I, Chudajberdyev R, Shetsova E M (eds.) History of Development of Ginkgoales in Middle Asia, vol. 2. Paleobot Uzbekistan. 98–104 (in Russian)

Kilpper K. 1971. Über eine Rät/Lias Flora aus dem Nördlichen Abfall des Alburs-Gebirges in Nord-Iran 2. Ginkgophyten gelaubeungen. Palaeontographica, B, 133: 89–102

Kimura T, Naito G, Ohana T. 1983. *Baiera* cf. *furcata* (Lindley et Hutton) Braun from the Carnic Momonoki Formation, Japan. Bull Natn Sci Mus Tokyo, C 9: 91–114

Kimura T, Sekido S. 1965. Some interesting Ginkgoalean leaves from the Itoshiro-Subgroup, the Tetori Group, Central Honshu, Japan. Mem. Mejiro Gakuen Women's Coll, 2: 1–4

Kimura T, Sekido. 1978. Addition to the Mesozoic plants from the Akaiwa Formation (Upper Neocomian), the Itoshiro Group, Central Honshu, Inner Zone of Japan. Trans Proc Palaeontol Soc Japan, n s 109: 259–279

Kimura T, Tsujii M. 1984. Early Jurassic plants in Japan 6. Trans Proc Palaeont Soc Japan, n s 133: 265–287

Kirchner M. 1992. Untersuchungen an einigen Gymnospermen der fränkischen Rhät-Lias-Grenzschichten. Palaeontographica, B 224: 17–61

Kirchner M, Van Konijnenburg-van Cittert J H A. 1994. *Schmeissneria microstachys* (Presl, 1833) Kirchner et Van Konijnenburg-van Cittert, gen. et sp. nov., plants with ginkgoalean affinities of Germany. Rev Palaeobot Palynol, 83: 199–215

Kiritchkova A I, Kostina E I, Bystritskaya L I. 2005. Phytostratigraphy and flora of Jurassic deposits of the Western Siberia. St Petersburg: Nedra. 1–378 (in Russian)

Kiritchkova A I, Samylina V A. 1979. On the peculiarities of leaves of some Mesozoic Ginkgoales and Czekanowskiales. Bot Zh (Leningr.), 64: 1529–1538 (in Russian)

Knoll A H, Rothwell G W. 1981. Paleobotany, perspective in 1980. Paleobiology, 7: 7–35

Kon'no E. 1968. The Upper Permian flora from the eastern border of Northeast China. Sci Rep Tohoku Univ, Sendai, Japan, Geol, Spec Vol, 39(3): 159–211

Krasser F. 1900(1901). Die von W A Obrutschew in China und Centralasien 1893–1894: geasmmelten fossilien Pflanzen. Denkschr Köngl Akad Wissensch Wien, Math-Naturk Cl, 70: 139–154

Krasser F. 1905(1906). Fossile Pflanzen aus Transbaikalien, der Mongolei und Mandschurei. Denkschr Köngl Akad Wissensch Wien, Math-Naturk Cl, 78: 589–633

Krassilov V A. 1970. Approach to the classification of Mesozoic "ginkgoalean" plants from Siberia. Palaeobotanist, 18: 12–19

Krassilov V A. 1972. The Mesozoic Flora of the Bureja River (Ginkgoales and Czekanowskiales). Moscow: Nauka. 1–115 (in Russian)

Krassilov V A. 1979. The Cretaceous flora of Sakhalin. Moscow: Nauka. 1–183 (in Russian)

Krassilov V A. 1982. Early Cretaceous flora of Mongolia. Palaeontographica, B 181: 1–43

Krassilov V A. 1990. Fossil links reconsidered. Proceedings of the 3rd IOP Conference, August 24–26, 1988, Melbourne. 11–15

Krassilov V A, Sukatsheva I D. 1979. Caddis fly cases made of *Karkenia* seeds in the Lower Cretaceous of Mongolia. Proc Inst Biol Pedol Acad Sci USSR Far-East Sci Cent, n s 53: 119–121 (in Russian)

Kräusel R. 1917. Über die Variation von *Ginkgo biloba* und ihre Bedeutung fur die Paläobotanik. Centralbl Miner, 63–68

Kräusel R. 1943a. Die Ginkgophyten der Trias von Lunz in Nieder Österreich und von Neuewelt bei Basal. Palaeontographica, B 87: 59–93

Kräusel R. 1943b. *Furcifolium longifolium* (Seward) n. comb, eine Ginkgophyte aus dem Solenhofener Jura. Senkenbergiana, 26: 426–433

Kryshtofovich A N, Prynada V. 1932. Contribution to the Mesozoic flora of the Ussriland. Bull Geol Prosp Serv USSR, Moscow, 51: 363–373 (in Russian)

Kvaček J, Falcon-Lang L, Dašková J. 2005. A new late Cretaceous ginkgoalean reproductive structure *Nehvizdyella* gen. nov. from the Czech Republic and its whole-plant reconstruction. Amer J Bot, 92: 1958–1969

Kwant C. 1912. "The Ginkgo Pages". https: //kwanten. home. xs4all. nl

Labe M, Barale G. 1996. Etudes ultrastructurales de la cuticulede Préspermatophytes fossiles du Jurassique. Rev Paleobiol, 15: 87–103

Lam H J. 1950. Stachyospory and phyllospory as factors in the natural system of the Cormophyta. Sven Bot Tidsk, 44: 517–534

Lebedev E L. 1965. Late Jurassic flora of Zeia River and the Jurassic and Cretaceous boundary. Trud Geol Inst AN SSSR, 125: 1–141 (in Russian)

Lemoigne Y. 1988. La flore au cours des temps géologiques, I. Geobios, Spec Mem, 10(2): 1–296

Lesquereux L. 1878. On the *Cordites* and their related generic divisions in the Carboniferous formation of the United States. Proc Amer Phil Soc Philadephia, 17: 315–355

Li C S, Cui J Z (eds.). 1995. Atlas of Fossil Plant Anatomy in China. Beijing: Science Press. 1–132

Li H L. 1956. A horticultural and botanical history of *Ginkgo*. Bull Morris Arbor, 7: 3–12

Li Y F, Sun C L, Wang H S, Dilcher D L, Tan X, Li T, Na Y L. 2017. First record of *Eretmophyllum* (Ginkgoales) with well-preserved cuticle from the Middle Jurassic of the Ordos Basin, Inner Mongolia, China. Palaeoworld, 27: 188–201

Li X X (Editor-in-chief). 1995. Fossil floras of China through the Geological Ages. Guangzhou: Guangdong Science and Technology Press. 1–695

Lindley J, Hutton W. 1835–1837. The fossil floras of the Great Britian, 3. London

Linné C. 1771. Mantissa Plantarum altera Generum editionis VI & Specierum editionis II. Holmiae, Impensis Direct, Laurentiisal VII

Liu X Q, Li C S, Wang Y F. 2006. The pollen cones of *Ginkgo* from the Early Cretaceous of China, and their bearing on the evolutionary significance. Bot J Linn Soc, 152: 133–144

Lundblad B. 1959. Studies in the Rhaeto-Liassic floras of Sweden II, 1. Ginkgophyta from the mining district of N. W. Scania. K Sven Vet Akad Handl, ser 4, 6(2): 1–38

Lundblad B. 1968. The present status of the genus *Pseudotorellia* Florin (Ginkgophyta). Bot J Linn Soc London, 61: 189–195

Lydon S J, Watson J, Harrison N A. 2003. The lectotype of *Sphenobaiera ikorfatensis* (Seward) Florin, a ginkgophyte from the Lower Cretaceous Greenland. Palaeontology, 46(2): 413–421

Maheshwari H K, Bajpai U. 1992. Ginkgophyte leaves from the Permian Gondwana of the Rajmahal Basin,

India. Palaeontographica, B 224: 131–149

Manchester S R, Chen Z D, Geng B Y, Tao J R. 2005. Middle Eocene flora of Huadian, Jilin Province, Northeastern China. Acta Palaeobot, 45(1): 3–26

Manum S B. 1966. *Ginkgo spitsbergensis* n. sp. from the Paleocene of Spitsbergen and a discussion of certain Tertiary species of *Ginkgo* from Europe and North America. Norsk Polarinst Årbok, 1965: 49–58

Manum S B. 1968. A new species *Pseudotorellia* Florin from the Jurassic of Andoya, Northern Norway. J Linn Soc London (Bot), 61: 197–200

Matthew G F. 1909. Revision of the flora of the Little River Group, 2. Trans Roy Soc Canada, 3, 3(4): 67–331

McNamara K L. 1982. Heterochrony and phylogenetic trends. Paleobiology, 8(2): 130–142

McNeill J, Barrie F R, Buck W R, Demoulin V, Greuter W, Hawksworth D L, Herendeen P S, Knapp S, Marhold K, Prado J, Prud'homme van Reine W F, Smith G F, Wiersema J H, Turland N J. 2012. International Code of Nomenclature for algae, fungi, and plants (Melbourne Code) adopted by the Eighteenth International Botanical Congress Melbourne, Australia, July 2011. *Regnum Vegetabile* 154. 1–208. Koeltz Scientific Books, Königstein, Germany (http: //www. iapt-taxon. org/nomen/main. php)

McNeill J, Barrie F R, Burdet H M, Demoulin V, Hawksworth D L, Marhold K, Nicolson D H, Prado J, Silva P C, Skog J E, Wiersema J H, Turland N J. 2006. International Code of Botanical Nomenclature (Vienna Code) adopted by the Seventeenth International Botanical Congress Vienna, Austria, July 2005 (Regnum Vegetabile 146). Ruggell: A. R. G. Gantner Verlag

Meyen S V. 1977. Cardiolepidaceae—new Permian family of conifers from North Eurasia. Palaeontoloy Journal, (3): 128-139 (in Russian)

Meyen S V. 1982. *Ginkgo* as a possible living pteridosperm. In: Nautiyal D D (ed.) Studies on Living and Fossil Plants. D D Pant Commemoration Volume. Soc Plant Taxomists, Allahabad, India. 163–172

Meyen S V. 1983. Paleontological Atlas of the Permo-Triassic deposits in the Pechora coal-bearing Basin. Leningrad. 1–378 (in Russian)

Meyen S V. 1984. Basic features of gymnosperm systematics and phylogeny as shown by the fossil record. Bot Rev, 50: 1–111.

Meyen S V. 1987. Fundamentals of Palaeobotany. London, New York: Chapman & Hall. 1–432

Meyen S V. 1988. Gymnosperms of the Angara flora. In: Beck C B (ed.) Origin and Evolution of Gymnosperms. New York: Columbia Univ Press. 338–381

Mustoe G E. 2002. Eocene *Ginkgo* leaf fossils from the Pacific Northwest. Canad J Bot, 80: 1078 1087

Nathorst A G. 1878. Bidrag till Sveriges fossilaflora. II Floran vid Höganäs och Helsingborg. K Sven Vet Akad Handl, 16: 1–53

Nathorst A G. 1886. Om Floran Skånes kolförande Bildningar. Floran vid Bjuf. Tredje (sista) haftet. Sver Geol Unders, 85: 83–131

Nathorst A G. 1906. Om några *Ginkgo* växter fran Kolgrufvorna vid Stabbarp i Skåne. Lunds Univ Arrskrift (N. f.) 2, 2, 8: 1-15.

Naugolnykh S V. 1995. A new genus of *Ginkgo*-like leaves from the Kungurian of the Urals Region. Paleontol Zh, (3): 106–116 (in Russian)

Naugolnykh S V. 2001. Paleobotany of the Upper Carboniferous/Lower Permian of the southern Urals 3. Generative organs of gymnosperms. Permophiles, 39: 19–23

Naugolnykh S V. 2007. Foliar seed-bearing organs of Paleozoic Ginkgophytes and the early evolution of the Ginkgoales. Paleontol J, 41(8): 815–859

Neuberg M F. 1948. The Upper Palaeozoic flora of the Kusnezk basin. Pal USSR, 12(3): 1–342 (in Russian)

Neuberg M F. 1960. Permian Flora from the Pechora Basin. Trud Geol Inst AH, 43: 1–64 (in Russian)

Newberry J S. 1867(1865). Description of fossil plants from the Chinese coal-bearing rocks. In: Pumpelly R (ed.) Geological researches in China, Mongolia and Japan during the years 1862–1865. Smithsonian Contributions to Knowledge, Washington, 15(202): 119–123

Nixon K C, Crepet W L, Stevenson D, Friis E M. 1994. A reevaluation of seed plant phylogeny. Ann MO Bot Gard, 81(3): 484–533

Nosova N. 2012. Female reproductive structures of *Ginkgo gomolitzkyana* N. Nosova, sp. nov. , from the Middle Jurassic of Angren (Uzbekistan). Palaeobotanica, 3: 62–93 (in Russian with English summary)

Nosova N. 2013. Revision of the genus *Grenana* Samylina from the Middle Jurassic of Angren, Uzbekistan. Rev Palaeobot Palynol, 197: 226–252

Nosova N, Gordenko N. 2012. New interpretation of the genus *Grenana* Samylina (gymnosperms) from the Middle Jurassic of Uzbekistan. Jap J Palynol, Spec Iss 58, Abstracts: IPC/IOPC 2012, 377: 171–172

Nosova N, Zhang J W, Li C S. 2011. Revision of *Ginkgoites obrutschewii* (Seward) Seward (Ginkgoales) and the new material from the Jurassic of Northwestern China. Rev Palaeobot Palynol, 166: 286–294

Ohana T, Kimura T. 1986. *G. diminuta*, sp. nov. , from the Upper Cretaceous Omichidani Formation in the Inner Zone of Japan. Proc Jap Acad, B 62: 345–348

Ôishi S. 1929. On the leaf epidermis of some Mesozoic plants from Manchuria (abstract). J Geol Soc Japan, 36(429): 272–274 (in Japanese)

Ôishi S. 1932. The Rhaetic plants from the Nariwa district, Prov. Bitchu (Okayama Prefecture), Japan. J Fac Sci Hokkaido Imp Univ, 4, 2: 257–379

Ôishi S. 1933. A study on the cuticles of some Mesozoic gymnospermous plants from China and Manchuria. Sci Rep Tohoku Univ, 2, 12(2): 239–252

Ôishi S. 1940. The Mesozoic Floras of Japan. J Fac Sci Hokkaido Imp Univ, 4, 5(2–4): 123–480

Palibin J W. 1906. Fossile Pflanzen aus den Kohlenlagen von Fushun in der südlichen Mandschurei. Verhandl Kaiserl–Russ Miner Gessellsch St. Petersburg, 2, 44(1): 419–434

P'an C H. 1933. On some Cretaceous plants from Fangshan Hsien, Southwest of Peiping. Bull Geol Soc China, 12(2): 533–538

P'an C H. 1936. Older Mesozoic plants from North Shensi. Palaeontol Sin, A 4(2): 1–49

P'an C H. 1936–1937. Notes on Kawasaki and Konno's *Rhipidopsis brevicaulis* and *Rh. baieroides* of Korea with description of similar form from Yuhsien, Honan. Bull Geol Soc China, 16: 261–280

Pant D D. 1959. The classification of gymnospermous plants. Palaeobotanist, 6(2): 65–70

Philippe M. 1993. Nomenclature générique des trachéidoxyles mésozoïques à champs araucarioïdes. Taxon, 42: 74–80

Philippe M. 1995. Bois fossiles du Jurassique de Franche-Comté (nord-est de la France): systematique et biogeography. Palaeontographica, B 236: 45–103

Philippe M, Bamford M. 2008. A key to morphogenera used for Mesozoic conifer-like woods. Rev Palaeobot Palynol, 148: 184–207

Philippe M, Barbacka M. 1997. A reappraisal of the Jurassic woods from Hungary. Ann Hist Nat Mus Natn Hung, 89: 11–22

Philippe M, Barbacka M, Gradinaru E, Iamandei E, Iamandei S, Kázmér M, Popa M, Szakmány G, Tchoumatchenco P, Zatoń M. 2006. Fossil wood and Mid-Eastern Europe terrestrial palaeobiogeography during the Jurassic–Early Cretaceous interval. Rev Palaeobot Palynol, 142: 15–32

Phillips J. 1829. Illustration of the Geology of Yorkshire, or a Description of the Strata and Organic Remains of the Yorkshire Coast. York: Thomas Wilson and Sons. 1–192

Plumstead E P. 1961. The Permo-Carboniferous coal measures of the Transvaal, South Africa: an example of the contrasting stratigraphy in the Southern and Northern Hemispheres. 4ème Congr Gèol Stratigr Carbonif, 2: 545–550

Pomel A. 1849. Materiaux pour servir a la flore fossile des terrains jirassiques de la France. Amtl Bericht Versamml Ges Deutch. Naturforsch in Archen, 25(1847): 332–354

Pons D, Vozenin-Serra C. 1992. Un nouveau bois de Ginkgoales du Cénomanien de l'Anjou, France. Cour Forsch-Inst Senckenberg, 147: 199–213

Poterfield W M. 1924. Sexial dimorphism and leaf variation in *Ginkgo biloba* L. China. J Sci Arts, 2: 255–265

Potonié R. 1933. Über einige Pflanzenreste aus dem Jura Persiens. Inst Paläobot Petrogr Brennsteine Arbeit, 3: 247–250

Prasad M N V, Lele K M. 1984. Triassic ginkgoalean wood from the South Rewa Gondwana Basin, India. Rev Palaeobot Palynol, 40: 387–397

Prynada V D. 1993. Jurassic plants from the Tkvarcheli coal-bearing basin in Transcaucasia. Trudy Vsesoyuznogo Geologo-Razvedochnogo Ob'yedineniya NKTP SSSR, Vyp. 261: 1-39 (in Russian)

Prynada V D. 1938. Contribution to the knowledge of the Mesozoic flora from the Kolyma Basin. Contribution to the knowledge of the Kolyma-Indighirka Land, ser Geol Geomorphol, 13: 1–67 (in Russian)

Prynada V D. 1962. Mesozoic Flora of eastern Siberia and Transbaikalia. Moscow: Gosgeoltekhizdat. 1–368 (in Russian)

Prynada V D. 1970. Fossil Flora of the Corvunchansk Suite, Lower Tunguska River Basin. Moscow: Nauka. 1–80 (in Russian)

Quan C, Sun G, Zhou Z Y. 2010. A new Tertiary *Ginkgo* (Ginkgoaceae) from the Wuyun Formation of Jiayin, Heilongjiang, northeastern China and its paleoenvironmental implications. Amer J Bot, 97: 446–457

Raubeson I A, Jansen R K. 1992. Chloroplast DNA evidence on the ancient evolutionary split in vascular land plants. Science, 255: 1697–1699

Renault M B. 1888. Les Plantes Fossiles. Paris: Librairie J –B Baillière et fils. 1–399

Retallack G J. 1980. Middle Triassic megafossil plants and trace fossils from Tank Gully, Canterbury, New Zealand. J Roy Soc New Zealand, 10(1): 31–63

Reymanówna M. 1963. 1. Review of investigations of Polish Jurassic floras. 2. The Jurassic Flora from Grojec near Cracow in Poland. Pol Akad Nauk Inst Bot Cracow, 4(2): 3–48

Reymanówna M. 1985. *Mirovia szaferi* gen. et sp. nov. (Ginkgoales) from the Jurassic of the Krakow region, Poland. Acta Palaeobot, 25: 3–12

Rothwell G W. 1987. The role of development in plant phylogeny: a palaeobotanical perspective. Rev Palaeobot Palynol, 50: 97–114

Rothwell G W, Holt B F. 1997. Fossils and phenology in the evolution of *Ginkgo biloba*. In: Hori T, Ridge R W, Tulecke W, Del Tredici P, Trémouillaux-Guiller J, Tobe H (eds.) *Ginkgo biloba*—a Global Treasure from Biology to Medicine. Tokyo: Springer Verlag. 223–230

Rothwell G W, Mapes G, Hernánder-Castillo G R. 2005. *Hanskerpia* gen. nov. and phylogenetic relationships among the most ancient conifers (Voltziales). Taxon, 54: 733–750

Rothwell G W, Serbet R. 1994. Lignophyte phylogeny and the evolution of spermatophytes: a numerical cladistic analysis. Syst Bot, 19: 443–482

Royer D L, Hickey L J, Wing S L. 2003. Ecological conservatism in the living fossil *Ginkgo*. Paleobiology, 29: 84–104

Sahni B. 1933. On some abnormal leaves of *Ginkgo*. J Ind Bot Soc, 12(1): 50

Sakisaka M. 1927. On the morphological significance of seed-bearing leaves of *Ginkgo biloba*. Bot Mag Japan, 41: 273–278

Sakisaka M. 1929. On the seed-bearing leaves of *Ginkgo*. J Jap Bot, 4: 219–235

Samylina V A. 1956. Leaf epidermal structure of the genus *Sphenobaiera*. Dokl Akad Nauk USSR, 106(3):

537–539 (in Russian)

Samylina V A. 1963. The Mesozoic flora of the Lower course of the Aldan River. Paleobotanica, IV: 59–139 (in Russian, with English summary)

Samylina V A. 1967a. The Mesozoic flora of the area to the west of the Kolyma River (the Zyrianka Coal-basin) II. Paleobotanica, VI: 135–175 (in Russian, with English summary)

Samylina V A. 1967b. On the final stage of the history of the genus *Ginkgo* L. in Eurasia. Bot Zh, 52: 303–316 (in Russian, with English summary)

Samylina V A. 1988. Arkagalinsk stratoflora of Northeast Asia. Leningrad: Nauka. 1–132 (in Russian)

Samylina V A. 1990. *Grenana*—a new genus of seed ferns from the Jurassic deposits of Middle Asia. Bot Zh, 75: 846–850 (in Russian)

Samylina V A, Kiritchkova A I. 1991. The Genus *Czekanowskia* (Systematics, History, Distribution and Stratigraphic Significance). Leningrad: Nauka. 1–135 (in Russian with English summary)

Saporta G de. 1873–1875. Paléontologie francaise ou description des fossiles de la France (2 Végétaux). Plantes jurassiques. I: 1–506; II: 1–52. Paris

Saporta G de. 1875. Sur la découverte de deux types nouveaus de Conifères dans les schistes Permiens de Lodève (Hérault). Compt Rend, 80: 1017

Saporta G de. 1878. Observations sur la nature des végétaux réunis dans le groupe des *Noeggerathia*; types du *Noeggerathia flabellata*, Lindl. et Hutt. , et du *N. cyclopteroides* Goepp. Compt Rend, 86(13): 864–873

Saporta G de. 1884. Plants Jurassiques, Plaeont. Francaise, 2 Ser, tom 3: 1–672

Schenk A. 1867. Die fossile Flora der Grenschichten des Keuper und Lias Frankens. Wiesbaden: Kreidel Verlag. 1–232

Schenk A. 1871. Beiträge zur Flora der Vorwelt, IV. Die fossile flora der nordwestdeutschen Wealdenformation. Palaeontographica, Stuttgart, 19: 201–276.

Schenk A. 1883a. Pflanzliche Versteinerungen. Pflanzen der Steinkohlenformation. In: Richthofen F von. China, IV. Berlin. 211–244

Schenk A. 1883b. Pflanzliche Versteinerungen. Pflanzen der Juraformation. In: Richthofen F von. China, IV. Berlin. 245–267

Schimper W P. 1870(1870–1873). Traité de Paléontology Végétale, 2. Paris: J. B. Bailliére et fils. 1–968

Schimper W P, Mougeot A. 1844. Monographie des Plantes fossils du Grés Bigarré de la Chaine des Vosges. Leipzig. 1–83

Schmalhausen J. 1879. Ein ferner Beiträge zur Kenntnis der Ursastufe Ost-Sibiriens. Bull Acad Imp Sci St Pétersb, 25: 1–17

Schweitzer H-J, Kirchner M. 1995. Die Rhäto-Jurassischen Floren des Iran und Afghanistans 8 Ginkgophyta. Palaeontographica, B 237: 1–58

Scott R A, Barghoorn E S, Prakash U. 1962. Wood of *Ginkgo* in the Tertiary of western North America. Amer J Bot, 49: 1095–1101

Serbet R. 1996. A diverse assemblage of morphologically and anatomically preserved fossil plants from the Upper Cretaceous (Maastrichtian) of Alberta, Canada. IOP Conference V, Santa Barbara, California. Abstracts. 89

Seward A C. 1900. Notes on some Jurassic plants in the Manchester Museum. Mem Proc Manchester Lit Phil Soc, 44, part 3, 8: 1–28

Seward A C. 1903. Fossil flora of Cape Colony. Ann S Afr Mus, 4: 1–122

Seward A C. 1907. Permo-Carboniferous plants from Kashmir. Rec Geol Surv India, 36: 57–61

Seward A C. 1911. Jurassic plants from Chinese Dzungaria collected by Prof. Obrutschew. Mém Comité Géol St Petersburg, n s 75: 1–61 (in Russian and English)

Seward A C. 1912. Mesozoic plants from Afghanistan and Afghan-Turkistan. Palaeontol Ind, n s IV, 4: 1–57

Seward A C. 1917. Fossil Plants III. London: Cambridge University Press. 1–656

Seward A C. 1919. Fossil Plants IV. London: Cambridge University Press. 1–542

Seward A C. 1926. The Cretaceous plant-bearing rocks of western Greenland. Phil Trans Roy Soc London B, 215: 57–175

Seward A C, Gowan J. 1900. The maidenhair tree (*Ginkgo biloba*). Ann Bot London, 14: 109–154

Seward A C, Sahni B. 1920. Indian Gondwana plants: a revision. Palaeontologia Indica, n s 7, Mem 1: 1–42

Shen L, Chen X Y, Zhang X, Li Y Y, Fu C X, Qiu Y X. 2005. Genetic variation of *Ginkgo biloba* L. (Ginkgoaceae) based on cpDNA PCR-RFLPs: inference of glacial refugia. Heredity, 94: 396–401

Sitholey R V. 1943. On *Psygmophyllum haydenii* Seward. J Ind Bot Soc, 22: 183–190

Sixtel T A. 1962. Flora of the Late Permian and Early Triassic in Southern Fergana. In: Stratigrafiya i paleontologiya Uzbekistana i sopredelnyh raionov. Vol. 1, Tashkent: Akademiya Nauk Uzbek SSR, 284–414 (in Russian)

Soma S. 1997. Development of the female gametophyte and the embryology of *Ginkgo biloba*. In: Hori T, Ridge R W, Tulecke W, Del Tredici P, Trémouillaux-Guiller J, Tobe H (eds.) *Ginkgo biloba*—a Global Treasure from Biology to Medicine. Tokyo: Springer Verlag. 51–65

Srivastava S C. 1984. *Sidhiphyllites*, a new ginkgophytic leaf genus from the Triassic of Nidpur, India. Palaeobotanist, 32: 20–25

Stanislavsky F A. 1973. The new genus *Toretzia* from the Upper Triassic of Donetz basin and its relation to the genera of the order Ginkgoales. Palaeont Zh, (1): 88–96 (in Russian)

Sternberg G K. 1820–1838. Versuch einer Geognstischen Botanischen Darstellung der Flora der Vowelt. I–II (1–7). Lepzig & Prague. 1–509

Stewart W N, Rothwell G W. 1993. The Biology and Evolution of Plants. Cambridge: Cambridge University Press. 1–521

Stidd B M. 1980. The neotenous origin of the pollen organ of the gymnosperm Cycadeoidea and implications for the origin of higher taxa. Paleobiology, 6: 161–167

Stockmans F, Mathieu F F. 1941. Contribution a l'etude de la flore jurassique de la Chine septentrionale. Bull Mus Royal d'Hist Nat Belgique, 33–67

Stone J L. 1973. Problems with the name "*Platyphyllum*". Taxon, 22(1): 105–108

Sun C, Dilcher D L, Wang H, Sun G, Ge Y. 2008. A study of *Ginkgo* leaves from the Middle Jurassic of Inner Mongolia, China. Int J Plant Sci, 169(8): 1128–1139

Sun G. 1993. *Ginkgo coriacea* Florin from Lower Cretaceous of Huolinhe, northeastern Nei Monggol, China. Palaeontographica, B 230: 159–168

Sun G, Lydon S J, Watson J. 2003. *Sphenobaiera ikorfatensis* (Seward) Florin from the Lower Cretaceous of Huolinhe, Eastern Inner Mongolia, China. Palaeontology, 46(2): 423–430

Sun G, Miao Y Y, Mosbrugger V, Ashraf A R, 2010. The Upper Triassic to Middle Jurassic strata and floras of the Junggar Basin, Xinjiang, Northwest China. Paleobiology and Paleoenvironment, 90: 203–214

Sun Y, Li X, Zhao G, Liu H, Zhang Y. 2016. Aptian and Albian atmospheric CO_2 changes during oceanic anoxic events: evidence from fossil Ginkgo cuticles in Jilin Province, Northeast China. Cret Res, 62: 130–141

Süss H. 2003. Zwei neue fossile Hölzer der Morphogattung *Ginkgoxylon* Saporta emend. Süss aus tertiären Schichten der Insel Lesbos, Griechenland, mit einer Übersicht über Fossilien mit ginkgoaler Holzstruktur. Feddes Repert, 114: 301–319

Süss H, Rössler R, Boppré M, Fischer O W. 2009. Drei neue fossile Hölzer der Morphogattung *Primoginkgoxylon* gen. nov. aus der Trias von Kenia. Feddes Repert, 120(5/6): 273–292

Sze H C. 1931. Beiträge zur liasischen Flora von China. Mem Natn Res Inst Geol Acad Sin, 12: 1–85

Sze H C. 1933a. Jurassic plants from Shensi. Mem Natn Res Inst Geol Acad Sin, 13: 77–86

Sze H C. 1933b. Mesozoic plants from Kansu. Mem Natn Res Inst Geol Acad Sin, 13: 65–75

Sze H C. 1933c. Beiträge zur mesozoischen Flora von China. Palaeontol Sin, A 4(1): 1–69

Sze H C. 1945. The Cretaceous flora from the Pantou Series in Yunan, Fukien. J Palaeont, 19(1): 45–59

Sze H C. 1949. Die mesozoische Flora aus der Hsiangchi Kohlen Serie in Westhupeh. Palaeontol Sin, 133, n s A, 2: 1–71

Takhtajan A L. 1956. Higher Plants I. From Psilophytes to Coniferophytes. Moscow-Leningrad: Akad. Nauk SSSR (in Russian)

Takhtajan A L, Vakhrameev V A, Radtschenko G P. 1963. Gymnosperms and Angiosperms. In: Orlov A (ed.) Osnovy Paleontologii, 15. Moscow: Izd-bo, Akad. Nauk SSSR. 1–743 (in Russian)

Taylor T N. 1981. Paleobotany: an Introduction to Fossil Plant Biology. New York: McGraw-Hill Book Co. 1–589

Taylor T N, Stubblefield S P. 1986. The role of the reproductive organs in the classification of fossil. In: Spicer R A, Thomas B A (eds.) Systematics and Taxonomic Approaches in Palaeobotany. Systematics Association spec vol 31: 79–90. London and New York: Academic Press

Taylor T N, Taylor E L. 1993. The Biology and Evolution of Fossil Plants. New Jersey: Prentice Hall. 1–982

Taylor T N, Taylor E L, Krings M. 2009. Paleobotany: the Biology and Evolution of Fossil Plants. 2nd edit. Burlington: Academic Press. 1–1230

Teilhard de Chardin P, Fritel P H. 1925. Note sur queques grés Mésozoiques a plantes de la Chine septentrionale. Bull Soc Geol France, ser 4, 25(6): 523–540

Thomas B, Spicer R A. 1987. The Evolution and Palaeobotany of Land Plants. Kent: Croom Helm. 1–309

Thomas H H. 1913. On some new and rare Jurassic plants from Yorkshire: *Eretmophyllum*, a new type of ginkgoalean leaf. Proc Cam Phil Soc, 17: 256–262

Toyama B, Ôishi S. 1935. Notes on some Jurassic plants from Chalainor, Province, North Hsingan, Manchoukuo. J Fac Sci Hokkaido Imp Univ, 4, 3(1): 61–77

Tralau H. 1966. Botanical investigations in the fossil flora of Eriksdal in Fyledalen, Scania. Sver Geol Unders, C 611: 1–36

Tralau H. 1967. The phytogeographic evolution of the genus *Ginkgo* L. Bot Notis, 120: 409–422

Tralau H. 1968. Evolutionary trends in the genus *Ginkgo*. Lethaia, 1: 63–101

Tsumara Y, Ohba K. 1997. The genetic diversity if isozymes and the possible dissemination of *Ginkgo biloba* in anicent times in Japan. In: Hori T, Ridge R W, Tulecke W, Del Tredici P, Trémouillaux-Guiller J, Tobe H (eds.) *Ginkgo biloba*—a Global Treasure from Biology to Medicine. Tokyo: Springer Verlag. 159–181

Uemura K. 1997. Cenozoic history of *Ginkgo* in East Asia. In: Hori T, Ridge R W, Tulecke W, Del Tredici P, Trémouillaux-Guiller J, Tobe H (eds.) *Ginkgo biloba*—a Global Treasure from Biology to Medicine. Tokyo: Springer Verlag. 207–221

Unger K F W. 1850. Genera et Species Plantarium Fossilium. Vienna. 1–627

Vachrameev V A. 1958. Stratigraphy and fossil flora of the Jurassic and Cretaceous deposits of the Vilyiusk Basin and of the adjoining part of the Upper Verkhoyansk foredeep trough. Regional Stratigraphy of the USSR, 3. Acad Nauk SSSR Geol Inst, Mossow-Leningrad (in Russian)

Vachrameev V A. 1964. Eurasia Jurassic and Lower Cretaceous floras and floristic Provinces of these periodes. Moscow: Nauka. 1–261 (in Russian)

Vachrameev V A. 1980. The Mesozoic Gymnosperms of USSR. Moscow: Sci Press. 1–124 (in Russian)

Vachrameev V A. 1987. Climate and the distribution of some gymnosperms during the Jurassic and

Cretaceous. Rev Palaeobot Palynol, 51: 205–212

Vachrameev V A. 1991. Jurassic and Cretaceous Floras and Climates of the Earth. Cambridge: Cambridge Univ Press. 1–318

Vachrameev V A, Doludenko M P. 1961. Upper Jurassic and Lower Cretaceous flora from the Bureja Basin and their stratigraphic significances. Trud Geol Inst AN SSSR, 54: 1–136 (in Russian)

Van Konijnenburg-van Cittert J H A. 1971. In situ gymnosperm fructifications from the Jurassic flora of Yorkshire. Acta Bot Neerl, 20: 1–96

Van Konijnenburg-van Cittert J H A. 1972. Some additional notes on the male gymnosperm fructifications from the Jurassic flora of Yorkshire. Acta Bot Neerl, 21: 95–98

Van Konijnenburg-van Cittert J H A. 2010. The Early Jurassic male ginkgoalean inflorescence *Stachyopitys preslii* Schenk and its *in situ* pollen. Scripta Geol, spec iss 7: 141–149

Vassilevskaya V A, Pavlov V V. 1963. Stratigraphy and flora of the Cretaceous deposits in Lena-Olenek of the Lena Coal Basin. Trud Nauch–Issed Inst Geol Arctica, 128: 1–97 (in Russian)

Vozenin-Serra C, Broutin J, Toutin-Morin N. 1991. Bois permiens du Sud-Ouest de l'Espagne et Sud-Est de la France—implications pour la taxonomie des Gymnospermes paléozoiques et la phylogénie des Ginkgophytes. Palaeontographica, B 221: 1–26

Wang X. 1995. Study on the Middle Jurassic flora of Tongchuan, Shaanxi Province. Chin J Bot, 7(1): 81–88

Wang X. 2010a. *Schmeissneria*: an angiosperm from the Early Jurassic. J Syst Evol, 48(5): 326–335

Wang X. 2010b. The dawn angiosperms uncovering the origin of flowering plants. Springer. 1–236

Wang X, Duan S, Geng B, Cui J, Yang Y. 2007. Is Jurassic *Schmeissneria* an angiosperm? Acta Palaeont Sin, 46: 486–490

Wang Y D, Guignard G, Thevennard F, Dilcher D, Barale G, Mosbrugger V, Yang X J, Mei S W. 2005. Cuticlar anatomy of *Sphenobaiera huangii* (Ginkgoales) from the Lower Jurassic of Hubei, China. Amer J Bot, 92(4): 709–721

Wang Z Q. 2000. Vegetation declination on the eve of the P-T event in North China and plant survival strategies: an example of Upper Permian refugium in northwestern Shanxi, China. Acta Palaeont Sin, 39(Suppl): 127–153

Wang Z X, Sun F K, Jin P H, Chen Y Q, Chen J W, Deng P, Yang G L, Sun B N. 2017. A new species of *Ginkgo* with male cones and pollen grains in situ from the Middle Jurassic of Eastern Xinjiang, China. Acta Geol Sin, 91(1): 9–21

Watson J. 1969. A revision of the English Wealden flora. I. Charales-Ginkgoales. Bull Nat Hist Mus (Geol), 17: 207–264

Watson J, Lydon S J, Harrison N A A. 1999. Consideration of the genus *Ginkgoites* Seward and a redescription of two species from the Lower Cretaceous of Germany. Cret Res, 20: 719–734

Watson J, Lydon S J, Harrison N A A. 2001. A revision of the English Wealden flora III. Czekanowskiales, Ginkgoales and allied Coniferales. Bull Nat Hist Mus (Geol), 57(1): 29–82

Watson J, Sincock C A. 1992. Bennettitales of the English Wealden. Monogr Palaeontogr Soc Lond, 145: 1–288 (Publ no 588)

Wheeler E A, Manchester S R. 2002. Woods of the Eocene Nut Beds Flora, Clarno Formation, Oregon, USA. IAWA J (Suppl. 3): 1–188

Wu S Q. 2003. Land plants. In: Chang M-M, Chen P-J, Wang Y-Q, Wang Y (eds.) The Jehol Biota. Shanghai: Shanghai Sci Tech Publishers. 167–177

Wu X W, Yang X J, Zhou Z Y. 2006. Ginkgoalean ovulate organs and seeds associated with *Baiera furcata*-type leaves from the Middle Jurassic of Qinghai Province, China. Rev Palaeobot Palynol, 138: 209–225

Wu X W, Zhou Z Y, Wang Y D. 2007. Nomenclatural notes on some ginkgoalean fossil plants from China. Acta Phytotaxon Sin, 45(6): 880–883

Xu X H, Yang L Y, Sun B N, Wang Y D, Chen P. 2017. A new Early Cretaceous *Ginkgo* ovulate organ with associated leaves from Inner Mongolia, China and its evolutionary significance. Rev Palaeobot Palynol, 244: 163–181

Yabe H. 1908. Jurassic plants from Tao-Chia-Tun, China. Jap J Geol Geogr, 21(1): 1–7 (in Japanese)

Yabe H. 1922. Notes on some Mesozoic Plants from Japan, Korea and China. Rep Tohoku Imp Univ, 2, 7(1): 1–28

Yabe H, Ôishi S. 1928. Jurassic plants from the Fang-Tzu Coal-field, Shantung. Jap J Geol Geogr, 6(1–2): 1–14

Yabe H, Ôishi S. 1929. Jurassic plants from Fang-Tzu Coal-field, Shantung, supplement. Jap J Geol Geogr, 6(3–4): 103–106.

Yabe H, Ôishi S. 1933. Mesozoic plants from Manchuria. Sci Rep Tohoku Imp Univ Sendai, Geology, 12(2): 195–238

Yang X J. 2003. New material of fossil plants from the early Cretaceous Muling Formation of the Jixi basin, eastern Heilongjiang Province, China. Acta Palaeot Sin, 42(4): 561–584

Yang X J. 2004. *Ginkgoites myrioneurus* sp. nov. and associated shoots from the Lower Cretaceous of the Jixi Basin, Heilongjiang China. Cret Res, 25: 739–748

Yang X J, Friis E M, Zhou Z Y. 2008. Ovulate organs of *Ginkgo ginkgoidea* (Tralau) comb. nov. , and associated leaves from the Middle Jurassic of Scania, South Sweden. Rev Palaeobot Palynol, 149: 1–17

Yang X J, Wu X W, Zhou Z Y. 2014. On the nomenclatural problems of some Chinese ginkgoalean fossil plants. Acta Palaeont Sin, 53(3): 263–273

Yokoyama M. 1889. Jurassic plants from Kaga, Hida and Echizen. J Coll Sci Imp Univ Tokyo, 3: 1–66

Yokoyama M. 1906. Mesozoic plants from China. J Coll Sci Imp Univ Tokyo, 21(9): 1–39

Yokoyama M. 1908. Palaeozoic plants from China. J Coll Sci Imp Univ Tokyo, 23(8): 1–18

Zalessky M D. 1912. Sur le *Cordaites aequalis* Goepp. de Sibérie et sur son identité avec la *Noeggerathiopsis hislopi* Bunb. sp. de la flore du Gondwana. Mém Com Géol St Pétersb, n s 86: 1–43

Zalessky M D. 1914. Gondwana flora of the Pechora River Basin. 1. River Adzva. –Zap. Ural'sk. Com Géol, n s 176: 1–52

Zalessky M D. 1918. Flore paleozoique de la serie d'Angara. Atlas Mém Com Géol Peterograd, n s 174: 1–76

Zalessky M D. 1932. Observations sur l'extension d'une flore fossile voisine de celle de Gondwana dan la parte septentrionales de L'Eurasie. Bull Soc Geol France, sér 5, (11): 109–129

Zeiller R. 1900. Sur quelques plantes fossiles de la China meridionale. C R Acad Sci Paris, 130(4): 185–188

Zeiller R. 1901. Note sur la flore houillere du Chansi. Ann Mines Paris, 9(19): 431–453

Zeiller R. 1903. Flore fossile des gîtes de charbon du Tonkin. Etudes des Gîtes Mineraux de la France. 1–328

Zhang W, Zheng S L, Shang P. 2000. A new species of Ginkgoalean wood (*Ginkgoxylon chinense* Zhang et Zheng sp. nov.) from Lower Cretaceous of Liaoning, China. Acta Palaeont Sin, 39(Suppl): 220–225

Zhao L M, Ohana T, Kimura T. 1993. A fossil population of *Ginkgo* leaves from the Xingyuan Formation, Inner Mongolia. Trans Proc Palaeontol Soc Japan, n s 169: 73–96

Zhao Y P, Paule J, Fu C X, Koch M A. 2010. Out of China: distribution history of *Ginkgo biloba* L. Taxon, 59(2): 495–504

Zheng S L, Li Y, Zhang W. 1996. Early Cretaceous flora from central Jilin and northern Liaoning, Northeast China. Palaeobotanist, 45: 378–388

Zheng S L, Li Y, Zhang W, Li N, Wang Y D, Yang X J, Yi T M, Yang J J, Fu X P. 2008. Fossil woods of China. Beijing: China Forestry Publishing House. 1–356

Zheng S L, Zhang W. 1996. Early Cretaceous flora from central Jilin and northern Liaoning, Northeast China.

Palaeobotanist, 45: 378–388

Zheng S L, Zhang W. 2000. Late Palaeozoic ginkgoalean woods from Northern China. Acta Palaeont Sin, 39(Suppl): 119–126

Zheng S L, Zhou Z Y. 2004. A new Mesozoic *Ginkgo* from western Liaoning, China and its evolutionary significance. Rev Palaeobot Palynol, 131: 91–103

Zhou Z Y. 1989. Late Triassic plants form Shanqiao, Hengyang, Hunan Province. Palaeontol Cathay, 4: 131–197

Zhou Z Y. 1991. Phylogeny and evolutionary trends of Mesozoic ginkgoaleans—a preliminary assessment. Rev Palaeobot Palynol, 68: 203–216

Zhou Z Y. 1993. Comparative ultrastructure of fossil and living ginkgoacean megaspore membranes. Rev Palaeobot Palynol, 78: 167–182

Zhou Z Y. 1997. Mesozoic ginkgoalean megafossils: a systematic review. In: Hori T, Ridge R W, Tulecke W, Del Tredici P, Trémouillaux-Guiller J, Tobe H (eds.) *Ginkgo biloba*—a Global Treasure from Biology to Medicine. Tokyo: Springer Verlag. 183–206

Zhou Z Y. 2000. A proposed classification of Mesozoic ginkgoaleans. Abstr Sixth Conf Intern Org Palaeobot (IOP-VI), July 31-August 3, 2000, Qinhuangdao, China. 157–158

Zhou Z Y. 2009. An overview of fossil Ginkgoales. Palaeoworld, 18: 1–22

Zhou Z Y, Quan C, Liu Y (Christopher). 2012. Tertiary Ginkgo ovulate organs with associated leaves from North Dakota, U. S. A., and their evolutionary significance. Intern J Plant Sci, 173(1): 67–80

Zhou Z Y, Wu X W. 2006. The rise of ginkgoalean plants in the early Mesozoic: a data analysis. Geol J, 41(3/4 spec iss): 363–375

Zhou Z Y, Wu X W, Zhang B L. 2000. *Tharrisia*, a new fossil leafy organ genus, with description of three Jurassic species from China. Palaeontographica, B 256: 95–109

Zhou Z Y, Zhang B L. 1988. Two new ginkgoalean female reproductive organs from the Middle Jurassic of Henan Province. Chin Sci Bull, 33(14): 1201–1203

Zhou Z Y, Zhang B L. 1989. A Middle Jurassic *Ginkgo* with ovule-bearing organs from Henan, China. Palaeontographica, B 211: 113–133

Zhou Z Y, Zhang B L. 1992. *Baiera hallei* Sze and associated ovule-bearing organs from the Middle Jurassic of Henan, China. Palaeontographica, B 224: 151–169

Zhou Z Y, Zhang B L. 2000a. On the heterogeneity of the genus *Rhaphidopteris* Barale (Gymnospermae) with descriptions of two new species from the Jurassic Yima formation of Henan, Central China. Acta Palaeont Sin, 39(Suppl): 14–35

Zhou Z Y, Zhang B L. 2000b. Jurassic flora from Yima, Henan Province. Field Guide Book Sixth Conf Intern Org Palaeobot (IOP-VI), July 31–August 3, 2000, Qinhuangdao, China. 36–39

Zhou Z Y, Zhang B L, Wang Y D, Guignard G. 2002. A new *Karkenia* (Ginkgoales) from the Jurassic Yima Formation, Henan, China and its megaspore membrane ultrastructure. Rev Palaeobot Palynol, 120: 91–105

Zhou Z Y, Zheng S L. 2003. The missing link of *Ginkgo* evolution. Nature, 423: 821–822

Zhou Z Y, Zheng S L, Zhang L J. 2007. Morphology and age of *Yimaia* (Ginkgoales) from Daohugou Village, Ningcheng, Inner Mongolia, China. Cret Res, 28: 348–362

Zijlstra, G. 2014. Important changes in the rules of nomenclature, especially those relevant for Palaeobotanists. Rev Palaeobot Palynol, 207: 1–4

Zimmermann W. 1959. Die Phylogene der Pflanzen. Stuttgart: Fisher Verlag. 1–777

Abstract

The Ginkgophytes Volume of *Palaeobotanica Sinica* is one of the parts of the comprehensive contributions to Chinese palaeontology sponsored and supported by the Ministry of Science and Technology of China (Special Research Program of Basic Science and Technology 2006FY120400 & 2013FY113000).

The ginkgophytes comprise a group of fossil plants believed to be related to the extant relict gymnosperm *Ginkgo biloba* L. in China. Since the generic name *Ginkgo* was first applied to fossil plants in the middle of the 19th Century by Oswald Heer (1809–1883), numerous ginkgophytes have been recorded from various geological horizons throughout the world. However, little progress was made on the classification, phylogenetic relationship and the evolutionary history of this unique plant group until recent decades. Apart from the imperfectness of fossil record, the very low diversity of the living relative with only one monotypic genus necessarily contributes to the difficulty in recognizing or identifying the ancestors of *Ginkgo* and in tracing their geological record. Most fossil ginkgophytes described are leaf-remains generally somewhat similar to the maidenhair-shaped *Ginkgo* leaves in gross morphology, but they yield little anatomical information, and few reproductive organs have so far been found and identified. A number of fossil specimens are, moreover, imperfectly preserved and their relations to *Ginkgo* remain to some extent equivocal, especially those described from the Palaeozoic. In this book, the term ginkgophytes is applied in a strict sense, only to fossil plants belonging to the Ginkgoales, which bear a more or less close resemblance to *Ginkgo biloba* in general morphology, anatomy and/or reproductive organs. It is distinguished from other commonly used terms, such as Ginkgophyta, Ginkgophytopsida and Ginkgoopsida, by excluding the Czekanowskiales and many other doubtful fossil leaves.

In the Introduction, the research history of *Ginkgo biloba* L. and fossil ginkgophytes are briefly reviewed. The morphology, anatomical structure, ecology and distribution of the extant species are given in some detail, which constitute the basis for identity and comparison of fossil ginkgophytes. The recent advances in the studies of the origin of the Ginkgoales and its affinity with other plant groups are also briefly summarized. There is so far no direct fossil evidence or unanimously accepted theory about the origin of this plant group. In general, the Ginkgoales are believed to be descended from the Progymnosperms and related to the lineage of Cordaites/Palaeozoic conifers, but contradictory results, obtained by phylogenetic analyses based either on morphology or on molecular data, remain. Some authors believe that *Ginkgo* is a living pteridosperm, while others consider that the Ginkgoales are closely related to *Cycas*.

There is no authentic record before the Early Permian. Although ginkgoaleans survived the P/T Crisis, it was not until the Late Triassic that they markedly increased in morphological and taxonomical diversity. Ginkgoaleans continued to flourish into the Early Cretaceous before a marked decrease in diversity occurred at the end of that epoch. The expansion and reduction of the ginkgoaleans in geographical distributions roughly correspond to their increase and decrease of taxonomical diversification in geological history. The ginkgoaleans likely lived in various climates and diverse habitats when they were at their peak, not being confined to the mesic and riparian environments as in the Late Cretaceous and Cenozoic.

So far, different schemes have been proposed for the classification of the Ginkgoales. In this book, new phylogenetic analyses for all eight fossil taxa (*Ginkgo* L., *Trichopitys* Florin, *Karkenia* Archangelsky, *Torezia* Stanislavsky, *Umaltolepis* Krassilov, *Yimaia* Zhou et Zhang, *Nagrenia* Nosova, *Nehvizdyella* Kvaček, Falcon-Lang et Dašková) with known reproductive organs are made using PAUP* version 4.0b10, based on the data matrix of 13 characters (character states). The strict consensus tree of the two most parsimonious cladograms of Ginkgoaleans (with a CI consistency index of 0.78547) shows that there are four to five lineages in total. The genus *Trichopitys* is located at the bottom of this monophyletic group. *Karkenia*, independently or together with *Yimaia*, forms a sister group to other Mesozoic ginkgoaleans. *Toretzia* and *Umaltolepis* characterized by strongly reduced ovulate organs represent a unique lineage among the Ginkgoaleans. The crown group consists of *Ginkgo* and two closely related extinct genera *Nehvizdyella* and *Nagrenia*.

Based on the phylogenetic analysis, the Ginkgoales are further divided into five families and eight genera. All except for the genus *Trichopitys* Saporta, 1875 emend. Florin, 1949 of the Family Trichopityaceae Meyen, 1987, and two genera: *Nagrenia* Nosova, 2013 and *Nehvizdyella* Kvaček, Falcon-Lang et Dašková, 2005 of the Family Ginkgoaceae Engler, 1897, have been recorded in China. A detailed list is given below.

Besides those taxa referable to the natural system on the basis of reproductive organs, the great majority of ginkgoalean fossils is of uncertain affinity. They are mainly isolated vegetative organs and reproductive organs without distinctive features. A number of form- and organ-genera have been proposed to accommodate them as auxilliary taxa.

Most common and variable are foliage organs. There are more than seven form-genera recorded in China: *Baiera* Braun, 1843, *Eretmophyllum* Thomas, 1913, *Ginkgodium* Yokoyama, 1889, *Ginkgoites* Seward, 1919, *Glossophyllum* Kräusel, 1943, *Sphenobaiera* Florin, 1936 and *Pseudotorellia* Florin, 1936. In addition, *Leptotoma* Kiritchkova et Samylina, 1979 has also been found but is as yet undescribed. Because of polymorphism and heterogeneity, these vegetative morphotypes cannot be definitely ascribed to any natural taxon. Leaves attributed to *Ginkgoites* are of the *Ginkgo*-type, but similar leaves have also been found to be linked with quite different reproductive organs (*Karkenia* and *Yimaia*). Some others, such as *Glossophyllum* and *Pseudotorellia* may represent independent taxonomic lineages, but direct evidence of their reproductive organs is either lacking or still insufficient.

Vegetative shoots with long and dwarf shoots characterized of most ginkgoaleans are morphologically quite uniform and hardly separable from one another when the leaves are no longer attached. The organ genus *Ginkgoitocladus* Krassilov, 1972 established for such shoots are different from those referred to Coniferophytes in having double vascular bundle scars in the leaf scar. Some authors gave an independent name for leafy shoots based on the nature of the attached leaves, such as *Sphenobaierocladus* Yang, 1986. Permineralized shoots are scanty. Only one morphogenus called *Pecinovicladus* Falcon-Lang, 2004 has been found in association with the ovulate organ genus *Nehvizdyella,* but it is hitherto unkown in China.

Wood fossils attributed to Ginkgoales show a low diversity in anatomical structure. An account of four Chinese species belonging to three morphotypes: *Ginkgoxylon* Saporta emend. Süss ex Philippe et Bamford, 2008, *Paleoginkgoxylon* Feng et al., 2010 and *Proginkgoxylon,* Zheng et Zhang, 2008 is given in this volume, while *Baeiroxylon* Greguss, 1961 and *Primoginkgoxylon* Süss et al., 2009 reported in Europe have not yet been identified in China.

Pollen organs of ginkgoaleans display a very low morphological diversity, and are usually difficult to separate from those of other plant groups. Some pollen organs included in the genus *Stachyopitys* may belong to ginkgoaleans, but they are almost indistinguishable from those of some "Mesozoic pteridosperms". While the generic name *Sphenobaieroanthus* Yang, 1986 was established based on an insufficiently preserved specimen, *Antholithus* L., 1786 has been used in a very broad sense.

Only one organ-generic name *Nagrenia* Nosova, 2013 has been proposed for ginkgo-like seed organs. Detached ginkgoalean seeds are referred to the organ-genus *Allicospermum* Harris, 1935, which also includes similar seeds of other plant groups.

The general evolutionary trend of the Ginkgoales is a reduction of both vegetative and reproductive organs. This trend may be detected in different families and genera. In the Palaeozoic, *Trichopitys* has only long shoots bearing incomplete leaves, and its branched ovulate organs end in numerous terminal ovules. Since the Late Triassic, dwarf shoots and petiolate leaves appeared almost simultaneously in different lineages; ovulate organs became less branched and the pedicel became shorter and finally disappeared, while ovules and pollen sacs decreased in number and increased in size. Such changes are clearly demonstrated in the Ginkgoaceae. Recent progress made in palaeobotany reveals that the genus *Ginkgo* evolved through heterochrony (peramorphosis) from Jurassic to Palaeogene, i.e. the extant species *Ginkgo biloba* "recapitulates" the evolutionary trends of its ancestors in its ontogeny.

The Systematic Account enumerates all the fossil records of ginkgophyte fossils described since 1865 from the Permian to the Palaeogene in China. About two thousand published names relevant to the topic scattered in more than three hundred references are collected and cited in the book with revisions and/or commentaries in the light of current advances made in this field.

Totally 228 more or less well-established species reported from China have been classified in an updated system. They are dealt with respectively under three headings.

1. **Natural system containing 14 species (without including *Ginkgo hamiensis* Wang et Sun and *G. neimengensis* Xu et al. published in 2017, and *Umaltolepis yimaensis* Dong et al., 2019) belonging to 5 genera of 4 families in the Order Ginkgoales.**

Family Karkeniaceae Krassilov, 1972
   Genus *Karkenia* Archangelsky, 1965
      Karkenia henanensis Zhou, Zhang, Wang et Guignard, 2002
Family Yimaiaceae Zhou, 1997
   Genus *Yimaia* Zhou et Zhang, 1988 emend. 1992
      Yimaia capituliformis Zhou, Zheng et Zhang, 2007
      Yimaia qinghaiensis Wu, Yang et Zhou, 2006
      Yimaia recurva Zhou et Zhang, 1988 emend. 1992
Family Umaltolepidiaceae Stanislavsky, 1973 emend. Zhou, 1997
   Genus *Toretzia* Stanislavsky, 1973
      Toretzia? *shunfaensis* Cao, 1992
   Genus *Umaltolepis* Krassilov, 1972
      Umaltolepis hebeiensis Wang, 1984
Family Ginkgoaceae Engler; Engler & Prantl, 1897
   Genus *Ginkgo* L., 1771
      Ginkgo adiantoides (Unger) Heer, 1878
      Ginkgo apodes Zheng et Zhou, 2004
      Ginkgo jiayinensis Quan, Sun et Zhou, 2010
      Ginkgo liaoningensis Liu, Li et Wang, 2006
      Ginkgo pilifera Samylina, 1967
      Ginkgo taipingensis Gong ex Yang, Wu et Zhou, 2014
      Ginkgo yimaensis Zhou et Zhang, 1989
      Ginkgo sp. (associated with *Ginkgoites manchurica*); Deng et al., 2004

2. **Auxiliary taxa comprising ginkgoalean fossils of uncertain systematic positions, 157 species in total referred to 16 form- or organ-genera.**

Pollen organs:
   Genus *Sphenobaieroanthus* Yang, 1986
      Sphenobaieroanthus sinensis Yang, 1986
   Genus *Stachyopitys* Schenk, 1867 (pro parte)
      Stachyopitys sp.; Ye et al., 1986
   Genus *Antholithus* L., 1786 (pro parte)
      Antholithus ovatus Wu ex Yang, Wu et Zhou, 2014
Seeds:

Genus *Allicospermum* Harris, 1935 (pro parte)

    Allicospermum ovoides Li, 1988

    ?Allicospermum xystum Harris, 1935

    Allicospermum sp.; Wu et al., 2002

Foliage leaves:

Genus *Baiera* Braun, 1843 emend. Florin, 1936

    Baiera ahnertii Kryshtofovich, 1932

    Baiera asadai Yabe et Ôishi, 1928

    Baiera asymmetrica Mi, Sun, Sun, Cui et Ai, 1996

    Baiera baitianbaensis Yang, 1978

    Baiera balejensis (Prynada) Zheng, 1980

    Baiera borealis Wu, 1999

    Baiera concinna (Heer) Kawasaki, 1925

    Baiera crassifolia Chen et Duan; Chen et al., 1987

    Baiera? dendritica Mi, Sun, Sun, Cui, et Ai, 1996

    Baiera donggongensis Meng, 1983

    Baiera elegans Ôishi, 1932

    Baiera exiliformis Yang, 1978

    Baiera furcata (Lindley et Hutton) Braun, 1843; Harris et al., 1974

    Baiera cf. *furcata* (L. et H.) Braun (associated with *Yimaia qinghaiensis*); Wu et al., 2006

    Baiera guilhaumatii Zeiller, 1903

    Baiera hallei Sze, 1933

    Baiera kidoi Yabe et Ôishi, 1933

    Baiera luppovii Brakova, 1963

    Baiera mengii Wu et Wang; Wu et al., 2007

    Baiera minima Yabe et Ôishi, 1933

    Baiera minuta Nathorst, 1886

    Baiera muensteriana (Presl) Saporta, 1884

    Baiera muliensis Li et He, 1979

    Baiera multipartita Sze et Lee, 1952

    Baiera valida Sun et Zheng, 2001

    Baiera ziguiensis Chen, 1984

Genus *Eretmophyllum* Thomas, 1913

    Eretmophyllum cf. *pubescens* Thomas; Mi et al., 1996

    Eretmophyllum latifolium Meng ex Yang, Wu et Zhou, 2014

    Eretmophyllum latum Duan; Duan & Chen 1991

    Eretmophyllum saighanense (Seward) Seward, 1912

    Eretmophyllum subtile Duan; Duan & Chen 1991

Genus *Ginkgodium* Yokoyama, 1889

    Ginkgodium crassifolium Wu et Zhou, 1996

    Ginkgodium eretmophylloidium Huang et Zhou, 1980

    Ginkgodium longifolium Huang et Zhou, 1980

    Ginkgodium nathorstii Yokoyama,1889

    Ginkgodium truncatum Huang et Zhou, 1980

Genus *Ginkgoites* Seward, 1919

    Ginkgoites acosmius Harris, 1935

    Ginkgoites beijingensis Chen et Dou; Chen et al., 1984

    Ginkgoites borealis Li, 1988

    Ginkgoites chilinensis Lee; Sze, Lee et al., 1963

    Ginkgoites chowii Sze, 1956

    Ginkgoites coriaceus (Florin); Florin, 1936

    Ginkgoites? *crassinervis* Yabe et Ôishi, 1933

    Ginkgoites cuneifolius Zhou, 1984

    Ginkgoites curvatus (Chen et Meng); Chen et al., 1988

    Ginkgoites dayanensis (Chang); Zhang et al., 1980

    Ginkgoites digitatus (Brongniart) Seward, 1919

    Ginkgoites ferganensis Brick, 1940

    Ginkgoites giganteus He, 1987

    ?*Ginkgoites heeri* Doludenko et Rasskazowa; Mi et al., 1996

    Ginkgoites huttonii (Sternberg) Black, 1929

    Ginkgoites ingentiphyllus (Meng et Chen); Chen et al., 1988

    Ginkgoites lingxiensis (Zheng et Zhang); Zheng & Zhang, 1982

    Ginkgoites longifolius (Phillips) Harris, 1946

    Ginkgoites magnifolius Du Toit, 1927

    Ginkgoites manchurica (Yabe et Oishi) Cao, 1992

    Ginkgoites marginatus (Nathorst) Florin, 1936

    Ginkgoites minusculus Mi, Sun, Sun, Cui et Ai, 1996

    Ginkgoites mixtus (Tan et Zhu); Tan & Zhu, 1982

    Ginkgoites myrioneurus Yang, 2004

    Ginkgoites obrutschewii (Seward) Seward, 1919

    Ginkgoites papilionaceus Zhou, 1981

    Ginkgoites permica Xiao et Zhu, 1985

    Ginkgoites qaidamensis (Li) ; Li et al., 1988

    Ginkgoites qamdoensis Li et Wu, 1982

    Ginkgoites? *quadrilobus* Liu et Yao, 1996

    Ginkgoites robustus Sun ex Sun et Zhao, 1992

    Ginkgoites rotundus Meng, 1983

Ginkgoites setaceus (Wang); Wang, 1984

Ginkgoites shiguaiensis (Sun, Dilcher, Wang, Sun et Ge); Sun et al., 2008

Ginkgoites sibirica (Heer) Seward, 1919

Ginkgoites sichuanensis Yang, 1978

Ginkgoites sinophylloides Yang, 1978

Ginkgoites sphenophylloides (Tan et Zhu); Tan & Zhu, 1982

Ginkgoites subadiantoides Cao, 1992

Ginkgoites taeniatus (Braun) Harris, 1935

Ginkgoites taochuanensis Zhou, 1984

Ginkgoites tasiakouensis Wu et Li, 1980

Ginkgoites? *tetralobus* Ju et Lan, 1985

Ginkgoites truncatus Li, 1981

Ginkgoites wangqingensis Mi, Zhang, Sun, Luo et Sun, 1993

Ginkgoites xiahuayuanensis (Wang); Wang, 1984

Ginkgoites xinhuaensis Feng, 1977

Ginkgoites xinlongensis Yang, 1978

Ginkgoites yaojiensis Sun ex Yang, Wu et Zhou, 2014

Ginkgoites sp. cf. *Ginkgo adiantoides* (Unger) Heer; Zheng & Zhang, 1982

Ginkgoites sp. 1; Zhou et al., 2007

Ginkgoites sp. 2; Zhou et al., 2007

Ginkgoites sp. 3; Zhou et al., 2007

Ginkgoites sp. 4; Sun et al., 2008

Genus *Glossophyllum* Kräusel, 1943

Cf. *Glossophyllum florinii* Kräusel; Sun & Zhao, 1992

Glossophyllum shensiense Sze, 1956

Cf. *Glossophyllum shensiense* Sze; Li & Wu, 1982

Glossophyllum? *yangii* Yang Wu et Zhou, 2014

Glossophyllum? *zeilleri* (Seward) Sze, 1956

Glossophyllum sp.; Wu, 1999

Genus *Pseudotorellia* Florin, 1936

Pseudotorellia changningensis Zhang, 1986

Pseudotorellia cf. *ephela* (Harris) Florin; Mi et al., 1996

Pseudotorellia ensiformis (Heer) Doludenko f. *latior* Prynada; Zhang et al., 1980

Pseudotorellia hunanensis Zhou, 1984

Pseudotorellia longilancifolia Li; Li et al., 1988

Pseudotorellia? *qinghaiensis* (Li et He) Li et He; Li et al., 1988

Genus *Sphenobaiera* Florin, 1936

Sphenobaiera abschirica Brick ex Genkina, 1966

Sphenobaiera acubasis Chen, 1984

Sphenobaiera cf. *angustifolia* (Heer) Florin; Zhang, 1986

Sphenobaiera beipiaoensis Mi, Sun, Sun, Cui et Ai, 1996

Sphenobaiera biloba Prynada, 1938

Sphenobaiera boeggildiana (Harris) Florin, 1936

Sphenobaiera cf. *colchica* (Prynada) Delle; Zhang & Zheng, 1987

Sphenobaiera crassinervis Sze, 1956

Sphenobaiera cf. *cretosa* (Schenk) Florin; Zheng & Zhang, 1989

Sphenobaiera crispifolia Zheng; Zhang et al., 1980

Sphenobaiera eurybasis Sze, 1959

Sphenobaiera fengii Wu et Wang; Wu et al., 2007

Sphenobaiera fujianensis Cao, Liang et Ma, 1995

?*Sphenobaiera furcata* (Heer) Florin; Sze, 1956

Sphenobaiera ginkgoides Li; Li et al., 1988

Sphenobaiera grandis Meng, 1987

Sphenobaiera huangii (Sze) Hsü ex Lee; Yang et al., 2014

Sphenobaiera ikorfatensis (Seward) Florin, 1936

Sphenobaiera jugata Zhou, 1989

Sphenobaiera lobifolia Yang, 1978

Sphenobaiera longifolia (Pomel) Florin, 1936

Sphenobaiera micronervis Wang et Wang, 1987

Sphenobaiera multipartita Meng et Chen; Chen et al., 1988

Sphenobaiera nantianmensis Wang, 1984

Sphenobaiera cf. *ophioglossum* Harris et Millington; Wang, 1984

Sphenobaiera pecten Harris, 1945

Sphenobaiera cf. *pulchella* (Heer) Florin; Huang & Zhou, 1980

Sphenobaiera qaidamensis Zhang ex Yang et al., 2014

Sphenobaiera qiandianziense Zhang et Zheng; Yang et al., 2014

Sphenobaiera qixingensis Zheng et Zhang, 1982

Sphenobaiera? *rugata* Zhou, 1984

Sphenobaiera spectabilis (Nathorst) Florin, 1936

Sphenobaiera spinosa (Halle) Florin, 1936

Sphenobaiera? *spirata* Sze ex Gu et Zhi, 1974

Sphenobaiera tenuistriata (Halle) Florin, 1936

Sphenobaiera cf. *uninervis* Samylina; Sun & Shang, 1988

Sphenobaiera wangii Wu, Zhou et Wang, 2007

Sphenobaiera sp. 1; Halle, 1927

Sphenobaiera sp. 2; Zhao et al., 1987

Sphenobaiera sp. 3; Si, 1989

Sphenobaiera sp. 4; Yan et al., 2000; Yan & Yang, 2001

Shoots:

Genus *Sphenobaierocladus* Yang, 1986

    Sphenobaierocladus sinensis Yang, 1986

Genus *Ginkgoitocladus* Krassilov, 1972

    Ginkgoitocladus sp.; Yang, 2004

    Ginkgoitocladus? sp. 1; Zheng & Zhou, 2004

    Ginkgoitocladus? sp. 2; Li et al., 1988

Wood:

Genus *Ginkgoxylon* Saporta, 1884, emend. Süss, 2003 ex Philippe et Bamford, 2008

    Ginkgoxylon chinense Zhang et Zheng, 2000

Genus *Paleoginkgoxylon* Feng, Wang et Rössler, 2010

    Palaeoginkgoxylon zhoui Feng, Wang et Rössler, 2010

Genus *Proginkgoxylon* Zheng et Zhang, 2008

    Proginkgoxylon benxiense (Zheng et Zhang) Zheng et Zhang, 2008

    Proginkgoxylon daqingshanense (Zheng et Zhang) Zheng et Zhang, 2008

3. Problematical ginkgophytes including 57 species in 11 genera.

Genus *Datongophyllum* Wang, 1984

    Datongophyllum longipetiolatum Wang, 1984

    Datongophyllum sp.; Wang, 1984

Genus *Dukouphyllum* Yang, 1978

    Dukouphyllum noeggerathioides Yang, 1978

Genus *Ginkgophyllum* Saporta, 1875

    Ginkgophyllum sp. 1; Huang, 1980

    Ginkgophyllum sp. 2; Hu, 1987

    Ginkgophyllum sp. 3; Schenk, 1883

    Ginkgophyllum? sp.; Durante, 1992

Genus *Ginkgophytopsis* Høeg, 1967

    Ginkgophytopsis? *chuoerheensis* Huang, 1993

    Ginkgophytopsis cf. *flabellata* (L. et H.) Høeg; Kon'no, 1968

    Ginkgophytopsis fukienensis Zhu, 1990

    Ginkgophytopsis spinimarginalis Yao, 1989

    Ginkgophytopsis? *xinganensis* Huang, 1977

    Ginkgophytopsis? *zhongguoensis* (Feng) Yao, 1989

    Ginkgophytopsis sp.; Wang, 2000

    Ginkgophytopsis? sp. 1; Durante, 1992

    Ginkgophytopsis? sp. 2; Durante, 1992

Genus *Phylladoderma* Zalessky, 1914

    Phylladoderma arberi Zalessky, 1914

Phylladoderma (*Aequistoma*) cf. *aequalis* Meyen; Wang & Wang, 1987

Phylladoderma (*Aequistoma*) sp.; He et al., 1996

Phylladoderma? sp.; Durante, 1992

Genus *Pseudorhipidopsis* P'an, 1936–1937

Pseudorhipidopsis brevicaulis (Kawasaki et Kon'no) P'an, emend. Yang; Yang et al., 2006

Pseudorhipidopsis imparis Yang; Yang et al., 2006

Pseudorhipidopsis sphenoformis (Yang) Yang; Yang et al., 2006

Pseudorhipidopsis sp.; Wang & Li, 1998

Genus *Radiatifolium* Meng, 1992

Radiatifolium magnum Meng, 1992

Genus *Rhaphidopteris* Barale, 1972 (pro parte)

Rhaphidopteris cornuta Zhang et Zhou, 1996

Rhaphidopteris rhipidoides Zhou et Zhang, 2000

Rhaphidopteris shaohuae Zhou et Zhang, 2000

Genus *Rhipidopsis* Schmalhausen, 1879

Rhipidopsis baieroides Kawasaki et Kon'no, 1932

Rhipidopsis concava Yang et Chen, 1979

Rhipidopsis cf. *ginkgoides* Schmalhausen; Zhang, 1978 and others

Rhipidopsis gondwanensis Seward, 1919

Rhipidopsis guizhouensis Tian et Zhang, 1980

Rhipidopsis hongshanensis Huang, 1977

Rhipidopsis imaizumii Kon'no, 1968

Rhipidopsis lobata Halle, 1927

Rhipidopsis lobulata Mo; Zhao et al., 1980

Rhipidopsis longifolia Zhou et Zhou, 1986

Rhipidopsis minor Feng, 1977

Rhipidopsis minuta Zhang, 1978

Rhipidopsis multifurcata Tian et Zhang, 1980

Rhipidopsis palmata Zalessky, 1932

Rhipidopsis aff. *palmata* Zalessky; Durante, 1992

Rhipidopsis cf. *palmata* Zalessky; Kon'no, 1968 & Durante, 1992

Rhipidopsis panii Chow; Lee et al., 1962

Rhipidopsis radiata Yang et Chen, 1979

Rhipidopsis shifaensis Huang, 1980

Rhipidopsis shuichengensis Tian et Zhang, 1980

Rhipidopsis tangwangheensis Huang, 1980

Rhipidopsis taohaiyingensis Huang, 1983

Rhipidopsis xinganensis Huang, 1977

Rhipidopsis sp. 1; Yokoyama, 1906

Rhipidopsis sp. 2; Durante, 1992

Genus *Saportaea* Fontaine et White, 1880

Saportaea nervosa Halle, 1927

Saportaea cf. *nervosa* Halle; Mei & Du, 1991

Saportaea sp.; Zhu, 1984

Genus *Sinophyllum* Sze et Lee, 1952

Sinophyllum sunii Sze et Lee, 1952

The nomenclature of all these published names has been checked according to the International Code of Nomenclature for algae, fungi, and plants (Melbourne Code). Annotations, suggestions and indispensable commentaries are given, but no new taxonomic names are proposed to substitute the invalidly published and illegitimate names before the original material is reexamined, while some Mesozoic species of *Ginkgo* established on the basis of foliage specimens are transferred to the form-genus *Ginkgoites* in this volume.

For all taxa, their original types (type species or type specimens), diagnosis (or description), locality and horizon and references are cited, but usually only the holotype (or original specimens) and well preserved "typical" specimens are illustrated for taxa erected based on Chinese specimens. In the synonymy are enumerated almost all recorded specimens of the same species in China, but this does not mean that they all belong to the same taxon without any reservation. As mentioned above, before the original material is reexamined, it is usually not possible to confirm their identity, especially for those fragmentarily preserved specimens. For most taxa, their comparisons, discussions and comments are given in the Remarks.

Besides the above-mentioned more or less well-established species, a great number of ginkgoalean fossils are insufficiently known, or even their generic attributions may be uncertain. They are only listed for reference, but a few of them are chosen and illustrated, which are thought to be of some significance regarding their morphological diversity and/or temporal/spatial distribution.

中国银杏植物汉–拉学名索引[*]

---

* 含重要的比较种和未定种

中国银杏植物拉-汉学名索引[*]

---

* 含重要的比较种和未定种

全部引述植物拉丁学名索引[*]

184

附录1　记述标本存放单位名称和缩写

为了简明起见，本书中所记述标本的存放单位名称都用其英文名称的首字的字符缩写来替代。这些单位的英文名称和缩写不一定都是规范名称。我们尽可能沿用原先已存在的或作者引用的正式的单位英文译名和缩写名称。一些未能查到规范的英文译名的缩写，只是为了方便在书中查对而编制的。凡是原存放单位已调整和名称更改的，尽可能标出最新的单位名称。至于因原来未曾注明，或因年代久远、人事变动而标本去向不明等种种情况无法查出存放单位的只能保持空缺，以待今后查明。谨此说明。

CDIGM 成都地质矿产研究所（西南地质研究所）Chengdu Institute of Geology and Mineral Resources (Southwest China Institute of Geological Science)

CESJU 吉林大学地球科学学院（长春地质学院）College of Earth Sciences, Jilin University (Changchun College of Geology)

CGIJL 吉林省煤田地质矿产所 Coal Geology Institute of Jilin Province

CNIGR Chernyshov Central Geological Survey and Research Museum in St. Petersburg，Russia

CRIPED 中国石油勘探开发研究院 China Research Institute of Petroleum Exploration and Development

CUGB 中国地质大学（北京地质学院）（北京）China University of Geosciences (Beijing College of Geology), Beijing

CUMTB 中国矿业大学（北京）（北京矿业学院）China University of Mining and Technology, Beijing (Beijing College of Mining)

CUMTX 中国矿业大学（徐州）China University of Mining and Technology, Xuzhou

FJCGE121T 福建煤田地质勘探 121 队 The 121 Team of Coal Geology Exploration, Fujian Province

GMHNP 湖南省地质博物馆 Geological Museum of Hunan Province

GZTSP 贵州地层古生物工作队 Stratigraphical and Palaeontological Working Team, Guizhou Province

GBIMAR 内蒙古自治区地质局 Bureau of Geology, Inner Mongolia Autonomous Region

HBRGS 湖北省区测队陈列室 Regional Geological Surveying Team of Hubei Province

HKU Hokkaido Imperial University, Sapporo, Japan

HNCCG 河南煤田地质勘探公司 Henan Company of Coal Geology

IBCAS　中国科学院植物研究所 Institute of Botany, Chinese Academy of Sciences

IGCAGS　中国地质科学院地质研究所 Institute of Geology, Chinese Academy of Geological Sciences

IGPTU　Institute of Geology & Palaeontology, Tohoku University (Tohoku Imperial University), Japan

IVPP　中国科学院古脊椎动物和古人类研究所 Institute of Vertebrate Paleontology and Paleoanthropology, Chinese Academy of Sciences

NIGPAS　中国科学院南京地质古生物研究所 Nanjing Institute of Geology and Palaeontology, Academia Sinica (Chinese Academy of Sciences)

NJIGM　南京地质矿产研究所（华东地质研究所）Nanjing Institute of Geology and Mineral Resources (East China Institute of Geological Sciences)

NRM.SE　Naturhistoriska Riksmuseet, Stockholm, Sweden

RCPSJU　吉林大学古生物学和地层学研究中心 Research Center of Palaeontology and Stratigraphy, Jilin University

SESLU　兰州大学地球科学学院（地质、地理系）School of Earth Sciences, Lanzhou University

SYIGM　沈阳地质矿产研究所（东北地质研究所）Shenyang Institute of Geology and Mineral Resources (Northeast China Institute of Geological Sciences)

T137SCCGEC　四川煤田地质勘探公司 137 队 Team 137 of Sichuan Coal Geological Exploration Company

TJIGM　天津地质矿产研究所（华北地质研究所）Tianjin Institute of Geology and Mineral Resources (North China Institute of Geological Sciences)[①]

UTK　University of Tokyo, Japan

XABCRI　煤炭科学研究总院西安分院 Xi'an Branch of Coal Research Institute

XAIGM　西安地质矿产研究所（西北地质研究所）Xi'an Institute of Geology and Mineral Resources (Northwest China Institute of Geological Sciences)

YCIGM　宜昌地质矿产研究所（中南地质研究所）Yichang Institute of Geology and Mineral Resource (Central China Institute of Geological Sciences)

YKLPYU　云南大学云南古生物学重点实验室 Yunnan Key Laboratory for Palaeobiology, Yunnan University

---

① 本书所涉及天津地质矿产研究所之标本现均存于中国科学院南京地质古生物研究所

附录2 引用图件版权说明

作为一项综合性的编著工作，本书中汇集和引用了许多其他作者和出版机构论著中的有关材料和图表等。除了在文中分别一一明确注明和引据出处外，我们还尽力联系国内外相关作者和版权所有者以获得版权许可，并得到多方面的支持和协助；有些作者还直接为本书提供原始图件(见本册前言)。由于图件来源广泛和复杂，有些年代久远，难免因种种原因有所遗漏和未能成功地联系到版权所有者的。凡发现存在上述情况者，请与科学出版社联系处理相关事宜。以下所列为有关图件的原作者和版权所有者的清单。

本书中所有其他图件都是新绘制的或取自本书编写者已发表论著。

图 5　©Begović Bego, B. M. 2011.

图 7　©Zimmermann, 1959, Abb. 229c.

图 13 参考绘制　©Friedman & Gifford, 1997, fig. 5c.

图 30　©曹正尧，1992，图版 6，图 12。

图 31A，B；图 50A，B；图 56；图 57；图 89　©陈芬等，1984，图版 25，图 1；图版 27，图 1–3；图版 28，图 5，图版 41，图 5，7。

图 32；图 187；图 188　©王自强，1984，图版 133，图 6；图版 142，图 4，5；图版 155，图 7；图版 166，图 1–6；图版 168，图 1–5；图版 169，图 1–3；图版 170，图 1–4。

图 38；图 39　©李承森、刘秀群供图。

图 40B　©史恭乐摄影。

图 42A，D–F；图 43　©公浩繁，2007，图版 I，图 1，2，4–12；图版 II，图 1，2，6–7，9–12。

图 42B，C　©全成供图。

图 44A，B；图 209　©杨贤河，1986，图 1，1a，2。

图 45A，B；图 48A，B　©叶美娜，1986，图版 49，图 9，9a；图版 53，图 7，7a。

图 46A，B　©吴舜卿，1999a，图版 20，图 2a，5a。

图 51　©Yabe & Ôishi, 1928, pl. 3, fig. 2.

图 52A–F；图 58；图 100；图 102　©米家榕等，1996，图版 21，图 1，2，7–9；图版 22，图 2，7–10；图版 26，图 15。

图 53；图 61；图 88；图 149；图 216　©杨贤河，1978，图版 175，图 3；图版 177，图 1，2，3；图版 184，图 8；图版 186，图 1–3，图 187，图 5。

图 54；图 125D　©张武等，1980，图版 145，图 9；图版 180，图 7。

图 55A，B　©吴舜卿，1999a，图版 8，图 3，4。

图 57；图 73B；图 130　©陈晔等，1987，图版 33，图 6；图版 35，图 5；图版 36，图 1。

图 59；图 122 ©孟繁松，1983，图版 1，图 8；图版 4，图 2。

图 60；图 71；图 120 ©孙革，1993，图版 32，图 1，2，4；图版 34，图 8；图版 36，图 1。

图 64A，C ©Sze, 1931, pl. 6.

图 62A ©陈芬等，1980，图版 3，图 4。

图 62B ©Sze, 1949, pl. 8, fig. 5.

图 68A–D ©孟繁松，1987，图版 35，图 2–3，图版 37，图 5，4。

图 66A–D；图 69A–D；图 91；图 95 ©Yabe et Ôishi, 1933, pl. 3, figs. 8a, 11；pl. 4, figs. 2, 3；Ôishi, 1933, pl. 2, figs. 1, 2, 4, 5, 7, 8；pl. 4, figs. 9, 11, 14.

图 70A–C ©孙革等，2001，图版 15，图 2；图版 51，图 6，7。

图 72 ©何元良等，1979，图版 73，图 6。

图 73A ©斯行健、李星学，1952，图版 9，图 1。

图 73C，D ©王士俊，1993，图版 42，图 2，4。

图 75A–D ©陈公信，1984，图版 265，图 1，1a–c。

图 76A–D ©孟繁松等，2002，图版 8，图 2，3，5，6。

图 77A–G；图 78；图 81，82A–C ©Duan & Chen, 1991, figs. 1, 13, 17, 19, 22, 25, 26, 29, 30；figs. 2, 6, 8, 9–11.

图 79；图 154；图 162 ©米家榕等，1996，图版 28，图 1–5，8–10，15。

图 83A–G ©吴舜卿、周汉忠，1996，图版 7，图 1，3，5；图版 14，图 1–4。

图 84A–F；图 85A–F；图 87A–D；图 108；图 190B ©黄枝高、周惠琴，1980，图版 39，图 5；图版 44，图 1；图版 45，图 1，2，5；图版 46，图 1，4–6；图版 47，图 1，3，6，8；图版 48，图 6–8；图版 59，图 2。

图 86 ©刘子进，1982，图版 71，图 4a。

图 92；图 147D–G ©斯行健，1956a，图版 40，图 3；图版 47，图 2；图版 48，图 2；图版 49，图 1，5；图版 55，图 5。

图 93；图 94 ©Sun, 1993, pl. 1, figs. 9, 12, 13；pl. 2, figs. 1, 4；pl. 3, figs. 3, 5；pl. 4, figs. 1, 4, 6；pl. 5, fig. 4；pl. 6, fig. 4.

图 97；图 104；图 109；图 163；图 164；图 183；图 184A，C–E；图 186 ©陈芬等，1988，图版 35，4，6，5，图版 40，图 1–3；图版 42，图 3–6；图版 43，图 1–6；图版 44，图 1–3；图版 45，图 1–3；图版 46，图 5；图版 59，图 12，13；图版 64，图 4。

图 98 ©邓胜徽，1995，图版 25，图 3。

图 99A；图 125A，B ©Toyama & Oishi, 1935, pl. 3, figs. 5, 6；pl. 4, fig. 2.

图 99B，C；图 105；图 193 ©郑少林、张武，1982，图版 4，图 15；图版 15，图 8；图版 18，图 2，3，7，9–12；图版 19，图 3；图版 20，图 8。

图 101；图 184B，F，G ©钱丽君等，1987，图版 25，图 2；图版 28，图 1，3，5–7。

图 103 ©Sze, 1933b, pl. 7, fig. 5.

图 109D；图 110 ©Zhao et al., 1993, fig. 2j；figs. 4a, 4d, 5e, 5d, 6a, 4g, 5f, 6c, 6d.

图 113；图 128 ©谭琳、朱家楠，1982，图版 35，图 1–4。

图 116 ©周惠琴，1981，图版 2，图 4。

图 115 ©Nosova et al., 2011, pl. 1, figs. 3–5, 7, 8, 14, 15.

图 117 ©肖素珍、张恩鹏，1985，图版 201，图 4a，4b。

图 120 ©刘陆军、姚兆奇，1996，图版 3，图 8。

图 123；图 137；图 147A–C，148；图 165，166；图 187；图 202，203；图 214，215 ©王自强，1984，图版 116，图 5–7；图版 117，图 1，2，4；图版 118，图 1–5；图版 130，图 5–9，11–14；图版 131，图 10；图版 141，图 9，10；图版 155，图 9；图版 165，图 6–10；图版 167，图 3–5；图版 168，图 2–4，9–11；图版 169，图 1–3，7–9；图版 170，图 1–4，11，8–10。

图 124；图 145 ©Sun et al., 2008, figs. 4A, 4E, 5C, 5D, 4K, 6D, 7A.

图 125C ©斯行健、李星学等，1963，图版 75，图 3。

图 127 ©杨贤河，1978，图版 185，图 1。

图 129 ©曹正尧，1992，图版 3，图 3，6–8，10；图版 4，图 1，3，4，图版 5，图 1–3，6。

图 132；图 133 ©吴舜卿等，1980，图版 26，图 3–6；图版 34，图 4–7；图版 35，图 6。

图 134 ©鞠魁祥、蓝善先，1986，图版 1，图 6。

图 135 ©厉宝贤，1981，图版 1，图 2，5，7，8；图版 3，图 1–3。

图 136；图 159 ©米家榕等，1993，图版 33，图 2，4，6，8；图版 34，图 3，12。

图 138；图 172 ©冯少南等，1977b，图版 249，图 5；图版 250，图 1。

图 140；图 191 ©张泓等，1998，图版 43，图 3–7；图版 44，图 5。

图 146 ©吴舜卿，1999b，图版 40，图 1；图版 39，图 2。

图 150 ©徐仁等，1979，图版 70，图 4。

图 151 ©吴舜卿，1999b；图版 38，图 8，9；图版 51，图 3，4；图版 52，图 1，2，2a，3。

图 152 ©张采繁，1986，图版 5，图 7，7a；图版 6，图 5–5b。

图 153 ©张武等，1980，图版 174，图 6。

图 160 ©陈公信，1984，图版 244，图 1a；图版 252，图 5b。

图 161 ©张川波，1989，图版 1，图 1。

图 167 ©张武、郑少林，1987，图版 29，图 2。

图 168 ©斯行健，1956a，图版 9，图 5，5a。

图 169 ©郑少林、张武，1989，图版 1，图 16。

图 170 ©张武等，1980，图版 146，图 6，7。

图 171 ©斯行健，1959，图版 6，图 8。

图 173 ©曹正尧等，1995，图版 3，图 6，7。

图 174 ©斯行健，1956a，图版 47，图 6，6a。

图 176 ©孟繁松，1987，图版 36，图 1，地质出版社。

图 126；图 127；图 139；图 177B ©Sze, 1949, pl. 7, fig. 3.

图 179；图 180 ©Sun et al., 2003, pl. 1, figs. 1, 3, 4；pl. 2, figs. 1–9.

图 182 ©杨贤河，1978，图版 184，图 7。

图 185；图 233；图 235 ©王自强、王立新，1986，图版 26，图 2–4；图版 27，图 1–8；图版 29，图 1–4；图版 30，图 2，3，5，7。

图 189　©杨学林、孙礼文，1982b，图版 21，图 10。

图 190A，C–E　©曾勇等，1995，图版 18，图 2b；图版 25，图 4–6。

图 192　©张武等，1983，图版 4，图 19–21。

图 197；图 200；图 253；图 273A，B，D　©Halle, 1927, pl. 53, figs. 2, 4, 6, 8, 9; pl. 54, fig. 27; pl. 55, figs. 2–4.

图 198，图 206　©斯行健，1989，图版 81，图 1a，2a。

图 199；图 236F–H；图 238，239C，D；图 273C　©杨关秀等，2006，图版 47，图 1，2，5，6，8；图版 51，图 5，6；图版 75，图 2；图版 76，图 2，5，5a。

图 205　©赵修祜等，1987，图版 29，图 5，5a。

图 207　©阎同生、杨遵仪，2001，图版 7，图 1，4。

图 211　©Feng et al., 2010, pl. 1, figs. 1, 2, 5; pl. 2, figs. 2–4; pl. 3, figs. 2–4, 7; pl. 4, figs. 1–5, 7.

图 212，213　©张武，郑少林，李勇，李楠，2006，图版 3–8；图版 3–9。

图 217；图 265；图 267；图 268　©黄本宏，1980，图版 253，图 6；图版 255，图 9；图版 257，图 7；图版 258，图 6；插图 43。

图 219；图 231；图 232；图 260；图 261B；图 272　©Durante, 1992, pl. 4, fig. 4; pl. 7, fig. 6; pl. 9, figs. 5, 6; pl. 11, figs. 2, 3；pl. 12, fig. 6；pl. 13, figs. 1, 3.

图 220；图 221　©黄本宏，1993，图版 16，图 13，14；插图 21c。

图 222；图 245；图 252；图 261　©Kon'no, 1968, pl. 23, figs. 2b, 3; pl. 24, figs. 1–3; pl. 25, figs. 1, 2.

图 223；图 224　©朱彤，1990，图版 45，图 1；图版 46，图 1；图版 47，图 1，2。

图 225；图 226；图 227　©姚兆奇，1989，图版 3，图 2，4；图版 4，图 1，2，4，6；插图 2。

图 228A；图 229　©黄本宏，1977，图版 24，图 1；插图 23。

图 228B–F，图 259　©黄本宏，1986，图版 3，图 3–7；图版 4，图 3，4。

图 230　©冯少南等，1977a，图版 250，图 3，4a。

图 233A，B；图 246；图 247；图 263；图 264　©杨关秀、陈芬，1979，图版 42，图 5，6；图版 46，图 1；插图 42，44。

图 233C–F，234　©何锡麟等，1979，图版 71，图 1，6；图版 86，图 4–7。

图 236　©Kawasaki & Kon'no, 1932, pl. 101, figs. 8a, b 重绘。

图 237A–E；图 262A，B，D　©P'an, 1936–1937, pl. 1, fig. 1; pl. 2, figs. 1, 1a, 3, 3a; pl. 3, figs. 1, 2; pl. 4, fig. 1.

图 239A，B　©杨景尧，1991，图版 12，图 2；图版 13，图 3。

图 240　©孟繁松，1992，图版 1，2。

图 248　©张吉惠，1978，图版 163，图 2。

图 249；图 250；图 258；图 266　©田宝霖，张连武，1980，图版 14，图 2，6；图版 19，图 1；图版 22，图 2，2a；图版 23，图 2，2a。

图 251；图 270　©黄本宏，1977，图版 1，图 4；图版 17，图 4。

图 254；图 263B　©赵修祜等，1980，图版 19，图 11，12；图版 21，图 3。

图 255 ©周统顺、周惠琴，1986，图版 14，图 1，2。

图 256 ©冯少南等，1977b，图版 250，图 2。

图 257 ©张吉惠，1978，图版 163，图 4。

图 269 ©黄本宏，1983，图 1，图 1–2。

图 271 ©Yokoyama, 1906, pl. 2, fig. 1.

图 274 ©梅美棠、杜美利，1991，图版 1，图 1，1d–1e。

图 275；图 276 ©斯行健、李星学，1952，图版 5，图 1；图版 6，图 1；插图 2。

(Q-4533.01)

www.sciencep.com

ISBN 978-7-03-064221-9

9 787030 642219 >

定　价：398.00元